AI @ Home Manager

4차 산업혁명 시대 필수 전문 자격증

AI@Home Manager
지능형홈관리사
국가공인

지능형홈 관리사

필기+실기 완벽대비

IT 자격의 중심 –
ICQA 한국정보통신자격협회 자격시험

1. 지능형홈 개론
2. 지능형홈 네트워크
3. 지능형홈 기기
4. 지능형홈관리사 실기
5. 지능형홈관리사 필기 기출문제

| 약력

김일진	• 대덕대학교 스마트홈융합과 교수(공학박사)
이의신	• 충북대학교 정보통신공학부 교수(공학박사)
송한춘	• 서일대학교 정보통신공학과 교수(공학박사)
황준호	• 어스빌파트너스건축(융합기술경영학박사)
장우성	• LG전자 세일즈역량육성팀 책임

필기+실기 완벽대비

지능형홈관리사

초판인쇄 2024년 5월 16일
초판발행 2024년 5월 22일

발행처 (주)한솔아카데미
지은이 김일진, 이의신, 송한춘, 황준호, 장우성
발행인 이종권

홈페이지 www.inup.co.kr / www.bestbook.co.kr
대표전화 02)575-6144
주소 서울시 서초구 마방로10길 25 A동 20층 2002호
등록 1998년 2월 19일(제16-1608호)

ISBN 979-11-6654-531-3 13550
정 가 35,000원

※잘못 만들어진 책은 구입처에서 바꾸어 드립니다.
※이 책의 내용을 무단으로 복사, 복제, 전재하는 것은 저작권에 저촉됩니다.

머리말

4차 산업혁명의 핵심 기술로는 인공지능(AI), 사물인터넷(IoT), 빅데이터(Big Data), 3D 프린터, 가상현실(VR), 증강현실(AR) 등이 있습니다. 이러한 기술들을 융합하는 분야 중 하나가 스마트홈(지능형홈) 분야입니다.

2024 국제전자제품박람회(CES: Consumer Electronic Show)에서는 세계 최대 IT 전시회이자 세계 3대 국제 전자제품 박람회 중 하나로, 인공지능(AI)과 사물인터넷(IoT)을 기반으로 한 지능형홈 시장이 사상 최대 규모임을 입증했습니다.

스마트홈 생태계는 AI 기술과 결합하여 서비스의 다양화와 영역의 확장, matter 표준 등으로 인한 연결성 강화 등 진화를 거듭하며 지능형홈(AI@Home)으로 발전하고 있습니다. 이에 따라, 지능형(스마트)홈 설계/개발, 구축/시공, 운용/유지보수, 영업/고객지원 등의 직군에서 지능형홈의 기본 역량을 갖춘 인재들의 필요성이 점점 높아지고 있습니다.

'지능형홈관리사(AI@Home Manager)'는 정부의 디지털 뉴딜 정책사업과 인공지능 활성화로 인해 최근에 급부상하고 있는 유망 직업 중 하나입니다. 또한, 2024년 1월에는 과학기술정보통신부로부터 국가공인 자격을 인정받았습니다.

맥킨지에 따르면, 2025년을 기준으로 지능형홈 서비스 플랫폼 적용을 통한 경제적 가치는 3,500억 달러 이상으로 추산되고 있습니다. 국내외 지능형홈 플랫폼 기업과 인공지능 스마트 가전 기업들은 치열한 홍보와 함께 지능형홈에 맞는 우수한 제품들을 출시하고 있습니다.

국내에서는 LH(한국토지주택공사)가 이미 지능형홈 서비스인 홈즈(HomeZ)를 선언하며 똑똑한 주거공간을 만들기로 약속했습니다. 또한, 국내 통신사들과의 협업을 통해 개방형 지능형홈 플랫폼을 구축하고, 시공하는 모든 주택에는 지능형홈서비스를 전면 적용할 계획입니다.

LG전자는 스마트 가전뿐만 아니라 태양광 패널, 시스템 에어컨 등을 통해 스마트홈의 전기 및 공조를 모니터링하고 제어하기 위한 기술과 인프라를 구축하고 있습니다. 고객들은 지능형 라이프 스타일 플랫폼 'LG 씽큐(LG ThinQ)' 앱을 통해 제품 관리, 서비스, 커머스 등 다양한 기능을 활용하여 편리한 지능형홈 생활을 누릴 수 있습니다.

삼성전자도 스마트싱스를 통해 IoT 허브 없이도 지능형홈 환경을 구현할 수 있는 '스마트싱스 허브(SmartThings Hub)' 소프트웨어를 선보였습니다. 이는 삼성전자의 스마트 TV, 스마트 모니터, 패밀리 허브 냉장고 등 모든 가전제품에 적용되어 있습니다.

이러한 지능형홈 서비스 분야에서는 많은 전문 인력이 필요하며, '지능형홈관리사(AI@Home Manager)'는 글로벌 시대에 요구되는 필수 자격증이 될 것으로 기대됩니다. 여러분이 4차 산업혁명 시대에 요구되는 본 자격증을 취득한다면, 지능형홈 분야에서 누구보다 앞서 나가는 최고의 전문가가 될 것입니다.

대표 편저자 김일진

지능형홈관리사 자격증 시험에 관한 자세한 정보는
한국정보통신자격협회 홈페이지에서 확인할 수 있습니다.

차례

1 지능형홈 개론

01 지능형(스마트)홈의 이해   2
  1. 지능형(스마트)홈의 개요   2
  2. 지능형(스마트)홈 융합기술   9

02 IoT(사물인터넷)의 이해   21
  1. IoT 개요   21
  2. IoT 서비스 플랫폼   24
  3. IoT 융합기술 및 응용분야   30

03 인공지능의 이해   34
  1. 인공지능의 개요   34
  2. 인공지능 융합기술   39
  3. 인공지능의 작동방식에 따른 기술적 이해   51

04 지능형(스마트)홈 법규 및 직업윤리   52
  1. 인공지능과 직업윤리   52
  2. 인공지능의 개인정보보호 6대 원칙   58
  3. 개인정보 보호법 개요 (개인정보 보호법 제1장)   59
  4. 개인정보 보호법 Q & A   61
  5. 지능형 홈네트워크 설비 설치 및 기술기준   67

■ 예상문제   76

2 지능형홈 네트워크

01 데이터 통신과 네트워크의 개요   102
  1. 데이터통신의 기본 개념   102
  2. 네트워크의 기본 개념   103
  3. 네트워크 모델과 프로토콜   104
  4. 지능형(스마트)홈 네트워크와 통신 기술의 종류   107

02 지능형(스마트)홈 근거리 통신 기술   108
  1. 개인 영역 통신   108
  2. 근거리 통신   116

03 지능형(스마트)홈 원거리 통신 기술   127
  1. 저전력 광역 통신망   127
  2. 무선 광역 네트워크   133

04 지능형(스마트)홈 기타 통신 기술   137
  1. 시리얼 통신 기술   137
  2. 네트워크 계층 통신 기술   139

05 지능형(스마트)홈 보안 기술   146
  1. 지능형(스마트)홈 보안 개념   146
  2. 보안 기본 이론   150
  3. 인증 기술   155
  4. 접근 제어 기술   158
  5. 보안 위협 및 대응   160

■ 예상문제   165

3 지능형홈 기기

01 지능형(스마트)홈 기기 일반   192
  1. 지능형(스마트)홈 산업 특징   193
  2. 지능형(스마트)홈(홈IoT) 생태계 6대 구성요소   196
  3. 지능형(스마트)홈의 플랫폼   196

02 지능형(스마트)홈 기기 활용   199
  1. 한국토지주택공사(LH) 홈즈(Home Z) 지능형(스마트)홈 시스템   199
  2. SK건설 SKAI 지능형(스마트)홈 시스템   200
  3. 현대건설 하이오티(Hi-oT) 지능형(스마트)홈 시스템   201
  4. LG ThinQ 지능형(스마트)홈 시스템   203
  5. SKT NUGU 지능형(스마트)홈 시스템   203

03 전기전자 기초 및 센서일반   204
  1. 전기전자 기초   204
  2. 전기전자 부품(소자)의 기초와 활용   209
  3. 배전반, 분전반(함), 통신 단자함   212
  4. 중성선, 접지 그리고 차단기   216
  5. 센서의 개념 및 정의   221
  6. 트랜스듀서와 액추에이터   222
  7. 센서의 기능과 구비조건   223
  8. 센서의 분류센서   224
  9. 주요 스마트 센서의 활용   227

04 지능형(스마트)홈 가전기기   237
  1. 인공지능(AI) 스피커   237
  2. 지능형(스마트)홈 주방·세탁가전   240
  3. 지능형(스마트)홈 조명 가전과 스마트 스위치   242

05 지능형(스마트)홈 헬스케어 기기   244
  1. 종류와 형태   244
  2. IoT 헬스 플랫폼   246
  3. 스마트 메디컬 홈 서비스   249

06 지능형(스마트)홈 에너지 기기   252
  1. 지능형(스마트)홈 그리드   252
  2. 지능형(스마트)홈 그리드 구현의 핵심   254
  3. IoT 기반 지능형(스마트)홈 에너지 서비스   256

■ 예상문제   258

4 지능형홈관리사 실기

01 지능형(스마트)홈 설계실무   **282**
  1. 지능형(스마트)홈 요건 분석   **282**
  2. 지능형(스마트)홈 네트워크 설계 및 구성   **306**
  3. 지능형(스마트)홈 기기 구성   **328**

02 지능형(스마트)홈 구축 및 운용 실무   **345**
  1. 지능형(스마트)홈 구축   **345**
  2. 지능형(스마트)홈 운용 및 문제해결   **406**

03 지능형(스마트)홈 용어 및 트렌드   **424**
  1. 지능형(스마트)홈 용어 및 설계실무와 최신의 지능형(스마트)홈 트렌드   **424**

5 지능형홈관리사 필기 기출문제

최근 기출문제 5회분(2022~2023년도)   **440**
  1. 제1회분 기출문제   **440**
  2. 제2회분 기출문제   **449**
  3. 제3회분 기출문제   **459**
  4. 제4회분 기출문제   **468**
  5. 제5회분 기출문제   **476**

지능형홈관리사
검정요강

시험소개

01 검정개요

지능형홈관리사란, 4차 산업혁명의 핵심인 사물인터넷과 초연결 기술을 기반으로, 나날이 발전하는 지능형홈 기기들의 효율적인 활용을 위한 배치 설계 및 구축과 운용을 담당하는 전문 인력을 양성하기 위한 자격이다.

02 검정기준

자격명칭	검정기준
지능형홈관리사	인공지능과 사물인터넷, 네트워크 등 지능형홈에 관한 이론 지식과 숙련기능을 바탕으로 지능형홈 환경 구현을 위한 시스템을 일반적인 권한 내에서 설계·구축·운용할 수 있는 이론적, 실무적 능력을 검정한다.

- 자격의 종류 : 공인민간자격 (2024년 1월 1일 국가공인 자격 획득)
- 등록번호 : 2021-000289
- 공인번호 : 과학기술정보통신부 제2023-01호
- 등급별 정보 : 등급 없음(공인민간자격)
- 자격발급기관 : 한국정보통신자격협회
- 민간자격정보서비스(www.pqi.or.kr)

03 검정요강

- 응시자격 : 제한 없음
- 검정과목

필기검정	필기 검정문제의 문항수는 40문항이 출제되며, 40분의 제한시간을 둔다.
실기검정	15문항이 출제되며 40분의 제한시간 내에 지시된 사항을 수행해야 한다.

시험소개

• 문항 수 / 제한시간

등급	검정방법	검정과목	주요항목	문항수	제한시간	유형
등급 없음	필기	지능형홈 개론	지능형홈의 이해	40문항	40분	필기 : 택일 배점 : 2.5점
			IoT의 이해			
			인공지능의 이해			
			지능형홈 법규 및 직업윤리			
		지능형홈 네트워크	지능형홈 통신 기술			
			지능형홈 보안			
		지능형홈 기기	지능형홈 기기 일반			
			지능형 융합 기기			
	실기	지능형홈 실무	지능형홈 설계 실무	15문항	40분	단답/서술/작업/분석형
			지능형홈 구축 및 운용 실무			

※ 필/실기 통합형 검정으로 실기 후 쉬는 시간 없이 필기 진행

04 합격기준

등급	검정방법	합격검정기준	
		만점	합격점수
등급 없음	필기	100점	40점 이상
	실기	100점	40점 이상
	합계	200점	120점 이상

※ 필기와 실기 각각 100점을 만점으로 하여 필기와 실기 각 40점 이상과 합계 평균 60점 이상을 득점한 자

시험소개

05 검정료

등급	검정료	입금방법
등급 없음	75,000원	무통장입금, 신용카드, 온라인이체

회수	2024년 제1회	2024년 제2회	2024년 제3회	2024년 제4회
등급	–	–	–	–
과목	통합	통합	통합	통합
접수기간	2024.02.27~ 2024.03.04	2024.05.21~ 2024.05.24	2024.08.27~ 2024.08.30	2024.11.05~ 2024.11.08
수검일자	2024.03.31	2024.06.23	2024.09.29	2024.12.01
합격발표	2024.04.09	2024.07.02	2024.10.08	2024.12.10
검정예정 지역	서울, 인천, 수원, 대전, 대구, 부산, 광주	서울, 인천, 수원, 대전, 대구, 부산, 광주, 제주	서울, 인천, 수원, 대전, 대구, 부산, 광주	서울, 인천, 수원, 대전, 대구, 부산, 광주, 제주

※ 지원한 검정지역에 해당종목 접수인원이 20명 미만인 경우 검정지역이 변경되거나 시험이 취소될 수 있습니다.

기타 안내

- 검정 원서 접수방법 : 인터넷 접수 → 원서접수 기간 동안 가능
  www.icqa.or.kr
  ※ 모든 검정은 온라인 접수입니다.
- 검정 장소 : 검정일 1주일 전 홈페이지에 공고
- 합격자 발표 : 검정 일정 참조

지능형홈관리사
실기시험 예제 프로그램 사용법

예시

실기시험에 관한 프로그램 화면은 일부만 발췌하였습니다.
실기시험 프로그램의 자세한 내용은 한국정보통신자격협회 홈페이지를 참고해 주세요.

한국정보통신자격협회 홈페이지
www.icqa.or.kr

Example

Example

지능형홈관리사
AI@Home Manager

지능형홈 개론

1. 지능형(스마트)홈의 이해
2. IoT(사물인터넷)의 이해
3. 인공지능의 이해
4. 지능형(스마트)홈 법규 및 직업윤리
- 예상문제

01 지능형(스마트)홈의 이해

1 지능형(스마트)홈의 개요

(1) 지능형(스마트)홈의 개념과 특징

① 최근 글로벌 디지털혁신의 선도분야로 지능형 홈이 부상하면서 과거 지능형(스마트)홈은 월패드 또는 인공지능(AI) 스피커로 한정된 기기제어 수준으로 이용자들의 활용도가 저조.

② 건설·가전기업 등 서로 다른 규격의 표준(OneM2M, RS485, OCF 등)을 채택해 가정에서는 자유롭게 기기를 연결해 활용이 어려우며 시장 형성도 제한

③ 지능형(스마트)홈의 진화 측면에서 지능형 홈은 가전·조명·출입문 등 가정 내 기기를 단일 글로벌 표준으로 연결하고 인공지능 기반으로 맞춤형 서비스를 제공하는 것

④ 글로벌시장은 지능형(스마트)홈 표준이 매터로 통일 추세이며 생성형 인공지능과 접목해 더욱 똑똑하고 편리한 서비스를 제공하는 지능형 홈으로 진화

⑤ 매터는 많은 사람들이 사용할수록 재화·서비스 가치가 올라가 시장이 확대되는 네트워크 효과 및 기기간 자유로운 연결을 위해 플랫폼, 가전, 기기제조 등 530여개 기업이 참여해 매터표준이 2022년 10월 출시

⑥ 정부는 시장 전환기를 적극 활용해 지능형 홈 신시장 창출을 체계적으로 지원하고자 '지능형 홈(AI@Home) 구축·확산 방안'을 발표하여 이용자 중심의 차별화된 서비스 출시·도입이 촉진돼 국민 삶의 질이 높아지며 장애인·노인 등 취약계층의 복지도 두터워 질 수 있을 것으로 기대(2023년 8월 정부자료 참조)

⑦ 지능형(스마트)홈은 집에 디지털을 활용해서 AI 기반으로 개인 맞춤형 서비스가 제공되는 편리한 디지털 신주거환경으로 인공지능 기반한 서비스를 제공함을 의미하며, 기술 시스템, 자동화 프로세스, 원격 제어기기 등을 통해 아파트나 주택에서 설비나 가전을 사용하는 것.

⑧ 주요 목적은 가정에서 삶의 질과 편의성을 높이고, 보안을 향상시키고 에너지 효율을 높이는 것이며, 이때 연결된 원격 제어 기기를 사용하며 자동화를 지원하는 주택으로 지능정보화사회를 기반으로 살아간다는 것을 이해하는 것이 중요.

⑨ 전 국민이 디지털의 이해와 교육으로 디지털 삶의 생태계를 알고 활용하는 것이 목표가 되고 이것을 바탕으로 첨단기술의 발달과 함께 지능형(스마트)홈에서 AI지능형(스마트)홈으로의 전환도 자연스럽게 이루어지는 산업구조와 맞추어 생산자와 소비자 그리고 플랫폼산업의 유통자의 융합적인 순환고리를 통한 스마트 라이프를 경험하게 되어가고 있음.

⑩ 2023-2024년 세계적인 흐름(역대 CES 참고)에서 보면 글로벌 AI기술은 더욱 융합되고 다양화되고 실증적으로 개발되어 스마트 주거환경안에서 AI와 연계하는 디지털생태계의 지능정보화 사회안에서 개인이 원하는 요구에 맞춰 응답하고, 개인이 필요로 하는 부분들을 예측 가능하게 발전되어 국민이 디지털지식을 가진 스마트휴먼, 스마트피플, 스마트시민으로서 더 알고 활용하고 향유하는 것으로 국가정책과 산업이 연계되고 있음.

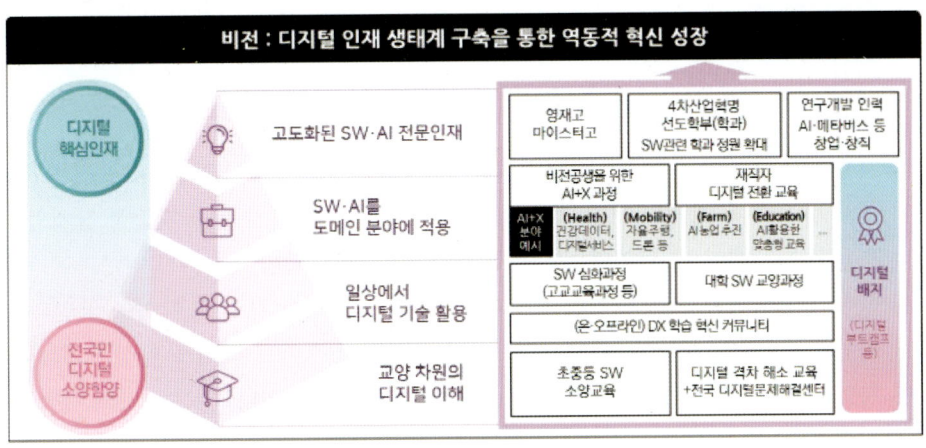

그림 1-1 디지털 100만 인재 양성 로드맵

출처: 대통령직인수위원회, 이데일리 편집

⑪ 정부국토교통부산하기관에서 분류한 기준으로 지능형(스마트)홈1은 에너지환경 (스마트그리드, 전기자동차, 신재생에너지, 열병합발전 등 4가지 분야) 및 지능형(스마트)홈2는 ICT영역(통신, IoT/센서, 네트워크시스템, 빅데이터, 정보보완 등 5가지 분야)와 지능형(스마트)홈3는 지능형(스마트)홈(홈네트워크, 스마트미러링, 플랫폼, 주거환경제어, 헬스케어, 에너지관리, 보완시스템 등 7가지 분야)로 총 스마트기술분류 7개항목 32요소 중 3가지 영역 16개 요소를 포함.

그림 1-2 스마트시티 기술 분류(7개 항목 32요소)
출처: 국토교통과학기술진흥원, 제목 : 기술분류(7개항목 32요소)

⑫ 스마트 서비스에 있어서 가장 중요한 요소는 디지털 기반이고, 스마트 공간, 스마트 제품, 스마트 데이터, 스마트 서비스를 총괄하는 개념.

⑬ 지능형(스마트)홈은 가정에 있는 다양한 정보기기, 가전기기, 전자기기 들을 제어하고 관리하기 위한 홈 서버, 가정에 있는 다양한 기기들을 연결하는 유선/무선 홈네트워크, 다양한 기기들을 홈서버로 연동시키기 위한 프로그램인 홈미들웨어, 그리고 외부 인터넷에서 가정 내부의 기기들을 연결하는데 있어서 보안기능을 담당하는 홈게이트웨이로 구성.

⑭ 지능형(스마트)홈이란 홈(HOME)이라는 공간에 스마트(SMART)기술을 접목한 스마트 홈에서 발전하여 가정의 모든 정보기기, 가전기기, 전자기기들이 지능형 장치와 연결되어 효율적으로 제어 및 관리되는 지능형 컨넥티드 홈을 말함.

⑮ 한국 지능형(스마트)홈산업협회에 따르면 "주거 환경에 IT를 융합하여 국민의 편익과 복지증진, 안전한 생활이 가능하도록 인간 중심적인 스마트 라이프 환경"으로 정의.

⑯ 지능형(스마트)홈은 집안에 구현된 IoT 서비스라고 할수 있다. 이는 집안의 가전제품과 보안 시스템, 조명 등을 서로 원격으로 제어하도록 연결하여 만든 시스템이며, 통신·건설·가전· 보안·콘텐츠·전력 등 다양한 산업이 융합된 서비스.

그림 1-3 Smart Home 산업의 범위와 스마트홈 연계성
출처: 스마트홈산업협회

(2) 지능형(스마트)홈의 배경 및 발전방향

4차산업혁명의 물결속에 지능형(스마트)홈은 점진적으로 발달하고 매슬로우 인간의 5단계 욕구설과 지능형(스마트)홈(시티)의 서비스와 연계하여 1차혁명(인프라인 전기 상하수도)에서 2차혁명(방범, 방재, 교통), 3차혁명(초고속인터넷을 통한 도시서비스의 구현), 4차혁명(공유경제와 미래예측의 개인맞춤형서비스의 도시솔루션개념의 자아실현)까지 연계하여 이해

그림 1-4 인간의 욕구와 4차 산업혁명 구조
출처: 스마트+인테리어 HVC산업의 뉴비즈니스 전략세미나, LH 발표자료

① 지능형(스마트)홈의 역사는 가정내 노동력을 절약하는 기계로 시작된 가전의 자동화와 그 역사를 함께 하고 있다.
② 1950년대 공상 과학 소설에 기계가 완전히 자동으로 모니터링하고 제어하는 집이 처음 등장
③ 1975년 최초의 범용 홈 오토메이션 네트워그 기술인 X10이 개발. 이후 지속적인 개량을 거듭하였다. 이후 현재는 3세대인 인간과 상호작용하는 로봇까지 발전 됨.
④ 1980년말 '홈 오토'라는 단어가 등장
⑤ 1900년대 독립형 전력 분배가 도입됨에 따라 세탁기, 온수기, 냉장고, 식기 세척기 및 의류 건조기 도입
⑥ 1999년 디즈니가 제작한 영화인 "Smart House"는 가정용 컴퓨터에 관한 것으로 지능을 가진 기계가 스스로 사고하게 되었을 때 일어난 일들을 묘사
⑦ 1999년말 MIT 캐빈 애쉬턴과P&G와 협업하면서 "사물 인터넷" 용어가 공식화됨
⑧ 2001년 뒤스부르크에세워진 Fraunhofer inHausCenter인 등대 프로젝트에서 스마트홈 분야의 새로운 시스템 솔루션 및 제품을 주거 환경에서 테스트
⑨ 2005년부터 2011년까지 뮌헨에 세워졌던 "The House of the Present(이 시대의 집)"는 중앙 제어 전자 프로세스를 사용한 커넥티드홈을선 보임
⑩ 2005년 베를린 Deutsche Telekom의 최초의 T-Com House세워짐
⑪ 2008년 스위스에서 세계 최초의 IoT 컨퍼런스 개최
⑫ 2014년 아마존이 에코 스마트 홈 허브 출시로 IoT 기술과 일상이 상호작용 시작
⑬ 2020년대에는 구글홈, 애플홈킷, 아마존, 삼성 스마트씽스, LG ThinQ등 다양한 플랫폼 등장(글로벌 표준으로 매터를 중심으로 선택)하여 지능형(스마트)홈 활성화에 기여
⑭ 지능형(스마트)홈은 발전단계에서 보다시피 통신망의 발전과 같이 발전하고 초기 전력선 또는 유선 통신망을 이용하던 시스템이 초고속 무선 통신망으로 바뀌었고, 디바이스도 스마트 기기로 진화했으며, IoT가 활성화 되면서 자동 조절 할 수 있는 기기도 늘었듯이, 현재의 지능형(스마트)홈은 통신기술 발달로 시공간 제약이 사라지고 더욱 다양한 기기들을 연결.

표 1-1 스마트홈 발전추세

구분	스마트홈1.0	스마트홈2.0	스마트홈3.0	스마트홈4.0
개념	홈 오토메이션	홈 네트워크	IoT홈	커넥티드 홈
통신 방식	유선	유선	무선	무선
제어 기기	스마트 TV	월패드	IoT 가전	AI가전, 로봇 등
주요 기능	VOD 서비스	가정 내 제어	외부 원격제어, 모니터링	자율 동작, 개인 맞춤, 플래폼간 연동
관련 업종	가전사	가전사, 건설사, 홈넷사	가전사, 건설사, 통신사	SW, 센서, 자동자, 의료, 에너지 등

출처: 산업통상자원부, '2017-2018 산업통상자원백서', 재구성

⑮ 지능형(스마트)홈은 집안에 사는 사람들이 즐겁고, 편리하고, 안전하고 건강한 삶을 통한 환경 친화적인 삶을 살도록 첨단 IT기술을 발전시켜, 이를 통한 다양한 융합서비를 제공하도록 발전.

(3) 지능형(스마트)홈 구성요소

① 지능형(스마트)홈산업은 가전을 관리하고 지능형 서비스를 제공하여 가정 내 사용자 생활 편의성 증대, 에너지 효율성 확보 등을 제공하기 위한 서비스 플랫폼을 기준으로 전후방 산업과의 연계가 중요한 산업의 특징.

표 1-2 지능형(스마트)홈 시스템 구성

구분	세부 내용
홈 서버	가정의 정보기기, 가전기기, 전자기기들을 제어 및 관리
홈미들웨어	다양한 가정의 기기들을 홈서버와 연동시키는 프로그램
홈 네트워크	다양한 가정의 정보기기, 가전기기들을 상호 연결시키는 유선/무선 근거리 네트워크
홈게이트웨이	외부에서 홈의 기기들을 접속시키고 보안기능을 담당

② 지능형(스마트)홈 서비스는 여타 플랫폼 대비 건강, 의료, 쇼핑 등 다양한 분야로의 확장이 가능하며, 특히 건설산업 관련 주체들의 새로운 비즈니스 모델로 확장할 가능성이 있는 산업 구조.

표 1-3 응용 분야에 따른 지능형(스마트)홈 서비스 플랫폼 구분

구분	세부 내용
홈오토메이션	홈오토기기, 홈게이트웨이/월패드, 공용부관리 서비스 등
홈에너지	홈에너지관리, 에너지 저장, 전력공급 시스템 등
홈 시큐리티	가정 물리 재난, 가정 정보 재난, 가정 재난 대응 서비스 등
지능형 홈서비스	홈클라우드, 상황인지, 홈로봇서비스 등

- 난방, 환기 및 공조(HVAC) : 간결하고 사용자 친화적인 인터페이스를 통합한 인터넷을 기반으로 가정내의 에너지 활용을 원격 제어
- 거주자 인식 제어 시스템 : CO_2센서 및 스마트 미터기 등과 같은 환경감지 센서를 통한 감지가 가능
- 조명 제어 시스템
- 누출 감지 및 연기 CO탐지기
- 애완 동물 관리 : 애완동물의 움직임을 추적하여 엑세스 권한을 제어
- 보안 : 인터넷을 통한 보안 카메라를 원격 감시하거나, 가정용 자동화 시스템과 통합하여 모든 문과 창문 등을 원격 제어하고 계폐

표 1-4 지능형(스마트)홈 서비스 플랫폼 분야 산업구조

지능형(스마트)홈 정보가전기기 분야	지능형(스마트)홈 플랫폼 분야	지능형(스마트)홈 서비스 분야
스마트 TV 홈IoT센서 홈IoT가전기기 홈로봇	지능형(스마트)홈제어플랫폼 지능형(스마트)홈사용자 인터랙션플랫폼 홈상황인지프레임워크 개방형 홈서비스프레임워크	홈오토메이션 서비스 홈에너지관리 서비스 홈시큐리티 서비스 지능형(스마트)홈 O2O 서비스

③ 기존의 '홈 네트워크'가 유선 중심의 폐쇄성으로 시장확대에 한계를 가졌다면, 현재의 지능형(스마트)홈(홈IoT)는 통신 기술 발달에 힘입어 이용자의 시공간의 제약이 사라지고 더욱 다양한 기기들을 연결할 수 있다는 점에서 기존 '홈 네트워크'와는 다른 새로운 생태계가 조성될 전망

④ 지능형(스마트)홈시장 생태계 조성의 첫 단추는 가장 먼저 '통신' 즉 유무선 유무선인터 인프라 확보이며, 그 다음으로 IoT 통신이 가능한 '스마트 디바이스' 및 수 없이 많은 스마트 디바이스 간의 커넥티비티 즉, '표준화'를 통한 스마트 디바이스간 원활한 통신 기반 확보가 우선.

⑤ 유무선인터넷/스마트 디바이스/IoT 표준화가 인프라에 해당한다면 '플랫폼'은 이런 인프라 시설을 운용/컨트롤 할 수 있는 홈허브역할을 하는 것이며, 홈허브를 이용자 편의성에 맞게 '컨트롤 할 수 있는 디바이스'가 갖춰져야 함

마지막으로 가장 중요한, '이용자의 니즈에 맞는 킬러 컨텐츠'가 적절히 갖춰져야 비로소 지능형(스마트)홈시장의 생태계는 완성이 될 수 있을 것.

그림 1-5 지능형홈(홈IoT) 생태계 6대 구성요소

출처: 디지에코

2. 지능형(스마트)홈 융합기술

(1) 4차 산업혁명과 지능형기술

① 4차 산업혁명 개념
  ㉠ 1차 산업혁명은 증기기관을 통한 기계화 혁명
  ㉡ 2차 산업혁명은 전기에너지를 이용한 대량생산 혁명
  ㉢ 3차 산업혁명은 컴퓨터와 인터넷을 통한 지식정보 혁명
  ㉣ 4차 산업혁명은 인공지능 등 스마트기술을 모든 산업에 적용한 스마트융합 혁명

② 4차 산업혁명 특징
  ㉠ 4차 산업혁명은 핵심은 스마트기술을 통한 융합으로 새로운 가치의 창출과 고객 만족의 서비스를 제공하는 것
  ㉡ 4차 산업혁명의 특징은 초연결성, 초지능화, 스마트서비스 등

③ 지능형 스마트 기술의 특징
  ㉠ 서비스 플랫폼 중심
  ㉡ 인공지능화
  ㉢ IT 기술을 통한 융합화
  ㉣ 사용자 중심 제품개발 및 서비스
  ㉤ 서비스 제공의 유연성
  ㉥ 개방형 플랫폼 구조

(2) 지능형 홈 적용기술

① 사물 인터넷 기술
  ㉠ 세상에 존재하는 사물과 사물, 사물과 사람을 연결시키고 지능을 부여하여 새로운 지능형서비스를 제공할 수 있게 하는 초연결 네트워크를 말함.
  ㉡ 사물인터넷의 주요 구성 3요소는 사물, 사람, 지능형서비스

② 인공지능 기술
  ㉠ 인공지능을 사람의 지능이 수행하는 인지능력, 추론능력, 판단능력, 계산 능력 등을 컴퓨터 프로그램으로 구현한 것을 말함.
  ㉡ 인공지능을 초기 기계학습 단계의 약한 인공지능에서 발전하여 인공신경망의 딥러닝 기술을 적용한 강한 인공지능으로 발전하였음.

③ 클라우드 컴퓨팅 기술
  ㉠ 클라우드 컴퓨팅을 데이터센터에 거대한 정보 전산자원을 구축하여 놓고 누구든지 인터넷으로 접속하여 필요한 정보전산 자원을 임대하여 사용할 수 있게 한 것.
  ㉡ 클라우드 컴퓨팅은 인터넷을 통하여 IT자원을 필요한 만큼을 제공 받고 IT자원을 사용한 만큼 비용을 지불하게 하는 시스템 기술임.
  ㉢ 클라우드 컴퓨팅을 통하여 제공하는 서비스로는 소프트웨어(SaaS), 플랫폼 (PaaS), 인프라IaaS)가 있음.
  ㉣ 클라우드는 구축형태에 따라, 공공(Public)클라우드, 사설(Private)클라우드, 하이브리드(Hybrid)클라우드, 엣지(Edge)클라우드 등이 있음.

④ 빅데이터 기술
  ㉠ 빅데이터는 정보화 환경에서 다양하게 생성되는 대용량의데이터를 말하는 것
  ㉡ 빅 데이터는 단순히 데이터가 많은 대용량의 데이터만을 의미하는 것이 아니라 수집된 수 많은 대용량의 데이터를 체계적으로 분석하고 활용하여 가치 있는 정보를 추출하고, 추출한 정보를 바탕으로 능동적으로 대응하거나 새로운 변화를 예측하기 위한 데이터 활용기술을 포함하는 포괄적인 의미.
  ㉢ 데이터의 다양성은 비정형데이터, 반정형데이터, 정형화된 데이터를 포함
  ㉣ 빅데이터의 특징으로는 대용량성, 다양성, 속도성, 정확성, 가치성이 있음.

⑤ 가상현실 기술
  ㉠ 가상현실은 첨단 정보통신 기술을 활용하여 현실세계와 유사한 가상의 세계를 만들어서 사용자의 오감을 자극하여 실제와 유사한 공간적, 시간적 체험을 하게 하는 기술
  ㉡ 증강현실은 가상세계와 현실을 결합하여 사용자에게 현실환경에 응용하게 하는 기술
  ㉢ 메타버스는 초월세상으로 가상의 공간에서 사회적, 경제적 활동을 하게 하는 기술

⑥ 사용자 생체정보인식 기술
  ㉠ 사람의 생체정보는 사람마다 확연히 구별되고, 항상 몸에 지니고 있어서 편리함
  ㉡ 사용자 생체정보는 생물학적 정보와 행위학적 정보로 구분된다. 생물학적 정보는 사람의 신체에서 정보를 추출하는 것으로 지문정보, 홍체정보, 안면정보, 장문정보 등이 있고, 행위학적 정보로는 음성, 서명, 걸음걸이 등이 있음.
  ㉢ 사용자 생체정보는 그 사용자인지를 인증하는 데 활용

⑦ 지능형 로봇 기술
  ㉠ 로봇은 인간과 유사한 모습과 기능을 가진 기계 또는 한 개의 컴퓨터 프로그램으로 작동할 수 있고, 자동적으로 복잡한 일련의 작업을 수행하는 기계적 장치
  ㉡ 로봇기술은 기계설계, 제어 이론, 마이크로전자, 컴퓨터 프로그래밍, 인공지능, 인간요소와 생산 이론과 같은 넓은 분야를 포함.

ⓒ 로봇기술에는 인공 지능 기술, 조작 제어 기술 (물건을 잡고, 자유롭게 핸들링 하는 기술), 자율 이동 기술 (자유롭게 이동할 수 있는 기술), 물체 인식 기술(학습한 지식정보를 바탕으로, 물체를 실시간으로 알아내는 기술), 위치 인식 기술, 사람과 인터페이스 기술, 센서 및 액츄레이터 기술 등을 포함
　　ⓔ 지능형 로봇은 사람을 대신하여 다양한 분야에서 사람에게 도움을 주는 로봇
　　ⓜ 지능형 홈에서는 가사지원 로봇, 실버 로봇, 교육 로봇, 의료로봇, 헬스케어 로봇 등
⑧ 정보보안 기술
　　ⓐ 정보는 누군가에게 궁금하고 가치가 있고 필요하도록 가공된 데이터를 말함
　　ⓑ 정보보안의 목적은 정보의 비밀성과 신뢰성인 기밀성을 유지하고, 정보가 임의로 위조 및 변조 되지 않도록 무결성을 유지하고, 접근권한이 허용된 사람은 정보를 접근하여 사용할 수 있는 가용성을 제공하는 것
　　ⓒ 정보의 보안은 물리적 보안, 관리적 보안, 기술적 보안으로 구분됨.
　　ⓔ 물리적 보안은 전산실의 자물쇠를 통한 접근통제 보안이고, 관리적 보안은 인원에 대한 보안교육 및 문서를 보안하는 것이고, 기술적 보안은 정보보안 장비나 프로그램을 통하여 보안을 하는 것

(3) 지능형(스마트) 융합서비스 기술

스마트 기술인 인공지능, 빅데이터, 클라우드 컴퓨팅, 사물인터넷, 지능형 로봇 등의 스마트 기술을 융합한 서비스로는 스마트 시티, 스마트 홈, 스마트 팜, 스마트 팩토리, 스마트 헬스케어, 스마트 웨어러블, 스마트 그리드 등 다양함

① 스마트 시티
　　ⓐ 스마트시티는 국토교통부에서 "4차 산업혁명의 시대에 혁신기술을 활용하여, 시민들의 삶의 질을 높이고, 도시의 지속 가능성을 제고하며, 새로운 산업을 육성하기 위한 플랫폼"으로 정의
　　ⓑ 스마트 도시조성 및 산업진흥에 관한 법률 제2조 1항에서 "도시의 경쟁력과 삶의 향상을 위하여 건설, 정보통신 기술 등을 융·복합하여 건설된 도시 기반 시설을 바탕으로 다양한 도시 서비스를 제공하는 지속 가능한 도시"로 정의.
　　ⓒ 유럽연합에서는 "주민과 사업의 이익을 위해 디지털과 통신 기술을 활용하여 전통적인 기술을 활용하여 전통적인 네트워크와 서비스를 보다 효율적으로 만드는 장소"로 정의
　　ⓔ 스마트 시티를 구성하는 요소는 크게 하드웨어 인프라, 센서, 네트워크, 데이터 및 지원, 애플리케이션의 관점으로 5개 세부 요소로 구분

ⓜ 스마트시티 통합플랫폼은 도시내 방범, 방재, 교통 등 CCTV 정보를 실시간 수집하며, 주요행정기관 및 유관기관과 연계하여 사고, 사건 발생시 신속한 영상정보를 제공하여 재난대응, 환경감시, 교통관제를 가능하게 하는 플랫폼

ⓗ 국내에서는 서울시, 부산시, 대전시, 인천시 등 도시의 특색에 맞게 스마트 시티 사업을 추진하고 있음 (참고 https://smartcity.go.kr/)

ⓢ 도시는 큰집이고 집은 작은 도시다는 개념으로 도시를 보아야 한다. 큰 시스템으로 기술망, 법망, 도덕망, 환경망 등 다양한 레이어의 겹침으로 우리의 삶은 직조되고 국가와 도시와 마을, 그리고 집까지 연결되고 소통되는 것을 이해 한 후에 집을 본다면 큰 프레임 안에서 세부적인 내용까지 논리적인 연결 구조를 이해하는 것이 필요

ⓞ 도시는 편리한 생활을 할 수 있지만 인구밀도가 높아 여러 가지 문제가 발생하기 도 하는데 사물인터넷을 교통, 환경, 시설 등에 적용하면 도시의 경쟁력을 높이고 도시의 문제를 해결하여, 사람들이 보다 쾌적하고 편리한 삶을 살 수 있으므로 즉, 스마트 시티는 디지털 기술과 데이터를 이용하여 높은 삶의 질을 제공하고 현재 상황을 향상시키며 도시 기능을 최적화하는 솔루션을 제공하게 됨.

그림 1-6 국토교통부, 스마트시티 개념도
출처: https://webzine.tipa.or.kr/tipa/pdf/201910_sub1_2_1.pdf
중소기업전략기술로드맵 2019-2021 스마트시티, p3

② 스마트 주차 및 물류
  ㉠ 스마트 주차 및 물류란 인공지능(AI)과 정보통신(ICT) 등의 다양한 신기술을 활용해 주차 및 물류 현장 자동화와 무인화 설비를 구축해 운영하는 시스템으로 주차프로세스 및 물류의 운송 - 하역 - 보관 - 분류 - 포장 - 배송 등 물류처리 전과정을 자동화, 정보화, 지능화하는 것
  ㉡ 최근에는 주차장의 자동화와 자율주차로 인한 공간활용성 고려 및 물류중심에서 생필품 배달 등 "생활물류"로 전환되어 스마트 물류시스템을 구축하는 중요성은 더욱 증대하는 추세이고 아파트단지에도 실제 많이 접목되고 있음

③ 스마트 홈 AIoT시스템
  ㉠ 삼성물산 건설부문은 삼성SDS와 협업해 홈 IoT 플랫폼에 인공지능 시스템을 연결한 '래미안 A.IoT 플랫폼'을 개발. 기존 시스템이 홈 패드나 모바일 기기 등을 활용해 사용자가 설정을 제어하는 기능에 도입된 시스템은 입주민의 패턴을 미리 분석하고 선호하는 환경에 맞춰 플랫폼이 스스로 제어

그림 1-7 래미안 A.IoT 플랫폼 사례
출처: 서울경제

  ㉡ 개인 맞춤 AI 주거 서비스 상품고도화로 'RAI(Raemian Artificial Intelligence) 라이프관'에서 AI, 로봇, 드론 등 다양한 차세대 스마트 기술을 식음·배송 등 생활편의 서비스에 활용, 입주민의 차량 번호를 인식해 거주동에 가까운 주차 공간으로 안내하는 스마트 주차유도 시스템, 입주민의 짐을 받아서 이동하는 배송로봇 기술 등이 대표적
  ㉢ 아파트 입구에는 방문자 얼굴 인식 서비스를 적용해 아파트 보안에 힘 썼고, 방문자에게 아파트 시설물을 안내하는 자율주행 기능을 갖춘 로봇, 음료 제조와 서빙을 담당하는 무인 카페로봇 등도 제시

- 현대엔지니어링이 하이엔드 생활숙박시설 '힐스테이트 청주 센트럴'도 차별화 IoT특화시스템인 Hi-ot 서비스도입, 음성을 통해 조명 및 대기전력 등 제어가 가능한 음성인식 디밍제어 스위치와 차량 안의 디스플레이나 음성을 통해 집안의 조명, 난방, 환기, 가스 등 홈IoT기기를 원격으로 제어할 수 있는 카투홈(Car To Home) 서비스구축
- GS건설은 자회사 자이S&D와 함께 '자이 AI 플랫폼'을 개발·구축하여 빅데이터를 수집하고 분석해 아파트 에너지 효율을 관리하고 보안과 편의서비스를 강화한 시스템으로 공유차량 헬스케어 세탁 서비스 등 AI를 활용한 다양한 플랫폼 서비스 계획.
- 포스코건설은 건설하는 오피스텔에 '아이큐텍(AiQ TECH)' 서비스인 인공지능 AI에 지능지수(IQ)와 감성지수(EQ)를 융합한 기술로서. 더샵 클라우드 플랫폼을 통해 카카오톡, 통신사, 삼성전자 등과 연동해 편리, 안전과 건강도 책임지며 스마트폰에서 AiQ 홈 어플리케이션을 통해 세대기기제어 및 정보확인이 가능하며, 공동현관 출입 자동인식과 방문차량 예약 시스템 등이 가능

④ 스마트 헬스케어(디지털 헬스케어)
  ㉠ 균형 잡힌건강하고 행복한 삶을 추구하고 스마트 헬스케어(또는 디지털 헬스케어)는 개인의 건강과 의료에 관한 정보, 기기, 시스템, 플랫폼을 다루는 산업분야로서 건강관련 서비스와 의료 IT가 융합된 종합의료서비스.
  ㉡ 헬스케어는 의사와 의료기관을 중심으로 만들어져 환자는 근방으로 소외되어 현재의 헬스케어는 미래예측, 예방의학으로 변화하며, 환자 개개인의 고유한 특성에 적합한 맞춤의학, 환자 참여적 참여의학의 새로운 패러다임을 제시.
  ㉢ 빅데이터가 큰 영향을 미치며 헬스케어의 패러다임 변화에 데이터 수집, 예방 및 건강증진을 통한 맞춤형 의학을 통한 효과적인 치료가 가능하며, 다양한 인공지능, 가상현실, 정밀의료, 유전체분석, 재생의료 등에서 활용되고 의료의 핵심영역으로서 스마트 헬스케어를 시작으로. 홈 헬스케어 서비스 확장을 시도

그림 1-8 LH 스마트헬스 적용사례
출처: LH

ⓔ 지능형(스마트)홈 환경에서 헬스케어는 집 안에서 영상 속 트레이너를 따라 운동하는 것은 물론 웨어러블 기기로 운동 데이터를 수집·분석하고 혈당, 혈압 등을 측정해 건강 상태를 확인·예측까지 하면서 건강 관련 관심 증가와 비대면 의료 서비스 수요확대

  ⓜ 한국토지주택공사(LH)의 '지능형(스마트)홈 헬스케어 통합 플랫폼' 구축 사업 대표사례로 이 플랫폼은 건강보험공단 건강검진 결과와 진료·투약 정보와 집 안의 IoT 기기로 수집한 의료정보를 결합해 모바일 애플리케이션(앱)으로 건강 상태와 질병 예측 정보를 제공하고 주거지역 감염병 정보 제공과 지역 보건소 연계 서비스까지 현재 월패드 업체와 디지털헬스케어 업체와 연계 경기도 시흥, 경남 함양 등 단지에서 시범 운영.

⑤ 스마트 웨어러블

  ㉠ 스마트 웨어러블은 사람의 몸에 착용하여 사람이 거부감 없이 신체의 일부처럼 자연스럽게 착용하여 사용할 수 있어야 함.

  ㉡ 스마트 웨어러블 컴퓨터는 사용자가 몸에 착용할 수 있는 첨단 컴퓨팅 기기로서 인간의 능력을 보완하거나 배가시키는 것이 목표

  ㉢ 스마트 웨어러블 컴퓨터는 자연스럽게 착용할 수 있어야 하며 사용자 요구에 빠르게 반응하고 안정성을 보장.

  ㉣ 문화적 이질감을 극복하고 사용자 인터페이스 기능을 지원.

  ㉤ 웨어러블 디바이스의 장점은 주변 환경에 대한 상세 정보나 개인의 신체 변화를 실시간으로 끊이지 않고 지속적으로 수집 가능

  ㉥ 웨어러블 디바이스의 기본 기능은 편안한 착용감, 언제든지 작동되는 항시성, 사용의 편리성, 착용자의 안전성, 사회적 수용의 사회성 등

  ㉦ 스마트 웨어러블 제품은 스마트 워치, 스마트 헬스밴드, 스마트의류, 스마트 안경, 스마트 신발 등

  ㉧ 스마트 웨어러블 기술의 활용분야 건강과 피트니스, 헬스케어, 의료, 인포테인먼트, 산업, 군사 등

⑥ 스마트 자동차

  ㉠ 스마트 자동차는 IT 기술을 융합시켜 각종 편의 기능과 안전 기능을 탑재한 인간 중심의 미래형 자동차

  ㉡ 스마트 자동차는 커넥티드 카와 자율주행 자동차를 모두 포함하는 넓은 의미의 차세대 자동차

  ㉢ 차량 내 정보를 통합 관리하고, 운전자가 차 안에서 오락, 정보 등 다양한 콘텐츠를 즐길 수 있는 차로 스마트 폰 등 모바일 기기와 이동통신 기술을 자동차에 접목하여 편의성을 높이고 고객의 요구사항에 부응하는 차세대 자동차

  ㉣ 컨넥티드 카는 각 차량들이 서로 소통함으로써 교통 흐름이나 날씨 정보와 같은 주행 정보를 수신하는 수준을 넘어서 자동차가 스마트 폰이나 집, 사무실, 그리고 도시의 다양한 인프라 시설들과 상호 통신하는 자동차

ⓗ 자율주행 자동차는 운전자 또는 승객의 조작 없이 자동차 스스로 운행이 가능한 자동차, 즉 자동차에 IT, 센서 등 첨단기술을 융합하여 스스로 주변 환경을 인식, 위험을 판단하고 주행 경로를 계획하여 운전자 또는 승객의 조작 없이 안전한 운행이 가능하도록 하는 자동차

⑦ 지능형(스마트)홈 응용사례

첨단 기술의 발달과 4차산업혁명의 발달에 따라서 이제 집도 기계가되고 로봇처럼 작동하는 시대로 접어들고 지능형(스마트)홈에 대한 이해를 통하여 좀더 인간의 인간에 의한 인간을 위한 집으로 사용하게 위하여 지능형(스마트)홈의 필요성과 이해를 높이는 것이 필요하며 실제 공공과 민간에서 이루어지는 사례를 제시

그림 1-9 LH 스마트홈 구성도

출처: 파이낸셜뉴스

※ LH 사례 포함하여 신축주택과 기축주택 인테리어의 관점에서 실제 사례에 적용을 살펴보자. 스마트우편함 사례와 미세먼지 센서 작용 관련 내용이며, 스마트 조명과 스마트 주차시스템과 충전 관련 내용이다.

그림 1-10 스마트우편함 사례

출처: 스마트+인테리어 HVC산업의 뉴비즈니스 전략세미나, LH 자료, 2018

노후주택 등 기축주택에 주거성능저하에 대한 지능형(스마트)홈 기술적용을 할 요소들이다.

그림 1-11 노후주택 주거성능 문제점

출처: LH 스마트인테리어 전략세미나 2018

가장 쉽게 지능형(스마트)홈의 기능을 요약하면, 다음 4가지를 들 수 있다.
안전하고, 편리하며, 절감되고, 쾌적하게 하는 것을 말한다.

※ 지능형(스마트)홈의 구체적인 구축 사례를 통하여 개념정립과 학습이 가능하도록 한다.

지능형(스마트)홈 구상	안전	▶	생명 재산
	쾌적	▶	공기
	편리	▶	자동
	절감	▶	에너지

표 1-5 절감과 쾌적

절감	가스비 절약	난방제어	각방
	전기세 절약	여름철 에어컨제어	각방
		조명제어	각방
쾌적	공기질	PM2.5 센서	주방
	환기시스템	전열교환기	각방
	온도습도관리	에어컨	각방
		선풍기	각방
		천장팬	식탁방

- 지능형(스마트)홈 구상을 할 때 가장 기본적이면서도 중요한 4가지 사항으로 안전과 쾌적, 편리 그리고 절감을 고려함.
- 안전은 생명과 재산을 보호하고 쾌적은 공기를 기분좋게 만들어주는 것이며, 편리는 자동으로 할 일을 대신해주는 기능이고, 절감은 에너지를 절약하여 경제성을 높이는 것을 뜻으로 모든 집은 기후와 세력의 친입 등 다양한 외부환경으로부터 안전을 위한 공간이자 장소가 가장 기본적인 기능으로 첨단기술의 발달로 동시적인 해결책으로 지능형(스마트)홈의 역할은 점점 커지지만 기술은 보이지 않은 큰손 역할

그림 1-12 스마트홈 절감과 쾌적 부분 마인드맵구성도
출처: 스마트+인테리어 전략세미나, 스마트인테리어 구축사례, HK네트웍스 2018

위 사례는 실제 집에서 적용하고 있는 사례로서 스마트기술의 활용에 이해

- 허브는 다양한 삼성의 스마트씽스, 엘지지의 씽큐, 아카라, 오르비보 등의 거실에 설치되어 작동하고 있는 제품과 장소를 보여주는 체계도
- AI스피커는 아마존 에코나 구글홈, 네이버 클로바, 카카오미니, 케이티 기가지니 등 제품을 통하여 거실과 서재, 주방, 안방 등에서 작동하는 체계도
- 지능형(스마트)홈의 에너지 절감을 위한 체계도로서 가스절약을 위한 난방제어기기를 각 방에 설치하고 전기세절약을 위해 에어컨 제어 및 조명제어기를 사용하여 각방에서 작동하게 하는 체계도
- 스마트기능 중 쾌적을 위해서 공기질을 좋게 하기 위해 PM2.5센서기기를 주방에 설치하고 환기시스템을 위해 전열교환기를 설치하여 각방마다 좋은 공기를 제공하고 온습도 관리를 위해서 에어컨, 선풍기, 천장팬등을 제어하여 각방과 식탁방을 제어하는 제품과 공간의 사례 체계도

그림 1-13 Interior Design with IoT

출처: 스마트+인테리어 전략세미나, IoT공간혁신, 삼성전자, 2018

주택평면에서 각 실마다 적용되는 IOT기술에 대한 기능과 연결내용으로 현관, 복도, 침실, 주방, 안방, 거실 등 모든 실마다 지능형(스마트)홈의 기능을 위한 적용내용

아래 지능형(스마트)홈구성도는 국민주택 규모에서 사용되는 스마트시스템에 사용되는 적용(스마트허브, 스마트스위치, 스마트콘센트, 스마트컨트롤, 도어센스 등등)사례.

그림 1-14 임대주택 스마트홈 구성도

출처: 스마트+인테리어 전략세미나, 임대주택스마트적용, LH, 2021

02 IoT(사물인터넷)의 이해

1. IoT 개요

(1) IoT개념 및 특징

IoT(Internet of Things, 사물인터넷)은 사람, 사물, 공간, 데이터 등 세상의 모든 것을 네트워크로 연결하고 여기에 지능을 부여하여 서비스를 제공하는 초 연결 네트워크.
사물인터넷에 연결된 사물이란 각종 센서, 모바일 장비, 웨어러블 디바이스, 가전기기, 정보기기 등으로 각 사물들이 자신을 구별할 수 있는 유일한 주소를 가지고 연결되어야 함
ITU-T의 T.2060(2012/06)에서는 IoT란 이미 존재하거나 향후 등장할 상호 운용 가능한 정보 기술과 통신 기술을 활용하여 다양한 실재 및 가상 사물 간의 상호 연결을 통해서, 진보된 서비스를 제공 되는 것으로 정의됨.

표 2-1 사물인터넷 내용 재구성

구분	RFID / USN / M2M	사물인터넷[IoT]
통신/네트워크	근거리망, 이동망 중심	인터넷 중심
디바이스의 형태	센서중심	센서와 첵츄에이터의 Physical Thing과 데이터와 프로세스 등을 포함한 Virtual Thing
디바이스의 서비스 구동 수준	단순 정보 수집 / 수동적	자율 판단하는 지능 보유 / 자율적
서비스 플랫폼	모니터링 정보 처리	의미 기반 모니터링 및 자율 제어
서비스 관리 규모	수천만 개의 사물	수백 억 이상의 사물
서비스 적응성	통시적 서비스 제공	즉시적 스마트 서비스 제공

출처: 국립중앙과학관 과학학습콘텐츠

① 흔히 IoT 기술이라는 말을 쓰지만, 이는 기술 용어가 아니라 IoT는 센서 기술, 무선통신기술, 데이터처리 기술 등 지금까지 개발되어온 다양한 기술들을 함께 이용함으로써 새로운 가치를 만들어내는 패러다임의 변화.

② 사물인터넷의 기술적 활성화 요인으로는 기술의 표준화, 각 소자 및 부품의 소형화, 저전력화, 저가격화를 들 수 있음

그림 2-1 IoT 활성화 4대 특징
출처: 국립중앙과학관 과학학습콘텐츠

③ 사물인터넷의 서비스 구조는 각종 센서를 이용한 정보의 수집, 네트워크를 통한 수집된 데이터를 서버로 전달하여 빅데이터를 구축하고, 서버에서 이들 빅데이터를 인공지능 기술을 이용하여 처리하여 클라우드에 올려서 고객에게 서비스를 제공하게 됨.

그림 2-2 IoT 서비스 구조

(2) IoT 활성화 배경 및 발전동향

① IoT에 참여하는 각각의 개체는 다른 개체로 하여금 스스로를 식별할 수 있게 해주는 신원이 필요하고 근거리에 위치한 사물의 신원을 나타내는 기술은 RFID기술이지만 넓은 범위의 네트워크 상에서 개별 사물의 신원을 확인하기 위해서는 개별 사물에 IP주소를 부여

② 중소기업중앙회와 파이터치연구원에 따르면(2021년) 'IoT를 활성화하면 중소기업 일자리가 55만 5000개 생기고 중소기업 매출이 355조원으로 예상.

③ 1999년 MIT 캐빈 애시턴과 P&G에서 IoT용어가 처음 사용하면서 제품들에 RFID 태그를 부착함으로써 세상에 존재하는 모든 사물이 서로 연결될 수 있다면 새로운 세상이 펼쳐 질 것이라는 생각에서 기인하면서 이후 사물인터넷의 개념은 RFID뿐만 아니라 다양한 센서 및 통신 기술들과 결합하며 발전 중.

그림 2-3 사물인터넷 결합 구조

출처: 국립중앙과학관 과학학습콘텐츠 사물인터넷 내용 재구성

(3) IoT 분류 및 요소기술

IoT는 단말이 센서와 통신기능을 내장하여 인간의 구체적인 개입이나 지시 없이 스스로 인터넷에 연결하고, 각 사물들이 생성한 정보를 공유 및 통합하여 효율적인 서비스를 제공하는 것으로 하드웨어와 소프트웨어로 구분, 세부 구성 요소

표 2-2 IoT 세부 구성요소

대분류	중분류	소분류	내용
IoT	하드웨어	디바이스	• 데이터를 생성, 수집, 전달하는 기능 수행 • 네트워크에 연결되어 스스로 동작되는 기기
		네트워크	• 각 디바이스들을 연결할 수 있는 통신 인프라
	소프트웨어	플랫폼	• 디바이스로부터 수집된 데이터 가공, 처리, 융합 • 서비스 및 어플리케이션과 연동
		서비스	• 디바이스, 네트워크, 플랫폼을 연계 및 활용하여 다양한 분야에 지능화 된 서비스 제공 • 사용자 응용프로그램, 서비스 솔루션 등이 포함

IoT 요소 기술은 일반적으로 센싱 기술, 네트워킹 기술, 인터페이스 기술로 IoT에 연결된 기기들의 정보를 획득하는 센서, 취득한 정보를 송신하고 수신 받는 네트워크 프로토콜, 센서에서 수신된 데이터를 분석하고 응용서비스를 연동하는 인터페이스 기술.

표 2-3 IoT 요소 기술

요소 기술	내용
센서	• 온도, 습도, 열, 가스, 조도, 초음파 등 다양한 센서를 이용하여 원격 감지, 위치 및 모션 추적 등을 통해 주위 환경으로부터 정보를 획득하는 기능을 함
네트워크	• 인간과 디바이스, 서비스 등 분산된 환경 요소들을 연결 • 저전력 블루투스(BLE), ZigBee, WiFi 등 기존의 통신망과 연결과 5G의 발전에 주목함
인터페이스	• IoT의 주요 구성 요소를 통해 특정 기능을 수행하는 응용 서비스와 연동하는 역할을 함 • 정보의 검출, 가공, 정형화, 추출, 처리 및 저장 기능을 의미하는 검출정보기반기술과 위치정보기반기술, 보안기술 등으로 구성됨

(4) 사물인터넷(IoT) 발전단계

① IoT 1.0 : 디바이스 연결단계
  - 사물은 인터넷에 연결하는 기술을 중심으로 하는 단계
② IoT 2.0 : 인프라 구축 단계
  - 사물인터넷을 통하여 주변 환경을 센싱하는 능력으로 다른 사물들과 연결이 가능해 지는 단계
③ IoT 3.0 : 산업별 혁신 솔루션 개발 단계
  - 사물인터넷의 자동수행능력과 상호 연결성을 이용하여 산업혁신을 위한 솔루션을 개발하는 단계

2 IoT 서비스 플랫폼

플랫폼 구조 개요

기본적이고 필수적으로 사용되는 공통기능을 제공하는 플랫폼을 사용하면 매번 같은 기억을 구현하지 않아도 되고 표준화된 기능으로 서비스 보다 쉽고 빠르게 구현
사물인터넷 플랫폼은 개별 산업별 서비스를 제공하는 수직 플랫폼에서 모든 산업에 대한 서비스를 제공할 수 있는 수평 플랫폼으로 발전해 가고 있음.

표 2-4 사물인터넷 서비스 구현을 위한 플랫폼의 기본 기능

기능	설명
디바이스 관리(Device management)	다양한 디바이스가 플랫폼에 쉽게 등록하고 관리
디바이스 연결(Device connectivity)	제한된 환경에서도 디바이스와 지속적인 연결을 보장
데이터 관리(Data management)	디바이스로부터 전달되는 데이터를 수집, 분석, 통합
탐색 및 검색(Discovert & Search)	서비스를 제공하기 위해 정의된 정보를 이용하여 검색결과를 제공
모니터링 및 제어(Monitoring & Control)	디바이스 상태를 모니터링하고 연결된 디바이스를 제어
어플리케이션 서비스(Application services)	서비스와 솔루션과의 연결점을 제공

IoT 플랫폼은 물리적인 객체를 온라인에 구현하기 위해 필요한 요소를 제공하는 통합된 서비스. 이는 수백만 개의 디바이스 연결을 동시에 지원할 수 있어야하며, 기계와 기계 간의통신을 위한 장치를 간편하게 구성하여야 함.

IoT 플랫폼은 크게 엔드투엔(End-to-end) 플랫폼, 커넥티비티플랫폼, 클라우드 플랫폼, 데이터 플랫폼 등 4개로 구분.

① 엔드투엔 플랫폼 : 하드웨어와 소프트웨어, 커넥티비티, 보안 그리고 수백만개에 달하는 디바이스의 연결을 관리하기 위한 툴을 제공
② 케넥티비티 플랫폼 : Wi-Fi에서 이동통신에 이르는 저전력, 저비용 커네티비티 관리 솔루션을 제공
③ 클라우드 플랫폼 : 사용자의 복잡한 네트워크 스택 구축의 복잡성을 없애고, 백엔드 서비스와 기타 서비스를 제공해, 수백만 개의 동시 연결 디바이스를 모니터링하고 관리할 수 있는 기능 제공
④ 데이터 플랫폼 : 디바이스로부터 데이터를 수집하고 관리, 비주얼화하며 데이터를 분석할 수 있도록 수 많은 툴의 조합을 제공하는 플랫폼

그림 2-4 IoT플랫폼의 구조
출처: 테크월드뉴스(http://www.epnc.co.kr)

End to End　　Connectivity　　Cloud　　Data

그림 2-5 IoT플랫폼의 구분

출처: 테크월드뉴스(http://www.epnc.co.kr)

(1) 오픈소스 IoT 서비스플랫폼

① oneM2M

에너지, 교통, 국방, 공공서비스 등 산업별로 종속적이고 폐쇄적으로 운영되는 파편화 된 서비스 플랫폼 개발 구조를 벗어나 응용서비스 플랫폼 환경을 통합하고 공유하기 위한 IoT 공동서비스 플랫폼 개발을 위해 발족된 사실상 표준화 단체이다.

전세계 지역별 표준 개발기구인 TTA(한국), ETSI(유럽), ATIS/TIA(미국), CCSA(중국), ARIB/TTC(일본)등 7개의 SDO(Standard Development Organization)가 공동으로 설립

② IFTF (국제인터넷표준화기구)

인터넷의 운영, 관리, 개발에 대해 협의하고 프로토콜 표준을 개발하고 있으며, IoT의 다양한 인터넷 프로토콜들에 대한 표준을 개발

③ OCF (Open Connectivity Foundation)

IoT 구현시 REST 구조 기반으로 경량형 CoAP프로토콜로 IoT 장치들을 연결하고 장치에 존재하는 자원들을 상호 제어 할 수 있는 표준플랫폼 기술을 2014년 7월 OCF가 삼성, 인텔 등을 중심으로 시작해서, 2015년 12월 지능형(스마트)홈의 대표적 국제표준단 체인 UPnP포럼을 통합 흡수하여 회원사가 100개 이상으로 성장하였고, 2016년 2월에 MS, 퀄컴등이 합류하여 기업표준화 단체가 됨.

④ IEEE (전기전자공학협회)

1980년 대학과 기업이 함께 발족한 단체로, 데이터 통신부분에서 물리계층 및 링크 계층 표준을 규정하는 표준화 하는 기구이며, 2014년 7월 IEEE P2413 프로젝트그룹을 결성하여 IoT/M2M 전반적인 프로토콜, 아키텍처구조 등에 대한 표준 개발 작업에 착수 하였으며, oneM2M과 협력하고 있다.

⑤ 3GPP (3rdGeneration Partnership Project)

이통신과 관련된 사실상 표준을제정하고 있으며, oneM2M과 마찬가지로 7개의 SDO (Standard Development Organization)들 간의 합의에 의해서 결성되고 표준을 개발

⑥ 기타 주요 표준화 단체
- ISO/IED JTC1 : 정보처리시스템에 대한 국제표준화위원회(ISO/TC97)와 정보기기에 대한 국제표준화위원회(ISO/TC83)를 통합하여 공동기술위원회 설립
- ITU-T : 국제전기통신연 부문의 하나로 통신 분야의 표준을 개발하고 있음
- Thread Group : 구글이 주도하고 네스트랩스, 실리콘랩스, 프리스케일, ARM, 예일시큐 리티, 삼성전자가 참여하여 IoT를 위한 새로운 IP기반 무선 통신망 프로토콜 개발을 통해 상호호환이 가능한 IoT 구현하기 위해 설립된 컨소시엄 표준화 단체

⑦ 주요 IoT 표준화기구

그림 2-6 국제 IoT 표준화 기구 구성
출처 : https://ensxoddl.tistory.com/430

⑧ 비면허대역(LPWA) 광역 IoT 표준화
3GPP에서 LTE-M, NB-IoT 표준화를 완료 하였으며, 그 외 비표준인 LoRa가 있음

⑨ 셀룰러기반 광역 IoT 표준화
3GPP의 LTE-M 표준의 진화로부터 살펴볼 수 있고, NB-IoT는 3개의 동작모드 지원

⑩ 매터 표준화(최신)
글로벌시장은 지능형(스마트)홈 표준이 2022년 10월 매터1.0을 시작으로 새로운 지능형(스마트)홈표준으로 대통합 추세이며 생성형 인공지능과 접목해 더욱 똑똑하고 편리한 서비스를 제공.

매터에 사용되는 지원 연결방식으로 와이파이, 이더넷, 블루투스, 쓰레드(메시네트워크 기술)가 있음.

매터는 많은 사람들이 사용할수록 재화·서비스 가치가 올라가 시장이 확대되는 네트워크 효과 및 기기간 자유로운 연결을 위해 플랫폼, 가전, 기기제조 등 530여개 기업이 참여

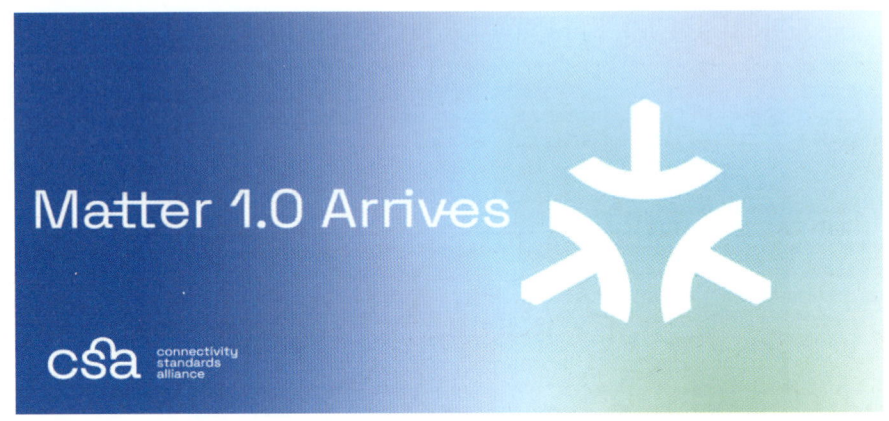

(2) 상용 IoT 서비스 플랫폼

① 아마존 AWS IoT 서비스 플랫폼 : 아마존은 데이터 분석중심으로 인공지능과 하드웨어의 결합 생태계 구축. 홈 IoT 허브인 '에코(Echo)' 스피커 등 개방형 IoT 비즈니스를 추진

② 애플 HomeKit 서비스 플랫폼 : 애플(Apple)은 2014년 6월 세계개발자대회(WWDC)에서 피트니스와 건강정보를 수집하고 저장하는 헬스케어 플랫폼으로 헬스킷(HealthKit)을 발표했고 집안에 있는 가전기기와 전자제품들을 제어하기 위한 플랫폼으로 홈킷(HomeKit)을 발표. iOS를 사용하는 아이폰과 아이패드의 다양한 앱들이 사물인터넷 플랫폼인 헬스킷(HealthKit)과 홈킷(HomeKit)을 통해 헬스케어와 지능형(스마트)홈을 구현

③ 구글 Brillo 서비스 플랫폼 : 구글(Google)은 2014년 사물인터넷과 지능형(스마트)홈시장에 뛰어들기 위해 자동온도조절 장치를 만든 네스트랩스(Nest Labs)를 인수했고, 가정용 인터넷 카메라를 만든 드롭캠(Dropcam)도 인수. 구글 2015년 개발자 회의(I/O)에서 사물인터넷 시장의 주도권을 잡기 위해 브릴로(Brillo)를 발표했고, 브릴로를탑재한 사물들 간의 네트워크를 위해 자체 개발한 개방형 프로토콜인 위브(Weave)를 소개.

④ 마이크로소프트 애저 IoT 서비스 플랫폼 : 마이크로소프트는 윈도우 운영체제를 기반으로 한 IoT 운영체제인 '윈도우 10 IoT'와 데이터 분석 플랫폼인 '애저IoT'를 중심으로 IoT 비즈니스를 전개 '애저IoT'는 머신러닝(Machine Learning) 기술을 이용, IoT 기기에서 생성된 데이터를 클라우드에 수집, 분석하는 플랫폼

⑤ IBM 왓슨 IoT 서비스 플랫폼 : IBM의 '왓슨 IoT'는 인공지능을 기반으로 IoT 기기를 통해 습득한 데이터를 분석하는 대표적인 데이터 분석 플랫폼 IBM은 빅데이터를 갖고 있거나 데이터 분석이 필요한 기업에게 왓슨 IoT 플랫폼을 제공하고, 기업들은 왓슨 IoT 플랫폼을 이용해 IoT 서비스를 제공하는 방식

⑥ AllSeen Alliance의 AllJoyn 서비스 플랫폼 : AllJoyn은 퀄컴, MS, LG, 소니, 파나소닉, 샤프 등이 멤버로 참여하고 있으며, 로컬 영역에서 AllJoyn기기 간 피투피(P2P : Peer-to-Peer) 통신을 지원하는 IoT 플랫폼 리눅스(Linux), 안드로이드(Android), iOS, 윈도우(windows) 등 다양한 운영 체제와 와이파이 같은 무선 접속 기술을 지원하여 사실상 특정 하드웨어에 의존하지 않는 IoT 애플리케이션 개발이 가능
즉, 각기 다른 제조사에서 만들어진 조명, 스마트워치(smartwatch), 냉장고, 에어컨, 도어록, 스마트폰, 태블릿 PC 등으로 올조인기반 IoT 서비스를 구성

⑦ 자이블리 서비스 플랫폼 : 자이블리(Xively)는 인터넷에 제품과 서비스를 신속하게 연결할 수 있게 해주는 클라우드에 특화된 사물인터넷 플랫폼 연결형 제품관리 솔루션으로 빠른 속도와 무한 확장성으로 하루에 860억 개 이상의 메시지를 처리할 수 있는 솔루션과 연결된 제품을 실행하는 복잡한 비즈니스를 단순화하기 위해 사용자 프로비저닝, 모니터링, 업데이트 및 관리 도구를 제공

⑧ 모비우스 및 앤큐브 서비스 플랫폼 : 전자부품연구원(KETI)이 주축으로 개발한 모비우스(Mobius)는 사물 간에 인터넷을 할 수 있는 통신 기반을 지원하는 개방형 사물인터넷 서비스 플랫폼이고, 앤큐브(&Cube)는 여러 참여기관들과 함께 개발한 개방형 사물인터넷 디바이스 플랫폼

⑨ 씽플러스 서비스 플랫폼 : 달리웍스는 사물인터넷 응용서비스를 위한 사물인터넷 플랫폼인 씽플러스(Thing+)를 선보였으며, 데이터 수집 및 분석 그리고 클라우드 저장 등과 같은 기능이 사용자 중심으로 구성되어 있고 사물인터넷 클라우드 서버인 씽플러스클라우드(Thing+Cloud), 사물인터넷 기기를 위한 씽플러스임베디드(Thing+ Embedded), 클라이언트 애플리케이션 씽플러스포탈(Thimg+ Portal) 3가지 핵심 모듈로 구성.

⑩ 코머스 서비스 플랫폼 : 한국전자통신연구원(ETRI)과 다음, 핸디소프트 개방형 USN 시맨틱플랫폼인 코머스(COMUS, Common Open seManticUSnplatform)를 개발하여, 사물인터넷 자원을 컴퓨터가 해석할 수 있는 형태로 공통 언어로 기술하여 사용자가 USN 기술에 대하여 모르더라도 필요한 센서 정보에 쉽게 접근하고 정보를 자율적으로 해석하는 등의 의미 정보 기반 기술을 제공

3 IoT 융합기술 및 응용분야

(1) 사물인터넷(IoT)과 산업의 융합

① 사물인터넷 + 홈　　: 스마트 홈
② 사물인터넷 + 도시　: 스마트 시티
③ 사물인터넷 + 전기　: 스마트 그리드
④ 사물인터넷 + 농장　: 스마트 팜
⑤ 사물인터넷 + 공장　: 스마트 팩토리
⑥ 사물인터넷 + 자동차 : 스마트 자동차
⑦ 사물인터넷 + 의류　: 스마트 의류
⑧ 사물인터넷 + 건강　: 스마트 헬스케어

(2) 클라우드 컴퓨팅 (cloud computing)

일반적으로는 인터넷 기반 컴퓨팅의 일종으로 정보를 자신의 컴퓨터가 아닌 클라우드에 연결된 다른 컴퓨터로 처리하는 기술을 의미.

그림 2-7 클라우드컴퓨팅 서비스
출처: 소프트캠프

사용자의 직접적인 활발한 관리 없이 특히, 데이터 스토리지(클라우드 스토리지)와 컴퓨팅 파워와 같은 컴퓨터 시스템 리소스를 필요시 바로 제공(on-demand availability)하는 것

공유 컴퓨터 처리 자원과 데이터를 컴퓨터와 다른 장치들에 요청 시 제공해주며 구성 가능한 컴퓨팅 자원(예 : 컴퓨터 네트워크, 데이터 베이스, 서버, 스토리지, 애플리케이션, 서비스, 인텔리전스)에 대해 어디서나 접근할 수 있는, 주문형 접근(on-demand availability of computer system resources)을 가능케 하는 모델이며 최소한의 관리 노력으로 빠르게 예비 및 릴리스를 가능.

클라우드 컴퓨팅과 스토리지 솔루션들은 사용자와 기업들에게 개인 소유나 타사 데이터 센터의 데이터를 저장, 가공하는 다양한 기능을 제공하며 도시를 거쳐 전 세계로까지 위치가능하며 전기망을 통한 전력망과 비슷한 일관성 및 규모의 경제를 달성하기 위해 자원의 공유에 의존. IaaS, PaaS, SaaS 서비스모델과 퍼블릭, 프라이빗, 하이브리드, 멀티 클라우드 등 4가지유형이 있고 기반기술로는 가상화, 컨테이너화, 클라우드관리플랫폼, 클라우드스토리지, 클라우드네트워크, 클라우드보안, 마이크로서비스, 클라우드네이티브 등

(3) 엣지 컴퓨팅 (edge computing)

엣지컴퓨팅의 클라우드보다 온디바이스 AI(on-device AI)의 장점은 로컬 AI 모델이 기기 자체에서 개인 맞춤화된 응답을 제공하는 동안 데이터를 클라우드에 공유하지 않아도 되므로 데이터를 강화

그림 2-8 클라우드컴퓨팅과 엣지컴퓨팅
출처: 삼성전자 디스플레이 뉴스룸

엣지 컴퓨팅(edge computing)은 기존의 중앙 데이터 처리 방식인 클라우드의 한계를 보완한 가장 첨단화된 컴퓨팅 시스템으로, 데이터가 중앙 서버에서 처리되는 것이 아니라 컴퓨팅 시스템의 맨 끝 단계이자 단말 장치에 가까운 곳에서 데이터가 처리하여 '엣지 컴퓨팅'이라 불림.

최근 5G 통신 기반의 인공지능, 빅데이터, 사물 인터넷 등이 널리 사용되면서 기존 클라우드보다 전송 지연과 대역폭 제한을 줄여 더욱 빠르게 컴퓨팅, 사물인터넷 기술을 지원

대표적 사례로는 미래 모빌리티 중 하나로 꼽히는 '자율주행자동차'를 들 수 있다. 자율주행 자동차는 실시간으로 도로와 보행자, 그리고 교통상황에 대한 데이터를 분석하고 처리해야 하기 때문에 IoT 기기의 상징적 모델로 IoT 기술을 자율주행자동차에 적용이유는 순간적으로 주변 환경을 판단처리해야 하는 자동차의 특성고려

엣지 컴퓨팅은 그 구조상 물리적으로 단말기 또는 사용자와 가까운 곳에 위치하게 되므로 지표면 가까이에 존재하는 안개와 같은 개념으로 '포그 컴퓨팅' 또는 '클라우드렛(Cloudlet)'이라고 불리기도 함

(4) 엠비언트 컴퓨팅 (Ambient Computing)

유비쿼터스에서 진화된 사용자가 기기를 인식하지 않은 상태에서 디지털 행위를 하는 컴퓨팅 환경으로 유비쿼터스는 주변에 설치된 기기들이 핵심이 되는 개념이라면, 앰비언트 컴퓨팅은 특정 기기가 아닌 사용자의 행동 방식이 중심이 되는 최근 화두가 되고 있는 인공지능(AI), 증강현실(AR), 가상현실(VR), 지능형(스마트)홈, 자율주행 차량 등의 기술들은 모두 앰비언트 컴퓨팅을 향해 발전하지만 꽤 많은 시간과 노력을 통해 단계적으로 진화해 나갈 것으로 예상. 앰비언트 컴퓨팅이 가장 먼저 적용될 곳은 지능형(스마트)홈으로 예상되며 인공지능 스피커와 스마트 디바이스가 가장 많이 설치된 곳이 집

옴디아(Omdia)에 따르면 2021년까지 전 세계적으로 사용되는 인공지능 스피커의 개수가 5억 대를 넘어섰으며, 2022년 말이면 7.2억대에 이를 것으로 전망하고 스마트폰으로 개별 디바이스의 상태를 확인하거나 동작을 제어하는 것이 일반적이나 최근에는 인공지능 스피커를 이용하거나 자동화 루틴을 설정해 자신의 상황에 맞는 앰비언트 서비스를 만들어 이용하는 사용자들이 빠르게 늘고 있음.

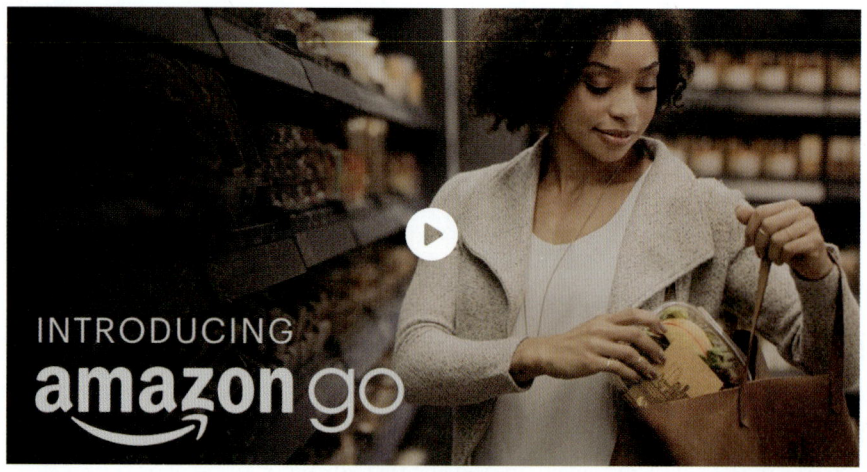

그림 2-9 앰비언트 컴퓨팅 기술을 보여줄 수 있는 세계 최초의 무인 매장, '아마존 고'

출처: 아마존 유튜브

AI@HomeManager

15분 후면 택배가 도착합니다	켜져라 에어컨, 꺼져라 보일러
나는 니가 지난 여름에 사용한 전기를 알고 있다	김기사~ 운전해~!!
도둑님 오셨어요?	개인 주치의를 두는 시대
당신은 묵비권을 행사할 수 있으며..	시각장애인을 위한 스마트 디바이스
초코야 밥먹어	귀농을 도와드려요
스마트 공장	일반 제품을 스마트한 제품으로 바꾸는 마법
타는 만큼만 내는 똑똑한 자동차 보험	용돈도 받고 건강도 책임지는 건강보험
이제 더 이상의 길치는 없다	스마트 쓰레기통이 만드는 깨끗한 도시
나는야 초능력자! 생각으로 움직이는 세상	그냥 주무세요. TV는 제가 꺼드릴께요!
당신이 궁금해 하는 것만 보여 드릴께요!	아직도 기다리고 있어?
내 입맛은 까다로우니까요	사물인터넷 덕분에 매출이 쑥쑥!!
다시는 우산 살 일이 없을 것 같아요	이젠 쇼핑 리스트를 만들 필요가 없어요

그림 2-10 IoT 응용사례
출처: 한국정보통신자격협회 지능형홈 교안

03 인공지능의 이해

1 인공지능의 개요

(1) 인공지능 개념 및 특징

① 인공지능(人工知能, 영어: artificial Intelligence, AI)은 인간의 학습능력, 추론능력, 지각 능력, 자연언어의 이해능력 등을 컴퓨터 프로그램으로 실현한 기술을 말함.

② 하나의 인프라 기술로 인간을 포함한 동물이 갖고 있는 지능 즉, natural intelligence 와는 다른 개념으로 지능을 갖고 있는 기능을 갖춘 컴퓨터 시스템이며, 인간의 지능을 기계 등에 인공적으로 시연(구현)한 것임

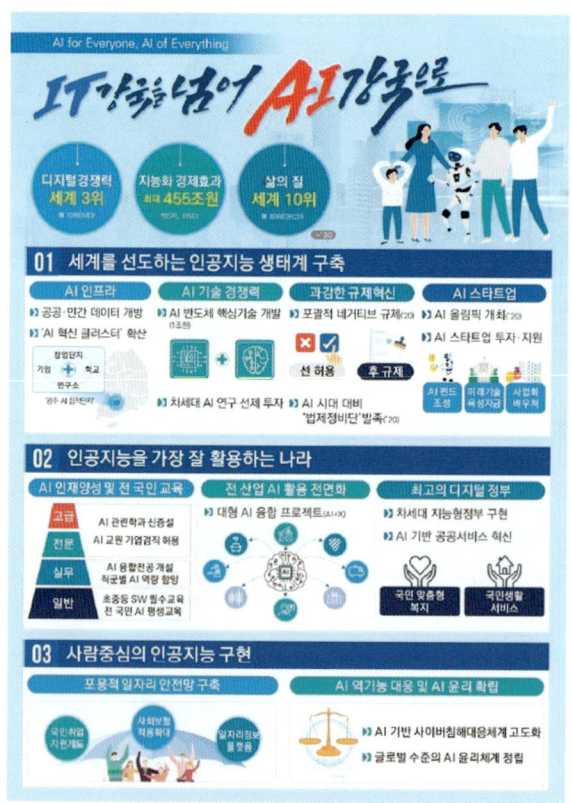

그림 3-1 인공지능 국가전략
출처: 과학기술정보통신부

(2) 인공지능 배경 및 발전동향

① 인공지능의 개발 배경

- 맨해튼 프로젝트(Manhattan Project)
  - 히틀러 나치 정권에 앞서 원자폭탄을 만들기 위한 미국의 비밀 프로젝트
  - 미국 내 최고 과학자들이 모두 참여하여, 원자폭탄을 만드는 연구에 참여
- 인공지능 맨해튼 프로젝트(AI Manhattan Project)
  - 인공지능 기술 개발을 위한 구글의 세기적 프로젝트
  - 관련 IT 기업과 전문가들을 확보하기 위한 거대 인수합병을 진행
- 1,000명 이상의 인력이 구글의 인공지능 / 머신러닝연구 진행 중(아주경제)
- 2014년 1월 Deep Mind 인수(6억 5000만 달러)
- 2014년 1월 Nest Labs 인수(32억 달러)
- 기타 50여 개의 인공지능 기업들이 맨해튼 프로젝트에 참여, 연구 진행

② 인공지능 기술 추세

- 빅데이터(Big Data) 기술의 확산과 컴퓨팅 속도의 향상과 함께, 인공지능 시장은 빠른 속도로 성장하고 있음
- 현재 인공지능 기술은 분야를 가리지 않고 다양하게 이용되고 있음
- 현재 인공지능 기술은 비전(Vision)과 자연어 처리(Natural Language Processing), 음성인식(Speech Recognition) 등의 분야를 필두로 빠르게 발전하고 있음
- Discriminative Model의 급격한 발전과 함께 Generative Model의 성능 또한 빠르게 발전하고 있는 추세

(3) 인공지능의 종류

① 유형
- 지능 형태 : 합성 지능-가짜가 아닌, 시뮬레이트 되지 않은 인간이 만든 실질적인 지능
- 테크놀로지 유형
  - 컴퓨팅 유형 : 일부 지능적 기능을 하는 컴퓨터 시스템
  - 이머징기술

② 인공 지능 분야의 기술
- 인공 지능 > 기계 학습(머신러닝) > 인공 신경망 > 딥 러닝(깊은 인공신경망)

③ 인공지능의 종류 : 인공지능의 종류는 '인간의 지능을 모방한 정도', '개발 방법' 등에 따라 다양하게 분류할 수 있으며, 현재 일반적으로 분류하고 있는 기준은 다음과 같음

표 3-1 인간의 지능을 모방한 정도에 따른 구분

약인공지능 (Weak AI)	• 특정 문제 해결을 목적으로 인간의 지능을 기계적으로 일부 모방해 구현한 인공지능
강인공지능 (Strong AI)	• 인간의 지능을 기계적으로 완벽히 모방해 구현한 인공지능 • 특정 문제 해결을 넘어 사람처럼 생각하고 경험해 보지 않은 문제도 해결할 수 있는 수준의 인공지능 • 완전 AI 혹은 인공일반지능(AGI, Artificial General Intelligence)라고 불리기도 한다.
초인공지능 (Super AI)	• 인간의 지능을 완전히 모방하는 것을 넘어 인간보다 훨씬 더 높은 지능을 갖도록 구현한 인공지능

표 3-2 개발 방법론에 따른 구분

지식 기반형 (Knowledge-Based Agent, KBA)	입력되어 저장된 지식만을 이용해 의사 결정하는 방법
데이터 기반형 (기계학습형)	입력되어 저장된 대량의 지식에서 새로운 지식을 추출하여 획득해 이용하는 의사 결정하는 방법

(4) 인공지능의 범위와 역할

① 인공지능(Artificial Intelligence) : 사람이 해야 할 일을 기계가 대신할 수 있는 모든 자동화에 해당
② 머신러닝(Machine Learning) : 명시적으로 규칙을 프로그래밍하지 않고 데이터로부터 의사 결정을 위한 패턴을 기계가 스스로 학습하는 것
③ 딥러닝(Deep Learning) : 인공신경망 기반의 모델로, 비정형 데이터로부터 특징 추출 및 판단까지 기계가 한 번에 수행하는 것을 기계가 스스로 학습하는 것

그림 3-2 인공지능 범위와 역할
출처: ETRI

> 딥러닝의 학습 모델 중 대표적 5가지

① 인공 신경망(Artificial Neural Network, ANN)
- 인공 신경망 ANN은 간략히 신경망이라고도 하는데, 인간의 뉴런이 연결된 형태를 수학적으로 모방한 모델이다.
- 뇌에서 뉴런들이 어떤 신호, 자극 등을 받고 그 자극이 어떠한 임계값을 넘어선 결과 신호를 전달하는 과정에서 착안한 것이다.
- ANN뉴런은 여러 입력값을 받아서 일정 수준이 넘어서면 활성화되어 출력값을 내보낸다. 이러한 뉴런들을 여러 개 쌓아, 두 개의 층(Layer) 이상 구성된다.
- 가장 대표적은 예시로는 퍼셉트론 Perceptron이 있다.

② 심층 신경망(Deep Network, DNN)
- ANN 이후 모델 내 은닉층을 많이 늘려서 학습의 결과를 향상시키는 방법이 등장하였고, 이를 심층 신경망이라고 한다.
- 컴퓨터가 스스로 분류 레이블을 만들어 내고 공간을 왜곡하고 데이터를 구분 짓는 과정을 반복하여 최적의 구분선을 도출해낸다.

- DNN은 ANN에 비해 더 적은 수의 유닛들만으로도 복잡한 데이터를 모델링할 수 있게 해준다.
- 많은 데이터와 반복학습, 사전학습과 오류역전파 기법을 통해 현재 널리 사용됨
- 대표적인 예시로는 심장 질환 환자들의 심장 박동수로 건강상태를 예측한다.

③ 합성곱 신경망(Convolutional Neural Network, CNN)
- 기존의 방식은 데이터에서 지식을 추출해 학습이 이루어졌지만, 합성곱 신경망 CNN은 데이터의 특징을 추출하여 특징들의 패턴을 파악하는 구조이다.
- CNN 알고리즘은 Convolution과정과 Pooling 과정을 통해 진행된다.
- Convolution Layer와 Pooling Layer를 복합적으로 구성하여 알고리즘을 만든다.
- 최근 가장 인기 있는 모델이며, 대표적으로는 13개의 은닉층을 사용한 알파고가 있다.

④ 순환 신경망(Recurrent Neural Network, RNN)
- 순환 신경망 RNN 알고리즘은 반복적이고 순차적인 데이터학습에 특화된 인공신경망의 한 종류로써 내부의 순환구조가 들어있다는 특징을 가지고 있다.
- 순환구조를 이용하여 과거의 학습을 Weight를 통해 현재 학습에 반영한다.
- 기존 지속적이고 반복적이며 순차적인 데이터 학습의 한계를 해결하는 알고리즘
- 현재의 학습과 과거의 학습의 연결을 가능하게 하고 시간에 종속된다는 특징
- 음성파형을 파악하거나, 텍스트의 앞, 뒤 성분을 파악할 때 주로 사용된다.
- 예로, 영화같이 시간순으로 수많은 이미지를 가지면서 상황을 판단할 수 있으며 파파고나 구글 번역기처럼 언어를 번역하는 것 또한 순차적인 데이터학습이다.

⑤ 생성적 적대 신경망(Generative Adversarial Network, GAN)
- 서로 경쟁하면서 가짜 이미지를 진짜 이미지와 최대한 비슷하게 만들어 내는 네트워크를 말하게 된다.
- GAN을 이용하여 가상이미지를 만들어 내며, 사람도 가상의 얼굴을 만들 수 있다.

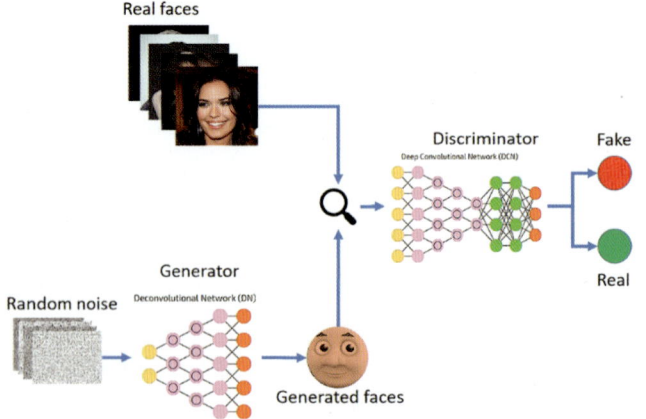

두 개의 신경망이 서로 적대하는 가운데, 생성자가 판별자의 피드백을 학습하며 진짜에 가까운 결과물을 만든다 ⓒSpindox

2 인공지능 융합기술

- AI(인공지능) 기술에는 자연어처리, 머신러닝, 딥러닝, 지능엔진 등 다양한 세부기술들이 있으며, 각각의 기술들은 독립적으로 사용되기보다는 다양한 기술과 융합되어 혁신 제품을 만들어 냄.
- AI 기술은 계속 발전해 나가고, 성장하고, 전 산업과 일상생활의 모든 측면에서 점점 더 중요해지며 인공지능은 앞으로 우리들의 삶에 새로운 영역으로 지속적으로 발전될 것이며, 혁신적인 응용 프로그램이 개발되어 AI를 통해 쉽고 생산적인 삶을 제공하는데 더 큰 도움.

그림 3-3 2024 미국 소비자가전쇼 포스터

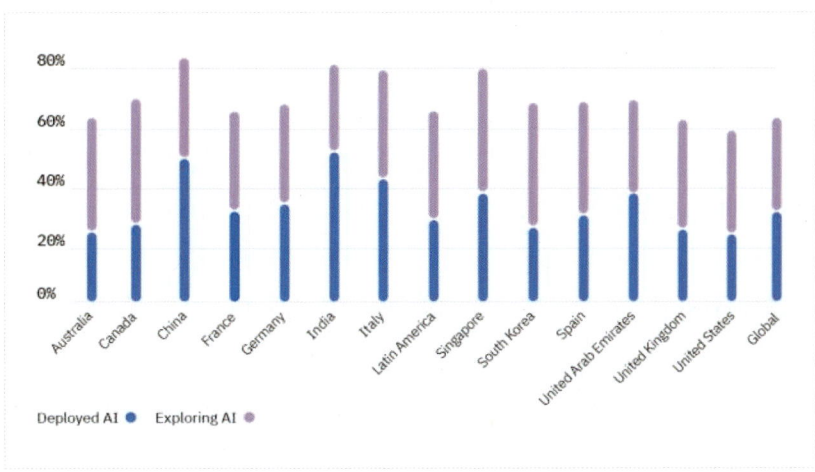

그림 3-4 IBM 글로벌 AI 도입 지수 2023

출처: IBM 보고서

- 스마트 디지털 도우미의 역할로 시리, 구글어시스턴트, 알렉사 및 코타나 등 유비쿼터스 스마트 디지털 도우미들은 명령을 하면 듣고 응답하여 행동으로 바꿀 수 있는 제품들로서 시리를 누르면 '친구에게 전화 걸기'와 같은 명령을 내리는 기능은 몇 초 만에 사용자가 말한 내용을 분석하고 음성을 둘러싼 모든 배경 소음을 걸러내고 명령을 해석하여 실제 수행가능.
- 이런 도우미들이 더욱 스마트해지면서 명령 프로세스의 모든 단계를 개선하고 몇 년 전처럼 명령을 구체적으로 지정할 필요가 없어지고 가상 도우미가 실제 명령에서 불필요한 배경 소음을 걸러내는 기능이 더욱 향상

(1) 스마트시티와 자동차

- 자율주행 차량은 많은 센서 데이터를 이용 임무를 수행하는 동시 교통상황에 대응하는 방법을 학습하여 실시간 의사 결정
- 자율주행 차량은 운전자의 제어 없이 운행하기 위해 AI 기술과 기계학습(Machine Learning)에 사용되고 있다. 자율주행 자동차를 만들기 위해서는 장애물을 인식할 수 있는 센싱 기술과 비디오비전 기술이 필요하며 또한 계속 주행을 할지 양보할지 판단하는 AI 기술도 필요
- 현재 주요 도시에서 진행하고 있는 시내버스 노선 시간 및 도착시간을 예고하는 교통 시스템 등이 'U-City'의 일환으로 구축된 것이다. 이젠 이보다 한 발 앞서 인공지능 과 로봇이 통제하는 스마트시티가 열림
- 인공지능과 함께 21세기에 배터리 기술의 진보는 전기동력 항공기를 만들 새 가능성을 열었으나 현재의 배터리 기술로는 대형 항공기의 전동화가 어려운 상황이나 전기로 추진되는 소형 UAS나 드론개발은 가능해졌고, 더 이상 취미 생활에 활용하는 장난감이 아닌 공공 및 상업적 이용 사례들로 많이 증가하고 기술들의 발전으로 현재 많은 항공업계 전문가들이 UAM(Urban Air Mobility) 도심 항공 모빌리티에 개발에 참여
- 공동주택에도 옥상에 주차시설이 추가될 것이며 지하주차장에도 실시간 주차 공간 활용방안으로 새로운 주차방식으로 변화

(2) 의료(Healthcare)

- 미래 의료산업 분야는 의료장비가 많은 역할을 할 것으로 인공지능을 접목한 의료 장비의 경우 사람보다 컴퓨터가 빅데이터를 통해 진단한 결과에 대한 통계데이터를 훨씬 더 많이 축적해 놓고 있고, 처방도 훨씬 빠르게 할 수 있음
- 국내 최초로 IBM사의 인공지능 암 진단 장비인 '왓슨'은 사람과 왓슨이 진단한 경우 80% 정도가 비슷한 결론을 내고 있음.

- 마이크로소프트(MS)의 '프로젝트 인너아이(InnerEye)' 가장 잘 알려진 AI 프로젝트 중 하나는 MS가 운영하는 프로젝트다. MS의 '프로젝트 InnerEye'는 세계를 변화시킬 수 있는 최첨단 연구로 이 프로젝트의 목표는 뇌, 특히 뇌의 신경계를 연구하여 뇌의 기능을 보다 잘 이해하는 것임.
- 이 프로젝트의 목적은 다양한 신경학적 질병을 진단하고 치료하는 데 인공 지능을 사용할 수 있도록 하는 것임.

그림 3-5 애플 및 삼성전자 등 디지털의료장비 애플링과 갤럭시링 등

(3) 인공지능 스피커

- 인공지능 기술을 융합한 제품 가운데 가장 빠른 성장과 발전을 보이는 아이템 중 하나가 인공지능 스피커로서 국 내외 기업들, 특히 국내 기업의 경우 통신 회사인 SKT(누구)와 KT(기가지니), 그리고 인터넷서비스 기업 네이버(웨이브)와 카카오미니(카카오), 가전업체인 LG전자(씽큐허브) 등이 앞 다퉈 신제품을 개발 공급하면서 시장 쟁탈전으로 글로벌기업의 경우 아마존(Echo), 구글(Home), 애플(HomePod) 등도 이 시장 선점을 위한 치열한 경쟁 중
- 인공지능 스피커는 쇼핑, 검색 등 인터넷 서비스로 연결 되는 지능형(스마트)홈의 중심 역할을 할 것 인공지능을 '뽐낼 수 있는' 기기로 왜 스피커를 선택한 걸까? 스피커는 형태가 없는 인공지능의 '메신저' 역할을 하기에 가장 적절한 수단인 인공지능 스피커는 인공지능 분야에서 주도권을 잡을 수 있는 중요한 수단임과 동시에, 각종 스마트 기기와 연동할 수 있다는 확장성과 항상 전원이 켜져 있고, 네트워크에 연결되어 있음으로써 인공지능이 제 역할을 하고 있음
- 최근 할머니의 사고를 알려서 살린 사례가 발생하여 순기능의 좋은 사례가 됨

그림 3-6 구조기능을 하는 인공지능 스피커사례

출처: 뉴시스

(4) 교육

- 인공지능 기술을 접목한 인공지능 교육산업도 크게 성장할 가능성이 높다는 것이다. 다시 말해 사교육을 대체할 기술로 인공지능이 부상
- 우리나라는 알파고와 이세돌의 경기가 종료된 후 인공지능 연구에 5년간 1조 원을 지원하겠다고 발표했고, 2018년 AI의 R&D를 강화하기 위해 2.2조 원의 투자를 발표하며 AI 인재 확보, AI 기술 개발, AI 스타트업 및 중소기업의 개발 지원을 위한 인프라에 투자.
- 인공지능 기술이 아무리 발전해도 그 중심에는 인간의 알고리즘이 있는데 인공지능 인재가 가져야 할 역량, 인간의 지능이 아직까지 인공지능을 뛰어넘는 것은 재능과 능력이 뛰어난 것 말고도 인간적인 특징이 이유임.
- GPT 등장 이전의 AI는 컴퓨터공학 기술자들의 전유물.
- 생성 AI 교육 시장이 일반인 대상으로 넓어지면서 관련 교육·학습 커뮤니티가 투자 유치에 성공한 지니파이는 챗GPT 활용법을 공유하는 커뮤니티인 지피터스의 운영사로서 미국 시장조사업체인 그랜드뷰리서치는 세계 프롬프트 엔지니어링 시장 규모가 2024년 3억7500만달러(약 5000억원)에서 2030년 20억6000만달러(약 2조7500억원)으로 5.5배 성장할 것으로 전망
- 인공지능 교육에서도 Why가 중요한 교육의 가치가 되고 있었고 질문(PROMPT)이 중요한 시대가 되었음.
- 미래의 유동적인 상황에 대처할 수 있는 능력을 교육하는 것이 필요하며 이에 학습하는 방법을 학습하는 것, 모든 학습의 기초가 되는 개념이나 원리를 학습하는 것, 다른 학습에 전이 효과가 큰 내용을 학습하는 것과 같은 도구적 학습이 더 중요

- '미래 지능화 사회에 대한 대국민 인식 조사'를 실시한 결과 4차 산업혁명, 인공지능 등 미래 변화에 대응하는 교과 과정이 보강돼야 한다고 보는 의견에 일반 국민 응답자의 62.3%, 전문가의 83%가 동의

그림 3-7 AI교육
출처: 데일리시큐

(5) AI TV

- 인공지능 기능을 장착한 TV가 시장을 주도할 것으로 실례로 LG전자는 말을 알아 듣는 '인공지능 올레드TV' 제품은 자사의 독자 인공지능 플랫폼인 '딥 씽큐(DeepThinQ)'를 적용하여 음성으로 "지금 보고 있는 프로 그램 끝나면 꺼줘", "게임기에 연결해줘"등과 같이 요청하면 자동인식을 통해 해결. [이미지 추가: 인공지능 스마트 TV]
- LG전자는 위에서 아래로 내려오는 '롤다운 롤러블 TV' 제품 크기는 65인치로 현재까지 나온 LG 롤러블 TV는 아래에서 위로 올라가 기존 롤러블 TV를 설치하려면 공간적 제약이 있었으나 스크린이 돌돌 말려 들어가는 스피커 본체를 둘 최소한의 공간이 필요하지만 위에서 내려오는 롤러블 TV는 천장에 설치해 스피커를 놓을 공간이 없어도 사용가능 함
- 삼성전자는 CES 2022에서 미래 '가전 경험'. 메타버스와 로봇 플랫폼을 통해 집 전체를 하나의 제품처럼 관리하는 '사용자 맞춤형 미래 홈(Personalized & Intelligent Future Home)' 기술을 선보임
- 사용자는 자신과 가장 가까운 모바일 기기를 통해 집사 역할을 하는 아바타와 소통하고 명령을 내릴 수 있고 AI와 사물인터넷(IoT) 기술로 구현한 '스마트싱스(SmartThings)'를 기반으로 TV와 가전, 모바일 제품 집사로봇 볼리까지 여러 기기를 연결해 고객에게 하나의 팀처럼 유기적인 경험을 제공

- 2023-2024년 세계적인 흐름(C.E.S)에서 보면 글로벌 AI기술은 더욱 융합되고 다양화되고 실증적으로 개발되어 스마트 주거환경안에서 AI와 연계하는 디지털생태계의 지능정보화 사회안에서 개인이 원하는 요구에 맞춰 응답하고, 개인이 필요로 하는 부분들을 예측 가능하게 발전함.

삼성전자-LG전자 AI 프로세서 칩

삼성전자 NQ8 AI 3세대	LG전자 알파11 프로세서
- 삼성의 AI SoC 기술 집대성 - 512개 뉴럴 네트워크 - 전작 대비 2배 빠른 신경망처리장치 - 8K AI 업스케일링 기능 - AI 딥러닝 기술로 화면 움직임 보정 - 음원 중 음성만 분리 가능	- 올레드 전용 AI 화질/음질 엔진 - 전작 대비 AI 성능 4배 향상 - 그래픽 성능 70%▲, 프로세싱 속도 30%▲ - 사물과 배경을 AI가 판단해 선명하게 표현 - 빛이 들어오는 공간 밝기 차이까지 분석 - 2채널 음원 ▶가상 11.1.2채널 변환

그림 3-8 삼성전자-LG전자 AI 프로세서 칩

(6) 엔터테인먼트

- 엔터테인먼트 사업은 인공지능과 결합되며 새로운 시장을 창출하고 지금도 IT업계를 중심으로 디지털휴먼(가상인간)을 앞세운 기술경쟁이 치열
- 가상과 현실의 경계를 넘나드는 디지털 휴먼은 기업의 새 브랜드 이미지를 구축하고 홍보 효과를 더 높이는 최적의 마케팅 수단
- 디지털휴먼 기술은 초기 단계지만 성장성이 크므로 기업들은 해당 기술을 확보하기 위해 합종연횡 및 투자를 늘리고 해외에서는 '루 두 마갈루', '릴 미켈라', '바비' 등을 중심으로 지난해부터 SNS(사회관계망서비스) 등에서 강력한 인플루언서로서 활약중이다. 미국 인텔리전스 조사에 따르면 기업이 버추얼 인플루언서 등 가상인간 마케팅에 쓰는 비용은 2019년 80억달러(약 9조원)에서 2022년 150억달러(약 17조원)로 두 배 가까이 증가한 것을 미국 블룸버그는 가상인간 시장 규모가 2025년께 실제 사람 인플루언서 시장규모를 추월할 가능성이 있다고 전망
- 대표적으로 디지털휴먼 네이버 로지, 스마일게이트 한유아, 넷마블 리나와 크래프톤의 버추얼휴먼가 생겼다. 과거 가상인간은 광고, 가수 등 연예분야에서 실존인물을 대체하는 역할이었다면 최근에는 게임, 웹툰·웹소설 등 콘텐츠부터 쇼핑 방송까지 다방면에서 활약 및 개별 캐릭터로서 역할

- 사례로 네이버 가상인간 '로지'를 필두로 마케팅 활동을 넓히는 중이고 최근 네이버는 싸이더스 스튜디오엑스와 협업해 로지의 AI(인공지능) 보이스를 클로바 AI 음성합성 기술로 만들어 라디오에 출연하고 라디오에서 로지는 스페셜 게스트로 DJ와 이야기를 나누고, 청취자 사연도 직접 소개하여 그 AI 보이스는 네이버 클로바에서 자체 개발한 NES(Natural End-to-end Speech synthesis system) 기술을 이용 제작됐으며, 녹음 분야도 사람에 가까운 자연스러운 목소리를 구현

그림 3-9 가상인간 로지

출처: 스타트업엔

(7) AI로봇 (음성로봇, 배달로봇, 청소로봇, 반려로봇, 기타)

- 인공지능(AI), 자연어처리(NLP), Robotic Operating System과 같은 개발 플랫폼 분야의 학문 발전으로 Social Robotics라고 불리는 클래스 로봇의 등장
- 소셜 로봇은 인공지능(AI)에 의한 카메라 및 기타 센서를 통해 수신한 정보와 상호작용을 하고 인공지능(AI)의 발전을 활용해 설계자가 신경과학 및 심리학적 통찰력을 모두 알고리즘으로 변환가능

- 얼굴이나 감정, 음성인식, 음성을 해석하고 사람들의 요구에 적절하게 대응하여 다양한 산업 분야에서 소셜 로봇 응용이 확대되고 새 기술에 대한 WEF의 2019년 보고서에 따르면, 소셜 로봇 공학 분야는 로봇이 더 뛰어난 인터랙티브 기능을 가지고, 유용한 작업을 수행할 수 있는 전환점에 도달
- 전세계 소비자 로봇 매출이 2018년에 약 56억 달러에 달하고 2025년 말까지 190억 달러로 매출은 증가하고, 매년 6,500만대 이상의 로봇이 판매될 것으로 예상.
- 그러나 선행 투자비 증가, 하드웨어와 소프트웨어의 오작동, 사용자의 프라이버시 보호 우려, 로봇 무기화 등의 중요 요인이 시장 성장을 방해하고 있는 상황이나 모든 가정에 휴머노이드 로봇이 머지않아 한 대씩은 존재

그림 3-10 배달로봇 사례
출처: KT

(8) 음식 (스마트냉장고 연계)

- AI는 요리와 같은 예기치 않은 영역에서도 잠재력을 갖고 라사(Rasa)라는 회사는 음식을 분석한 후 냉장고와 식료품 저장고 재료를 기준으로 레시피를 추천하는 AI 시스템을 개발. 이 유형의 AI는 요리를 좋아하지만 식사 계획에 너무 많은 시간을 허비하고 싶지 않은 사람들에게 좋은 방법
- 최근 사례로 음식 사진 촬영만으로 영양 정보를 인식할 수 있는 '푸드렌즈(Food Lens)'의 API를 제공하는 플랫폼을 오픈했다. 푸드렌즈는 음식을 사람의 눈처럼 인식하는 인공지능 기술 특허 기반으로 실현.

- 딥러닝 이미지 처리기술 바탕으로 사진 속 여러 음식 정보를 한 번에 자동 분석, 음식명과 칼로리 등의 영양 정보를 95% 이상의 정확도로 제공하여 음식 인식과 기록이 필요한 모든 서비스에 접목이 가능하고 연계하는 헬스케어, 식음료, 보험, 의료 등 다양한 업종업체가 이용하게 되어 검증된 안정성과 기술력을 바탕으로 지속적인 업그레이드로 경쟁력 있는 서비스를 만드는 기업 등 다양한 음식 AI기업이 생김

그림 3-11 삼성비스포크냉장고

출처: 삼성전자

(9) 생성형AI, chatGPT, GPTstore

- 오픈AI는 인공지능을 개발하며 안전한 AGI 개발을 추구하는 미국의 비영리 단체. 대형 언어 모델 (LLM)과 이를 기반으로 하는 ChatGPT 등의 소프트웨어를 제공하고 있음.
- 생성적 AI(Generative AI)는 새 합성 콘텐츠 출력, 생성할 수 있는 기계학습 모델 의미.
- 생성 AI 모델은 텍스트, 이미지, 오디오, 비디오 등과 같은 완전히 새로운 아티팩트를 생성 기존 분석이나 분류 작업에 초점을 맞춘 기존 AI 시스템과 다름.

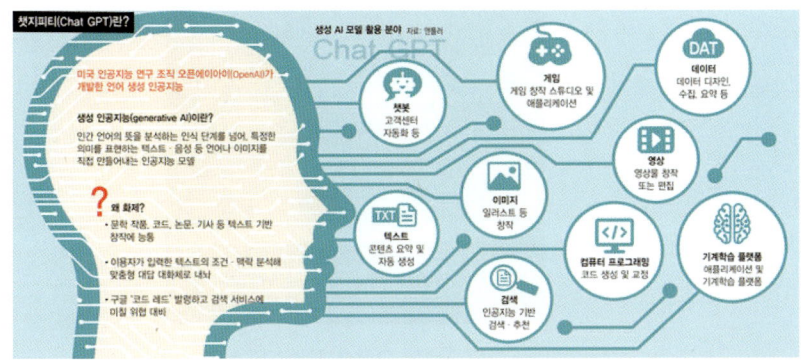

그림 3-12 생성AI와 생성AI모델 활용분야

출처: 한겨레

- 제너레이티브 AI의 주요 특징은 단순히 기존 콘텐츠를 재배열하거나 변형하는 것이 아니라, 실제로 훈련 데이터에서 학습한 패턴을 기반으로 참신하고 독창적인 콘텐츠를 만들어낸다는 점.
- 2023년에는 OpenAI의 Chat GPT 및 DALL-E와 같은 혁신 덕분에 생성 AI의 인기가 폭발적으로 증가하고 자연어 처리와 같은 기반 기술의 급속한 발전으로 인해 소비자와 창작자가 생성 AI에 접근가능
- Google, Microsoft, Amazon, Meta 등 주요 기술 기업이 자체 생성 AI 도구를 개발중
- 텍스트 및 이미지 모델은 잘 알려져 있지만 생성 AI에는 다양한 유형이 있고 일반적으로 사용자는 텍스트, 이미지, 비디오, 음악 등 원하는 출력을 생성하도록 모델을 안내하는 프롬프트를 제공함

※ 주목 할만한 예들
- ChatGPT : 프롬프트에 대해 인간과 유사한 텍스트 응답을 생성하는 OpenAI의 AI 언어 모델
- DALL-E 2 : 또한 OpenAI를 통해 이 모델은 텍스트 설명에서 이미지와 아트를 생성.
- Google Bard : Google의 PaLM 언어 모델을 기반으로 하는 ChatGPT와 경쟁하는 생성형 AI 챗봇

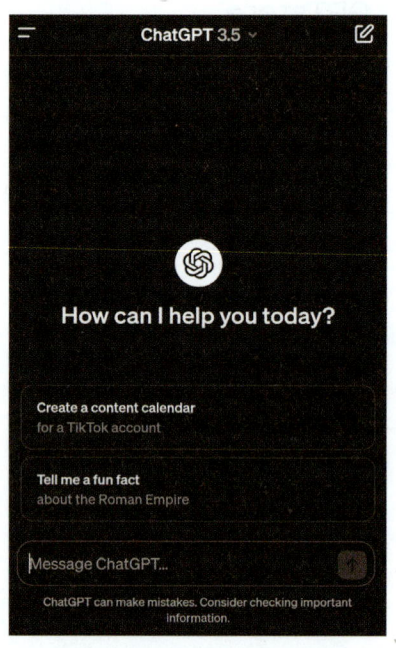

그림 3-13 오픈AI사 챗GPT 화면
출처: 스마트폰 오픈AI 홈페이지

- Midjourney : Midjourney Inc.에서 개발한 이 앱은 이미지와 예술을 생성하라는 메시지를 해석.
- GitHub Copilot : 코드 완성을 제안하는 AI 코딩 도우미.
- Llama 2 : 챗봇과 같은 대화형 AI를 위한 Meta의 오픈 소스 언어 모델
- xAI : Elon Musk가 OpenAI를 떠난 후 설립한 새로운 생성 AI 회사

- 생성 AI 주요한 발전은 산업 전반에 신 창의적 도구와 경험을 가능하게 하나 애플리케이션이 계속해서 증가함에 따라 사려 깊은 거버넌스가 중요하게 됨.
- 언어모델은 자사 응용 소프트웨어의 기반이 되는 파운데이션 모델이며, 유료 API를 통해 서드파티 기업에도 서비스를 제공하고 플러그인 지원을 통하여 자사 GPT만의 생태계를 만들어 나가고 있는 바 오픈AI의 알파이자 오메가인 분야.
- 클라우드 컴퓨팅 비용이 상당하여 언어 모델을 개발하는 기업은 극히 드물어 따라서 대부분의 AI 스타트업들은 API를 통해 구글, 오픈AI, 메타 등의 모델을 활용하여 자사 서비스에 탑재하는 방식으로 참여.
- 향후 ChatGPT 이상의 프로그램을 낼 예정은 현재 없으며, 유료 API 기반 생태계 확장.

그림 3-14 구글이매진2

출처: 달리와 경쟁프로그램 매경

- GPT를 기반으로 만든 대화형 인공지능 서비스 ChatGPT는 ChatGPT 1, 2, 3, 3.5, 4, 5로 개발되면서 현재 GPT3.5/4를 사용해서 인공지능과 채팅가능한 서비스 웹페이지
- 오픈AI GPT스토어가 지난 2024년 초에 문을 연 뒤 GPT 기반 애플리케이션(GPTs)은 벌써 300만개 이상 제작되고 GPT스토어는 챗GPT를 기반으로 개발한 맞춤형 앱을 올리고 거래되는 장터로 애플·구글 앱스토어와 유사.
- 중소기업 중심으로 초기 생성형 AI 생태계가 형성되고 있는 것으로 반면 오픈AI와 국내 기업들 간 협업 사례가 늘수록 국내 초거대 AI 개발 기업 경쟁력 하락

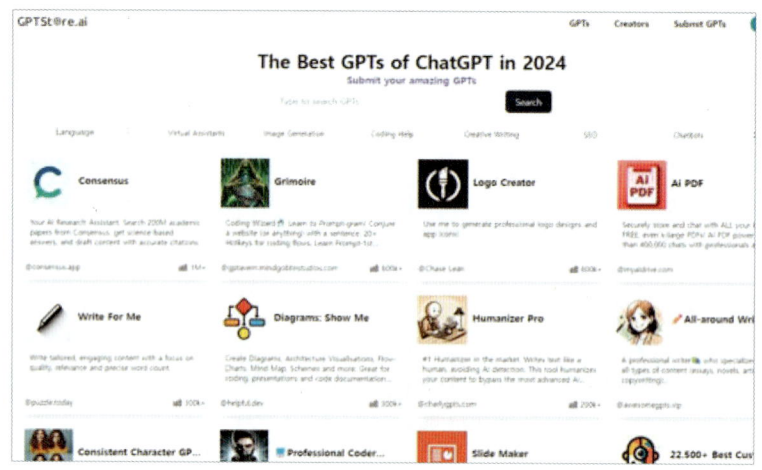

그림 3-15 GPT스토어의 인기 챗봇들. GPT스토어 캡처
출처: 파이낸셜뉴스

(10) AIxART

- '기계는 예술을 만들 수 있는가?', '인간 예술가와 인공지능이 팀을 이루는 예술 협업', 'AI, 로봇, 블록체인 등이 예술의 주체가 된 사례', 'AI 아트의 정신에 관하여' 앞으로 지속적인 화두로서 달리 시리즈 등 다양한 시도 예정
- 기술은 지속적인 발전이라면 예술은 절대적인 한계를 가진다는 말이 있듯이 작품성과 시장성을 기계가 가진 특징으로 어떻게 활용할 것인지는 또 다른 차원이며 2차원의 그림을 움직이는 차원으로 상상 속으로 초대하기도 함

그림 3-16 재손 알렌의 AI 제작작품
출처: 뉴욕타임즈

3 인공지능의 작동방식에 따른 기술적 이해

① **머신러닝** : 분석 모델구축을 자동화하여 통계분석, 운영분석, 물리학, 신경망, 에서 활용되는 기법들을 이용한 후 프로그래밍 없이 특정 위치를 찾거나 결론을 내리는 등 데이터에 숨은 인사이트를 구함

② **신경망** : 뉴런처럼 외부 입력에 반응과 각 단위 사이의 정보를 연계 처리하는 일종의 머신러닝. 서로의 연계성을 찾아 정의되지 않은 데이터로부터 의미를 추론하기 위해 처리 과정에서 다중 데이터 패스를 필요.

③ **딥러닝** : 컴퓨팅 파워의 발전과 학습기법 개선을 바탕, 여러 레이어를 포함한 엄청난 규모의 신경망 활용하여 대량의 데이터에서 복잡한 패턴을 학습하고 예로 이미지 및 음성 인식이 예시됨.

④ **인지 컴퓨팅** : 인지 컴퓨팅(Cognitive Computing)은 기계로부터 인간과 유사한 자연스러운 인터랙션을 도출하려는 인공지능(AI)의 한 분야. 인공지능(AI)과 인지 컴퓨팅에서 추구하는 궁극 목표는 기계에 이미지와 음성의 이해능력을 부여 한 후 사람과 같은 방식으로서 행동하고 같은 반응을 생성해 내는 것.

⑤ **컴퓨터 비전** : 패턴 인식과 딥러닝 기술을 바탕으로 하는 그림이나 비디오 내용을 인식한 후 기계가 이미지를 처리하고 분석 후 이해 가능 할 경우 이미지나 비디오를 실시간으로 포착하고 그 주변 상황 해석함.

⑥ **자연어 처리** : 자연어 처리(NLP; Natural Language Process)는 컴퓨터가 사람의 언어와 음성을 포함하여 분석, 이해 및 생성 가능한 기술. NLP의 추후 단계는 사람이 평상시와 같은 언어표현을 사용 한 후 컴퓨터와 소통하고 작업을 지시하도록 하는 자연어 인터랙션.

⑦ **그래픽 처리 장치** : 반복작업에 필요한 엄청난 컴퓨팅 파워를 주는 인공지능(AI)의 핵심 요소로서 신경망 학습에는 거대한 양의 데이터 뿐만아니라 엄청난 컴퓨팅 파워를 요구함.

⑧ **사물 인터넷** : 연결된 장치로부터 많은 양의 데이터 생성과. 인공지능(AI)을 통해 모델을 자동화 할 경우 이 데이터를 실시간으로 분석하여 유용하게 활용. 보다 많은 데이터를 다양한 수준에서 더 빠르게 분석하기 위한 첨단 알고리즘이 새 방향으로 개발 및 결합한 후. 매우 드물게 발생하는 이벤트를 예측하고 복잡한 시스템을 이해하고 고유한 시나리오의 최적화에 필수.

⑨ **애플리케이션 처리 인터페이스** : 애플리케이션 처리 인터페이스(API)솔루션 패키지와 기존 제품에 인공지능(AI) 기능을 부가 시 필요한 코드 패키지. API 이용해 각종 보안 시스템에 이미지 인식 기능추가 및 데이터를 설명하고 캡션과 헤드라인 생성 등 데이터의 흥미로운 패턴과 인사이트를 알려주는 Q&A을 추가함.

04 지능형(스마트)홈 법규 및 직업윤리

1 인공지능과 직업윤리

직업은 경제적 보수를 통한 생계 유지를 위한 수단을 넘어서 자아를 실현하고 사회에 참여함으로서 사회적 존재로서의 인간의 삶에 꼭 필요한 것이 되었다. 우리들은 직업을 가지고 수많은 사람들과 관계를 맺고, 상호이해 작용을 하는 과정에서 마땅히 지켜야 할 윤리적 규범을 지키며 살아간다. '카카오톡'으로 알려진 카카오는 국내 기업 중에서 처음으로, '알고리즘 윤리헌장'을 발표했다. 카카오는 "인공지능의 위상이 높아짐에 따라 알고리즘과 관련한 윤리의식을 확보하는 것은 이를 만드는 기업들의 사회적 책임"이라고 밝혔다.

세상은 이미 급격하게 변화하여, 세계의 여러 나라들이 AI 기술 연구개발에 매진하고 있는 현재, 인공지능은 데이터, 지식의 영역에서는 인간을 대체할 수 있지만 결국 최종 의사 결정은 인간의 몫이다. 다행스러운 것은 인간에게 쉬운 것은 컴퓨터에게 어렵고 반대로 인간에게 어려운 것은 컴퓨터에게 쉽다는 사실이다.(이준호.박지웅. 5G와 AI가 만들 새로운 세상. 갈라북스)

세계경제포험(WEF)는 '미래 일자리'보고서에서, 2022년까지 세계적으로1억 3300만개의 새로운 일자리가 생겨나고 로봇이 7,500만개의 기존 일자리를 대신할 것이라고 발표하고 있다. 또한 정부는 'AI 국가전략'을 통하여 AI를 잘 활용하는 국가 건설을 목표로 하는, AI경쟁력 혁신, AI 활용 전면화, AI와 조화 공존 등, 3가지의 핵심전략을 발표하기도 하였다.

이러한 시대적 요구에 따른 4차 산업혁명이 주도하는 사회에서, 가상현실과 로봇으로 대체되는 작업현장이 우리 눈앞에서 펼쳐지는 이때 우리 사회에서 고려되어야 할 직업윤리는 무엇인가? (김은우. 4차 산업혁명과 직업윤리)

첫째, 인간의 존엄성이 보존되어야 한다.(서규선(2010), 21세기 노동윤리의 변화)

로봇이 사회에 등장하면서 산업현장 전반에 영향을 미치고 있다. 로봇은 인간이 할 수 없는 일까지 척척 해내면서 인간을 대량실업이라는 위기로 몰고 있다. 대량실업은 인간을 사회적 관계와 분리시켜서 소외 시키는 위기에 봉착하게 만들 수 있다. (서규선, 2010, 21세기 노동윤리의 변화)
4차 산업혁명은 생명공학의 발전이다. 생명공학은 건강한 삶을 위해서 인체를 인공적으로 변형시키고, 인간과 유사한 종을 만들어 낼 것이다.

즉 포스트휴먼 사회가 열리는 것이다. 포스트휴먼 사회는 인간의 변형을 통해서 유사한 종이 만들어져서 인간과 공존하는 사회이다. (한국포스트휴먼연구소·한국포스트휴먼학회 편저, 2017: 33). 인간이 한계를 가진 존재라고 할지라도 로봇이 우리의 모든 것을 대체 할 수 없다.
그렇다면 우리는 어떻게 인간존엄성을 지킬 수 있는가? 이에 대해 칸트는 인간은 스스로 자신을 지키고 노력해야 할 의무적 존재라는 것이다. 누구도 우리의 존엄성을 대신 지켜줄 수 없다. 로봇은 인간이 될 수 있는 것이 아니라 인간이 만들어 낸 작품에 불과하다. (김진·한자경.2015, 칸트 인간은 자연을 넘어선 자유의 존재다.북이십일21세기북스)

하지만 인간존엄성을 사회적 합의와 제도로 지키는 것은 한계가 있다. 결국 인간 존엄성을 지킬 수 있는 것은 자기 자신이다. 이러한 의식이 사라진다면, 우리는 다가오는 4차 산업혁명 사회에서 소외되고 말 것이다.

둘째, 인간의 자율성이 발휘 되어야 한다.

인간은 4차 산업혁명으로 인해 로봇에게 많은 부분에서 우리의 일자리를 내어주게 되었다. 우리는 기피하는 일뿐만 아니라, 할 수 있는 일까지 포기해야 할 것이다. 4차 산업혁명의 핵심인 인공지능, 빅데이터, 스마트 팩토리 등의 기술 그 자체는 윤리적으로 중립적이다. 이 기술들은 선하지도 악하지도 않기 때문에 기술이 아니라, 개발하고 사용하는 사람의 문제라고 본다. (이광석 외7인, 2017)
과학은 인과적 법칙에 따라 움직인다면, 인간은 함께 공유할 수 있는 보편적 법칙을 세우고 그것을 실천해 가야 한다. 왜냐하면 인간만이 법칙을 세우고 실천해 갈 수 있는 특권을 가지고 있기 때문이다. 우리가 지킬 수 있는 법칙을 세우는 것이 새로운 사회에서 직업 환경의 변화를 극복할 수 있는 방안이다.

그렇지 않으면 우리의 자율성은 과학기술 앞에 퇴보하고 말 것이다. 외부로부터의 영향과 권위앞에 무너지는 것이 아니라, 우리의 한계를 극복할 수 있어야 한다. (편상범, 2015)

셋째, 공동체 의식이 회복되어야 한다.

19세기에는 일에 종사하는 사람을 '노동자(workers)'로 불렀다.
추후 현대 민주주의가 들어서면서 그 용어를 '직원(staff)'으로 수정했다. 용어의 변화는 고용의 형태를 드러내는 것이다. 이것은 개별적인 인원을 의미하는 것에서 공동체를 의미하는 인적 자원으로 변한 것이다.

4차 산업혁명이 도래하면서 직업 환경에 가장 많은 영향을 미친 것은 고용의 형태가 바뀌는 것이다. 과거 고용시장은 개인의 역량을 강조하기보다 공동체의 일원으로서 협력을 강조했다. 반면 4차 산업혁명의 고용시장은 개인의 역량을 강조하는 방향으로 바뀌고 있다. 이런 측면에서 직업윤리는 한 개인의 역량을 강조하면서 사회전체의 일원이라는 의식이 강조되어야 한다.(서규선, 2010).

우리는 사회적 역할을 감당하는 것과 동시에 일정한 소득을 통해서 인간다운 삶을 실현해 갈 수 있다. 그러나 기업이 공동체의 의식을 상실한 채 4차 산업혁명의 기술연구에만 몰두하면 개인 노동자와 대립이 심화된다. 또한 공동체 의식이 사라지면, 기업은 직원을 파트너로 보는 것이 아니라 고용의 관계에서 노동자로만 보는 것이다. 고용의 형태가 정규직이든 비정규직이든 혹은 필요에 따라 고용하는 구조로 바뀌어도 중요한 것은 기업과 개인이 공동체의 의식을 품어야 한다는 것이다. (김진·한자경, 2015).

미래사회의 고용 형태가 불안정해도 서로에 대한 인격적인 신뢰가 전제 된다면, 최소한의 기본권은 보장 받을 수 있다. 4차 산업혁명을 통한 사회변화가 피할 수 없는 길이라면 우리는 그 변화를 잘 이용해야 한다. 직업윤리야 말로 4차 산업혁명이라는 거대한 산 앞에서 인간다운 삶을 살 수 있도록 안내하는 이정표이다.

지능형(스마트)홈을 다루는 직업윤리 중에서 인공지능 윤리는 미래산업발전을 위한 가장 기본적으면서도 중요한 가치를 가진 직업윤리 중에서 기술윤리차원에서 알아야 할 것이다. AI윤리를 주제로 한 국내 유일의 컨퍼런스인 인공지능 윤리 대전을 2020년, 2021년 2회를 진행하면서 학계, 공공기관, 산업계 전문분야별 AI윤리에 관한 균형감 있는 목소리를 나누었다. 인공지능윤리에 대한 신뢰구축을 가장 중요한 과제로 보고 AI윤리가 반드시 미래첨단산업에서 안전장치로서 AI기술에 적용돼야 소비자들의 신뢰를 얻고 선택을 받을 수 있을 것이라고 하였다.
(한국인공지능윤리협회창배 이사장, 2021)

(1) 인공지능(Artificial Intelligence, AI)의 개념

① 국가전략(관계부처 합동, 2019년 12월)

인간의 지적능력을 컴퓨터로 구현하는 과학기술로써
- 상황을 인지
- 이성적, 논리적으로 판단 및 행동
- 감성적, 창의적인 기능을 수행하는 능력까지 포함

그림 4-1 AI 국가전략

출처: 과학기술정보통신부

② Stuart Russell & Peter Norvig의 4분론에 따른 접근 방식(고학수)
- 인간적 행위(Acting Humanly) : 앨링튜링의 실험, 인간이 대화 상대를 사람으로 느끼면 그 대상이 기준에 부합
- 인간적 사고(Thinking Humanly) : 인간의 사고방식을 모형화하고 그 모형을 재현
- 합리적 사고(Thinking Rationally) : 인간적 특성에 얽매이지 않고 논리적이고 합리적인 추론의 연속, 즉 사고의 법칙(laws of thought)이 인공지능의 핵심
- 합리적 행위(Acting Rationally) : 행위자의 최선의 결과 획득을 위한 행동 여부. 불확실성이 있는 경우 기댓값을 기준으로 최선의 결과 산출을 위한 행동 여부 등을 기준으로 판단

(2) 인공지능(Artificial Intelligence, AI)의 문제점

① 기술 오남용 : 유럽의 한 에너지기업 CEO는 영국 범죄자들이 AI를 활용해 정교하게 만든 모회사 CEO의 가짜 음성에 속아 22만 유로를 송금하는 피해(2019년 9월)
② 데이터 편향성 : 아마존의 인공지능 기반 채용시스템이 개발자, 기술직군에 대부분 남성만을 추천하는 문제가 발생함에 따라 아마존에서 동 시스템 사용 폐기(2018년 10월)

그림 4-2 데이터 편향성
출처: 데이터야놀자

③ 알고리즘 차별 : 인공지능 기반 범죄 예측 프로그램인 'COMPAS'의 재범률 예측에서 흑인 범죄자의 재범 가능성을 백인보다 2배 이상 높게 예측하는 편향 발견(2018년 1월)
④ 프라이버시 침해 : 아마존 알렉사, 구글 어시스턴트, 애플 시리 등이 인공지능 스피커로 수집된 음성 정보를 제3의 외부업체가 청취하는 것으로 밝혀져 논란(UPI, 2019년 9월)

(3) 인공지능(AI)윤리기준(과학기술정보통신부)

① 인공지능 개발 및 활용과정에서 고려될 3대 기본 원칙 : '인간성을 위한 인공지능(AI for Humanity)'을 위해 인공지능 개발에서 활용에 이르는 전 과정에서 고려되어야 할 기준으로 3대 기본원칙을 제시

인간 존엄성 원칙	① 인간은 신체와 이성이 있는 생명체로 인공지능을 포함하여 인간을 위해 개발된 기계제품과는 교환 불가능한 가치가 있다. ② 인공지능은 인간의 생명을 물론 정신적 및 신체적 건강에 해가 되지 않는 범위에서 개발 및 활용되어야 한다. ③ 인공지능 개발 및 활용은 안전성과 견고성을 갖추어 인간에게 해가 되지 않도록 해야 한다.
사회의 공공선 원칙	① 공동체로서 사회는 가능한 한 많은 사람의 안녕과 행복이라는 가치를 추구한다. ② 인공지능은 지능정보사회에서 소외되기 쉬운 사회적 약자와 취약 계층의 접근성을 보장하도록 개발 및 활용되어야 한다. ③ 공익 증진을 위한 인공지능 개발 및 활용은 사회적, 국가적 나아가 글로벌적 관점에서 인류의 보편적 복지를 향상시킬 수 있어야 한다.
기술의 합목적성 원칙	① 인공지능 기술은 인류의 삶에 필요한 도구라는 목적과 의도에 부합되게 개발 및 활용되어야 하며 그 과정도 윤리적이어야 한다. ② 인류의 삶과 번영을 위한 인공지능 개발 및 활용을 장려하여 진흥해야 한다.

② 기본원칙을 실현할 수 있는 10대 핵심요건(=AI 윤리기준) : 과학기술정보통신부와 정보통신정책연구원이 마련한 AI윤리기준에서 "모든 인공 지능은 '인간성을 위한 인공지능'을 지향하고, 인간에게 유용할 뿐만 아니라 나아가 인간 고유의 성품을 훼손하지 않고 보존, 함양하도록 개발되고 활용되어야 한다. 인간의 정신과 신체에 해롭지 않도록 개발되고 활용되어야 하며, 개인의 윤택한 삶과 행복에 이바지하며 사회를 긍정적으로 변화하도록 이끄는 방향으로 발전돼야 한다. 인공지능은 사회적 불평등 해소에 기여하고 주어진 목적에 맞게 활용돼야한다' 는 인간존엄성 원칙, 사회의 공동선 원칙, 기술의 합목적성 원칙 등 인간성 구현을 위한 3대 원칙을 제시하고 있으며 이를 위한 10대 핵심요건은 다음과 같다.

- 인권보장 : AI의 개발과 활용은 모든 인간에 동등하게 부여된 권리를 존중해야 하며, 다양한 민주적 가치와 국제 인권법에 명시된 권리를 보장해야 한다.
- 프라이버시 보호 : 인공지능을 개발하고 활용하는 전 과정에서 개인의 프라이버시를 보호하며, 인공지능 전 생애주기에 걸쳐 개인정보의 오용을 최소화하도록 노력해야 한다.
- 다양성 존중 : AI는 성별, 연령, 장애, 지역, 인종, 종교, 국가 등 개인 특성에 따른 편향을 최소화해야 하고 특정 집단이 아닌 모든 이에게 혜택을 골고루 분배해야 한다.
- 침해금지 : AI는 인간에 해를 미치는 목적으로 활용할 수 없고, 부정적 결과에 대한 대응 방안을 마련해야 한다.
- 공공성 : 개인 행복 추구 외에 공공성 증진과 인류 공동의 이익을 위해 활용돼야 한다.
- 연대성 : 다양한 집단 간 관계 연대성을 유지하고 미래세대도 배려해야 한다.

- 데이터 관리
  - 개인정보 등 각각의 데이터를 그 목적에 부합하도록 활용하고, 목적 용도로 활용하지 않아야 한다.
  - 데이터 수집과 활용의 전 과정에서 데이터 편향성이 최소화되도록 데이터의 품질과 위험을 관리해야 한다.
- 책임성
  - 인공지능 개발 및 활용과정에서 책임주체를 설정함으로써 발생할 수 있는 피해를 최소화하도록 노력해야 한다.
  - 인공지능 설계 및 개발자, 서비스 제공자, 사용자 간의 책임소재를 명확히 해야 한다.
- 안전성
  - 인공지능 개발 및 활용 전 과정에 걸쳐 잠재적 위험을 방지하고 안전을 보장 할 수 있도록 노력해야 한다.
  - 인공지능 활용 과정에서 명백한 오류 또는 침해가 발생할 때 사용자가 그 작동을 제어할 수 있는 기능을 갖추도록 노력해야 한다.
- 투명성
  - 사회적 신뢰 형성을 위해 타 원칙과의 상충관계를 고려, 인공지능 활용 상황에 적합한 수준의 투명성과 설명 가능성을 높이려는 노력을 기울여야 한다.
  - 인공지능 기반 제품이나 서비스를 제공할 때 인공지능의 활용 내용과 활용 과정에서 발생할 수 있는 위험 등의 유의사항을 사전에 고지해야 한다.

2 인공지능의 개인정보보호 6대 원칙

① **참여성** : 개인정보 처리에 대한 정보주체의 의견을 수렴하고, 권리를 보장한다.
② **투명성** : 개인정보 처리내역을 알기 쉽게 공개한다.
③ **책임성** : 개인정보 처리에 대한 책임을 명확히 한다.
④ **안전성** : 개인정보는 안전하게 관리한다.
⑤ **공정성** : 사생활 침해와 사회적 차별 등이 발생하지 않도록 유의한다.
⑥ **적법성** : 개발 · 운영 시 개인정보의 처리 근거는 적법 · 명확해야 한다.

3 개인정보 보호법 개요 (개인정보 보호법 제1장)

(1) 개인정보란 (제2조)

- 가명처리를 하여 원래의 상태로 복원하기 위한 추가정보의 사용·결합 없이는 특정 개인을 알아볼 수 없는 정보 — **가명정보**
- 살아있는 개인에 관한 정보
  - 자연인에 관한 정보만 해당
  - 국적이나 신분에 관계없이 법 적용대상
  - (Ex. 외국인, 피의자 정보)
- 다른 정보의 입수 가능성 등 개인을 알아 보는데 소요되는 시간, 비용, 기술 등을 합리적으로 고려 — **쉽게 결합하여 알아볼 수 있는 정보**
- 개인에 관한 정보여야 함
  - 법인 또는 단체의 정보는 해당 없음
  - 단, 연관성에 따라 개인정보가 될 수 있음
  - (Ex. 대표자 성명, 담당자 전화번호)
- 해당정보를 처리하는 자의 입장에서 합리적으로 활용될 가능성이 있는 수단을 고려 — **개인을 알아볼 수 있는 정보여야 함**
- 정보의 내용·형태 등은 제한이 없음
  - 전자, 수기 등 형태와 처리방식은 무관
  - 주관적평가, 허위정보라도 해당될 수 있음
  - (Ex. 대표자 성명, 담당자 전화번호)

개인정보란

그림 4-3 개인정보 법적 특징

출처: 개인정보보호위원회, 한국인터넷진흥원

(2) 개인정보의 예시

구분		내용
인적 정보	일반정보	성명, 주민등록번호, 주소, 연락처, 생년월일, 출생지, 성별 등
	가족정보	가족관계 및 가족구성원정보 등
신체적 정보	신체정보	얼굴, 홍채, 음성, 유전자정보, 지문, 키, 몸무게 등
	의료·건강정보	건강상태, 진료기록, 신체장애, 장애등급, 병력, 혈액형, IQ, 약물테스트 등의 신체검사 정보 등
정신적 정보	기호·성향정보	도서 등 대여기록, 잡지구독정보, 물품구매내역, 웹사이트 검색내역 등
	내면의 비밀정보	사상, 신조, 종교, 가치관, 정당·노조가입여부 및 활동내역 등
	교육정보	학력, 성적, 자격·면허증보유내역, 상벌기록, 생활기록부, 건강기록부 등
사회적 정보	병역정보	병역여부, 군번 및 계급, 제대유형, 근무부대, 주특기 등
	근로정보	직장, 고용주, 근무처, 근로경력, 상벌기록, 직무평가기록 등
	법정정보	전과·범죄기록, 재판기록, 과태료납부내역 등
재산적 정보	소득정보	봉급액, 보너스 및 수수료, 이자소득, 사업소득 등
	신용정보	대출 및 담보설정내역, 신용카드번호, 통장계좌번호, 신용평가정보 등
	부동산정보	소유주택, 토지, 자동차, 기타소유차량, 상점 및 건물 등

(3) 개인정보 보호법 주요 용어

① **개인정보**
- 성명, 주민등록번호 및 영상 등을 통하여 살아있는 개인을 알아볼 수 있는 정보
- 다른 정보와 쉽게 결합하여 개인을 알아볼 수 있는 정보
- 별도로 보관된 추가 정보의 사용·결합 없이는 특정 개인을 알아볼 수 없는 정보
  ※ 개인정보 보호법은 임직원, 주주, 협력업체 등 모든 사람의 개인정보에 적용됨

② **정보주체** : 처리되는 정보에 의해 알아볼 수 있는 그 정보의 주체가 되는 사람

③ **개인정보 파일** : 개인정보를 쉽게 검색할 수 있도록 일정한 규칙에 따라 체계적으로 배열하거나 구성한 개인정보의 집합물

④ **처리** : 개인정보의 수집, 생성, 연계, 연동, 기록, 저장, 보유, 가공, 편집, 검색, 출력, 정정, 복구, 이용, 제공, 공개, 파기, 그 밖에 이와 유사한 행위

⑤ **개인정보 처리자** : 업무를 목적으로 개인정보파일을 운용하기 위하여 스스로 또는 다른 사람을 통하여 개인정보를 처리하는 공공기관, 법인, 단체, 개인 등

⑥ **개인정보 보호 책임자** : 개인정보 처리에 관한 업무를 총괄해서 책임지거나 업무처리를 최종적으로 결정하는 자

⑦ **개인정보 취급자** : 개인정보처리자의 지휘·감독을 받아 개인정보를 처리하는 임직원, 파견근로자, 시간제근로자 등

⑧ **개인정보 처리시스템** : 데이터베이스 시스템 등 개인정보를 처리할 수 있도록 체계적으로 구성한 응용시스템

⑨ **영상정보 처리기기** : 일정한 공간에 지속적으로 설치되어 사람 또는 사물의 영상 등을 촬영하거나 이를 유·무선망을 통하여 전송하는 장치 또는 촬영되거나 전송된 영상정보를 녹화·기록·수집·저장할 수 있는 폐쇄회로 텔레비전과 네트워크 카메라 등의 장치

(4) 개인정보 보호 원칙 (제3조)

① 처리 목적의 명확화 : 목적 내에서 적법하고 정당하게 최소 수집
② 처리 목적 내에서 처리 : 목적 외 활용 금지
③ 처리 목적 내에서 정확성·완전성·최신성 보장
④ 정보주체의 권리 침해 위험성 등을 고려하여 안전하게 관리
⑤ 개인정보 처리사항 공개 : 정보주체의 권리보장
⑥ 사생활 침해 최소화 방법으로 처리
⑦ 가명/익명처리가 가능한 경우 가명/익명으로 처리
⑧ 개인정보처리자의 책임 준수 : 정보주체의 신뢰성 확보

(5) 정보주체의 권리 (제4조)

개인정보 자기결정권
자신에 관한 정보가 언제, 어떻게, 어느 범위까지 수집, 이용, 공개될 수 있는지를 정보주체가 스스로 통제, 결정할 수 있는 권리

> ① 개인정보의 처리에 관한 정보를 제공받을 권리
> ② 개인정보의 처리에 관한 동의 여부, 동의 범위 등을 선택, 결정할 권리
> ③ 개인정보의 처리 여부 확인, 개인정보 열람을 요구할 권리(사본 발급 포함)
> ④ 개인정보의 처리 정지, 정정·삭제 및 파기를 요구할 권리
> ⑤ 개인정보의 처리로 인한 피해를 신속, 공정하게 구제받을 권리

4 개인정보 보호법 Q & A

Q 〈정의〉 공적 생활에서 형성된 정보, 이미 공개된 정보도 개인정보에 해당합니까?

A 개인정보는 개인의 신체, 신념, 사회적 지위, 신분 등과 같이 인격주체성을 특정 짓는 사항으로서 개인의 동일성을 식별할 수 있게 하는 일체의 정보를 의미하며, 반드시 개인의 내밀한 영역에 속하는 정보에 국한되지 않고 공적 생활에서 형성되거나 이미 공개된 개인정보까지도 포함됩니다. [대법원 2016. 3. 10. 선고 2012다105482 판결]

출처: 개인정보보호위원회, 개인정보보호법령및지침·고시해설, 2020. 12.

Q 〈정의〉 휴대전화번호 뒤 4자리는 개인정보에 해당합니까?

A 휴대전화번호 뒷자리 4자만으로도 그 전화번호 사용자가 누구인지를 식별할 수 있는 경우가 있고, 특히 그 전화번호 사용자와 일정한 인적 관계를 맺어온 사람이라면 더욱 그러할 가능성이 높으며, 설령 휴대전화번호 뒷자리 4자만으로는 그 전화번호 사용자를 식별하지 못한다 하더라도 「그 뒷자리 번호 4자와 관련성이 있는 다른 정보 (생일, 기념일, 집 전화번호, 가족 전화번호, 기존통화내역 등)과 쉽게 결합하여 그 전화번호 사용자가 누구인지를 알아볼 수도 있다」고 하여 개인정보로 볼 수 있습니다. [대전지법 논산지원, 2013고단17 판결]

출처: 개인정보보호위원회, 개인정보보호법령및지침·고시해설, 2020. 12.

Q 〈다른 법률과의 관계〉「개인정보 보호법」,「위치정보법」,「신용정보법」중 어느 법이 우선 적용되나요?

A 개인정보 수집에 대한 동의를 받을 때「위치정보법」과「신용정보법」은 각각 별도의 규정이 있으므로 이에 대하여는「개인정보 보호법」보다 우선하여 적용 됩니다. 그러나「위치정보법」과「신용정보법」등에는 영상정보처리기기 설치운영 제한, 분쟁 조정, 단체소송 등의 규정이 없으므로 이에 대하여는「개인정보 보호법」이 우선하여 적용됩니다.

출처: 한국인터넷진흥원, 개인정보보호상담사례집, 2017.1

Q 〈개인정보 수집 및 이용〉 정부기관에서 정책홍보 퀴즈이벤트를 진행하는데 참여자의 개인정보(성명, 연락처)를 수집하면서 동의 여부(예, 개인정보 수집에 동의합니다.)에 대한 확인만 요청해도 되나요?

A 정보주체와의 계약의 체결 및 이행을 위하여 불가피하게 필요한 경우에는 동의를 받을 필요가 없습니다. 정보주체가 퀴즈이벤트 참여에 동의했다면 계약이 성립된 것이므로 그 이행에 필요한 범위 내에서 최소한의 개인정보(성명, 연락처)는 동의 없이 수집이 가능합니다. 다만, 이 경우에도 개인정보의 처리목적, 수집항목, 보유·이용기간 등을 알기 쉽게 알려야 합니다.

출처: 한국인터넷진흥원, 2018년 개인정보 보호 상담 사례집, 2019.4

Q 〈개인정보 수집 및 이용〉 정보주체의 동의를 받는 경우에는 목적에 필요한 최소한의 범위를 벗어난 개인정보 수집이 허용될 수 있나요?

A 목적에 필요한 최소한의 범위를 벗어난 개인정보는 선택정보로서 필수정보와 구분하여 동의를 얻어야 하며 정보주체가 동의를 하는 경우에는 수집이 가능합니다. 다만, 필요 최소한의 정보 이외의 개인정보 수집에 동의하지 않는다는 이유로 정보주체에게 재화 또는 서비스의 제공을 거부하는 경우에는 3천만원 이하의 과태료가 부과될 수 있습니다.

출처: 개인정보보호위원회, 개인정보보호법령및지침·고시해설, 2020.12.

Q 〈개인정보의 수집 출처 등 고지〉 대학 홈페이지 등에 공개된 교수 등의 개인정보를 이용하여 인물DB를 만드는 경우 고려해야 할 사항은?

A 이른바 '공개된 개인정보'는 당초 공개된 목적 내에서만 이용할 수 있습니다. 예컨대 공공기관 등의 홈페이지에 공개된 담당자의 이름, 직책, 직급, 연락처 등의 정보는 해당 공공기관과 관련된 업무 목적으로만 이용될 수 있으며 마케팅 행위 등에는 이용할 수 없습니다. 대학 홈페이지 등에 공개된 교수의 개인정보는 학술연구와 자문, 저술활동, 기고 등에 쓰일 것을 전제하고 있다고 보이므로 정보주체에게 개인정보 수집에 대한 동의를 받을 필요는 없으나, 만약 정보주체가 요구한 경우에는 즉시 개인정보의 수집 출처, 처리 목적, 개인정보 처리의 정지를 요청할 권리가 있다는 사실을 고지하여야 합니다.

출처: 한국인터넷진흥원, 개인정보 보호 상담 사례집, 2017.1

Q ⟨주민등록번호 처리의 제한⟩ 채용지원서에 주민등록번호를 기재하도록 요구하는데 적법한 것인가요?

A 채용지원 단계에서는 주민등록번호를 수집할 수 없습니다. 다만 채용이 결정된 후 법령을 근거로 주민등록 처리를 요구하는 경우 수집이 가능합니다. 입사지원서 접수, 필기시험, 면접 등 채용 전형과정에서는 해당 전형에 필요한 최소한의 개인정보만 수집하여야 합니다.

특히 주민등록번호는 법령에 처리 근거 등의 예외적인 사유가 존재하지 않는 한 원칙적으로 수집이 금지되므로 채용 전형 과정에서는 주민등록번호를 처리할 수 없습니다. 다만 채용결정 후 사용자가 근로자 의무 보험 또는 국민연금 등을 처리해야 할 법령상의 의무이행을 위해 관련 법률에 따라 제공해야 하므로 수집 가능하고, 이때는 근로자의 동의는 필요하지 않습니다.

출처: 한국인터넷진흥원, 개인정보보호상담사례집, 2017.1.

> **주민등록번호의 처리제한 (제24조의 2)**
> 다음의 어느 하나에 해당하는 경우에만 주민등록번호 처리 가능
> 1) 법률·대통령령·국회규칙·대법원규칙·헌법재판소규칙·중앙선거관리위원회 규칙 및 감사원규칙에서 구체적으로 주민등록번호의 처리를 요구하거나 허용한 경우
> 2) 정보주체 또는 제3자의 급박한 생명, 신체 재산의 이익을 위하여 명백히 필요하다고 인정되는 경우
> * 주민등록번호는 정보주체의 동의를 받아도 처리 불가(위반 시 3천만 원 이하의 과태료)

Q ⟨업무위탁에 따른 개인정보 처리 제한⟩ 정보시스템에 대한 단순 유지 보수를 위탁하는 경우에도 개인정보 처리업무 위·수탁인가요?

A 개인정보 처리시스템의 유지 보수를 외부에 위탁한 경우 개인정보 처리 위·수탁으로 볼 수 있습니다. 「개인정보 보호법」 제2조제2호에서 '처리'를 '개인 정보의 수집, 생성, 연계, 기록, 저장, 보유, 가공, 편집, 검색, 출력, 정정, 복구, 이용, 제공, 공개, 파기, 그 밖에 유사한 행위'로 정의하고 있습니다. 다만, 개인 정보에 접근하지 않고 단순히 시스템의 부품만 교체하는 등의 업무는 개인정보 "처리" 업무에 해당 하지 아니하므로 개인정보 처리 위·수탁이 아닙니다.

출처: 개인정보보호위원회, 개인정보보호법령및지침·고시해설, 2020.12.

2022년 한국 신설 가이드라인 참고자료 :
디지털 휴먼 윤리 가이드라인 The Ethics Guideline for Digital Human by IAAE

그림 4-4 디지털 휴먼과 관련된 개념의 관계도
출처: Virtuals.co

제 1조   디지털 휴먼(Digital Human)은 인공지능, VR/AR, 메타버스 기술 등을 이용하여 구현해 낸 디지털 형태로 존재하고 활용되는 인간을 말한다. 예를 들어, 가상인간(Virtual Human), 메타휴먼(Meta Human), 아바타(Avatar), AI 챗봇(AI Chatbot) 등을 포함하는데 구현 방식으로는 영상, 음성, 이미지, 텍스트 등이 모두 포함된다.

제 2조   디지털 휴먼은 인간과 매우 흡사한 외모를 가지고, 인간의 말과 행동을 하며 사용자, 소비자와의 소통을 통해 인간에게 큰 영향력을 미칠 수 있기 때문에 그 개발과 활용에 유의해야 한다.

제 3조   디지털 휴먼은 편향적이지 않으며, 신뢰할 수 있고, 합법적이어야 하며, 인간의 존엄성과 인류 보편의 가치를 존중해야 한다. 이를 위해 학습하고 사용하는 데이터의 신뢰성을 확보해야 하며, 선한 방향으로 지속적인 자기학습 능력을 발전시켜야 한다. 그리고 사용자나 소비자의 요구가 있을 경우, 자신이 학습하고 사용하는 데이터의 출처를 밝혀야 한다.

제 4조   실제 존재하는 인물을 디지털 휴먼으로 구현하여 사용할 경우에는, 사전에 반드시 해당 인물의 동의를 받아야 한다. 구현된 디지털 휴먼에 대해서는, 원칙적으로 초상권, 저작권, 사용권 등 일체의 권리는 실제 인물에게 있으므로 해당 콘텐츠를 실제 인물의 동의 없이 온라인상으로 무단으로 퍼 나르거나, 유포하거나 상업적, 정치적, 범죄적 목적으로 이용해서는 안 된다.

제 5조   고인을 디지털 휴먼으로 구현할 경우에는 생전에 고인의 동의를 받음을 원칙으로 해야 한다. 또한 동의를 받고 구현할 경우에도, 생전 고인의 명예를 훼손하지 않도록 주의해야 한다.

제 6조   디지털 휴먼을 개발하여 사용할 때에는, 사용자, 소비자를 기망하지 않아야 한다. 따라서 디지털 휴먼이 표현되는 영상, 음성, 이미지, 텍스트 등의 콘텐츠의 처음부터 끝까지 해당 인간이 디지털 휴먼이라는 점을 표지나 문자, 음성 등으로 표시하고, 사용자와 소비자에게 디지털 휴먼임을 알 수 있도록 하는 명확한 정보를 제공해야 한다.

제 7조   정치인이나 선거의 후보자를 디지털 휴먼으로 구현하여, 선거 운동, 홍보 등 정치적 목적으로 사용할 경우에는, 사회와 유권자에게 미치는 영향이 더욱 클 수 있으므로, 〈제 6조〉보다 강화된 표지와 정보를 추가로 표시하여 유권자에게 제공해야 한다. 예를 들어, 개발한 회사, 학습 및 사용 데이터의 출처, 해당 콘텐츠의 편집자, 운영자, 총괄 책임자, 해당 정치인의 관여 정도 등을 콘텐츠의 맨 처음이나 마지막에 추가로 표시해야 한다.

제 8조   기성 미디어를 통해 신뢰도와 인지도를 확보하고 있는 방송인, 연예인, 유명인 등을 모델로 하거나 소셜미디어와 메타버스 등 디지털 공간에서 많은 팔로워(follower)나 구독자를 보유한 디지털 휴먼은 실제 사회에서도 사람들에게 큰 영향력을 가지고 이를 행사할 수 있다. 따라서 큰 영향력을 가진 디지털 휴먼은 활동과 언행에 보다 신중하고 책임감을 가져야 한다.

제 9조   디지털 휴먼 기술의 이용은 어디까지나 인간의 삶과 실생활을 보다 풍요롭고 편리하게 하는 것을 목적으로 해야 하며, 이를 악용하여 타인에게 피해를 끼치거나 범죄의 목적으로 사용해서는 안 된다.

제 10조   향후 스스로 판단하고, 활동하고, 소통하는 자율성을 가진 디지털 휴먼이 등장할 경우, 통제된 디지털 인간보다 사회와 인간에 미치는 영향이 막대할 수 있으므로, 지금부터 모든 관련 주체들이 자율성을 가진 디지털 휴먼에 대한 논의와 연구를 진행해야 한다.

본 가이드라인은 2022년 7월 1일에 IAAE (International Association for AI and Ethics)에서 제정 및 공포되었으며, 전 세계 어떤 개인, 기업, 단체도 출처를 밝힌 후 자유롭게 인용 및 사용할 수 있습니다. 가이드라인은 현재 시점을 반영한 완료본이며, 이후 지속적으로 수정 및 업데이트 될 수 있습니다.

3D 모델링

실사모델 촬영

얼굴 합성

전신 합성

그림 4-5 실사 기반의 디지털 휴먼 제작 과정
출처: 슬기로운 PD생활

표 4-1 분야별 디지털휴먼의 종류와 특징

구분	주요 활동 분야	핵심 콘텐츠	주요 업체
엔터테인먼트	가상 모델, 가수, 배우, 인플루언서 등 메타버스 VR 게임 캐릭터	음악, 영화, 게임 등 메타버스 내에서 활용 가능한 콘텐츠 VFX 기술	SM엔터테인먼트(에스파) 텐센트(K/DA) 에이펀인터렉티브(아뽀키) 온마인드(수아) EVR 스튜디오(시라) AWW(imma)
유통·금융·방송	인공지능 기반이 챗봇과 결합하여 상품 설명, 소개, 상담 등 기존 상담원들이 담당하던 업무를 대체 방송 출연 모델을 대체하는 디지털 인플루언서	비주얼 어시스턴트 가상 상담원 비주얼 키오스크 VFX 콘텐츠	마인즈랩(AI 휴먼) Amelia TCL(사야) 싸이더스 스튜디오 엑스(오로지) LG전자(김래아)
교육·훈련	디지털 휴먼이 등장하는 온라인 강의	인터넷 강의 전문가의 정확한 동작을 재현하는 훈련용 콘텐츠	마인즈랩(AI 휴먼) UneeQ 삼성(Neon)
헬스케어	재활의학, 운동 코치 등	전문 트레이너의 움직임을 정밀하게 재현하는 디지털 휴먼 콘텐츠	Codelane(헬스케어 솔루션)모션 캡처
모션 캡처	실제 사람, 동물 등의 움직임을 정밀하게 캡처하여 데이터화	모션 트래커 스튜디오 캡처 수트 HMC	Xsens(자이로식) OptiTrack(광학식) Vicon(광학식) Dynamixyz(페이셜캡처)
실시간 렌더러	디지털 휴먼 생성 및 리깅, 모션 적용 등	실시간 렌더링이 가능한 게임 엔진	Epic(언리얼엔진) 유니티테크놀로지스(Unity)
볼류메트릭 3D 모델	볼류메트릭 캡쳐를 통해 3D 모델 제작	사전에 제작되어 바로 활용 가능한 볼류메트릭 3D 모델 판매	렌더피플 UneeQ

5. 지능형 홈네트워크 설비 설치 및 기술기준

그림 4-6 홈네트워크시스템
출처: 코맥스 자료

그림 4-7 홈네트워크시스템 AI플랫폼연동
출처: 코맥스 자료

PART 1 지능형홈 개론 · **67**

제1장 총 칙

제1조 【목적】 이 기준은 「주택법」(이하 "법"이라 한다) 제2조제13호와 「주택건설기준 등에 관한 규정」(이하 "주택건설기준"이라 한다) 제32조의2에 따른 지능형 홈네트워크(이하 "홈네트워크"라 한다) 설비의 설치 및 기술적 사항에 관하여 위임된 사항과 그 시행에 관하여 필요한 사항을 규정함을 목적으로 한다.

제2조 【적용범위】 이 기준은 법 및 주택건설기준에 따라 홈네트워크 설비를 설치하고자 하는 경우에 적용한다.

제3조 【용어정의】 이 기준에서 사용하는 용어의 뜻은 다음과 같다.
1. "홈네트워크 설비"란 주택의 성능과 주거의 질 향상을 위하여 세대 또는 주택단지 내 지능형 정보통신 및 가전기기 등의 상호 연계를 통하여 통합된 주거서비스를 제공하는 설비로 홈네트워크망, 홈네트워크장비, 홈네트워크사용기기로 구분한다.
2. "홈네트워크망"이란 홈네트워크장비 및 홈네트워크사용기기를 연결하는 것을 말하며 다음 각 목으로 구분한다.
    가. 단지망 : 집중구내통신실에서 세대까지를 연결하는 망
    나. 세대망 : 전유부분(각 세대내)을 연결하는 망
3. "홈네트워크장비"란 홈네트워크망을 통해 접속하는 장치를 말하며 다음 각 목으로 구분한다.
    가. 홈게이트웨이 : 전유부분에 설치되어 세대내에서 사용되는 홈네트워크사용기기들을 유무선 네트워크로 연결하고 세대망과 단지망 혹은 통신사의 기간망을 상호 접속하는 장치
    나. 세대단말기 : 세대 및 공용부의 다양한 설비의 기능 및 성능을 제어하고 확인할 수 있는 기기로 사용자인터페이스를 제공하는 장치
    다. 단지네트워크장비 : 세대내 홈게이트웨이와 단지서버간의 통신 및 보안을 수행하는 장비로서, 백본(back-bone), 방화벽(Fire Wall), 워크그룹스위치 등 단지망을 구성하는 장비
    라. 단지서버 : 홈네트워크 설비를 총괄적으로 관리하며, 이로 부터 발생하는 각종 데이터의 저장·관리·서비스를 제공하는 장비
4. "홈네트워크사용기기"란 홈네트워크 망에 접속하여 사용하는 다음과 같은 장비를 말한다.
    가. 원격제어기기 : 주택내부 및 외부에서 가스, 조명, 전기 및 난방, 출입 등을 원격으로 제어할 수 있는 기기
    나. 원격검침시스템 : 주택내부 및 외부에서 전력, 가스, 난방, 온수, 수도 등의 사용량 정보를 원격으로 검침하는 시스템

다. 감지기 : 화재, 가스누설, 주거침입 등 세대 내의 상황을 감지하는데 필요한 기기
라. 전자출입시스템 : 비밀번호나 출입카드 등 전자매체를 활용하여 주동출입 및 지하주차장 출입을 관리하는 시스템
마. 차량출입시스템 : 단지에 출입하는 차량의 등록여부를 확인하고 출입을 관리하는 시스템
바. 무인택배시스템 : 물품배송자와 입주자간 직접대면 없이 택배화물, 등기우편물 등 배달물품을 주고받을 수 있는 시스템
사. 그 밖에 영상정보처리기기, 전자경비시스템 등 홈네트워크 망에 접속하여 설치되는 시스템 또는 장비

5. "홈네트워크 설비 설치공간"이란 홈네트워크 설비가 위치하는 곳을 말하며, 다음 각 목으로 구분한다.
　가. 세대단자함 : 세대내에 인입되는 통신선로, 방송공동수신설비 또는 홈네트워크 설비 등의 배선을 효율적으로 분배·접속하기 위하여 이용자의 전유부분에 포함되어 실내공간에 설치되는 분배함
　나. 통신배관실(TPS실) : 통신용 파이프 샤프트 및 통신단자함을 설치하기 위한 공간
　다. 집중구내통신실(MDF실) : 국선·국선단자함 또는 국선배선반과 초고속통신망장비, 이동통신망장비 등 각종 구내통신선로설비 및 구내용 이동통신설비를 설치하기 위한 공간
　라. 그 밖에 방재실, 단지서버실, 단지네트워크센터 등 단지 내 홈네트워크 설비를 설치하기 위한 공간

제4조【홈네트워크 필수설비】① 공동주택이 다음 각 호의 설비를 모두 갖추는 경우에는 홈네트워크 설비를 갖춘 것으로 본다.

1. 홈네트워크망
　가. 단지망
　나. 세대망
2. 홈네트워크장비
　가. 홈게이트웨이(단, 세대단말기가 홈게이트웨이 기능을 포함하는 경우는 세대단말기로 대체 가능)
　나. 세대단말기
　다. 단지네트워크장비
　라. 단지서버(제9조④항에 따른 클라우드컴퓨팅 서비스로 대체 가능)

② 홈네트워크 필수설비는 상시전원에 의한 동작이 가능하고, 정전 시 예비전원이 공급될 수 있도록 하여야 한다. 단, 세대단말기 중 이동형 기기(무선망을 이용할 수 있는 휴대용 기기)는 제외한다.

제2장 홈네트워크 설비의 설치기준

그림 4-8 홈네트워크시스템 에너지관리연동
출처: 코맥스 자료

제5조【홈네트워크망】 홈네트워크망의 배관·배선 등은 「방송통신설비의 기술기준에 관한 규정」 및 「접지설비·구내통신설비·선로설비 및 통신공동구 등에 대한 기술기준」에 따라 설치하여야 한다.

제6조【홈게이트웨이】 ① 홈게이트웨이는 세대단자함에 설치하거나 세대단말기에 포함하여 설치할 수 있다.
② 홈게이트웨이는 이상전원 발생시 제품을 보호할 수 있는 기능을 내장하여야 하며, 동작 상태와 케이블의 연결 상태를 쉽게 확인할 수 있는 구조로 설치하여야 한다.

제7조【세대단말기】 세대내의 홈네트워크사용기기들과 단지서버 간의 상호 연동이 가능한 기능을 갖추어 세대 및 공용부의 다양한 기기를 제어하고 확인할 수 있어야 한다.

제8조【단지네트워크장비】 ① 단지네트워크장비는 집중구내통신실 또는 통신배관실에 설치하여야 한다.
② 단지네트워크장비는 홈게이트웨이와 단지서버 간 통신 및 보안을 수행할 수 있도록 설치하여야 한다.
③ 단지네트워크장비는 외부인으로부터 직접적인 접촉이 되지 않도록 별도의 함체나 랙(rack)으로 설치하며, 함체나 랙에는 외부인의 조작을 막기 위한 잠금장치를 하여야 한다.

제9조【단지서버】① 단지서버는 집중구내통신실 또는 방재실에 설치할 수 있다. 다만 단지서버가 설치되는 공간에는 보안을 고려하여 영상정보처리기기 등을 설치하되 관리자가 확인할 수 있도록 하여야 한다.
② 단지서버는 외부인의 조작을 막기 위한 잠금장치를 하여야 한다.
③ 단지서버는 상온·상습인 곳에 설치하여야 한다.
④ 제1항부터 제3항까지의 규정에도 불구하고 국토교통부장관과 사전에 협의하고, 「국가균형발전 특별법」제22조에 따른 지역발전위원회에서 선정한 단지서버 설치 규제특례 지역의 경우에는 「클라우드컴퓨팅 발전 및 이용자 보호에 관한 법률」제2조제3호에 따른 클라우드컴퓨팅서비스를 이용하는 것으로 할 수 있으며, 다음 각 목의 사항이 발생하지 않도록 하여야 한다.
   가. 정보통신 보안 문제
   나. 통신망 이상발생에 따른 홈네트워크사용기기 운영 불안정 문제

제10조【홈네트워크사용기기】홈네트워크사용기기를 설치할 경우, 다음 각 호의 기준에 따라 설치하여야 한다.
1. 원격제어기기는 전원공급, 통신 등 이상상황에 대비하여 수동으로 조작할 수 있어야 한다.
2. 원격검침시스템은 각 세대별 원격검침장치가 정전 등 운용시스템의 동작 불능 시에도 계량이 가능해야하며 데이터 값을 보존할 수 있도록 구성하여야 한다.
3. 감지기
   가. 가스감지기는 LNG인 경우에는 천장 쪽에, LPG인 경우에는 바닥 쪽에 설치하여야 한다.
   나. 동체감지기는 유효감지반경을 고려하여 설치하여야 한다.
   다. 감지기에서 수집된 상황정보는 단지서버에 전송하여야 한다.
4. 전자출입시스템
   가. 지상의 주동 현관 및 지하주차장과 주동을 연결하는 출입구에 설치하여야 한다.
   나. 화재발생 등 비상시, 소방시스템과 연동되어 주동현관과 지하주차장의 출입문을 수동으로 여닫을 수 있게 하여야 한다.
   다. 강우를 고려하여 설계하거나 강우에 대비한 차단설비(날개벽, 차양 등)를 설치하여야 한다.
   라. 접지단자는 프레임 내부에 설치하여야 한다.
5. 차량출입시스템
   가. 차량출입시스템은 단지 주출입구에 설치하되 차량의 진·출입에 지장이 없도록 하여야 한다.
   나. 관리자와 통화할 수 있도록 영상정보처리기기와 인터폰 등을 설치하여야 한다.

6. 무인택배시스템
    가. 무인택배시스템은 휴대폰·이메일을 통한 문자서비스(SMS) 또는 세대단말기를 통한 알림서비스를 제공하는 제어부와 무인택배함으로 구성하여야 한다.
    나. 무인택배함의 설치수량은 소형주택의 경우 세대수의 약 10~15%, 중형주택 이상은 세대수의 15~20%로 정도 설치할 것을 권장한다.
7. 영상정보처리기기
    가. 영상정보처리기기의 영상은 필요시 거주자에게 제공될 수 있도록 관련 설비를 설치하여야 한다.
    나. 렌즈를 포함한 영상정보처리기기장비는 결로되거나 빗물이 스며들지 않도록 설치하여야 한다.

제11조【홈네트워크 설비 설치공간】 홈네트워크 설비가 다음 공간에 설치 될 경우, 다음 각 호의 기준에 따라 설치하여야 한다.
1. 세대단자함
    가. 「접지설비·구내통신설비·선로설비 및 통신공동구 등에 대한 기술기준」 제30조에 따라 설치하여야 한다.
    나. 세대단자함은 별도의 구획된 장소나 노출된 장소로서 침수 및 결로 발생의 우려가 없는 장소에 설치하여야 한다.
    다. 세대단자함은 500mm×400mm×80mm(깊이) 크기로 설치할 것을 권장한다.
2. 통신배관실
    가. 통신배관실은 유지관리를 용이하게 할 수 있도록 하여야 하며 통신배관을 위한 공간을 확보하여야 한
    나. 통신배관실내의 트레이(tray) 또는 배관, 덕트 등의 설치용 개구부는 화재시 층간 확대를 방지하도록 방화처리제를 사용하여야 한다.
    다. 통신배관실의 출입문은 폭 0.7미터, 높이 1.8미터 이상(문틀의 내측치수)이어야 하며, 잠금장치를 설치하고, 관계자외 출입통제 표시를 부착하여야 한다.
    라. 통신배관실은 외부의 청소 등에 의한 먼지, 물 등이 들어오지 않도록 50밀리미터 이상의 문턱을 설치하여야 한다. 다만 차수판 또는 차수막을 설치하는 때에는 그러하지 아니하다.
3. 집중구내통신실
    가. 집중구내통신실은 「방송통신설비의 기술기준에 관한 규정」 제19조에 따라 설치하되, 단지네트워크장비 또는 단지서버를 집중구내통신실에 수용하는 경우에는 설치 면적을 추가로 확보하여야 한다.

나. 집중구내통신실은 독립적인 출입구와 보안을 위한 잠금장치를 설치하여야 한다.
다. 집중구내통신실은 적정온도의 유지를 위한 냉방시설 또는 흡배기용 환풍기를 설치하여야 한다.

제3장 홈네트워크 설비의 기술기준 및 홈네트워크 보안

제12조【연동 및 호환성 등】① 홈게이트웨이는 단지서버와 상호 연동할 수 있어야 한다.
② 홈네트워크사용기기는 홈게이트웨이와 상호 연동할 수 있어야 하며, 각 기기 간 호환성을 고려하여 설치하여야 한다.
③ 홈네트워크 설비는 타 설비와 간섭이 없도록 설치하여야하며, 유지보수가 용이하도록 설치하여야 한다.

제13조【기기인증 등】① 홈네트워크사용기기는 산업통상자원부와 과학기술정보통신부의 인증규정에 따른 기기인증을 받은 제품이거나 이와 동등한 성능의 적합성 평가 또는 시험성적서를 받은 제품을 설치하여야 한다.
② 기기인증 관련 기술기준이 없는 기기의 경우 인증 및 시험을 위한 규격은 산업표준화법에 따른 한국산업표준(KS)을 우선 적용하며, 필요에 따라 정보통신단체표준 등과 같은 관련 단체 표준을 따른다.

제14조【유지·관리 등】① 홈네트워크 설비를 설치한 자는 홈네트워크 설비의 유지·관리 매뉴얼을 관리주체 및 입주자대표회의에 제공하여야 한다.
② 홈네트워크사용기기는 하자담보기간과 내구연한을 표기할 수 있다.
③ 홈네트워크사용기기의 예비부품은 5%이상 5년간 확보할 것을 권장하며, 이 경우 제1항의 규정에 따른 내구연한을 고려하여야 한다.

제14조의2【홈네트워크 보안】① 단지서버와 세대별 홈게이트웨이 사이의 망은 전송되는 데이터의 노출, 탈취 등을 방지하기 위하여 물리적 방법으로 분리하거나, 소프트웨어를 이용한 가상사설통신망, 가상근거리통신망, 암호화기술 등을 활용하여 논리적 방법으로 분리하여 구성하여야 한다.
② 홈네트워크장비는 보안성 확보를 위하여 별표 1에 따른 보안요구사항을 충족하여야 한다. 다만, 「정보통신망 이용촉진 및 정보보호 등에 관한 법률」 제48조의6에 따라 정보보호인증을 받은 세대단말기는 별표1 보안요구사항을 충족한 것으로 인정한다.
③ 홈네트워크사용기기 및 세대단말기는 「정보통신망 이용촉진 및 정보보호 등에 관한 법률」 제48조의6에 따라 정보보호 인증을 받은 기기로 설치할 수 있다.

6. 주차관제시스템 연동(입차알림)

- 입·출입의 효율성으로 만족도 증대
- 주차정보 DB 구축 및 입·출입 차량의 정확한 데이터 파악
- 주차장내 시큐리티 강화

그림 4-9 홈네트워크시스템 주차관제시스템 연동

출처: 코맥스 자료

엘리베이터 연동(E/V 호출)

- 로비, 세대 내에서 엘리베이터 호출
- 스마트 키의 위치기반 서비스와 연동 가능
- 엘리베이터 지연 시간 단축 효과

그림 4-10 홈네트워크시스템 EV호출 연동 참고그림

출처: 코맥스 자료

무인택배시스템 연동

- 물품 발송 / 수령으로 발생할 수 있는 시간과 공간의 제약 극복
- 택배 배송을 위장한 범죄 행위 등의 위험 요인으로부터 입주민 보호
- 택배 도착 알림 SMS 메시지 서비스

| 입주민의 안전하고 편리함 추구 | 도난, 분실, 파손의 위험성 감소 |

그림 4-11 홈네트워크시스템 무인택배 연동 참고그림
출처: 코맥스 자료

9. 원격제어(스마트폰, PC) 기능

스마트폰 외부제어 UI 디자인은 기능개선,
사양변경등의 사유로 일부 변경될 수 있습니다.

구 분	제어				방법		조회	
	전등	난방	일괄소등	가스밸브	외출설정	방범 설정/해제	공지사항조회	원격검침 사용량 조회
스마트폰/인터넷	○	○	○	○	○	○	○	○

그림 4-12 홈네트워크시스템 원격제어 참고그림
출처: 코맥스 자료

지능형홈 개론 예상문제

01 지능형(스마트)홈(smart home)에 대한 설명으로 옳지 않은 것은?

① 지능형(스마트)홈은 기술 시스템, 수동화 프로세스, 원격 제어 기기 등을 아파트나 주택에서 사용하는 것을 말한다.
② 지능형(스마트)홈의 목적은 가정에서 삶의 질과 편의성을 높이고, 보안을 향상시키는 것이다.
③ 지능형(스마트)홈은 연결된 원격 제어 기기를 사용하여 에너지 효율을 높이는 주택을 말하고 있다.
④ 지능형(스마트)홈의 중심은 중앙 제어 유닛이다.

지능형(스마트)홈은 자동화 프로세스로 사용된다.

02 지능형(스마트)홈(smart home) 정의에 대한 설명으로 옳지 않은 것은?

① 홈이라는 공간과 기술이라는 스마트의 개념이 합쳐진 것이다.
② IT기술발달과 함께 성장해온 스마트폰과 함께 전 산업분야를 주도하는 컨셉이다.
③ 주거환경에 IT를 접목하여 국민의 편익, 복지증진, 안전한 생활을 가능하도록 로봇중심적인 스마트라이프환경으로 정의하고 있다.
④ 집안에 구현된 IoT서비스라서 가전제품, 보안시스템, 조명 등을 서로 원격으로 제어하도록 연결하여 만든 시스템이다.

주거환경에 IoT를 접목하여 인간중심적인 스마트라이프환경으로 정의하고 있다.

03 지능형(스마트)홈(smart home) 목적 중 ( )에 속하는 것은?

> 스마트 홈의 목적은 가정에서 삶의 질과 ( )을 높이고, 보안을 향상시키고 에너지 효율을 높이는 것이며, 이때 연결된 원격 제어 기기를 사용하며 자동화를 지원하는 주택을 말하고 있다.

① 자율성　　② 인공성
③ 수동성　　④ 편의성

편의성은 스마트의 3대 요소 중 중요한 편리와 쾌적과 안전에 관련된 의미이다.

04 스마트서비스의 중요한 요소는 디지털 기반이며, 다음 설명 중 옳지 않은 것은?

① 스마트 서비스의 개념으로는 스마트 공간이 있다.
② 스마트 서비스의 개념으로는 스마트 경제가 있다.
③ 스마트 서비스의 개념으로는 스마트 제품이 있다.
④ 스마트 서비스의 개념으로는 스마트 데이터가 있다.

스마트서비스의 총괄개념으로는 스마트공간, 제품, 데이터가 있다.

정답　01 ①　02 ③　03 ④　04 ②

05 국토교통부 산하기관에서 스마트시티 기술분류에서 지능형(스마트)홈 7개 항목에 들어가지 않는 것은?

① 홈네트워크와 스마트미러링
② 플랫폼과 주거환경제어
③ 헬스케어와 에너지관리
④ 전기자동차와 보안시스템

홈네트워크와 스마트미러링, 보안시스템, 플랫폼과 주거환경제어, 헬스케어와 에너지관리이다.

06 지능형(스마트)홈은 무엇인지 설명으로 옳지 않은 것은?

① 지능형(스마트)홈의 중심은 중앙 제어 유닛이다.
② 다수의 스마트기기를 연결하고 PC나 스마트폰이나 태블릿으로 제어할 수 있다.
③ 가정 자동화 기기는 이의 제어를 위해서 인터넷을 통해 원격으로 모니터링한다
④ 블루투스, Zigbee, Z-Wave 같은 표준 무선 기술을 사용하는데 일반적으로 사용자 인터페이스로 제어하며, 이러한 중앙 제어 유닛을 코어센타 또는 게이트웨이라고도 한다.

중앙 제어유닛을 허브센타 또는 게이트웨이라고도 한다.

07 지능형(스마트)홈 정의로 옳지 않은 것은?

① 지능형(스마트)홈은 중앙 제어 유닛을 가지고 있는 시스템이다.
② 집안에 구현된 IoT 서비스를 가지고 있는 홈이다.
③ 집안의 가전제품과 보안 시스템, 조명 등을 서로 원격으로 제어하도록 연결하여 만든 시스템을 말한다.
④ 통신·건설·가전·보안·콘텐츠·전력 등 다양한 산업이 첨단으로 된 독자 서비스를 말한다.

지능형(스마트)홈은 다양한 산업이 첨단으로 된 융합 서비스를 말한다.

08 지능형(스마트)홈 역사에 대한 설명으로 옳지 않은 것은?

① 1950년대 공상 과학 소설에 기계가 완전히 자동으로 모니터링하고 제어하는 집이 처음 등장하였다.
② 1980년말 '홈 오토'라는 단어가 등장하였다.
③ 1999년 마이크로소프트가 제작한 영화인 "Smart House"는 가정용 컴퓨터에 관한 것으로 지능을 가진 기계가 스스로 사고하게 되었을 때 일어난 일들을 묘사하였다.
④ 1999년말 MIT 캐빈 애쉬턴과 P&G와 협업하면서 "사물 인터넷" 용어가 공식화되었다.

1999년 디즈니가 제작한 영화인 "Smart House"이다.

09 (　　　)은(는) 기술시스템, 자동화프로세서, 원격제어기기 등을 아파트나 주택에서 사용하는 것을 말한다.

① 사물인터넷　　② 센서
③ 지능형(스마트)홈　④ 기반환경

지능형(스마트)홈은 기술시스템, 자동화프로세서, 원격제어기기 등을 아파트나 주택에서 사용하는 것을 말한다.

10 지능형(스마트)홈의 발전단계와 제어기기가 적절하게 연결된 것은?

① 지능형(스마트)홈 1.0 – 월패드
② 지능형(스마트)홈 2.0 – 스마트 TV
③ 지능형(스마트)홈 3.0 – IoT가전
④ 지능형(스마트)홈 4.0 – 스마트폰

지능형(스마트)홈 1.0 – 스마트 TV, 지능형(스마트)홈 2.0 – 월패드, 지능형(스마트)홈 4.0 – AI가전 등

정답　05 ④　06 ④　07 ④　08 ③　09 ③　10 ③

11 지능형(스마트)홈 역사에서 2000년 이후에 내용 중 아닌 것은?

① 2005년 베를린 Deutsche Telekom의 최초의 T-Com House세워졌다.
② 2008년 스위스에서 세계 최초의 IoT 컨퍼런스 개최되었다.
③ 2005년부터 2011년까지 스위스에 세워졌던 "The House of the Present(이 시대의 집)"는 중앙 제어 전자 프로세스를 사용한 커넥티드홈을 선보였다.
④ 2014년 아마존이 에코 스마트 홈 허브 출시로 IoT 기술과 일상이 상호작용하기 시작하였다.

2005년부터 2011년까지 뮌헨에 세워졌던 "The House of the Present(이 시대의 집)"이다.

12 다양한 기업의 지능형(스마트)홈(smart home) 이름 중 ( )에 속하는 것은?

현재, 구글홈, 애플( ), 아마존, 스마트씽스, ThinQ등 다양한 플랫폼 등장하여 지능형(스마트)홈 활성화에 기여 하고 있다

① 홈텍　　　　② 홈즈
③ 홈빙　　　　④ 홈킷

애플 홈킷이다.

13 지능형(스마트)홈은 발전 추세에 따라서 지능형(스마트)홈1.0에서 4.0 개념중 옳지 않은 것은?

① 지능형(스마트)홈 1.0은 홈오토메이션
② 지능형(스마트)홈 2.0은 홈네트워크
③ 지능형(스마트)홈 3.0은 홈멀티라인
④ 지능형(스마트)홈 4.0은 커넥티드홈

지능형(스마트)홈 3.0은 IoT홈이다.

14 지능형(스마트)홈은 지능형(스마트)홈1.0에서 4.0으로 발전중이다. 지능형(스마트)홈2.0 제어 기기 중 옳은 것은?

구분	지능형(스마트)홈1.0	지능형(스마트)홈2.0	지능형(스마트)홈3.0	지능형(스마트)홈4.0
제어기기	스마트 TV		IoT 가전	AI가전, 로봇 등

① 네트웍스　　　② 월패드
③ 핸디월　　　　④ 디오라마

지능형(스마트)홈의 월패드란 아파트·빌라 등 가정의 벽면에 부착된 단말기로 현관 출입문 통제, 에어컨, 조명 등을 제어할 수 있는 기능을 갖춘 장치다.

15 지능형(스마트)홈은 발전 추세에 따라서 지능형(스마트)홈1.0에서 4.0 주요기능 중 옳지 않은 것은?

① 지능형(스마트)홈 1.0은 VOD 서비스
② 지능형(스마트)홈 2.0은 가정 외 제어
③ 지능형(스마트)홈 3.0은 외부 원격제어, 모니터링
④ 지능형(스마트)홈 4.0은 자율 동작, 개인 맞춤, 플래폼간 연동

지능형(스마트)홈 2.0은 가정 내 제어가 주요 기능이다.

16 다음 중 IoT(Internet of Things)의 세부 구성요소에 해당하지 않는 것은?

① 데이터　　　　② 디바이스
③ 네트워크　　　④ 서비스

IOT(Internet of Things)의 구성요소는 디바이스, 네트워크, 플랫폼, 서비스이다.

정답 11 ③　12 ④　13 ③　14 ②　15 ②　16 ①

17 스마트융합기술과 스마트시티에 대한 설명 중 옳지 않은 것은?

① 도시는 큰집이고 집은 작은 도시라는 개념으로 도시를 볼 수 있다.
② 도시는 편리한 생활을 할 수 있지만 낮은 인구밀도하에 여러 가지 문제가 발생하고 있다.
③ 사물인터넷을 교통, 환경, 시설 등에 적용하면 도시의 경쟁력을 높이고 도시의 문제를 해결하여, 사람들이 보다 쾌적하고 편리한 삶을 살 수 있게 만든다.
④ 스마트 시티는 디지털 기술과 데이터를 이용하여 높은 삶의 질을 제공하고 현재 상황을 향상시키며 도시 기능을 최적화하는 솔루션을 제공한다.

도시는 높은 인구밀도하에 여러 가지 문제가 발생하고 있다.

18 사물 인터넷 표준화를 위하여 한국, 유럽, 미국, 중국, 일본 등 7개 국가를 중심으로 표준화 개발 기구를 공동으로 설립한 사물인터넷 표준화 기구는?

① ITU-T ② 3GPP
③ OneM2M ④ IEEE

사물 인터넷이 기술적 측면에서 활성화를 위해서는 부품의 소형화가 요구된다.

19 사물인터넷의 융합기술인 빅 데이터의 특징과 거리가 먼 것은?

① 대용량의 데이터 ② 다양성의 데이터
③ 모호성의 데이터 ④ 속도성의 데이터

빅데이터의 특징은 모호성이 아니라 정확성에 있다.

20 스마트시티는 디지털 기술과 데이터를 이용하여 높은 삶의 질을 제공하고 현재 상황을 향상시키며 도시기능을 최적화 하는 솔루션을 제공한다. 다음 국토교통부에서 스마트시티 개념도 내용이 아닌 것은?

① 경제는 디지털 마켓플레이스와 크라우드 포털
② 안전은 사고 및 범죄 긴급구난 및 재해재난 예측 및 대응
③ 에너지는 AMI기반 에너지 관리 및 BEMS 빌딩 분산에너지관리
④ 교통은 스마트파킹, V21자율주행차 운행 고도화

에너지는 AMI기반 에너지 관리 및 BEMS빌딩 통합 에너지관리를 한다.

21 스마트융합기술 중 스마트 물류 설명 중 옳지 않은 것은?

① 인공지능(AI)과 정보통신(ICT) 등의 다양한 신기술을 활용해 물류 현장 자동화와 무인화 설비를 구축해 운영하는 시스템을 의미한다.
② 운송 - 하역 - 보관 - 분류 - 포장 - 배송 등 물류처리 전과정을 자동화, 정보화, 지능화하는 것
③ 물류기업은 모두 관심을 갖고 있으며, 글로벌 기업은 기술력, 자금력을 기본으로 스마트 물류시스템을 자체적으로 구축하고 있지만 우리나라 물류회사는 대부분 중소기업이 많아 높은 투자비용과 짧은 투자 회수기간, 낮은 기술력등으로 인한 어려움이 많다.
④ 최근에는 물류중심에서 생필품 배달 등 "생활물류"로 전환되어 스마트 물류시스템을 구축하는 중요성은 더욱 증대되고 있다.

긴 투자 회수기간으로 어려움이 많다.

정답 17 ② 18 ③ 19 ③ 20 ③ 21 ③

22 양한 기업의 지능형(스마트)홈(smart home) 이름 중 ( )에 속하는 것은?

> 지능형(스마트)홈 생태계 6대요소 중 가장 중요한, '이용자의 ( )에 맞는 킬러 컨텐츠'가 적절히 갖춰져야 비로소 지능형(스마트)홈 시장의 생태계는 완성이 될 수 있다고 한다.

① 공간 ② 비용
③ 통신 ④ 필요

이용자의 필요(니즈)에 맞는 컨텐츠가 갖춰어져야 한다.

23 지능형(스마트)홈 구축을 통해 누릴 수 있는 효과와 거리가 먼것은?

① 생명과 재산을 보호함
② 인건비를 절약함
③ 에너지를 절약하여 경제성을 높임
④ 쾌적한 공기를 통해 기분 좋게 만들어 줌

지능형(스마트)홈 구축을 통해 누릴 수 있는 효과는 생명과 재산을 보호하고 쾌적한 공기를 통해 기분 좋게 만들어 주며 에너지를 절약하여 경제성을 높이며 자동으로 할 일을 대신해주므로써 편리하게 하는 기능이 있다.

24 (A)는 인공지능기술을 적용한 어떤 챗봇에 대한 설명인가?

> (A)는 미리 정의된 규칙과 패턴을 기반으로 동작하는 챗봇으로, 정형화된 업무를 처리하기 위하여 대량의 실제 대화 데이터를 학습하여 질문과 답변 세트를 구성해놓는 방식이다.

① 규칙기반 챗봇
② 기계학습 챗봇
③ 강화학습 챗봇
④ 생성모델 챗봇

규칙기반 챗봇은 미리 정의된 규칙과 패턴을 기반으로 동작하는 챗봇이다.

25 스마트금융에 대한 스마트융합기술 관점에서 옳지 않은 것은?

① 인터넷·스마트폰·사회관계망서비스(SNS) 등 스마트 기기를 매개로 제공하는 금융서비스이다.
② 시간과 장소에 제약 없이 스마트폰만으로 각종 금융업무를 편리하게 처리할 수 있게 한다.
③ 화상을 통해 펀드상담을 받을 수 있고 한도조회부터 대출 실행까지 할 수 있으며, 자산관리를 할 수 있는 종합적인 금융서비스를 정보기술(IT)로 지원받아 할 수 있도록 하고 있다.
④ 주요 금융업무와 모바일 결제가 하나의 '전자화폐'로 구현되어 스마트 쇼핑을 통해 구매한 상품을 전자화폐로 결제하는 금융서비스가 이제 대세로 부상하고 있다.

주요 금융업무와 모바일 결제가 하나의 '전자지갑'로 구현되고 있다.

26 국토과학기술진흥원의 스마트시티 기술 분류에서 스마트 홈 영역에 해당하지 않는 것은?

① 스마트 그리드 ② 홈 네트워크
③ 스마트 헬스 케어 ④ 스마트 팜

스마트 홈의 기술영역은 홈 네트워크, 스마트 미러링, 스마트 그리드, 스마트 헬스케어 등이 있다.

27 지능형 홈 서비스를 위해서 가정에 있는 정보기기, 가전기기를 총괄적으로 관리하며 이로부터 발생되는 데이터의 저장, 관리, 서비스를 제공하는 장비는?

① 홈 로봇 ② 홈 게이트웨이
③ 홈 미들웨어 ④ 홈 서버

지능형 홈서버는 가정에 있는 정보기기, 가전기기를 총괄적으로 관리하며 이로부터 발생되는 데이터의 저장, 관리, 서비스를 제공하는 장비이다.

정답 22 ④ 23 ② 24 ① 25 ④ 26 ④ 27 ④

28 스마트융합기술 중 스마트 헬스케어에 대한 설명으로 옳지 않은 것은?

① 사람의 건강을 위해 신체정보나 활동정보를 기반으로 피트니스와 질병예방이나 진단, 치료의 목적으로 건강 유지와 개선을 돕는 것을 말한다.
② 웰니스(Wellness)는 웰빙(Well-Being)과 행복(Happiness)이 합쳐진 단어로, 균형 잡힌건강하고 행복한 삶을 추구한다.
③ 스마트 헬스케어(또는 디지털 헬스케어)는 개인의 건강과 의료에 관한 정보, 기기, 시스템, 플랫폼을 다루는 산업분야로서 건강 관련서비스와 의료 IT가 융합된 종합의료서비스이다.
④ 현재의 헬스케어는 미래예측, 예방의학으로 변화하고 있으며, 환자 개개인의 고유한 특성에 적합한 예비의학, 환자 참여적 참여의학의 새로운 패러다임을 제시하고 있다.

환자의 고유한 특성에 적합한 맞춤의학, 환자 참여적 참여의학의 새로운 패러다임을 제시

29 인공지능의 범위와 역할에 대한 설명으로 적절하지 않은 것은?

① 인공지능은 사람이 해야 할 일을 기계가 대신할 수 있는 모든 자동화에 해당한다.
② 머신러닝은 명시적으로 규칙을 프로그래밍하지 않고 데이터로부터 의사결정을 위한 패턴을 기계가 스스로 학습하는 것을 말한다.
③ 딥러닝은 인공신경망 기반의 모델로 비정형 데이터로부터 특징 추출 및 판단까지 기계가 한번에 수행하는 것을 기계가 스스로 학습하는 것을 말한다.
④ 약인공지능은 특정 문제해결을 목적으로 인간의 지능을 기계적으로 일부 모방해 구현한 인공지능을 말한다.

보기 4번 약인공지능은 인공지능의 종류에 대한 설명이다.

30 스마트요소기술에 해당하지 않은 것은?

① 스마트헬스케어 기술
② 스마트에너지 관리 기술
③ 스마트 원격제어기술
④ 스마트 주차관리기술

스마트헬스케어, 스마트에너지 관리, 스마트 원격제어기술을 말한다.

31 스마트우편함의 내용중 해당하지 않은 것은?

① IoT기반 기술로 우편함을 자동개폐한다.
② 우편물이 도착한 것을 자동으로 안내한다.
③ 1인가구 증대와 맞추어 개인 정보보호 기능을 한다.
④ 우편배달 방문횟수가 증가한다.

우편배달 방문횟수가 3회에서 1회로 감소한다.

32 스마트조명에 대한 내용 중 옳지 않은 것은?

① 형광등을 LED조명으로 교체한다.
② 세대별 전력감축량을 원격으로 확인한다.
③ 스마트허브 없이 콘센트를 작동한다.
④ 스마트미터 사용 및 밝기 등을 조절한다.

스마트허브를 통해 콘센트를 작동한다.

33 사물인터넷 서비스 구현을 위한 플랫폼의 기본 기능에 해당하지 않는 것은?

① 디바이스 관리　② 디바이스 연결
③ 탐색 및 검색　④ 데이터 품질

사물인터넷 서비스 구현을 위한 플랫폼의 기본 기능에는 디바이스 관리, 디바이스 연결, 데이터 관리, 탐색 및 검색, 모니터링 및 제어, 어플리케이션 서비스 등이 있다.

34 다음 내용에 해당하는 활용기술에 속하는 것은?

> 지능형(스마트)홈의 응용사례 중 아마존 에코나 구글홈, 네이버 클로바, 카카오미니, 케이티 기가지니 등 제품을 통하여 거실과 서재, 주방, 안방 등에서 작동하는 체계도에 활용되는 기술이다.

① 스마트조명　　② AI스피커
③ 환기시스템　　④ 온습도관리

> AI스피커 중 기가지니 AI휴먼이 향후 미디어와 교육, 금융, 커머스 등 다양한 분야에서 완전한 24시간 비대면 서비스 구현을 가능한 지능형(스마트)홈 기술이다.

35 삼성의 스마트싱스, LG의 ThinQ, 아카라, 오르비보 등의 거실에 설치되어 작동하고 있는 제품과 장소를 보여주는 체계도에 해당하는 활용기술은 무엇인가?

① 허브　　　　　② 스마트콘센트
③ PM2.5센서　　④ 전열교환기

> 최근 지능형(스마트)홈은 일과 건강, 웰빙, 엔터테인먼트, 모두가 가능한 지능형(스마트)홈 허브로 변화시켰다.

36 최신 주택에서 사용되는 스마트시스템의 평면에 사용되는 스마트허브, 스마트스위치, 스마트콘센트, 스마트컨트롤, 도어센스가 사용되는 바각 실마다 적용되는 [A]기술. 해당하는 활용기술은 무엇인가?

① 유선　　　　　② 통신
③ IoT　　　　　④ 로텍

> 홈IoT기술은 최근 가장 주목받고 있는 IoT기술 중 융합서비스기술이다.

37 지능형(스마트)홈 구상을 할 때 생명과 재산을 보호하고 공기를 기분좋게 만들어주는 것이며, 자동으로 할 일을 대신해주는 기능이고, 에너지를 절약하여 경제성을 높이는 가장 기본적이면서도 중요한 4가지 핵심사항이 아닌 것은?

① 안전　　　　　② 편리
③ 존중　　　　　④ 절약

> 지능형(스마트)홈의 스마트의 4가지 기능은 안전하고, 편리하며, 절감되고, 쾌적하게 하는 것을 말한다.

38 스마트주차시스템 내용에 맞지 않는 것은?

① IoT전기차 충전장치를 사용한다.
② QR코드를 스캔하여 사용한다.
③ 고비용으로 충전하여 사용한다.
④ 플랫폼기반에서 충전장치 시간을 자동조절

> 스마트주차시스템은 저비용으로 충전하여 사용한다.

39 최근 정부가 추진하는 방향에 맞는 내용으로 ( )에 적합한 것은?

> 과학기술정보통신부는 지능형(스마트)홈의 탄탄한 기반을 마련하기 위해 연구개발(R&D)을 적극적으로 지원하고 있다. '제4차 과학기술기본 계획(2018-2022)'에서 120대 중점추진과제로 지능형(스마트)홈이 추가됐으며 정부연구개발 투자방향에 ( ) 지능형(스마트)홈을 명시해 R&D 투자를 늘려나가고 있다.

① 자동형　　　　② 지능형
③ 환경형　　　　④ 생태형

> 정부의 지능형(스마트)홈에 관한 내용이다.

정답 34 ②　35 ①　36 ③　37 ③　38 ③　39 ②

40 건설·가전기업 등 서로 다른 규격의 표준(OneM2M, RS485, OCF 등)을 채택해 가정에서는 자유롭게 기기를 연결해 활용이 어려우며 시장 형성도 제한이 있어서 2022년부터 가장 최근에 만든 글로벌 공유표준이 된 것은?

① OneM2M ② RS485
③ OCF   ④ MATTER

022년부터 가장 최근에 만든 글로벌 공유표준이 된 것은 MATTER 표준화이다.

41 국토교통부에서 스마트시티 기술분류에서 SMART-HOME(ICT 5개 항목)에 들어가지 않는 것은?

① 통신과 IoT, 센서
② 네트워크시스템
③ 빅데이터와 정보보완
④ 시설물 모니터링

시설물 모니터링은 스마트 안전에 포함한다.

42 지능형(스마트)홈 산업협회에서 말한 지능형(스마트)홈(SMART-HOME)이란 주거 환경에 IT를 융합하여 국민의 편익과 복지증진, 안전한 생활이 가능하도록 인간 중심적인 스마트 ( ) 환경을 의미한다.

① 지식   ② 데이터
③ 정보   ④ 라이프

지능형(스마트)홈(SMART-HOME)이란 주거 환경에 IT를 융합하여 국민의 편익과 복지증진, 안전한 생활이 가능하도록 인간 중심적인 스마트라이프환경을 중요하게 고려

43 지능형(스마트)홈(SMART-HOME)구성도에서 스마트라이프(스마트삶) 가운데 IoT 문열림감지는 스마트 어떤 삶에 포함되는가?

① 편리   ② 안전
③ 건강   ④ ICT

IoT제어는 스마트라이프 중 ICT에 해당한다.

44 지능형(스마트)홈(SMART-HOME)에서 스마트라이프 중 모바일이나 사물인터넷 및 기타 인공지능기능까지 적용되는 발전에 있어서 인간에게 가장 가까이에서 접목되는 디바이스의 개념은 무엇인가?

① 세이브   ② 웰니스
③ 헬스풀   ④ 웨어러블

IoT제어는 스마트라이프 중 ICT에 해당한다.

45 지능형(스마트)홈(SMART-HOME)에서 스마트라이프 중 스마트와 결합하여 개방화되고 고도화된 에너지 절감과 가장 밀접한 개념은 무엇인가?

① 세이프   ② 웨어러블
③ 센스   ④ 그리드

지능형(스마트)홈(SMART-HOME) 에너지 환경에서 스마트그리드에 해당한다.

46 지능형(스마트)홈(SMART-HOME)에서 에너지홈 서비스를 구축 제공하는 시스템과 관련 가장 거리가 먼 것은?

① 디지털/지능형
② 분산체계/네트워크
③ 실시간/양방향
④ 수동복구/다양한 소비자 선택

서비스 제공 시스템은 자동복구되고 다양한 소비자 선택을 한다.

정답 40 ③ 41 ④ 42 ④ 43 ④ 44 ④ 45 ④ 46 ④

47 지능형(스마트)홈(SMART-HOME) 생태계 6대구성요소에서 설명 중 가장 거리가 먼 것은?

① 운용플랫폼/인공지능스피커
② IoT통신표준/무선안테나
③ 스마트디바이스/스마트전구
④ 컨텐츠/스마트TV

컨텐츠는 스마트디바이스 기반 AI콘텐츠이고 콘트롤 디바이스로 TV와 스마트폰이다.

48 지능형(스마트)홈(SMART-HOME) 건설사별 플랫폼이 맞지 않은 것은?

① 삼성물산 / 래미안 A.IoT 플랫폼
② 현대엔지니어링 / Hi-oT 플랫폼
③ GS건설 / 자이AI 플랫폼
④ 포스코건설 / AiP 플랫폼

포스코는 AiQ 플랫폼으로 서비스를 하고 있다.

49 다음에 해당하는 지능형(스마트)홈 서비스 플랫폼으로 적절한 것은?

"정 물리 재난, 가정 정보 재난, 가정 재난 대응 서비스"

① 홈 오토메이션
② 홈 시큐리티
③ 홈 에너지
④ 지능형(스마트)홈 서비스

• 홈 오토메이션 – 홈오토기기, 홈게이트웨이 / 월패드, 공용부 관리서비스 등
• 홈 에너지 – 홈 에너지관리, 에너지 저장, 전력공급 시스템 등
• 지능형홈 서비스 – 홈클라우드, 상황인지, 홈로봇 서비스 등

50 CES 2024년 출품된 첨단 가전제품 이름은 무엇인가?

국내 대기업의 경우 가정용 소셜 로봇으로 LLM 기반으로 대화와 맥락을 이해해서 이전에 비해 발전한 모습을 보인 로봇으로 이동성 또한 개선됨

① 스티머　　② 롤링
③ 스타일러　④ 불리

삼성전자는 가정용 소셜로봇 불리와 LG전자는 이름 없는 귀여운 로봇(이전 롤링봇)을 발표하였다.

51 IoT(Internet of Things. 사물인터넷)에 대한 설명으로 옳지 않은 것은?

① 사람, 사물, 공간, 데이터 등 모든 것이 인터넷으로 서로 연결되어 있다.
② 정보가 생성·수집·활용되는 초 연결 인터넷으로 무선 통신을 통해 각종 사물을 연결하는 기술을 의미한다.
③ 사물인터넷에 연결된 사물이란 모바일 장비, 웨어러블 디바이스, 가전 등 다양한 외장형 시스템을 가진다.
④ 사물들이 자신을 구별할 수 있는 유일한 아이피를 가지고 인터넷으로 연결되어야 하며, 데이터 정보센서를 내장할 수 있다.

사물인터넷에 연결된 사물이란 다양한 내장형 시스템을 가진다.

52 IoT(Internet of Things. 사물인터넷)의 3대 요소기술이 아닌 것은?

① 센싱기술　　② 네트워크기술
③ 플랫폼기술　④ 인터페이스기술

IoT 요소 기술은 일반적으로 센싱 기술, 네트워킹 기술, 인터페이스 기술로 구분한다.

정답 47 ④ 48 ④ 49 ② 50 ④ 51 ③ 52 ③

53 IoT(Internet of Things. 사물인터넷) 설명으로 다음 빈칸에 해당하는 것은?

> (　)의 T.2060(2012/06)에서 IoT란 이미 존재하거나 향후 등장할 상호 운용 가능한 정보 기술과 통신 기술을 활용하여 다양한 실재 및 가상 사물 간의 상호 연결을 해서, 진보된 서비스를 제공 되는 것으로 정의 한다

① ICT
② TSR
③ ITU-T
④ ISO

기타 주요 표준화 단체인 ITU-T 국제전기통신연으로서 통신 분야의 표준을 개발중이다.

54 정보의 검출, 가공, 정형화, 추출, 처리 및 저장 기능을 의미하는 검출 정보기반 기술과 위치정보 기반기술, 보안기술 등으로 구성되는 요소기술은 무엇인가?

① 감지기술
② 네트워크기술
③ 인터페이스기술
④ 스트럭쳐기술

인터페이스기술은 IoT의 주요 구성 요소를 통해 특정 기능을 수행하는 응용 서비스와 연동하는 역할을 한다.

55 전세계 지역별 표준 개발기구인 TTA(한국), ETSI(유럽), ATIS/TIA(미국), CCSA(중국), ARIB/TTC(일본)등 7개의 SDO(Standard Development Organization)가 공동으로 설립된 표준 단체는 무엇인가?

① OCF
② oneM2M
③ IEEE
④ 3GPP

응용서비스 플랫폼 환경을 통합하고 공유하기 위한 IoT 공동서비스 플랫폼 개발을 위해 발족된 oneM2M이다.

56 2016년 2월에 MS, 퀄컴등이 합류하여 기업 표준화 단체가 된 IoT 구현시 REST 구조 기반으로 경량형 CoAP프로토콜로 IoT 장치들을 연결하고 장치에 존재하는 자원들을 상호제어 할 수 있는 표준플랫폼 기술 단체는 무엇인가?

① IFTF
② oneM2M
③ OCF
④ 3GPP

2014년 7월 삼성, 인텔 등을 중심으로 시작해서, 2015년 12월 지능형(스마트)홈의 대표적 국제표준단체인 UPnP포럼을 통합 흡수하여 회원사가 100개 이상으로 성장한 OCF이다.

57 인터넷의 운영, 관리, 개발에 대해 협의하고 프로토콜 표준을 개발하고 있으며, IoT의 다양한 인터넷 프로토콜들에 대한 표준을 개발하는 협회는 무엇인가?

① IFTF
② oneM2M
③ OCF
④ 3GPP

IFTF는 인터넷의 운영, 관리, 개발에 대해 협의하고 프로토콜 표준을 개발하고 있다.

58 사물인터넷 서비스 구현을 위한 플랫폼의 기본 기능 중에서 서비스와 솔루션과의 연결점을 제공하는 것은 무엇인가?

① 디바이스관리
② 데이터관리
③ 모니터링 및 제어
④ 어플리케이션 서비스

사물인터넷 서비스와 솔루션과의 연결점을 제공하는 어플리케이션 서비스이다.

59 IoT 플랫폼은 물리적인 객체를 온라인에 구현하기 위해 필요한 요소를 제공하는 통합된 서비스가 4가지 있다. 다음 중 해당되지 않은 것은?

① 엔드투엔 플랫폼
② 커넥티비티 플랫폼
③ 클라우드 플랫폼
④ 자이언트 플랫폼

IoT 플랫폼은 엔드투엔(End-to-end) 플랫폼, 커넥티비티플랫폼, 클라우드 플랫폼, 데이터 플랫폼 등 4개로 구분할 수 있다.

60 수백만 개의 동시 연결하는 디바이스를 모니터링하고 관리할 수 있는 기능을 제공하는 플랫폼은 무엇인가?

① 엔드투엔 플랫폼
② 커넥티비티 플랫폼
③ 데이터 플랫폼
④ 클라우드 플랫폼

클라우드 플랫폼은 사용자의 복잡한 네트워크 스택 구축의 복잡성을 없애고, 백엔드서비스와 기타 서비스를 제공한다.

61 IBM이 만든 플랫폼 중 빅데이터를 갖고 있거나 데이터 분석이 필요한 기업에게 해당 플랫폼을 제공하고, 기업들은 해당 플랫폼을 이용해 IoT 서비스를 제공하는 방식으로 이 플랫폼의 이름은 무엇인가?

① AWS IoT　　② 왓슨 IoT
③ 알렉사　　　④ 홈키트

인공지능을 기반으로 IoT 기기를 통해 습득한 데이터를 분석하는 대표적인 데이터 분석 플랫폼을 개발한 왓슨 IoT이다.

62 애플(Apple)이 만든 피트니스와 건강정보를 수집하고 저장하는 헬스케어 플랫폼의 이름은 무엇인가?

① 알렉사
② 위브
③ 씽큐
④ 헬스킷

헬스케어와 지능형(스마트)홈을 구현하는 플랫폼인 위브이다.

63 개방형 사물인터넷 서비스 플랫폼의 이름은 모비우스이고 여러 참여기관들과 함께 개발한 개방형 사물인터넷 디바이스 플랫폼의 이름은 무엇인가?

① AWS IoT
② HomeKit
③ Brillo
④ &Cube

전자부품연구원(KETI)이 주축으로 개발한 통신 기반을 지원하는 플랫폼인 &Cube이다.

64 아래 내용 중 빈칸에 가장 적합한 것은?

데이터 분석 플랫폼인 'AWS IoT', 인공지능인 '알렉사'와 알렉사를 탑재한 홈 IoT 허브인 '에코(Echo)' 스피커 등 ( ) IoT 비즈니스를 추진해 나가고 있다.

① 폐쇄형
② 내부형
③ 자립형
④ 개방형

아마존은 데이터 분석을 중심으로 인공지능과 하드웨어의 결합을 통해 생태계를 구축해 나가고 있는 개방형 IoT 연계됨

정답　59 ④　60 ④　61 ②　62 ②　63 ④　64 ④

65 아래 내용 중 빈칸에 가장 적합한 것은?

윈도우 10 IoT와 데이터 분석 플랫폼인 ( )를 중심으로 IoT 비즈니스를 전개해 나가고 있다. 이 플랫폼은 머신러닝(Machine Learning) 기술을 이용, IoT 기기에서 생성된 데이터를 클라우드에 수집, 분석하는 플랫폼

① 알렉사 ② 위브
③ 씽큐 ④ 애저 IoT

마이크로소프트사의 윈도우 운영체제를 기반으로 한 IoT 운영체제와 연계한 애저 IoT이다.

66 아래 내용 중 빈칸에 가장 적합한 것은?

1999년 MIT ( )에서 IoT용어가 처음 사용하면서 제품들에 RFID 태그를 부착함으로써 세상에 존재하는 모든 사물이 서로 연결될 수 있다면 새로운 세상이 펼쳐 질 것이라는 생각에서 기인하여 발전해왔다.

① 잡스 ② 빌게이츠
③ 얼론머스크 ④ 캐빈 애시턴

캐빈 애시턴의 사물인터넷의 개념은 RFID뿐만 아니라 다양한 센서 및 통신 기술들과 결합하며 발전해 나가기 시작한다.

67 아래 어떤 단체에 대한 설명으로 적합한 것은?

구글이 주도하고 네스트랩스, 실리콘랩스, 프리스케일, ARM, 예일시큐리티, 삼성전자가 참여하여 IoT를 위한 새로운 IP기반 무선 통신망 프로토콜 개발을 통해 상호호환이 가능한 IoT 구현하기 위해 설립된 컨소시엄 표준화 단체

① IFTF ② oneM2M
③ Thread Group ④ 3GP

컨소시엄 표준화 단체인 Thread Group를 말한다.

68 아래 내용과 어떤 플랫폼이 적합한 것은?

한국전자통신연구원(ETRI)과 다음, 핸디소프트 개방형 USN 시맨틱 플랫폼을 개발하여, 사물인터넷 자원을 컴퓨터가 해석할 수 있는 형태의 플랫폼

① IEEF ② oneM2M
③ Thread Group ④ COMUS

COMUS는 공통 언어로 기술하여 사용자가 USN 기술에 대하여 모르더라도 필요한 센서 정보에 쉽게 접근하고 정보를 자율적으로 해석하는 등의 의미 정보 기반 기술을 제공하는 플랫폼이다.

69 아래 서비스 플랫폼의 이름은 무엇인가?

전자부품연구원(KETI)이 주축으로 개발한 이 플랫폼은 디바이스 플랫폼인 앤큐브도 개발되었다.

① 브레인 ② 브릴로
③ 모비우스 ④ 라이거스

모비우스는 사물 간에 인터넷을 할 수 있는 통신 기반을 지원하는 개방형 사물인터넷 서비스 플랫폼

70 아래 서비스 플랫폼의 이름은 무엇인가?

인터넷에 제품과 서비스를 신속하게 연결할 수 있게 해주는 클라우드에 특화된 사물인터넷 플랫폼, 연결형 제품관리 솔루션으로 빠른 속도와 무한 확장성으로 하루에 860억 개 이상의 메시지를 처리할 수 있는 솔루션과 연결된 제품을 실행하는 복잡한 비즈니스를 단순화하기 위해 사용자 프로비저닝, 모니터링, 업데이트 및 관리 도구를 제공

① 브레인 ② 모비우스
③ 코무스 ④ 자이블리

자이블리는 클라우스에 연결형 제품관리 솔루션의 사물인터넷 서비스

71 아래 사물인터넷의 설명 중 옳은 것은?

① 통신 / 근거리망 및 인터넷 중심
② 디바이스 / 센서만 중심
③ 플랫폼 / 모니터링 정보처리 플랫폼
④ 서비스 / 즉시적 스마트 서비스 제공

통신은 인터넷 중심이며, 디바이스는 버튜얼씽, 플랫폼은 의미기반 모니터링 및 자율제어

72 아래 IoT 요소 기술의 설명 중 옳지 않은 것은?

① 센싱 및 네트워크, 인테페이스 기술
② 정보 획득은 센서를 통함
③ 송수신은 네트워크 프로토콜을 통함
④ 데이터 분석 및 기반서비스 연동은 인터페이스 기술

센서에서 수신된 데이터를 분석하고 응용서비스를 연동하는 인터페이스 기술

73 홈네트워크사용기기 설치시, 무인택배시스템의 특성에 맞지 않은 것은?

① 무인택배시스템은 휴대폰·이메일을 통한 문자서비스(SMS) 또는 세대단말기를 통한 알림서비스
② 무인택배시스템은 알림서비스를 제공하는 제어부와 무인택배함으로 구성하여야 한다.
③ 무인택배함의 설치수량은 소형주택의 경우 세대수의 약 10~15%, 중형주택 이상은 세대수의 15~20%로 정도 설치할 것을 권장한다.
④ 무인택배함은 영상은 필요시 거주자에게 제공될 수 있도록 관련 설비를 설치하여야 한다.

무인택시스템은 영상시스템 연동이 반드시 필요한 것은 아니다.

74 아래 매터표준화 내용 설명 중 옳지 않은 것은?

① 2022년 10월 매터 1.0 시작
② 새로운 지능형(스마트)홈 표준으로 대통합 추세
③ 생성형 인공지능과 접목하여 더 스마트 서비스제공
④ 매터에 지원연결방식은 와이파이, 이더넷, 지그비, 쓰레드 등

매터에 지원연결방식은 와이파이, 이더넷, 블루투스, 쓰레드 등이다.

75 다음 엣지컴퓨팅 내용 설명 중 옳지 않은 것은?

① 기존의 중앙 데이터 처리 방식인 클라우드의 한계를 보완한 가장 첨단화된 컴퓨팅 시스템
② 컴퓨팅 시스템의 맨 끝 단계이자 단말 장치에 가까운 곳에서 데이터가 처리
③ 지표면 가까이에 존재하는 안개와 같은 개념으로 포그 컴퓨팅이라고 함
④ '클라우드렛(Cloudlet)'이라고 불리기도 하며 대표적인 사례는 전기자동차

대표적인 엣지 컴퓨팅으로는 자율주행자동차를 들 수 있다.

76 2014년 1월 Deep Mind 인수하였고 1000명 이상의 인력이 인공지능 / 머신러닝연구 진행 중인 기업은 무엇인가?

① 아마존
② 메타
③ 구글
④ 마이크로소프트

구글은 인공지능 맨해튼 프로젝트 (AI Manhattan Project)를 수행하였다.

정답 71 ④ 72 ④ 73 ④ 74 ④ 75 ④ 76 ③

77 비정형 데이터로부터 특징 추출 및 판단까지 기계가 한번에 수행 하는 것을 기계가 스스로 학습 하는 것을 무엇인가?

① 인공지능   ② 머신러닝
③ 딥러닝   ④ 셀프러닝

인공신경망 기반의 모델인 딥러닝을 말한다.

78 다음 개념설명은 어떤 것을 의미하는가?

> 유비쿼터스에서 진화된 사용자가 기기를 인식하지 않은 상태에서 디지털 행위를 하는 컴퓨팅 환경기반에 인공지능(AI), 증강현실(AR), 가상현실(VR), 지능형(스마트)홈, 자율주행 차량 등의 기술이 사용

① 엣지   ② 클라우드
③ 클라우드렛   ④ 엠비언트

점차 미래로 가면 진화되는 엠비언트 컴퓨팅으로 사용자 행동방식이 중심이 됨

79 다음 엠비언트컴퓨팅(Ambient Computing) 설명으로 맞지 않은 것은?

① 앰비언트 컴퓨팅이 가장 먼저 적용될 곳은 지능형(스마트)홈으로 예상
② 인공지능 스피커와 스마트 디바이스가 가장 많이 설치된 곳이 집
③ 실제 비즈니스에 사용한 예로서 아마존 고가 있음
④ 수동화 루틴을 설정해 자신의 상황에 맞는 본 서비스를 만들어 이용자들이 늘고 있음

일반적이나 최근에는 인공지능 스피커를 이용하거나 자동화 루틴을 설정해 자신의 상황에 맞는 앰비언트 서비스를 만들어 이용하는 사용자들이 빠르게 늘고 있음.

80 인공지능 개념과 특성이 아닌 것은?

① 인공지능(人工知能, artificial Intelligence, AI)은 인간의 학습능력, 추론능력, 지각능력, 자연언어의 이해능력 등을 아날로그 프로그램으로 실현한 기술이다.
② 하나의 인프라 기술로 인간을 포함한 동물이 갖고 있는 지능 즉, natural intelligence 와는 다른 개념이다
③ 지능을 갖고 있는 기능을 갖춘 컴퓨터 시스템이다.
④ 인간의 지능을 기계 등에 인공적으로 시연(구현)한 것이다.

인공지능은 컴퓨터 프로그램으로 실현한 기술을 말한다.

81 아래 빈칸에 적합한 것은?

> 인간의 지능을 기계적으로 완벽히 모방해 구현한 인공지능으로 특정 문제 해결을 넘어 사람처럼 생각하고 경험해 보지 않은 문제도 해결할 수 있는 수준의 인공지능을 (   )이라고 한다. 완전 AI라고 불리기도 한다.

① 약인공지능   ② 강인공지능
③ 중인공지능   ④ 초인공지능

인공일반지능(AGI, Artificial General Intelligence)이라고 하는 중인공지능이다.

82 국내 최초로 IBM사는 인공지능 암 진단 장비를 개발하여 높은 진단확인을 보여주고 있다. 이 장비의 이름은 무엇인가?

① 톰슨   ② 키라
③ 모로   ④ 왓슨

왓슨은 사람과 별도로 진단한 경우 80% 정도가 비슷한 결론을 내고 있다고 한다.

정답 77 ③ 78 ④ 79 ④ 80 ① 81 ③ 82 ④

83 인공지능 기술을 융합한 제품 가운데 가장 빠른 성장과 발전을 보이는 아이템 중 하나가 인공지능 스피커이다. 다음 기업과 인공지능 제품 중에서 잘못 연결된 것은 무엇인가?

① LG전자(허브큐)
② KT(기가 지니)
③ 네이버(웨이브)
④ 카카오(카카오미니)

LG전자에서 나온 인공지능스피커는 씽큐허브

84 챗봇은 인공지능 스피커가 내장돼 있고, 노인이나 아이들의 여비서 역할을 하고 있다. 최근 여성비하 표현 등 사회적 물의를 일으키고 인공지능 윤리의 문제가 거론된 한국 챗봇이름은 무엇인가?

① LG전자 클로이로봇
② 카카오 만능비서 봇
③ 이루다 챗봇
④ 심심이 챗봇

이루다 챗봇은 물의가 생기자 조기에 중단하여 최근 새로 개선된 챗봇을 준비중이다.

85 카카오 내비게이션, T맵, 네이버 지도 등의 기술개발을 말하는 것으로 카카오톡, 야놀자, 네이버 클로바, 배달의 민족, 멜론 등이 대표적인 예라고 할 수 있다. 이처럼 실생활과 관련된 비즈니스로 창출해 나가는 기술을 무엇이라고 하는가?

① 챗봇   ② 게임
③ 앱   ④ AI

네이버가 앱 기술, 검색창에 인공지능 기술을 접목시켜 온라인 쇼핑 강자로 떠올랐다.

86 아래 빈칸에 적합한 것은?

( )컴퓨팅은 기계로부터 인간과 유사한 자연스러운 인터랙션을 도출하려는 인공지능(AI)의 한 분야로, 인공지능(AI)과 ( )컴퓨팅에서 추구하는 궁극 목표는 기계에 이미지와 음성의 이해능력을 부여 후 사람과 같은 방식으로 행동하고 같은 반응을 생성해 내는 것이라고 한다.

① 엣지   ② 인지
③ 슈퍼   ④ 첨단

인지컴퓨팅은 기계로부터 인간과 유사한 자연스러운 인터랙션을 도출하려는 인공지능(AI)의 한 분야

87 패턴인식과 딥러닝 기술을 바탕으로 하는 그림이나 비디오 내용을 인식한 후 기계가 이미지를 처리하고 분석 후 이해 가능할 경우 이미지나 비디오를 실시간으로 포착하고 그 주변 상황 해석하는 기술을 말한다.

① 컴퓨터마이닝
② 컴퓨터비전
③ 자연어처리
④ 그래픽인터페이스

컴퓨터비전은 이미지나 비디오를 실시간으로 포착하고 그 주변 상황 해석하는 기술

88 다양한 각도에서 얼굴을 인식하는 데 도움이 되는 마커(marker)를 통해 다양한 상황과 조명 환경에서 얼굴을 사용해 휴대폰을 잠금 해제하는 동시에 다른 사람이 같은 작업을 하지 못하도록 방지할 수 있다. 이런 방식은 무엇인가?

① 딥마이닝   ② 컴퓨터비전
③ Face ID   ④ 인터페이징

애플은 얼굴을 스캔하고 약 3만 개의 규칙을 규정을 기반으로 만든 방식은 Face ID이다.

89 명시적으로 규칙을 프로그래밍하지 않고 데이터로부터 의사결정을 위한 패턴을 기계가 스스로 학습 하는 것

① 인공지능　　② 자동학습
③ 머신러닝　　④ 딥러닝

결정트리, 선형회귀 등을 사용하는 머신러닝을 말한다.

90 컴퓨터가 사람의 언어와 음성을 포함하여 분석, 이해 및 생성 가능한 기술로 추후 단계는 사람이 평상시와 같은 언어표현을 사용한 후 컴퓨터와 소통하고 작업을 지시하도록 하는 것은?

① 컴퓨터마이닝　　② 컴퓨터비전
③ 자연어처리　　④ 그래픽인터페이스

자연어처리는 사람의 언어와 음성을 포함하여 분석, 이해 및 생성 가능한 기술

91 일종의 머신러닝으로 서로의 연계성을 찾아 정의되지 않은 데이터로 부터 의미를 추론하기 위해 처리 과정에서 다중 데이터 패스를 필요로 하는 것은?

① 컴퓨터마이닝　　② 신경망
③ 자연어처리　　④ 인터페이스

외부 입력에 반응과 각 단위 사이의 정보를 연계 처리하는 일종의 머신러닝인 신경망

92 고객들로부터 중요한 정보를 얻는 동시에 직원의 시간을 다른 작업에 할애할 수 있다. 특히 블랙프라이데와 같이 접속량이 많은 시간대에 유용하게 쓰여 많은 질문에 답할 수 있으며 이를 통해 이용자에게 보다 나은 서비스를 제공할 수 있다. 이 방식을 무엇인가?

① 컴봇　　② 아이봇
③ 챗봇　　④ 메타봇

기업에서 많이 사용하는 방식으로 질문에 답변하거나 질문에 응답할 수 있는 충분한 직원이 없는 기업의 고객 서비스 옵션인 챗봇

93 딥러닝의 학습모델 중 다음 내용과 관련 있는 것은 무엇인가?

> 많은 데이터와 반복학습, 사전학습과 오류역전파 기법을 통해 현재 널리 사용되며, 그 예로 심장질환 환자들의 심장박동수로 건강상태를 예측한다.

① 순환 신경망(RNN)
② 심층 신경망(DNN)
③ 합성곱 신경망(CNN)
④ 인공 신경망(RNN)

DNN은 컴퓨터가 스스로 분류 레이블을 만들어 내고 공간을 왜곡하고 데이터를 구분 짓는 과정을 반복하여 최적의 구분선을 도출해낸다.

94 인공지능의 개인정보 보호 6대 원칙에 맞지 않은 것은?

① 참여성과 투명성
② 책임성과 안전성
③ 공정성과 적법성
④ 사회성과 혁신성

개인정보 보호 6대 원칙은 참여성과 투명성, 책임성과 안전성, 공정성과 적법성이 있다.

95 다음에서 인공지능(Artificial Intelligence, AI)의 문제점이 아닌 것은?

① 기술 오남용　　② 데이터 편향성
③ 알고리즘 유사성　　④ 프라이버시 침해

알고리즘 편향성을 들수 있다.

정답　89 ③　90 ③　91 ②　92 ③　93 ②　94 ④　95 ③

96 자율주행 자동차를 만들기 위해서는 장애물을 인식할 수 있는 센싱 기술과 비디오비전 기술이 필요하며 또한 계속 주행을 할지 양보할지 판단하는 AI 기술도 필요하다. 이젠 이보다 한 발 앞서 인공지능과 로봇이 통제하는 스마트시티와 함께 도심 항공을 연계 개발되는 새로운 교통시설물이 무엇인가?

① UAM ② UAD
③ UAC ④ UAT

Urban Air Mobility 도심항공교통으로 하늘을 이동통로로 활용하는 미래 도시교통체계

97 순환 신경망(RNN)의 내용으로 틀린 것은?

① 과거의 학습을 Weight를 통해 현재학습에 반영한다.
② 대표적으로 13개의 은닉층을 사용한 알파고가 있다.
③ 파파고처럼 언어를 번역하는 것 또한 순차적 데이터 학습이다.
④ 텍스트의 앞, 뒤 성분을 파악할 때 주로 사용된다.

알파고는 합성곱 신경망(CNN)을 사용

98 마이크로소프트(MS)의 가장 잘 알려진 AI 프로젝트 중 세계를 변화시킬 수 있는 최첨단 연구의 목표는 뇌, 특히 뇌의 신경계를 연구하여 뇌의 기능을 보다 잘 이해하는 것이다. 이 프로젝트의 이름은 무엇인가?

① 인너아이 ② 헤이
③ 컴투게더 ④ 빅마인드

MS의 인너아이(InnerEye) 프로젝트의 목적은 다양한 신경학적 질병을 진단하고 치료하는 데 인공 지능을 사용할 수 있도록 하는 것이다.

99 금융권에서 신용평가, 고객 경험 제고, [A]은행원, [B]서비스, 자동화 혹은 방대한 데이터 처리 기반 예측이 필요한 업무를 중심으로 도입될 것이라며 다만 이러한 금융 서비스의 안정성과 투명성, 공정성 확보를 통한 금융의 사회적 신뢰 구축도 필요하다고 보고 있다. 다음 빈칸[A]-[B]에 맞는 내용은?

① 자동-콜백 ② 독립-콜봇
③ 자율-콜백 ④ AI -콜봇

금융권에서 AI는 신용평가, 고객 경험 제고, AI은행원, 콜봇서비스, 로봇 자동화 도입예정

100 아래 내용의 빈칸에 맞는 내용은?

삼성은 메타버스와 로봇 플랫폼을 통해 집 전체를 하나의 제품처럼 관리하는 '사용자 맞춤형 미래 홈(Personalized & Intelligent Future Home)' 기술을 선보였다. 사용자는 자신과 가장 가까운 모바일 기기를 통해 집사 역할을 하는 아바타와 소통하고 명령을 내릴 수 있고 AI와 사물인터넷(IoT) 기술로 구현한 '스마트싱스(SmartThings)'를 기반으로 TV와 가전, 모바일 제품까지 여러 기기를 연결해 고객에게 하나의 팀처럼 유기적인 ( )을 제공하도록 하였다.

① 사용 ② 연합
③ 공유 ④ 경험

삼성전자는 세계 최대 IT·가전 전시회 'CES 2022'에서 미래 '가전경험'을 제안하였다.

101 전세계 소비자 로봇 매출이 2018년에 약 56억 달러에 달하고 2025년 말까지 190억 달러로 매출은 증가하고, 매년 6,500만대 이상의 로봇이 판매될 것으로 예상되고 있다. 유네스코 연결도시상 수상에 기여한 한국의 대표적인 기술로 만든 휴머노이드 로봇은 무엇인가?

① 아이봇 ② 리쿠
③ 아이쉬타인 ④ 푸니

WEF의 2019년 보고서에 따르면, 소셜 로봇 공학 분야는 로봇이 더 뛰어난 인터랙티브 기능을 가지고, 유용한 작업을 수행할 수 있는 전환점에 도달하게 된다고 보며 한국소셜로봇 리쿠.

102 최근사례로 음식 사진 촬영만으로 영양 정보를 인식할 수 있는 API를 제공하는 플랫폼을 오픈했다. 딥러닝 이미지 처리기술 바탕으로 사진 속 여러 음식 정보를 한 번에 자동 분석, 음식명과 칼로리 등의 영양 정보를 95% 이상의 정확도로 제공하여 음식 인식과 기록이 필요한 모든 서비스에 접목이 가능하게 되었다. 이 플랫폼의 이름은?

① 푸드봇　　② 푸리
③ 푸드렌즈　　④ 푸드아이

푸드렌즈는 음식을 사람의 눈처럼 인식하는 인공지능 기술 특허 기반으로 실현했다.

103 버추얼휴먼은 과거 가상인간은 광고, 가수 등 연예분야에서 실존인물을 대체하는 역할이었다면 최근에는 게임, 웹툰·웹소설 등 콘텐츠부터 쇼핑 방송까지 다방면에서 활약 및 개별 캐릭터로서 역할을 하고 있다. 네이버에서 활동중인 디지털 휴먼은 누구인가?

① 한유아　　② 로지
③ 이솔　　　④ 리나

기업이 버추얼 인플루언서 등 가상인간 마케팅에 쓰는 비용은 2019년 80억달러(약 9조원)에서 2022년 150억달러(약 17조원)로 두 배 가까이 증가한 것을 미국 블룸버그는 가상인간 시장 규모가 2025년께 실제 사람 인플루언서 시장규모를 추월할 가능성이 있다고 전망했다. 네이버는 로지

104 아래 내용의 빈칸에 맞는 내용은?

인공지능은 기계를 인간처럼 만들어가는 공학주의적 접근방법과 인간 지능이 무엇인지 스스로 알아가는 구성주의적 접근 방법이 결합된 학문이다. 학습자들이 스스로 만들어가며 학습하고 지능에 관한 지능을 지식으로 구성함으로써 스스로의 사고를 인식하는 (　) 사고를 경험하게 된다.

① 이성　　② 감성
③ 메타　　④ 인문

메타사고로 학습자들이 스스로 만들어가며 학습하고 지능에 관한 지능을 지식으로 구성함으로써 스스로의 사고를 인식하고 경험하게 된다.

105 아래 빈칸에 적합한 것은?

스마트 디지털 도우미의 역할을 더욱 더 할 것이다. 시리, 구글(　), 알렉사 및 코타나 등 유비쿼터스 스마트 디지털 도우미들은 명령을 하면 듣고 응답하여 행동으로 바꿀 수 있는 제품들로서 시리를 누르면 '친구에게 전화 걸기'와 같은 명령을 내릴 수 있다.

① 티처　　　② 멘토
③ 어시스턴트　④ 렉처

AI 기술은 계속 발전해 나가고, 성장하고, 전 산업과 일상 생활의 모든 측면에서 점점 더 중요해지며 혁신적인 응용 프로그램이 개발되어 AI를 통해 쉽고 생산적인 삶을 제공하는데 더 큰 도움이 될 것이다. 위는 구글 어시스턴트이다.

106 아래 기업과 인공지능관련 맞지 않은 것은?

① OpenAI / Chat GPT
② 구글 / 제미니
③ 마이크로소프트 / 코파일럿
④ 아마존 / DALL-E

OpenAI는 DALL-E를 만들었다.

정답　102 ③　103 ②　104 ③　105 ③　106 ④

107 아래 빈칸에 적합한 것은?

> 엔씨소프트가 집중하고 있는 혁신 중 하나가 AI 기술이라며 AI를 기반으로 한 새로운 게임 플레이를 만들 것이라고 또 AI를 엔씨소프트의 미래라고 규정하기도 했다. 넥슨도 인공지능 기술을 게임에 활용하고 대표적으로 '야생의 땅: 듀랑고(2016년 출시예정)'게임에는 ( ) 콘텐츠 생성이라는 인공지능적 요소가 가미돼 있다.

① 전통적　　② 예술적
③ 절차적　　④ 독립적

> 엔씨소프트는 이런 인공지능 기술 개발을 위해 'AI(인공지능) 센터'라는 별도의 조직을 만들기도 했다. AI 센터에는 AI 랩과 NLP(자연어 처리) 랩으로 구성돼있다. 넥슨의 절차적 콘텐츠생성의 인공지능의 예이다.

108 아래 2022년 이후 디지털 헬스케어 시장 설명에 적합하지 않은 것은?

① 글로벌 대기업은 모바일 헬스케어 서비스를 제공하고 있다.
② 웨어러블(착용형 전자기기) 시장 스마트워치를 앞세운 애플이 우위로 삼성전자도 매진중이다.
③ 스마트워치 이후 스마트링 출시는 새로운 웨어러블 시대의 시작점이 되고 있다
④ 스마트링과 스마트워치 모두 AI생성정보를 바탕으로 모바일 헬스케어 서비스를 제공해준다

> 생체정보를 바탕으로 AI기반 모바일 헬스케어 서비스를 제공한다.

109 다음 중 개인정보에 해당되지 않은 것은?

① 인적 정보　　② 신체적 정보
③ 정신적 정보　　④ 기술적 정보

> 인적, 신체적, 정신적 정보가 개인정보의 내용이다.

110 아래 인공지능에 적합하지 않은 것은?

① 전문가 시스템으로 규칙기반 시스템
② 결정트리 및 선형회귀, 퍼셉트론의 머신러닝
③ 머신러닝은 컴퓨터가 데이터를 스스로 학습하여 예측이나 판단하는 기술
④ 머신러닝에서 얕은 인공신경망은 합성곱과 순환신경망과 저층 강화학습

> 가장 큰 범위는 인간 지적 능력을 컴퓨터로 구현하는 기술로서 인공지능이며 하위 범위로 머신러닝, 더 중심으로 깊은 인공신경망을 활용한 머신러닝 기술로 합성곱 신경망 / 순환신경망 / 심층강화학습이 있다.

111 아래 최근 미래 의료산업 중 디지털 의료에 적합하지 않은 것은?

① 인공지능 장비가 많이 만들어지고 빅데이터를 통해 처방도 빨라짐
② 국내 도입한 왓슨은 사람 수준의 80%의 결론을 내고 있음
③ 마이크로소프트는 뇌신경계연구 프로젝트로서 인너아이 AI프로젝트를 진행중
④ 구글은 AI링 프로젝트로 의료의 혁신을 연구하고 있음

> 글로벌 모바일 헬스케어 서비스를 제공하는 웨어러블(착용형 전자기기) 시장 선두는 애플과 삼성전자이다.

112 인공지능 개념 중 Stuart Russell & Peter Norvig의 4분론에 따른 접근 방식이 아닌 것은?

① 인간적 행위(Acting Humanly)
② 인간적 사고(Thinking Humanly)
③ 합리적 사고(Thinking Rationally)
④ 합리적 대화(Acting Dialoguelly)

> Stuart Russell & Peter Norvig의 4분론은 인간적 행위와 사고, 대화이다.

정답 107 ③　108 ④　109 ④　110 ④　111 ④　112 ④

113 아래 인공지능스피커 제품 설명에 적합하지 않은 것은?

① 인공지능 기술을 융합한 제품 중 가장 빠른 성장과 발전은 인공지능 스피커로 최근 긴급 할머니 구조에도 사용된 예가 있다.
② 인공지능의 '메신저' 역할인 인공지능 스피커는 AI제품분야에서 경쟁력이 강하다.
③ 글로벌기업의 경우 아마존(Echo), 구글(Home), 애플(HomePod) 등도 이 시장 선점
④ 국내는 SKT(누구)와 KT(기가 지니), 네이버(웨이브)와 카카오미니(카카오), LG전자(씽큐네오)

인공지능 스피커는 중 LG전자(씽큐허브)이다.

114 인공지능(AI)윤리기준으로 과학기술정보통신부가 정한 인공지능 개발 및 활용과정에서 고려될 3대 기본 원칙에 해당하지 않는 것은?

① 인간의 존엄성 원칙
② 사회의 공공선 원칙
③ 기술의 합목적성 원칙
④ 집단의 초이익화 원칙

인공지능(AI)윤리기준인 과학기술정보통신부의 3대 기본 원칙은 인간의 존엄성, 사회의 공공선, 기술의 합목적성의 원칙을 들고 있다.

115 과학기술정보통신부와 정보통신정책연구원이 마련한 AI윤리기준 중 3대 기본 원칙을 위한 10대 핵심요건에 맞지 않은 것은?

① 인권보장과 프라이버시 보호
② 다양성과 침해성 존중
③ 공공성과 연대성
④ 데이터관리와 투명성

AI는 인간에 해를 미치는 목적으로 활용할 수 없고, 부정적 결과에 대한 대응방안을 마련해야 하는 침해방지의 내용이다.

116 아래 최근 각광받고 있는 오픈AI 챗GPT 설명에 적합하지 않은 것은?

① 오픈AI는 인공지능을 개발하며 안전한 AGI 개발을 추구하는 미국의 비영리 단체
② 대형 언어 모델 (LLM)과 이를 기반으로 하는 ChatGPT 등의 소프트웨어를 제공하고 있음.
③ 생성적 AI(Generative AI)는 새 합성 콘텐츠 출력, 생성할 수 있는 기계학습 모델
④ 텍스트, 이미지, 오디오, 비디오 등과 같은 새로운 아티팩트를 기존 분석작업과 융합 진행

생성 AI 모델은 텍스트, 이미지, 오디오, 비디오 등과 같은 완전히 새로운 아티팩트를 생성 기존 분석이나 분류 작업에 초점을 맞춘 기존 AI 시스템과 다름.

117 아래 생성형 인공지능 설명과 맞지 않은 것은?

① Midjourney - Midjourney Inc.에서 개발, 이미지와 예술을 생성하라는 메시지 해석
② GitHub Copilot - 코드 완성을 제안하는 AI 코딩 도우미
③ Llama 2 - 챗봇과 같은 대화형 AI를 위한 Meta의 오픈 소스 언어 모델
④ xAI - 샘울트만이 OpenAI를 떠난 후 설립한 새로운 생성 AI 회사

xAI은 Elon Musk가 OpenAI를 떠난후 만든 생성AI 회사

118 개인정보 보호 원칙 (제3조)에 해당하지 않는 것은?

① 처리목적의 명확화
② 처리목적내 처리와 목적 등 다양하게 적용
③ 처리목적내 정확성, 완전성, 최신성 보장
④ 정보주체의 권리보장

개인정보 보호원칙중 처리목적내 처리와 목적 외 활용은 금지함

정답 113 ④ 114 ④ 115 ② 116 ④ 117 ④ 118 ②

119 아래 생성형 인공지능 GPT STORE 설명과 맞지 않은 것은?

① 오픈AI GPT스토어는 GPT 기반 애플리케이션(GPTs)으로 빠른 시간에 300만개 이상 제작
② 챗GPT를 기반으로 개발한 맞춤형 앱을 올리고 거래되는 장터로 애플·구글 앱스토어와 유사
③ 애플의 스마트 기기 생태계가 iOS(아이폰 운영체제) 기반 앱스토어를 중심으로 확장과 경쟁구조
④ 생성형 AI 생태계형성과 오픈AI와 중소기업들 간 협업으로 초거대 AI 개발 기업 경쟁력 상승

생성형 AI 생태계형성과 오픈AI와 중소기업들 간 협업으로 초거대 AI 개발 기업 경쟁력 약화

120 개인정보 보호법 개요(개인정보 보호법 제1장)에서 제2조 개인정보에 맞지 않은 것은?

① 가명정보 및 살아있는 개인의 정보
② 쉽게 결합하여 알아볼 수 있는 정보와 개인에 관한 정보
③ 개인을 알아볼 수 있는 정보 및 정보의 내용, 형태 등은 제한이 없음
④ 복사가능한 정보 및 정보의 수량이 한정됨

복사가능한 정보 및 정보의 수량에 제한이 없음

121 인공지능과 직업 윤리 중 핵심내용에 가장 맞지 않은 것은?

① 인간의 존엄성이 보존되어야 한다
② 인간의 자율성이 발휘되어야 한다.
③ 공동체 의식이 회복되어야 한다.
④ 개인의 창의성을 극대화하여야 한다.

윤리적인 측면에서 상대적으로 창의성의 극대화보다는 존엄성과 자율성, 공동체의식이 우선함.

122 인공지능과 직업 윤리 중 맞지 않은 것은?

① 직업을 가지고 수많은 사람들과 관계를 맺고, 상호이해 작용을 하는 과정에서 마땅히 지켜야 할 윤리적 규범을 지키며 살아간다.
② 국내 기업 중에서 처음으로 '알고리즘 윤리 헌장'을 발표한 곳은 한글과 컴퓨터이다.
③ 인공지능은 데이터, 지식의 영역에서는 인간을 대체할 수 있지만 결국 최종 의사 결정은 인간의 몫이다.
④ 정부는 'AI 국가전략'을 통하여 AI를 잘 활용하는 국가 건설을 목표로 하는, AI경쟁력 혁신, AI활용 전면화, AI와 조화 공존 등, 3가지의 핵심전략을 발표하였다.

국내 기업중에서 처음으로 '알고리즘 윤리헌장'을 발표한 곳은 카카오이다.

123 '공개된 개인정보'에 맞지 않은 것은?

① 당초 공개된 목적 내에서만 이용할 수 있다.
② 공공기관 등의 홈페이지에 공개된 담당자의 이름, 직책, 직급, 연락처 등 의 정보는 해당 공공기관과 관련된 업무 목적과 마케팅에 이용될 수 있다.
③ 대학 홈페이지 등에 공개된 교수의 개인정보는 학술연구와 자문, 저술활동, 기고 등에 쓰일 것을 전제하고 있다고 보이므로 정보주체에게 개인정보 수집에 대한 동의를 받을 필요는 없다.
④ 정보주체가 요구한 경우에는 즉시 개인정보의 수집 출처, 처리 목적, 개인정보 처리의 정지를 요청할 권리가 있다는 사실을 고지하여야 한다.

공공기관 등의 홈페이지에 공개된 담당자의 이름, 직책, 직급, 연락처 등 의 정보는 해당 공공기관과 관련된 업무 목적과 마케팅에 이용될 수 없다.

124 다음 중 개인정보 보호법 주요 용어 중 맞지 않은 것은?

① 개인정보 보호법은 임직원, 주주, 협력업체 등 모든 사람의 개인정보에 적용된다.
② 정보주체는 처리되는 정보에 의해 알아볼 수 있는 그 정보의 주체가 되는 사람이다.
③ 개인정보파일은 개인정보를 쉽게 검색할 수 있도록 일정한 규칙에 따라 체계적으로 배열하거나 구성한 개인정보의 집합물이다.
④ 개인정보 취급자는 개인정보 처리에 관한 업무를 총괄해서 책임지거나 업무처리를 최종적으로 결정하는 자이다.

개인정보 취급자는 임직원, 파견근로자, 시간제 근로자

125 다음 중 ( )에 들어가야 하는 가장 적합한 것은?

> 국제인공지능&윤리협회에서는 지능형(스마트)홈을 다루는 직업윤리 중에서 기술윤리차원에서 AI윤리를 주제로 한 인공지능윤리에 대한 신뢰구축을 가장 중요한 과제로 보고 AI윤리가 반드시 미래첨단산업에서 ( )로서 AI기술에 적용돼야 소비자들의 신뢰를 얻고 선택을 받을 수 있을 것이라고 하였다.

① 안전장치   ② 지속감시
③ 책임보호   ④ 상호대화

국제인공지능&윤리협회는 인공지능개론을 내면서 안전장치로서 AI기술의 중요성을 강조

126 다음 중 정신적 정보가 아닌 것은?

① 기호·성향정보
② 내연의 비밀정보
③ 교육정보
④ 신용정보

신용정보는 정신적 정보가 아닌 재산적 정보이다.

127 다음 중 개인정보 내용의 연결이 잘못된 것은?

① 인적정보 - 일반정보 및 가족정보
② 신체적 정보 - 의료 정보 및 건강 정보
③ 사회적 정보 - 병역정보 및 근로정보 및 법정정보
④ 재산적 정보 - 소비 정보 및 신용정보 및 부동산정보

재산적 정보 - 소득 정보 및 신용정보 및 부동산정보

128 다음 ( ) 내용 중 맞는 것은?

> 개인정보( )은 자신에 관한 정보가 언제, 어떻게, 어느 범위까지 수집, 이용, 공개될 수 있는지를 정보주체가 스스로 통제, 결정할 수 있는 권리를 말한다.

① 자기결정권   ② 대인결정권
③ 상호결정권   ④ 소신결정권

개인정보자기결정권은 자신에 관한 정보가 언제, 어떻게, 어느 범위까지 수집, 이용, 공개될 수 있는지를 정보주체가 스스로 통제, 결정할 수 있는 권리

129 「위치정보법」과 「신용정보법」에는 영상정보처리기기 설치운영 제한, 분쟁 조정, 단체소송 등의 규정이 없으므로 이에 대하여는 다음 법 중 가장 우선되는 법은?

① 위치정보법   ② 신용정보법
③ 개인정보법   ④ 영상정보법

개인정보 수집에 대한 동의를 받을 때 「위치정보법」과 「신용정보법」은 각각 별도의 규정이 있으므로 이에 대하여는 「개인정보 보호법」보다 우선하여 적용 됩니다. 그러나 위사항은 개인정보법이 우선한다.

130 다음 중 개인정보 보호법에 맞지 않은 것은?

① 반드시 개인의 내밀한 영역에 속하는 정보에 국한되지 않고 공적생활에서 형성되거나 이미 공개된 개인정보까지도 포함된다.
② 전화번호 뒷자리 4자와 관련성이 있는 다른 정보(생일, 기념일, 집 전화번호, 가족 전화번호, 기존통화 내역 등)과 쉽게 결합하여 그 전화번호 사용자가 누구인지를 알아볼 수도 있다고 하여 개인정보로 볼 수 있다.
③ 위치정보법과 신용정보법 등에는 영상정보처리기기 설치운영 제한, 분쟁 조정, 단체소송 등의 규정이 없으므로 이에 대하여는 개인정보 보호법이 우선한다.
④ 필요한 최소한의 정보 이외의 개인정보 수집에 동의하지 않는다는 이유로 정보주체에게 재화 또는 서비스의 제공을 거부하는 경우에는 3천만원 이하의 과태료가 부과될 수 없다.

필요한 최소한의 정보 이외의 개인정보 수집에 동의하지 않는다는 이유로 정보주체에게 재화 또는 서비스의 제공을 거부하는 경우에는 3천만원 이하의 과태료가 부과될 수 있다.

131 다음 중 ( )에 해당하는 것은?

> 그러나 기업이 이 의식을 상실한 채 4차 산업혁명의 기술연구에만 몰두하면 개인 노동자와 대립이 심화된다. 또한 ( ) 의식이 사라지면, 기업은 직원을 파트너로 보는 것이 아니라 고용의 관계에서 노동자로만 보는 것이다. 고용의 형태가 정규직이든 비정규직이든 혹은 필요에 따라 고용하는 구조로 바뀌어도 중요한 것은 기업과 개인이 ( )의 의식을 품어야 한다는 것이다.

① 초개인   ② 편리성
③ 공동체   ④ 이익화

공동체의 의식, 사회적 역할을 감당하는 것과 동시에 일정한 소득을 통해서 인간다운 삶을 실현해 갈 수 있다.

132 주민등록번호 처리제한에 관련한 내용과 맞지 않은 것은?

① 채용지원 단계에서는 주민등록번호를 수집할 수 없다.
② 주민등록번호는 법령에 처리 근거 등의 예외적인 사유가 존재하지 않는 한 원칙적으로 수집이 금지된다.
③ 채용결정 후 사용자가 근로자 의무 보험 또는 국민연금 등을 처리해야 할 법령상의 의무이행을 위해 관련 법률에 따라 수집가능하고, 이때는 근로자의 동의도 필요하다.
④ 주민등록번호는 정보주체의 동의를 받아도 처리불가하고 위반시 과태료를 3000만원 이하 주어진다.

채용결정 후 사용자가 근로자 의무 보험 또는 국민연금 등을 처리해야 할 법령상의 의무이행을 위해 관련 법률에 따라 수집가능하고, 이때는 근로자의 동의는 필요 없다.

133 다음에서 디지털 휴먼(Digital Human) 내용 특성과 맞지 않은 것은?

① 가상인간(Virtual Human), 메타휴먼(Meta Human), 아바타(Avatar), AI 챗봇(AI Chatbot) 등을 포함하는데 구현 방식으로는 영상, 음성, 이미지, 텍스트 등이 모두 포함된다.
② 디지털 휴먼은 편향적이지 않으며, 신뢰할 수 있고, 합법적이어야 하며, 인간의 존엄성과 인류 보편의 가치를 존중해야 한다
③ 실제 존재하는 인물을 디지털 휴먼으로 구현하여 사용할 경우에는, 사전에 반드시 해당 인물의 동의(초상권, 저작권, 사용권 등 일체의 권리)를 받아야 한다.
④ 고인을 디지털 휴먼으로 구현할 경우에는 생전에 고인의 동의를 받음을 고려할 수 있다.

고인을 디지털 휴먼으로 구현할 경우에는 생전에 고인의 동의를 받음을 원칙으로 해야한다.

정답 130 ④ 131 ③ 132 ③ 133 ④

134 "홈네트워크 설비 설치공간"이란 홈네트워크 설비가 위치하는 곳을 말하며, 다음 내용 중 해당되지 않은 것은?

① 세대스마트우편함
② 통신배관실(TPS실)
③ 집중구내통신실(MDF실)
④ 방재실, 단지서버실, 단지네트워크센터 등 단지 내 홈네트워크 설비를 설치하기 위한 공간

홈네트워크 설비설치공간은 세대단지함, 통신배관실, 집중구내통신실 등이다.

135 아래 내용과 가장 근접한 특성은?

사회적 신뢰 형성을 위해 타 원칙과의 상충관계를 고려, 인공지능 활용 상황에 적합한 수준의 설명 가능성을 높이려는 노력을 기울여야 하며 인공지능 기반 제품이나 서비스를 제공할 때 인공지능의 활용 내용과 활용 과정에서 발생할 수 있는 위험 등의 유의사항을 사전에 고지해야 한다.

① 기호성   ② 내향성
③ 투명성   ④ 개인성

사회적 신뢰 형성을 위해 타 원칙과의 상충관계를 고려하기 위해서는 투명성이 중요하다.

136 다음 중 ( )에 해당하는 것은?

AI 윤리기준 10대 핵심요건 중에서 개인정보 등 각각의 데이터를 그 목적에 부합하도록 활용하고, 목적 용도로 활용하지 않아야 한다. 데이터 수집과 활용의 전 과정에서 데이터 ( )이 최소화되도록 데이터의 품질과 위험을 관리해야 한다.

① 기호성   ② 내향성
③ 편향성   ④ 이타성

데이터 수집과 활용의 전 과정에서 데이터편향성이 최소화되도록 데이터의 품질과 위험을 관리해야 한다.

137 다음에서 인공지능(Artificial Intelligence, AI)의 내용특성과 연관성이 큰 것은?

인공지능 기반 범죄 예측 프로그램인 'COMPAS'의 재범률 예측에서 흑인범죄자의 재범 가능성을 백인보다 2배 이상 높게 예측하는 편향 발견 ('18년 1월)

① 기술 오남용
② 데이터 편향성
③ 프라이버시 침해
④ 알고리즘 편향성

위 내용은 알고리즘 차별로서 알고리즘 편향성에 대한 설명이다.

138 지능형 홈네트워크 설비 설치 및 기술기준 중 제3조 중 용어정의에 맞지 않은 것은?

① 홈네트워크설비는 통합된 단지 외 주거서비스를 제공하는 설비로 홈네트워크망, 홈네트워크장비, 홈네트워크사용기기로 구분한다.
② 홈네티워크망에서 세대망은 집중구내통신실에서 세대까지를 연결하는 망이다.
③ 홈네트워크장비란 홈네트워크망을 통해 접속하는 장치로 홈게이터웨이, 세대단말기, 단지네트워크장비, 단지서버를 말한다.
④ 홈네트워크 사용기기는 주택내부 및 외부에서 가스, 조명, 전기 및 난방, 출입 등을 원격으로 제어할 수 있는 기기다.

홈네트워크설비는 통합된 세대 또는 주택단지 내 주거서비스를 제공하는 설비로 홈네트워크망, 홈네트워크장비, 홈네트워크사용기기로 구분한다.

139 다음 중 ( )에 가장 적합한 것은?

> 과학기술정보통신부와 정보통신정책연구원이 마련한 AI윤리기준에서 "모든 인공 지능은 '( )을 위한 인공지능'을 지향하고, 인간에게 유용할 뿐만 아니라 나아가 인간 고유의 성품을 훼손하지 않고 보존, 함양하도록 개발되고 활용되어야 한다. 인간의 정신과 신체에 해롭지 않도록 개발되고 활용되어야 하며, 개인의 윤택한 삶과 행복에 이바지하며 사회를 긍정적으로 변화하도록 이끄는 방향으로 발전돼야 한다.

① 기호성　　② 내향성
③ 인간성　　④ 이타성

인간성을 위한 인공지능이 생명존중과 동식물 등 인간이 지향해야 할 최고의 가치일 것

140 홈네트워크 사용기기를 설치할 경우, 전자출입시스템의 특성에 맞지 않은 것은?

① 지상의 주동 현관 및 지하주차장과 주동을 연결하는 출입구에 설치하여야 한다.
② 화재발생 등 비상시, 소방시스템과 연동되어 주동현관과 지하주차장의 출입문을 수동으로 여닫을 수 있게 하여야 한다.
③ 강우를 고려하여 설계하거나 강우에 대비한 차단설비(날개벽, 차양 등)를 설치하여야 한다.
④ 접지단자는 프레임 내부와 외부에 설치하여야 한다.

접지단자는 프레임 내부에 설치하여야 한다.

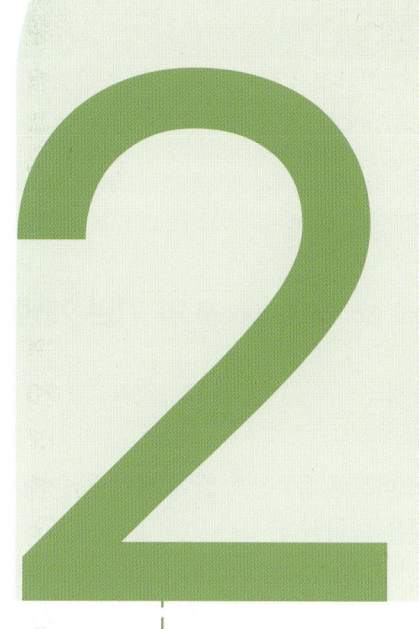

지능형홈 네트워크

1. 데이터 통신과 네트워크의 개요
2. 지능형(스마트)홈 근거리 통신 기술
3. 지능형(스마트)홈 원거리 통신 기술
4. 지능형(스마트)홈 기타 통신 기술
5. 지능형(스마트)홈 보안 기술
■ 예상문제

01 데이터 통신과 네트워크의 개요

1 데이터 통신(Data Communication)의 기본 개념

(1) 데이터 통신의 의미

원격지의 장치(PC, 노트북, 스마트폰 등) 상호 간에 전기 통신 매체를 통하여 통신 규약에 따라서 데이터를 송수신하는 것을 의미한다.
- 정보 통신이란 컴퓨터와 통신 기술의 결합에 의해 통신 기능과 정보 처리 기능은 물론 정보의 변환, 저장 과정이 추가된 형태의 통신을 의미한다.

(2) 데이터 통신 시스템의 5요소

① 메시지(Message) : 통신의 목적이 되는 정보이다.
② 송신자(Sender) : 메시지의 생성 및 송신을 담당하는 장치이다.
③ 수신자(Receiver) : 전송 매체를 통해 전송된 메시지를 수신하는 장치이다.
④ 전송 매체(Transmission medium) : 송신자로부터 수신자까지 메시지를 전달하기 위한 물리적 전달 매체이다.
⑤ 프로토콜(Protocol) : 데이터 통신을 제어하는 약속 또는 규칙들의 집합이다.

그림 1-1 데이터 통신 시스템의 5요소
출처 : Behrouz Forouzan의 Data Communication and Networking 5/E, MaGraw-Hill College, 2015

(3) 프로토콜의 주요 3요소

① 구문(Syntax) : 데이터의 형식이나 부호화 및 신호 레벨을 규정한다.
② 의미(Semantics) : 전송의 조작이나 오류 제어를 위한 제어 정보에 관하여 규정한다.
③ 순서(Timing) : 연결된 장치 간의 통신 속도의 조정이나 메시지의 순서 제어 등을 규정한다.

2 네트워크(Network)의 기본 개념

(1) 네트워크의 의미

① 컴퓨터들이 자원이나 정보를 공유하기 위하여 통신 기술을 통하여 물리적 또는 논리적으로 연결한 것을 의미한다.
② 통신 프로토콜을 사용하여 데이터를 교환하는 시스템의 집합을 통칭한다.
③ 데이터 전달을 위한 전송 매개체로 서로 연결된 시스템의 모음을 지칭한다.

(2) 네트워크의 종류

① 네트워크의 종류는 구분하기 어렵고 다소 모호하지만 크기, 지역적 범위, 그리고 소유권과 같은 기준에 따라서 구분할 수 있다.
② 일반적으로, 크기, 지역적 범위, 그리고 소유권 관점에서 네트워크 종류는 근거리 네트워크(LAN)와 원거리 네트워크(WAN)로 나뉠 수 있다.
③ 좀 더 구체적으로, 근거리 네트워크는 크기와 지역적 범위 관점에서 개인 영역 네트워크(PAN)을 포함하고, LAN과 WAN의 사이에는 도시권역 정도의 크기와 지역적 범위를 가지는 도시권 네트워크(MAN)가 존재한다.
④ 그러므로, 네트워크의 종류는 크기와 범위에 따라서 PAN, LAN, MAN, 그리고 WAN으로 나뉠 수 있다. 지능형 홈네트워크는 이러한 네트워크들을 사용하여 지원될 수 있다.

- PAN(Personal Area Network) : PAN은 Personal에서 알 수 있듯이 한 사람을 중심으로 주변에 형성된 컴퓨터 네트워크로써 블루투스나 UWB 등의 기술을 이용해서 10m 이내의 개인 휴대기기 사이에서 구성된 개인 영역 통신망을 의미한다.
- LAN(Local Area Network) : LAN은 사무실, 학교, 대학, 소규모 산업 또는 건물 클러스터와 같이 1-5km 범위의 넓지 않은 일정 지역 내에서 다수의 컴퓨터나 사무 자동화 기기 등을 속도가 빠른 통신 선로로 연결하여 기기 간에 100Mbps 이내 통신이 가능하게 하는 근거리 통신망이다.

- MAN(Metropolitan Area Network) : MAN은 LAN보다는 크지만, WAN에 의해 지원되는 지역보다는 지리적으로 작은 장소인 50km 이내의 컴퓨터 자원들과 사용자들을 서로 연결하는 통신망으로, 한 도시 내의 통신망들을 하나의 거대한 통신망으로 서로 연결하는데 적용된다.
- WAN(Wide Area Network) : WAN은 여러 개의 LAN이 모여 이루어지는 150km 이상의 넓은 범위의 통신망으로써, 지역 간, 더 나아가 국가 간 서로 연결하는 통신망을 의미한다.

⑤ PAN, LAN, MAN, 그리고 WAN은 각 네트워크의 특징과 목적에 맞는 통신 프로토콜을 가진다.

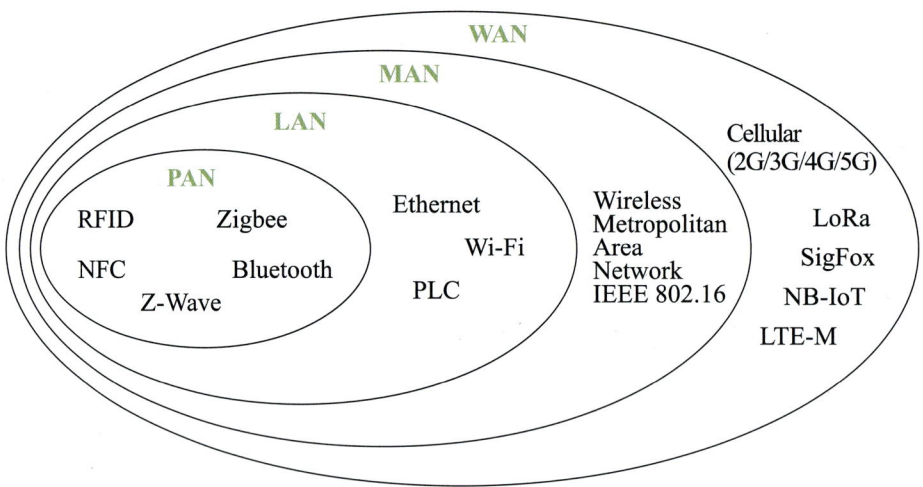

그림 1-2 네트워크의 종류와 관련 통신 프로토콜

3 네트워크 모델과 프로토콜

(1) OSI 모델

① International Standards Organization(ISO)이 1970년대 후반에 네트워크 통신의 전반적인 양상을 다루는 Open Systems Interconnection(OSI) 모델을 표준으로 발표했다.

② OSI 모델은 계층적 구조(Layered Architecture), 동등 계층 간 처리(Peer-to-Peer Processing), 캡슐화(Encapsulation)라는 3개의 핵심 철학을 포함하고 있다.

③ OSI 모델은 물리 계층(Physical Layer), 데이터 링크 계층(Data Link Layer), 네트워크 계층(Network Layer), 전송 계층(Transport Layer), 세션 계층(Session Layer), 표현 계층(Presentation Layer), 응용 계층(Application Layer)의 7개의 계층으로 이루어지고 각 계층은 해당 기능만을 수행한다.

- 응용 계층 : 사용자와 직접 상호작용하는 응용 프로그램들이 포함된 계층이다.
- 표현 계층 : 데이터의 형식(Format)을 정의하고 인코딩, 압축, 그리고 암호화의 기능을 제공하는 계층이다.
- 세션 계층 : 두 장치 간에 통신할 수 있게 하기 위한 세션을 만드는 계층이다.
- 전송 계층 : 소스 장치의 프로세스와 목적지 장치의 프로세스 사이에 Port 주소라는 전송 계층 주소를 사용하여 데이터그램 또는 세그먼트 단위의 메시지를 전달하는 계층이다.
- 네트워크 계층 : 소스 장치로부터 IP 주소와 같은 네트워크 주소를 사용하여 패킷 단위의 데이터를 목적지 장치까지 전달하기 위한 계층이다.
- 데이터 링크 계층 : 두 장치 간에 MAC 주소와 같은 링크 주소를 사용하여 프레임 단위의 데이터를 전송하고 전송상에 발생하는 에러 검출과 흐름 제어를 담당하는 계층이다.
- 물리 계층 : 두 장치 간에 데이터의 개별적인 비트들을 전기 신호로 바꾸어 전송 매개체를 통해서 전달하는 계층이다.

(2) 인터넷 프로토콜 스위트 (Internet Protocol Suite)

① 인터넷에서 컴퓨터들이 서로 정보를 주고받는 데 쓰이는 통신규약(프로토콜)의 모음으로, 인터넷 프로토콜 스위트에서 TCP와 IP가 가장 많이 쓰이기 때문에 TCP/IP 프로토콜 스위트라고 주로 불린다.

② TCP/IP 프로토콜 스위트는 OSI 모델과 비교하여 응용 계층(Application Layer), 전송 계층(Transport Layer), 인터넷 계층(Internet Layer), 네트워크 인터페이스 계층(Network Access Layer)로 이루어진다.

※ 참고로, TCP/IP 프로토콜 스위트의 응용 계층은 OSI 모델의 응용 계층, 표현 계층, 세션 계층을 통합하였고, 인터넷 계층은 OSI 모델의 네트워크 계층과 동일하고, 네트워크 인터페이스 계층은 OSI 모델의 물리 계층과 데이터 링크 계층으로 나누어질 수 있다.

③ TCP/IP 프로토콜 스위트는 각 계층에서 노드 간의 통신을 위한 주소를 사용한다.
- 응용 계층 : 응용 프로그램과 연관된 사용자 친화적인 주소(예를 들면, 메일 서비스에서는 abc@gmail.com)를 사용한다.
- 전송 계층 : 십진수로 표현되는 16비트의 포트 주소(예를 들면, 753)를 사용한다.

- 네트워크 계층 : 논리적 주소인 IP 주소(예를 들면, IPv4인 경우에는 4개의 십진수(예, 168.188.166.180)로 표현되는 32비트 주소)를 사용한다.
- 네트워크 인터페이스 계층 : 네트워크 인터페이스와 연관된 물리적 주소(예를 들면, LAN에서는 12개의 십육진수(예, 08:21:03:1C:2B:A2)로 표현되는 48비트 주소)를 사용한다.

④ TCP/IP 프로토콜 스위트에서 각 계층은 해당 기능에 맞추어서 데이터 형태, 프로토콜, 장비들을 정의 및 구현하고 있다.

표 1-1 OSI 모델과 TCP/IP 프로토콜 스위트의 비교

OSI 모델	계층	프로토콜	데이터 단위	장비	TCP/IP
응용 계층	7	HTTP, SMTP, SSH, FTP, Telnet, DNS, Modbus, SIP, AFP, APPC, MAP	Message		응용 계층
표현 계층	6	ASCII, MPEG, JPEG, MIDI, EBCDIC, XDR, AFP, PAP	Message		
세션 계층	5	NetBIOS, SAP, SDP, PIPO, SSL, TLS, NWLink, ASP, ADSP, ZIP, DLC	Message		
전송 계층	4	TCP, UDP, SPX, SCTP, NetBEUI, RTP, ATP, NBP, AEP, OSPF	TCP: Segment UDP: Datagram	Gateway	전송 계층
네트워크 계층	3	IP, IPX, IPsec, ICMP, ARP, NetBEUI, RIP, BGP, DDP, PLP	Packet	Router	인터넷 계층
데이터 링크 계층	2	Ethernet, Token Ring, AppleTalk, PPP, ATM, MAC, HDLC, FDDI, LLC, ALOHA	Frame	Switch, Bridge	네트워크 인터페이스 계층
물리 계층	1	10BASE-T, 100BASE-TX, ISDN, Wired, Wireless, RS-232, DSL, Twinax	Bit	Repeater, Hub	

4 지능형(스마트)홈 네트워크와 통신 기술의 종류

① 지능형(스마트)홈을 지원하기 위한 무선 네트워크는 데이터 전송 속도와 무선 전송 범위에 따라서 WPAN, WLAN, LPWAN, 그리고 WWAN으로 나뉠 수 있다.
② 일반적으로, WPAN은 저속의 데이터 전송 속도와 단거리의 무선 전송 범위를 지원하고, WLAN은 고속의 데이터 전송과 단거리의 무선 전송 범위를 지원하고, LPWAN은 저속의 데이터 전송 속도와 장거리의 무선 전송 범위를 지원하고, WWAN은 고속의 데이터 전송과 장거리의 무선 전송 범위를 지원한다.
③ WPAN, WLAN, LPWAN, 그리고 WWAN은 해당 데이터 전송 속도와 무선 전송 범위를 지원하기 위한 여러 가지 무선 통신 기술이 개발되었다.

그림 1-3 데이터 전송 속도와 무선 전송 범위에 따른 지능형홈 무선 통신 기술 종류
출처: Marius Monton(2014), [IoT Connectivity and Solution], 한국전자통신연구원(2016), [LPWA기반 광역 IoT 기술 및 표준화]

02 지능형(스마트)홈 근거리 통신 기술

1 개인 영역 통신 (PAN: Personal Area Network)

(1) PAN의 개요

① PAN은 개인의 작업 공간을 중심으로 장치들을 서로 연결하기 위한 컴퓨터 네트워크를 의미한다.
② PAN에서 유선을 통한 연결은 보통 USB나 FireWire 등의 인터페이스를 통하여 연결되고, 무선 연결은 Bluetooth, UWB, ZigBee, Z-Wave 등의 무선 네트워크 기술을 이용하여 연결된다.
③ PAN은 10m 이내의 짧은 거리에 존재하는 컴퓨터와 주변기기, 휴대폰, 가전제품 등을 유, 무선으로 연결하여 이들 기기 간의 통신을 지원함으로써 다양한 응용 서비스를 지원할 수 있도록 한다.
④ 보통의 경우 PAN을 말할 때는 모바일 컴퓨팅(Mobile Computing)이나 웨어러블 컴퓨팅(Wearable Computing)적인 성격이 강하고, Bluetooth나 UWB 등의 기술을 이용하여 개인 휴대 기기 사이에서 구성된 무선 연결망을 의미한다.
⑤ 일반적으로 PAN은 Bluetooth 연결의 경우 2~54Mbps 정도의 속도를 지원하고, UWB의 경우에는 675Mbps 정도의 속도를 지원한다.
⑥ 특히, Wireless PAN(WPAN)은 IEEE 802.15 Working Group에서 통신 관련 표준화를 진행한다.
  - 참고로, WPAN과 유사한 기술군으로, 사람의 신체 범위 안의 1~2m 구간 네트워킹을 위한 WBAN (Wireless Body Area Network)이 있다.
⑦ IEEE 802.15.1은 Bluetooth를 기반으로 WPAN 규격을 제안한다.
⑧ IEEE 802.15.3은 20Mbps 이상의 고속의 WPAN 규격을 제안한다.
⑨ IEEE 802.15.4는 저속의, 저전력, 저가형 WPAN 규격을 제안한다.

(2) 주요 WPAN 기술들의 비교

표 2-1 주요 WPAN 기술 비교

구분	Bluetooth	HR-WPAN (High Rate)	LR-WPAN (Low Rate)	Bluetooth 3.0 HS
표준	802.15.1	802.15.3	802.15.4	-
주요 기술	블루투스	UWB	ZigBee	UWB
적용 거리	~10m	~10m	10m	(unknown)
전송 속도	1 Mbps	11~55 Mbps	868 MHz : 20kbps 915 MHz : 40kbps 2.4 GHz : 250kbps	480Mbps
디바이스 크기	소형	소형	초소형	소형
비용/복잡성	저비용	저비용	초저비용	저비용
소모 전력	저전력	저전력	초저전력	초저전력
채널 접속 프로토콜	마스터/슬레이브 폴링 시분할다중화(TDD)	CSMA-CA	CSMA-CA	802.11 프로토콜
물리 계층	FHSS	QPSK, QAM	DSSS	UWB
동작 주파수	2.4 GHz	2.402~2.480 GHz	2.4 GHz	2.4~2.4835 GHz 6~9 GHz

출처 : 정보통신기술용어해설

(3) WPAN 기술들

① 블루투스 (Bluetooth)
  ㉠ 블루투스는 수 미터에서 수십 미터 정도의 거리를 둔 정보기기 사이에, 전파를 이용해서 저전력으로 간단한 정보를 교환하는 데 사용된다.
  ㉡ 애초에는 에릭슨을 필두로, 인텔, IBM, 노키아, 도시바 등의 5개 회사가 프로모터로서 규격의 책정에 참여했으며, 그 후 마이크로소프트, 모토로라, 3COM, 루센트 테크놀로지 등의 4개 회사가 추가 참여하였고, 현재는 3COM과 루센트 테크놀로지 대신, 애플, Nordic Semiconductor가 추가되어, 총 9개 회사가 프로모터 기업으로 참가하고 있다.
  ㉢ 블루투스는 1999년에 IEEE 802 산하의 IEEE 802.15.1로 등재되어 있으나, 현재 블루투스는 Bluetooth Special Interest Group(SIG)을 통해 관리되고 있고, 이 그룹에는 전기통신, 컴퓨터, 네트워크, 가전 등의 분야의 30,000사 이상의 기업들이 멤버로서 가입되어 있다.

ⓔ 블루투스 SIG는 규격의 개발을 감시, 규격의 인증 프로그램의 관리 및 등록상표의 보호를 관장하고 있고, 장비 제조사가 블루투스 장비로 인증받기 위해서는 SIG에서 제정한 표준 규격을 만족해야 한다.

ⓜ 블루투스는 통신을 위해서 ISM 밴드의 2,402~2,480MHz 주파수 대역에 총 79개의 채널을 사용하고, 79개의 주파수 대역에서의 간섭으로 인한 무선 충돌 현상을 방지하기 위해서 주파수 호핑 방식을 이용하고, 할당된 79개의 채널을 1초당 1600번 호핑한다.

ⓑ 블루투스는 기기 간의 데이터 전달을 위해서 마스터와 슬레이브 관계의 통신 방식을 사용하며, 하나의 마스터 기기에는 최대 7개까지의 슬레이브 기기가 연결될 수 있다.

ⓢ 블루투스는 휴대전화를 차내 오디오 시스템으로 연결해서 핸즈프리 통화와 음악 재생, 휴대형 스피커로 디바이스 연결, 웨어러블 피트니스 트래커와 스마트 워치를 휴대전화나 컴퓨터로 연결, 무선 컴퓨터 키보드와 마우스, 디바이스들 간의 파일 전송 등과 같이 다양한 응용 분야에서 활용되고 있다.

ⓞ 블루투스는 통신 장비의 종류에 따라 규정되는 각각의 별도의 프로토콜이 존재하는데 이러한 프로토콜의 사용법을 프로파일이라는 용어로 표준화하고 있으므로, 동일한 프로파일을 가지는 경우에만 통신할 수 있다.

ⓩ 대표적인 블루투스 프로파일 종류는 다음과 같다.

- GAP(Generic Access Profile) : 블루투스 장비의 접속/인증/암호화를 규정하는 프로토콜
- SDAP(Service Discovery Application Profile) : 다른 블루투스 장비가 제공하는 기능(프로파일)을 참조하는 용도의 프로토콜
- DUN(Dial-up Networking Profile) : 휴대전화 등을 통해 인터넷에 다이얼업 접속할 때 사용되는 프로파일
- FTP(File Transfer Profile) : 컴퓨터 사이의 데이터 통신을 위한 프로파일
- HID(Human Interface Device Profile) : 컴퓨터 마우스 또는 키보드 등의 입력장비와 무선으로 연결하기 위한 프로파일
- HSP(Headset Profile) : 블루투스를 내장한 헤드셋과의 통신을 위한 프로파일로써 모노 음성 수신뿐만 아니라, 마이크로의 쌍방 통신도 규정
- HFP(Hands-Free Profile) : 차내 또는 헤드셋을 통한 핸즈프리 통화를 위한 프로파일
- A2DP(Advanced Audio Distribution Profile) : 음성을 리시버가 달린 헤드폰(또는 이어폰)으로 전송하는 프로파일로서 HSP/HFP가 모노 음성인 것에 반해, 스테레오 고음질 음성을 지원
- AVRCP(Audio/Video Remote Control Profile) : AV 기기의 리모컨 기능을 구현하는 프로파일

ⓩ 블루투스는 버전의 증가에 따라서 성능을 계속하여 향상했다.
- 블루투스 1.0 : 블루투스 최초 버전으로 최대 전송 속도는 721kbps를 지원한다.
- 블루투스 1.1 : 비암호화 채널을 지원하고 RSSI 수신이 가능하다.
- 블루투스 1.2 : 오류나 재전송에 따른 음성이나 음원 신호의 quality 손실을 막는 eSCO를 지원하고 three-wire UART를 위한 HCI를 지원한다.
- 블루투스 2.0 + EDR : 3Mbps로 향상된 데이터 속도(EDR: Enhanced Data Rate)를 지원한다.
- 블루투스 2.1 + EDR : 단순한 페이링이 가능한 SSP(Secure Simple Pairing) 기능과 Low Power 모드에서 소비전류를 줄이는 기능을 추가하였다.
- 블루투스 3.0 + HS : IEEE 802.11의 PAL(Protocol Adaptation Layer)를 이용하여 24Mbps의 HS(High Speed)를 지원한다.
- 블루투스 4.0 : 전력 소모를 최소화하여 배터리 수명을 연장하는 저전력 블루투스(BLE, Bluetooth Low Energy)라는 프로토콜을 포함했다.
  ※ 참고로, BLE는 소비 전력 절감을 위해 바닥부터 다시 설계한 프로토콜이기 때문에 기존 블루투스 프로토콜인 블루투스 클래식(블루투스 1.0~2.1)과 호환되지 않는다.
- 블루투스 4.1 : 블루투스와 LTE 무선의 간섭 현상을 줄여 통신 간의 공존성을 향상했고, IoT를 위한 IPv6 사용 표준을 적용하였고, 128비트 AES 암호화 추가로 보안성을 증가시켰다.
- 블루투스 4.2 : IPv6나 6LowPAN을 통한 인터넷 직접 접속 기능을 추가하였다.
- 블루투스 5.0 : 전송거리를 희생하여 최대 전송 속도를 2Mbps까지 증가시켰고, 전송 속도를 희생하여 최대 전송 거리를 40m까지 증가시켰고, 패킷 용량을 더 많은 장치에 더 많은 양의 데이터 전송이 가능하고 통신이 끊겼을 때 버퍼의 용량이 8배까지 증가하도록 하였다.
- 블루투스 5.1 : 패킷 충돌을 피하고 Bluetooth 신호 도착률을 보장하는 임의 채널 색인을 추가하였고 위치 정확도를 향상하기 위한 방향 감지 기능이 추가되었다.
- 블루투스 5.2 : 낮은 복잡도의 오디오 코덱으로 LE Audio 표준인 Low Complexity Communication Codec(LC3)를 지원한다.
- 블루투스 5.3 : 레이턴시 조절을 통한 전력 소모를 최소화하였다.

② HR-WPAN (UWB)
  ㉠ UWB는 저전력으로 넓은 주파수 영역에서 최고의 속도로 디지털 데이터를 전송할 수 있는 차세대 WPAN 기술로 IEEE 802.15.3 산하에서 표준화를 진행하고 있다.
  ㉡ 초창기에는 UWB에 관한 연구와 활용은 규제로 인해 주로 군사용 레이더에 한정되었으나, 2002년 2월 미국의 FCC가 −41.3dBm/MHz 이하의 펄스를 전송하는 조건으로 상업적 용도의 UWB 사용을 허가하면서, 본격적인 UWB 기술 개발이 촉발됐다.

ⓒ UWB는 기존의 전파 이용자에게 간섭을 주지 않을 정도의 매우 낮은 출력과 500MHz 이상의 넓은 주파수 대역을 이용해 10m 이내의 가까운 거리에서 블루투스보다 전송 속도가 100~200배나 빠른 480Mbps의 초고속 정보 전송이 가능하다.

ⓔ 또한 UWB는 주기가 짧은 펄스의 특성을 이용해 오차가 수 cm 수준까지의 정확한 위치 추적이 가능하고, 근본적으로 QoS를 보장할 수 있는 특징이 있으며, 복수 경로로 인한 신호 간섭의 영향을 적게 받는다.

③ LR-WPAN (ZigBee)

㉠ ZigBee는 소형, 저전력 디지털 라디오를 이용해 개인 통신망을 구성하여 통신하기 위한 표준 기술로서, 2003년 버전 IEEE 802.15.4 표준의 물리 계층 및 매체 접근 제어를 바탕으로 개발되었다.

㉡ ZigBee는 저가, 저전력 무선 메시 네트워크를 지향하므로, 저가라는 특성으로 인해 무선 제어 및 모니터링 등의 목적으로 광범위한 영역에 ZigBee 기기를 다량으로 배치하는 것이 가능하고, 저전력으로 송수신시 평균 전력 소비 수준은 50mW 정도이고, 메시 네트워킹을 통해 높은 신뢰성과 넓은 범위 확장을 제공할 수 있다.

㉢ ZigBee는 ISM 밴드에서 동작하며, 중국에서는 784MHz, 유럽에서는 868MHz, 미국 및 오스트레일리아에서는 915MHz, 그리고 세계 대부분 지역에서 2.4 GHz 무선 주파수를 사용하며, 데이터 전송 속도는 868MHz 주파수 대역에서 초당 20킬로비트, 2.4GHz 주파수 대역에서 초당 250킬로비트 정도이다.

㉣ ZigBee의 전송 거리는 가시선 기준 10~100미터 정도이며 출력 강도 및 무선 환경에 따라 달라진다.

㉤ ZigBee는 노드의 배열에 메시, 트리 또는 스타의 세 가지 유형의 네트워크 토폴로지를 허용하고, 노드들은 기능에 따라서 세 가지 다른 역할을 수행한다.

- 코디네이터(Cordinator) : 시작, 제어 및 라우팅 기능을 수행하므로 메모리와 높은 통신 용량이 필요하며, 스타 네트워크의 중심이나 트리 네트워크의 루트로서 하나의 코디네이터가 존재하여 네트워크에 대한 정보를 저장한다.
- 라우터(Router) : 네트워크 내에서 다른 기기에서 데이터를 전송하는 임무를 수행하며 코디네이터보다 메모리와 비용이 적고, 모든 네트워크 형태로 작동이 가능하다.
- 종단 기기(End Device) : 코디네이터 또는 라우터일 수 있는 하나의 상위 노드와만 통신하고 다른 종단 노드를 관리하는 기능이 없어 메모리가 적게 들어 비용이 저렴하다.

㉥ ZigBee는 다수의 하드웨어 회사들이 자신들의 제품에서 ZigBee를 상호 운영할 수 있도록 ZigBee 응용 프로파일을 정의하고 있다.

ⓢ 대표적인 ZigBee 응용 프로파일 종류는 다음과 같다.
- 주거 자동화(Home Automation)
- 스마트 에너지(Smart Energy)
- 상업용 빌딩 자동화(Commercial Building Automation)
- 통신 애플리케이션(Telecommunication Applications)
- 개인, 가정, 병원 돌봄(Personal, Home, and Hospital Care)

※ 참고로, IEEE 802.15.4는 물리 계층과 MAC에 관해서 규정하고 있다. 따라서, ZigBee, ISA100.11a, WirelessART, MiWi, 6LoWPAN 등과 같은 통신 기술들은 하위 통신 계층에 IEEE 802.15.4를 사용하고 그 위에 각각의 통신 프로토콜을 정의하고 있다. IEEE 802.15.4는 IEEE 802.15 워킹 그룹에서 만들지만 ZigBee는 여러 업체가 모인 ZigBee Alliance에서 만든다. 그러므로, IEEE 802.15.4와 ZigBee의 관계는 IEEE 802.11과 Wi-Fi와 관계와 비슷하다고 말할 수 있다.

④ Z-Wave

㉠ Z-Wave는 보안 시스템, 온도 조절 장치, 창문, 자물쇠, 수영장 및 차고문의 개폐와 같은 주거용 기기 및 기타 장치의 무선 제어가 가능하도록 저에너지 전파를 사용하는 메쉬 네트워크 기반의 무선 통신 기술이다.

㉡ Z-Wave는 2001년 코펜하겐에 본사를 둔 덴마크 회사 Zensys에 의해 개발되었으며, 2017년 5월 기준으로 1,700개 이상의 상호 운용 가능한 Z-Wave 제품이 존재한다.

㉢ Z-Wave는 물리 계층, 미디어 액세스 제어(MAC) 계층, 전송 계층, 라우팅 계층, 그리고 애플리케이션 계층으로 구성되어 있다.

㉣ Z-Wave는 800~900MHz 주파수 대역(유럽 : 869MHz, 미국 : 908MHz)을 사용하여 9.6kbps, 40kbps, 그리고 100kbps의 속도를 제공하며, 통신 거리는 물체 투과율이 높아서 굉장히 긴 편으로 약 30m를 지원한다.

㉤ Z-Wave의 상호운용성 계층은 장치가 정보를 공유하고 모든 Z-Wave 하드웨어 및 소프트웨어가 함께 작동할 수 있도록 하여 지능형(스마트)홈 타사의 거의 모든 제품과 호환할 수 있다.

㉥ Z-Wave에서는 매개변수(Parameter) 값을 변경하는 표준화된 방법을 제공함으로써 장치 종류, 제조사와 상관없이 일관된 방법으로 장치 설정을 변경이 가능하게 하고 있다.

㉦ Z-Wave는 232개의 노드를 연결할 수 있어서, 가정 등에서 사용되는 메시 네트워크가 가능한 모든 디바이스와 연결이 가능하다.

⑤ RFID (Radio Frequency Identification)
　㉠ RFID는 주파수를 이용해 ID를 식별하는 데 사용하는 통신 방식으로 일명 전자태그로 명칭된다.
　㉡ RFID는 전파를 이용해 먼 거리에서 정보를 인식하고 전자기 유도 방식으로 통신하며 RFID 통신을 통한 식별은 RFID 태그와 RFID 판독기가 필요하다.
　㉢ RFID 태그는 안테나와 집적 회로로 이루어지는데, 집적 회로 안에 정보를 기록하고 안테나를 통해 RFID 판독기에 정보를 송신하며, 이 정보는 태그가 부착된 대상을 식별하는 데 이용된다.
　㉣ RFID는 사용하는 동력에 따라 다음의 3가지 형태로 분류할 수 있다.
　　• 수동형(Passive) RFID : 오직 판독기의 동력만으로 칩의 정보를 읽고 통신하는 RFID
　　• 반수동형(Semi-passive) RFID : 태그에 건전지가 내장되어 있어 칩의 정보를 읽는 데는 그 동력을 사용하고, 통신에는 판독기의 동력을 사용하여 통신하는 RFID
　　• 능동형(Active) RFID : 칩의 정보를 읽고 그 정보를 통신하는 데 모두 태그의 동력을 사용하여 통신하는 RFID
　㉤ 또한, RFID는 통신에 사용하는 전파의 주파수에 따라 다음의 2가지 형태로 분류할 수 있다.
　　• LFID(Low-Frequency IDentification) : 120~140킬로헤르츠(KHz)의 낮은 주파수 대역을 사용하는 RFID
　　• HFID(High-Frequency IDentification) : 13.56메가헤르츠(MHz)의 주파수 대역을 사용하는 RFID
　　• UHFID(UltraHigh-Frequency IDentification) : 868~956메가헤르츠(MHz)의 매우 높은 주파수 대역을 사용하는 RFID
　㉥ RFID의 작동 원리는 다음의 5단계를 통해 이루어진다.
　　• 목적에 맞는 정보를 입력한 태그(Tag)를 상품에 접촉
　　• 리더(Reader)에서 안테나를 통해 발사된 무선 주파수 태그에 접촉
　　• 태그는 주파수에 반응하여 입력된 데이터를 안테나(Antenna)로 전송
　　• 안테나는 전송받은 데이터를 디지털 신호로 변조하여 리더에 전달
　　• 리더는 데이터를 해독하여 컴퓨터 등으로 전달

⑥ NFC (Near Field Communication)
　㉠ NFC는 10cm 정도의 아주 가까운 거리(접촉 및 근접 비접촉 모두 포함)의 양방향 무선 통신을 위한 기술이다.
　㉡ 13.56MHz 주파수 대역의 RFID 기술을 발전시킨 NFC는 기존의 RFID와 달리 읽기와 쓰기가 모두 가능하며, 안드로이드 스마트폰에 NFC 기술이 적용되면서 대중화되었다.

ⓒ NFC는 0.1초 내외의 단말기 인식 시간 등으로 인해 통신을 위한 준비 설정 시간이 거의 없다는 특징의 장점으로, 보안성이 우수하여 다른 통신 기술에 필요한 설정 정보(인증, 보안키 공유, 페어링) 교환에 많이 사용된다.

ⓓ NFC는 표준에서 최대 424Kbps의 전송 속도를 지원한다.

ⓔ NFC는 다음의 3가지 모드를 지원한다.
- 카드 에뮬레이션(Card Emulation) 모드 : NFC를 탑재한 기기가 기존의 비접촉식 카드와 같게 동작하여, 신용카드, 교통카드, 신분증 등의 응용 분야에 활용된다.
- 리더/라이터(Reader/Writer) 모드 : NFC를 탑재한 기기가 RFID 태그 리더기로 동작하여, 각종 본인확인 서비스, 마케팅(프로모션, 쿠폰) 도구 등의 응용 분야에 활용된다.
- P2P(Peer-to-Peer) 모드 : NFC 기기 간 데이터 송수신이 가능하도록 동작하여, 명함 교환, 개인 송금 등의 응용 분야에 활용된다.

⑦ 기타 개인 영역 무선 통신

ㄱ. 비콘(Beacon)
- 비콘은 최대 50m의 근거리에 있는 스마트 기기를 자동으로 인식하여 필요한 데이터를 전송할 수 있는 무선 통신 장치이다.
- 비콘은 블루투스(Bluetooth) 4.0 기술인 BLE(Bluetooth Low Energy)를 기반으로 동작하기 때문에 블루투스 비콘이라고 불리기도 한다.
- 비콘은 다음의 3가지 구성 요소로 이루어진다.
  - Access Point : BLE 초음파 송신기로써, 일정한 주기로 WPAN(BLE 또는 초음파) 기반 비콘 신호(UDDI, 각도, 세기)를 송신한다.
  - Tag : 스마트폰 O/S, 앱으로써, 위치를 알고 싶은 대상체가 비콘에서 발생한 WPAN 기반 비콘 신호를 수신한다.
  - Position Engine : TOF나 RSS로써, Tag의 위치 정보를 계산한다.
- 비콘은 경기장의 좌석 안내 서비스, 미술관의 작품 해설 서비스, 쿠폰이나 매장 이벤트 알림 서비스, 결제 서비스, 미아 방지 서비스, 작업자 안전관리 서비스, 출입 보안, 자산 관리, 창고 관리, 차량 관제 등의 다양한 응용 분야에서 활용된다.

ㄴ. INSTEON
- INSTEON은 SmartLabs에서 조명 스위치를 연결하기 위해 개발한 무선 통신 기술이다.
- RF 링크와 AC-전원 링크 간 메쉬 네트워크 토폴로지를 구성하여 작은 구역에서 장치 간 통신이 가능하도록 지원한다.

- INSTEON은 중심 주파수 904MHz에서 FSK(Frequency Shift Keying/주파수편기 변조)를 사용하고 38.4kb/s의 데이터 전송률을 제공한다.
- INSTEON의 디바이스들은 전송자의 역할, 수신자의 역할, 혹은 중계자의 역할을 수행할 수 있으며, 동일한 구간에 위치하지 않은 디바이스들 간의 통신은 시간 구간 동기화 방법을 이용한 멀티-홉 라우팅을 사용하여 데이터 전송을 지원한다.

ⓒ WAVENIS
- WAVENIS는 주택과 빌딩을 포함하여 여러 가지 환경에서 제어와 감시 응용을 지원하기 위하여 Coronis System에서 개발한 무선 통신 프로토콜이다.
- WAVENIS는 물리, 링크, 네트워크 계층으로 구성되고 주로 ISM 대역인 433MHz, 868MHz, 915MHz 대역을 아시아, 유럽, 미국에서 사용한다.
- WAVENIS의 최소, 최대 데이터 전송률은 각각 4.8kb/s, 100kb/s이며 19.2kb/s가 일반적으로 많이 사용된다.
- WAVENIS는 GFSK(Gaussian FSK)로 변조하고 FHSS(Fast Frequency-Hopping Spread Spectrum/쾌속 주파수 도약확산 스펙트럼)은 50kHz 대역의 채널에 사용된다.

2 근거리 통신 (Local Area Network(LAN))

(1) LAN의 개념

① LAN은 1-5km 범위의 넓지 않은 일정 지역 내에서 다수의 컴퓨터나 사무 자동화 기기 등을 속도가 빠른 통신 선로로 연결하여 기기 간에 100Mbps 이내 통신이 가능하여지도록 하는 근거리 통신망을 의미한다.
   ※ 참고로, 100Mbps 이상을 지원하는 LAN은 고속 LAN이라고 지칭한다.
② LAN의 학문적인 연구는 1970년대초 Xerox사의 PARC(Palo Alto Research Center)에서 시작하여 이더넷(Ethernet)이 탄생하게 되면서 시작되었다.
③ LAN은 표준화 기구인 미국 전기 전자 기술자 협회(IEEE)와 국제 표준화 기구(ISO)에서 다음과 같은 운영 방법에 기반하여 정의된다.
- LAN은 한정된 지역에서 컴퓨터를 기본으로 하는 여러 가지 전자기기 사이의 자유로운 정보 교환이 가능하다.
- LAN을 구축한 사용자가 직접 관리 및 운영을 할 수 있다.
- LAN은 서로 다른 밴더의 기기 간에도 통신할 수 있다.

(2) LAN의 토폴로지 (Topology)

① LAN은 네트워크상에서 기기들을 연결하는 형태에 따라서 여러 가지 토폴로지를 구성할 수 있다. LAN의 대표적인 토폴로지는 링(Ring), 스타(Star), 메시(Mesh), 버스(Bus) 등이 있다.

② 링(Ring) 토폴로지 : 각 기기를 마치 원같이 연결한 방식으로 구축 비용이 비교적 저렴한 편에 속한다.

③ 스타(Star) 토폴로지 : 중앙 제어 방식으로 모든 기기가 Point-to-Point 방식으로 연결되어 있으며 문제 해결이 쉽고 하나의 기기의 고장은 전체에 영향을 미치지 않지만 중앙 제어 장비가 고장이 나면 모든 시스템에 영향을 미치게 된다.

④ 메시(Mesh) 토폴로지 : 네트워크상의 모든 기기가 서로 간에 연결된 형태로써 연결된 기기나 노드가 고장이 나더라도 다른 경로를 통해 통신할 수 있어 어떤 상황에서도 네트워크가 동작한다는 장점이 있다.

⑤ 버스(Bus) 토폴로지 : 모든 기기가 전송 매개체인 버스에 T자형으로 연결되어 상호 Point-to-Point 형태를 가지게 되어 신뢰성과 확장성이 우수하다.

(3) LAN의 전송 매체

① 유선

㉠ **동축 케이블(Coaxial Cable)**
- 동축 케이블은 잡음을 최소화하기 위해 통신 선로를 전도체와 그 주위를 둘러싸고 있는 금속 끈으로 구성하고, 전도체가 외부에 노출되는 것을 방지하기 위해 전도체를 불전도성 물체로 감싸고, 그 둘레를 다시 금속 끈 막으로 감싼 후 다시 플라스틱 물체로 외부 피막을 만든 케이블이다.
- 동축 케이블은 아날로그와 디지털 신호 모두를 전송할 수 있어서, CATV에서는 아날로그 신호를, 네트워크에서는 주로 디지털 신호를 전달하는 데 사용한다.
- 동축 케이블은 폭 넓은 대역폭(Bandwidth), 빠른 데이터 전송 속도와 전기적 간섭이 적어서 LAN에서 많이 활용되고 있다.
- 동축 케이블에 사용되는 저항의 크기는 대게 50ohm에서 75ohm 사이를 사용하고, 이더넷의 경우에는 50ohm 규격의 동축 케이블을 사용한다.
- 동축 케이블은 베이스 밴드와 브로드 밴드에서 사용되며 이때 사용되는 케이블의 크기는 각각 3/8인치와 1/2인치이고, 베이스 밴드 LAN에서 사용 시, 동축케이블의 용량은 초당 10 ~ 12Mbit를 전송할 수 있다.
- 동축 케이블은 바다 밑이나 땅속에 묻어도 그 성능에 큰 지장이 없다.

ⓛ 이중 나선 케이블(Twisted Pair Cable)
- 이중 나선 케이블은 적은 비용으로 한 지역에서 다른 지역으로 정보를 보내는 가장 효과적인 방법으로 사용된다.
- 보통의 전선을 전기적인 간섭을 줄이기 위해 쌍으로 꼬이게 하여 전자적 유도 현상을 줄인 케이블이다.
- 음성신호에 적합하며 노드 부착이 쉽고 가격이 저렴하지만 잡음(Noise)에 약하고 전송 거리에 제한을 많이 받는다.
- 네트워크 전송매체로서 가장 값싸고 쉽게 설치할 수 있다는 장점이 있지만, 대역폭의 제한이 많고 동축 케이블과 광섬유 케이블에 비해 잡음이 심하다는 단점이 있다.

ⓒ 광섬유 케이블(Optical Fiber Cable)
- 광섬유 케이블은 레이저광을 이용하는 유리섬유 케이블로써 빛을 통해 신호를 전달하므로 외부의 전자기적 간섭에 전혀 영향을 받지 않아 신뢰성이 매우 높고 먼 거리까지 신호를 보낼 수 있어 높은 속도의 통신을 제공할 수 있다.
- 광섬유 케이블은 빛이 전송되는 부분인 코어(Core), 빛이 광섬유 밖으로 새어 나가지 못하도록 하는 클래드(Clad) 및 광섬유를 보호하기 위한 코팅으로 구성이 된다.
- 광섬유 케이블은 넓은 대역폭(3.3GHz)을 갖고 외부 간섭에 전혀 영향을 받지 않으므로, 데이터의 전송 속도는 대략 1Gbps이고, 오류는 1Gbit당 1bit로서 매우 적다는 장점이 있다.
- 케이블의 크기가 상대적으로 작고 가볍지만, 케이블 및 관련 장비의 가격이 비싸고, 설치 비용이 매우 비싸며, 증설이 어렵다는 단점이 있다.

② 무선
㉠ 라디오파(Radio Wave)
- 라디오파는 방향성이 없이 전방향 전파가 가능하고, 데이터 송수신할 때 벽을 통과할 수 있다.
- 무선파를 사용하므로 별도의 수신 장치가 필요 없으며 빛의 속도로 데이터 전송이 가능하다.
- 라디오파는 기지국을 중심으로 사용자가 많은 밀집 지역에 사용하는 서비스에 적합하다.
- 라디오 방송용 통신으로 익히 알고 있는 FM(주파수 변조)은 주파수를 변조하는 방식이고 AM(진폭 변조)은 신호의 강약을 조절하는 방식이다.
- 라디오파는 동일한 주파수를 사용하여 전송할 때 인접 경로의 방해를 받아 경로 손실이 발생한다.

ⓒ 마이크로파(Micro Wave)
- 마이크로파는 파장이 라디오파보다 짧고, 적외선(IR)보다 긴 전자기파의 한 종류로, 주파수로는 $10^9 Hz \sim 3 \times 10^{11} Hz$ 범위에 있고, 파장으로는 1mm ~ 1m 사이의 범위를 가지고 있다.
- 마이크로파는 레이더, 휴대전화, 와이파이(Wi-Fi), 전자레인지 등에 다양하게 사용된다.
- 마이크로파는 파장이 짧은 성질로 인해 빛과 유사하여 넓은 공간을 직진하는 단방향성이고 장애물이 있으면 투과하지 못하며 평면 금속판에 닿으면 입사한 방향에 따라 결정되는 반사방향으로 반사한다.
- 또한, 마이크로파는 유전체에 부딪히면 굴절되고 기상변화에 따라 흡수, 산란하여 감쇠현상을 일으킨다.

(4) LAN의 매체 접근 제어(Media Access Control) 방식

① CSMA(Carrier-Sense Multiple Access) 방식
　ⓐ CSMA는 각 노드가 데이터 프레임을 송신하기 전에 통신 매체를 조사하여 사용 중이면 대기하고, 그렇지 않으면 데이터 프레임을 송신하는 방식이다.
　ⓑ CSMA는 동일 통신 매체를 통해 한 노드가 데이터 프레임을 송신하는 도중에 다른 노드에서 다른 데이터 프레임을 송신하면 데이터 프레임 간의 충돌이 발생한다.

② CSMA/CD(Carrier Sense Multiple Access/Collision Detection) 방식
　ⓐ CSMA/CD는 CSMA 방식의 충돌 발생 문제를 해결하기 위해, CSMA 방식에 충돌 검출 기능과 충돌 발생 시 재송신하는 기능을 추가하였다.
　ⓑ CSMA/CD는 통신 매체가 사용 중이면 일정 시간 동안 대기하고, 통신 매체 상에 데이터가 없을 때만 데이터 프레임을 송신하며, 송신 중에도 전송매체의 상태를 계속 감시한다.
　ⓒ CSMA/CD는 송신 도중 충돌이 발생하면 송신을 중지하고, 모든 노드에 충돌을 알린 후 일정 시간이 지난 다음에 데이터 프레임을 재송신한다.

③ 토큰 버스(Token Bus) 방식
　ⓐ 토큰 버스 방식은 버스(Bus) 토폴로지 LAN에서 사용하는 방식으로, 토큰이 논리적으로 형성된 링(Ring)을 따라 각 노드들을 차례로 옮겨 다니는 방식이다.
　ⓑ 토큰은 논리적인 링을 따라 순서대로 전달되며, 토큰을 점유한 노드는 데이터 프레임을 전송할 수 있고, 전송을 끝낸 후 토큰을 다음 노드로 전달한다.

④ 토큰 링(Token Ring) 방식
  ㉠ 토큰 링 방식은 링(Ring) 토폴로지 LAN에서 사용하는 방식으로, 물리적으로 연결된 링(Ring)을 따라 순환하는 토큰(Token)을 이용하여 송신 권리를 제어하는 방식이다.
  ㉡ 토큰 상태에는 프리 토큰(Free Token)과 비지 토큰(Busy Token)이 있는데, 송신할 데이터 프레임이 있는 노드는 링을 따라 순환하는 프리 토큰이 도착하면 토큰을 비지 상태로 변환시킨 후 데이터 프레임과 함께 전송한다.

(5) IEEE 802 LAN 표준화

① IEEE 802 표준은 컴퓨터 통신망의 표준화를 추진하고 있는 IEEE 802 위원회에 의해 개발된, 일련의 LAN 접속 방법 및 프로토콜 표준들을 지칭한다.
② IEEE 802 표준 프로토콜의 참조 모델은 OSI 참조 모델의 계층화 개념을 바탕으로 하고 있는데, 주로 OSI 모델의 7개 계층 중에서, 하위 2계층인 물리 계층과 데이터 링크 계층까지를 표준화하였다.
③ 표준마다 IEEE 802.1, 802.2와 같이 번호가 802. 이후에 번호로 추가된다.

그림 2-1 IEEE 802 표준들

출처: 정보통신기술용어해설, http://www.ktword.co.kr/test/view/view.php?m_temp1=1081

㉠ IEEE 802 표준들
  • IEEE 802.1 : IEEE 802 위원회 산하 상위 계층 인터페이스 소위원회(Higher Layer Interface Subcommittee)에서 표준화를 추진하는 LAN의 망 구조, 망간 접속(Internetworking), 망 관리 등에 관한 표준이다.
  • IEEE 802.2 : 상위 계층인 네트워크 계층과 LAN의 MAC 계층을 연결해 주는 인터페이스에 대한 표준으로, 어떤 장비가 붙더라도 논리적으로(Logical) 상위 계층에 제공될 수 있도록 관련 프로토콜을 포함하고 있다.

- IEEE 802.3 : 물리 계층과 링크 계층의 서브 계층인 매체접근제어(MAC) 계층의 이행에 관해 명기한 표준으로, 각종 물리적 매체에 걸쳐 다양한 속도에서 CSMA/CD 매체 접근 방식을 포함하고 있다.
- IEEE 802.4 : 물리 계층과 링크 계층의 서브 계층인 매체접근제어 계층의 이행에 관해 명기한 표준으로, 버스 토폴로지를 갖는 토큰 버스 매체 접근 방식을 포함하고 있다.
- IEEE 802.5 : 물리 계층과 링크 계층의 서브 계층인 매체접근제어(MAC) 계층의 이행에 관해 명기한 표준으로, 토큰 링 기반의 매체 접근 방식을 포함하고 있다.
- IEEE 802.6 : DQDB 기술 기반의 도시권 통신망(MAN) 규격의 표준이다.
- IEEE 802.7 : Broadband Cable에 대하여 검토하고 802.3과 802.4에 이바지하는 기술 지원 표준이다.
- IEEE 802.8 : 광섬유 케이블에 대하여 검토하고 802.3과 802.4에 이바지하는 기술 지원 표준이다.
- IEEE 802.9 : 음성/데이터 통화 LAN에 대해 검토하고 기술을 지원하는 표준이다.
- IEEE 802.10 : LAN에 관한 보안에 대해 검토하고 기술을 지원하는 표준이다.
- IEEE 802.11 : 무선 LAN(Wireless LAN) 기술에 대한 표준으로 CSMA/CA(반송파 감지 다중 접근/충돌 예방, 회피)의 용도를 포함하고 있다.
- IEEE 802.12 : 카테고리 3 UTP 선로에서 작동하도록 규정한 100Mbit/s 고속 이더넷 표준이다.
- IEEE 802.14 : CATV와 LAN간 상호 접속 관련 기술을 지원하는 표준이다.
- IEEE 802.15 : 블루투스와 같은 WPAN (Wireless PAN) 무선 통신 기술을 지원하는 표준이다.
- IEEE 802.16 : 와이브로와 같은 WMAN (Wireless MAN) 무선 통신 기술을 지원하는 표준으로, BWA(Broadband Wireless Access, 광대역 무선 접속)을 지원한다.
- IEEE 802.17 : 이더넷 기술을 기반으로 메트로 망에서 효율적으로 인터넷 트래픽을 처리 및 전송을 할 수 있도록 RPR(Resilient Packet Ring) 기술을 지원하는 표준이다.

(6) LAN 통신 기술들

① 이더넷(Ethernet)

㉠ 이더넷 개요
- 이더넷(Ethernet)은 1973년 미국의 제록스 PARC(Palo Alto Research Center)에서 로버트 멧칼프(Robert Metcalfe)에 의해 개발되었다.
- IEEE는 1980년대 LAN 기술 표준화를 위한 802 프로젝트를 시작하였고, 이더넷은 1983년에 IEEE 802.3으로 표준화되었다.

ⓛ 이더넷 특징
- 이더넷은 CSMA/CD라는 데이터 전송 시점을 늦추는 방법을 사용하여 전송 충돌을 방지한다.
  - CS : 데이터를 보내려고 하는 컴퓨터가 케이블에 데이터가 흐르고 있는지 확인하는 규칙
  - MA : 케이블에 데이터가 흐르고 있지 않으면 데이터를 보내도 된다는 규칙
  - CD : 케이블 상에 충돌이 발생하고 있는지 확인하는 규칙
  ※ 참고로, 최근에는 스위치(switch)라는 장비를 사용하면서 CSMA/CD를 사용하지 않고 있다.
- 이더넷 상에 각각의 노드는 48비트로 구성된 MAC 주소를 사용하여 데이터 프레임을 송수신한다.
  - 앞 24비트 : 랜 카드를 만든 제조사 번호
  - 뒤 24비트 : 제조사가 랜 카드에 붙인 일련번호

ⓒ 이더넷 규격
- 이더넷은 케이블 종류나 통신 속도에 따라 다양한 규격으로 분류된다.
  - 규격 종류 : 10BASE5, 10BASE2, 10BASE-T, 100BASE-TX, 1000BASE-T, 10GBASE-T 등
- 규격 명에서 BASE 앞의 숫자는 통신 속도를 의미하며, 통신 속도 뒤에 붙는 BASE와 같은 문자는 전송방식을 의미한다.
- 동축 케이블은 케이블의 최대길이를 100m단위로 표시한다.
- UTP 케이블은 케이블 종류를 표시한다.
- 랜 포트는 1000BASE-T가 일반적이며, 10GBASE-T도 증가하는 추세이다.

표 2-2 이더넷 규격

규격 이름	통신 속도	케이블	케이블 최대 길이 (최대 전송 거리)	표준화 연도
10BASE5	10Mbps	동축 케이블	500m	1982년
10BASE2	10Mbps	동축 케이블	185m	1988년
10BASE-T	10Mbps	UTP 케이블(Cat3 이상)	100m	1990년
100BASE-TX	100Mbps	UTP 케이블(Cat5 이상)	100m	1995년
1000BASE-T	1000Mbps	UTP 케이블(Cat5 이상)	100m	1999년
10GBASE-T	10Gbps	UTP 케이블(Cat6a 이상)	100m	2006년

출처: https://velog.io/@gndan4/네트워크-데이터-링크-계층

ⓒ 고속 이더넷 (Fast Ethernet)
- 고속 이더넷은 성형 토폴로지를 사용한다.
- 고속 이더넷은 100Base-T 지원뿐만 아니라 10Base-T의 모든 프로토콜(CSMA/CD 포함)을 지원한다.
- 고속 이더넷은 64바이트 프레임 길이를 지원하고 100Mbps의 고속 데이터 전송 속도를 제공한다.
- 고속 이더넷은 UTP, STP, Fiber 케이블을 사용할 수 있다.

ⓓ 기가비트 이더넷 (Gigabit Ethernet)
- 기가비트 이더넷 역시 성형 토폴로지를 사용한다.
- 기가비트 이더넷은 512 또는 1500바이트 프레임 길이를 지원하고 고속 이더넷(100Mbps)을 지원할 뿐만 아니라 1Gbps 이상의 초고속 데이터 전송 속도를 제공할 수 있다.

② Wi-Fi
ⓐ Wi-Fi 개요
- Wi-Fi는 Wireless Fidelity의 약자로, IEEE 802.11 통신 규정을 만족하는 기기들끼리 일정한 거리(대략 100m) 안에서 무선으로 데이터를 주고받을 수 있도록 하는 무선 근거리 통신망 기술을 의미한다.
- ※ 참고로, Wi-Fi가 IEEE 802.11에 기반하고 있을 뿐이지 IEEE 802.11과 Wi-Fi는 다르다.
- 휴대전화 등의 Wi-Fi를 지원하는 기기는 부채꼴 모양의 아이콘으로 신호를 표시하고, 이것을 Wi-Fi의 시그니처로 사용하기도 한다.
- Wi-Fi를 사용하기 위해서는 흔히 "공유기"라고 불리는 무선 접속 장치(AP : Access Point)가 필요하다.
- 유선 인터넷 회선에 연결된 공유기는 인터넷 신호를 무선 신호로 바꾸어 전달하여 무선 신호 범위 내의 기기들에게 무선 인터넷 사용을 가능하도록 지원한다.

ⓑ Wi-Fi 특징
- Wi-Fi는 기기의 종류, 사용 모드에 따라 무선 신호를 전달하는 AP(Access point)가 주변의 일정한 반경 내에 있는 복수의 단말기(PC 등)들과 데이터를 주고받는 인프라스트럭쳐(Infrastructure) 모드, 그리고 AP 없이 단말기끼리 P2P 형태로 데이터를 주고 받는 애드혹(ad-hoc) 모드로 구분이 된다.

- 인프라스트럭쳐 모드 : 가장 일반적인 Wi-Fi의 사용 형태로서 무선 공유기가 데이터 전달의 중간자로의 기능을 수행한다. 예를 들어, 시중에서 판매되는 무선 공유기를 인터넷 신호가 전달되는 유선랜 케이블에 접속한 뒤 집안에 설치하면 주변에 있는 노트북이나 스마트폰 등에서 모두 무선 인터넷 접속이 가능해진다.
- 애드혹 모드 : 단말기들끼리 데이터 전달을 위해서 무선 공유기의 사용 없이 직접 접속하는 형태이다. 예를 들어, 휴대용 게임기 2대를 연결해 2인용 게임을 즐기거나 휴대폰끼리 데이터를 주고받는 등의 용도로 사용할 수 있다.

※ 참고로, 애드혹 모드는 인프라스트럭처 모드에 비해 사용 빈도 및 지원하는 기기의 종류가 적은 편이었지만 최근 블루투스를 비롯한 근거리 무선 통신이 주목받기 시작하면서 와이파이 진영 역시 대응의 필요성을 느끼게 되어 Wi-Fi 얼라이언스는 편의성과 안정성을 향상한 Wi-Fi 애드혹 표준인 '와이파이 다이렉트(Wi-Fi Direct)'를 2009년에 발표하고 이듬해에 규격을 확정하였다.

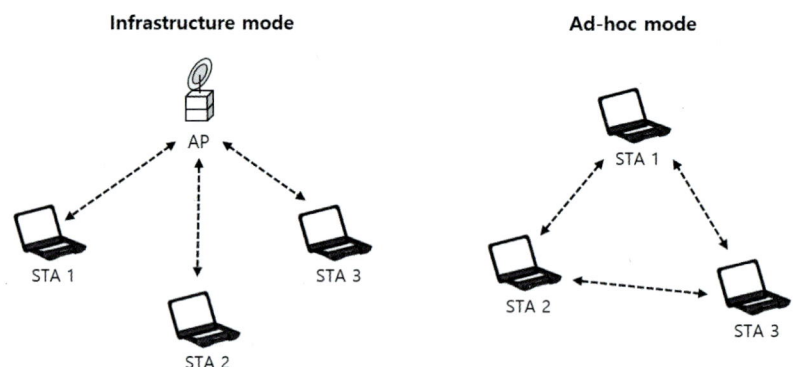

그림 2-2 인프라스트럭처 모드와 애드혹 모드

- Wi-Fi를 사용하는 기기들은 주로 2.4GHz(12센티미터) UHF 및 5GHz(6센티미터) SHF ISM 무선 대역을 사용한다.
- 2.4GHz : 전자렌지나 IH 쿠킹 히터, 무선 고정 전화, 무선 헤드폰, Bluetooth 기기 등에도 사용되고 있는 보급형의 주파수대로써, 장애물에 강하고 저가이지만, 전파끼리 간 간섭이 심하다.
- 5GHz : 2.4GHz대에 비해 통신 속도가 빠르고, Wi-Fi(무선 LAN) 이외에는 거의 사용되고 있지 않아, 다른 가전이나 전자기기가 많은 환경에서도 전파 간섭이 적지만, 장애물에 약하고 가격이 비싸다.
- Wi-Fi의 기반이 되는 IEEE 802.11 표준은 MAC 계층에서 DCF(Distributed Coordination Function)와 PCF(Point Coordination Function)의 두 가지 매체 접근 방법을 사용한다.

- DCF : CSMA/CA 기법으로 모든 트래픽에 매체 접근을 제공하기 위한 경쟁 알고리즘을 사용
- PCF : 트래픽에 QoS 제공을 위해서 무경쟁 서비스에 기반한 중앙 집중화된 알고리즘을 사용

ⓒ IEEE 802.11 표준 기술들

- IEEE 802.11 : 무선랜, 와이파이라고 부르는 무선 근거리 통신망을 위한 컴퓨터 무선 네트워크에 사용되는 기술로써, IEEE의 LAN/MAN 표준 위원회(IEEE 802)의 11번째 워킹 그룹에서 개발된 표준이다.
- IEEE 802.11b : 802.11 규격을 기반으로 발전시킨 기술 표준으로, 최고 전송 속도는 11Mbps이나 실제로는 CSMA/CA 기술의 구현 과정에서 6~7Mbps 정도의 효율을 나타낸다. 이전 규격에 비해 현실적인 속도를 지원해 기업이나 가정 등에 유선 네트워크를 대체하기 위한 목적으로 폭넓게 보급되었으며, 공공장소 등에서 유, 무상 서비스를 제공하는 업체도 생겨나고 있다.
- IEEE 802.11a : 5GHz 대역의 전파를 사용하는 표준으로, OFDM 기술을 사용해 최고 54Mbps까지의 전송 속도를 지원하지만, IEEE 802.11g 규격이 등장한 이후로 잘 사용되지 않고 있다.
- IEEE 802.11g : 2.4GHz 대역의 전파를 사용하는 표준으로, IEEE 802.11a 표준과 전송 속도가 같고, IEEE 802.11b 표준과 쉽게 호환되어 현재 널리 사용되고 있다.
- IEEE 802.11i : 무선 LAN의 WEP(Wired Equivalent Privacy) 보안의 취약성을 해결하기 위한 표준으로, 암호화, 인증 및 키관리를 제공하는 WPA(Wi-Fi Protected Access) 기술 규격을 제정한다. WPA는 암호화에 TKIP와 RC4, 인증에 WPA-PSK/Enterprise, 키관리에 4 Way-Handshake를 사용하고, WPA2는 암호화에 CCMP와 AES, 인증에 WPA2-Personal/Enterprise, 키관리에 4 Way-Handshak를 사용하고, WPA3는 암호화에 GCMP-256, 인증에 WPA2-Personal/Enterprise, 키관리에 ECDH와 ECDSA를 사용한다.
- IEEE 802.11n : 상용화된 전송 표준으로 2.4GHz 대역 및 5GHz 대역을 사용하며 최고 600Mbps까지의 속도를 지원하고 있다. 하지만, 2개의 채널을 점유하는 점유주파수 대역폭의 문제로 300Mbps 이상까지 사용할 수 있고, 가장 큰 단점은 한대라도 다른 프로토콜에 연결되면 최대속도는 낮게 유지된다는 것이다.
- IEEE 802.11ac : 5GHz 대역에서 운용되는 표준으로, 다중 단말의 무선랜 속도가 최소 1Gbit/s, 최대 단일 링크 속도는 최소 500Mbit/s까지 지원할 수 있다. 이는 더 넓은 무선 주파수 대역폭(최대 160MHz), 더 많은 MIMO 공간적 스트림(최대 8개), 다중 사용자 MIMO, 그리고 높은 밀도의 변조(최대 256QAM) 등 IEEE 802.11n에서 받아들인 무선 인터페이스 개념을 확장하였다.

- IEEE 802.11ad : 빔포밍 기술을 이용하여 최대 7Gbit/s의 속도를 제공하는 전송 표준으로 기존 2.4GHz/5GHz 대신 60GHz 대역을 사용해 데이터를 전송하는 방식으로 대용량의 데이터나 무압축 HD 비디오 등 높은 비트 레이트 동영상 스트리밍에 적합하다. 하지만, 60GHz는 장애물 통과가 어려워 10m 이내 같은 공간 내에서만 사용할 수 있어 근거리 사용 기기만 이용할 수 있다. 반면에, 기존 2.4/5GHz 대역 사이도 원활한 전환을 위해 '빠른 세션 전송'을 추가했으며 Tri-band 네트워킹, 무선 도킹, 유선과 동등한 데이터 전송 속도, 압축 스트리밍 비디오 지원 등으로 보완되었다.
- IEEE 802.11ax : 최대 10Gbps의 속도를 지원하기 위한 표준으로 HEW(High Efficiency WLAN)라고도 불리며, IEEE 802.11ac 표준의 취약한 커버리지와 형편없는 물리적 속도를 극복하기 위해 5GHz와 더불어 2.4GHz 대역을 다시 지원하고 1024-QAM, OFDMA, MU-MIMO 등의 기술을 사용하였다.

③ PLC(Power Line Communication)

㉠ PLC의 개념
- PLC는 전력을 공급하는 전력선을 매개체로 음성과 데이터를 60Hz인 저주파 전력 신호에 수백 KHz ~ 수십 MHz 이상의 고주파 통신 신호를 실어 통신하는 기술을 의미한다.
- PLC는 전원과 통신 신호를 다중화하여 동시에 전송(FDM의 원리)하는 기술을 이용한다.

㉡ PLC의 구성 요소

표 2-3 PLC의 구성 요소

구성 요소	설명
PLC Modem	PC, TV 등 가전기기의 전기 신호를 통신 신호로 변/복조하는 장치
PLC Coupler	옥내의 분전반 전력량계를 Bypass하여 통신 신호를 배분하는 장비
PLC Router	인터넷 백본망과 연결하기 위해 전주에 설치되는 장비

03 지능형(스마트)홈 원거리 통신 기술

1 저전력 광역 통신망 (LPWAN: Low Power Wide Area Network)

(1) LPWAN의 개념
① LPWAN은 서비스 범위가 10km 이상의 광역으로 매우 넓고, 센서와 같은 소규모 장치들에 초당 최대 수백 킬로비트(kbps) 이하의 통신 속도를 제공하는 전력 소모가 적은 무선 광역 통신망을 의미한다.
② LPWAN은 IoT 서비스를 위해 저전력 소모, 저가 단말기, 낮은 구축 비용, 안정적인 커버리지 지원, 대규모 단말기 접속 등의 조건을 충족시킨다.

(2) LPWAN의 주요 특징
① LPWAN은 넓은 커버리지 기반 통신 범위 확대와 낮은 비용으로 IoT 서비스 통신망 구축이 가능하게 하기 위한 저전력, 장거리, 저비용의 중요한 3가지 특징을 가진다.

표 3-1 LPWAN의 3가지 주요 특징

저전력	충전이 어려운 사물인터넷 환경을 위한 전력 소모 최소
장거리	기존 통신 기술의 거리 제한 문제 극복
저비용	저가 통신칩의 저가 단말의 대규모 접속 지원

표 3-2 LPWAN의 특성과 목표치

특성	LPWAN을 위한 목표치
통신거리	5km(도심) ~ 40km(개활지)
초 저전력	배터리 수명 10년 이상
데이터 처리율	응용 분야별로 다르나 보통 수 kbps 이하
무선 칩셋 가격	$2 이하
개별 가입 사용료	$1/년/개 이하
전송 지연	대부분 응용이 지연에 무관
서비스 반경을 위한 소요 기지국 수	수천 ~ 수만 기기 당 하나
서비스 지역 및 침투	빌딩 내, 지하, 외곽지역

출처: 한국전자통신연구원(2016), [LPWA기반 IoT 기술 및 표준화]

(3) LPWAN의 활용 분야

LPWAN은 저전력 장거리 통신을 위한 IoT 서비스의 증가로 위치 추적, 원격 검침, 스마트 농업, 환경, 스마트 시티, 교통 등의 다양한 응용 분야에 활용될 수 있다.

그림 3-1 LPWAN 활용 분야

출처: http://www.softbank.jp/en/corp/group/sbm/news/press/2016/20160912_01/

(4) LPWAN 통신 기술들

LPWAN을 위한 다양한 통신 기술들이 개발되었고, 이러한 통신 기술들은 전용망 기반 방식과 비전용망 기반 방식으로 구분할 수 있다. 전용망 기반 통신 기술에는 LoRa, SigFox가 있고, 비전용망 기반 통신 기술에는 LTE-M, NB-IoT가 있다.

표 3-3 전용망 방식과 비전용망 방식 비교

유형	설명	사례
전용망 방식 (LPWA 전용망)	• 비면허 대역 광역 IoT 기술 • 독자적인 저전력 사물인터넷 통신망, ISM 밴드 주파수 • 저렴한 구축 비용	- LoRa Alliance의 LoRa - SIGFOX社의 SigFox
비전용망 방식 (셀룰러 IoT)	• 셀룰러 기반 광역 IoT 기술 • 기존 이동통신 주파수 사용 • 기존 구축된 LTE 네트워크를 그대로 활용 가능	3GPP 표준 - LTE-M - NB-IoT

① LoRa(Long Range)
- LoRa는 사물끼리 서로 통신을 주고받을 수 있게 도와주는 저전력 장거리 통신망 전용의 무선 통신 기술이다.
- LoRa는 대규모 저전력 장거리 무선 통신 기술로 대기 전력이 적고 모듈 가격이 저렴하여 스마트 시티와 옥외 등에서 사용된다.
- LoRa의 주요 특징으로는 저전력, 장거리 통신망, 최소한의 전력 소모로 10km 이상 통신, 별도 기지국 또는 중계 장비 불필요, 낮은 구축 비용, 높은 확장성이다.
- LoRa 시스템은 일반적으로 IoT Server, LoRa Gateway, LoRa node, Sensor/Actuator 로 구성된다.

그림 3-2 LoRa 시스템 구성도

출처: https://www.instructables.com/Use-the-LoRa-Kit-to-Build-Your-Own-IoT-Network/

- LoRa 게이트웨이와 LoRa 노드 사이에 통신을 위해서 LoRa 노드는 3가지 클래스(Class)로 동작할 수 있다.
  - A Class : LoRa 노드가 게이트웨이에게 Up-Link 전송을 수행한 이후에 두 번에 걸쳐 Down-Link 수신할 수 있다. LoRa 노드는 Tx를 하기 전에는 Tx와 Rx를 꺼두었다가 Tx 이후 정해진 시간에 잠깐 Rx 신호를 감지한다. A Class를 사용하면 Rx를 수신하기 위해서 Tx를 사용하기 때문에 Tx 위주의 서비스나, 상시전원을 사용하지 않고 배터리로 운영하는 경우에 사용한다.
  - B Class : Up-Link 위주의 A Class와 다르게 Down-Link(Rx)를 고려하여, A Class에 비해 낮은 지연시간을 지원한다. B Class는 일정 시간 간격마다 Rx를 수신할 수 있는 상태가 되고, 해당 타이밍에 LoRa 게이트웨이로부터 데이터를 수신할 수 있다. B Class는 A Class와 달리 Rx 위주의 서비스와 배터리로 운영할 때 고려할 수 있다.

- C Class : LoRa 게이트웨이로부터 데이터를 항상 수신하기 위해 Rx 가능 상태를 유지하기 때문에 타 Class에 비해 최소 지연시간을 갖지만, 가장 많은 전력을 소비한다. 그래서, C Class를 사용하기 위해서는 충분한 전력이 공급되는 상황에서 고려해야 한다. 항상 Rx 가능 상태이기 때문에 LoRa를 이용한 스마트 플러그, 원격 제어 등 액츄에이터 구현에 적합한 Class이다.

그림 3-3 LoRa 프로토콜 스택

출처: LoRa and LoRaWAN: A Technical Overview, SEMTECH, Dec. 2019

② SigFox
- SigFox는 비면허 대역의 저전력, 저비용, 고신뢰 네트워크를 구성하는 장거리 커버리지 제공 무선 통신 기술이다.
- SigFox는 ETSI의 표준 주도로 프랑스의 SIGFOX사에서 개발되었다.
- SigFox는 소량의 메시지를 다양한 Diversity 기법을 사용하여 UNB(Ultra Narrow Band) 통신으로 데이터를 전송한다.
- SigFox는 통신을 위한 주파수 대역폭으로 100Hz Uplink(BPSK)와 600Hz Downlink (GFSK)를 사용한다.
- SigFox의 주요 특징은 저전력, 저비용, 장거리 지원, 비면허 대역 사용, 그리고 최소 데이터 및 암호화 전송이다.

표 3-4 SigFox의 주요 특징

저전력/저비용/장거리	저전력 배터리, 기존 칩셋 사용, ~146/162dB 커버리지
비면허 대역	ISM 주파수 대역(< 1GHz) 사용
최소 데이터 및 암호화 전송	26byte 패킷, 메시지 암호화(AES-128) 적용

- SigFox의 프로토콜 스택은 OSI 계층에 비교할 때 전송(Transport)과 네트워크(Network) 계층이 하나의 프레임(FRAME) 계층으로 통합되었다. 프레임 계층은 순서 번호(Sequence Number)에 기반한 라디오 프레임을 생성한다. 그리고, MAC 계층은 HMAC 기반의 인증과 CRC 기반의 에러 감지 코드를 사용하고, MAC을 위해서는 어떠한 시그널링도 사용하지 않는다. PHY 계층은 DBPSK와 GFSK의 변조와 전송 파워 조절을 담당한다.

그림 3-4 SigFox 프로토콜 스택

출처: L. Olive, et. al, "MAC Layer Protocols for Internet of Things: A Survey," MDPI Future Internet, 11(1), 2019

③ LTE-M
- LTE-M은 LTE-MTC(Machine-Type Communication)의 줄임말로 3GPP가 정의한 UE Category1, Category0, Category-M에 해당하는 저전력 장거리 통신 기술이다.
- LTE-M Cat1은 3GPP Release 8에서 발표되었으며 Cat0와 Cat-M은 각각 Release 12와 13에서 발표되었다.
- LTE-M Cat1은 배터리 사용량을 줄이기 위해 단말 단에 안테나를 2개만 장착하고, 대역폭은 20Mhz이며 전파 도달 거리는 대략 10km 미만으로 제한하여 다운로드 10Mbps와 업로드 5Mbps의 전송 속도를 지원하여 음성과 저화질 동영상 전송이 가능하다.
- LTE-M Cat0은 전송 속도는 1Mbps이며 주파수 대역폭은 20Mhz를 활용하고 단말 단에 안테나를 1개만 장착하고, 동시 송수신이 불가능한 반이중통신을 사용하여 전력 소모를 줄이는 PSM(Power Saving Mode) 기능이 적용되었다.
- LTE-M Cat-M은 Cat0과 동일한 전송 속도(1Mbps)를 제공하면서도 주파수 대역폭은 1.4Mhz만을 활용하여 Cat0에 비해 배터리 사용 기간은 더 길고 통신 모듈 가격과 사용료는 저렴하도록 낮추었다.

④ NB – IoT
- NB-IoT는 3GPP에서 이동통신망을 통해 저전력 광역(LPWA: Low Power Wide Area) 통신을 지원하는 협대역 사물인터넷 표준 기술이다.
- NB-IoT는 저가격, 저전력, 용이성의 3가지 요구사항을 가진다.
- NB-IoT는 Standalone, Guard-band, In-band의 3가지 운영 모드를 지원한다.

표 3-5 NB-IoT의 3가지 운영 모드

출처: A. Ratilainen, "NB-IoT presentation for IETF LPWAN," LPWAN@IETF97, Nov. 14th, 2016.

(5) LPWAN 통신 기술들 비교

표 3-6 LPWAN 통신 기술 비교

항목	전용망 기반		비전용망 기반	
	LoRa	SigFox	LTE-M	NB-IoT
표준단체	LoRa Alliance	ETSI	3GPP	3GPP
면허여부	ISM 밴드	ISM 밴드	LTE 대역	LTE 대역
사용대역	< 1GHz	< 1GHz	LTE Band	LTE Band
대역폭	125~500KHz	100Hz(U) 600Hz(D)	1.4MHz	180KHz
전송속도	300bps ~ 50Kbps	100bps(U) 600bps(D)	< 1Mbps	< 250Kbps
변조방식	Chirp FSK	GFSK/DBPSK	OFDMA (QPSK~16QAM)	OFDMA (BPSK~QPSK)
듀플렉스	HFDD	HFDD	HFDD/TDD	HFDD
커버리지	~150/157dB	~146/162dB	~156dB	~164dB
특징	Class A,B,C 범위/속도 동적 균형	주파수호핑 프레임반복 멀티기지국	PSM eDRX Mode CE Mode	Standalone Guard-band In-band Mode

출처: http://blog.skby.net/lpwan-low-power-wide-area-network/

2 무선 광역 네트워크 (WWAN: Wireless Wide Area Network)

(1) WWAN의 개념

① WWAN은 고정된 위치가 아닌 장소에서 사용자가 단말기를 통해 음성이나 영상, 데이터 등을 장소에 구애받지 않고 무선으로 통신할 수 있도록 이동성이 부여된 통신 체계를 의미한다.
② 보통 휴대전화라고 불리는 서비스인 2G, 3G, 4G, 5G와 같은 셀룰러 이동통신을 사용하여 유선 없이 무선으로 인터넷에 연결하여 데이터를 전송하는 통신 기술을 사용한다.
③ 일반적으로, 이러한 통신 기술들은 이동통신 사업자에 의해서 지역적으로, 전국적으로, 더 나아가서 전 세계적으로 지원이 된다.

(2) WWAN의 주요 특징

① 셀룰러 기술
- 서비스 대상 지역을 작은 크기의 여러 개의 셀로 나누어 셀마다 셀의 중심에 기지국(base station)을 두고 그 셀의 영역에 존재하는 사용자들은 해당 기지국과 통신하는 방법을 사용한다.
- 셀룰러란 서비스 지역을 여러 개의 작은 구역 셀로 나누어서 서로 충분히 멀리 떨어진 두 셀에서 동일한 주파수 대역을 사용함으로써 공간적으로 주파수를 재사용해 공간적으로 분포하는 채널 수를 증가시켜 충분한 가입자 수용 용량을 확보할 수 있도록 하는 이동통신 기술이다.

② 핸드오버
- 사용자가 하나의 셀 영역을 떠나 인접 셀로 진입하면 통신하는 기지국이 변경되어야 하므로 사용자가 통신에 사용하는 채널을 변경하는 작업이다.
- 핸드오버의 종류에는 하드 핸드오버(hard handover), 소프트 핸드오버(soft handover)가 있다.
  - 하드 핸드오버 : 일단 기존 셀과의 연결을 해지하고 난 후 새로운 셀과 연결하는 방법으로 주파수 분할 다중 접속(FDMA)이나 시분할 다중 접속(TDMA) 방식을 사용하는 시스템에서 주로 사용하는 방법이다. 이 방법은 네트워크에는 가장 부담이 적은 핸드오버 방식이지만 핸드오버 시 순간의 통화 단절이 느껴질 수도 있고, 만약 채널을 할당해 줄 수 있는 자원이 부족하다면 통화가 바로 단절될 수도 있다.
  - 소프트 핸드오버 : 하나의 셀 내에서 섹터가 바뀔 때 발생하는 핸드오버로 섹터의 변경이 하나의 셀 내에서 발생하는 것이므로 잠깐 동안 두 섹터를 모두 이용하여 통신하다가 인접 섹터로의 변경을 완료하게 하는 방법이다.

③ 다이버시티(Diversity)
- 2개 이상의 독립된 전파 경로를 통해 전송된 여러 개의 수신 신호 중에서 가장 양호한 특성을 가진 신호를 이용하는 방법이다.
- 다이버시티 종류에는 주파수 다이버시티, 공간 다이버시티, 편파 다이버시티, 각도 다이버시티, 시간 다이버시티, 경로 다이버시티, 사이트 다이버시티가 있다.

④ 위치 등록
- 셀룰러 시스템에서 중요한 역할을 하는 기능 중 하나로, 이동 단말기가 주기적으로 자기의 존재를 알리는 신호를 송출해 수신한 기지국은 신호를 자기의 이동 교환국으로 보내고 이동 교환국은 해당 이동 단말기가 자신이 담당하는 범위 내에 있다는 정보를 위치 등록기에 보내는 것이다.

⑤ 전력 제어
- 자기 기지국과 인접 기지국의 통화 용량을 최대화하고, 이동국의 배터리 수명 연장과 균일한 통화 품질을 제공하기 위한 송출 신호의 전력을 제어하는 기술이다.
- 기지국으로부터 이동 단말기로 송출하는 신호의 전력을 제어하는 순방향 전력 제어와 반대로 이동 단말기로부터 기지국으로의 송출을 제어하는 역방향 전력 제어가 있다.

(3) WWAN 이동 통신 기술 (세대별)

① 1세대 이동통신(1G, 1984년 3월 서비스 시작)
- 아날로그 셀룰러 통신 : analog FM, FDM, FDMA 방식
- 일반인 대상 최초의 이동통신
- 단지 음성 만 가능
- 북미 : AMPS, 북유럽(다국적) : NMT, 영국 : TACS

② 2세대 이동통신(2G, 1996년 1월 서비스 시작)
- 디지털 셀룰러 통신 : CDMA 및 TDMA 방식
- PCS(개인 휴대 통신 서비스) 등장
  - 무선 이동통신의 일상화 계기
- 국내 및 제한적 국제 로밍, SMS(단문 메시지 서비스) 구현 등
- 음성 위주
  - 아날로그 → 디지털, 데이터 서비스 가능 그러나 음성 위주

- 기존 1세대 용량의 개선
- 디지털 신호처리 기술 본격 도입 (음성 부호화, 오류 정정 부호화 등)
- 데이터 속도 : 9.6 ~ 14.4kbps
- 유럽 : GSM(TDMA/FDMA), 북미 : IS-95A(CDMA, 음성 만), IS-136(TDMA)

③ 3세대 이동통신(3G, 2002년 1월 서비스 개시)
- IMT-2000
- 광대역 CDMA 방식에 기초한 전세계 표준화
- 데이터 서비스 위주, 영상 통신 서비스 구현
- 고품질의 이동통신 구현 계기
- 전세계 표준화 및 동일 주파수를 통한 글로벌 로밍 제공
- 데이터 속도 : 144kbps ~ 2Mbps
- 유럽 : W-CDMA (UMTS, 비동기식 광대역 CDMA), 북미 : CDMA 2000 Mx (IS-2000, 동기식 광대역 CDMA)

④ 4세대 이동통신(4G, 2011년 7월 서비스 개시)
- System beyond IMT-2000 (Beyond 3G, B3G, IMT-Advanced)
- 회선 교환 방식의 음성 지원 없이, 패킷 데이터 만을 지원
- 주파수 선택적 페이딩에 강한 OFDM 기술에 기초
- ITU-R의 WP8F에서 4세대 이동통신을 「System beyond IMT-2000」이라 명칭
- 데이터 속도 : ~ 1Gbps
- paired(상하향 분리), unpaired(상하향 겹침) 스펙트럼 모두에서 동작 가능
- LTE-Advanced

⑤ 5세대 이동통신(5G, 2019년 4월 서비스 개시)
- IMT-2020
- 특정 무선 접속 기술보다는 광범위하게 응용할 수 있는 미래 이동통신 서비스를 포괄 지칭
- 비전 요약
    - 초 고용량 : 4G 대비 100 ~ 1000배의 데이터 처리 용량
    - 초 연결성 : 500km/h 이상 이동 중에도 많은 수의 지속성 있는 연결 가능
    - 초 저지연 : 수ms 이내 연결 수립 가능 (저지연)
    - 초 저전력 : 단위 용량 당 소비전력이 1/1000 ~ 1/100 이하

표 3-7 이동 통신 기술의 세대별 특징

구분	1G	2G	3G	4G	5G
서비스 개시	1984년 3월	1996년 1월	2002년 1월	2011년 7월	2019년 4월
통신 방식	아날로그	디지털	디지털	디지털	디지털
교환 방식	회선 교환	회선(음성) + 패킷(데이터)		패킷 교환	패킷 교환
통신 속도		14.4~153.6Kbps	2~14.4Mbps	75~1000Mbps	1~20Gbps
주요 서비스	음성	음성 문자 저속 인터넷	음성 고속 인터넷 영상통화	고음질 통화 초고속 인터넷 고화질 동영상	AR/VR 홀로그램 자율주행차 스마트시티 등

출처: 김학용, "5G 서비스 구현 기술의 이해," 방송과 미디어, 제 24권, 제3호, 12쪽, 2019년

04 지능형(스마트)홈 기타 통신 기술

1 시리얼 통신 (Serial Communication) 기술

(1) 시리얼 통신의 개념
① 시리얼 통신은 대게 하나의 전송 라인을 이용하여 데이터를 송수신하는 통신 방법으로, 한 번에 한 비트씩 데이터를 지속적으로 주고받는다.
② 시리얼 통신에서 데이터를 이진 펄스의 형태로 전송하고, 이진 1을 논리 HIGH로 이진 0을 논리 LOW로 나타낸다.
③ 송신 장치가 이진 펄스 형태로 데이터를 보내면 수신 장치는 이진 펄스의 높고 낮음을 구분하여 의미 있는 데이터로 읽는다.
④ 시리얼 통신은 데이터 신호와는 별도로 신호 주기를 나타내는 동기 신호를 함께 전송하는 동기 방식과 별도의 신호 주기를 정하지 않고 시작과 끝을 알려주고 전송하는 비동기식 방식이 있다.

(2) 대표적인 시리얼 통신 기술
① UART (Universal Asynchronous Receiver/Transmitter)
- 컴퓨터나 기타 주변장치의 시리얼 포트를 이용하는 시리얼 통신 방식이다.
- '범용 비동기화 송수신기'라고 불리며 병렬 데이터의 형태를 직렬 방식으로 전환하여 데이터를 송수신한다.
- 바이트(8비트) 단위 통신을 주로 사용하며, '0'의 시작 비트(start bit)와 '1'의 정지 비트(stop bit)가 추가되어, 10비트 데이터를 전송하는 것이 일반적이다.
- 데이터 송수신을 위해서 송신과 수신 2개의 데이터 핀 연결이 필요하다.
- 송신과 수신을 동시에 할 수 있는 전이중(full-duplex) 방식을 지원한다.
- 한 번에 하나의 장치만 연결이 가능한 1:1 통신 방식만 지원한다.
- 여러 개의 주변장치를 연결하기 위해서는 많은 수의 데이터 핀이 필요하다.
- 다른 방식에 비해 단점이 많지만 간단하면서도 오랫동안 사용된 방식으로 많은 주변 장치들이 지원하고 있다.

② SPI (Serial Peripheral Interface)
- 짧은 거리에서 주변장치와 고속으로 정보를 교환하기 위해 주로 사용하는 시리얼 통신 방식이다.
- 3개의 데이터 핀 연결과 1개의 제어 핀 연결을 위해서 4개의 핀 연결이 필요하다.
- 3개의 데이터 핀 중 2개는 데이터 송수신, 하나는 동기화를 위한 클록 신호 수신에 사용된다.
- 하나의 포트에 다수의 장치를 연결할 수 있는 1:n 통신을 지원한다.
- 하나의 장치는 마스터(master)로 다른 장치들은 슬레이브(slave)로 동작한다.
- 고속의 데이터를 안정적으로 전달하고 다수의 장치가 포트를 공유할 수 있다.
- 제어 핀의 수가 연결된 장치의 수에 비례하여 증가한다.

③ I2C(Inter – Integrated Circuit)
- 짧은 거리에서 주변장치와 저속으로 정보를 교환하기 위해 주로 사용된다.
- 2개의 데이터 핀 연결만이 필요하다.
- 1:n으로 연결된 마스터-슬레이브 구조의 통신 방식을 사용한다.
- 2개의 데이터 핀 중 1개는 데이터 전송으로 하나는 클록 신호로 사용한다.
- 송수신이 동시에 이루어질 수 없는 반이중 방식을 지원한다.
- 전송 속도는 표준 모드인 100 kbit/s, 저속 모드인 10 kbit/s, 패스트(fast) 모드인 400 kbit/s와 고속(high-speed) 모드인 3.4 Mbit/s를 지원한다.
- 장치 구별을 위해 소프트웨어적인 주소를 사용하므로 별도의 제어 핀 연결은 필요 없다.
- 장치의 수가 증가하여도 필요로 하는 핀의 개수는 증가하지 않는다.

④ RS – 485(Recommended Standard 485)
- 홈네트워크를 지원하는 비동기 직렬 통신 방식의 EIA 표준 규격이다.
- RS-232, RS-422의 확장 버전으로 다수의 기기 연결(32개 또는 256개 미만), 장거리 전송(1.2Km 이내), 네트워크 구성 방식을 지원한다. 송수신이 동시에 가능하지 않은 반이중(Half-duplex) 통신 방식을 지원한다.
- 2가닥(TRXD+, TRXD-)의 통신선을 쌍 꼬임 형태로 사용한다.
- 차동 모드 신호 전송 방식과 Negative Logic의 논리 전압 레벨을 사용한다.
- +/- 0.2V 이상이면 수신 신호 검출이 가능하다.
- 통신 방식으로는 Echo 모드와 Non-Echo 모드를 사용한다.
- 전송 속도와 전송 거리는 35Mbps에서 최대 10m, 100Kbps에서 최대 1.2Km까지 가능하다.
- 토폴로지는 점대점과 점대다중점 모두 지원할 수 있다.

2 네트워크 계층 통신 기술

(1) 6LowPAN (IPv6 over Low-Power Wireless Personal Area Network)

① 6LowPAN 개념
- IEEE 802.15.4 기반의 유비쿼터스 센서 네트워크(USN, Ubiquitous Sensor Network) 위에서 인터넷 프로토콜 IPv6를 사용하여 광범위한 확장성과 이동성을 지원하기 위한 IETF 6LoWPAN Working Group에서 추진 중인 IP-USN 관련 기술 표준이다.
- 일반적으로 WSN(Wireless Sensor Network)의 특징들을 모두 가지고 있으며 추가로 Adaption Layer를 도입함으로써 이미 널리 구축된 IP 네트워크 인프라를 이용한다.

② 6LowPAN 특징
- IEEE 802.15.4를 PHY/MAC으로 하는 저전력 WPAN상에 IPv6를 탑재하였다.
- IPv6 사용을 위해 128bit의 주소 체계를 사용한다.
- 127byte의 패킷 한계와 IPv6를 지원하기 위해 헤더 압축 기술, 단편화/재조립 방법, 주소 자동 설정 등을 정의하였다.

③ 6LowPAN 장점
- 이미 구현되어 있고 다양한 메커니즘들이 입증된 IP 네트워크를 이용할 수 있다.
- 기술이 공개되어 있어 자유롭게 설치 및 운용을 할 수 있다.
- 확장된 주소 사용으로 주소 고갈 문제를 해결할 수 있다.
- IPv6를 사용하여 각 센서 노드에 직접적 접근이 가능하다.
- 물리적 거리를 가지는 대량의 무선 센서 네트워크 구성이 가능하다.

(2) RPL(IPv6 Routing Protocol for Low-power Lossy Networks)

① RPL 개념
- IETF의 ROLL 워킹 그룹에서 표준화를 진행 중인 IPv6 라우팅 프로토콜이다.
- IEEE 802.15.4, 전력선 통신 등 저전력과 잡음이 매우 심한 네트워크 환경에 적합하도록 설계되었다.

② RPL 특징
- Distance Vector에 기반한 오픈 라우팅 프로토콜이다.
- Distance Vector를 활용하여 노드들 간을 연결하는 Destination Oriented Directed Acyclic Graph (DODAG)를 구성한다.

- 라우팅 메트릭(Routing Metric)과 목적 함수(Objective Function)를 사용하여 최적의 경로를 가지는 DODAG를 구성한다.
- 다수의 응용의 다양한 요구사항을 수용하기 위해 여러 가지 라우팅 메트릭을 지원한다.

(3) 전송 계층 통신 기술

① 전송 프로토콜

㉠ TCP(Transmission Control Protocol)
- TCP는 인터넷을 이루는 핵심 프로토콜의 하나로서 국제 인터넷 표준화 기구(IETF)의 RFC 793으로 표준화되었다.
- TCP는 전송 계층에서 사용하는 연결 지향적 프로토콜로써 연결의 설정(3-way handshaking)과 해제(4-way handshaking)의 과정을 운영한다.
- 연결형(connection-oriented) 서비스로 연결이 성공해야 통신할 수 있다.
- 데이터의 경계를 구분하지 않는 바이트 스트림 서비스를 제공한다.
- 데이터의 순서 유지를 위해 각 바이트마다 번호를 부여하여 데이터의 전송 순서를 보장한다.
- Sequence Number, Ack Number의 사용을 통한 신뢰성 있는 데이터 전송을 지원한다.
- 데이터 흐름 제어(수신자 버퍼 오버플로우 방지) 및 혼잡 제어(패킷 수가 과도하게 증가하는 현상 방지)를 지원한다.
- 전이중(Full-Duplex), 점대점(Point to Point) 서비스를 제공한다.
- UDP보다 전송 속도가 느리다.

㉡ UDP(User Datagram Protocol)
- UDP는 IETF의 RFC 768로 표준화되었고, 오버헤드가 적은 단순한 데이터 전송 방식을 사용한다.
- UDP는 데이터를 주고받을 때 연결 절차를 거치지 않고 발신자가 일방적으로 데이터를 발신하는 비연결 지향적 프로토콜이다.
- 비연결형 서비스로 연결없이 통신이 가능하며 데이터그램 방식을 제공한다.
- 정보를 주고받을 때 정보를 보내거나 받는다는 신호 절차를 사용하지 않는다.
- 데이터 재전송과 데이터 순서 유지 기능을 제공하지 않으므로 비신뢰성 데이터 전송을 수행한다.
- 비신뢰성 데이터 전송을 사용하므로 패킷 관리가 필요하다.
- 패킷 오버헤드가 적어 네트워크 부하가 감소하는 장점이 있다.
- 상대적으로 TCP보다 전송 속도가 빠르다.

② 보안 프로토콜
  ㉠ TLS(Transport Layer Security)
   • 인터넷상에서 통신할 때 주고받는 데이터를 보호하기 위한 표준화된 암호화 프로토콜이다.
   • 넷스케이프사에 의해 개발된 SSL(Secure Socket Layer) 3.0 버전을 기반으로 하며, 현재는 2018년 8월에 발표된 TLS버전 1.3이 최종 버전이다.
   • TLS는 전송 계층(Transport Layer)의 암호화 방식이기 때문에 HTTP뿐만 아니라 FTP, XMPP 등의 응용 계층(Application Layer) 프로토콜의 종류에 상관없이 사용할 수 있다.

  ㉡ DTLS(Datagram Transport Layer Security)
   • 데이터그램 기반 애플리케이션에 대한 도청, 변조 또는 메시지 위조 등에 대한 보안을 제공하기 위한 프로토콜이다.
   • TLS에 기초하여 유사한 보안 보장을 제공한다.
   • DTLS는 상호 인증을 통해 신뢰성을 보장하며, 공개키 암호를 사용할 수 있다.
   • 키교환 방식은 PKI를 이용하며 IoT 장비와 호환성이 높아 IoT 장비에 자주 사용된다.

(4) 응용 계층 통신 기술

① HTTP(HyperText Transfer Protocol)
  ㉠ HTTP 개념
   • 월드 와이드 웹(World Wide Web, WWW)을 이용하여 HTML로 작성된 하이퍼텍스트(hypertext) 문서를 주고받을 수 있는 프로토콜이다.
   • HTTP 통신규약을 이용하여 웹서버와 웹브라우저 사이에서 정보 전송을 지원한다.
   • HTTP를 통해 전달되는 자료는 http:로 시작하는 URL(인터넷 주소)로 조회할 수 있다.
   • 1991년 팀 버너스 리와 그의 팀이 CERN에서 개발하였다.

  ㉡ HTTP 동작
   • 클라이언트 즉, 사용자가 브라우저를 통해서 어떠한 서비스를 url을 통하거나 다른 것을 통해서 요청(request)하면 서버에서는 해당 요청사항에 맞는 결과를 찾아서 사용자에게 응답(response)하는 형태로 동작한다.
    – 요청 : client → server
    – 응답 : server → client

ⓒ HTTP 특징
- 단순성(Simple) : HTTP는 사람이 읽을 수 있도록 간단하게 고안되었다.
- 확장성(Scalable) : 클라이언트와 서버가 새로운 헤더의 시맨틱에 대해서만 합의한다면, 언제든지 새로운 기능을 추가할 수 있다.
- 무상태(Stateless) : HTTP는 통신상의 연결 상태 처리나 정보를 저장하지 않는다.
- 비연결성(Connectionless) : HTTP는 클라이언트와 서버가 한 번 연결을 맺은 후, 클라이언트의 요청에 대해 서버가 응답을 마치면 맺었던 연결을 자동으로 끊어버린다.

② CoAP (Constrained Application Protocol)
  ㉠ CoAP 개념
  - 작은 센서 장치 등과 같이 CPU, 메모리, 통신 bandwidth 등이 제한된 기기를 위한 IETF의 CoRE 워킹 그룹에서 개발한 응용 계층 프로토콜로써 IETF RFC 7252에서 표준으로 정의되었다.
  - 사물인터넷과 같이 대역폭이 제한된 통신 환경에 최적화하여 개발된 REST(REpresentational State Transfer) 기반의 자원 발견, 멀티캐스트 지원, 비동기 트랜잭션 요청 및 응답 등을 지원하기 위한 경량 메시지 전송 프로토콜이다.

  ㉡ CoAP 동작
  - 전송 계층에서 UDP(User Datagram Protocol)를 사용하며 송신자와 수신자 간에 정보를 주고받을 때 자료를 보낸다는 신호나 받는다는 신호를 보내지 않는 비동기식 방식의 전송 방법이다.
  - CoAP은 REST를 적용하여 HTTP 방식인 GET, PUT, POST, DELETE와 같은 메서드를 사용하여 데이터를 전송하고, 각각의 리소스는 CoAP의 경로 이름(Uniform Resource Identifier, URI)으로 식별된다.
  - CoAP은 확인형(Confirmable), 비확인형(Non-confirmable), 승인(Acknowledgement), 리셋(Reset) 4가지의 메시지 형태를 정의하고, 요청(Request)과 응답(Response) 메시지의 상호작용으로 정보를 전달한다.

  ㉢ CoAP 특징
  - 8bit 프로세서와 같은 저사양 센서 모듈에서도 구현이 가능한 사양이다.
  - IEEE 802.15.4 기반의 무선 프로토콜(thread, zigBee)에 대응할 수 있다. (손실, 작은 패킷 크기)
  - IPv6 기반 (6LoWPAN)으로 동작한다.
  - 쉽게 web(HTTP)에 연동하기 위한 경량화된 RESTful이 적용되었다.
  - CoAP-HTTP gateway에서도 stateless로 쉽게 HTTP로 변환하여 전달할 수 있다.

③ MQTT (Message Queue Telemetry Transport)
  ㉠ MQTT 개념
   - M2M(Machine-to-Machine)와 IoT(Internet of Things) 같은 낮은 전력, 낮은 대역폭 환경에서도 사용할 수 있도록 TCP/IP 프로토콜 기반으로 동작하는 1999년 IBM에서 개발된 응용 계층 통신 프로토콜이다.
   - HTTP와 같은 클라이언트-서버 구조로 이루어지는 것이 아닌, Broker, Publisher, Subscriber 구조를 사용한다.

  ㉡ MQTT 동작
   - MQTT에서 Publisher는 메시지를 발행(publishing)하고, Subscriber가 관심 있는 주제를 구독(subscribe)하는 것을 기본 원칙으로 동작한다.
   - Publisher와 Subscriber는 모두 Broker에 대한 클라이언트로 동작하고, 메시지를 발행 또는 구독하기 위해서 서버로 동작하는 Broker에 연결한다.

  ㉢ MQTT 특징
   - 단순하고 가벼운 메시징 프로토콜이다.
   - 헤더 크기 축소와 페이로드 데이터 중립을 통한 오버헤드를 최소화하였다.
   - 클라이언트와 서버 간 연결이 끊어졌을 때 보정 기능을 제공한다.
   - Broker에 대한 각 연결은 QoS 기준을 지정할 수 있다.
   - TLS/SSL를 지원(X.509를 이용한 양방향 인증 지원)한다.
   - 사용자 인증 방식을 제공한다.
   - 오픈 소스 기반이다.
   - 1:1 뿐만 아니라, 1:N, N:N도 지원할 수 있다.

④ XMPP (Extensible Messaging and Presence Protocol)
  ㉠ XMPP 개념
   - 1999년 Jabber 오픈 소스 커뮤니티에서 개발된 XML을 기반으로 하는 IM(Instant Messenger) 지향 미들웨어용 오픈 소스 통신 프로토콜로써, RFC 6210, 6121, 7622에서 정의되었다.
    – IM(Instant Messaging) : 둘 이상의 Clients가 실시간으로 text를 주고받기 위한 통신을 하는 것으로, 예제로는 온라인 채팅이 있다.
   - 네트워크상에 두 지점 간의 통신 규격을 정의한 것으로 user@server.com/mobile과 같은 이메일 형식으로 각각의 지점이 표현되고 양 지점 간의 메시징, 상태값들이 실시간으로 전달할 수 있게 하는 규격이다.
   - Google Talk, Facebook Chat 등에서 활용되고 있다.

ⓛ XMPP 동작
- XMPP는 다른 IM(Instant Messenger) 서비스와 마찬가지로 Client와 Server 구조를 가지지만, 그 외에 Gateway라는 모듈이 포함된다.
  - Server : DNS에 의한 호스트이름 또는 IP로 표현
  - Client : 서버와 호스트이름과 ID를 이용한 계정을 가짐
  - Gateway : Client와 같이 특정 서버에 연결되고 Gateway를 통하여 다른 네트워크 또는 다른 프로토콜의 IM(Instant Messenger) 프로토콜들과 연결이 가능
- Client가 Sever에 접속하여 인증이 되면 서로 간에 메시지 송수신 또는 상태 송수신이 가능하게 된다.
- 주소는 [node"@"]domain["/" resource]로 구성된다.

ⓒ XMPP 특징
- 분산화 : 누구든지 자신만의 XMPP 서버를 구동할 수 있으며 중앙 마스터 서버는 존재하지 않는다.
- 개방형 표준 : 규격의 지원을 추가하기 위해 로열티가 따로 들지 않으며 개발은 단일 업체에 한정되지 않는다.
- 보안 : XMPP 서버는 공개 XMPP 네트워크 (이를테면, 회사 인트라넷)와 분리할 수 있으며 강력한 보안 (SASL, TLS를 통해)을 코어 XMPP 규격에 추가할 수 있다.
- 유연성 : 기기 간 상호운용성을 유지하기 위해 사용자가 직접 만든 기능을 XMPP 최상단에 빌드할 수 있으며 일반 확장 기능들은 XMPP 표준 재단이 관리한다.

(5) Matter 표준

① Matter의 개념
사물인터넷 플랫폼 간 상호운용성 달성을 위한 CSA(Connectivity Standards Alliance)에서 개발한 개방형 지능형(스마트)홈 연동 표준이다.

② Matter의 구조
- Matter는 IP 프로토콜 기반의 응용 계층 IoT 통합 표준이다.
- 개별 디바이스들은 고유한 IPv6 주소를 이용하여 구분되고 Matter를 통해서 여러 플랫폼에 동시에 연동할 수 있다.
- Matter 표준에서는 통신 프로토콜 별로 용도가 구분된다.
  - 데이터 통신: Ethernet, Wi-Fi, Thread 등 → 향후 ZigBee 등으로 확대
  - Provisioning : Bluetooth Low Energy(BLE), QR code, NFC 등

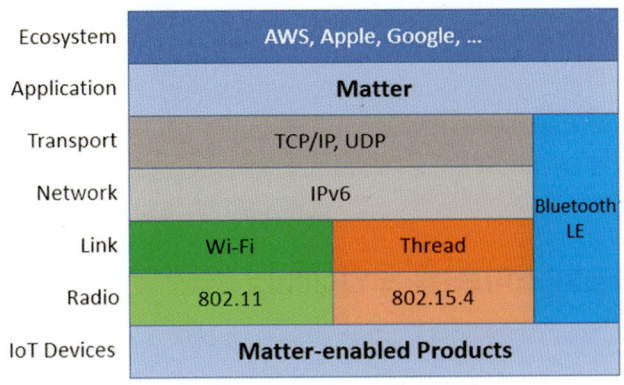

그림 4-1 Matter의 네트워크 프로토콜 스택
출처: MOOR INSIGHTS & STRATEGY

③ Matter의 구현 가치
- 단순성(Simplicity) : 사용자가 구매하기 쉽고 설정하기 쉽게 해야 한다.
- 상호운용성(Interoperability) : 타 브랜드 디바이스 간 상호 연동이 되어야 한다.
- 신뢰성(Reliability) : 다양한 통신 프로토콜 사용 시에도 일관성 있고 반응성 있는 로컬 연결을 지원해야 한다.
- 안전성(Security) : 개발자와 사용자를 위한 강력하고 합리적인 보안 성능을 보장해야 한다.

④ Matter의 주요 특징
- Multi-Admin : 하나의 장치를 여러 플랫폼에 등록해서 사용할 수 있다.
- Multi-Dwelling : 빌드인 시스템과 세입자 소유 제품이 연동할 수 있다.
- Service-Oriented : 디바이스 보다 서비스 중심으로 생태계를 조성할 수 있다.
- D2D Localization : Thread/ZigBee를 이용한 D2D 로컬 네트워크를 구성할 수 있다.

05 지능형(스마트)홈 보안 기술

1 지능형(스마트)홈 보안 개념

(1) 지능형(스마트)홈 보안 필요성

① 지능형(스마트)홈 환경적 특성
  ㉠ 지능형(스마트)홈은 컴퓨터와 스마트폰 이외에도 디바이스 수가 늘어날 뿐만 아니라 디바이스들이 갈수록 더 지능화 및 연결성이 높아지고 있다. 예를 들어서 온도조절기 센서를 인터넷에 연결하여 데이터 기록 및 원격 제어, IP카메라를 인터넷으로 연결하여 실시간 모니터링, 스마트 도어락을 통한 원격 모니터링 및 개폐를 할 수 있다.
  ㉡ 오늘날 지능형(스마트)홈 환경에서 무선 연결 기술은 와아파이만이 아니다. 블루투스, 지그비, Z-wave 같은 무선 연결 기술들이 빠르게 진화하고 있으며 빠르게 도입되고 있다. 그러므로, 수많은 지능형(스마트)홈 디바이스가 다양한 무선 연결 기술을 사용하여 다양한 경로로 지능형(스마트)홈 네트워크에 연결하여 데이터를 주고받을 것이다.
  ㉢ 대부분의 지능형(스마트)홈 디바이스는 업체 주도의 고유한 RTOS(real-time operating system)를 탑재한 다양한 마이크로컨트롤러로 실행된다. 이러한 디바이스는 업체마다 구현 및 보안 수준이 상이하고 주로 펌웨어 업그레이드는 현장에서 이루어진다.

② 지능형(스마트)홈 보완 취약 특성
  ㉠ 다양한 보안 위협에 대응하기 위한 보안 기술을 발전시켜온 컴퓨터나 스마트폰과 달리 기존 지능형(스마트)홈 제품에 IoT 기능을 추가한 기기들은 초기 기기 설계 시에 보안에 대한 고려가 되어 있지 않은 경우가 많아 수많은 보안 위협에 취약하다.
  ㉡ 지능형(스마트)홈은 이기종 스마트 기기에 IoT 센서를 이용하여 인터넷, 무선, 이동 통신 등 물리적 환경과 네트워크 환경에서 다양한 종류의 데이터를 수집하거나 센싱하기 때문에 보호해야 할 대상, 특성, 주체, 보호 방법의 측면에서 일반적인 사이버 보안 시스템으로는 통제 및 보안이 어렵다.
  ㉢ 지능형(스마트)홈에서 수집되는 데이터는 사람과 사물 간의 데이터 교환을 기반으로 개인 정보(이름, 생년월일, 전화번호, 주소 등), 개인 영상 정보 등 사생활에 대한 정보를 포함하고 있어 유출시 프라이버시 침해 위험성이 높다.

③ 지능형(스마트)홈 환경에서의 보안 패러다임 변화

표 5-1 스마트홈 보안 위협 및 내용

구분	사이버 보안	스마트홈 보안
보호 대상	PC, 모바일 중심 기기별로 통신 환경 지원	생활 밀착형으로 센서를 기반으로 유·무선 통신을 통해 정보가 센싱, 수집되는 환경
보호 특성	고전력, 고성능	전력 및 성능 자원이 제한적
보호 방법	방화벽과 같은 별도의 보안 장비	물리·논리적 환경으로 기기 자체에 보안 기능을 제공
보안 주체	보안 전문업체, IPS, 이용자	제조 업체, 서비스 업체, 이용자가 모두 결합한 상태

④ 지능형(스마트)홈 보안 위협

표 5-2 사이버 보안과 스마트홈 보안의 차이점

구분	내용
도청 및 정보 유출	- 스마트홈 센서의 정보를 불법적인 접근을 통해 알아내는 공격 - 센서 및 게이트웨이 간의 통신에서 스니핑을 통해 데이터 유출
개인 정보 침해	- 스마트홈 기기에 저장된 정보를 읽어 사용자의 성향, 성격 등의 사용자의 개인 신상 정보 분석에 의한 개인 정보를 침해
데이터 위/변조	- 센서 및 게이트웨이 통신 간 제어 데이터를 무단으로 위변조 전송하는 공격 - 댁내 가스밸브, 도어락 등 자동 제어기기에 불법적인 행위를 유발하는 공격
위장 공격	- 사용자의 신원 식별을 위한 인증정보가 저장되어있는 기기에 무단 접근하여 해당 정보를 복제 후 해당 시스템에서 사용자인 것처럼 위장하여 공격
서비스 거부 공격	- 센서와 게이트웨이 등의 통신을 방해하기 위하여 게이트웨이에 무의미한 정보를 지속적으로 전송하여 정당한 통신을 방해하는 공격
물리적 공격	- 스마트홈 기기의 정보를 알아내기 위하여 내장된 메모리를 전력 분석 기법 등 물리적인 공격 기술을 통해 알아내는 공격
퍼징(Fuzzing) 공격	- 스마트홈 기기 및 시스템이 가지고 있는 유효 범위에 대한 공격으로 시스템의 물리적인 범위를 축소 또는 확대해 오류를 일으키는 공격 - 스마트홈 기기 및 시스템에 전송되지 말아야 할 데이터를 전송시켜 오류를 발생시키는 공격

출처: 이명렬, 박재표, "사물인터넷 환경에서의 스마트홈 서비스 침해위협 분석 및 보안 대책 연구", JIIBC 2016-5-5.

⑤ 지능형(스마트)홈 제품 유형별 보안 위협

표 5-3 지능형(스마트)홈 제품 유형별 주요 보안 위협과 원인

유형	주요 제품	주요 보안 위협	주요 보안 위협 원인
멀티미디어 제품	스마트 TV, 스마트 냉장고 등	• PC 환경에서의 모든 악용 행위 • 카메라/마이크 내장 시 사생활 침해	• 인증 메커니즘 부재 • 강도가 약한 비밀번호 • 펌웨어 업데이트 취약점 • 물리적 보안 취약점
생활가전 제품	청소기, 인공지능 로봇 등	• 알려진 운영체제 취약점 및 인터넷 기반 해킹 위협 • 로봇청소기에 내장된 카메라를 통해 사용자 집 모니터링	• 인증 메커니즘 부재 • 펌웨어 업데이트 취약점 • 물리적 보안 취약점
네트워크 제품	홈캠, 네트워크 카메라 등	• 사진 및 동영상을 공격자의 서버 및 이메일로 전송 • 네트워크에 연결된 홈캠 등을 원격으로 제어하여 임의 촬영 등 사생활 침해	• 접근통제 부재 • 전송 데이터 보호 부재 • 물리적 보안 취약점
제어 제품	디지털 도어락, 가스 밸브 등	• 제어기능 탈취로 도어락의 임의 개폐	• 인증 메커니즘 부재 • 강도가 약한 비밀번호 • 접근통제 부재 • 물리적 보안 취약점
	모바일 앱(웹) 등	• 앱 소스 코드 노출로 IoT 제품 제어 기능 탈취	• 인증 정보 평문 저장 • 전송 데이터 보호 부재
센서 제품	온/습도 센서 등	• 잘못된 또는 변조된 온·습도 정보 전송	• 전송 데이터 보호 부재 • 데이터 무결성 부재 • 물리적 보안 취약점

출처: IoT보안얼라이언스(2017), [홈/가전 IoT 보안가이드]

⑥ 지능형(스마트)홈 보안 취약 사례

표 5-4 지능형(스마트)홈 보안 취약 사례

분야	사례
CCTV	보안카메라 업체인 Trendnet의 유아용 CCTV의 경우, 자체 소프트웨어의 결함으로 인터넷 주소만 알면 누구라도 쉽게 영상과 음성을 도·감청할 수 있으며, 실제 인터넷상에서 약 700개의 CCTV에서 촬영 중인 실시간 영상 링크가 유포
Smart TV	13년 8월에는 미국 라스베이거스에서 스마트TV에 탑재된 카메라를 해킹해 사생활 영상을 유출하는 시연이 열려, 인터넷에 연결된 가정 기기의 보안 취약성을 노출
가전	14년 1월, 미국 보안업체 Proofpoint는 스마트 TV와 냉장고, 홈네트워크 라우터를 해킹하여 '좀비 가전'을 만든 뒤 악성 이메일을 75만 건 발송한 사이버 공격 사례를 공개
가전기기	최근 중국에서 수입된 다리미, 주전자 등 가전 기기 30여개에서 스파이 마이크로칩이 발견. 이들 칩은 보안 설정이 되지 않은 무선 네트워크에 접속해 같은 망에 있는 컴퓨터로 악성 코드와 스팸을 유포하고 외국에 있는 서버로 데이터 전송이 가능한 것으로 알려짐
로봇청소기	2014년 9월, 서울 'ISEC 2014'에서 블랙펄 시큐리티는 로봇청소기 원격조종을 위해 필요한 앱의 인증방식 취약점과 로봇청소기에 연결되는 AP의 보안 설정상의 취약점 등을 이용 및 해킹하여, 로봇청소기에 탑재된 카메라로 실시간 모니터링이 가능하다는 것을 시연
온도 조절기	지난 블랙햇 2014에서 플로리다 대학의 한 팀은 해커가 가정의 온도 조절기 제어권을 가져가는 것이 가능함을 증명
프린터	런던에서 개최된 44Con(정보보안 컨퍼런스)에서 프린터를 해킹하여 PC 게임인 둠(Doom)을 프린터의 LED 화면을 통해 실행. 이는 인쇄 요청이 걸린 문서를 인쇄기를 해킹함으로써 들여다보는 것도 가능하다는 걸 시사
홈 네트워크	보안업체 Kaspersky는 가정용 DSL 라우터를 통해 홈네트워크에 침입해 14가지 취약점을 찾아내는 데 20분도 걸리지 않았다고 보고
방송	2013년 블랙햇에서 중간자 공격(MITM, Man in the middle)을 사용한 티비싱을 공개 • 티비싱(TVshing=TV+Smishing)은 TV와 셋톱박스의 통신을 가로채 원래 방송 자막 대신 공격자의 자막을 송출하는 기법

출처: 정보통신기술진흥센터/ICT Insight

2 보안 기본 이론

(1) 보안의 3대 원칙

① 기밀성 (Confidentiality)
- 인가된 사용자만 정보 자산에 접근할 수 있는 것을 의미한다.
  - 전송되는 데이터의 내용을 완벽하게 보호(알아보지 못하게 하는 등)하여, 비인가자가 정보의 실제 내용에 접근하는 것을 방지하는 보안 서비스이다.
- 기밀성을 해치는 행위
  - 스니핑(snipping), 열람, 유출 등이 있다.
- 기밀성 확보를 위한 대처 방법
  - 암호화, 접근통제 등이 있다.

② 무결성 (Integrity)
- 적절한 권한을 가진 사용자가 인가한 방법으로만 정보를 변경할 수 있도록 하는 것을 의미한다.
  - 정보가 제3자 등에 의해 중도에 임의 변경되지 않았는가 즉, 인가된 방식에 의해서만 변경되도록 하여 임의 변경, 삽입, 삭제 등에서 보호하려는 보안 서비스이다.
- 무결성을 해치는 행위
  - 스푸핑(spoofing), 변조 등이 있다.
- 무결성 확보를 위한 대처
  - 데이터 전송 에러에 대한 대처로는 Checksum, CRC 등이 있다.
  - 고의적(악의적) 임의 변경 대처로는 해쉬함수, 메세지 다이제스트, MD5, RC4 등이 있다.

③ 가용성 (Availability)
- 인가된 사용자가 필요한 시점에 정보 자산에 대한 접근이 가능하여지도록 하는 것을 의미한다.
  - 정보 자산이 요구된 방법으로 적시에 접근할 수 있고, 인가된 사용자는 필요할 때 항상 정보의 사용이 가능하여지도록 하는 보안 서비스이다.
- 가용성을 해치는 행위
  - DDoS 공격, 자연재해, 장애 등이 있다.
- 가용성 확보를 위한 대처
  - 정보의 백업, 이중화 등이 있다.

그림 5-1 보안의 3대 원칙

출처: https://dataonair.or.kr/db-tech-reference/d-guide/db-security/?mod=document&uid=434

(2) IoT 보안 7대 원칙

IoT 공통 보안 7대 원칙은 IoT 장치 및 서비스의 제공자(개발자)와 사용자가 IoT 장치의 전주기 세부 단계에서 고려해야 하는 공통의 보안 요구사항을 의미한다.

① IoT 장치의 설계/개발 단계의 보안 요구사항
- 정보 보호와 프라이버시 강화를 고려한 IoT 제품, 서비스 설계
  – "Security by Design" 및 "Privacy by Design" 기본 원칙 준수
- 안전한 소프트웨어 및 하드웨어 개발 기술 적용 및 검증
  – 시큐어 코딩, 소프트웨어, 어플리케이션 보안성 검증 및 시큐어 하드웨어 장치 활용

② IoT 장치의 배포/설치(재설치)/구성(재구성) 단계의 보안 요구사항
- 안전한 초기 보안 설정 방안 제공
  – "Secure by Default" 기본 원칙 준수
- 보안 프로토콜 준수 및 안전한 파라미터 설정
  – 통신 및 플랫폼에서 검증된 보안 프로토콜 사용 (암호/인증/인가 기술)

③ IoT 장치 및 서비스의 운영/관리/폐기 단계의 보안 요구사항
- IoT 제품, 서비스의 취약점 보안 패치 및 업데이트 지속 이행
  – S/W와 H/W의 보안 취약점에 대해 모니터링하고 업데이트 지속 수행

- 안전한 운영, 관리를 위한 정보 보호 및 프라이버시 관리 체계 마련
  - 사용자 정보 취득-사용-폐기의 전주기 정보의 보호 및 프라이버시 관리
- IoT 침해 사고 대응 체계 및 책임 추적성 확보 방안 마련
  - 보안 사고에 대비한 침입탐지와 사고 시 분석 및 책임 추적성 확보

(3) 암호의 기본

① **암호의 필요성** : 안전한 통신을 위한 보안 서비스 요구사항인 기밀성과 무결성을 제공해야 한다.
  - 기밀성 : 정당한 사용자만이 데이터의 내용을 파악할 수 있게 하는 것이다.
  - 무결성 : 수신 메시지에 불법적인 삽입이나 변조가 있는지 확인할 수 있게 하는 것이다.

② **암호의 개념** : 암호화는 알고리즘을 이용하여 누구든 읽어볼 수 있는 평문으로 저장된 정보를 암호화를 위한 비밀 키를 가진 사람만이 볼 수 있도록 암호문으로 변환하는 것을 말한다. 복호화는 그 반대 과정을 말한다.
  - 평문(Plaintext) : 원문이나 데이터로서 알고리즘의 입력으로 이용
  - 암호 알고리즘(Encryption algorithm) : 입력으로 들어온 원문을 다양한 방법으로 치환하고 변환
  - 암호화(Encryption) : 평문을 암호문으로 바꾸는 것
  - 비밀키(Secret key) : 암호 알고리즘의 하나의 입력으로써, 이 키를 이용하여 알고리즘에 의해서 정확한 대체와 전환 가능
  - 암호문(Ciphertext) : 출력으로 나오는 암호화된 메시지로써 평문과 비밀키에 의해서 달라지고 서로 다른 키를 사용하면 다른 암호문 생성
  - 복호 알고리즘(Decryption algorithm) : 암호문에 암호 알고리즘과 암호에 사용했던 동일한 키를 적용하여 원문을 복원
  - 복호화(Decryption) : 암호문을 평문으로 바꾸는 것

그림 5-2 암호화와 복호화

③ **암호의 종류** : 비밀키의 사용 방법에 따라서 대칭키 방식과 비대칭키 방식으로 나뉠 수 있다.

㉠ **대칭키 방식**
- 암·복호화에 사용하는 키가 동일하다.
- 대칭키 방식은 암호화하는 단위에 따라 블록 암호와 스트림 암호로 나뉠 수 있다.
  - 블록 암호 : 정해진 한 단위(블록)를 입력받아 그에 대응하는 암호화 블록을 생성하는 방식이다.
  - 스트림 암호 : 연속적인 비트/바이트를 계속해서 입력받아, 그에 대응하는 암호화 비트/바이트를 생성하는 방식이다.
- 장점 : 암호화 방식에 속도가 빠르고 대용량 데이터 암호화에 적합하다.
- 단점 : 키 교환, 키 탈취 관리, 사용자 증가에 따른 어려운 키 관리, 낮은 확장성의 문제가 있다.
- Session Key, Secret Key, Shared Key, 대칭키, 단용키라고도 불린다.
- 기밀성을 제공하나, 무결성/인증/부인방지를 보장하지 않는다.
- 대표적인 암호 알고리즘
  - 블록 암호 : DES, TDES, SEED, IDEA, AES, ARIA 등
  - 스트림 암호 : OTP, RC4, A5/1 등

㉡ **비대칭키 방식**
- 암·복호화에 사용하는 두 개의 키(공개키, 개인키)가 서로 다르다. 공개키는 다른 사용자에게 암호 모드와 인증 모드 사용을 위해서 공개가 된다. 따라서, 비대칭키 방식은 공개키 방식으로도 불린다.
- 단점 : 속도가 느리다.
- 장점 : 키 분배가 필요없고 기밀성/인증/부인방지 기능을 제공한다.
- 방식
  - 암호 모드 : 수신자 공개키로 암호화 → 수신자 사설키로 복호화
    소량의 메시지 암호화 목적, 주로 키 교환의 용도로 사용한다.
  - 인증 모드 : 송신자 사설키로 암호화 → 송신자 공개키로 복호화
    메시지를 인증(부인방지)하는 것이 목적이다.
- 대표적인 암호 알고리즘
  - Diffie Hellman : 최초의 공개키 알고리즘, 위조에 취약
  - RSA : 대표적 공개키 알고리즘
  - DSA : 전자서명 알고리즘 표준
  - ECC : 짧은 키로 높은 암호 강도, 빠른 구현 가능, PDA, 스마트폰 등에 사용

표 5-5 대칭키 방식과 비대칭키 방식의 비교

구분	대칭키(비밀키) 암호화 방식	비대칭키(공개키) 암호화 방식
개념	• 암호화키(비밀키)=복호화키(비밀키)	• 암호화키(공개키)와 복호화키(개인키)가 다르며, 이들 중 복호화키만 비밀로 간직 • 비대칭 구조를 가짐
특징	• 대량의 데이터 암호화 유리	• 전자서명, 공인인증서 등 다양한 이용
장점	• 연산 속도가 빠르고 구현이 용이 • 일반적으로 같은 양의 데이터를 암호화하기 위한 연산이 공개키 암호보다 현저히 빠름 • 손쉽게 기밀성을 제공 • 암호화할 수 있는 평문의 길이에 제한이 없음	• 키 분배/키 관리가 용이 • 사용자의 증가에 따라 관리할 키의 개수가 상대적으로 적음 • 키 변화의 빈도가 적음(공개키의 복호화키는 길고 복잡하기 때문) • 기밀성, 인증, 무결성을 지원하고 특히 부인방지 기능을 제공
단점	• 키 관리가 어려움 • 인증, 무결성 지원이 부분적으로만 가능하며, 부인방지 기능을 제공하지 못함	• 키의 길이가 길고 연산 속도가 느림 • 암호화할 수 있는 평문의 길이에 제한이 있음
알고리즘	• DES, TDES, SEED, IDEA, AES, ARIA, OTP, RC4, A5/1	• Diff-Hellman, RSA, DSA, ECC, Rabin, ElGamal
키의 개수	• $n(n-1)/2$	• $2n$

④ 암호화 공격 기법
㉠ 대칭키의 블록 암호화 공격 기법
- 차분 공격법(Differential Cryptanalysis) : 1990년 비함과 샤미르에 의하여 개발된 선택된 평문 공격법으로, 두 개의 평문 블록들의 비트의 차이에 대하여 대응되는 암호문 블록들의 비트의 차이를 이용하여 사용된 암호키를 찾아내는 방법이다.
- 선형 공격법(Linear Cryptanalysis) : 1993년 미쓰이 미쓰루에 의해 개발되어 알려진 평문 공격법으로, 알고리즘 내부의 비선형 구조를 적당히 선형화시켜 암호키를 찾는 방법이다.
- 전수 공격법(Exhaustive Key Search) : 1977년 디피와 헬만이 제안한 방법으로 암호화할 때 일어날 수 있는 모든 가능한 경우를 조사하는 방법으로 경우의 수가 적을 때는 가장 정확한 방법이지만, 일반적으로 경우의 수가 많은 경우에는 구현 불가능한 방법이다.
- 통계적 분석 공격법(Statistical Analysis) : 암호문에 대한 평문의 각 단어의 빈도에 관한 자료를 포함하는 지금까지 알려진 모든 통계적인 자료를 이용하여 해독하는 방법이다.

- 수학적 분석 공격법(Mathematical Analysis) : 통계적인 방법을 포함하며 수학적 이론을 이용하여 암호문을 해독하는 방법이다.

ⓛ 대칭키의 스트림 암호화 공격 기법
- 구별 공격 : 스트림 암호 알고리즘에서 생성되는 키 스트림과 난수열을 구별하는 공격으로 통계적인 분석 방법 및 대부분의 분석 방법들이 이 공격에 포함된다.
- 예측 공격 : 이전의 적당한 길이의 키 스트림을 획득하였다는 가정하에 다음 발생할 수열을 예측하는 형태의 공격이다.
- 키 복구 공격 : 가장 강력한 공격으로 키 스트림을 이용하여 마스터 키 또는 내부 상태 값을 복구하는 공격이다.
- 대수적 공격 : 알려진 입출력 쌍과 내부의 알고자 하는 값을 변수로 하여 암호 알고리즘의 과정을 통해 만들어진 과포화된(overdefined) 다변수 연립 방정식을 이용하여 변수의 값을 얻고 이를 통하여 키를 복구하는 공격이다.

ⓒ 비대칭키 암호화 공격 기법
- 중간자 공격(Man-In-The-Middle, MITM) : 공격자가 송신자와 수신자 사이에서 송신자에 대해서는 수신자처럼 행세하고, 수신자에 대해서는 송신자처럼 행세하여 정보를 도청하거나 조작하는 공격이다.

3 인증 기술

(1) 인증 개념
- 인증(Authentication)은 참이라는 근거가 있는 무언가를 확인하거나 확증하는 행위이다.
- 제3자에 대해 어떠한 인적 물적 객체나 서비스 또는 문서나 행위가 정당한 절차로 이루어졌다는 것을 공적 기관이 증명하는 절차 및 제도를 말한다.
- 일반적으로 인증 방법을 분류할 때는 인증하려는 대상에 따라서, 사람인 경우는 사용자 인증, 기기인 경우에는 기기 인증이라고 한다.
- 인증과 유사한 개념으로는 권한부여(Authorization)와 접근제어(Access Control)가 있다.

(2) 인증 기술 종류

① 비밀번호 인증
- 사용자와 인증 시스템 간에 미리 비밀번호를 공유해놓고 인증 기반으로서 비밀번호를 사용하는 방식이다.
- 비밀번호 인증은 사용자 ID로 표시되는 비밀번호 파일을 이용한다.
- 인증 시스템 안에 저장된 비밀번호 파일의 사용자 ID와 대응되는 비밀번호를 입력된 비밀번호와 비교하여 인증한다.

② Basic 인증과 Digest 인증
  ㉠ Basic 인증
  - Basic 인증은 가장 잘 알려진 HTTP 인증 규약으로, 거의 모든 주요 클라이언트와 서버에 기본 인증으로 사용되고 있다.
  - Basic 인증은 서버에서 클라이언트로의 인증 요구와 클라이언트에서 서버로의 응답으로 동작한다.
    - 인증요구(서버에서 클라이언트로) : WWW-Authenticate: Basic realm=따옴표로 감싼 문서 집합
    - 응답(클라이언트에서 서버로) : Authorization: Basic base-64로 인코딩한 이름과 비밀번호
  - base-64 인코딩은 바이너리, 텍스트 국제 문자 데이터 문자열을 받아서 전송할 수 있게 그 문자열을 전송 가능한 문자인 알파벳으로 변환하는 것으로써, 전송 중에 원본 문자열이 변질될 걱정 없이 원격에서 디코딩이 가능하도록 한다.

  ㉡ Digest 인증
  - Basic 인증이 편리하고 유연하지만, 사용자 이름과 비밀번호를 평문으로 보내고 메시지를 위조 방지하는 기능이 없어서 안전하지 않으므로, 이를 해결하기 위해서 Digest 인증이 개발되었다.
  - Digest 인증은 사용자 이름이나 패스워드를 직접 송수신하지 않고 인증을 구현하였다.
  - Digest 인증은 HTTP로 송수신되는 인증 정보는 무작위로 생성된 문자열이나 메시지 다이제스트뿐이므로 설령 네트워크가 도청당하더라도 패스워드를 역으로 계산하기란 불가능하다.
  - Digest 인증 순서
    - 웹 서버가 논스(nonce)라고 부르는 무작위 문자열을 생성해 인증 요구와 함께 웹 브라우저에 보낸다.
    - 웹 브라우저는 클라이언트 논스(cnonce)라고 부르는 무작위 문자열을 생성한다.

- 웹 브라우저는 사용자가 입력한 ID, PW에 nonce와 cnonce를 합친 문자열의 메시지 다이제스트를 작성, 이것을 응답(response)이라고 한다.
- 웹 브라우저는 응답과 클라이언트 논스를 웹 서버에 돌려준다.
- 웹 서버는 저장하고 있는 ID, PW, 논스와 함께 웹 브라우저에서 받은 클라이언트 논스로부터 메시지 다이제스트를 작성해 웹 브라우저로부터 받은 응답과 비교해 인증을 실시한다.

③ 토큰 인증
- 사용자가 자신의 ID를 확인하고 고유한 액세스 토큰을 받을 수 있는 프로토콜을 말한다.
- 사용자는 토큰 유효 기간 동안 동일한 웹페이지나 앱, 혹은 그 밖에 해당 토큰으로 보호받는 리소스로 돌아갈 때마다 인증을 다시 받을 필요 없이 토큰이 발급된 웹사이트나 앱에 액세스할 수 있다.
- 토큰 인증의 방법으로 많은 웹 서버들은 JWT(JSON Web Token)을 사용한다.
- 인증 과정
  - 사용자가 아이디와 비밀번호로 로그인을 수행한다.
  - 서버 측에서 해당 정보를 검증한다.
  - 정보가 정확하다면 서버 측에서 사용자에게 Signed 토큰을 발급한다.
  - 사용자 측에서 전달받은 토큰을 저장해두고, 서버에 요청을 할 때마다 해당 토큰을 서버에 함께 전달한다.
  - 서버는 토큰을 검증하고, 요청에 응답한다.

④ 생체 인증
- 하나 이상의 고유한 신체적, 행동적 형질에 기반한 생체 정보를 이용하여 사용자를 인증하는 방식을 두루 가리킨다.
- 생체 인증은 생체 정보로 신체 일부를 이용한다는 점에서 편의성을 가지고 있으며, 별도의 장치가 없어 분실의 위험이 적다.
- 생체 정보로 사용되는 신체적 특성으로는 지문(Fingerprint), 얼굴(Face), 홍채(Iris)·망막(Retina), 정맥(Vein), 손모양(Hand Geometry), 장문(손바닥, Palm Print), 뇌파 등이 있으며 행동적 특성으로는 서명(Signature), 음성(Speaker), 걸음걸이(Walk), 타자방식(Keystroke Dynamics) 등이 있다.
- 생체 정보는 만인 부동의 원칙과 평생 불변해야 한다는 특징을 지녀야 한다.
- 생체 인증 기술의 정확성 측정 기준은 오거부율(FRR : False Rejection Rate), 오인식율(FAR : False Acceptance Rate), 및 FRR과 FAR의 교차점(CER : Crossover Error Rate)이 있다.

- FRR : 허가된 사용자가 시스템의 오류로 인하여 접근 거부되는 비율
- FAR : 허가되지 않은 사용자가 시스템의 오류로 인하여 접근 허용되는 비율
- CER : 잘못된 거부의 비율(FRR)과 잘못된 허용의 비율(FAR)의 교차점을 의미

표 5-6 생체 인증 기술의 고유 특성

구분	특성	설명
일반적으로 갖추어야 할 특성	보편성(Universality)	모든 사람이 가지고 있는 생체 특성이어야 함
	유일성(Uniqueness)	같은 특성을 가진 사람이 없어야 함
	영구성(Permanence)	절대 변화거나 변경되지 않아야 함
	획득성(Collectability)	센서로부터 생체특성정보 추출 및 정량화가 쉬워야 함
신뢰성을 높이기 위한 추가적인 특성	정확도(Performance)	시스템의 정확도, 처리속도, 내구성 등
	수용도(Acceptability)	시스템에 대한 거부감을 느끼지 않은 정도
	기만용이도(Circumvention)	비정상적으로 시스템을 속이기 쉬운 정도

출처 : 정보통신정책연구원, NICE디앤비 재구성

⑤ 리스크(Risk) 기반 인증
- 리스크 기반 인증은 시스템에 대한 인증을 요청하는 사용자의 프로파일을 고려하여 해당 트랜잭션과 연관된 리스크 프로파일을 결정하는 비정적 인증 기술이다.
- 사용자의 액세스 위험도에 따라 가장 적합한 인증 수단을 동적으로 적용한다.
- 서버가 사용자의 정보(기기 정보, 언어 정보, 위치 정보, 사용 시간 등)를 판단해서 사용자의 액세스 위험도를 결정하고 액세스 위험도에 기반하여 사용자의 접근 여부를 결정한다.

4 접근 제어 기술

(1) 접근 제어 개념

접근 제어는 주체(Subject)인 사람이나 프로세스에 객체(Object)인 시스템이나 파일에 읽기, 쓰기, 실행 등의 접근 여부를 허가하거나 거부하는 기능을 의미한다.

(2) 접근 제어 기술 종류

대표적인 접근 제어 기법에는 강제적 접근 제어, 임의적 접근 제어, 역할 기반 접근 제어, 속성 기반 접근 제어가 있다.

① 강제적 접근 제어 (MAC: Mandatory Access Control)
- 주체와 객체의 보안 등급을 비교하여 접근 권한을 부여하는 규칙 기반 접근 제어 방식이다.
- 보안 관리자가 취급 인가를 허용한 개체만 접근할 수 있도록 강제적으로 통제한다.
- 주체와 객체의 수와 상관없이 접근 규칙의 수가 최대로 정해지기 때문에 접근 규칙의 수가 적고 모든 객체에 대한 관리가 쉽다.
- 기밀성이 매우 중요한 시스템에 사용되어 방화벽에서 응용되고 있다.

② 임의적 접근 제어 (DAC: Discretionary Access Control)
- 주체나 주체가 속한 그룹의 신원에 근거하여 객체에 대한 접근을 제한하는 신분 기반 접근 제어 방식이다.
- 객체의 소유주가 접근 여부를 결정할 수 있어서 객체별 세분화된 접근 제어가 가능하다.
- 하나의 주체마다 객체에 대한 접근 권한을 부여해야 한다.
- 리눅스, 윈도우, 유닉스 등의 대부분 운영체제에서 사용되고 있다.

③ 역할 기반 접근 제어 (RABC: Role Based Access Control)
- 관리자가 주체와 객체의 상호 관계를 통제하며 주체와 객체 사이의 역할에 기반하여 객체에 대한 접근을 제어하는 방식이다.
- 권한을 부여하는 단위가 주체 대신 주체가 수행하는 역할에 따라 부여된다.
- 주체가 적절한 역할에 할당되고, 역할에 적합한 접근 권한이 할당된 경우에만 접근할 수 있다.
- 권한의 최소화, 직무의 분리, 데이터 추상화 보안 정책을 제공할 수 있다.

④ 속성 기반 접근 제어 (ABAC: Attribute Based Access Control)
- 주체와 객체의 속성에 대한 조건을 기술하여 접근을 제어하는 방식이다.
- 객체에 접근하기 위한 속성에 대해 정의하고 주체의 속성 소유 여부를 검사하여 접근 제어를 수행한다.
- 속성은 주체(이름, 직업, 역할 등), 자원(시스템 기능, 웹 서비스 등), 환경(현재 시각, 현재 위험 수준, 네트워크 위험 수준 등) 등 다양하게 존재하며 지원하는 속성의 종류는 시스템마다 다르다.
- 세분화된 권한을 사용할 수 있고 시스템의 다양한 요소를 반영할 수 있기 때문에 표현력과 유연성이 우수하지만, 대규모의 시스템에서 개별적인 속성 적용은 많은 시간이 필요하고 복잡한 속성 조건 계산은 시스템 성능을 떨어뜨린다.

5 보안 위협 및 대응

(1) 보안 위협

- 지능형(스마트)홈은 사물인터넷 기술을 활용하여 지능형(스마트)홈 관련 센서/디바이스, 네트워크, 그리고 플랫폼/서비스의 상호 연동으로 집 안에 존재하는 세탁기, 건조기, 냉장고 등 가전제품뿐만 아니라 조명, 냉난방, 환기, 센서 등의 개별 시스템을 통합 제어한다.
- 사물인터넷 기반의 지능형(스마트)홈은 다양한 여러 요소 기술의 융합으로 동작하기 때문에 각 기술의 취약점 발생 가능성뿐만 아니라 기술이 융합되어 발생하는 새로운 취약점까지 대비해야 한다.
- 그러므로, 지능형(스마트)홈 보안 위협은 사물인터넷 구성 기술인 디바이스, 네트워크(게이트웨이), 및 플랫폼/서비스로 구분하여 살펴보고 대응 방안을 마련해야 한다.

그림 5-3 IoT 환경에서의 사이버 보안 위협

출처: IoT 공통 보안 가이드, 한국인터넷진흥원(2019)

① 디바이스 보안 위협
- 초경량·저전력·저성능의 특성이 있는 사물인터넷 디바이스가 사물인터넷에 연결될 때 기존 고사양의 PC 환경에서 사용되던 보안 알고리즘은 복잡하고 무거워서 사실상 구현하기가 어렵다.

- 디바이스와 게이트웨이 간 통신 주파수에 노이즈를 발생시키거나, 동시에 동일한 주파수에 접속 또는 신호의 위·변조로 실제 정상 신호를 방해하는 방법 등으로 보안을 위협할 수 있다.
- 이러한 보안위협은 전파 간섭(Interference) 및 방해(Jamming), 충돌(Collision) 등 무선링크에 대한 공격에서부터 네트워크에 공유된 Key를 취득하여 허가되지 않은(Fake) 디바이스를 네트워크에 접속시켜 악의적인 행위를 하도록 조종하는 공격까지 수없이 많이 존재한다.

표 5-7 IoT 디바이스 관련 보안 위협

보안 위협	위협 내용
간섭(Interference)/ 재밍(Jamming)/충돌(Collision)	• 노이즈 발생, 동시 동일 주파수 접속, 주파수 위변조 등을 통해 실제 신호의 정상적인 송수신을 방해하는 공격
시빌 공격(Sybil Attack)	• 기존의 Wireless Ad-hoc이나 센서 네트워크에서 Multi-Identity가 허용되는 취약점을 이용하여 네트워크를 장악하려는 공격으로 각 디바이스나 센서에 Unique ID를 부여하지 않을 경우 발생
트래픽 분석(Traffic Analysis)	• 암호화되지 않는 NPDU(패킷), DLPDU(프레임) 페이로드를 분석하여 정보를 취하는 공격 (단, 암호화할 경우 상대적으로 안전하지만, System Performance에 영향이 갈 수 있음)
서비스 거부(DoS)	• 주변 노드에 지속적인 광고 패킷을 송신, DLPDU 반복 수정, CRC 반복 체크로 시스템에 무리를 주거나 주파수 Jamming 등을 통해 신호 송수신을 방해하는 공격
비동기화(De-synchronization)	• Device Pool에 잘못된 시간 정보를 송신하여 디바이스가 계속적으로 시간을 교정하는데 자원을 소모하도록 하는 공격
웜홀(Wormhole)	• 상호 통신이 허가되지 않은 두 디바이스의 무선 통신 모듈을 공격해 상호간 통신을 가능하게 만들고, 통신 라우팅을 고의로 변경하거나 악성코드 배포 경로로 이용하는 공격
변조(Tampering)	• 단말에 저장된 데이터 혹은 송수신 데이터를 임의로 위변조하는 공격
도청(Eavesdropping)	• 암호화되지 않은 디바이스(센서)와 게이트웨이 구간 정보를 도청하는 공격
선택적 전달 공격(Selective Forwarding Attack)	• 선택적으로 특정 노드에 패킷을 포워딩하지 않게 하여 해당 노드를 블랙홀로 만들어 버리는 공격
스푸핑(Spoofing)	• 네트워크에 공유된 Network-Key를 취득하여 허가되지 않은 Fake 디바이스(센서)를 네트워크에 접속시켜 악의적인 행위를 하도록 하는 공격

출처 : 행정안전부, [정부사물인터넷 도입 가이드라인], (2019)

② 게이트웨이 보안 위협
- 사물인터넷 게이트웨이는 수많은 사물인터넷 기기와 외부 환경(WAN)과의 연결점으로써 사물인터넷 기기로부터 방대한 센싱 데이터가 송·수신되고, 사물인터넷 기기의 제어(액츄에이션) 및 관리가 이루어진다. 이에 따라 악의적인 공격자의 공격 대상이 될 요인이 충분하다.
- 게이트웨이에 대한 보안 위협은 게이트웨이 자체를 대상으로 한 위협과 게이트웨이와 기기 간, 게이트웨이 간, 게이트웨이와 연계하는 외부환경 간 네트워크를 대상으로 한 보안 위협, 그리고 게이트웨이의 서비스를 대상으로 하는 보안 위협으로 나눌 수 있다.

표 5-8 IoT 게이트웨이 관련 보안 위협

보안 위협	위협 내용
사물봇(ThingBot)	• 광범위한 사물로 구성된 사물봇에 의한 트래픽 폭증 공격
프로토콜 변환 취약점 공격	• 사물인터넷 기기는 자원 제약(전력, 연산 성능, 통신 범위)으로 인하여 일반적으로 경량 프로토콜, 근거리 통신을 사용함 • 사물인터넷 게이트웨이가 이를 고기능성 프로토콜 또는 장거리 통신(Ethernet 등)으로 전환하는 과정에서 데이터 기밀성 훼손, 악의적인 위·변조, 보안정책 훼손, 임의의 메시지 주입으로 인한 보안 위협(예: Buffer overflow 공격)이 존재
서비스 마비	• 사물인터넷 게이트웨이와 사물인터넷 기기 사이의 통신은 주로 무선을 통해 이루어짐 • 이러한 무선 프로토콜의 특성(취약점) 또는 Jamming을 통해 사물인터넷 게이트웨이와 사물인터넷 기기 사이의 통신을 불가능하게 하거나, 사물인터넷 게이트웨이의 취약점을 통해 게이트웨이의 동작을 정지시키거나 서비스를 불가능하게 하는 위협
악성코드 감염	• 악성코드 감염으로 사물인터넷 게이트웨이가 좀비화 되어 DDos 등의 공격에 악용될 수 있고, 감염된 게이트웨이를 통해 사용자의 데이터가 유출이 가능 • 또한 사물인터넷 게이트웨이에 연결된 기기를 감염시킴으로써 2차 피해를 유발할 수 있음
데이터 유출	• 도청, 중간자 공격, 메시지 위·변조를 통해 공격자가 사용자의 민감한 정보(개인정보 등)를 습득할 수 있음
메시지 불법 동작 제어	• 재전송 공격, 메시지 위·변조를 통해 특정한 동작을 수행하는 메시지를 주입하여 악의적인 공격자가 사물인터넷 게이트웨이의 동작을 제어할 수 있음
웹 인터페이스 취약점	• 사물인터넷 게이트웨이 접근을 위한 웹 인터페이스의 취약점을 활용한 공격(CSRF 등)으로 관리자가 권한 탈취 등의 피해를 입을 수 있음
물리적 탈취	• 물리적인 접근을 통해 악의적인 공격자는 사물인터넷 게이트웨이의 펌웨어를 임의로 교체하거나 하드웨어 인터페이스(예: JTAG) 또는 플래쉬 메모리의 물리적인 탈취를 통해 데이터를 획득할 수 있음

출처: 행정안전부, [정부사물인터넷 도입 가이드라인],(2019)

③ IoT 플랫폼/서비스 보안 위협
- 사물인터넷 플랫폼/서비스는 제공 서비스 및 사용자, 기기 등을 관리하고, 센터 시스템과 각 기기 간의 연결기능을 제공한다. 사물인터넷 환경의 특성상 각 장치들은 사용자의 민감 정보를 수집할 가능성이 높으므로 이러한 데이터는 처리 과정에서의 보안이 필수적이다.

표 5-9 IoT 플랫폼/서비스 관련 보안 위협

보안 위협	위협 내용
Worm 및 Virus	• 시스템을 파괴하거나 작업을 지연 또는 방해할 수 있음
비인가된 접근	• 비인가자가 불법적으로 시스템에 로그인(Login)하여 디스크 자료 불법 열람, 삭제 및 변조 등 시스템에 물리적인 피해를 유발할 수 있음
패치되지 않은 시스템 OS 보안 취약성	• 운영체제, 데이터베이스, 응용 프로그램, 시스템 프로그램 등 모든 정보 자산에 존재하는 허점(버그)에 의해 주로 발생되며, 사용자의 민감정보 유출, 바이러스, 악성코드에 의한 시스템의 비정상적인 동작이 발생할 수 있음
설정 오류 및 실수	• 패드워드 공유, 데이터 백업의 부재 등 운영자의 부주의와 태만으로 시스템의 불법 접근 및 데이터 손실 등의 문제 발생 가능
기밀성/무결성 공격	• 네트워크 도·감청을 통해 데이터 위변조, 악성코드 삽입, 암호키 유출 등을 통한 보안 위협 발생 가능
개인정보 유출 및 프라이버시 침해	• 다양한 디바이스로부터 수집된 단편적인 정보의 조합으로 새로운 개인식별 정보 생성 가능

출처: 행정안전부, [정부사물인터넷 도입 가이드라인],(2019)

(2) 지능형(스마트)홈 보안 위협 및 대응 방안

표 5-10 지능형(스마트)홈 보안 위협 및 대응 방안

위협	공격		대응 방안	관련 기술
물리적 위협	스마트기기의 하드웨어 해킹을 통한 정보 유출	인증	센서 및 사용자에 대한 인증 제공	기기 인증, 사용자 인증
	센서 및 게이트웨이 간 통신 도청	암호화	통신 데이터에 대한 암호화 제공	AES, DES, IDEA
	CCTV 전송 데이터 도청 및 복원	암호화	CCTV 통신 구간 암호화	무선 통신 암호화
개인 정보 침해	지능형(스마트)홈 기기에 저장된 개인 성향, 성격 등의 정보 노출	암호화	사용자 정보에 데이터 암호화 제공	공개키 기반 암호화
	CCTV 정보 유출(무단 접근 등)	암호화	CCTV 접근 사용자에 대한 인증 제공	IP 접근통제, ID 기반 접근통제
		암호화	CCTV 통신 구간 암호화	AES, DES, IDEA
데이터 위/변조	센서 및 게이트웨이 통신 제어 데이터 변조	무결성	각 센서 및 게이트웨이 장비 통신 시 무결성 제공	AES, MDS
위장 공격	위조된 사용자 식별 정보를 통한 인증	무결성	사용자 식별 시 위조 확인 및 무결성 검증 절차 제공	기기 인증, 사용자 인증
서비스 거부	센서와 게이트웨이 통신 방해 목적의 유/무선 데이터 전송	인증	센서 및 게이트웨이 통신 시 인증된 기기 및 사용자만이 사용할 수 있는 인증 제공	기기 인증, 사용자 인증
물리적 위협	스마트 기기의 히드웨어 해킹을 통한 정보 유출	암호화	데이터 암호화를 통한 메모리 추출에 의한 데이터 노출 방지	공개키 기반의 암호화
기능 제거		기능 제거	하드웨어에 존재하는 JTAG, UART 등의 인터페이스 제거	JTAG, UART, 펌웨어 분석

출처: 사물인터넷 환경에서의 스마트홈 서비스 침해위험 분석 및 보안 대책 연구 발췌, 저) 이명렬, 박재표 JIIBC 2016-5-5

지능형홈 네트워크 예상문제

기출유형분석 단원점검

01 데이터 통신 시스템의 5요소가 아닌 것은 무엇인가?

① 메시지 ② 라우터
③ 전송 매체 ④ 프로토콜

라우터는 서로 다른 네트워크 간에 최적의 경로를 찾아내는 알고리즘을 활용해 중계 역할을 해주는 장치로 데이터 통신 시스템의 5요소가 아니다.

02 데이터 통신 시스템의 5요소에 대한 설명이 올바르지 않은 것은 무엇인가?

① 메시지(Message) – 통신의 목적이 되는 정보
② 송신자(Sender) – 메시지의 생성 및 송신을 담당하는 장치
③ 인터페이스(Interface) – 전송 매체를 컴퓨터에 연결하는 데 사용되는 컴퓨터 하드웨어 장치
④ 전송 매체(Transmission medium) – 송신자로부터 수신자까지 메시지를 전달하기 위한 물리적 전달 매체

- 데이터 통신 시스템의 5요소는 메시지, 송신자, 수신자, 전송 매체, 그리고 프로토콜이다.
- 인터페이스는 데이터 통신 시스템의 5요소가 아니다.

03 프로토콜의 주요 3요소가 아닌 것은 무엇인가?

① 구문(Syntax) ② 의미(Semantics)
③ 개체(Entity) ④ 순서(Timing)

개체(Entity)는 프로토콜의 주요 3요소가 아니다.

04 다음은 프로토콜의 주요 3요소 중의 하나에 대한 설명이다. (A)에 들어갈 알맞은 용어는 무엇인가?

> (A)는 전송의 조작이나 오류 제어를 위한 제어 정보에 대해 규정하는 것을 의미한다.

① 구문(Syntax) ② 의미(Semantics)
③ 개체(Entity) ④ 순서(Timing)

- 구문(Syntax)은 데이터의 형식이나 부호화 및 신호 레벨을 규정하는 것을 의미한다.
- 순서(Timing)는 접속되어 있는 개체 간의 통신 속도의 조정이나 메시지의 순서 제어 등을 규정하는 것을 의미한다.
- 개체(Entity)는 프로토콜의 주요 3요소가 아니다.

05 다음의 네트워크 종류에 대한 설명이 올바르지 않은 것은 무엇인가?

① PAN – 10m 이내의 개인 휴대기기 사이에서 구성된 개인 영역 통신망을 의미한다.
② LAN – 1~5km 범위의 넓지 않은 일정 지역 내에서 다수의 컴퓨터나 사무 자동화 기기 등을 속도가 빠른 통신 선로로 연결한 통신망을 의미한다.
③ MAN – 50km 이내의 한 도시 내의 컴퓨터 자원들과 사용자들을 서로 연결하는 하나의 통신망을 의미한다.
④ WAN – 여러 개의 PAN이 모여 이루는 150km 이상의 넓은 범위의 통신망을 의미한다.

정답 01 ② 02 ③ 03 ③ 04 ② 05 ④

WAN은 여러 개의 LAN이 모여 이루는 150km 이상의 넓은 범위의 통신망으로써, 지역 간, 더 나아가 국가 간 서로 연결하는 통신망을 의미한다.

06 네트워크의 크기가 작은 것에서 큰 것의 순서로 올바르게 나열된 것은 무엇인가?

① PAN → LAN → MAN → WAN
② PAN → LAN → WAN → MAN
③ LAN → PAN → MAN → WAN
④ MAN → PAN → LAN → WAN

PAN은 10m 이내, LAN은 1~5Km 범위, MAN은 50Km 이내, 그리고 WAN은 150Km 이상이다.

07 OSI 모델의 7계층에 대한 설명이 올바르지 않은 것은 무엇인가?

① 표현 계층 : 데이터의 형식(Format)을 정의하고 인코딩, 압축, 그리고 암호화의 기능을 제공하는 계층이다.
② 전송 계층 : 소스 장치의 프로세스와 목적지 장치의 프로세스 사이에 데이터그램 또는 세그먼트 단위의 메시지를 전달하는 계층이다.
③ 데이터 링크 계층 : 소스 장치로부터 IP 주소를 사용하여 패킷 단위의 데이터를 목적지 장치까지 전달하기 위한 계층이다.
④ 물리 계층 : 두 장치 간에 데이터의 개별적인 비트들을 전기 신호로 바꾸어 전송 매개체를 통해서 전달하는 계층이다.

- 데이터 링크 계층은 두 장치 간에 MAC 주소와 같은 링크 주소를 사용하여 프레임 단위의 데이터를 전송하고 전송상에 발생하는 에러 검출과 흐름 제어를 담당하는 계층이다.
- 소스 장치로부터 IP 주소를 사용하여 패킷 단위의 데이터를 목적지 장치까지 전달하기 위한 계층은 네트워크 계층이다.

08 TCP/IP 프로토콜 스위트의 계층에 해당하지 않는 것은 무엇인가?

① 응용 계층
② 표현 계층
③ 인터넷 계층
④ 네트워크 인터페이스 계층

표현 계층은 OSI 모델의 7계층 중의 하나로 6계층에 해당한다.

09 OSI 모델의 계층과 관련 프로토콜이 올바르게 대응되지 않은 것은 무엇인가?

① 응용 계층 : HTTP
② 전송 계층 : TCP
③ 네트워크 계층 : SIP
④ 데이터 링크 계층 : Ethernet

- SIP(Session Initiation Protocol)는 응용 계층 프로토콜로 IETF에서 정의한 시그널링 프로토콜로 음성과 화상 통화 같은 멀티미디어 세션을 제어하기 위해 널리 사용된다.
- 네트워크 계층 프로토콜로는 IP, IPX, IPsec, ICMP, ARP 등이 있다.

10 OSI 모델의 계층과 사용되는 장비 사이의 연결이 올바르지 않은 것은 무엇인가?

① 전송 계층 : 게이트웨이(Gateway)
② 네트워크 계층 : 라우터(Router)
③ 데이터 링크 계층 : 리피터(Repeater)
④ 물리 계층 : 허브(Hub)

- 리피터는 물리 계층의 장비이다.
- 데이터 링크 계층의 장비는 스위치(Switch)와 브릿지(Bridge)가 있다.

11 지능형(스마트)홈 무선 통신망과 관련한 통신 기술의 연결이 올바르지 않은 것은 무엇인가?

① WPAN : ZigBee
② WLAN : Wi-Fi
③ LPWAN : NFC
④ WWAN : 4G

NFC는 10cm 정도의 아주 가까운 거리(접촉 및 근접 비접촉 모두 포함)의 양방향 무선 통신을 위한 기술로서 WPAN 통신 기술이다.

12 블루투스에 대한 설명으로 올바르지 않은 것은 무엇인가?

① 블루투스는 IEEE 802.15.1에서 표준화되었다.
② 블루투스는 10m 안팎의 초단거리에서 데이터나 음성, 영상 등을 전송하기 위한 저전력 무선 연결에 사용하는 무선 기술이다.
③ 블루투스는 기기 간 마스터와 슬레이브 구성으로 연결한다.
④ 블루투스는 13.56MHz 대역을 사용한다.

- 블루투스는 ISM 대역인 2,400 ~ 2,483.5 MHz를 사용한다.
- 13.56MHz 대역은 NFC에서 사용한다.

13 블루투스의 데이터 전송 방식에 대한 설명으로 올바르지 않은 것은 무엇인가?

① 주파수 호핑을 사용한다.
② 625초 동안 하나의 주파수를 사용해 신호를 보낸다.
③ 동기식 데이터 전송과 비동기식 데이터 전송을 지원한다.
④ 비동기식 데이터 전송은 실시간 음성 데이터 전송을 지원한다.

동기식 데이터 전송이 실시간 음성 데이터 전송을 지원한다.

14 다음은 지능형(스마트)홈 통신 기술 중에 하나에 대한 설명이다. (A)에 들어갈 알맞은 용어는 무엇인가?

> (A)는 ISM 밴드의 2.4GHz 대역을 사용하여 10m 안팎의 거리에서 최대 240 Mbps의 전송 속도를 제공한다. (A)는 시스템 간 전파 간섭 방지를 위한 수단으로 주파수 호핑 방식을 사용한다. (A)를 이용하여 텍스트, 음성, 그래픽, 비디오를 포함한 데이터를 전송하는 응용을 지원할 수 있다.

① NFC   ② LoRa
③ Bluetooth   ④ RFID

- NFC는 13.56MHz의 대역을 가지며, 아주 가까운 거리(접촉 및 근접 비접촉 모두 포함)의 무선 통신을 하기 위한 기술이다.
- LoRa는 장거리 저전력 무선 플랫폼으로서 (한국에서) 920MHz 대역의 주파수를 사용하는 무선 통신 기술이다.
- RFID는 주파수를 이용해 ID를 식별하는 방식으로 일명 전자태그로 불린다. RFID 기술이란 전파를 이용해 먼 거리에서 정보를 인식하는 기술을 말하며, 전자기 유도 방식으로 통신한다. 여기에는 RFID 태그(이하 태그)와 RFID 판독기(이하 판독기)가 필요하다.

15 블루투스의 페어링에 대한 설명으로 올바르지 않은 것은 무엇인가?

① 페어링을 하려는 두 기기는 페어링을 위해서 준비 모드로 진입한다.
② 페어링을 하려는 두 기기는 마스터 기기와 슬레이브 기기로 구분된다.
③ 슬레이브 기기는 검색할 수 있는 모드로 진입하고 마스터 기기는 검색될 수 있는 모드로 진입한다.
④ 검색 신호를 통해서 블루투스 기기를 검색한다.

슬레이브 기기는 검색될 수 있는 모드로 진입하고 마스터 기기는 검색할 수 있는 모드로 진입한다.

16 다음은 ZigBee에 대한 설명이다. 올바르지 않은 것은 무엇인가?

① ZigBee 장치는 물리 계층, 매체접속제어 계층, 네트워크 계층과 응용 계층으로 나누어진다.
② ZigBee는 세계 대부분에서 ISM 밴드인 2.4GHz 대역을 사용한다.
③ ZigBee는 변조 방식으로 직접 시퀀스 확산 스펙트럼 방식을 사용한다.
④ ZigBee의 데이터 전송 속도는 최대 1Mbps 이다.

- ZigBee의 데이터 전송 속도는 20~250Kbps이다.
- 데이터 전송 속도가 최대 1Mbps인 것은 초창기 Bluetooth이다.

17 다음의 ZigBee의 설명 중에 올바르지 않은 것은 무엇인가?

① 소형, 저전력, 저비용, 근거리 통신을 목적으로 IEEE 802.15.4 기반으로 동작한다.
② 프로토콜은 물리 계층, 매체접속제어 계층, 네트워크 계층, 응용 계층으로 나누어진다.
③ 데이터 전송 속도는 20 ~ 250kbps를 지원한다.
④ 네트워크는 스타 구조의 토폴로지만 지원한다.

네트워크는 클러스터 트리 구조, 스타 구조, 메시 구조의 다양한 형태의 토폴로지를 지원한다.

18 LAN의 프로토콜 구조를 하위 계층에서 상위 계층으로의 순서로 올바르게 나타낸 것은 무엇인가?

① Physical - MAC - LLC
② MAC - LLC - Physical
③ LLC - Physical - MAC
④ Physical - LLC - MAC

19 WPAN의 하나의 통신 기술인 ZigBee가 채택한 IEEE 802 표준은 무엇인가?

① IEEE 802.15.1
② IEEE 802.15.3
③ IEEE 802.15.4
④ IEEE 802.15.7

- IEEE 802.15.1은 Bluetooth를 기반으로 한 WPAN 표준이다.
- IEEE 802.15.3은 480Mbps의 초고속 정보 전송을 위한 HR-WPAN으로써 UWB 표준이다.
- IEEE 802.15.7은 Visible Light Communication (가시광 통신) WPAN 표준이다.

20 다음은 지능형(스마트)홈의 개인 영역 통신 기술 중에 하나에 대한 설명이다. (A)에 들어갈 알맞은 용어는 무엇인가?

- (A)는 주파수를 이용해 ID를 식별하는 방식으로 일명 전자태그로 불린다.
- (A) 기술이란 전파를 이용해 먼 거리에서 정보를 인식하는 기술을 말하며, 전자기 유도 방식으로 통신한다.
- (A) 기술에는 태그와 판독기가 필요하다.

① RFID
② Bluetooth
③ LoRa
④ NFC

- Bluetooth는 ISM 밴드의 2.4 GHz 대역을 사용하여 10m 안팎의 거리에서 최대 240Mbps의 전송 속도를 제공하고, 시스템 간 전파 간섭 방지를 위한 수단으로 주파수 호핑 방식을 사용하며, 텍스트, 음성, 그래픽, 비디오를 포함한 데이터를 전송하는 응용들을 지원할 수 있다.
- LoRa는 장거리 저전력 무선 플랫폼으로서 (한국에서) 920MHz 대역의 주파수를 사용하는 무선 통신 기술이다.
- NFC는 13.56MHz의 대역을 가지며, 아주 가까운 거리(접촉 및 근접 비접촉 모두 포함)의 무선 통신을 하기 위한 기술이다.

정답 16 ④ 17 ④ 18 ① 19 ③ 20 ①

21 다음은 개인 영역 통신(PAN) 통신 기술 중에 하나에 대한 설명이다. (A)에 들어갈 알맞은 용어는 무엇인가?

> (A)는 덴마크 Zensys가 주축이 되어 개발한 홈오토메이션의 모니터링과 제어를 위한 저전력 통신 기술이다.
> 이 기술은 800 ~ 900MHz 주파수 대역에서 동작하여 통신 거리가 길고 간섭에 자유로우며, GFSK 변조 방식을 사용하며 9,600bps~100Kbps 전송 속도를 제공한다.
> 이 기술에는 소스 라우팅 기반의 메쉬 네트워크 기법이 적용되며 232개의 디바이스가 연결이 가능하다.

① Z-Wave   ② ZigBee
③ Bluetooth ④ NFC

- ZigBee는 모토로라, 하나웰 등이 중심이 되어 1998년부터 기술 개발이 시작되었으며, 2002년에 ZigBee Alliance가 설립되었다. ZigBee는 2.4GHz 대역을 사용하고 데이터 전송 속도는 20~250Kbps이다.
- Bluetooth는 ISM 밴드의 2.4 GHz 대역을 사용하여 10m 안팎의 거리에서 최대 24Mbps의 전송 속도를 제공한다. Bluetooth는 시스템 간 전파 간섭 방지를 위한 수단으로 주파수 호핑 방식을 사용한다. Bluetooth를 이용하여 텍스트, 음성, 그래픽, 비디오를 포함한 데이터를 전송하는 응용들을 지원할 수 있다.
- NFC는 13.56MHz의 대역을 가지며, 아주 가까운 거리(접촉 및 근접 비접촉 모두 포함)의 무선 통신을 하기 위한 기술이다.

22 WPAN의 무선 통신 기술 중의 하나인 Z-Wave에 대한 설명으로 올바르지 않은 것은 무엇인가?

① 2001년 코펜하겐에 본사를 둔 덴마크 회사 Zensys에 의해 개발되었다.
② 홈 오토메이션의 모니터링과 제어를 위한 저전력 통신 기술이다.
③ 국내에서는 919.7MHz, 921.7MHz, 923.1MHz 주파수 대역을 사용한다.
④ 최대 24Mbps의 전송 속도를 지원한다.

- 최대 24Mbps의 전송 속도를 지원하는 것은 Bluetooth 3.0이다.
- Z-Wave는 GFSK 변조 방식을 사용하며 9,600bps ~ 100Kbps 전송 속도를 제공한다.

23 다음은 지능형(스마트)홈 통신 기술 중에 하나에 대한 설명이다. (A)에 들어갈 알맞은 용어는 무엇인가?

> (A)는 13.56MHz의 대역을 가지며, 아주 가까운 거리(접촉 및 근접 비접촉 모두 포함)의 무선 통신을 하기 위한 기술이다.
> 이 기술은 읽기/쓰기 모드, P2P 모드, 카드 에뮬레이션 모드의 3가지 모드를 지원한다.

① NFC   ② LoRa
③ Bluetooth   ④ RFID

- LoRa는 장거리 저전력 무선 플랫폼으로서 (한국에서) 920MHz 대역의 주파수를 사용하는 무선 통신 기술이다.
- Bluetooth는 ISM 밴드의 2.4 GHz 대역을 사용하여 10m 안팎의 거리에서 최대 240Mbps의 전송 속도를 제공하며 시스템 간 전파 간섭 방지를 위한 수단으로 주파수 호핑 방식을 사용하여 텍스트, 음성, 그래픽, 비디오를 포함한 데이터를 전송하는 응용을 지원할 수 있다.
- RFID는 주파수를 이용해 ID를 식별하는 방식으로 일명 전자태그로 불리며, RFID 기술이란 전파를 이용해 먼 거리에서 정보를 인식하는 기술을 말하며, 전자기 유도 방식으로 통신하고 통신을 위해서는 RFID 태그와 RFID 판독기가 필요하다.

24 Z-Wave에 대한 설명 중 올바르지 않은 것은 무엇인가?

① 덴마크 Zensys가 주축이 되어 개발한 홈 오토메이션의 모니터링과 제어를 위한 저전력 통신 기술이다.
② 2.4GHz 주파수 대역을 사용하여 통신 거리가 짧지만 간섭이 크다.
③ GFSK 변조 방식을 사용하며 9,600bps ~ 100Kbps 전송 속도를 제공한다.
④ 소스 라우팅 기반의 메쉬 네트워크 기법이 적용되며 232개의 디바이스가 연결이 가능하다.

- Z-Wave는 908.42MHz(미국)와 주변 주파수 대역에서 동작하여 통신 거리가 길고 간섭에 자유로운 장점이 있다.
- 2.4GHz 주파수 대역은 블루투스와 ZigBee에서 주로 사용한다.

25 RFID의 주파수별 특징에 대한 설명이 올바르지 않은 것은 무엇인가?

① 저주파 RFID는 인식 거리가 60cm 미만이고 수동형 동작 방식을 사용한다.
② 고주파 RFID는 교통카드 등의 사용 시스템에 가장 널리 활용되고 표준화도 잘 되어 있다.
③ 극초단파 RFID는 IC 기술 개발로 가장 저가로 생산할 수 있고 능동형 동작 방식을 사용한다.
④ 마이크로파 RFID는 안테나 크기가 작아 초소형 RFID 태그 구성이 가능하다.

극초단파 RFID는 IC 기술 개발로 가장 저가로 생산할 수 있고 능동형과 수동형 동작 방식을 모두 사용할 수 있다.

26 다음은 NFC의 3가지 모드 중에 하나에 대한 설명이다. (A)에 들어갈 알맞은 용어는 무엇인가?

NFC의 (A)는 NFC 기기 간 데이터 송수신이 가능하도록 동작하며, 명함 교환, 개인송금 등의 응용 분야에 활용된다.

① 애드 혹(Ad-hoc) 모드
② 카드 에뮬레이션 모드
③ 리더/라이터(Reader/Writer) 모드
④ 피어 투 피어(Peer-to-Peer) 모드

- 애드 혹(Ad-hoc) 모드는 WLAN에서 공유기 없이 단말기끼리 직접 접속하는 형태로, 휴대용 게임기 2대를 연결해 2인용 게임을 즐기거나 휴대폰끼리 데이터를 주고받는 등의 용도로 쓴다.
- 카드 에뮬레이션 모드는 기존 비접촉식 RFID 카드처럼 동작하며 전력 공급이 불필요하여, 신용카드, 교통카드, 신분증 등의 응용 분야에 활용된다.
- 리더/라이터(Reader/Writer) 모드는 NFC를 탑재한 기기가 RFID 태그 리더기로 동작하며, 각종 본인확인 서비스, 마케팅(프로모션, 쿠폰) 도구 등의 응용 분야에 활용된다.

27 NFC (Near Field Communication)의 3가지 동작 모드가 아닌 것은 무엇인가?

① 피어 투 피어 모드 (Peer-to-Peer Mode)
② 리더/라이터 모드 (Reader/Writer Mode)
③ 카드 에뮬레이션 모드 (Card Emulation Mode)
④ 마스터/슬레이브 모드 (Master/Slave Mode)

마스터/슬레이브 모드 (Master/Slave Mode)는 블루투스 장치에서 사용하는 통신 모드이다.

28 다음은 근거리 통신망(LAN)에 하나의 네트워크 형태를 설명한 것이다. (A)에 들어갈 알맞은 용어는 무엇인가?

> (A)은 전송 매체가 원형을 이루며, 노드가 그 원형에 순차적으로 연결하는 형태이다.

① 성형
② 버스형
③ 링형
④ 메시형

- 성형은 중앙의 네트워크 제어 장치를 중심으로 각 노드를 점-대-점 방식으로 연결하는 형태이다.
- 버스형은 모든 노드가 전송매체에 T자형으로 연결되어 상호 Point-to-Point로 연결하는 형태이다.
- 메시형은 네트워크상의 모든 기기가 서로 간에 연결된 형태이다.

29 다음 중 근거리 통신망(LAN)에 사용하는 매체 접근 제어 프로토콜이 아닌 것은 무엇인가?

① Token Ring
② CSMA/CD
③ Token Bus
④ PCF

PCF(Point Coordination Function)는 WLAN에서 AP의 중앙집중형 폴링에 의해 QoS를 제공하기 위한 매체 접근 제어 프로토콜이다.

30 다음 중 LAN의 데이터 전송 방식 중의 하나인 베이스밴드 방식에 대한 설명으로 올바르지 않은 것은 무엇인가?

① 채널수는 1개이다.
② 신호 전송은 디지털이다.
③ 매체 접근 방식은 토큰 버스이다.
④ 설치와 보수가 쉽다.

- 베이스밴드 방식의 매체 접근 방식은 CDMA/CD와 토큰 링이다.
- 매체 접근 방식이 토큰 버스인 것은 브로드밴드 방식이다.

31 다음은 근거리 통신망(LAN)의 하나의 네트워크 형태를 설명한 것이다. (A)에 들어갈 알맞은 용어는 무엇인가?

> (A)는 중앙의 네트워크 제어 장치를 중심으로 각 노드를 점-대-점 방식으로 연결하는 형태로써, 설치 비용이 저렴하다는 장점이 있지만 중앙 제어 장치가 고장 나면 전체가 마비되는 단점이 있다.

① 성형
② 버스형
③ 링형
④ 트리형

- 버스형은 전송매체 하나에 노드 여러 개를 T자형으로 연결하는 형태이다.
- 링형은 전송매체가 원형을 이루며, 노드가 그 원형에 순차적으로 연결하는 형태이다.
- 트리형은 버스형을 확장한 형태이다.

32 다음 중 이더넷 전송매체의 특성에 대한 설명 중 올바른 것은 무엇인가?

① 100Base-TX는 카테고리 5인 UTP 케이블을 사용하며 전송 거리는 약 10m이다.
② 100Base-FX는 광섬유 케이블을 사용하며 전송 거리는 약 200~300m이다.
③ 1000Base-CX는 동축 케이블을 사용하며 전송 거리는 약 25m이다.
④ 1000Base-T는 광섬유 케이블을 사용하며 전송 거리는 약 2Km이다.

- 100Base-TX는 카테고리 5인 UTP 케이블을 사용하며 전송 거리는 약 100m이다.
- 100Base-FX는 광섬유 케이블을 사용하며 전송 거리는 약 2Km이다.
- 1000Base-T는 광섬유 케이블을 사용하며 전송 거리는 약 100m이다.

정답 28 ③ 29 ④ 30 ③ 31 ① 32 ③

33 다음 중 이더넷 전송매체의 특성에 대한 설명 중 올바르지 않은 것은 무엇인가?

① 100Base-TX는 카테고리 5인 UTP 케이블을 사용하며 전송 거리는 약 100m이다.
② 100Base-FX는 광섬유 케이블을 사용하며 전송 거리는 약 2Km이다.
③ 1000Base-CX는 동축 케이블을 사용하며 전송 거리는 약 25m이다.
④ 1000Base-T는 광섬유 케이블을 사용하며 전송 거리는 약 10m이다.

- 1000Base-T는 카테고리 5인 UTP 케이블을 사용하며 전송 거리는 약 100m이다.

34 다음은 근거리 통신 기술 중에 하나에 대한 설명이다. (A)에 들어갈 알맞은 용어는 무엇인가?

> (A)는 1950년대 미국 국방부가 군사용 레이더와 원격 탐지용으로 개발한 기술이다. 이 기술은 3.1~10.6GHz 대역에서 100Mbps 이상의 속도로 넓은 대역에 걸쳐 통신을 실현하고, 낮은 송신 출력으로 전송 반경은 10m 이내이다.

① UWB ② Wi-Fi
③ LoRa ④ Bluetooth

- Wi-Fi는 전자 기기들이 무선랜(WLAN)에 연결할 수 있게 하는 기술로서, 주로 2.4GHz (12cm) UHF 및 5GHz (6cm) SHF ISM 무선 대역을 사용한다.
- LoRa는 사물인터넷 통신을 위해 만들어진 통신규격으로 다른 통신규격과의 차이점이라면 초장거리 연결과 저전력으로 좋은 환경에서 최대 10마일(16km) 정도의 통신이 가능하며 별도의 유심이 필요없이 센서에 할당된 노드 번호를 기반으로 통신한다.
- Bluetooth는 ISM 밴드의 2.4 GHz 대역을 사용하여 10m 안팎의 거리에서 최대 24Mbps의 전송 속도를 제공한다. Bluetooth는 시스템 간 전파 간섭 방지를 위한 수단으로 주파수 호핑 방식을 사용한다. Bluetooth를 이용하여 텍스트, 음성, 그래픽, 비디오를 포함한 데이터를 전송하는 응용을 지원할 수 있다.

35 다음의 UWB 설명 중에 올바르지 않은 것은 무엇인가?

① 1950년대 미국 국방부가 군사용 레이더와 원격 탐지용으로 개발한 기술이다.
② FCC 규정 중심 주파수의 20% 이상 점유 대역폭을 가지거나 500MHz 이상의 점유 대역폭을 사용하는 무선 통신 기술이다.
③ 3.1~10.6GHz 대역에서 100Mbps 이상 속도로 넓은 대역에서 걸쳐 통신을 실현한다.
④ 높은 송신 출력을 사용하여 통신 반경이 100m 이상이다.

- UWB는 매우 낮은 출력으로 타 통신 시스템에 간섭을 최소화하면서 수백 Mbps 데이터 전송률을 제공할 수 있으며, 반면에 낮은 송신 출력으로 전송 반경은 10m 이내이다.

36 고속 이더넷의 특징에 대한 설명으로 올바르지 않은 것은 무엇인가?

① 데이터 전송률 1Gbps 지원
② 표준 인터넷과의 호환성 구축
③ 동일한 48비트 주소 체계 유지
④ 동일한 프레임 형식 사용

- 고속 이더넷은 데이터 전송률 100Mbps를 지원한다.
- 데이터 전송률 1Gbps를 지원하는 것은 기가비트 이더넷(Gigabit Ethernet)이다.

37 다음은 LAN 표준화 조직과 그에 대한 설명이다. 올바르지 않은 것은 무엇인가?

① IEEE 802.3 - CSMA/CD 기반 네트워크 표준화
② IEEE 802.5 - 토큰 링 네트워크 표준화
③ IEEE 802.10 - 고속 LAN과 요구 우선순위를 제어하는 방식을 표준화
④ IEEE 802.11 - 무선 LAN 표준화

- IEEE 802.10 - LAN 관련 보안 검토 및 표준화

38 다음은 LAN 표준화 조직과 그에 대한 설명이다. (A)에 들어갈 알맞은 용어는 무엇인가?

> (A)는 IEEE 802 표준의 하위 표준이며 논리 링크 제어(LLC)와 매체 접근 제어(MAC)를 정의한다. 논리 링크 제어는 LAN의 MAC 계층과 네트워크 계층을 연결하고 매체 접근 제어는 물리 계층의 접근 제어를 담당한다.

① IEEE 802.1
② IEEE 802.2
③ IEEE 802.3
④ IEEE 802.4

- IEEE 802.1은 LAN의 구조와 전체 구성을 정의하며, LAN와 WAN의 인터네트워킹을 정의한다.
- IEEE 802.3은 CSMA/CD 기반 네트워크를 표준화한다.
- IEEE 802.4은 토큰 버스 기반 네트워크를 표준화한다.

39 다음의 WLAN 표준화를 위한 IEEE 802.11 표준에 대한 설명 중 올바르지 않은 것은 무엇인가?

① IEEE 802.11a는 5GHz 대역에서 54Mbps 데이터 전송 속도를 제공한다.
② IEEE 802.11b는 동일 매체 접근 방식인 DSSS를 적용해서 최대 11Mbps의 전송 속도를 제공한다.
③ IEEE 802.11g는 60GHz 대역을 활용하여 최대 7Gbps 전송 속도를 제공한다.
④ IEEE 802.11n는 40MHz의 채널 대역을 사용함으로써 최대 600Mbps 전송 속도를 제공한다.

- IEEE 802.11g는 2.4GHz에서 최대 54Mbps 전송 속도를 제공한다.
- 60GHz 대역을 활용하여 최대 7Gbps 전송 속도를 제공하는 것은 IEEE 802.11ad이다.

40 무선 LAN의 특징에 대한 설명으로 옳지 않은 것은 무엇인가?

① 데이터 전송 시 목적지 주소와 위치가 동일하다.
② 무선 주파수 자원은 무한하지 않다.
③ 단말기를 이동하면서 사용할 수 있다.
④ 무선 매체는 통신망 설계에 영향을 준다.

데이터 전송 시 목적지 주소와 위치가 동일하지 않다.

41 지능형(스마트)홈 구축을 위해서 무선 LAN이 사용될 때 고려되어야 할 요구사항이 아닌 것은 무엇인가?

① 매체 접근 제어 프로토콜은 무선 매체의 용량을 최대화하기 위해 효율적으로 사용되어야 한다.
② 무선 LAN에 대한 설계는 잡음 환경에서조차도 신뢰성 있게 전송할 수 있어야 하고, 외부의 도청으로부터 보안을 제공해야 한다.
③ 무선 LAN 측면에서 네트워크 관리와 MAC 주소 지정은 다른 사용자의 간섭없이 동적이고 자동적으로 되어야 하고 단말 시스템의 재배치와 추가, 삭제를 가능하게 해야 한다.
④ 무선 LAN이 지원하는 영역을 최대화하기 위해서 전형적인 송신 영역은 지름이 1Km에서 5Km 정도이다.

무선 LAN이 지원하는 전형적인 송신 영역은 지름이 100m에서 300m 정도이다.

42 다음 중 무선 근거리 통신망(WLAN)에 사용하는 매체 접근 제어 프로토콜로 올바른 것은 무엇인가?

① CSMA/CD
② Token Bus
③ CSMA/CA
④ Token Ring

CSMA/CD, Token Bus, Token Ring은 유선 LAN(이더넷)에서 사용하는 매체 접근 제어 프로토콜이다.

정답 38 ② 39 ③ 40 ① 41 ④ 42 ③

43 다음은 무선 LAN 표준 중에 하나에 대한 설명이다. 설명 내용에 해당하는 것은 무엇인가?

> 1. 기존 802.11 표준에 MIMO 기술을 적용해 성능을 개선
> 2. 2.4GHz 및 5GHz 대역에서 동작하며, 빔포밍, 채널 결합 기술 적용
> 3. 최대 600Mbps 전송 속도 지원

① IEEE 802.11a ② IEEE 802.11g
③ IEEE 802.11n ④ IEEE 802.11ac

- IEEE 802.11a는 5GHz 대역의 전파를 사용하는 규격으로, OFDM 기술을 사용해 최고 54Mbps까지의 전송 속도를 지원한다.
- IEEE 802.11g 규격은 IEEE 802.11a 규격과 전송 속도가 같지만 2.4GHz 대역 전파를 사용한다는 점만 다르다.
- IEEE 802.11ac는 5GHz 주파수에서 높은 대역폭(80MHz~160MHz)을 지원하고, 동일한 5GHz에서 802.11n과의 호환성을 위해 40MHz까지 대역폭을 지원하고, 다중 단말의 무선랜 속도는 최소 1Gbit/s, 최대 단일 링크 속도는 최소 500Mbit/s 까지 지원한다.

44 IEEE 802에서 무선 LAN 표준을 규정하는 조직은 무엇인가?

① IEEE 802.3 ② IEEE 802.5
③ IEEE 802.11 ④ IEEE 802.12

- IEEE 802.3은 이더넷 표준화 조직이다.
- IEEE 802.5는 토큰 링 네트워크 표준화 조직이다.
- IEEE 802.12는 고속 LAN 표준화 조직이다.

45 LPWAN (Low Power Wide Area Network)의 기술이 아닌 것은 무엇인가?

① LoRa ② SigFox
③ NB-IoT ④ BLE

BLE는 Wireless Personal Area Network (WPAN)의 기술 중의 하나이다.

46 다음은 무선 LAN 표준인 IEEE 802.11의 매체 접근 제어에 대한 설명이다. (A)와 (B)에 알맞은 것은 무엇인가?

> IEEE 802.11 MAC 계층에서 매체 접근 방법은 두 가지를 사용한다. 첫 번째는 모든 트래픽에 매체 접근을 제공하기 위한 경쟁 알고리즘인 (A)이다. 다른 하나는 무경쟁 서비스를 제공하기 위해 사용되는 중앙 집중화된 (B)이다.

① (A) DCF(Distributed Coordination Function)
  (B) PCF(Point Coordination Function)
② (A) PCF(Point Coordination Function)
  (B) DCF(Distributed Coordination Function)
③ (A) DCF(Distributed Coordination Function)
  (B) HCF(Hybrid Coordination Function)
④ (A) PCF(Point Coordination Function)
  (B) HCF(Hybrid Coordination Function)

HCF는 IEEE 802.11e에서 기존 IEEE 802.11 표준에다가 QoS 제공을 위해 추가 정의되어 선택 가능한 혼성적 매체접근방식이다.

47 저전력 장거리 무선 통신 기술인 LoRa에 대한 설명으로 올바르지 않은 것은 무엇인가?

① LoRa WAN의 네트워크 아키텍처에서 게이트웨이는 엔드 디바이스와 인터넷 상의 서버 사이에 브리지 역할을 수행한다.
② LoRa Alliance가 정의하는 무선의 인증 규격이다.
③ 게이트웨이에는 여러 개의 엔드 디바이스가 스타형 토폴로지로 접속한다.
④ 통신 거리는 데이터 전송률이나 기기 사양, 주변 구조물 등에 따라서 바뀌지만 대략 100m 정도이다.

LoRa 통신 거리는 데이터 전송률이나 기기 사양, 주변 구조물 등에 따라서 바뀌지만 대략 10Km 정도이다.

정답 43 ③ 44 ③ 45 ④ 46 ① 47 ④

48 다음의 LPWAN 기술들의 설명 중에 올바르지 않은 것은 무엇인가?

① LTE-M은 최대 10Mbps의 통신 속도를 지원한다.
② LoRa는 최대 1Km의 넓은 통신 범위를 가진다.
③ SigFox는 UNB 기술을 사용한다.
④ NB-IoT는 면허 대역을 사용한다.

LoRa는 최대 21Km의 넓은 통신 범위를 가진다.

49 다음 중 LPWAN 기술과 표준화 기구가 올바르게 짝지어지지 않은 것은 무엇인가?

① LTE-M : 3GPP
② LoRa : LoRa Allience
③ Sigfox : ETSI
④ NB-IoT : IETF

NB-IoT는 3GPP에서 표준화한다.

50 다음의 LPWAN 기술들의 설명 중에 올바르지 않은 것은 무엇인가?

① SigFox는 UNB 기술을 사용한다.
② LoRa는 최대 21Km의 넓은 통신 범위를 가진다.
③ LTE-M은 면허 대역을 사용한다.
④ NB-IoT의 대역폭은 20MHz이다.

NB-IoT의 대역폭은 180KHz이다.

51 다음은 무선 통신 기술 중에 하나에 대한 설명이다. (A)에 들어갈 알맞은 용어는 무엇인가?

> (A)는 ETSI에서 표준화한 LPWAN 기술 중에 하나로써, 1GHz 이하의 ISM 주파수 대역에서 UNB(Ultra Narrow Band) 기술을 사용한다.

① SigFox   ② LoRa
③ NB-IoT   ④ Bluetooth

• LoRa는 LoRa Alliance에서 표준화하였다.
• NB-IoT는 3GPP에서 표준화하였다.
• Bluetooth는 개인 영역 통신 (PAN) 기술이다.

52 다음의 SigFox에 대한 설명 중 올바르지 않은 것은 무엇인가?

① 1GHz 이하의 ISM 주파수 대역을 사용한다.
② SIGFOX 기업에서 개발한 LPWAN 기술 중의 하나이다.
③ UNB(Ultra Narrow Band) 기술을 사용한다.
④ 3GPP에서 표준화한 기술이다.

• SigFox는 ETSI에서 표준화하였다.
• 3GPP는 LTE-M과 NB-IoT를 표준화하였다.

53 다음의 NB-IoT에 대한 설명 중 올바르지 않은 것은 무엇인가?

① 셀룰러 기반의 저전력 장거리 무선 통신 기술이다.
② 기존의 이동 통신 주파수를 사용 가능하다.
③ 기존 구축된 LTE 네트워크를 활용 가능하다.
④ ETSI에서 표준화되었다.

• ETSI에서 SigFox를 표준화하였다.
• NB-IoT는 3GPP에서 표준화되었다.

54 LPWAN 통신 기술인 LoRa, LTE-M, SigFox, 그리고 NB-IoT를 통신 속도가 빠른 순서대로 올바르게 나열한 것은 무엇인가?

① LoRa > LTE-M > SigFox > NB-IoT
② LTE-M > LoRa > SigFox > NB-IoT
③ LoRa > SigFox > NB-IoT > LTE-M
④ LTE-M > NB-IoT > LoRa > SigFox

> LTE-M은 1Mbps, NB-IoT는 250Kbps, LoRa는 50Kbps, 그리고 SigFox는 600bps의 통신 속도를 지원한다.

55 다음은 이동 통신 기술에 대한 설명이다. (A)에 들어갈 알맞은 용어는 무엇인가?

> (A)는 사용자가 하나의 셀 영역을 떠나 인접 셀로 진입하면 통신하는 기지국이 변경되어야 하므로 사용자가 통신에 사용하는 채널을 변경하는 작업이다.

① 핸드오버(Handover)
② 페이징(Paging)
③ 위치 등록(Location Registration)
④ 다이버시티(Diversity)

- 페이징은 이동통신 단말기로 호가 오면 마지막으로 등록된 단말기의 위치를 기준으로 가까운 위치의 셀들에게 폴링 신호(Polling Signal)을 보내어 단말기의 위치를 파악하는 기술이다.
- 위치 등록은 셀룰러 시스템에서 중요한 역할을 하는 기능 중 하나로, 이동 단말기가 주기적으로 자기의 존재를 알리는 신호를 송출해 수신한 기지국은 신호를 자기의 이동 교환국으로 보내고 이동 교환국은 해당 이동 단말기가 자신이 담당하는 범위 내에 있다는 정보를 위치 등록기에 보내는 것이다.
- 다이버시티는 2개 이상의 독립된 전파 경로를 통해 전송된 여러 개의 수신 신호 중에서 가장 양호한 특성을 가진 신호를 이용하는 방법이다.

56 다음은 이동통신 기술에 대한 설명이다. (A)에 들어갈 알맞은 용어는 무엇인가?

> (A)는 이동국이 한 기지국에서 다른 기지국으로 이동할 때 기존 기지국과 연결되었던 채널을 끊은 후 새로운 기지국의 새로운 채널로 연결되는 핸드오프 방식을 말한다.

① Soft 핸드오프
② Softer 핸드오프
③ Hard 핸드오프
④ Harder 핸드오프

- Soft 핸드오프는 셀 간의 핸드오프를 말한다.
- Softer 핸드오프는 동일한 기지국 내 다른 섹터 간의 핸드오프를 말한다.
- Harder 핸드오프라는 용어는 없다.

57 다음은 이동통신 기술에 대한 설명이다. (A)에 들어갈 알맞은 용어는 무엇인가?

> (A)은 이동통신 단말기로 호가 오면 마지막으로 등록된 단말기의 위치를 기준으로 가까운 위치의 셀들에게 폴링 신호(Polling Signal)을 보내어 단말기의 위치를 파악하는 기술이다.

① 페이징(Paging)
② 위치 등록(Location Registration)
③ 다이버시티(Diversity)
④ 핸드오버(Handover)

- 위치 등록은 셀룰러 시스템에서 중요한 역할을 하는 기능 중 하나로, 이동 단말기가 주기적으로 자기의 존재를 알리는 신호를 송출해 수신한 기지국은 신호를 자기의 이동 교환국으로 보내고 이동 교환국은 해당 이동 단말기가 자신이 관할하는 범위 내에 있다는 정보를 위치 등록기에 보내는 것이다.
- 다이버시티는 2개 이상의 독립된 전파 경로를 통해 전송된 여러 개의 수신 신호 중에서 가장 양호한 특성을 가진 신호를 이용하는 방법이다.
- 핸드오버는 사용자가 하나의 셀 영역을 떠나 인접 셀로 진입하면 통신하는 기지국이 변경되어야 하므로 사용자가 통신에 사용하는 채널을 변경하는 작업이다.

정답 54 ④ 55 ① 56 ③ 57 ①

58 3GPP의 4세대 이동통신 기술의 특징에 대한 설명이 올바르지 않은 것은 무엇인가?

① All-IP 서비스를 지원한다.
② 대용량의 멀티미디어 서비스를 제공한다.
③ TDD와 FDD를 이용한 전이중 통신을 지원한다.
④ 1~20Gbps의 통신 속도를 지원한다.

- 4세대 이동통신 기술은 1Gbps까지의 전송 속도를 지원한다.
- 1~20Gbps의 통신 속도를 지원하는 것은 5세대 이동통신 기술이다.

59 다음 설명의 (A)에 들어갈 알맞은 용어는 무엇인가?

- (A)는 스마트폰 등의 통신 단말기들이 기지국을 거치지 않고 직접 데이터를 주고받음으로서 늘어나는 데이터 트래픽 수요를 해결하고 한정된 주파수 자원의 이용 효율 증대에 효과적인 LTE 통신 기술이다.
- LTE (A)는 향후 초연결사회의 사물인터넷에 사용될 다양하고 새로운 서비스인 위치 정보 기반의 SNS, 특정 지역의 범죄 정보 전송이나 새로운 방식의 개인별 모바일 광고나 근거리 파일 전송, 멀티 게임 및 차량간 통신 등 다양한 통신 서비스를 창출할 것으로 기대된다.

① D2D (Device to Device)
② Bluetooth
③ RFID
④ Wi-Fi

- 블루투스(Bluetooth)는 1994년에 에릭슨이 최초로 개발한 디지털 통신 기기를 위한 개인 근거리 무선 통신 산업 표준이다.
- RFID(Radio-Frequency Identification)는 주파수를 이용해 ID를 식별하는 방식으로 일명 전자태그로 불린다.
- Wi-Fi는 무선 통신 표준 기술 중 하나인 IEEE 802.11에 기반한 서로 다른 장치 간의 데이터 전송 기술이다.

60 이동통신 기지국의 서비스 범위를 확대하기 위한 방법으로 올바르지 않은 것은 무엇인가?

① 저 잡음 수신기를 사용한다.
② 기지국의 송신 출력을 감소한다.
③ 지향성 안테나를 사용한다.
④ 중계기를 사용한다.

기지국의 서비스 범위를 확대하기 위해서는 기지국의 송신 출력을 증가하여야 한다.

61 다음 중 5G의 주요 특징이 아닌 것은 무엇인가?

① 초고속   ② 초광대역
③ 초저지연   ④ 초연결

초광대역은 기존의 스펙트럼에 비해 매우 넓은 대역에 걸쳐 낮은 전력으로 대용량의 정보를 전송하는 무선 통신 기술을 의미한다.

62 사물인터넷 응용 계층 프로토콜 중의 하나인 HTTP에 대한 설명이 올바르지 않은 것은 무엇인가?

① 웹(web)을 이용하여 HTML로 작성된 하이퍼텍스트(hypertext) 문서를 주고받을 수 있는 프로토콜이다.
② 클라이언트와 서버 사이의 요청/응답 기반 데이터 교환 방식을 사용한다.
③ 서버는 포트 80번을 사용하고 클라이언트는 임시 포트 번호를 사용한다.
④ IEEE 802.15.4 기반의 무선 통신 프로토콜에 대응할 수 있다.

IEEE 802.15.4 기반의 무선 통신 프로토콜에 대응이 가능한 응용 계층 프로토콜은 CoAP이다.

정답 58 ④ 59 ① 60 ② 61 ② 62 ④

63 다음은 HTTP에 대한 설명이다. 올바르지 않은 것은 무엇인가?

① 클라이언트와 서버 기반의 통신 기술이다.
② 요청/응답 기반 데이터 교환 방식이다.
③ 저전력 경량화를 목적으로 한다.
④ 응용 계층 프로토콜이다.

HTTP는 저전력 경량화를 목적으로 하지 않는다.

64 다음 중 사물인터넷 프로토콜인 CoAP에 대한 설명 중 올바르지 않은 것은 무엇인가?

① HTTP와 비슷한 메시지 구조를 가지고 있어서 HTTP와도 효과적으로 연결할 수 있다.
② 인터넷에서 센서 노드와 같은 제한된 컴퓨팅 성능을 갖는 디바이스를 지원하는 경량 프로토콜이다.
③ IETF의 CoRE 워킹 그룹에서 개발한 응용 계층 프로토콜이다.
④ IEEE 802.11 표준을 기반으로 IPv6를 사용한다.

CoAP는 IEEE 802.15.4 표준을 기반으로 IPv6를 사용한다.

65 다음은 사물인터넷 응용 계층 프로토콜 중에 하나에 대한 설명이다. (A)에 들어갈 알맞은 용어는 무엇인가?

- (A)는 IEEE 802.15.4 표준을 기반으로 IPv6를 사용하며, IETF의 CoRE 워킹 그룹에서 개발한 응용 계층 프로토콜이다.
- (A)는 인터넷에서 센서 노드와 같은 제한된 컴퓨팅 성능을 갖는 디바이스를 지원하는 경량 프로토콜이다.
- (A)는 HTTP와 비슷한 메시지 구조를 가지고 있어서 HTTP와도 효과적으로 연결할 수 있다.

① LoRa   ② MQTT
③ CoAP   ④ XMPP

- LoRa는 사물인터넷 통신을 위해 만들어진 통신규격으로 다른 통신규격과의 차이점이라면 초장거리 연결과 저전력으로 좋은 환경에서 최대 10마일(16km) 정도의 통신이 가능하며 별도의 유심이 필요 없이 센서에 할당된 노드 번호를 기반으로 통신한다.
- MQTT는 HTTP 통신과 같은 클라이언트-서버 구조로 이루어지는 것이 아닌 Broker, Publisher, Subscriber 구조로 이루어진다.
- XMPP는 XML에 기반한 메시지 지향 미들웨어용 통신 프로토콜이다.

66 다음은 지능형(스마트)홈에서 사용되는 하나의 통신 기술에 대한 설명이다. (A)에 들어갈 알맞은 용어는 무엇인가?

- (A)는 디바이스 간에 데이터 통신을 할 목적으로 작성된 응용 계층의 프로토콜이다.
- (A)는 IETF에 의해서 표준화되었고, RFC 7252로 정의되어 있다.
- (A)는 사물인터넷에서 디바이스 제어용 프로토콜로 자주 이용되고 비동기 통신을 지원한다.

① AMQP
　(Advanced Message Queuing Protocol)
② HTTP
　(Hypertext Transfer Protocol)
③ CoAP
　(Contrained Application Protocol)
④ MQTT
　(Message Queue Telemetry Transport)

- AMQP는 메시지의 송신과 수신을 위한 응용 계층 프로토콜로써, 다른 벤더가 개발한 서버나 미들웨어에 공통의 프로토콜을 적용하여 상호 메시지 교환을 가능하게 하는 목적으로 개발되었다.
- HTTP는 인터넷에서 브라우저가 웹사이트나 미디어 콘텐츠를 취급하거나 사용자가 입력한 데이터를 송신하기 위하여 이용하는 프로토콜이다.
- MQTT는 주로 메시지 송신을 위해서 TCP/IP를 베이스로 하는 응용 계층 프로토콜로써, 브로커(Broker)라 불리는 중개 서버를 이용하는 Publish/Subscribe 모델을 채용한다.

정답 63 ③　64 ④　65 ③　66 ③

67 다음은 지능형(스마트)홈에서 사용되는 하나의 통신 기술에 대한 설명이다. (A)에 들어갈 알맞은 용어는 무엇인가?

> (A)는 주로 메시지 송신을 위해서 TCP/IP를 베이스로 하는 응용 계층 프로토콜로써, 브로커(Broker)라 불리는 중개 서버를 이용하는 Publish/Subscribe 모델을 채용한다.

① MQTT
　(Message Queue Telemetry Transport)
② AMQP
　(Advanced Message Queuing Protocol)
③ HTTP
　(Hypertext Transfer Protocol)
④ CoAP
　(Contrained Application Protocol)

- AMQP는 메시지의 송신과 수신을 위한 응용 계층 프로토콜로써, 다른 벤더가 개발한 서버나 미들웨어에 공통의 프로토콜을 적용하여 상호 메시지 교환을 가능하게 하는 목적으로 개발되었다.
- HTTP는 인터넷에서 브라우저가 웹사이트나 미디어 콘텐츠를 취급하거나 사용자가 입력한 데이터를 송신하기 위하여 이용하는 프로토콜이다.
- CoAP는 디바이스 간에 데이터 통신을 할 목적으로 작성된 응용 계층의 프로토콜로써, IETF에 의해서 표준화되었고, RFC 7252로 정의되어 있다. CoAP는 사물인터넷에서는 디바이스 제어용 프로토콜로 자주 이용되고 비동기 통신을 지원한다.

68 다음의 6LowPAN의 설명 중 올바르지 않은 것은 무엇인가?

① IEEE 802.15.4의 PHY와 MAC에 기반한다.
② 센서 네트워크 위에서 인터넷 프로토콜을 사용하기 위한 프로토콜이다.
③ 헤더 압축과 어드레스 자동 설정 기능을 제공한다.
④ IPv4 주소 체계에 기반을 두고 있다.

6LowPAN은 IPv6 주소 체계에 기반을 두고 있다.

69 MQTT (Message Queue Telemetry Transport)에 대한 설명으로 올바르지 않은 것은 무엇인가?

① 주로 메시지 송신을 위해서 TCP/IP를 기반으로 하는 응용 계층 프로토콜이다.
② 송수신 절차가 간략화 되어 있으며 패킷 송수신 횟수나 양이 비교적 적은 경량화 특성을 가진다.
③ 브로커(Broker)라 불리는 중개 서버를 이용하는 Publish/Subscribe 모델을 채용한다.
④ QoS (Quality of Service)를 지정할 수 없다.

MQTT는 QoS를 지정하기 위해서 QoS란 헤더로 지정하는 2비트 플래그가 있다.

70 다음은 MQTT에 대한 설명이다. (A)에 들어갈 알맞은 용어는 무엇인가?

> MQTT는 제한된 컴퓨팅 성능과 열악한 네트워크 환경에서의 동작을 고려하여 설계된 대용량 메시지 전달 프로토콜로서 (A)라는 중계 서버를 통해서 사물인터넷 기기 간의 데이터 전달을 지원한다.

① 브로커(Broker)
② 게이트웨이(Gateway)
③ 엑세스 포인트(Access Point)
④ 브릿지(Bridge)

- 게이트웨이는 컴퓨터 네트워크에서 서로 다른 통신망, 프로토콜을 사용하는 네트워크 간의 통신을 가능하게 하는 컴퓨터나 소프트웨어를 두루 일컫는 용어로, 즉 다른 네트워크로 들어가는 입구 역할을 하는 네트워크 포인트이다.
- 엑세스 포인트는 무선랜을 구성하는 장치 중 하나로, 유선랜과 무선랜을 연결해 주는 장치이다.
- 브릿지는 두 개의 근거리 통신망(LAN)을 서로 연결해 주는 통신망 연결 장치로, OSI 모형의 데이터 링크 계층에 속한다.

71 다음은 지능형(스마트)홈에서 사용되는 하나의 통신 기술에 대한 설명이다. (A)에 들어갈 알맞은 용어는 무엇인가?

> (A)는 Jabber 오픈 소스 커뮤니티에서 개발된 XML 기반으로 하는 IM(Instant Messenger) 지향 미들웨어용 오픈 소스 통신 프로토콜로써, RFC 6210, 6121, 7622에서 정의되었다.
> 이 기술은 네트워크 상에 두 지점 간의 통신 규격을 정의한 것으로 user@server.com/mobile과 같은 이메일 형식으로 각각의 지점이 표현되고 양 지점간의 메시징, 상태값들이 실시간으로 전달할 수 있게 하는 규격이다.

① MQTT
  (Message Queue Telemetry Transport)
② XMPP
  (Extensible Messaging and Presence Protocol)
③ HTTP
  (Hypertext Transfer Protocol)
④ CoAP
  (Contrained Application Protocol)

- MQTT는 주로 메시지 송신을 위해서 TCP/IP를 베이스로 하는 응용 계층 프로토콜로써, 브로커(Broker)라 불리는 중개 서버를 이용하는 Publish/Subsribe 모델을 채용한다.
- HTTP는 인터넷에서 브라우저가 웹사이트나 미디어 콘텐츠를 취급하거나 유저가 입력한 데이터를 송신하기 위하여 이용하는 프로토콜이다.
- CoAP는 디바이스 간에 데이터 통신을 할 목적으로 작성된 응용 계층의 프로토콜로써, IETF에 의해서 표준화었고, RFC 7252로 정의되어 있다. CoAP는 사물인터넷에서는 디바이스 제어용 프로토콜로 자주 이용되고 비동기 통신을 지원한다.

72 다음 설명의 (A)와 (B)에 들어갈 알맞은 용어는 무엇인가?

> 사물인터넷의 발전으로 인해서 인터넷에 연결하기 위한 장치들이 기하급수적으로 늘어날 전망이다. 그러므로, 대략 3.4×10의 38승 개의 주소 공간을 지원하는 (A) 비트의 주소 체계를 사용하는 (B) 프로토콜이 사물인터넷을 위한 필수 기술이 될 것으로 예상이 된다.

① (A) 32,   (B) IPv4
② (A) 128, (B) IPv4
③ (A) 32,   (B) IPv6
④ (A) 128, (B) IPv6

IPv4는 32비트 주소 체계를 사용한다.

73 다음은 전송 계층 프로토콜 중의 하나에 대한 설명이다. (A)에 알맞은 용어는 무엇인가?

> - (A)는 인터넷상에서 통신할 때 주고받는 데이터를 보호하기 위한 표준화된 암호화 프로토콜로써, 넷스케이프사에 의해 개발된 SSL(Secure Socket Layer) 3.0 버전을 기반으로 개발되었다.
> - (A)는 전송 계층에서 암호화 기능을 제공하기 때문에 HTTP뿐만 아니라 FTP, XMPP 등의 응용 계층 프로토콜의 종류에 상관없이 사용할 수 있다.

① TCP   ② UDP
③ TLS   ④ DTLS

- TCP는 전송 계층에서 사용하는 연결 지향적 프로토콜로써 암호화 프로토콜은 아니다.
- UDP는 데이터를 주고받을 때 연결 절차를 거치지 않고 발신자가 일방적으로 데이터를 발신하는 비연결 지향적 프로토콜로써, 또한 암호화 프로토콜이 아니다.
- DTLS는 데이터그램 기반 애플리케이션에 대한 도청, 변조 또는 메시지 위조 등에 대한 보안을 제공하기 위한 프로토콜이다.

정답 71 ② 72 ④ 73 ③

74 다음의 Matter 표준에 대한 설명 중 올바르지 않은 것은 무엇인가?

① IP 프로토콜 기반의 전송 계층 통합 표준이다.
② CSA(Connectivity Standards Alliance)에서 개발한 개방형 지능형(스마트)홈 연동 표준이다.
③ 단순성, 상호운용성, 신뢰성, 안정성의 4가지 구현 가치를 추구한다.
④ 개별 디바이스들이 고유한 IPv6 주소를 이용하여 여러 플랫폼에 동시에 연동할 수 있다.

Matter는 IP 프로토콜 기반의 응용 계층 IoT 통합 표준이다.

75 Matter의 4가지 주요 구현 가치가 아닌 것은 무엇인가?

① 단순성   ② 확장성
③ 신뢰성   ④ 안정성

- 확장성은 시스템의 규모가 증가하여도 동등한 기능과 성능을 제공하는 것을 의미하는 것으로서 Matter의 4가지 주요 구현 가치는 아니다.
- Matter의 4가지 주요 구현 가치 중의 단순성, 신뢰성, 안정성 외의 나머지 하나는 상호운용성이다.

76 지능형(스마트)홈 통신 기술 중의 하나인 6LoWPAN에 대한 설명으로 올바르지 않은 것은 무엇인가?

① 저전력의 메쉬 네트워크를 구축하는 프로토콜이다.
② 채용하는 무선 규격으로는 ZigBee IP, Wi-SUN, Bluetooth4.2 등이 있다.
③ 각 노드는 전용의 IPv4 주소를 가지고 있다.
④ OSI 참조 모델의 물리 계층 및 데이터링크 계층의 프로토콜에는 ZigBee 등에서 채용되고 있는 IEEE 802.15.4를 채용한다.

6LoWPAN에서 각각의 노드는 전용의 IPv6 주소를 가지고 있다.

77 지능형(스마트)홈의 보안에 대한 설명으로 올바르지 않은 것은 무엇인가?

① 지능형(스마트)홈의 데이터는 사생활에 대한 정보가 포함하고 있어 유출시 프라이버시 침해 위험성이 높다.
② 지능형(스마트)홈은 물리적, 논리적 환경으로 기기 자체에 대한 보안 기능을 제공해야 한다.
③ 지능형(스마트)홈은 일반적인 사이버 보안 시스템으로 통제 및 보안이 가능하다.
④ 지능형(스마트)홈의 보안 주체는 제조업체, 서비스업체, 그리고 이용자가 모두 결합된 상태이다.

지능형(스마트)홈은 이기종 스마트 기기에 IoT 센서를 이용하여 인터넷, 무선, 이동 통신 등 물리적 환경과 네트워크 환경에서 다양한 종류의 데이터를 수집하거나 센싱하기 때문에 보호해야 할 대상, 특성, 주체, 보호 방법의 측면에서 일반적인 사이버 보안 시스템으로는 통제 및 보안이 어렵다.

78 정보보안의 3대 원칙과 그에 대한 설명이 올바르지 않은 것은 무엇인가?

① 기밀성 – 허락되지 않는 사용자 또는 객체가 정보의 내용을 알 수 없도록 하는 것
② 무결성 – 허락되지 않은 사용자 또는 객체가 정보를 함부로 수정할 수 없도록 하는 것
③ 가용성 – 허락된 사용자 또는 객체가 정보에 접근하고자 할 때 방해받지 않도록 하는 것
④ 연결성 – 허락된 사용자 또는 객체 간에 연결 상태가 유지되도록 하는 것

연결성은 정보보안의 3대 원칙에 포함되지 않는다.

79 다음은 정보보안의 3대 원칙 중에 하나에 대한 설명이다. (A)에 들어갈 알맞은 것은 무엇인가?

> (A)은 허락되지 않는 사용자 또는 객체가 정보의 내용을 알 수 없도록 하는 것이다.

① 기밀성 ② 무결성
③ 가용성 ④ 연결성

- 무결성은 허락되지 않은 사용자 또는 객체가 정보를 함부로 수정할 수 없도록 하는 것이다.
- 가용성은 허락된 사용자 또는 객체가 정보에 접근하고자 할 때 방해받지 않도록 하는 것이다.
- 연결성은 정보보안의 3대 원칙에 포함되지 않는다.

80 다음은 정보보안의 3대 원칙 중에 하나에 대한 설명이다. (A)에 들어갈 알맞은 것은 무엇인가?

> (A)은 허락되지 않은 사용자 또는 객체가 정보를 함부로 수정할 수 없도록 하는 것이다.

① 기밀성 ② 무결성
③ 가용성 ④ 연결성

- 기밀성은 허락되지 않는 사용자 또는 객체가 정보의 내용을 알 수 없도록 하는 것이다.
- 가용성은 허락된 사용자 또는 객체가 정보에 접근하고자 할 때 방해받지 않도록 하는 것이다.
- 연결성은 정보보안의 3대 원칙에 포함되지 않는다.

81 IoT의 보안 7대 원칙에 해당하지 않은 것은 무엇인가?

① 안전한 소프트웨어 및 하드웨어 개발 기술 적용 및 검증
② 보안 프로토콜 준수 및 안전한 파라미터 설정
③ IoT 제품, 서비스의 취약점 보안 패치 및 업데이트 지속 이행
④ 안전한 운영, 관리를 위한 사용자 정보 수집

안전한 운영, 관리를 위한 사용자 정보 수집은 IoT의 보안 7대 원칙에 포함되지 않는다.

82 다음은 정보보안의 원칙에 대한 설명이다. (A), (B), 그리고 (C)가 올바르게 짝지어진 것은 무엇인가?

- (A)은 정보가 고의적이거나 비인가된 방법으로 변경되는 것으로부터 보호되어야 한다는 원칙이다.
- (B)은 정보, 정보 시스템, 정보 보안 시스템 등에 사용자가 필요로 하는 시점에 접근할 수 있어야 한다는 원칙이다.
- (C)는 상호 신뢰할 수 있는 합법적인 통신 상대끼리만 시스템에 접근할 수 있어야 한다는 원칙이다.

① (A) : 기밀성, (B) : 무결성, (C) : 가용성
② (A) : 무결성, (B) : 가용성, (C) : 기밀성
③ (A) : 가용성, (B) : 기밀성, (C) : 무결성
④ (A) : 무결성, (B) : 기밀성, (C) : 가용성

83 다음은 암호 공격 기법의 하나에 대한 설명이다. (A)에 알맞은 것은 무엇인가?

> (A)은 1990년 비함과 샤미르에 의하여 개발된 선택된 평문 공격법으로, 두 개의 평문 블록들의 비트의 차이에 대하여 대응되는 암호문 블록들의 비트의 차이를 이용하여 사용된 암호키를 찾아내는 방법이다.

① 선형 공격법 ② 차분 공격법
③ 전수 공격법 ④ 통계적 분석 공격법

- 선형 공격법은 1993년 미쓰이 미쓰루에 의해 개발되어 알려진 평문 공격법으로, 알고리즘 내부의 비선형 구조를 적당히 선형화시켜 암호키를 찾는 방법이다.
- 전수 공격법은 1977년 디피와 헬만이 제안한 방법으로 암호화할 때 일어날 수 있는 모든 가능한 경우를 조사하는 방법으로 경우의 수가 적을 때는 가장 정확한 방법이지만, 일반적으로 경우의 수가 많은 경우에는 구현 불가능한 방법이다.
- 통계적 분석 공격법은 암호문에 대한 평문의 각 단어의 빈도에 관한 자료를 포함하는 지금까지 알려진 모든 통계적인 자료를 이용하여 해독하는 방법이다.

84 대칭키 암호화 방식에 대한 설명이 올바르지 않은 것은 무엇인가?

① 암호화키와 복호화키가 동일하다.
② 연산 속도가 빠르고 구현이 쉽다.
③ 평문의 길이 제한이 없다.
④ 키 관리가 쉽다.

대칭키 암호화 방식은 키 관리가 어렵다.

85 대칭키 암호 방식에 대한 설명으로 올바르지 않은 것은 무엇인가?

① 암호화에 사용되는 암호화키와 복호화에 사용되는 복호화키가 동일하다.
② 암호화와 복호화의 속도가 빠르다.
③ 대칭키 암호 방식은 블록 암호 알고리즘과 스트림 암호 알고리즘으로 나뉜다.
④ 스트림 암호 알고리즘에는 DES, AES, SEED 등이 있다.

DES, AES, SEED 등은 블록 암호 알고리즘이다.

86 다음은 전자 서명의 조건 중에 하나에 대한 설명이다. (A)에 들어갈 알맞은 용어는 무엇인가?

(A)은 전자 서명이 서명자의 의도에 따라 서명된 것임을 확인할 수 있어야 한다는 것이다.

① 위조 불가   ② 서명자 인증
③ 부인 방지   ④ 재사용 불가

• 위조 불가는 전자 서명이 서명자 이외의 다른 사람이 생성할 수 없어야 한다는 것이다.
• 부인 방지는 서명자가 자신이 서명한 사실을 부인할 수 없어야 한다는 것이다.
• 재사용 불가는 하나의 문서의 서명을 다른 문서의 서명으로 사용할 수 없어야 한다는 것이다.

87 공개키 암호 방식에 대한 설명으로 올바르지 않은 것은 무엇인가?

① 암호화키와 복호화키가 동일하지 않다.
② 암호화키는 비밀키를 사용하고 복호화키는 공개키를 사용한다.
③ 대표적인 알고리즘은 RSA이다.
④ 키의 길이가 상대적으로 길다.

공개키 암호 방식은 암호화키는 공개키를 사용하고 복호화키는 비밀키를 사용한다.

88 다음 중 비대칭키(공개키) 암호화 방식이 아닌 것은 무엇인가?

① RSA   ② AES
③ ECC   ④ ElGamal

AES는 대칭키 암호화 방식 중의 하나이다.

89 다음은 블록 암호 공격 기법의 하나에 대한 설명이다. (A)에 알맞은 것은 무엇인가?

(A)은 1977년 디피와 헬만이 제안한 방법으로 암호화할 때 일어날 수 있는 모든 가능한 경우를 조사하는 방법으로 경우의 수가 적을 때는 가장 정확한 방법이지만, 일반적으로 경우의 수가 많은 경우에는 구현 불가능한 방법이다.

① 차분 공격법   ② 선형 공격법
③ 전수 공격법   ④ 통계적 분석 공격법

• 차분 공격법은 1990년 비함과 샤미르에 의하여 개발된 선택된 평문 공격법으로, 두 개의 평문 블록들의 비트의 차이에 대하여 대응되는 암호문 블록들의 비트의 차이를 이용하여 사용된 암호키를 찾아내는 방법이다.
• 선형 공격법은 1993년 미쓰이 미쓰루에 의해 개발되어 알려진 평문 공격법으로, 알고리즘 내부의 비선형 구조를 적당히 선형화시켜 암호키를 찾는 방법이다.
• 통계적 분석 공격법은 암호문에 대한 평문의 각 단어의 빈도에 관한 자료를 포함하는 지금까지 알려진 모든 통계적인 자료를 이용하여 해독하는 방법이다.

90 다음은 전자 서명의 조건 중에 하나에 대한 설명이다. (A)에 들어갈 알맞은 용어는 무엇인가?

> (A)는 서명자가 자신이 서명한 사실을 부인할 수 없어야 한다는 것이다.

① 위조 불가　② 서명자 인증
③ 부인 방지　④ 재사용 불가

- 위조 불가는 전자 서명이 서명자 이외의 다른 사람이 생성할 수 없어야 한다는 것이다.
- 서명자 인증은 전자 서명이 서명자의 의도에 따라 서명된 것임을 확인할 수 있어야 한다는 것이다.
- 재사용 불가는 하나의 문서의 서명을 다른 문서의 서명으로 사용할 수 없어야 한다는 것이다.

91 (A)에 들어갈 용어로 알맞은 것은 무엇인가?

> (A)는 무작위 번호 약속 알고리즘에 따라 매시간 변경되는 추정 할 수 없는 비밀번호 생성을 이용하는 보안 시스템이다.

① NAC(Network Access Control)
② MAC(Message Authentication Code)
③ OTP(One Time Password)
④ SSO(Single Sign On)

- NAC는 규정 미준수 디바이스의 네트워크 액세스를 거부하거나, 이러한 디바이스를 특정 영역에 격리하거나, 컴퓨팅 리소스에 대한 제한적 액세스 권한만 제공함으로써 안전하지 않은 노드로 인한 네트워크 감염을 방지한다.
- MAC는 메시지의 인증에 쓰이는 작은 크기의 정보이다. MAC 알고리즘은 비밀 키를 입력받고, 임의의 길이의 메시지를 인증한다.
- SSO는 가장 기본적인 인증 시스템으로 '모든 인증을 하나의 시스템에서'라는 목적을 기반으로 개발된 것으로서, 시스템이 몇 대라도 한 시스템의 인증에 성공하면 다른 시스템의 접근 권한을 얻을 수 있도록 하는 것이다.

92 다음은 하나의 인증 기술에 대한 설명이다. (A)에 알맞은 용어는 무엇인가?

> (A) 인증은 가장 잘 알려진 HTTP 인증 규약으로, 거의 모든 주요 클라이언트와 서버에 기본 인증으로 사용되고 있다.
> 이 인증 방식은 서버에서 클라이언트로의 인증 요구와 클라이언트에서 서버로의 응답으로 동작한다.

① Basic　② 비밀번호
③ Digest　④ 토큰

- 비밀번호 인증은 사용자와 인증 시스템 간에 미리 비밀번호를 공유해놓고 인증 기반으로서 비밀번호를 사용하는 방식이다.
- Digest 인증은 사용자 이름이나 패스워드를 직접 송수신하지 않고 인증을 구현하는 방식이다.
- 토큰 인증은 사용자가 자신의 ID를 확인하고 고유한 액세스 토큰을 받아서 인증하는 방식이다.

93 IoT의 보안 가이드라인에서 IoT 장치 및 서비스의 운영, 관리, 및 폐기 단계의 보안 요구사항이 아닌 것은 무엇인가?

① 안전한 소프트웨어 및 하드웨어 개발 기술 적용 및 검증
② IoT 제품, 서비스의 취약점 보안 패치 및 업데이트 지속 이행
③ 안전한 운영, 관리를 위한 정보 보호 및 프라이버시 관리 체계 마련
④ IoT 침해 사고 대응 체계 및 책임 추적성 확보 방안 마련

안전한 소프트웨어 및 하드웨어 개발 기술 적용 및 검증은 IoT 장치의 설계 및 개발 단계의 보안 요구사항이다.

94 다음 중 생체 인증에 사용되는 생체 정보로 신체적 특성에 해당하지 않는 것은 무엇인가?

① 지문　② 홍채
③ 음성　④ 정맥

음성은 행동적 특성에 해당한다.

95 다음은 인증 시스템 중에 하나에 대한 설명이다. (A)에 들어갈 알맞은 용어는 무엇인가?

> (A) 시스템은 지문, 홍채, 얼굴 등 개인이 가지고 있는 신체적 특징이나 서명, 음성과 같은 행동 특징에 관한 정보를 이용하여 개인을 식별하여 인증하는 정보 시스템이다.

① 생체 인식
② SSO(Single Sign On)
③ 일회용 비밀번호
   (OTP, One-Time Password)
④ 공인인증서

- SSO는 하나의 ID로 한 시스템의 인증에 성공하면 다른 시스템의 접근 권한을 얻을 수 있도록 하는 것이다.
- 일회용 비밀번호는 한번 생성되면 그 인증값이 임시로 한 번만 유효하게 하는 방식이다.
- 공인인증서는 인터넷상에서 안전한 거래를 보장받을 수 있도록 하는 사이버 거래용 디지털 신분증 겸 인감증명서이다.

96 다음은 인증 기술 중에 하나에 대한 설명이다. (A)에 알맞은 용어는 무엇인가?

> (A)은 시스템에 대한 인증을 요청하는 사용자의 프로파일을 고려하여 해당 트랜잭션과 연관된 위험 프로파일을 결정하는 비정적 인증 기술이다. 이 기술은 사용자의 액세스 위험도에 따라 가장 적합한 인증 수단을 동적으로 적용한다.

① 리스크(Risk) 기반 인증
② 생체 인증
③ 비밀번호 인증
④ 토큰 인증

- 생체 인증은 하나 이상의 고유한 신체적, 행동적 형질에 기반한 생체 정보를 이용하여 사용자를 인증하는 방식을 두루 가리킨다.
- 비밀번호 인증은 사용자와 인증 시스템 간에 미리 비밀번호를 공유해놓고 인증 기반으로서 비밀번호를 사용하는 방식이다.
- 토큰 인증은 사용자가 자신의 ID를 확인하고 고유한 액세스 토큰을 받아서 인증하는 방식이다.

97 (A)에 들어갈 용어로 알맞은 것은 무엇인가?

> (A)는 가장 기본적인 인증 시스템으로 '모든 인증을 하나의 시스템에서'라는 목적을 기반으로 개발된 것으로서, 시스템이 몇 대라도 한 시스템의 인증에 성공하면 다른 시스템의 접근 권한을 얻을 수 있도록 하는 것이다.

① MAC(Message Authentication Code)
② OTP(One Time Password)
③ SSO(Single Sign On)
④ NAC(Network Access Control)

- MAC는 메시지의 인증에 쓰이는 작은 크기의 정보이다. MAC 알고리즘은 비밀 키를 입력받고, 임의의 길이의 메시지를 인증한다.
- OTP는 무작위 번호 약속 알고리즘에 따라 매시간 변경되는 추정 할 수 없는 비밀번호 생성을 이용하는 보안 시스템이다.
- NAC는 규정 미준수 디바이스의 네트워크 액세스를 거부하거나, 이러한 디바이스를 특정 영역에 격리하거나, 컴퓨팅 리소스에 대한 제한적 액세스 권한만 제공함으로써 안전하지 않은 노드로 인한 네트워크 감염을 방지한다.

98 다음 중 사물인터넷(IoT) 접근 제어 기법이 아닌 것은?

① 임의적 접근 제어
   (Discretionary Access Control)
② 강제적 접근 제어
   (Mandatory Access Control)
③ 패스워드 기반 접근 제어
   (Password-Based Access Control)
④ 역할 기반 접근 제어
   (Role-Based Access Control)

패스워드 기반의 방식은 주로 인증에 사용된다.

정답 95 ① 96 ① 97 ③ 98 ③

99 다음은 접근 제어 기법 중의 하나에 대한 설명이다. (A)에 알맞은 용어는 무엇인가?

> (A) 기법은 주체와 객체의 보안 등급을 비교하여 접근 권한을 부여하는 규칙 기반 접근 제어 방식으로서, 기밀성이 매우 중요한 시스템에 사용되어 방화벽에서 응용되고 있다.

① 임의적 접근 제어
 (Discretionary Access Control)
② 강제적 접근 제어
 (Mandatory Access Control)
③ 속성 기반 접근 제어
 (Attribute Based Access Control)
④ 역할 기반 접근 제어
 (Role-Based Access Control)

- 임의적 접근 제어 기법은 주체나 주체가 속한 그룹의 신원에 근거하여 객체에 대한 접근을 제한하는 신분 기반 접근 제어 방식이다.
- 속성 기반 접근 제어 기법은 주체와 객체의 속성에 대한 조건을 기술하여 접근을 제어하는 방식이다.
- 역할 기반 접근 제어 기법은 관리자가 주체와 객체의 상호 관계를 통제하며 주체와 객체 사이의 역할에 기반하여 객체에 대한 접근을 제어하는 방식이다.

100 다음 중에 생체 인식 인증 시스템의 특징에 대한 설명으로 올바르지 않은 것은 무엇인가?

① 생체 인식 인증 시스템은 생체 정보를 이용하여 개인을 식별한다.
② 생체 정보는 지문, 홍채, 얼굴 등 개인이 가지고 있는 신체적 특징만을 이용한다.
③ 생체 정보는 만인 부동의 원칙과 평생 불변의 원칙을 지녀야 한다.
④ 생체 인식 인증 시스템의 성능 평가 지표 중의 하나로 FAR(False Acceptance Rate)가 있다.

생체 정보에는 서명, 음성과 같은 행동적 특징을 이용하는 것도 있다.

101 다음 중 보안 공격에 대한 설명이 올바르지 않게 짝지어진 것은 무엇인가?

① 서비스 거부 공격(Denial of Service Attack) - 시스템을 악의적으로 공격해 해당 시스템의 리소스를 부족하게 하여 원래 의도된 용도로 사용하지 못하게 하는 공격이다.
② 스니핑 공격(Sniffing Attack) - 다른 사람의 컴퓨터 시스템에 접근할 목적으로 IP 주소를 변조한 후 합법적인 사용자인 것처럼 위장하여 시스템에 접근함으로써 나중에 IP주소에 대한 추적을 피하는 보안 위협의 일종이다.
③ 시빌 공격(Sybil Attack) - 한 개인이 다수의 계정이나 노드, 컴퓨터를 구성해 네트워크를 장악하려는 온라인 시스템 보안 위협 공격이다.
④ 트래픽 분석 공격(Traffic Analysis Attack) - 데이터가 암호화되어 있을 시 데이터 자체는 확인이 불가능하지만 트래픽은 분석이 가능하여 송신자의 메일 주소라든지 기타 트래픽 정보를 습득하는 공격이다.

- 스니핑 공격(Sniffing Attack)은 네트워크 트래픽을 도청하여 네트워크상의 데이터 전송자의 정보를 해킹하려는 보안 위협 공격이다.
- 다른 사람의 컴퓨터 시스템에 접근할 목적으로 IP주소를 변조한 후 합법적인 사용자인 것처럼 위장하여 시스템에 접근함으로써 나중에 IP주소에 대한 추적을 피하는 보안 위협은 스푸핑 공격(Spoofing Attack)이다.

102 다음 중 스니핑 공격(Sniffing Attack)의 탐지 방법이 아닌 것은 무엇인가?

① Ping을 이용한 탐지
② ARP를 이용한 탐지
③ ARP table을 이용한 탐지
④ DNS를 이용한 탐지

ARP table을 이용한 탐지는 ARP spoofing 공격을 탐지하기 위해서 사용되는 방법이다.

정답 99 ② 100 ② 101 ② 102 ③

103 다음은 보안 공격 중의 하나에 대한 설명이다. (A)에 들어갈 알맞은 용어는 무엇인가?

> (A)은 네트워크 트래픽을 도청하여 네트워크상의 데이터 전송자의 정보를 해킹하려는 보안 위협 공격이다.

① 서비스 거부 공격
　　(Denial of Service Attack)
② 스푸핑 공격(Spoofing Attack)
③ 시빌 공격(Sybil Attack)
④ 스니핑 공격(Sniffing Attack)

- 서비스 거부 공격(Denial of Service Attack)은 시스템을 악의적으로 공격해 해당 시스템의 리소스를 부족하게 하여 원래 의도된 용도로 사용하지 못하게 하는 공격이다.
- 스푸핑 공격(Spoofing Attack)은 다른 사람의 컴퓨터 시스템에 접근할 목적으로 IP주소를 변조한 후 합법적인 사용자인 것처럼 위장하여 시스템에 접근함으로써 나중에 IP주소에 대한 추적을 피하는 보안 위협 공격이다.
- 시빌 공격(Sybil Attack)이란 한 개인이 다수의 계정이나 노드, 컴퓨터를 구성해 네트워크를 장악하려는 온라인 시스템 보안 위협 공격이다.

104 다음은 보안 공격 중의 하나에 대한 설명이다. (A)에 들어갈 알맞은 용어는 무엇인가?

> (A)은 시스템을 악의적으로 공격해 해당 시스템의 리소스를 부족하게 하여 원래 의도된 용도로 사용하지 못하게 하는 공격이다.
> 이 공격에는 대량의 데이터 패킷을 통신망으로 보내고 특정 서버에 수많은 접속 시도를 하는 등 다른 이용자가 정상적으로 서비스 이용하지 못하게 하거나, 서버의 TCP 연결을 바닥내는 등의 포함된다.

① 서비스 거부 공격
　　(Denial of Service Attack)
② 스푸핑 공격(Spoofing Attack)
③ 시빌 공격(Sybil Attack)
④ 스니핑 공격(Sniffing Attack)

- 스푸핑 공격(Spoofing Attack)은 다른 사람의 컴퓨터 시스템에 접근할 목적으로 IP주소를 변조한 후 합법적인 사용자인 것처럼 위장하여 시스템에 접근함으로써 나중에 IP주소에 대한 추적을 피하는 보안 위협 공격이다.
- 시빌 공격(Sybil Attack)이란 한 개인이 다수의 계정이나 노드, 컴퓨터를 구성해 네트워크를 장악하려는 온라인 시스템 보안 위협 공격이다.
- 스니핑 공격(Sniffing Attack)은 네트워크 트래픽을 도청하여 네트워크상의 데이터 전송자의 정보를 해킹하려는 보안 위협 공격이다.

105 다음은 보안 공격 중의 하나에 대한 설명이다. (A)에 들어갈 알맞은 용어는 무엇인가?

> (A)은 다른 사람의 컴퓨터 시스템에 접근할 목적으로 IP주소를 변조한 후 합법적인 사용자인 것처럼 위장하여 시스템에 접근함으로써 나중에 IP주소에 대한 추적을 피하는 보안 위협 공격이다.

① 스니핑 공격(Sniffing Attack)
② 서비스 거부 공격
　　(Denial of Service Attack)
③ 스푸핑 공격(Spoofing Attack)
④ 트래픽 분석 공격
　　(Traffic Analysis Attack)

- 스니핑 공격(Sniffing Attack)은 네트워크 트래픽을 도청하여 네트워크상의 데이터 전송자의 정보를 해킹하려는 보안 위협 공격이다.
- 서비스 거부 공격 (Denial of Service Attack)은 시스템을 악의적으로 공격해 해당 시스템의 리소스를 부족하게 하여 원래 의도된 용도로 사용하지 못하게 하는 공격이다.
- 트래픽 분석 공격 (Traffic Analysis Attack)은 데이터가 암호화되어 있을 시 데이터 자체는 확인이 불가능하지만 트래픽은 분석이 가능하여 송신자의 메일 주소라든지 기타 트래픽 정보를 습득하는 공격이다.

106 다음은 사물인터넷 보안 공격 유형 중에 하나에 대한 설명이다. (A)에 들어갈 알맞은 용어는 무엇인가?

> (A)은 사물인터넷 서비스 사용을 위해 제공한 사용자의 이름, 전화번호, 신용카드와 같은 개인 정보가 유출되는 것을 의미한다.

① 비인가 접근 공격 ② 시빌 공격
③ 서비스 거부 공격 ④ 프라이버시 침해 공격

- 비인가 접근 공격은 사물인터넷의 특정 장치나 자원, 서비스에 허가되지 않은 접근 시도 후 내용을 조작하거나 물리적 손상을 입힌다.
- 시빌 공격이란 한 개인이 다수의 계정이나 노드, 컴퓨터를 구성해 네트워크를 장악하려는 온라인 시스템 보안 위협 공격이다.
- 서비스 거부 공격은 사람이나 사물에 부착된 센서나 소형 장치들이 사물인터넷 서비스 제공을 위해 연결 요청 시 대량의 접속 신호를 한꺼번에 발생시켜 요청 처리 자원 소모, 서비스 연결 시간을 지연 및 마비시키는 것을 의미한다.

107 다음은 사물인터넷 디바이스 관련 보안 위협에 대한 설명이다. (A)에 알맞은 용어는 무엇인가?

> (A)는 네트워크에 공유된 Network-Key를 취득하여 허가되지 않은 Fake 디바이스(센서)를 네트워크에 접속시켜 악의적인 행위를 하도록 하는 보안 위협이다.

① 도청(Eavesdropping)
② 트래픽 분석(Traffic Analysis)
③ 스푸핑(Spoofing)
④ 서비스 거부(DoS)

- 도청은 암호화되지 않은 디바이스(센서)와 게이트웨이 구간의 정보를 도청하는 보안 위협이다.
- 트래픽 분석은 암호화되지 않는 NPDU(패킷), DLPDU(프레임) 페이로드를 분석하여 정보를 습득하는 보안 위협이다.
- 서비스 거부는 주변 노드에 지속적인 광고 패킷을 송신, DLPDU 반복 수정, CRC 반복 체크로 시스템에 무리를 주거나 주파수 Jamming 등을 통해 신호 송수신을 방해하는 보안 위협이다.

108 다음 중 스푸핑 공격(Spoofing Attack)의 종류인 것은 무엇인가?

① SYN 플러딩 공격
② 스위치 재밍 공격
③ ICMP 리다이렉트 공격
④ 랜드 공격

- SYN 플러딩 공격은 서비스 거부 공격의 종류 중에 하나이다.
- 스위치 재밍 공격은 스니핑 공격의 종류 중에 하나이다.
- 랜드 공격은 서비스 거부 공격의 종류 중에 하나이다.

109 다음은 사물인터넷 게이트웨이 관련 보안 위협에 대한 설명이다. (A)에 알맞은 용어는 무엇인가?

> 사물인터넷 게이트웨이와 사물인터넷 기기 사이의 통신은 주로 무선을 통해 이루어진다.
> (A)는 이러한 무선 프로토콜의 특성(취약점) 또는 Jamming을 통해 사물인터넷 게이트웨이와 사물인터넷 기기 사이의 통신을 불가능하게 하거나, 사물인터넷 게이트웨이의 취약점을 통해 게이트웨이의 동작을 정지시키거나 서비스를 불가능하게 하는 보안 위협이다.

① 서비스 마비   ② 데이터 유출
③ 물리적 탈취   ④ 사물봇

- 데이터 유출은 도청, 중간자 공격, 메시지 위변조를 통해 공격자가 사용자의 민감한 정보(개인정보 등)를 습득하는 보안 위협이다.
- 물리적 탈취는 물리적인 접근을 통해 악의적인 공격자는, 사물인터넷 게이트웨이의 펌웨어를 임의로 교체하거나 하드웨어 인터페이스(예: JTAG) 또는 플래쉬 메모리의 물리적인 탈취를 통해 데이터를 획득하는 보안 위협이다.
- 사물봇은 광범위한 사물로 구성된 사물봇에 의한 트래픽 폭증을 일으키는 보안 위협이다.

110 다음 중 지능형(스마트)홈 보안 위협과 대응방안이 올바르게 짝지어지지 않은 것은 무엇인가?

① 센서 및 게이트웨이 간 통신 도청 – 통신 데이터에 대한 암호화 제공
② 센서와 게이트웨이 통신 방해 목적의 유/무선 데이터 전송 – 센서 및 게이트웨이 통신 시 인증된 기기 및 사용자만이 사용할 수 있도록 하는 인증 제공
③ 지능형(스마트)홈 기기에 저장된 개인 성향, 성격 등의 정보 노출 – 사용자 정보에 데이터 무결성 제공
④ 스마트기기의 하드웨어 해킹을 통한 정보 유출 – 센서 및 사용자에 대한 인증 제공

- 저장된 개인 성향, 성격 등의 정보 노출에 대한 대응은 사용자 정보에 데이터 암호화를 제공하는 것이다.

111 다음은 사물인터넷 보안 위협 중의 하나에 대한 설명이다. (A)에 들어갈 알맞은 용어는 무엇인가?

> 사물인터넷의 특정 장치나 자원, 서비스에 (A) 시도 후 내용을 조작하거나 물리적 손상을 입힌다. 특별히, 원격으로 제어되는 기기들은 (A) 공격에 더 취약하다.

① 비인가 접근 ② 정보 유출
③ 프라이버시 침해 ④ 서비스 거부

- 사물인터넷 환경에서 정보 유출은 기존 정보통신 서비스의 정보 유출과 거의 동일한 형태로서 컴퓨터나 기타 디바이스에서 의도적으로 무단으로 은밀하게 데이터를 전송하는 것이다.
- 프라이버시 침해는 사물인터넷 서비스 사용을 위해 제공한 사용자의 이름, 전화번호, 신용카드와 같은 개인 정보가 유출되는 것을 의미한다.
- 서비스 거부는 사람이나 사물에 부착된 센서나 소형 장치들이 사물인터넷 서비스 제공을 위해 연결 요청 시 대량의 접속 신호를 한꺼번에 발생시켜 요청 처리 자원 소모, 서비스 연결 시간을 지연 및 마비시키는 것을 의미한다.

112 다음 중 스니핑 공격(Sniffing Attack)의 종류인 것은 무엇인가?

① SYN 플러딩 공격
② 스위치 재밍 공격
③ ICMP 리다이렉트 공격
④ 랜드 공격

- SYN 플러딩 공격은 서비스 거부 공격의 종류 중에 하나이다.
- ICMP 리다이렉트 공격은 스푸핑 공격의 종류 중에 하나이다.
- 랜드 공격은 서비스 거부 공격의 종류 중에 하나이다.

3 지능형홈 기기

1. 지능형(스마트)홈 기기 일반
2. 지능형(스마트)홈 기기 활용
3. 전기전자 소자 및 센서일반
4. 지능형(스마트)홈 가전기기
5. 지능형(스마트)홈 헬스케어 기기
6. 지능형(스마트)홈 에너지 기기
■ 예상문제

01 지능형(스마트)홈 기기 일반

그림 1-1   지능형(스마트)홈 개념도

출처: 한국스마트홈산업협회 홈페이지

- 지능형(스마트)홈(AI@Home)이란 가전제품(TV, 에어컨, 냉장고 등)을 비롯해 에너지 소비장치(수도, 전기, 냉난방 등), 보안기기(도어록, 감시카메라 등) 등 다양한 분야에서 모든 것을 통신망으로 연결해 모니터링, 제어할 수 있는 기술
- 지능형(스마트)홈은 가정 내 가전제품을 물리적으로 연결하고 관리하는 홈 네트워크 단계를 넘어 소비자의 니즈와 새로운 사용자경험을 제공할 수 있는 혁신적이고 개인화된 서비스를 제공하는 방향으로 진화
- 성공적인 지능형(스마트)홈을 구축하기 위해서는 개방화된 생태계 안에서 다양한 사업자가 협력하고 상생하는 비즈니스 모델 마련이 우선
- 스마트폰이나 인공지능(AI) 스피커가 사용자의 음성을 인식해 집 안의 모든 사물인터넷(IoT) 기기를 연결하고 사용자의 특성에 따라 자동으로 작동하거나 원격으로 조종할 수 있으며, 지능형(스마트)홈은 원격제어에서 발전해 AI가 상황과 사용자의 취향을 학습하고, 이에 맞는 결과를 스스로 제공하는 방향으로 발전

- 스마트폰을 넘어 가정 안의 모든 가전제품들이 인터넷과 연결되는 인프라가 구축되면서, 지능형(스마트)홈이 새로운 스마트 생태계의 키워드
- 개인 미디어 기기였던 스마트폰을 통해 이미 축적된 이용자들의 경험과 가치가 다른 디바이스로 확장되기 시작하면서 혁신의 주체가 스마트폰에서 지능형(스마트)홈으로 옮겨 가는 양상
- 지능형(스마트)홈은 "집안에 있는 가전제품들이 인터넷을 통해 상호 연결되고 지능화되어 이를 통해 다양한 서비스가 제공되는 첨단 인텔리전트 서비스 시스템"
- 과거에도 가전제품을 자동으로 관리하는 홈오토메이션(home automation) 기반의 홈네트워크(home network)가 있었으나, 이 당시 홈 네트워크의 개념은 집 안의 유선 네트워크에 연결되어 주로 가정용 기기의 관리와 제어에 초점
- 최근 유·무선 통합 네트워크 환경의 진화, 사물인터넷(IoT)과 클라우드, 그리고 빅데이터의 부상으로 과거와 비교해 더욱 지능화되고 개인화된 서비스와 콘텐츠 제공
- 스마트 생태계의 변화 양상이 가정 내의 정보가전에서 생활가전으로 확장되면서 과거 홈 네트워크의 서비스 범위도 확장
- 현재 추진되고 있는 지능형(스마트)홈은 가스 원격제어, 냉난방 제어, 방범, 방재 등 스마트 기기를 연동하여 가정 내의 가전제품을 관리 통제하는 서비스 이외에도 가정 모니터링, 습도 및 온도 조절, 건강관리, 유아 관리, 가전제품 실행 등 다양한 서비스 영역으로 확대
- 향후 가전이 미치지 않은 수많은 생활기기까지 그 서비스 영역으로 확장해 간다면 지능형(스마트)홈의 범위는 가늠하기 어려울 전망

1 지능형(스마트)홈 산업 특징

(1) 지능형(스마트)홈 산업 구조적 특징

① 지능형(스마트)홈 서비스는 여타 플랫폼 대비 건강, 의료, 쇼핑 등 다양한 분야로의 확장이 가능하며, 특히 건설산업 관련 주체들의 새로운 비즈니스 모델로 확장할 가능성이 있는 산업 구조

② 지능형(스마트)홈 서비스 플랫폼은 크게 지능형(스마트)홈 정보가전기기 분야와 지능형(스마트)홈 서비스 분야로 구분되며, 지능형(스마트)홈 정보가전기기 산업은 홈IoT 기술에 기반하여 다양한 종류의 기기를 출시하여 스마트TV, 홈IoT 센서 등의 제품군을 보유

③ 또한, 지능형(스마트)홈 서비스 산업은 전통적인 홈 오토메이션 서비스에서 홈에너지 관리, 홈시큐리티 등 다양한 서비스 사업으로 확장되고 있으며, 특히 지능형(스마트)홈 O2O 서비스에 대한 주목되고 있음

표 1-1 지능형(스마트)홈 서비스 플랫폼 분야 산업구조

스마트홈 정보가전기기 분야	스마트홈 플랫폼 분야	스마트홈 서비스 분야
스마트TV	스마트홈 제어플랫폼	홈오토메이션 서비스
홈IoT센서	스마트홈 사용자 인터랙션 플랫폼	홈에너지 관리 서비스
홈IoT가전기기	홈상황인지 프레임워크	홈시큐리티 서비스
홈로봇	개방형 홈서비스 프레임워크	스마트홈 O2O 서비스

출처: 중소벤처기업부, '스마트홈 서비스 플랫폼'

④ 지능형(스마트)홈 서비스 플랫폼 산업은 통신사업자, 모바일 기기 제조사, ICT 기업이 시장을 주도하고 있으나, 보안서비스, 전자상거래, 유틸리티 업체 등 다양한 신규 플레이어가 진입하여 새로운 형태의 생태계로 변화

⑤ 산업통상자원백서에 따르면, 스마트시티 등과 연계되어 제조사를 포함한 통신사, ICT, 건설등 타 산업 분야와 융합이 필수적인 산업으로 분류

표 1-2 지능형(스마트)홈 발전추세

구분	지능형(스마트)홈 1.0	지능형(스마트)홈 2.0	지능형(스마트)홈 3.0	지능형(스마트)홈 4.0
개념	홈오토메이션	홈네트워크	IoT홈	커넥티드홈
통신방식	유선	유선	무선	무선
제어기기	스마트TV	월패드	IoT가전	AI가전, 로봇 등
주요기능	VOD서비스	가정 내 제어	외부 원격 제어, 모니터링	자율동작, 개인 맞춤, 플랫폼 간 연동
관련업종	가전사	가전사, 건설사, 홈넷사	가전사, 건설사, 통신사	SW, 센서, 자동차, 의료, 에너지 등

출처: 산업통상자원부, '2017-2018 산업통상자원백서'

(2) 지능형(스마트)홈 산업의 전망

① 지능형(스마트)홈을 구현하고자 하는 글로벌 기업들의 행보도 빨라짐. 이 기업들은 우선 다양한 관련 스타트업(start-up, 신생벤처기업)들을 인수하는 데 열을 올리고 있으며, 구글이나 애플 같은 플랫폼사업자, 삼성과 LG 등 가전사, 전통적인 네트워크사업자인 통신사들

② 최근 구글은 사물인터넷 기반의 지능형(스마트)홈 벤처기업인 네스트랩(Nest Lab)을 32억 달러라는 엄청난 금액을 들여 인수. 구글은 네스트를 지능형(스마트)홈의 허브로 이용하여 수많은 이용자 행태 정보를 수집하고 분석해서 다양한 지능형(스마트)홈 관련 수익 모델을 개발할 것으로 예상

③ 애플도 개발자 회의인 '세계개발자회의 2014(WWDC, Worldwide Developers Conference 2014)'에서 지능형(스마트)홈 플랫폼인 '홈키트(HomeKit)'를 공개했다. 홈키트는 이용자가 애플의 다양한 디바이스를 통해 가정 내 조명, 냉장고, 온도계, 가스밸브, TV 등 가전제품을 제어할 수 있게 지원하는 통합 플랫폼

④ 애플은 특히 2013년에도 프라임센스(PrimeSense)라는 3D 증강현실과 가상현실을 구축하는 원천 기술을 보유한 기업을 인수했는데 애플은 이 기술을 활용해 향후 지능형(스마트)홈 TV에 적용

⑤ 이외에도 최근 신체의 움직임을 감지해 반응하는 '눈동자 응시 추적 시스템'을 특허 등록했다고 한다. 이는 원래 스마트폰을 제어하는 기술이지만 향후 애플의 지능형(스마트)홈 기반 스마트 TV의 사용자경험을 혁신하는 데 기여할 것으로 전망

⑥ 국내 기업의 경우 삼성도 가전제품을 스마트폰, 웨어러블 단말, 스마트 TV 등으로 관리할 수 있는 지능형(스마트)홈 플랫폼 '삼성 지능형(스마트)홈'을 11개국에 공식 출시

⑦ 이러한 지능형(스마트)홈 시장을 두고 가전사나 플랫폼사업자들뿐만 아니라 통신사·케이블방송사들도 적극적으로 경쟁. 예를 들어 미국 통신사인 AT&T도 2012년 지능형(스마트)홈 서비스 '디지털 라이프(Digital Life)'를 내놓은 바 있으며, 미국 최대 케이블방송사인 컴캐스트(Comcast)도 2012년에 '엑스피니티 홈(Xfinity Home)'을 출시

표 1-3 응용 분야에 따른 지능형(스마트)홈 플랫폼 구분

구분	세부 내용
홈오토메이션	홈오토 기기, 홈게이트웨이/월패드, 공용부 관리 서비스 등
홈에너지	홈에너지 관리, 에너지 저장, 전력공급 시스템 등
홈시큐리티	가정 물리 재난, 가정 정보 재난, 가정 재난 대응 서비스 등
지능형(스마트)홈서비스	홈클라우드, 상황인지, 홈로봇 서비스 등

출처: 중소벤처기업부, '스마트홈 서비스 플랫폼'

2. 지능형(스마트)홈(홈IoT) 생태계 6대 구성요소

표 1-4 지능형(스마트)홈 산업 발전 방향

구분	가전/비가전 디바이스 분리	가전/비가전 디바이스 통합	차세대 기술/디바이스 및 AI컨트롤 도입	스마트홈 디바이스 및 AI컨트롤 최적기
	도입기	성장기	성숙초기	성숙후기
네트워크속도	100Mbps / 4G	100Mbps / 4G	유무선 GiGA	GiGA / 5G
스마트 디바이스	가전/비가전 (일상기기)	가전/비가전 (일상기기)	일상기기/ 차세대기술	일상기기/ 차세대기술
IoT 표준화	개별사업자별 표준화	컨소시엄별 표준화	다표준 지원	지배적 사업자 표준화
플랫폼	개별 사업자 단말/OS	단말/OS 통합화	지배적 사업자 통합화	지배사업자 통제력강화
컨트롤 디스플레이	스마트폰/TV	스마트폰/TV	웨어러블	웨어러블/음성/ 모션인식
콘텐츠	가전/비가전 분리	가전/비가전 통합	차세대 콘텐츠/세분화	응용 콘텐츠/세분화

출처: 디지에코, '스마트홈(홈IoT) 생태계 6대 구성요소'

3. 지능형(스마트)홈의 플랫폼

(1) 지능형(스마트)홈 서비스 플랫폼

지능형(스마트)홈 서비스 플랫폼에는 지능형(스마트)홈 허브, 지능형(스마트)홈 미들웨어, 지능형(스마트)홈 클라우드 시스템 등의 기술이 포함

표 1-5 지능형(스마트)홈 서비스 플랫폼 요소기술

분류	요소기술	설명
스마트홈 허브	스마트홈 제어 플랫폼	가정에 연결된 기기 제어 및 정보 전달/관리를 위한 기술
	실감 홈미디어 플랫폼	이용자의 감성을 분석/파악하여 맞춤형 서비스를 제공하기 위한 기술
	스마트홈 사용자 인터랙션 플랫폼	행동, 음성 등을 통해 편의성이 높은 서비스를 제공하기 위한 기술

분류	요소기술	설명
스마트홈 미들웨어	홈자원 관리 프레임워크	기기들과의 서비스 제어 및 콘텐츠 상호 전달 체계 지원하고 안전을 보장하는 기술
	홈 상황인지 프레임워크	댁내 주변 환경/상황 인지하여 가전기기 제어 및 관리를 위한 기술
	감정인지 미들웨어	공간/환경 정보 분석하여 서비스를 제공하기 위한 기술
	개방형 홈서비스 프레임워크	서로 다른 주체가 개발한 서비스를 설치하여 실행할 수 있는 환경을 제공하는 기술
	스마트홈 지식화 프레임워크	데이터에 대한 의미 부여 및 새로운 데이터 창출을 위한 기술
스마트홈 클라우드 시스템	클라우드 서비스 플랫폼	가정에서 생성된 데이터를 통해 클라우드를 통해 연계하는 기술
	연동 홈게이트웨이	다양한 미디어를 받아 기기들과의 상호 연계를 위한 홈게이트웨이 기술
	단지 서비스 클라우드 프레임워크	아파트 단지 내에서 다양한 연계 서비스를 제공하기 위한 기술
	스마트홈 클라우드 유지보수 시스템	댁내 홈서버와 관련된 원격 제어 및 관리를 위한 기술

출처: 중소벤처기업부, '스마트홈 서비스 플랫폼', NICE평가정보(주) 재구성

① 지능형(스마트)홈 제어 플랫폼 기술은 가정 내에 홈네트워크를 구성하여 연결된 스마트 기기, 센서 등을 연계하여 통합관리, 원격/자동제어 등을 제공하는 기술이다. 해당 기술은 아파트/공동주택에 빌트인으로 설치되어 공동으로 운영되는 경우가 많으며, 원격에서 가전의 상태를 파악하고 제어하는 것이 주요한 기능으로 포함된다. 지능형(스마트)홈 서비스를 제어함에 있어 가장 대표적인 서비스로 모바일 앱 서비스

② 현재 이용되고 있는 모바일 앱 서비스로 홈 디바이스 제어 및 모니터링, 원터치 환경 설정이 있다. 홈 디바이스의 제어하기 위해서 사용자는 모바일 앱을 통해 서버에 사용자를 등록한 후, 게이트웨이와 디바이스를 페어링하여 사용자는 모바일 앱을 통해 시간과 장소에 상관없이 홈 디바이스를 제어 및 모니터링

(2) 지능형(스마트)홈 서비스 플랫폼 예시

① 개방형 지능형(스마트)홈 플랫폼은 올해 공급되는 공공분양주택에 우선적으로 적용되며, 입주자가 계약 시 선택한 이동통신사의 서비스를 3년간 무료(기본사양에 한함)로 제공

② 앞으로 LH는 더 많은 지능형(스마트)홈 플랫폼과의 연계를 위해 국제 표준 기반 플랫폼 도입을 추진하고, 한국인터넷진흥원과 함께 지능형(스마트)홈 보안을 강화하는 등 홈즈(Home Z)를 통해 보다 안전하고 개방적인 지능형(스마트)홈 서비스를 제공할 계획

그림 1-2 LH 개방형 지능형(스마트)홈 플랫폼 구성도
출처: LH보도자료(2020.11.5.)

02 지능형(스마트)홈 기기 활용

1 한국토지주택공사(LH) 홈즈(Home Z) 지능형(스마트)홈 시스템

그림 2-1 LH형 지능형(스마트)홈 시스템 개념도
출처: 한국토지주택공사(LH)

① 한국토지주택공사(LH) 홈즈(Home Z)의 지능형(스마트)홈은 가전 조명 냉·난방 등 집안의 각 장치를 네트워크로 연결해 제어하는 기술
② 한국토지주택공사(LH) 지능형(스마트)홈은 미세먼지·이산화탄소센서가 내장된 무선통신 IoT(사물인터넷) 기기로 실내환경을 조절할 수 있고, 빅데이터 분석으로 자동 냉난방 조절도 가능하며, 지능형(스마트)홈 업체인 코맥스 컨소시엄과 계약을 체결하고 국민임대 행복주택 등에 지능형(스마트)홈 시스템을 구축할 계획
③ 에너지 절감 서비스와 음성인식(AI) 스피커를 연동한 서비스도 제공
④ 스마트폰을 사용하기 어려운 고령 입주자를 위해 지능형(스마트)홈 기능을 쉽게 이용할 수 있는 IoT 리모콘 지원, 고령가구 단독거주 세대는 활동량 센서를 추가 설치해 고독사 방지

2 SK건설 SKAI 지능형(스마트)홈 시스템

그림 2-2 SK VIEW AI 홈 서비스
출처: 소비자가 만드는 신문(http://www.consumernews.co.kr)

① SK건설은 지능형(스마트)홈 솔루션 기업 다산지앤지와 인공지능 지능형(스마트)홈 기술인 'SK VIEW AI Home Service(SKAI, 이하 스카이)'를 개발(스카이는 재실감지·자동제어·음성인식 기술 등을 딥러닝 서버에 결합시킨 지능형(스마트)홈 기술).

② 스카이의 인공지능은 사용자 생활패턴을 학습해 자동으로 입주자의 선호 온도를 설정하고 외기 온도 예보를 반영해 실별 최적온도를 자동으로 제어. 재실 유무·수면 상태를 판단해 자동 조명 소등, 콘센트 차단, 자동환기시스템 제어 등 맞춤형 주거환경을 제공

③ 현관의 AI 생활정보기는 사용자의 음성 명령을 인식하고 생활 패턴에 맞춰 각종 정보를 제공. 출근시간에는 오늘의 날씨와 주차위치 정보를 음성으로 안내하고 퇴근시간에는 사용자의 귀가 시간을 예측해 사전에 난방을 적정 온도로 조절

④ 스카이는 기존 IoT형 지능형(스마트)홈과 달리 스마트폰 또는 세대 내 월패드에서 조작하지 않아도 인공지능과 음성만으로 제어

3. 현대건설 하이오티(Hi-oT) 지능형(스마트)홈 시스템

그림 2-3 현대건설의 하이오티 시스템
출처: 현대건설

① 현대건설은 2016년부터 건설사 최초로 지능형(스마트)홈 시스템인 하이오티(Hi-oT)를 개발
② 2018년에는 현대오토 에버와 함께 자체 플랫폼을 구축해 조명, 냉·난방과 같은 에너지 소비 시스템부터 냉장고, 세탁기, 공기 청정기 등 가전제품까지 네트워크로 제어할 수 있는 사물인터넷(Internet of Things, IoT)을 도입
③ IoT는 명칭대로 온갖 사물이 온라인으로 연결되는 것을 뜻하며 하이오티는 현대(Hyundai), 하이엔드(High-End), 하이(Hi)를 의미하는 H와 IoT의 합성어
④ 하이오티 시스템은 가전제품과 홈네트워크를 연결해 냉장고, 세탁기, 에어컨, 조명, 가스, 난방 기기 등은 물론 엘리베이터와 공동현관문까지 제어
⑤ 음성인식 기능인 보이스홈과 모바일기기에 전용 애플리케이션 설치
⑥ 현대건설의 하이오티는 자동차나 통신사 같은 다른 영역의 플랫폼과 연동해 다양한 서비스를 제공

⑦ 자동차에서 집 안을 제어하는 카투홈(car-to-home)을 비롯해 자동차 점검 및 정비 예약, 각종 배달 서비스 등 우리가 보다 편리한 생활을 영위할 수 있게 지원

그림 2-4 현대건설의 음성인식 서비스 보이스홈
출처: 현대건설

⑧ 보이스홈(Vioce-Home)은 인공지능 클라우드 기반의 음성인식 서비스로, 거실과 주방에 각각 설치된 월패드(wall pad)와 음성인식 거치대, 각 침실의 빌트인 스피커를 통해 이용
⑨ 음성인식 기기에 "하이, 알라딘"이라는 호출 명령어(wake-up word)를 자연스럽게 건네면 가전기기들이 작동
⑩ 보이스홈은 모바일 기기 사용이 어려운 상황에서 매우 유용하며, 외출 준비로 한창인 때 몇 마디 말로 오늘의 날씨나 단지 주변의 미세먼지 농도와 같은 생활정보를 확인할 수 있으며, TV 셋톱박스를 켜서 실시간 뉴스를 확인

4 LG ThinQ 지능형(스마트)홈 시스템

가전의 완성 LG ThinQ
컨트롤하고, 케어하고, 쇼핑까지
ThinQ 앱으로 가전생활 완성

그림 2-5 LG ThinQ 지능형(스마트)홈 시스템

① LG전자만의 독자적인 인공지능 기술로 전자기기 사용 시 쌓이는 생활 데이터를 기반으로 사용자의 사용패턴과 생활습관을 스스로 학습하여 그에 맞게 시스템을 구축
② 스마트폰의 앱을 설치하여 집 밖에서 전원을 제어할 수 있으며, 집안 곳곳에 있는 가전들은 직접 만지지 않고도 작동시킬 수 있음

5 SKT NUGU 지능형(스마트)홈 시스템

그림 2-6 NUGU 지능형(스마트)홈 아파트 구상도
출처: www.sktsmarthome.com

03 전기전자 기초 및 센서일반

1 전기전자 기초

(1) 직류와 교류 개념

① 직류(DC, Dirct Current) : 시간의 흐름에 따라 전압과 전류가 일정한 값을 유지, 전류의 이동방향이 일정한 전류

그림 3-1 직류 파형

② 교류(AC, Alternating Current) : 시간에 따른 전하의 변화에 의해 전류의 방향과 크기가 주기적으로 변화하는 전류(예 : 전동기, 발전소, 변전소 및 일반 가정용 전기 등)

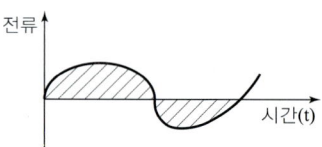

그림 3-2 교류 파형

- 순시값 : 시시각각으로 변하는 교류의 순간 크기를 v를 순시값이라고 함
  $v = \mathrm{Vm} \sin \omega t [\mathrm{V}]$
  단, Vm : 최댓값, ω : 각속도($2\pi[\mathrm{rad/sec}]$), t : 시간
- 최대값 : 교류의 순시값 중 가장 큰 값($\mathrm{Vm} = \sqrt{2} \times V$)
- 실효값 : 동일한 일을 한 직류 V로 나타낸 교류 v의 기준 크기
  $V \dfrac{\mathrm{Vm}}{\sqrt{2}} ≒ 0.707 \mathrm{Vm}$
- 평균값 : 교류의 순시값 1주기 동안의 평균값(Vm)
  $\mathrm{Vm} = \dfrac{2}{\pi} \mathrm{Vm} ≒ 0.637 \mathrm{Vm}$

③ 맥류(PC, Pulsating Current) : 전류가 흐르는 방향은 일정한데 크기가 일정하지 못한 전류를 말하며, 와전류라고도 함(예 : 전화 송수화기의 음성 전류, 직류 전신 부호의 전류 등)

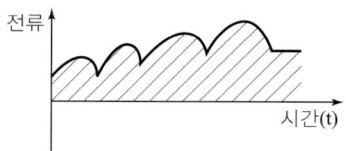

그림 3-3 맥류 파형

(2) 전압과 전류

■ 전압(Electric Voltage, 기전력)

① 전위(Electric Potential)와 전위차(Electric Potential Difference)
- 도체 간 지속적인 전자 이동이 발생하도록 하는 각각의 전기적 크기를 전위라고 하며, 양쪽을 비교할 때 나타나는 차이값을 전위차 또는 전압이라고 함
- 어떤 도체에 $Q[C]$의 전기량이 이동하여 $W[J]$의 일을 한 경우의 전압

$$E = \frac{W}{Q}[V] \text{ 또는 } W = E * Q[J]$$

- 1[V](볼트 ; Volt) : 1[C]의 전기량이 이동하여 1[J]의 일을 했을 때, 두 점 간의 전위차

② 기전력(EMF, Electro Motive Force)
- 두 지점 사이에 일정한 전위차가 생기게 하는 힘을 기전력이라고 하며, 단위는 전압과 같은 [V]를 사용

$$V = \frac{W}{Q}\left[\frac{J}{C} = V\right]$$

- 발전기나 전지와 같이 전위차를 만들어, 전류를 흐르게 하는 원동력

그림 3-4 전지의 기전력

③ 전류(Electric Current)
- 건전지와 같이 전위차가 있는 두 전위를 도체로 연결하면 전자가 이동하게 되는데, 이때 도체의 단면을 1 초간 통과한 전기량(전하량)을 전류(I)라고 함

$$I = \frac{Q}{t}[A]\left(\frac{C}{\sec} = [A]\right)$$

- 전류(I)는 양전기를 기준으로 하여 [+]에서 [-]로 흐르는 것으로 하며, 시간에 따른 전류의 방향과 크기 변화에 따라 직류, 교류, 그리고 맥류로 구분함
- 1 [A](암페어 ; Ampere) : 1초 동안 1[C]의 전기량이 통과했을 때의 전류를 가리킴

(3) 주파수와 파형

① 일반적으로 전기는 도체의 선을 통하여 이동하게 되는데, 이러한 도선이 없이 공간을 빛의 속도로 퍼져 나가는 전자기파를 전파(Radio Wave)라고 함
② 주파수란 진동 전류나 전파, 음파 등이 도선 또는 공간을 통해 전달되는 과정에서 일정한 진폭으로 운동하는 펄스(Pulse), 또는 물리량의 시간적 변화인 파(Wave)와 같은 주기 현상이 1초 사이에 몇 번 반복되는가를 나타내는 파형의 수를 말함
③ 전파는 1888년 독일의 헬즈(Hertz)가 전자기파의 방출 실험을 통해 그 존재를 밝혀내어, 주파수의 단위로 헤르츠(Hz)를 사용
④ 주기 T[s]와 주파수 f[Hz] 사이의 관계

$$T = \frac{1}{f}[\text{s}], \ f = \frac{1}{T}[\text{Hz}]$$

⑤ 전파의 용도 및 특성
- 전파는 무선전신, 무선전화, 라디오, TV 등의 무선통신을 비롯하여 방향 탐지, 레이더, 무선조정, 고주파 가열 등에 이용
- 전파는 주파수의 파장 또는 공간에서 전파가 퍼져 나가는 특성에 따라 장파, 중파, 단파, 초단파, 극초단파 등으로 구분됨

주파수대 번호	호칭	주파수 범위/파장	특성	용도
1	초장파(VLF) 데카킬로미터파	3~30[kHz] 10~100[km]	• 파장이 길어 안테나를 수평적으로 설치함	• 해상 무선 항행 업무
2	장파(LF) 킬로미터파	30~300[kHz] 1~10[km]	• 선박 간의 원거리 통신에 주로 사용되었음 • 대형 안테나가 요구되어 이용률이 낮아짐	• 무선 항행 업무 • 선박 및 항공 무선
3	중파(MF) 헥토미터파	300~3,000[kHz] 100~1,000[m]	• 지구의 지표면을 따라 전파됨 • 멀리까지 안정적으로 보낼 수 있음	• 일반 라디오(AM) 방송 • 중거리의 선박 통신
4	단파(HF) 데카미터파	3~30[MHz] 10~100[m]	• 파장이 짧아 지표파는 감쇠가 심함 • 전리층에 반사돼 지구 뒤쪽까지 전파됨 • 위성 통신의 발달에 따라 사용이 점점 줄어듦	• 국제 라디오 방송 • 원거리의 국제 통신 • 선박과 항공기의 통신

번호	주파수대 호칭	주파수 범위/파장	특성	용도
5	초단파(VHF) 미터파	30~300[MHz] 1~10[m]	• 전리층에서 반사되지 않고 통과해 버림 • 보통 가시거리 통신에 사용 • 차폐물(산악, 고층 건물 등)에 크게 감쇠	• 텔레비전 방송 (채널 2~13) • FM 라디오 방송 • 육상·해상·항공 단거리 통신 • 레이더
6	극초단파(UHF) 데시미터파	30~3,000[MHz] 10~100[cm]	• 직진성이 강해 통달 거리는 가시거리에 한정됨 • 470~890[MHz]대는 TV(채널 14~83)에 사용	• 육상·해상·항공 이동 통신 • 무선 호출, 항공 무선 항행 • 위성 통신, 지구 탐사, 전파 천문
7	초고주파(SHF) 센티미터파	3~30[GHz] 1~10[cm]	• 작은 안테나로 첨예한 빔을 얻을 수 있음 • 다른 전파로부터의 방해 및 다른 전파에 대한 방해가 적음 • 광대역 변조로 S/N비를 크게 개선할 수 있음	• 고정 장거리 통신, 이동 통신 • 텔레비전 중계 및 위성 통신 • 무선 항행, 각종 레이더 • 산업·과학·의료 분야의 고주파 이용 설비
8	EHF 밀리미터파	30~300[GHz] 1~10[mm]	• 통신 주파수 대역의 획기적 확장 • 초광대역 전송 가능 • 안테나와 송수신 장치의 소형화 가능 • 빛에 가까운 강한 직진성 • 강수나 수증기 입자에 흡수 또는 산란됨	• 고정·이동·위성 통신 • 무선 항행 • 지구 탐사 • 전파 천문

- 전파는 빛의 속도와 같은 초당 30만[km]($≒3 \times 10^8$m$= 3 \times 10^{10}$cm)로 진행함
- 빛과 전파, 그리고 전기는 진공상태에서 속도가 모두 같으나, 진공상태가 아닌 환경에서는 금속이나 대기, 물과 같은 매체를 통과할 때의 저항에 의해 속도가 약간 느려짐

$$전파의 파장 = \frac{전파속도(m)}{주파수(Hz)}$$

- 주파수가 높아지면 파장이 작아져 안테나의 길이도 따라서 작아지는데, 보통 전파의 파장 또는 1/2 파장 길이로 함

⑥ 주파수의 분류
- 전파 주파수 : 국제적인 조약에서는 일반적으로 전파의 주파수 범위를 3000[GHz] 이하로 규정하고 있으며, 그 안에서 용도에 따라 주파수대를 나누어 사용
- 상용 주파수 : 발전소에서 송전선을 통하여 전기 사용자에 공급되는 전력의 주파수로서 50[Hz] 또는 60[Hz]가 사용
- 음성 주파수 : 가청 주파수라고도 하는데, 보통 20~20,000[Hz] 범위에 해당되며, 통화의 질을 해치지 않는 가청 범위는 300~3,400[Hz]임
- 스퓨리어스(Spurious) : 통신 시스템에서 목적으로 하는 주파수 이외의 주파수성분(불요파)을 통칭하는 것으로 크게 고조파(Harmonic)에 의한 것, 저조파(Sub-Harmonic)에 의한 것, 그리고 기타 상호 변조신호의 영향에 의한 것으로 구분됨
- 고조파(Harmonic) : 기본 상용 주파수(50[Hz] 또는 60[Hz])에 대해 2배(제2고조파), 3배(제3고조파), 4배(제4고조파)와 같이 정수의 배에 해당하는 물리적 전기량으로 잡음이나 오류가 아니므로, 고조파에 따른 통신의 영향은 없음
- 저조파(Sub-Harmonic) : 기본 주파수의 1/2, 1/3, …, 1/n인 전파로 정상적인 상태에서는 거의 발생하지 않지만, 주파수를 배수 증가(체배 ; Doubling ; Multiply)하는 경우 고조파 뿐 아니라 저조파까지 발생하며, 이 때문에 스퓨어리스 특성이 더 복잡해짐
- 반송파(Carrier) : 주파수가 낮은(baseband ; 기저대역) 신호는 잡음에 약하고 전달거리도 짧기 때문에, 변조(높은 주파수에 보내려는 신호를 싣는 과정)를 거치게 되는데, 이때 원래의 신호를 실어나르는 캐리어(Carry) 역할을 하는 특정주파수를 반송파라 함
- 중간주파수(Intermediate Frequency) : 수신신호의 반송파를 기저대역으로 변환하기 전의 중간에 있는 주파수를 말하며, 주파수를 2회 이상 변환하는 경우는 제1, 제2, … 중간주파수라고 함
- 정재파(Standing Wave) : 선로상의 경계면에서 반사되어 돌아온 전파가 진행파와 합쳐지면서 생겨난 진행하지 않는 파동으로 정상파(Stationary Wave)라고 하며, 정재파가 크다는 것은 반사량이 많다는 의미임

2. 전기전자 부품(소자)의 기초와 활용

(1) 저항(R, Resistance)

모든 물질은 전자의 이동을 방해하려는 작용이 있어 전류 흐름을 방해하는데, 이처럼 전기의 이동을 방해하는 성질을 저항이라고 하며, 단위로는 [Ω](옴 ; Ohm) 사용

① 저항의 직렬 연결(Series Connection)
- 저항의 직렬 연결

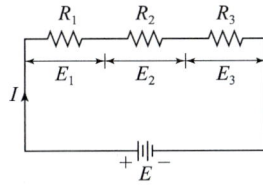

$E = E_1 + E_2 + E_3 = I \cdot (R_1 + R_2 + R_3)$ 에서

저항$(R) = \dfrac{E}{I} = R_1 + R_2 + R_3$ 가 됨

- 전압 강하(Voltage Drop)
    - 저항에 전류가 흐를 때 저항에 생기는 전위차를 말하는 것으로, 저항이 커지거나 전류가 커질수록 전압 강하도 커짐
    - 부하(전구)회로에 직렬로 저항이 들어가면 저항의 양 끝에 걸리는 전압의 크기만큼 부하(전구)에 걸리는 전압은 강하(낮아짐)됨

$\therefore e + 2 = 10$
$e = 10 - 2 = 8[V]$

- 고유 저항으로 본 도체와 부도체
    - 도체 : $10^{-4}[\Omega \cdot m]$ 이하의 고유 저항을 가지는 물질(수은 > 백금 > 알루미늄 > 구리 > 은 등)로, 온도가 올라가면 저항값도 직선적으로 상승함
    - 반도체 : $10^{-4} \sim 10^{-6}[\Omega \cdot m]$ 사이의 고유 저항을 가지는 물질(탄소 > 게르마늄 > 실리콘 등)로, 온도가 올라가면, 전도율이 커져서 저항이 급격히 감소함
    - 부도체 : $10^{-6}[\Omega \cdot m]$ 이상의 고유 저항을 가지는 물질(유리 > 고무 > 수정 등)로, 온도 변화에 매우 다르게 변화하지만 일반적으로는 고유 저항이 작아짐

② 저항의 병렬 연결(Parallel Connection)
- 저항의 병렬 연결

$$R = \dfrac{1}{\dfrac{1}{R_1} + \dfrac{1}{R_2} + \dfrac{1}{R_3}}$$
$$= \dfrac{R_1 R_2 R_3}{R_2 R_3 + R_1 R_3 + R_1 R_2} [\Omega]$$

- 전위의 평형과 휘트스톤 브리지(Wheatstone Bridge)
  - 전기 회로에 전압을 가하여도 전기 회로에 전위차가 일어나지 않아 전류의 흐름이 발생하지 않는 경우에는 전위 평형이 이루어졌다고 함
  - 휘트스톤 브리지는 $0.5 \sim 10^5[\Omega]$ 정도의 중저항 측정에 널리 사용되는 회로로, 4개의 저항을 그림과 같이 연결하고 X의 저항값을 모른다고 가정할 경우 전위 평형을 위한 (검류계 G에 전류가 흐르지 아니할)조건은 다음과 같음

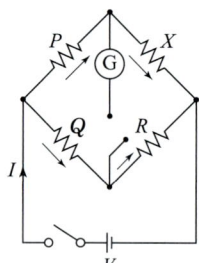

$PR = QX$에서 $X = \dfrac{PR}{Q}$

③ 저항의 직병렬 연결(Series-Parallel Connection)

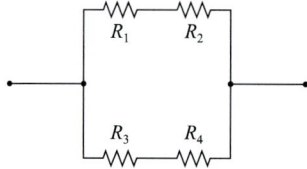

$$R = \dfrac{(R_1 + R_2) \cdot (R_3 + R_4)}{(R_1 + R_2) \cdot (R_3 + R_4)} [\Omega]$$

$$R = R_1 + \dfrac{1}{\dfrac{1}{R_2} + \dfrac{1}{R_3}}$$
$$= R_1 + \left(\dfrac{R_2 \cdot R_3}{R_2 + R_3} \right) [\Omega]$$

(2) 콘덴서(Condenser ; Capacitor)

① 전기를 저축할 수 있는 능력을 정전 용량(Electrostatic Capacity)이라고 하는데, 전기 회로에 연결하였을 때 정전 용량이 발생하도록 만든 장치가 콘덴서(축전기)임
② 콘덴서는 회로상에서 교류 전류는 흐르게 하지만, 직류 전류는 콘덴서의 정전 용량이 충족되면 더 이상 흐르지 못하게 함
③ 콘덴서의 정전 용량은 기호 C, 단위는 F(패럿 : Farad)를 사용
④ 콘덴서의 직렬 접속
- 콘덴서의 직렬 연결에서 각 콘덴서에 걸린 전압의 합은 반드시 전체에 가한 전압과 같음

$$V = V_1 + V_2 = \frac{Q}{C_1} + \frac{Q}{C_2} [\text{V}]$$

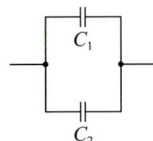

- 합성 용량(C)은 $Q = CV$에서 식을 변형하면 다음과 같이 식이 구해짐

$$C = \frac{Q}{V} = \frac{Q}{\frac{Q}{C_1} + \frac{Q}{C_2}} = \frac{Q}{Q(\frac{1}{C_1} + \frac{1}{C_2})} = \frac{1}{\frac{1}{C_1} + \frac{1}{C_2}} = \frac{C_1 C_2}{C_1 + C_2} [\text{F}]$$

⑤ 콘덴서의 병렬 접속

- 2개의 콘덴서에 축적된 전체 전하를 계산하면 다음과 같음
$$Q = C_1 V + C_2 V = V(C_1 + C_2) [\text{C}]$$

- 위에서와 같이 $Q = CV$ 식을 변형하면 다음과 같은 식이 성립함
$$C = \frac{Q}{V} = \frac{V(C_1 + C_2)}{V} = C_1 + C_2 [\text{F}]$$

3. 배전반, 분전반(함), 통신 단자함

(1) 수변전설비의 계통도

일반적으로 전기는 발전소에서 생산되어 송전선로를 거쳐 1차 변전소로 이동하며 다시 송전 선로를 거쳐 배전 변전소 이동 후 최종적으로 공장이나 가정으로 공급

(2) 배전반

① 배전반을 설치하는 이유
　배전반은 결국 '개폐기 또는 차단기를 보호'하기 위해 설치를 함. 추가로, 이러한 전력설비에 쥐나 고양이 같은 동물 또는 먼지와 같은 이물질이 유입되어 단락사고를 일으키게 된다면 심각한 사고를 일으키기 때문에 이를 보호할 커버인 '배전반'은 필수.
② 특고압 배전반을 지나게 되면 저압으로 변압하는 '변압기'가 있으며 이를 거쳐 'ACB'와 'MCCB' 같은 저압차단기를 거쳐 전기가 공급.

(3) 분전반(함)

① 배전반에서 분기되어 나온 함을 '분전반(함)'이라고들 함.
② 분전반(함)의 경우 배전반에서 나온 전력선들이 다시 분전함 내부의 메인차단기와 분기 차단기로 전기가 통하게 되며 각 전등 및 동력설비들의 전력공급을 담당.

③ 분전반(함)을 열어보면 일반적으로 부스바 및 차단기의 노출된 부분을 보호해줄 보호커버로 구성되고, 맨 위로는 메인차단기인 MCCB와 분기차단기로 ELCB와 접지를 연결하는 접지단자로 구성(아래 내부 사진 참조)

그림 3-5 분점반(함) 외내부

(4) 통신 단자함

① 통신 단자함은 통신 시스템에서 사용되는 장비와 케이블을 연결하고 보호하기 위한 장치로써 전기적 신호를 전달하거나 데이터를 교환하기 위해 사용.
② 통신 단자함은 통신 케이블을 연결하고 특정 장소에서 케이블을 분기하거나 연결하는 역할을 통해 통신 시스템의 구성 요소를 효과적으로 관리하고 유지 함.
③ 통신 단자함의 주요한 필요성
- 케이블 보호 : 통신 단자함은 케이블을 보호하고 외부 요인으로부터 안전하게 유지 함. 즉, 물리적 충격, 온도 변화, 습도 등으로부터 케이블을 보호하여 신호의 안정성과 신뢰성을 유지.
- 연결 및 분기 : 통신 단자함은 다양한 장비와 케이블을 연결하고 분기하는 역할. 다양한 통신 장비를 한 곳에서 효율적으로 연결하고 관리할 수 있으며, 필요에 따라 케이블을 분기하여 다른 장비와 연결할 수 있음.
- 유지 보수 및 관리 : 통신 단자함은 유지 보수 및 관리 작업을 용이. 단자함을 통해 케이블을 쉽게 접근하고 교체할 수 있으며, 필요한 경우 연결 상태를 확인하고 문제를 해결할 수 있음.

- 안전 및 정리 : 통신 단자함은 작업 환경에서의 안전을 보장함. 케이블을 깔끔하게 정리하고 보호함으로써 사고나 오작동을 방지할 수 있음.
- 확장성 : 통신 단자함은 통신 시스템의 확장성을 지원. 새로운 장비나 케이블을 추가하거나 기존 구성을 변경할 때 편리하게 대응할 수 있음.

이러한 이유로 통신 단자함은 효율적인 통신 시스템 운영과 유지보수에 필수적인 요소입니다.

④ 기본적으로 외부와 연결하여 홈으로 통신하기 위한 기능이 시작되는 단자함으로써 통신 단자함 내부에는 다양한 장비와 연결점이 있으며, 다음은 통신 단자함 사진과 주요 통신 장비 구성

그림 3-6 통신 단자함 예시

- 스위치 : 통신 단자함에는 네트워크 스위치가 포함될 수 있습니다. 스위치는 네트워크 연결을 관리하고 데이터를 전송하는 역할. 여러 개의 포트를 가지고 있어 다양한 장치를 연결.
- 라우터 : 통신 단자함에는 라우터가 구성될 수도 있음. 라우터는 네트워크 간의 통신을 관리하고 데이터를 전달하는 역할. 여러 개의 인터페이스를 가지고 있어 다른 네트워크와의 연결 가능.
- 모뎀 : 통신 단자함에는 모뎀이 포함될 수 있음. 모뎀은 디지털 신호를 아날로그 신호로 변환하거나, 아날로그 신호를 디지털 신호로 변환하여 통신을 가능. 인터넷 연결을 위해 사용되는 DSL 모뎀이 일반적으로 사용.
- 패치 패널 : 통신 단자함에는 패치 패널이 구성될 수 있음. 패치 패널은 다양한 통신 케이블을 연결하고 관리하는 역할. 이를 통해 통신 장비와의 연결을 용이하게 하고, 유지 보수 및 변경 작업을 편리하게 할 수 있음.

- 통신 컨트롤러 : 통신 단자함에는 통신 컨트롤러가 구성될 수 있음. 통신 컨트롤러는 통신 장비의 동작을 제어하고 관리하는 역할. 네트워크 관리, 보안 설정, 트래픽 제어 등을 수행할 수 있음.
- 전원 공급 장치 : 통신 단자함에는 전원 공급 장치가 포함될 수 있으며, 이는 통신 장비에 안정적인 전원을 공급하여 신호 전달과 장비 동작을 지원.

⑤ 통신 단자함에는 통신 시스템을 보호하기 장착할 수 있는 보호 장치 : 통신 단자함에는 통신 시스템을 보호하기 위한 다양한 보호 장치가 포함될 수 있으며, 이러한 보호 장치는 통신 시스템의 안전성과 신뢰성을 유지하는 역할을 해줌.

- 서지 보호기(Surge Protector) : 서지 보호기는 전기적인 서지나 과전압으로부터 통신 시스템을 보호하는 역할. 전기 서지나 과전압은 통신 장비에 손상을 입힐 수 있으므로, 서지 보호기는 이러한 위험으로부터 통신 시스템을 차단하고 보호.
- 퓨즈(Fuse) : 퓨즈는 전류 과부하나 단락으로부터 통신 시스템을 보호하는 역할. 전류가 과도하게 흐르거나 단락이 발생하면 퓨즈가 차단되어 회로를 끊고 통신 장비를 보호.
- 차단기(Circuit Breaker) : 차단기는 전류 과부하나 단락으로부터 통신 시스템을 보호하는 역할. 전류가 과도하게 흐르거나 단락이 발생하면 차단기가 회로를 끊어 통신 장비를 보호. 차단기는 퓨즈와 유사한 역할을 수행하지만, 재사용이 가능하다는 장점이 있음.
- 접지 시스템(Grounding System) : 접지 시스템은 통신 시스템에서 발생하는 전기적인 누전이나 정전을 방지하여 통신 장비와 사용자를 보호하는 역할. 접지 시스템은 전기적인 안전성을 유지하고 전기적인 문제로부터 통신 시스템을 견고하게 보호.
- 전압 조절기(Voltage Regulator) : 전압 조절기는 통신 장비에 안정적인 전압을 제공하여 전압 변동이나 변압기 문제로부터 통신 시스템을 보호하는 역할. 전압 조절기는 통신 장비의 안정적인 동작을 유지하고 장비에 발생할 수 있는 손상을 방지.

⑥ 통신 단자함에 요구되는 주요 패치 케이블 종류

- 이더넷 케이블(Ethernet Cable) : 이더넷 케이블은 네트워크 장비 간의 데이터 통신에 사용되는 가장 일반적인 패치 케이블. 주로 RJ-45 커넥터를 사용하여 컴퓨터, 스위치, 라우터 등과 연결. 이더넷 케이블은 다양한 종류가 있으며, Cat5, Cat5e, Cat6, Cat6a, Cat7 등의 카테고리로 구분.
- 광섬유 케이블(Fiber Optic Cable) : 광섬유 케이블은 광신호를 전송하는 데 사용되는 패치 케이블. 광섬유 케이블은 높은 대역폭과 장거리 전송이 가능하며, 빠른 데이터 전송 속도와 더 낮은 신호 감쇠를 제공. SC, LC, ST 등의 광커넥터를 사용하여 광섬유 케이블을 연결.

- 텔레폰 케이블(Telephone Cable) : 텔레폰 케이블은 전화 시스템에서 사용되는 패치 케이블. 주로 RJ-11 커넥터를 사용하여 전화기, 팩스기, 모뎀 등과 연결. 텔레폰 케이블은 음성 통화와 데이터 전송을 지원 함.
- 동축 케이블(Coaxial Cable) : 동축 케이블은 TV, 케이블 인터넷, 위성 TV 등에서 사용되는 패치 케이블. 주로 F 커넥터를 사용하여 TV, 셋톱 박스, 모뎀 등과 연결. 동축 케이블은 높은 주파수 대역폭과 신호 간섭 방지 기능을 가지고 있어 높은 품질의 영상 및 오디오 전송을 지원.

4 중성선, 접지 그리고 차단기

(1) 중성선

① 중성선이란, 배전반 내부의 N, R, S, T의 부스바 중성선은 Neutral Line 이라고 하며, 다상교류의 전원 중성점에서 꺼낸 전선을 중성선이라 함.
② 일반적으로 중성선의 끝은 접지로 연결되는 것이 특징.

③ 중성선이 있음으로써 3상 380V의 전기를 단상 220V의 전기를 만들어낼 수가 있음.

> **참고**
> N선을 N상으로 흔히들 부르곤 하는데 이것은 잘못된 표현. R, S, T와 같은 전력선에는 '상'이 있지만 N선의 경우 상이 없기 때문에 중성선 혹은 N선이라는 표현이 맞음.

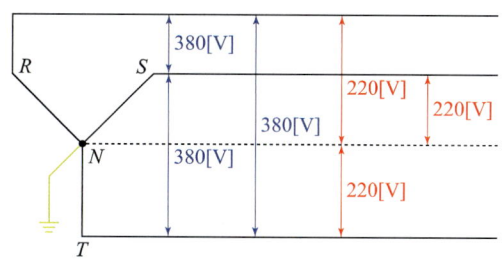

그림 3-7 중성선을 이용하여 380V 전기를 220V로 만드는 회로

④ 그림과 같이, R,S,T의 전력선의 중점이 중성선이 되는 것을 볼 수 있고, 이렇게 변압기의 Y결선 중성점에서 뽑아낸 중성선과 R,S,T중의 한 선과 조합을 하게 되면 380V의 전압을 220V의 단상교류전기로 만들어 가정집에서 사용을 하게 됨.

⑤ 220V가 나오게 되는 수식은 380V에서 $\sqrt{3}$을 나눠주게 된 값.

(2) 접지

① 접지(grounding)
- 접지는 영어로 grounding 또는 earthing이라고 함.
- 이 접지를 함으로써 사람이 감전으로부터 안전하게 보호를 할 수 있는 역할.
- 접지의 주목적은 바로 '인체의 감전보호'이며, 이 접지를 함으로써 절연이 좋지 않아 누설전류가 발생했을 때 인체로 전류가 흐르는 것이 아닌 접지가 되어있는 '도체'를 통하여 대지로 흘려보내는 것.

그림 3-8 기기를 접지하지 않은 경우   그림 3-9 기기의 외함을 접지한 경우

- 전류는 저항이 높은 물질을 통과하기 힘들어하고 저항이 낮은 물질을 쉽게 통과하는데, 옴의 법칙을 바탕으로 V=IR이기 때문에 같은 전압일 경우, 전류는 커질수록 저항은 작아지는 반면 저항이 커질수록 전류가 작게 흐르므로, 이때, 접지의 경우 일반적으로 100Ω도 되지 않는 낮은 저항을 가지고 있는데, 사람의 인체의 경우 약 1000Ω 이상으로써 최소 10배 높은 저항을 가짐.

② 본딩(bonding)
- 본딩(bonding)은 영어 의미대로 결합하는 의미
- 바로 도체와 도체를 연결하여 서로 "등전위화"를 시키는 것.
- 쉽게 표현하면 등전위화라는 말은 도체와 도체를 "전기적으로 연결"하여 A도체에서 B도체로 전류가 흐르게 만드는 것.

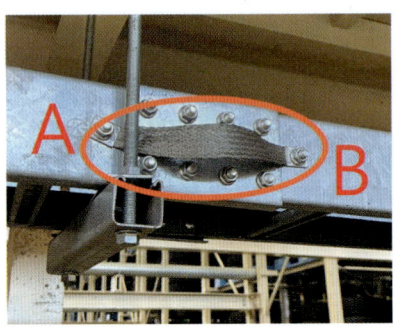

그림 3-10 케이블 트레이 본딩 예시

- 위의 케이블 트레이 사진에서 본딩이 필요한 이유를 보면, A도체에는 접지가 되어있지 않고, B도체에만 접지가 되어있으며 서로 본딩이 되어있지 않다고 가정 했을 때, A도체를 인체가 접촉하게 된다면 어떻게 될까? 접지가 되어있지 않으니 인체에 전류가 흘러 감전을 당할 것임.
- 반면, A도체에 접지가 되어있지 않더라도 B도체와 본딩을 해주어 전기적으로 연결을 시켜준다고 가정을 하며, A도체에 흐르는 누설전류가 B도체와 연결된 본딩된 부분을 지나 접지된 부분으로 흐르게 되기 때문에 사람이 만져도 감전될 위험이 낮음. 이것이 바로 본딩이 필요한 이유 (금속끼리 붙어있는 것처럼 보여도 전기적으로 확실하게 연결시켜주는 것이죠)

그림 3-11 콘센트와 멀티탭의 접지 본딩 적용 예시

- 일상생활 속에서 볼 수 있는 접지가 적용된 멀티탭 및 콘센트 일상생활 속에서 볼 수 있는 접지가 적용된 멀티탭 및 콘센트 접지가 적용된 콘센트 위와 같은 콘센트 또는 멀티탭을 보면 코드 꽂는 양쪽에 접지를 연결 할 수 있는 부분을 볼 수가 있는데, 이러한 접지를 사용하기 위해서는 접지가 되어있는 플러그를 사용하여야 함.
- 특히, 냉장고 또는 에어컨과 같이 누전 위험이 있는 가전제품은 반드시 접지가 적용된 콘센트와 플러그를 사용하여 감전의 위험을 예방해야 함.

그림 3-12 분전반 접지 단자(좌)와 접지 단자함(우)

- 분전함을 열고 보호커버를 열면 위의 사진(좌)과 같이 메인차단기와 분기차단기 그리고 '접지단자'를 볼 수가 있음. 접지단자와는 별개로 이곳의 경우 380/220V로 공급되는 메인 전력선이 MCCB와 부스바를 거쳐 각 분기 차단기인 MCCB와 ELCB로 전기가 흘러 가는 것을 볼 수가 있음. 동시에 분전함과 분전함 도어는 본딩으로 이루어져 있음.
- 이 접지단자에서 앞단의 접지선으로 올라가면 케이블 트레이와 같이 관을 지나 '접지단자 함'으로 연결이 되며(위 단자함의 경우 22.9kV를 사용하는 공장의 특고압 기기의 접지까 지 연결된 접지단자함) 이렇게 접지단자함으로 연결된 접지선은 땅속의 접지봉과 연결되 어 있으며 그 접지봉을 통해 누설전류가 흘러 나가여 인체를 감전으로부터 보호함.

(3) 차단기

① 배선용차단기(MCCB)
- 배선용차단기란, 과부하 또는 단락전류를 차단하여 기기의 고장이나 화재발생을 방지하는 전기설비로 과부하를 차단한다라면 통상적으로 2차측인 부하측에서 무리하게 전기설비를 사용하여 '허용 전류이상의 전류가 흐를 때' 차단기가 동작하여 부하에 흐르는 전류를 차단하는 것.
- 따라서, 차단기의 정격전류로 5, 10, 20, 30A 등으로 규정이 되어있으며 이와 같이 규정된 전류의 값을 초과할 때 차단기가 동작하며, 과부하로 인하여 차단기가 동작하는 경우는 대표적으로 콘센트에 멀티탭을 다발적으로 사용하여 허용된 전류값을 초과하여 과부하로 인해 차단기가 동작하는 것을 예로 들 수 있음. 마찬가지로, 합선과 같은 커다란 단락전류 발생 시에도 차단기가 동작하여 기기에 사고 파급을 방지해주는 역할을 함.

② 누전차단기(ELCB, ELB)
- 누전차단기란, 배선용차단기의 역할인 과부하 및 단락전류 차단에 더하여 '누전을 탐지'하는 기능을 가진 차단기.
- 누전차단기 동작원리의 핵심은 차단기 내부에 있는 'ZCT'. 이 ZCT(영상변류기)로 인해 들어오고 나가는 전류의 차를 비교하고 일정값 이상의 차이가 발생하였을 때 동작(트립)시킴.

배선용차단기   누전차단기

그림 3-13 차단기 종류

5 센서의 개념 및 정의

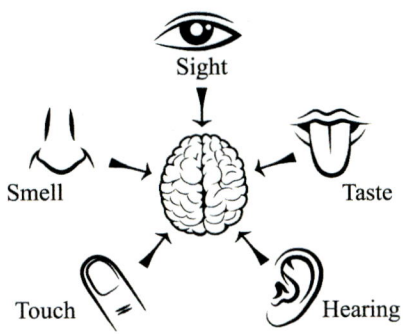

그림 3-14 인간의 오감

① 센서란 측정 대상물로부터 물리량을 검출하고 검출된 물리량을 전기적인 신호로 변환시켜 주는 소자를 의미하며, 센서공학(-工學, sensor engineering)은 이러한 센서의 원리, 특성, 응용에 대하여 연구하는 학문 분야
② 센서라는 단어는 라틴어의 "sens (-us)"에서 유래된 것인데, 1965년경까지도 문헌상에 나타나지 않았으나 「sensor」라는 낱말은 1967년 미국의 McGraw-Hill 출판사가 펴낸 "English-German Technical Engineering Dictionary"에 정의 없이 최초로 출현
③ 1974년, 역시 McGraw-Hill 출판사가 "Dictionary of Scientific and Technical Terms" (1st ed.)에 처음으로 정의를 넣어서 「sensor」라는 단어를 수록하였는데, 그 정의는 "온도, 압력, 유량, 또는 그들의 변화, 혹은 빛, 소리, 전파 등의 강도를 감지하여 그 정보 수집시스템의 입력신호로 변환하는 디바이스(device)"
④ 센서는 첨단산업 현장에서의 자동화 시스템을 비롯하여 자동차 관련 산업, 우주 항공산업, 의료 분야, 환경 측정 분야, 산업 전반에 걸친 다양한 분야 및 일상생활에 이르기까지 폭넓게 사용되고 있음
⑤ 따라서 센서기술은 모든 산업 분야에서 핵심적인 기술로 자리 잡고 있으며, 각국에서 기술 경쟁력을 선점하기 위해 노력하고 있으며, 센서는 반도체의 집적화 기술과 MEMS(Micro Electro-Mechanical System)의 소형화 기술들과 결합하여 더욱 소형화, 지능화, 고성능화될 것이며, 대량생산됨에 따라 가격도 저렴해질 것으로 예측

그림 3-15 센서 시스템

⑥ 이렇듯 산업의 전 분야에 널리 활용되고 있는 센서공학에서는 산업체 또는 실생활에서 사용하는 다양한 센서의 동작원리와 특성 및 응용 회로 등을 다룸

6 트랜스듀서와 액추에이터

그림 3-16 트랜스듀서와 액추에이터

① 센서가 원초적 정보를 채취하는 것으로서 감지기 또는 감지장치인데 비하여 트랜스듀서 (transducer)는 채취된 정보를 이에 대응하는 유용한 신호로 변환하는 것으로서 변환기 또는 변환장치

② 트랜스듀서란 "어떤 종류의 신호 또는 에너지를 다른 종류의 신호 또는 에너지로 변환하는 장치" 또는 "물리·화학량을 전기신호로 변환하거나 역으로 전기신호를 다른 물리·화학량으로 변환하는 장치"

③ 생체는 외계로부터의 자극을 오감(시각, 청각, 촉각, 후각, 미각)으로 받아서 그 신호를 신경에 의하여 뇌로 전달하고, 뇌는 이 신호를 처리하여 근육 또는 수족 등으로 명령신호를 전달함으로써 동작을 수행
④ 이때 컴퓨터는 그 신호를 처리하여 액추에이터(actuator)에 전송함으로써 액추에이터를 구동. 액추에이터라 입력된 신호에 대응하여 작동을 수행하는 장치
⑤ 생체의 감각기관과 공학적 센서시스템을 대비하여 나타낸 것으로 센서 시스템에서 협의의 센서와 트랜스듀서가 결합되어서 생체의 수용체(receptor)에 대응
⑥ 따라서 일반적으로 원초적 정보가 센서에 의하여 채취되고 입력 트랜스듀서(input transducer)에 의하여 전기적 신호로 변환·출력하는 장치를 센서라고 하는 것

7 센서의 기능과 구비조건

① 센서는 외부로부터의 자극이나 신호를 선택적으로 감지해야 하는 본질적 기능과 이 감지된 원초적 신호를 유용한 전기적 신호를 변환하는 기능을 갖추고 있어야 하며, 기본적으로 우수한 감도(sensitivity), 선택도(selectivity), 안정도(stability) 및 복귀도(reversibility)를 갖추어야 함
② 센서는 이 기본적인 요건 외에도 높은 기능성, 적용성, 규격성, 생산성, 보존성 등·다양한 부대요건(subsidiary requirements)을 구비해야 함
③ 이러한 기본요건 및 부대요건을 유수하게 많이 구비할수록 센서는 높은 신뢰성(reliability)을 갖는 좋고, 경우에 따라서는 비교적 단순한 요건만을 충족해도 환영받는 센서가 있는가 하면 대단히 까다롭고 복잡한 요건을 구비해야 실용될 수 있는 것. 일반적으로 화학센서나 바이오센서들이 물리센서들에 비하여 더 까다로운 구비요건을 충족해야 하며, 높은 수준의 센서 일수록 그 구비요건은 더욱 엄격해짐

8 센서의 분류센서

표 3-1 검출대상에 따른 센서의 종류

검출 대상	센서의 종류	접촉/비접촉	특징
물체의 유무	마이크로 스위치	접촉	스프링에 의해 구동되는 핀에 따라 접점의 개폐가 이루어지는 스위치. 물체의 유무에 따라 핀을 동작시키는 것에 의해 검출
	홀 소자	비접촉	전류가 흐르고 있는 반도체 칩에 전류에 수직인 자기장을 걸면 전류와 자기장에 직각인 방향으로 기전력이 생기고(홀 효과), 그 기전력에 따른 전위차를 측정하여 자기장을 검출. 자기력을 가진 물체의 유무 검출이 가능
	광전 센서	비접촉	광전 센서는 빛을 내는 투광부와 빛을 받는 수광부로 구성. 투광된 빛이 검출 물체에 의해 가려지거나 반사하거나 하면 수광부에 도달하는 빛의 양이 변화하므로 수광부는 그러한 변화를 검출한 후 전기 신호로 변환해서 출력. 사용되는 빛은 가시광(주로 빨강, 색 판별용으로 초록, 파랑)과 적외광
	유도형 근접 스위치	비접촉	검출 코일에 교류 전류를 흘려 교류 자기장을 발생시켜서, 그 자기장에 의해 생기는 피검출 물체의 과전류에 따른 자기 손실을 임피던스로 측정하여 피검출 물체의 유무를 검출. 피검출 물체는 과전류를 발생시키는 물체
	정전 용량형 근접 스위치	비접촉	피검출 물체와 센서 사이에 생기는 정전 용량은 거리에 따라 변화. 그 변화하는 정전 용량을 측정하여 피검출 물체의 유무를 검출. 피검출 물체는 금속과 같은 도체뿐 아니라 수지나 물과 같은 물질도 검출
	리드 스위치 (자기형 근접 스위치)	비접촉	강자성체 금속이 불활성 가스와 함께 용기 안에 봉지된 구조. 일반적인 상태에서는 접점은 열려 있지만, 외부 자기장이 가해지면 내부의 자성체가 자석이 되어 서로 당김으로 인해 접점이 닫히는 것을 이용하여 자기나 자기를 띤 물질을 검출
위치, 변위, 치수	퍼텐쇼미터	접촉	구조는 가변 저항기와 같고 각도와 저항값 사이에 상관관계가 있는 것을 이용하여 저항값을 측정하는 것으로 회전각을 검출
	차동 변압기	접촉	1차 코일과 2차 코일, 가동식 코어(철심)로 구성. 이 가동 코어가 가동 코어가 피측정 물체와 연동하여 움직였을 때 변화하는 유도 기전력을 측정하는 것으로 피측정 물체의 변위를 검출
	리니어 인코더	접촉	인코더란 변위량을 펄스 형태로 출력하여 그것을 카운트하는 것으로 검출하는 센서. 리니어 인코더는 직동형 인코더라고도 하고 직선 변위량을 검출

검출 대상	센서의 종류	접촉/비접촉	특징
압력, 응력, 변형, 토크, 중량	스트레인 게이지	접촉	금속선이나 호일을 변형시키면 단면적이 변화하여 전기 저항이 커짐. 이러한 특성을 활용하여 피측정 재료에 스트레인 게이지를 접착시키고 저항을 측정하는 것으로 재료의 변형이나 신축을 검출
	감압 다이오드	접촉	pn 접합이나 금속-반도체 접촉(쇼트키) 다이오드의 접합부에 집중 압력을 가하면 순방향과 역방향 모두 전류가 증가하는 것을 이용하여 압력을 검출. 이러한 현상은 반도체 결정에 압력을 가하면 전기 저항이 변화하는 피에조 효과
	로드 셀	접촉	스트레인 게이지를 이용한 힘 검출기. 검출하는 힘의 방향에 따라 압축형 로드 셀, 인장형 로드 셀, 압축 인장 겸용형 로드 셀이 있음
	다이어프램	접촉	다이어프램은 얇은 평면 모양의 막. 압력을 받으면 중앙부에 변위와 변형이 생기고 그것을 측정하여 압력을 검출
	부르동관	접촉	부르동관은 C 모양을 띤 관 형태의 밀폐용기. 용기가 압력에 의해 변형되는 것을 이용하여 압력을 검출
	벨로즈	접촉	벨로즈는 바깥 둘레에 뱀 비늘 모양의 깊은 주름이 있는 얇은 원통. 이러한 원통에 압력을 가하면 신축하는 것을 이용하여 압력을 검출
각도	리졸버	접촉	유도 교류 서보 모터와 비슷한 구조로 되어 있으며, 회전자와 고정자 양쪽으로 권선 방향이 직교하는 2상 코일이 감겨 있음. 고정자 2상 코일에는 교류를 흘려 회전자의 회전에 따라 2상 코일로부터 출력되는 전압의 위상 변화를 측정하여 각도를 검출
	퍼텐쇼미터	접촉	구조는 가변 저항기와 같고 각도와 저항값 사이에 상관관계가 있는 것을 이용하여 저항값을 측정하는 것으로 회전각을 검출
	로터리 인코더	접촉	인코더란 변위량을 펄스 형태로 출력하여 그것을 카운트하는 것으로 검출하는 센서. 로터리 인코더는 회전형 인코더라고도 하고 회전 변위량을 검출
속도, 회전수	초음파 센서	비접촉	검출 물체에서 초음파가 차단된 경우나 검출 물체의 표면에서 반사되어 나오기까지의 시간을 측정하여 출력 신호를 얻음
	레이저 도플러속도계	비접촉	피측정 물체에 레이저 빛을 쬐었을 때의 산란광이 도플러 효과에 의해 속도에 따라 주파수가 변화하는 것을 이용하여 그 변화를 입사광과 산란광의 광비트 신호로 측정하여 속도를 측정
	속도계용 발전기	접촉	속도에 비례하는 회전을 발전기에 접속하여 속도에 따른 발전을 한 후, 그 발전량을 측정하여 속도를 검출
	로터리 인코더	접촉	로터리 인코더의 특징을 참조
가속도, 진동	압전 소자	접촉	압전체에 압력을 가하면 전압이 발생하는 피에조 효과를 이용해서 진동 등을 전압으로 변환한 후, 그 전압을 측정하는 것으로 진동을 검출

검출 대상	센서의 종류	접촉/비접촉	특징
가속도, 진동	MEMS 가속도 센서	비접촉	반도체 프로세스 기술을 활용하여 미세 구조체를 만드는 기술인 MEMS(Micro Eletro Mechanical Systems)을 이용해서 제조한 가속도 센서. 감지 기구의 차이에 따라 피에조 저항형, 정전 용량형, 열 감지형이 있음
온도	바이메탈	-	선팽창 계수가 다른 두 개의 금속을 포개어 붙인 구조를 하고 있으며, 그 구조가 온도에 따라 변형되는(휘는) 것을 이용하여 온도를 검출
	열전대	-	서로 다른 금속을 접합할 때 어떤 접합점과 다른 쪽 접합점에 온도차가 있는 경우에 생기는 열기전력(제벡 효과)를 측정하여 온도를 검출
	저항 측온체	-	금속선이 온도에 따라 저항이 변화하는 것을 이용하여 저항을 측정하여 온도를 검출. 금속으로는 백금이 이용되는 경우가 많음
	서미스터	-	코발트, 니켈, 망간 등의 금속 화합물 분말과 2개의 도선을 소결하여 제작. 화합물의 혼합비에 따라 특성이 변화. NTC 서미스터는 온도의 상승에 따라 저항이 감소하고 PTC 서미스터는 반대로 저항이 증가. 저항 측온체보다 감도가 높은 특징이 있음
	광고온계	비접촉	물체의 열방사를 이용하여 비접촉으로 온도를 측정하는 센서. 구체적으로는 측정기 안의 측정 필라멘트 휘도를 피측온체 휘도와 일치시켜 필라멘트에 흐르는 전류로부터 필라멘트 온도를 측정하고, 그것이 피측온체의 온도와 같음
자기	리드 스위치 (자기형 근접 스위치)	비접촉	리드 스위치의 특징을 참조
	자침	비접촉	자석을 자유롭게 회전시킬 수 있는 구조를 가진 센서. 외부 자기장의 영향으로 자석이 움직이는 것에 의해 자기를 검출. 가장 간단한 예로는 방위 자침(나침반)이 있음
	홀 소자	비접촉	홀 소자의 특징을 참조
	자기 저항 소자 (MR센서)	비접촉	자기에 의해 저항값이 변화하는 자기 저항 효과를 이용한 소자. 자기 저항 효과는 보통의 금속에서도 볼 수 있는 성질이지만, 물질과 구조를 연구함에 따라 초거대 자기 저항 효과라고 하는 저항 변화율의 증가가 발생
빛	포토다이오드 포토트랜지스터 포토사이리스터	비접촉	충분한 에너지를 가진 광자가 pn 접합이나 pin 접합에 들어가면 전자를 들뜬상태로 만들어 자유 전자와 자유 정공 쌍을 생성. 이러한 캐리어는 광전류가 되고, 생성된 광전류로 다이오드 특성을 변화시키거나 트랜지스터나 사이리스터를 동작시키는 소자
	광전자 증배관	비접촉	광전 효과를 이용하여 빛 에너지를 전기 에너지로 변환하는 광전관을 기본으로 하여 전류 증폭 기능을 추가한 고감도 빛 검출기. 윗부분으로부터 빛이 입사하는 '헤드 온' 형과 측면에서 빛이 입사하는 '사이드 온' 형이 있음

검출 대상	센서의 종류	접촉/비접촉	특징
빛	CCD 이미지 센서	비접촉	수광 소자에 빛이 닿으면 전하가 발생하고, 그 전하를 전하 결합 소자(CCD, Charge Coupled Device)라고 하는 회로 소자를 이용하여 전송하여 빛을 검출하는 촬상 소자
	CMOS 이미지 센서	비접촉	수광 소자인 포토다이오드에 축적된 전하를 각각의 화소에서 전압으로 변환, 증폭하여 읽기, 빛을 검출하는 촬상 소자. 잡음이 크므로 용도가 한정되어 있지만, 소형이고 저소비 전력의 장점이 재조명을 받아 빈번하게 사용

9 주요 스마트 센서의 활용

(1) 주요 스마트 센서

① 스마트 도어 센서
- 스마트 도어 센서는 문이 열리거나 닫히는 동작을 감지하는 센서.
- 이 센서는 주로 스마트 홈 시스템에 사용되며, 문이 열리거나 닫힐 때 자동으로 알림을 보내거나 다른 작업을 수행 함

표 3-2 스마트 도어 센서 사용 예시

출입 감지 및 보안	스마트 도어 센서를 현관이나 문에 설치하여 문이 열리거나 닫히는 것을 감지하여 출입 감지 기능을 제공하고, 비정상적인 출입 시 경고 알림을 받을 수 있음. 또한, 문이 열리면 스마트 홈 시스템이 활성화되어 보안 카메라가 작동하거나 경보 시스템이 작동할 수 있음.
자동화된 조명 및 가전 제어	스마트 도어 센서를 사용하여 문이 열리면 연결된 조명이 자동으로 켜지도록 설정할 수 있어서 어두운 공간에 들어갈 때 손으로 조명을 켜거나 스위치를 누를 필요 없이 편리하게 조명을 제어할 수 있음. 또한, 문이 열리면 연결된 가전 제품이 자동으로 작동하도록 설정할 수 있음.
에너지 관리	스마트 도어 센서를 사용하여 문이 열리거나 닫히는 것을 감지하면 연결된 에어컨이나 난방 시스템을 자동으로 제어할 수 있음. 예를 들어, 문이 열리면 에어컨이 자동으로 켜지고, 문이 닫히면 에어컨이 자동으로 꺼지도록 설정하여 에너지를 절약하고 효율적으로 에너지를 관리할 수 있음.

출입 기록 및 알림	스마트 도어 센서를 사용하여 문의 열림과 닫힘 이벤트를 기록할 수 있어서, 출입 기록을 확인하고 필요한 경우에는 알림을 받을 수 있음. 예를 들어, 가족 구성원이나 방문객의 출입 기록을 확인하거나, 어린이가 문을 열 때 알림을 받을 수 있음.
자동 잠금 시스템	스마트 도어 센서를 사용하여 문이 닫힐 때 자동으로 잠금 시스템을 작동시킬 수 있어서 문을 닫을 때마다 별도의 작업 없이 자동으로 잠금이 되어 보안을 강화할 수 있음.

② 스마트 온습도 센서
- 실내 온도와 습도를 모니터링하는 센서.
- 이 센서는 주로 스마트 홈 시스템에 사용되며, 실시간으로 온습도 데이터를 확인하고 관리할 수 있음.
- 내장된 스위스 센서는 일반적인 ±3%RH, ±0.3℃의 정확도를 제공. 센서는 2초마다 데이터를 수집하고 업데이트하여 정확한 현 정보를 제공.
  - 습도 범위 : 0%~99%RH
  - 온도 범위 : -20~60℃

표 3-3 스마트 온습도 센서 사용 예시

실내 환경 모니터링	스마트 온습도 센서를 사용하여 실내의 온도와 습도를 모니터링. 이를 통해 실내 환경을 정확하게 파악하고, 필요한 경우에는 에어컨이나 가습기 등의 기기를 자동으로 제어하여 편안한 환경을 유지.
에너지 관리	스마트 온습도 센서를 사용하여 실내 온도와 습도를 모니터링하고, 이를 기반으로 에너지 소비를 최적화. 예를 들어, 실내 온도가 쾌적한 범위를 벗어나면 스마트 온습도 센서가 연결된 에어컨이 자동으로 켜지거나 꺼지도록 설정할 수 있음.
건강 관리	스마트 온습도 센서를 사용하여 실내의 온도와 습도를 모니터링하면 건강 상태를 관리. 특히, 습도가 너무 높거나 낮을 때는 곰팡이나 건조 등의 문제가 발생할 수 있으므로, 이를 사전에 감지하여 조치를 취할 수 있음.
보안 시스템	스마트 온습도 센서를 보안 시스템과 연동하여 사용하면, 온습도의 변화를 감지하여 비정상적인 상황을 탐지할 수 있음. 예를 들어, 습도가 급격하게 상승하면 누수가 발생한 것일 수 있으므로, 이를 감지하고 경고 알림을 받을 수 있음.
자동화된 시나리오	스마트 온습도 센서를 다른 스마트 홈 기기와 연동하여 자동화된 시나리오를 구성할 수 있음. 예를 들어, 온도와 습도에 따라 창문 커튼이 자동으로 열리거나 닫히는 등의 작업을 자동으로 수행할 수 있음.

③ 스마트 모션 센서
- 주변의 움직임을 감지하는 센서로, 주로 스마트 홈 시스템에 사용.
- 이 센서는 사람이나 동물의 움직임을 감지하여 해당 정보를 활용할 수 있음.

그림 3-17 모션 센서

표 3-4 스마트 모션 센서 사용 예시

자동 조명 제어	스마트 모션 센서를 현관이나 복도에 설치하여 움직임을 감지하면 조명을 자동으로 켜고, 움직임이 감지되지 않으면 조명을 자동으로 끄는 기능을 설정하여, 손이나 스위치를 사용하지 않고도 필요한 때에 조명을 제어.
보안 시스템	스마트 모션 센서를 보안 시스템에 연동하여 움직임이 감지되면 알림을 받을 수 있습니다. 이를 통해 외부인이나 침입자의 움직임을 감지하고, 즉각적으로 대응.
에너지 관리	스마트 모션 센서를 사용하여 움직임이 감지되지 않는 일정 시간 동안은 전력 소비를 줄이는 기능을 설정. 예를 들어, 방에서 나가면 스마트 모션 센서가 움직임이 없음을 감지하고, 자동으로 전등이나 가전 제품을 꺼서 에너지를 절약.
자동화된 시나리오	스마트 모션 센서를 다른 스마트 홈 기기와 연동하여 자동화된 시나리오를 구성할 수 있음. 예를 들어, 움직임이 감지되면 TV를 켜고, 음향 시스템을 작동시키며, 창문 커튼을 열거나 닫는 등의 작업을 자동으로 수행할 수 있음.
안전 및 편의 기능	스마트 모션 센서를 사용하여 특정 구역에서 움직임이 감지되면 경보를 울리거나 비상 조명을 켜는 등의 안전 기능을 구현할 수 있음. 또한, 움직임이 감지되면 자동으로 문이나 창문을 열거나 닫는 등의 편의 기능을 활용할 수 있음.

④ 스마트 레이더 센서
- 개체의 거리와 상대 속도를 측정하는 센서. Baumer에 의해 개발된 레이더 센서는 큰 거리에서도 개체의 거리 측정을 가능. 또한, 개체의 상대 속도도 측정할 수 있음.
- 스마트 레이더 센서는 스마트 홈 시스템에 사용되어 움직임 감지 및 거리 측정 기능을 제공하여 실내 조명이 자동으로 켜지거나, 문이 자동으로 열리거나 닫히는 등의 자동화 설정.
- 스마트 레이더 센서는 보안 시스템에 사용되어 움직임 감지 기능을 제공. 이를 통해 외부인이나 침입자의 움직임을 감지하고, 이에 대한 경고나 알림을 보낼 수 있음.

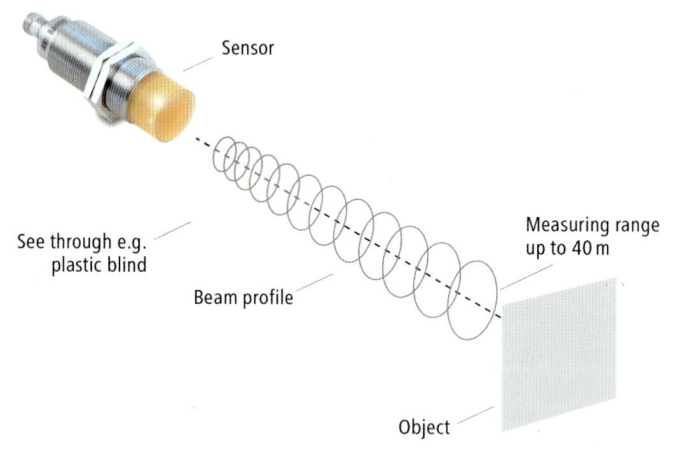

- 이 센서는 주파수 변조 연속파(FMCW Frequency Modulated Continuous Wave) 기반.
- 센서에 의해 연속적으로 송신되는 반송 주파수의 주파수가 작은 범위(대역폭)에서 변화.
- 개체의 신호가 센서에 의해 반사되자마자 주파수 비교를 통해 감지된 개체의 거리 및 속도가 확인.
- 센서는 mm 단위의 파장이 있는 매우 높은 주파수를 사용.
- 이로 인해 매우 좁은 빔이 생성될 수 있어서, 큰 거리에 있는 작은 개체를 정확하고 간섭 개체와 상관없이 감지할 수 있음.

표 3-5 스마트 레이더 센서 사용 예시

스마트 조명 제어	스마트 레이더 센서를 사용하여 움직임을 감지하면 조명을 자동으로 켜고, 일정 시간 동안 움직임이 감지되지 않으면 조명을 자동으로 끄는 기능을 구현할 수 있어서 손으로 스위치를 조작하지 않고도 조명을 편리하게 제어할 수 있음.
출입 감지 및 보안	스마트 레이더 센서를 현관이나 문에 설치하여 출입 감지 기능을 제공할 수 있음. 문이 열리거나 닫히는 움직임을 감지하면 알림을 받을 수 있으며, 비정상적인 출입 시 보안 시스템이 작동하도록 설정할 수 있음.
에너지 관리	스마트 레이더 센서를 사용하여 특정 공간에서 움직임이 감지되지 않는 일정 시간 동안은 에너지 소비를 최적화할 수 있음. 예를 들어, 방에서 나가면 스마트 레이더 센서가 움직임이 없음을 감지하고, 자동으로 전등이나 가전 제품을 꺼서 에너지를 절약할 수 있음.
자동화된 시스템 제어	스마트 레이더 센서를 다른 스마트 홈 기기와 연동하여 자동화된 시스템 제어를 구현. 예를 들어, 움직임이 감지되면 TV나 음향 시스템을 자동으로 작동시키거나, 창문 커튼을 열거나 닫는 등의 작업을 자동으로 수행.
안전 및 편의 기능	스마트 레이더 센서를 사용하여 특정 구역에서 움직임이 감지되면 경보를 울리거나 비상 조명을 켜는 등의 안전 기능을 구현할 수 있음. 또한, 움직임이 감지되면 자동으로 문이나 창문을 열거나 닫는 등의 편의 기능을 활용할 수 있음.

⑤ 스마트 누수 감지 센서
- 스마트 홈에서 누수 상황을 감지하고 경고를 받을 수 있는 기능을 가진 센서.

표 3-6 스마트 누수 감지 센서 사용 예시

싱크대, 욕실, 샤워부스 등에 설치	스마트 누수 감지 센서를 싱크대나 욕실, 샤워 부스 등 누수가 발생할 수 있는 곳에 설치하면, 누수가 발생하면 실시간으로 감지하여 경고 알림을 받을 수 있어서, 초기에 누수를 감지하여 큰 피해를 예방할 수 있음.
실시간 모니터링	스마트 누수 감지 센서는 스마트폰 앱을 통해 실시간으로 누수 상황을 모니터링할 수 있고, 누수가 발생하면 앱으로 경고 알림을 받아 빠르게 대응할 수 있음.
자동화된 조치	스마트 누수 감지 센서를 다른 스마트 홈 기기와 연동하여 자동화된 조치를 취할 수 있음. 예를 들어, 누수가 감지되면 수도 밸브를 자동으로 차단하거나, 경보 시스템을 작동시켜 비상 상황을 대비할 수 있음.
에너지 관리	스마트 누수 감지 센서를 사용하여 누수가 발생하면 물의 낭비를 방지할 수 있으며, 누수가 감지되면 실시간으로 알림을 받아 빠르게 조치를 취할 수 있으며, 누수가 지속되지 않도록 수리나 점검을 할 수 있음.

⑥ 스마트 화재 감지 센서
- 스마트 홈에서 화재 상황을 감지하고 경고를 받을 수 있는 기능을 가진 센서.

표 3-7 스마트 누수 감지 센서 사용 예시

화재 감지 및 경보	스마트 화재 감지 센서를 설치하여 화재가 발생하면 센서가 연기, 열 또는 화염을 감지하고 경고 알림을 보낼 수 있어서, 화재가 발생한 즉시 대응할 수 있으며, 화재로 인한 피해를 최소화할 수 있음.
자동화된 대응 시스템	스마트 화재 감지 센서를 다른 스마트 홈 기기와 연동하여 자동화된 대응 시스템을 구축할 수 있음. 예를 들어, 화재가 감지되면 화재 경보음을 울리고, 가스 밸브를 자동으로 차단하거나, 화재 경보 메시지를 스마트폰으로 전송하는 등의 작업을 자동으로 수행할 수 있음.
원격 모니터링	스마트 화재 감지 센서를 사용하여 화재 상황을 실시간으로 모니터링. 스마트폰 앱을 통해 화재 감지 상태를 확인하고, 필요한 조치를 취할 수 있어서, 사용자는 언제 어디서나 화재 상황을 모니터링하고 대응할 수 있음.
보안 시스템과 연동	스마트 화재 감지 센서를 보안 시스템과 연동하여 화재 발생 시 경보 시스템이 작동시켜 화재로 인한 피해를 최소화하고, 생명과 재산을 보호할 수 있음.

⑦ 스마트 가스 감지 센서
- 가정에서 가스 누출을 감지하고 경고를 받을 수 있는 기능을 가진 센서

표 3-8 스마트 가스 감지 센서 사용 예시

가스 누출 감지	스마트 가스 감지 센서를 부엌이나 가스 계량기 근처에 설치하여 가스 누출을 감지할 수 있음. 가스 누출이 감지되면 센서가 경고 알림을 보내고, 사용자는 빠르게 조치를 취할 수 있음.
화재 예방	가스는 화재의 위험 요소가 될 수 있으므로 스마트 가스 감지 센서를 사용하여 가스 누출을 감지하면 센서가 경고 알림을 보내고, 가스 공급을 차단하거나 화재 경보 시스템을 작동시킬 수 있음.
원격 모니터링	스마트 가스 감지 센서를 스마트폰 앱과 연동하여 원격으로 가스 상태를 모니터링할 수 있으며, 사용자는 언제 어디서나 가스 상태를 확인하고, 필요한 조치를 취할 수 있음.
가스 소비량 모니터링	일부 스마트 가스 감지 센서는 가스 소비량을 모니터링. 사용자는 가스 소비량을 확인하여 에너지 절약.
스마트 홈 자동화	스마트 가스 감지 센서를 다른 스마트 홈 기기와 연동하여 자동화된 시나리오를 구성할 수 있음. 예를 들어, 가스 누출이 감지되면 환풍기를 자동으로 작동시키거나, 가스 밸브를 자동으로 차단하는 등의 작업을 자동으로 수행할 수 있음.

(2) 주요 스마트 센서 네트워크 기기

① 스마트센서 기기의 공통적인 무선통신 구성(ZigBee 무선통신 기준)

그림 3-18 스마트센서 기기의 기본 무선통신 구성도

② Wi-Fi 공유기(Router)

Wi-Fi 공유기는 인터넷에 연결된 기기들이 무선으로 네트워크에 접속할 수 있도록 해주는 장치

그림 3-19 Wi-Fi 공유기의 기본 구성

- WAN 포트 : 외부 인터넷 연결을 위한 Wide Area Network (WAN) 포트. 이 포트에는 인터넷 서비스 제공업체(ISP)로부터 제공받은 인터넷 연결.
- LAN 포트 : Local Area Network (LAN) 포트는 공유기와 내부 네트워크에 연결된 기기들 사이의 통신을 위한 포트다. 컴퓨터, 스마트폰, 스마트 TV 등 다양한 기기들을 유선으로 연결.
- 무선 안테나 : Wi-Fi 공유기는 무선으로 기기들이 네트워크에 접속할 수 있도록 하는 무선 안테나를 가짐. 이 안테나는 라우터 주변에서 Wi-Fi 신호를 발생시키고, 기기들이 이 신호를 이용하여 무선으로 연결할 수 있음.
- 설정 인터페이스 : Wi-Fi 공유기에는 설정을 관리하기 위한 인터페이스를 통해 네트워크 이름(SSID), 비밀번호, 보안 설정 등을 구성할 수 있음. 일부 공유기는 웹 브라우저를 통해 설정 인터페이스에 접속하고, 다른 공유기는 모바일 앱을 통해 설정을 관리할 수 있음.
- 보안 기능 : Wi-Fi 공유기는 네트워크 보안을 위한 다양한 기능을 제공하는데, WPA2, WPA3와 같은 암호화 프로토콜을 지원하여 네트워크를 보호하고, 액세스 제어 목록(ACL)을 설정하여 허가되지 않은 기기의 접속을 차단할 수 있음.

③ 스마트 허브
- 스마트 허브는 여러 가지 스마트 기기들을 연결하고 통합하여 관리할 수 있는 중앙 집중 제어 장치. 스마트 허브는 다양한 프로토콜과 통신 방식을 지원하여 다양한 스마트 기기들과 호환되며, 사용자는 하나의 앱 또는 인터페이스를 통해 모든 스마트 기기를 통합적으로 관리할 수 있음. 와이파이 공유기와 연결하여 ZigBee 신호를 내보내는 장치.
- 센서류와 스위치 등 ZigBee 제품을 사용하시기 위해서는 필수로 설치되어 있어야 함.
- 스마트 허브 Air : 유선방식으로 랜선을 와이파이 공유기에 연결하지 않고, 무선방식으로 2.4GHz와이파이를 연결하여 ZigBee신호를 받을 수 있는 허브.

④ 스마트 허브의 주요 기능과 장점
- 중앙 집중 제어 : 스마트 허브를 사용하면 여러 가지 스마트 기기들을 한 곳에서 통합적으로 제어할 수 있어서, 스마트 조명, 스마트 도어락, 스마트 스위치 등 다양한 기기들을 하나의 앱에서 제어할 수 있음.
- 자동화 기능 : 스마트 허브는 다양한 스마트 기기들 간의 연동을 통해 자동화된 작업을 수행할 수 있음. 예를 들어, 스마트 도어 센서가 문의 열림을 감지하면 연결된 스마트 조명을 자동으로 켜거나, 스마트 환경 제어 기기를 작동시킬 수 있음.
- 원격 제어 : 스마트 허브를 통해 스마트 기기들을 원격으로 제어기능으로 외출 중인 경우에도 스마트폰 앱을 통해 집 안의 스마트 기기들을 제어할 수 있어 편리.

- 보안 강화 : 스마트 허브는 다양한 보안 기능을 제공하여 스마트 기기들의 보안을 강화. 예를 들어, 스마트 도어락과 연동하여 출입 시에만 스마트 기기들을 작동시킬 수 있음.
- 호환성 : 스마트 허브는 다양한 프로토콜과 통신 방식을 지원하여 다양한 스마트 기기들과 호환되어 사용자가 다양한 브랜드와 모델의 스마트 기기들을 유연하게 선택하여 사용할 수 있음을 의미.
- 스마트 허브의 표시 : 기본적으로 Wi-Fi 연결 및 ZigBee 연결 상태를 표시함.

- 스마트 허브의 외관 : 기본적으로 전원부, 리셋버튼, 랜 케이블 삽입부로 외부는 구성됨.

⑤ 지능형(스마트)홈 허브들의 특징과 특징
- Google Nest Hub
  - 특징 : Google Assistant를 기반으로 한 허브로, Google의 생태계와의 통합이 강점. 화면이 있는 스마트 디스플레이 형태로, 음성 명령 뿐만 아니라 시각적 정보도 표시.
  - 기능 : 홈 자동화, 미디어 스트리밍, 홈 모니터링 등 다양한 기능을 제공.
- Amazon Echo Show
  - 특징 : Amazon의 AI 비서인 Alexa를 중심으로 동작하는 Echo Show 시리즈는 화면이 있는 스마트 디스플레이입니다. 음성 명령과 함께 시각적 정보를 제공.
  - 기능 : 음악 재생, 음성 통화, 지능형(스마트)홈 제어, 비디오 채팅 등 다양한 기능을 수행.

- Apple HomePod mini
  - 특징 : Apple의 홈킷(HomeKit) 플랫폼과 통합된 허브. Siri를 통해 음성 명령을 받고, Apple의 생태계와 원활한 연동을 제공.
  - 기능 : 음악 스트리밍, 홈 자동화, Siri를 통한 정보 검색 등이 가능.
- Samsung SmartThings Hub
  - 특징 : 삼성의 SmartThings 플랫폼과 연동되는 허브로, ZigBee 및 Z-Wave와 같은 다양한 프로토콜을 지원하여 호환성 우수.
  - 기능 : 다양한 지능형(스마트)홈 디바이스 제어, 홈 자동화 시나리오 설정, 보안 및 감시 기능을 제공.
- Hubitat Elevation
  - 특징 : 사용자들이 로컬 네트워크에서 자체적으로 관리할 수 있는 로컬 제어 중심의 허브. 온라인 연결이 필요하지 않아 보안 측면에서 강점.
  - 기능 : 로컬 홈 자동화, 다양한 프로토콜 지원, 사용자 정의 가능한 자동화 등이 가능. 각 허브는 특정 기능이나 사용자 요구 사항에 맞춰 다양한 선택지를 제공. 특히, 각 허브의 호환성과 생태계에 유의하여 선택하는 것이 중요.
- 지능형(스마트)홈 허브 사례 (삼성 스마트싱스 스테이션의 사양)

구분	항목	내용
	색상	블랙, 화이트
일반	특징	무선 충전 최대 15 W (갤럭시 스마트폰), Qi 호환 (一部)/ 스마트싱스 허브 (Matter 지원) / Wi-Fi 802.11 a/b/g/n/ac 2.4 G+5 GHz (Infrastructure 모드), Thread, Zigbee, BLE 5.2
	인터페이스	USB Type-C
	패키지 구성	SmartThings Station, 25 W 전원어댑터, USB C-to-C 케이블
규격	케이블 길이	1.8 m
	제품 외관 (가로×높이×길이)	91.3 × 91.3 × 23.2 mm
	중량	128.3 g
전원	입력 최대 전류 (고속 충전)	2.77 A
	입력 최대 전압 (고속 충전)	9 V
법적필수고지정보	제조자/수입자	삼성전자(주)
	제조국/원산지	베트남
	동일모델의 출시년월	2023년 1월
	KC인증필 유무	유 / R-R-SEC-EPP9500
	품질 보증 기준	품질 보증 기준 결함, 이상등에 따른 소비자피해에 대해서는 소비자분쟁해결기준(소비자기본법 제16조)에 따라 보상가능
	A/S책임자와 전화번호	삼성 A/S 센터 1588-3366

편집참조:
https://bill001.tistory.com/entry/%EC%8A%A4%EB%A7%88%ED%8A%B8%EC%8B%B1%EC%8A%A4-%EC%8A%A4%ED%85%8C%EC%9D%B4%EC%85%98-%EA%B8%B0%EB%8A%A5-%ED%99%9C%EC%9A%A9%EB%B0%A9%EB%B2%95-IOT-%EA%B8%B0%EA%B8%B0

04 지능형(스마트)홈 가전기기

1 인공지능(AI) 스피커

① 음악 감상이나 라디오 청취에 활용되던 스피커가 음성인식 기술과 만나 진화
② 스마트폰에서 쉽게 만나볼 수 있는 음성인식 기술과 클라우드, 인공지능(AI) 기술을 활용해 단순하게 소리를 전달하는 도구에서 생각하고 관리하는 AI 스피커로 변신 하는 중
③ 이미 아마존, 구글, 애플 등 글로벌 IT 기업이 이 시장에 뛰어들었고, 국내에서는 SK텔레콤, KT, 네이버, 삼성전자 등도 이 시장에 투자 중

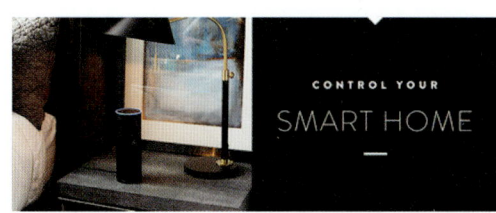

그림 4-1 인공지능(AI) 스피커
출처: 아마존

(1) 스피커와 AI

① 사용자조작화면(UI)이 새롭게 만들어질 때 거대한 플랫폼이 동시에 만듦
② UI는 사용자가 기계와 쉽게 대화를 나눌 수 있게 도와주는 중개 역할
③ PC 시대에는 마우스와 그래픽 중심의 UI 플랫폼이 만들어 짐
④ 스마트폰이 등장하면서 화면을 클릭할 수 있는 터치 기반 UI 플랫폼이 등장. 그리고 이제 기업은 차세대 UI 플랫폼으로 텍스트 기반 입력이 아닌 '음성'에 주목
⑤ 음성 기반 플랫폼이 만들어지면 지능형(스마트)홈으로 가는 사물인터넷(IoT) 시장을 손쉽게 선점할 수 있음
⑥ 지능형(스마트)홈은 집 안 각종 가전제품, 수도, 전기사용량 등을 통신에 연결해 모니터링하고 제어할 수 있는 집에 현재 스피커가 자리 잡음
⑦ 음성 기반 플랫폼을 이용하면 손을 이용하지 않고도 편리하게 기기를 관리하거나 제어
⑧ AI 스피커는 인공지능 알고리즘을 이용해 사용자와 음성으로 의사소통을 함

⑨ AI 스피커를 이용하면 음성인식을 통해 집안의 기기를 목소리만으로 간편하게 제어하는 식으로 손쉽게 지능형(스마트)홈 환경을 구축

⑩ 또한 터치 기반과 달리 음성 기반 조작은 쉽게 배우고 사용할 수 있음

⑪ 우리가 스마트폰에서 '시리'나 'S보이스' 등을 이용해 기기를 제어하는 게 낯설지 않듯, 음성인식 기반 UI 플랫폼은 우리 생활 가까이에 숨어 있어서, 억지로 배우지 않아도 자연스럽게 배울 수 있는 UI

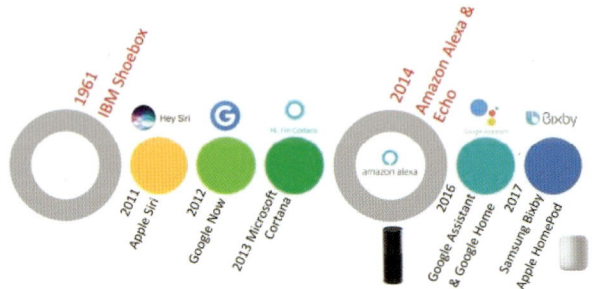

그림 4-2 미국 스마트 스피커 성장 및 진화 과정
출처: 자료원. Voicebot.ai 자료 편집(2019년 11월)

(2) AI 스피커 예시-아마존 에코

① AI 시장에 가장 먼저 뛰어든 건 아마존인데, 2년 전 지능형(스마트)홈 스피커 '에코'(Echo)를 출시한 이후 '에코 닷'(Echo Dot), '아마존 탭'(Amazon Tap) 등을 선보이며 AI 스피커 시장을 이끌고 있음

② 아마존 에코는 음성비서 기능인 '알렉사'(Alexa)를 내장한 원통형 스피커. 원통에는 마이크 7개가 내장돼 있으며, 소음 제거 기능이 들어가 있음. 이용자는 명령어를 통해 아마존 프라임 뮤직이나 스포티파이 같은 스트리밍 음악 서비스를 즐길 수 있고, 에코는 날씨나 그날 뉴스를 알려주기도 하고, 간단한 질문에도 음성으로 답을 해줌

그림 4-3 아마존 에코
출처: 아마존

(3) AI 스피커 예시-SK텔레콤 '누구'

① '누구'(Nugu)는 전용기기에 대화하듯 말을 걸면 음성인식 기술과 인공지능 엔진을 통해 고객이 원하는 바를 파악해 수행하는 서비스
② 예를 들어 누구에게 "오늘 날씨를 알려줄래?", "노래를 불러줄래?" 등과 같은 질문을 던지면, 누구는 이를 이해해 날씨 정보를 사용자에게 음성으로 알려주거나 노래를 불러줌
③ 누구 역시 아마존 에코처럼 클라우드를 통해 사용자 대화를 이해하고 파악. SK텔레콤은 누구 음성인식 기술에 딥 러닝을 더해, 쌓이는 데이터가 늘어날수록 이를 바탕으로 학습할 수 있게 개발. 사용자가 자주 이용할수록 누구나 이해할 수 있는 단어와 문장도 함께 늘어나면서 인식도가 높아짐
④ 누구는 고객과의 대화 맥락을 이해하는 인공지능 플랫폼과 음성 입출력이 가능한 전용 스마트 기기로 이뤄져 있음. 누구를 사용하려면 전용 스마트 기기와 와이파이가 있어야 함. 그 다음 스마트폰에 누구 앱을 내려받아 연결해 사용하면 됨
⑤ 누구나 팅커벨, 크리스탈, 아리아, 레베카란 이름 중 하나를 선택해 이름을 부르면 이용할 수 있음

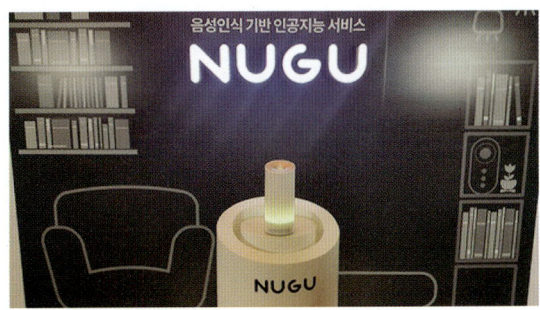

그림 4-4 SK텔레콤이 선보인 AI 스피커 '누구'

(4) AI 스피커 예시- 구글 '구글 홈'

① 구글은 '메이드 바이 구글'(Made by Google)에서 '구글 홈'(Google Home)을 정식으로 발표
② 구글 홈은 스피커 모양의 거치형 AI 개인비서 기기로, 다른 AI 스피커와 마찬가지로 음성 인식 기반. '오케이, 구글'(OK, Google)로 인공지능 비서를 깨운 다음 자연스러운 구어체로 말을 걸면, 사용자 대화 내용을 이해하고 그에 따른 정보를 음성으로 알려줌. 기기 상단에 터치 센서를 탑재해 터치로 볼륨 및 재생을 제어

그림 4-5 인공지능 비서 '구글 홈'
출처: 구글

2 지능형(스마트)홈 주방·세탁가전

(1) 주방 가전

① 대부분의 미국 가정에서는 부엌이 가족 소통의 공간으로 활용되는 경우가 많으며, 특히 어린 자녀를 둔 가정의 경우, 침실 외의 공부방은 따로 없는 경우가 일반적임. 자녀가 방과 후 집에 돌아오면, 침실에 있는 책상보다는 부모가 부엌에서 저녁식사를 준비하는 동안 식탁에 옹기종기 모여 앉아 그날의 과제 및 프로젝트 등을 해결함

② 자녀가 없는 젊은 부부 또는 노년층 가정에서도 부엌은 주부만의 공간이 아니라 가족 전체의 공간으로 인식됨. 식탁에서 가족 티타임을 갖거나 미처 끝내지 못한 회사 업무를 보기도 하며, 각종 고지서를 정리하는 등 집안의 다른 주거공간보다 활용도가 높은 것이 부엌 공간의 특징임

③ 스마트 폰 등장 이전, 대부분의 미국 가정에서는 가족 구성원 각자의 스케줄이나 서로에게 전달하고자 하는 메시지를 냉장고에 노트 또는 메모로 부착해 소통하는 경우가 일반적이었으나, 이제는 스마트 폰의 달력 어플리케이션이 널리 활용되고 있음

④ 소형 주방가전에서는 안전 기능이 추가된 조리 기기가 소비자들의 관심을 받고 있음

⑤ 조리시간 설정 기능, 전원 자동 차단 기능, 조리 완료시 알람 기능 등이 추가된 제품들이 주목받고 있음

⑥ 외출 시 집의 가스 불을 잘 잠갔는지 혹은 조리 후 불을 껐는지 기억이 잘 나지 않아 외출 중 화재 우려로 부랴부랴 집으로 향하지 않아도, 스마트(홈) 소형가전 및 조리기기를 통해 손쉽게 전원 확인 및 제어가 가능함

⑦ 스마트 폰이나 태블릿 컴퓨터를 통해 오븐을 켜서 미리 예열하거나, 아침에 오븐에 넣어놓은 식재료를 퇴근 시간에 맞추어 조리하도록 하는 등 원격으로 조리 온도와 시간을 조정하는 기능을 가진 제품들이 '스마트'한 제품으로 강조되며 소비자의 구매 욕구를 자극하고 있음

(2) 세탁 가전

① 기존 백색가전이 스마트 백색가전으로 진화하는 또 다른 사례로는 세탁기와 건조기(dryer)를 꼽을 수 있음
② 빨래는 가족생활에서 빼놓을 수 없는 가사노동 중 하나로 세탁기와 건조기는 빨래에 많은 힘과 시간을 소모하는 주부들의 편의를 돕는 큰 역할을 담당
③ 다양한 가전제품 전문 생산기업들은 새로 개발하는 세탁기 및 건조기 제품에 스마트 폰 연동 기능을 탑재하여, 원격으로 제품을 작동하거나 세탁 및 건조 과정 전체를 모니터링 할 수 있도록 구현함
④ 또한 세탁 및 건조가 끝나는 시간에 맞춰 자동 알람이 울리는 '스마트' 기능을 더해, 사용자가 옆에서 지켜보지 않아도 세탁이 완료되었음을 인식
⑤ 이를 통해 사용자는 세탁기나 건조기에 세탁물을 방치하지 않을 수 있으며, 가사시간을 효율적으로 활용할 수 있음. 뿐만 아니라, 남아있는 세제 양을 모니터링하고 필요에 따라 아마존 등 온라인 마켓플레이스에서 자동으로 세제를 주문하는 기능을 갖춘 스마트 세탁기 및 건조기 제품들도 속속 등장하고 있음

(3) 월풀 스마트 올인원 세탁기 및 건조기 사례

① 월풀(Whirlpool)은 태블릿 컴퓨터 및 스마트폰용 어플리케이션을 개발하여 자사의 스마트 오븐, 스마트 세탁기 등 가전제품의 연동이 가능하게끔 구현했으며, 특히 월풀의 스마트 올인원 세탁기 및 건조기(Smart All-in-One Washer & Dryer)는 애플의 스마트 워치(smart watch)인 애플 워치 (Apple Watch)와도 연동 가능한 것이 특징임
② 스마트 폰이나 태블릿이 근처에 없더라도, 손목의 애플 워치로 세탁 및 건조 과정을 모니터링 할 수 있으며 알람을 통해 세탁 및 건조가 완료되었음을 확인할 수 있음

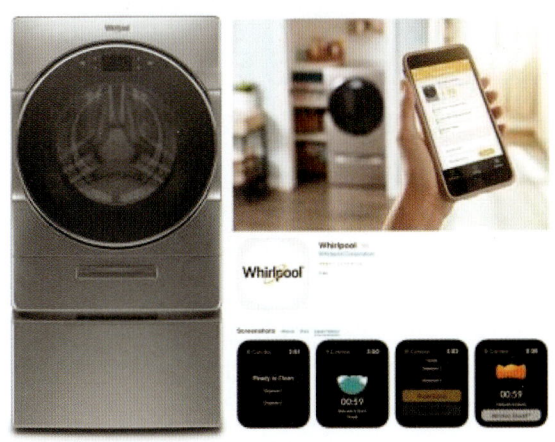

그림 4-6 월풀 스마트 올인원 세탁기 및 건조기
출처: 월풀 웹사이트

3   지능형(스마트)홈 조명 가전과 스마트 스위치

(1) 조명가전

① 음성 또는 원격으로 조절되는 집안 분위기
- 스마트 조명은 전기로 빛을 밝히는 역할 뿐 아니라 스마트 폰 어플리케이션 등을 통해 조명의 밝기와 색상을 자유롭게 조정할 수 있게 함
- 절전 효과는 물론, 집안 분위기를 연출하거나 홈 엔터테인먼트를 극대화 하는 역할도 같이 함
- 스마트 조명 품목에는 조명 기기뿐 아니라 스마트 전구 및 스마트 스위치(smart switch), 자동 조절 장치(automation device) 등이 포함됨

② 전구 하나만 바꿨는데! 효과 만점 스마트 전구
- 스마트 전구는 조명기기 전체를 바꾸지 않아도 저렴한 가격에 스마트 조명기기와 유사한 효과를 낼 수 있는 제품임
- 전문적인 설치 없이 전구만 교체해도 손쉽게 즉각적인 효과를 볼 수 있어, 인기 있는 지능형(스마트)홈 제품으로 주목받고 있음

그림 4-7   스마트 조명 사례

출처: Pixabay

(2) 스마트 스위치

스마트 스위치를 통해 누리는 지능형(스마트)홈의 자동화 효과
- 스마트 스위치는 기존 독립형 조명기기를 스마트 조명기기로 바꾸지 않은 상태에서, 기존 제품을 그대로 홈 네트워크에 연결하여 사용 가능하도록 하는 중간 단계 역할을 수행함
- 스마트 스위치는 스마트하지 않은 기기들을 순식간에 스마트하게 만들어주며 태블릿, 스마트 폰 등과 연결하여 조명기기의 점등, 소등, 색상, 밝기 등을 원격으로 조절 할 수 있게 함

- 타이머 기능을 통해 특정 시간대의 사용만을 허락하여 절전 효과를 높일 수 있으며, 연결된 다수의 기기를 스마트 스위치 하나로 동시에 제어 가능함
- 소비자들이 사용하고 있던 모든 가정용 기기들을 스마트 기기로 단번에 바꾸는 것은 비용 부분에서 효율적이지 못한 선택일 수 있음
- 스마트 스위치를 통해서는 일부분이나마 지능형(스마트)홈 자동화 구축이 가능하다는 경제적인 이점이 있기 때문에, 스마트 스위치는 지능형(스마트)홈을 본격적으로 구축하기 전에 저비용으로 지능형(스마트)홈 효과를 바라는 소비자들의 인기를 얻고 있음

그림 4-8 대우건설, 'IoT 스마트 스위치'
출처: 금융경제신문(www.fetimes.co.kr)

05 지능형(스마트)홈 헬스케어 기기

- 스마트 헬스케어 (혹은 디지털 헬스케어)는 개인의 건강과 의료에 관한 정보, 기기, 시스템, 플랫폼을 다루는 산업분야로서 건강관련서비스와 의료 IT가 융합된 종합의료서비스
- 개인맞춤형 건강관리서비스를 제공, 개인이 소유한 휴대형, 착용형 기기나 클라우드 병원정보시스템 등에서 확보된 생활습관, 신체검진, 의료이용정보, 인공지능, 가상현실, 유전체정보 등의 분석을 바탕으로 제공되는 개인중심의 건강관리 생태계

1 종류와 형태

① 기기로 분류하면 하드웨어 중에서도 개인건강관리 기기와 웨어러블 기기로 나눔. 개인건강관리 기기 같은 경우는 건강관리를 위해 건강 생체신호를 측정하는(의료)기기, 식약처 승인이 필요한 기기가 있음
② 웨어러블 기기는 건강증진 개선을 위해 신체에 착용되어 생체신호 측정과 모니터링 하는 기기

그림 5-1 모바일 헬스케어 서비스

(1) 모바일 헬스케어

① 환자와 의사가 시간·공간·장소 등에 구애 받지 않고 자유롭게 의료 서비스를 주고 받는 것으로 스마트폰과 의료 측정 액세서리 또는 의료 관련 앱 등을 이용해 개인이 스스로 운동량 심전도·심장·혈·현재 몸의 상태 등 건강 상태를 체크하여 관리
② 사물인터넷(IoT)·인공지능(AI)·빅데이터를 활용한 정보통신기술(ICT)과 헬스케어 융·복합으로 건강 위험인자를 예측하고 질병을 예방해 의료비용을 절감하는 헬스케어 패러다임

(2) 사물인터넷 헬스케어

① 유선통신 및 모바일 인터넷, 센싱 기술을 활용하여, 언제 어디서든 개인의 건강상태를 모니터링 하고 실시간으로 맞춤형 서비스를 제공
② 사물인터넷 기술은 평상시 개인의 가정에서도 개인의 생체데이터 수집을 통해 건강상태에 대한 지속적인 관찰 및 모니터링이 가능한 '원격 환자 모니터링(remote patient monitoring)' 시스템구축에 반드시 필요한 기술

그림 5-2 사물인터넷 헬스케어 개념도
출처: 헬스케어 비전과 미래(네이버 블로그)

③ 원격 모니터링 시스템이 구축되면, 개인의 생체데이터를 수집, 분석하여 실시간으로 의료기관으로 전송하고, 이를 통해 확보한 생체정보를 토대로 사전 진단 및 예측, 능동적인 예방 조치, 맞춤형 질병치료, 그리고 퇴원 후 감염·재발 방지를 위한 홈케어가 가능해지고 이는 기존 의료시스템 내의 비효율성 진료 등을 제거하고, 예방적 건강관리 및 맞춤형 질병 치료 실현을 통한 의료비 절감 및 환자만족도 제고에 기여

④ 웨어러블 디바이스들은 IoT 헬스에서 매우 중요한 역할을 담당. 실제 사용자들은 웨어러블 디바이스를 의료 기기보다는 신체에 붙이거나 입는 패션 액세서리로 간주하는 경향
⑤ IoT 헬스 디바이스는 독립적으로 작동할 수도 있지만 대부분 스마트폰을 게이트웨이로 서로 통신
⑥ 웨어러블 디바이스를 통해 서비스되는 헬스케어 영역은 크게 메디컬, 웰니스, 스포츠/피트니스 3가지로 구분
- 메디컬 영역 : 위급하지 않은 환자에 대한 중요한 생체 신호 모니터링, 당뇨와 같은 만성 질환 관리 모니터링 등. 모니터링 되는 생체 신호에는 EEG, ECG, EMG 등(*EEG : electroencephalography, 뇌파, 뇌전도 / ECG : electrocardiogram, 심전도 / EMG : electromyography, 근전도)
- 웰니스 영역(*Well-being + fitness) : 생리적 상태 트래킹에 활용. 대표적인 트래킹으로 수면, 감정, 스트레스, 체중, 비만도 측정 등
- 스포츠/피트니스 : 스포츠 능력 측정, 활동 로깅, 목표 관리 및 가상 코칭 등

2 IoT 헬스 플랫폼

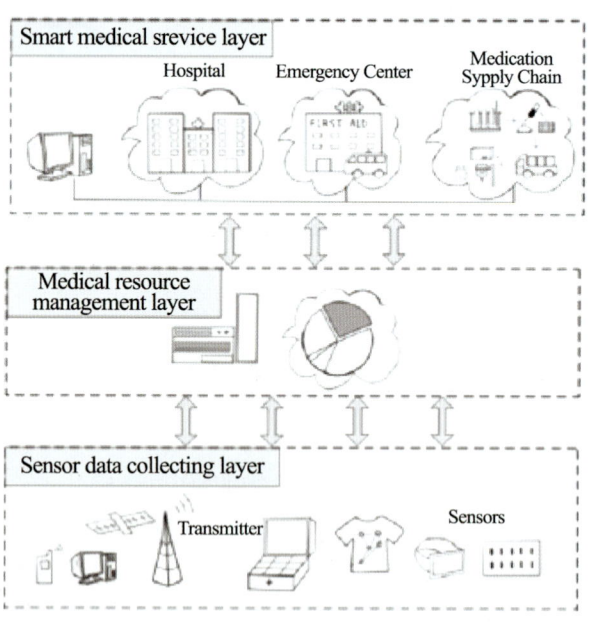

그림 5-3 IoT 헬스 플랫폼
출처: 헬스케어와 사물인터넷 융합기술 동향

① SW 플랫폼의 역할은 매우 중요하다. 헬스 SW 플랫폼은 크게 3개 레이어들로 구성
② 3가지는 센서 데이터 수집 레이어, 메디컬 자원 관리 레이어, 스마트 메디컬 서비스 레이어
- 센서 데이터 수집 레이어 : 센서, 로컬 컴퓨터 & 프로세싱, 데이터 저장 기기, 무선 전송 모듈 등으로 구성
- 측정된 데이터들은 로컬 게이트웨이에서 처리되어 저장. 저장된 데이터는 네트워크를 통해 메디컬 자원 관리 층에 전송
- 이때 네트워크의 대표적 종류는 RFID, Wi-Fi, Bluetooth, 3G/4G 등이 일반적으로 활용
- 메디컬 자원 관리 레이어 : 서비스 레이어와 센서 레이어를 연결하는 중간적인 레이어로서 다양한 의료 자원의 효과적인 관리와 분배를 담당함
- 스마트 메디컬 서비스 레이어 : 환자 또는 보호자에 직접 연결. 이때 보호자에는 병원, 응급센터, 의료 공급망 등

③ 노인케어를 위한 IOT 장치
스마트 단말 장치는 최신 센서 기술을 활용하여 노인의 행동 및 생활 환경에 대한 정보를 수집하고 이를 사물 인터넷 게이트웨이를 통해 스마트 노인 간호 플랫폼에 업로드하여 원격 모니터링, 만성 질병 관리, 원격 환자 모니터링, 응급 상황 처리는 간병인과 노인 요양 기관에서 시행할 수 있음.

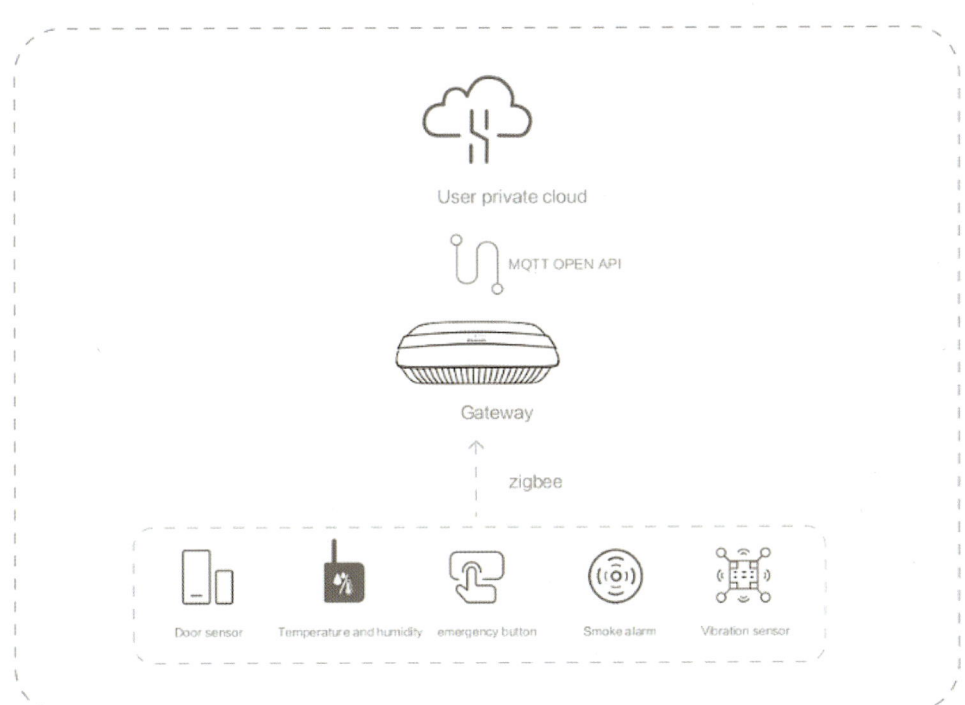

그림 5-4 노인을 위한 IoT 기반 모니터링 시스템의 작동 원리

그림 5-5 노인 케어를 위한 IoT 장치들

- 노인 안전을 위한 도어 센서
  도어 및 창 센서는 노인이 화장실에 가고, 외출하고 침실에 가서 잠을 자는 것과 같이 집 문과 창문의 상태를 추적하고 기록할 수 있으며, 가족과 간병인은 과거 데이터를 사용하여 행동 궤적을 분석하고 예방할 수 있음. 한편, 집 문이 장시간 열려 있을 경우 가족과 간병인이 치매노인을 찾을 수 있도록 알람이 울림.
- 노인 간호용 PIR 모션 센서
  거실, 침실, 욕실에 PIR 센서를 설치하면 사랑하는 사람이 침대에서 일어나거나 방을 나갈 때 쉽게 감시할 수 있으며, 간병인은 또한 고령자가 침대에서 일어날 때 낙상 및 방황의 위험을 줄이기 위해 있을 수 있음.
- 폭포를 멈추기 위한 누수 센서
  누수 센서는 숨겨진 누수를 모니터링하고 경고를 제공하며 요양원, 주거 요양 커뮤니티 및 장기 요양 시설에서 노인 환자가 미끄러지거나 넘어지는 것을 방지할 수 있음.
- 노인 안전을 위한 연기 감지기
  집에서 안전하게 노년을 보내고 싶은 노인은 연기 감지기가 있음.
  화재 비상시 생명을 구할 수 있는 중요한 장비. 주택 화재를 방지하기 위해 모든 방에 연기 감지기가 설치되어 있으며, 보고된 판독값이 미리 결정된 범위를 벗어나면 경고가 울림. 휴대전화나 태블릿에서는 지그비, WiFi 게이트웨이 경고를 발령하고 가정의 문제에 대한 명확한 정보를 제공
- 고령자 안전을 위한 가스감지기
  어르신들이 가스 끄는 것을 잊고 가스가 새는 일이 없도록 주방에 가스감지기를 설치. 후각이 약하거나 치매나 알츠하이머병을 앓는 노인의 경우 상당한 양의 가스 농도를 알아차리기 어려움.
  판독 값이 미리 정해진 범위를 벗어나면 경고가 울리도록 함.
- 온도 및 습도 센서
  생활 공간의 편안함은 혼자 사는 노인에게도 똑같이 중요.
  온도 및 습도 센서는 여름에 집이 너무 덥거나 겨울에 난방이 없을 때 경고하고 위험하고 유독한 가스의 존재를 모니터링 함으로써 노인들이 집을 깔끔하고 편안하고 건강하게 유지하도록 도울 수 있음.

- 약물 관리용 진동 센서

  각 환자의 복약 순응 행동을 지속적으로 추적할 수 있는 능력은 노인 환자의 복약 순응도를 정확하게 모니터링 함으로써 가능.

  약 상자에 진동 센서를 설치하여 사용량을 추적하고 노인 환자가 일정대로 약을 먹고 복용하는지 확인할 수 있어, 노인의 식습관을 추적하는 데에도 사용할 수 있음.

- 의료 경보를 위한 비상 버튼

  종종 생활 경보 시스템으로 알려진 의료 경보 시스템은 제자리에서 노령화되고 있는 노인과 사랑하는 사람 및 간병인에게 추가적인 마음의 평화를 제공.

  노인은 위험에 처하거나 걸려 넘어지면 SOS 버튼을 누를 수 있으며, XNUMX시간 모니터링 스테이션은 도움, 가족 구성원 또는 둘 다 사용자의 위치로 보낼 수 있음.

출처: 편집을 위한 참조사이트 : https://www.dusuniot.com/ko/solution/smart-elderly-care-solution/

3 스마트 메디컬 홈 서비스

그림 5-4 스마트 메디컬 홈 서비스
출처: 훤히 보이는 정보보호(도서) 2008. 11. 25.

① 스마트 메디컬 홈 프로젝트 구성
- 스마트 의료 센서부
- 수집된 각종 바이오신호의 분석부
- 지속적인 건강상태 모니터링 및 데이터 축적부
- 응용 서비스를 위한 정보 교환 인터페이스 및 사설 방화벽 등으로 구성

② 프레임워크를 기반으로 댁내에서 피부암 등의 피부상태를 상시 체크할 수 있는 스마트 거울(smart mirror), 상처의 감염 유무를 상시 감시하고 보고하는 스마트 밴드(smart bandage), 복용 약에 대한 정보와 복용 유무를 알려주는 스마트 약물(smart drug) 등의 서비스를 개발
③ EU, 미국, 일본 등에서도 u헬스케어 비즈니스 프로젝트가 활발히 진행

그림 5-5 원격의료 서비스
출처: 훤히 보이는 RFID/USN(도서) 2008.

④ 유비쿼터스 헬스케어 구성
- 바이오·환경 정보를 센싱
- 모니터링하기 위한 의료 센서나 기기
- 센서 간 통신 및 데이터 송수신을 위한 유무선 네트워크
- 바이오 데이터 분석과 건강 피드백을 담당하는 의료정보 서버
- 생성된 의료정보를 소비하는 다양한 정보 소비자 집단(환자나 의료진 및 관련 응용 서비스 등으로 구성)

⑤ 환자 이식형 또는 이동형 센서는 환자 식별 정보를 포함하여 혈당, 당뇨, 심박 수, 동작 탐지 등에 관한 바이오 정보를 측정하고 필요에 따라 주변 환경 정보 등을 감지하여 동기식 혹은 비동기식으로 유무선 네트워크를 통해 건강정보 서버에 전송

그림 5-6 유비쿼터스 헬스케어 서비스 구성 요소

출처: 훤히 보이는 정보보호(도서) 2008. 11. 25.

⑥ 무선 의료기기 및 센서 간에는 지그비나 UWB(Ultra-WideBand, 초광대역 통신) 방식의 센서 통신 프로토콜이 사용될 수 있으며, WLAN이나 3GPP(3rd Generation Partnership Project), 이더넷 등을 포함한 유·무선 인터넷을 통해 수집된 데이터들이 전송

⑦ 건강정보 시스템에 수집 및 축적된 데이터로부터 건강상태, 생활 패턴 등에 관한 건강 자료(wellness index)를 분석하고 이와 관련된 경고(alarm), 현장 진단처방(PoC), 단순 주지 등의 피드백(feedback)이 응용 서비스의 한 형태로 사용자에게 전송

⑧ 유비쿼터스 헬스케어는 개인의 바이오 정보 및 주변환경에 관한 모니터링 정보 등 개인정보를 주로 다루고 있고, 유무선 네트워크와 절대적으로 밀접한 연관을 맺고 있으며, 의료정보 권한과 관련된 다양한 이해 당사자가 존재할 수 있다는 점에서 보안 및 프라이버시 측면의 충분한 보안 이슈 검토와 합리적인 기술적 대안의 강구가 이루어져야 함

06 지능형(스마트)홈 에너지 기기

1 지능형(스마트)홈 그리드

① 스마트그리드(smart grid)는 '똑똑한'을 뜻하는 'Smart'와 전기, 가스 등의 공급용 배급망, 전력망이란 뜻의 'Grid'가 합쳐진 단어. 차세대 전력망, 지능형 전력망
② 스마트 그리드는 전기의 생산, 운반, 소비 과정에 정보통신기술을 접목하여 공급자와 소비자가 서로 상호작용함으로써 효율성을 높인 지능형 전력망시스템
③ 이미 스마트폰 응용프로그램(앱)을 이용해 외부에서 원격으로 집에 설치한 보일러나 에어컨을 조작하고, 사물인터넷(IoT)을 이용해 어떤 가전제품이 언제 전기를 많이 쓰는지도 스마트폰 앱으로 파악하는 시대
④ 한국스마트그리드협회에서는 '스마트그리드를 기존 전력망에 정보통신기술(ICT)을 더해 전력 생산과 소비 정보를 양방향, 실시간으로 주고받음으로써 에너지 효율을 높이는 차세대 전략망'이라고 정의함
⑤ 스마트그리드란 전기 공급자와 생산자들에게 전기 사용자 정보를 제공함으로써 보다 효과적으로 전기 공급을 관리할 수 있게 해주는 서비스
⑥ 전기와 정보통신 기술을 활용해 전력망을 지능화·고도화해 고품질 전력서비스를 제공하고 에너지 이용 효율을 극대화

그림 6-1 스마트그리드를 적용한 모습
출처: 한국스마트그리드사업단

그림 6-2 스마트그리드가 바꾸는 거실 풍경
출처: 한국전력공사

⑦ 기존 전력망은 최대 수요량에 맞춰 예비율을 두고 일반적으로 예상 수요보다 15% 정도 많이 생산

⑧ 중앙집중형 발전 형태로, 공급자 중심으로 설비를 운영하고, 전기를 생산하기 위해 석탄, 석유, 가스와 같은 화석연료로 대규모 발전. 이렇게 생산한 전기가 동시에 버려지기도 하며, 효율성이 떨어지는 구조

전력망=Grid		정보통신=Smart		스마트 그리드
공급자 중심 일방향성	+	실시간 정보 교환	=	수요자 중심 양방향성

기존 전력망	지능형 전력망
아날로그/전기기계적	디지털/지능형
중앙 집중 체계	분산체계
방사상 구조	네트워크 구조
수동 복구	자동 복구
고정 요금	실시간 요금
단방향 정보 흐름	양방향 정보 교류
소비자 선택권 없음	다양한 소비자 선택권

그림 6-3 기존 전력망과 지능형 전력망 비교
출처: 한국스마트그리드사업단

⑨ 스마트그리드는 다양한 데이터로 사용하는 전기량을 예측하는 식으로 효율을 높여 에너지 낭비를 없앰
⑩ 신·재생에너지를 고려한 분산 발전 형태이고, 양방향으로 전력과 정보가 흘러 소비자 참여로 설비가 운영
⑪ 전력 수급 상황별 차등 요금제를 적용해 전기 사용자에게 전기 사용량과 요금 정보를 알려 줌으로써 자발적인 에너지 절약을 유도할 수 있음

그림 6-4 스마트그리드 접목 미래도시 조경도
출처: 한국전력공사

2 지능형(스마트)홈 그리드 구현의 핵심

① 스마트그리드를 구축하기 위해서는 건물 내 전력, 가스, 물 등을 제어할 수 있는 냉·난방 운영설비부터 에너지 저장 시스템(ESS), 스마트계량기(AMI), 에너지관리시스템(EMS), 전기차 및 충전소, 분산 전원, 신·재생에너지, 양방향 정보통신기술, 지능형 송·배전시스템 등이 필요. 이 중 핵심은 바로 ESS(Energy Storage System)
② 전에는 수요를 예측해 전력공급량을 조절해도 이미 생산된 뒤 사용하지 못한 전기는 그대로 버릴 수밖에 없었으나, ESS는 대용량 전기를 저장할 수 있음
③ 에너지를 컨테이너 모양의 대형 배터리에 저장하는 식이다. 스마트폰이나 노트북에 쓰이는 리튬이온 배터리나 납축전지, 나트륨-황 배터리 등이 대용량 전기를 저장하는 장치로 쓰임
④ ESS를 이용해 전기를 저장할 수 있게 되면 태양광, 풍력, 조력, 파력 등 신·재생에너지나 소규모 발전소에서 얻은 소량의 전기를 저장해 나중에 쓸 수 있음

⑤ ESS가 저장된 에너지로 수요과 공급을 적절히 조절해 버려지는 에너지를 최소화
⑥ 또한, ESS는 매년 여름과 겨울마다 반복되는 전력 부족에 대비할 수 있게 해줌
⑦ ESS에 전기를 저장해 수요가 최고치에 달하는 시점의 전력 부하를 조절해 발전 설비에 대한 과잉 투자를 막고 돌발적인 정전 시에도 안정적으로 전력을 공급

그림 6-5 AMI로 수집한 정보의 전송

출처: 한국에너지공단 상상에너지공작소

⑧ AMI(Advanced Metering Infrastructure)는 스마트미터에서 측정한 데이터를 원격 검침기를 통해 측정하여 전력 사용 현황을 자동 분석하는 기술
⑨ 스마트미터는 각 가정에서 사용하는 전력 사용량을 자동으로 검침하고, 그 정보를 통신망을 통해 전달하는 똑똑한 계량기
⑩ 전력회사는 스마트미터를 통해 얻은 전기 사용 데이터를 바탕으로 소비자의 전력 사용량에 맞춰 전기요금을 부과. 사용자별 전기 사용 패턴을 파악해 최적화된 전력을 공급할 수 있기에, 전기요금을 절약하고 전력 낭비를 막을 수 있음
⑪ AMI를 활용하면 지금처럼 사람이 직접 돌아다니며 검침하는 데 따라 발생하는 오차 등의 불편함을 해소하고 정확한 데이터를 통해 효율적으로 전력을 생산·관리

3 IoT 기반 지능형(스마트)홈 에너지 서비스

① IoT 기반 스마트 에너지 관리 서비스는 초연결 사회에서의 에너지 문제 해결을 위한 IoT 기반 스마트 에너지 플랫폼 기술을 개발하여 에너지 정보 수집, 에너지 수요의 부하 관리 및 에너지 공유/거래를 통한 에너지 효율을 극대화하고자 하는 서비스

② 이러한 IoT 기반 스마트 에너지 관리 서비스는 사물인터넷을 활용한 에너지 공급-전달-활용의 전주기 에너지 시스템 간 상호 연계·통합을 통해 에너지 효율성 증대, 에너지 공유 및 거래 서비스를 제공

그림 6-6 IT 기반 스마트 에너지 서비스

출처: 사물인터넷의 미래(도서) 2014

③ 에너지 수요의 지속적 증가, 전력 피크 회피, 미래 트렌드 대응 등 국가 사회의 문제 해결을 위한 에너지 신서비스 개발 및 확산이 가능

④ 이는 IoT 기반 에너지 수요 관리 서비스, 분산 에너지 패러다임 구축, 에너지 인터그리드 기반 에너지 거래 서비스 등을 위한 에너지 인터넷 플랫폼을 개발함으로 가능

⑤ 정부의 주요 정책으로는 에너지 수급 안정화 기반을 확충하고, 합리적 전기소비 유도가 목표이며, 특히 미래부의 15대 대표 서비스 중 I-My-Me 에너지 다이어트 서비스는 ICT(IoT) 기술을 이용하여 자급자족 에너지원 활용 및 에너지 사용 효율화를 추진

⑥ IoT 기반 스마트 에너지 서비스는 공공 인프라로 사회·경제적 파급 효과가 매우 크며, 공공 에너지 IoT 융복합 서비스라는 새로운 부가가치 창출이 가능

⑦ 이러한 서비스를 위해서는 스마트 그리드 상호 운용성과 다양한 부가 서비스 제공을 위한 웹 커넥티비티 서비스 구현 환경 개발이 필요

⑧ 또한 M2M 기반 에너지 정보 제공 서비스, 에너지 빅데이터 큐레이션 기술, 스마트 에너지 융·복합 센서 기술 등 'Energy as a Service(EaaS)' 에너지 서비스 기반 기술 개발이 필요. 이러한 에너지 IoT 프레임워크 및 기반 기술을 통해서 전력 시스템 및 컴포넌트의 통합을 지원

지능형홈 기기 예상문제

01 지능형(스마트)홈(AI@Home) 가전제품이라 볼 수 없는 것은?

① TV ② 에어컨
③ 냉장고 ④ 신호등

신호등은 가전제품에 속하지 않는다.

02 지능형(스마트)홈(AI@Home) 에너지 소비장치라 볼 수 없는 것은?

① 수도 ② 전기
③ 가스 ④ 원자력

원자력은 에너지 공급 장치이다.

03 다음 중 침실에 설치하여 우울증이나 정서불안, 시차적응 등을 치료하는데 유용한 지능형(스마트)홈 시스템은?

① Home Trash Conveying system
② Vacuum cleaning system
③ Smart Bio Lighting system
④ Real time Energy Monitoring system

침실에 설치하여 우울증이나 정서불안, 시차적응 등을 치료하는데 유용한 지능형(스마트)홈 시스템은 Smart Bio Lighting system으로 세대 내 침실의 주등과 간접등의 밝기 및 RGB 조절을 통해 사용자의 바이오리듬에 맞게 기상모드, 취침모드, 휴식모드, 학습모드 등과 같이 다양하게 조명을 연출해주는 스마트 바이오 라이팅 시스템이다.

04 지능형(스마트)홈(AI@Home) 보안기기에 속하는 것은?

① 도어록 ② 에어컨
③ 가스렌지 ④ 스마트 TV

도어록은 보안이 되어야 하는 보안기기에 속한다.

05 다음 내용 중 (   )에 해당하는 것은?

> 지능형(스마트)홈은 "집안에 있는 가전제품들이 인터넷을 통해 상호 연결되고 지능화되어 이를 통해 다양한 서비스가 제공되는 첨단 (   ) 서비스 시스템"

① 인텔리전트 ② 자동화
③ 이미지 ④ 센서

지능형(스마트)홈은 집안에 있는 가전제품들이 인터넷을 통해 상호 연결되고 지능화되어 이를 통해 다양한 서비스가 제공되는 첨단 인텔리전트(지능) 서비스 시스템이다.

06 지능형(스마트)홈 정보가전기기 분야가 아닌 것은?

① 홈로봇
② 홈 IoT센서
③ 홈 IoT 가전기기
④ 사무자동화 기기

사무자동화 기기는 일반적인 지능형(스마트)홈 서비스로 보기는 어렵다.

정답 01 ④ 02 ④ 03 ③ 04 ① 05 ① 06 ④

07 지능형(스마트)홈 플랫폼 분야가 아닌 것은?

① 지능형(스마트)홈 제어플랫 플랫폼
② 지능형(스마트)홈 사용자 인터랙션 플랫폼
③ 스마트 펙토리 플랫폼
④ 개방형 홈서비스 프레임워크

지능형(스마트)홈 플랫폼 분야는 지능형(스마트)홈 제어플랫폼, 지능형(스마트)홈 사용자 인터랙션 플랫폼, 홈 상황인지 프레임워크, 개방형 홈서비스 프레임워크로 나눌 수 있다.

08 지능형(스마트)홈 서비스 분야가 아닌 것은?

① 홈오토메이션 서비스
② 홈정원 관리 서비스
③ 홈시큐리티 서비스
④ 홈에너지 관리 서비스

지능형(스마트)홈 서비스 분야 홈오토메이션 서비스, 홈에너지 관리 서비스, 홈시큐리티 서비스, 지능형(스마트)홈 O2O 서비스로 나눌 수 있다.

09 지능형(스마트)홈 4.0의 주요 차별화 기능으로 볼 수 없는 것은?

① 자율동작 ② 개인 맞춤
③ 모니터링 ④ 플랫폼 간 연동

지능형(스마트)홈 4.0의 주요 기능은 자율동작, 개인 맞춤, 플랫폼 간 연동 이다.

10 다음 지능형(스마트)홈 기기 중 웨어러블 디바이스가 가장 중요한 역할을 담당하는 영역은?

① 헬스 케어 영역 ② 에너지 케어 영역
③ 환경 케어 영역 ④ 위생 케어 영역

웨어러블 디바이스들은 IoT 헬스케어에서 매우 중요한 역할을 담당한다.

11 지능형(스마트)홈에 기술에 가장 기본이 되는 버전은 것은?

① 지능형(스마트)홈 1.0
② 지능형(스마트)홈 2.0
③ 지능형(스마트)홈 3.0
④ 지능형(스마트)홈 4.0

지능형(스마트)홈 구분은 지능형(스마트)홈 1.0을 시작으로 지능형(스마트)홈 4.0까지 나눈다.

12 지능형(스마트)홈서비스가 아닌 것은?

① 홈클라우드 서비스
② 상황인지 서비스
③ 공용부 관리 서비스
④ 홈로봇 서비스

지능형(스마트)홈서비스는 홈클라우드, 상황인지, 홈로봇 서비스 등이다.

13 홈오토메이션 서비스가 아닌 것은?

① 홈오토 기기 서비스
② 홈클라우드 서비스
③ 공용부 관리 서비스
④ 홈게이트웨이/월패드 서비스

홈오토메이션 서비스는 홈오토 기기, 홈게이트웨이/월패드, 공용부 관리 서비스 등이다.

14 홈에너지 세부기술이 아닌 것은?

① 상황인지 기술
② 전력공급 시스템
③ 홈에너지 관리
④ 에너지 저장

홈에너지는 홈에너지 관리, 에너지 저장, 전력공급 시스템 등이다.

정답 07 ③ 08 ② 09 ③ 10 ① 11 ① 12 ① 13 ② 14 ①

15 홈시큐리티 서비스가 아닌 것은?

① 가정 물리 재난 서비스
② 가정 재난 대응 서비스
③ 가정 재정관리 서비스
④ 가정 정보 재난 서비스

홈시큐리티 서비스는 가정 물리 재난, 가정 정보 재난, 가정 재난 대응 서비스 등이다.

16 지능형(스마트)홈(홈IoT) 생태계 6대 구성요소에 속하지 않는 것은?

① 자동화 사양　② 콘텐츠
③ 네트워크속도　④ 플랫폼

지능형(스마트)홈(홈IoT) 생태계 6대 구성요소는 네트워크속도, 스마트 디바이스, IoT 표준화, 플랫폼, 컨트롤 디스플레이, 콘텐츠이다.

17 지능형(스마트)홈(홈IoT) 생태계 6대 구성요소에 속하지 않는 것은?

① 스마트 디바이스
② IoT 표준화
③ 홈인테리어
④ 컨트롤 디스플레이

지능형(스마트)홈(홈IoT) 생태계 6대 구성요소는 네트워크속도, 스마트 디바이스, IoT 표준화, 플랫폼, 컨트롤 디스플레이, 콘텐츠이다.

18 다음중 세대단자함을 설치하기에 가장 적당한 장소는?

① 거실　② 세탁실
③ 베란다　④ 신발장

세대단자함은 주변의 구조물이나 설비 등에 의해 운영과 관리에 지장을 주지 않고 침수 및 결로 발생의 우려가 없는 노출된 장소에 설치하여야 한다.

19 지능형(스마트)홈(홈IoT) 생태계 6대 구성요소의 콘텐츠 최근 기술동향은?

① 가전/비가전 분리
② 가전/비가전 통합
③ 차세대 콘텐츠/세분화
④ 응용 콘텐츠/세분화

지능형(스마트)홈(홈IoT) 생태계 6대 구성요소의 콘텐츠는 지능형(스마트)홈 디바이스 및 AI컨트롤 최적기에서 "응용 콘텐츠/세분화"이다.

20 차세대 기술/디바이스 및 AI컨트롤 도입인 성숙초기의 플랫폼은?

① 개별 사업자 단말/OS
② 단말/OS 통합화
③ 지배적 사업자 통합화
④ 지배사업자 통제력강화

차세대 기술/디바이스 및 AI컨트롤 도입인 성숙초기의 플랫폼은 "지배적 사업자 통합화"이다.

21 차세대 기술/디바이스 및 AI컨트롤 도입인 성숙초기의 네트워크속도?

① 10Mbps/4G　② 유무선 GiGA
③ 100Mbps/4G　④ GiGA/5G

차세대 기술/디바이스 및 AI컨트롤 도입기(성숙초기)의 네트워크속도 100Mbps/4G 이다.

22 지능형(스마트)홈 디바이스 및 AI컨트롤 최적기인 성숙후기의 네트워크속도?

① 10Mbps/4G　② 유무선 GiGA
③ 100Mbps/4G　④ GiGA/5G

지능형(스마트)홈 디바이스 및 AI컨트롤 최적기(성숙후기)의 네트워크속도 GiGA/5G이다.

정답　15 ③　16 ①　17 ③　18 ①　19 ④　20 ③　21 ③　22 ④

23 지능형(스마트)홈 서비스 플랫폼 기술에 속하지 않는 것은?

① 지능형(스마트)홈 허브
② 지능형(스마트)홈 미들웨어
③ 지능형(스마트)홈 클라우드 시스템
④ 지능형(스마트)홈 디스플레이

지능형(스마트)홈 서비스 플랫폼 기술은 지능형(스마트)홈 허브, 지능형(스마트)홈 미들웨어, 지능형(스마트)홈 클라우드 시스템이다.

24 통신 단자함에 요구되는 패치 케이블로 거리가 먼 것은?

① 력 케이블 (Power Cable)
② 텔레폰 케이블 (Telephone Cable)
③ 광케이블 (Fiber Optic Cable)
④ 이더넷 케이블 (Ethernet Cable)

단자함에 사용되는 패치 케이블의 종류는 다양합니다. 주로 네트워크 통신에 사용되는 패치 케이블은 다음과 같은 종류가 있습니다.
- 이더넷 케이블 (Ethernet Cable) : 이더넷 케이블은 가장 흔하게 사용되는 패치 케이블입니다. 이더넷 케이블은 네트워크 장비 간 데이터 통신을 위해 사용되며, 주로 RJ45 커넥터를 사용합니다. 이더넷 케이블은 다양한 유형이 있으며, Cat5e, Cat6, Cat6a, Cat7 등이 일반적으로 사용됩니다. 각각의 유형은 다른 속도와 성능을 지원하며, 사용 환경과 요구 사항에 따라 선택할 수 있습니다.
- 텔레폰 케이블 (Telephone Cable) : 텔레폰 케이블은 전화 통신에 사용되는 패치 케이블입니다. 주로 RJ11 커넥터를 사용하여 전화기나 팩스와 같은 장치를 연결합니다. 텔레폰 케이블은 주로 음성 통화를 위한 연결에 사용되며, 데이터 통신에는 이더넷 케이블이 더 일반적으로 사용됩니다.
- 광케이블 (Fiber Optic Cable) : 광케이블은 광통신에 사용되는 패치 케이블로, 광 신호를 전송하는 데 사용됩니다. 광케이블은 빛을 사용하여 데이터를 전송하므로 전기 신호에 비해 더 빠르고 멀리 전송할 수 있습니다. 광케이블은 보다 높은 대역폭과 장거리 통신을 지원하며, 주로 데이터 센터나 긴 거리 통신에 사용됩니다.

25 지능형(스마트)홈 미들웨어 요소기술에 속하지 않는 것은?

① 홈자원 관리 프레임워크
② 개방형 홈서비스 프레임워크
③ 단지 서비스 클라우드 프레임워크
④ 지능형(스마트)홈 지식화 프레임워크

지능형(스마트)홈 미들웨어 요소기술은 홈자원 관리 프레임워크, 홈 상황인지 프레임워크, 감정인지 미들웨어, 개방형 홈서비스 프레임워크, 지능형(스마트)홈 지식화 프레임워크 기술이다.

26 지능형(스마트)홈 클라우드 시스템 요소기술에 속하지 않는 것은?

① 단지 서비스 클라우드 프레임워크
② 연동 홈게이트웨이
③ 개방형 홈서비스 프레임워크
④ 클라우드 서비스 플랫폼

지능형(스마트)홈 클라우드 시스템 요소기술 클라우드 서비스 플랫폼, 연동 홈게이트웨이 그리고 단지 서비스 클라우드 프레임워크 기술이다.

27 분전반의 중성선에 대한 설명으로 적절하지 않는 것은?

① 중성선이 있어서 3상 380V의 전기를 단상 220V의 전기를 만들어낼 수가 있다.
② 중성선은 일반적으로 전원 회로에서 사용되며, 주로 접지된 중성선이라고도 합니다.
③ 일반적으로 중성선의 끝은 접지로 연결된다.
④ N상이라고도 한다.

중성선은 R, S, T와 같은 전력선의 '상'이 아니므로 N선이라고 표현해야 한다.

28 지능형(스마트)홈 허브에 있어서, 가정에 연결된 기기 제어 및 정보 전달/관리를 위한 요소기술은?

① 지능형(스마트)홈 사용자 인터랙션 플랫폼
② 실감 홈미디어 플랫폼
③ 지능형(스마트)홈 제어 플랫폼
④ 클라우드 서비스 플랫폼

> 지능형(스마트)홈 제어 플랫폼은 가정에 연결된 기기 제어 및 정보 전달/관리를 위한 기술이다.

29 지능형(스마트)홈 미들웨어에 있어서, 공간/환경 정보 분석하여 서비스를 제공하기 위한 요소기술은?

① 감정인지 미들웨어
② 홈자원 관리 프레임워크
③ 개방형 홈서비스 프레임워크
④ 홈 상황인지 프레임워크

> 감정인지 미들웨어는 공간/환경 정보 분석하여 서비스를 제공하기 위한 기술이다.

30 다음 내용 중 (   )에 해당하는 것은?

> 현대건설은 2016년부터 건설사 최초로 지능형(스마트)홈 시스템인 (   )를 개발하였고, 현대 오토에버와 함께 자체 플랫폼을 구축해 조명, 냉·난방과 같은 에너지 소비 시스템부터 냉장고, 세탁기, 공기 청정기 등 가전제품까지 네트워크로 제어할 수 있는 사물인터넷(Internet of Things, IoT)을 도입

① 홈즈(Home Z)
② 스카이뷰(SKAI)
③ 씽큐(ThinQ)
④ 하이오티(Hi-oT)

> 하이오티(Hi-oT)는 현대건설의 지능형(스마트)홈 서비스이다.

31 지능형(스마트)홈 클라우드 시스템에 있어서, 다양한 미디어를 받아 기기들과의 상호 연계를 위한 홈게이트웨어 요소기술은?

① 연동 홈게이트웨이
② 클라우드 서비스 플랫폼
③ 지능형(스마트)홈 클라우드 유지보수 시스템
④ 단지 서비스 클라우드 프레임워크

32 무인택배보관함의 설치수량은 홈네트워크 건물 심사기준에서 소형주택($60m^2$ 이하)의 경우 세대수의 몇 %로 규정하고 있는가?

① 5~10 %
② 10~15 %
③ 15~20 %
④ 20~25 %

33 지능형(스마트)홈 클라우드 시스템에 있어서, 가정에서 생성된 데이터를 통해 클라우드를 통해 연계를 위한 요소기술은?

① 연동 홈게이트웨이
② 클라우드 서비스 플랫폼
③ 지능형(스마트)홈 클라우드 유지보수 시스템
④ 단지 서비스 클라우드 프레임워크

> 연동 홈게이트웨이는 다양한 미디어를 받아 기기들과의 상호 연계를 위한 홈게이트웨어 기술이다.

34 지능형(스마트)홈 클라우드 시스템에 있어서, 아파트 단지 내에서 다양한 연계 서비스를 제공하기 위한 요소기술은?

① 연동 홈게이트웨이
② 클라우드 서비스 플랫폼
③ 지능형(스마트)홈 클라우드 유지보수 시스템
④ 단지 서비스 클라우드 프레임워크

> 단지 서비스 클라우드 프레임워크는 아파트 단지 내에서 다양한 연계 서비스를 제공하기 위한 요소기술이다.

정답 28 ③ 29 ① 30 ④ 31 ① 32 ② 33 ② 34 ④

35 지능형(스마트)홈 클라우드 시스템에 있어서, 집안 홈서버와 관련된 원격 제어 및 관리를 위한 요소기술은?

① 연동 홈게이트웨이
② 클라우드 서비스 플랫폼
③ 지능형(스마트)홈 클라우드 유지보수 시스템
④ 단지 서비스 클라우드 프레임워크

지능형(스마트)홈 클라우드 유지보수 시스템 집안 홈서버와 관련된 원격 제어 및 관리를 위한 요소기술이다.

36 홈 모바일 앱 서비스가 아닌 것은?

① 홈 디바이스 제어
② 홈 디바이스 모니터링
③ 원터치 환경 설정
④ 홈 재택근무 서비스

모바일 앱 서비스로 홈 디바이스 제어 및 모니터링, 원터치 환경 설정이 있다.

37 다음 내용 중 (   )에 해당하는 것은?

> 한국토지주택공사(LH)는 더 많은 지능형(스마트)홈 플랫폼과의 연계를 위해 국제 표준 기반 플랫폼 도입을 추진하고, 한국인터넷진흥원과 함께 지능형(스마트)홈 보안을 강화하는 등 (   )를 통해 보다 안전하고 개방적인 지능형(스마트)홈 서비스를 제공할 계획

① 홈즈(Home Z)
② 스카이(SKAI)
③ 씽큐(ThinQ)
④ 하이오티(Hi-oT)

홈즈(Home Z)는 한국토지주택공사(LH)의 지능형(스마트)홈 서비스이다.

38 다음 내용 중 (   )에 해당하는 것은?

> SK건설은 지능형(스마트)홈 솔루션 기업 다산지앤지와 인공지능 지능형(스마트)홈 기술인 'SK VIEW AI Home Service' (   )를 개발

① 홈즈(Home Z)   ② 스카이뷰(SKAI)
③ 씽큐(ThinQ)   ④ 하이오티(Hi-oT)

스카이뷰(SKAI)는 SK건설의 지능형(스마트)홈 서비스이다.

39 센서 선정시 고려해야하는 사항이 아닌 것은?

① 측정 대상   ② 사용자 나이
③ 응답 시간   ④ 정확성

센서를 선정할 때 고려해야 할 몇 가지 사항이 있습니다. 다음은 센서 선정시 고려해야 하는 중요한 사항들입니다.
- 측정 대상 : 센서가 어떤 변수를 측정할 것인지를 고려해야 합니다. 예를 들어, 온도, 압력, 습도 등과 같은 물리적인 변수를 측정하는 센서인지, 조도, 소리 등과 같은 환경 변수를 측정하는 센서인지를 고려해야 합니다.
- 정확성 : 센서의 정확성은 센서가 측정한 값과 실제 값 사이의 차이를 나타냅니다. 센서의 정확성이 높을수록 측정된 데이터의 신뢰도가 높아집니다. 따라서, 사용자의 요구에 맞는 정확성을 가진 센서를 선택해야 합니다.
- 해상도 : 센서의 해상도는 센서가 측정할 수 있는 최소한의 차이를 의미합니다. 해상도가 높을수록 센서가 미세한 변화를 감지할 수 있습니다. 따라서, 측정 대상의 세부 사항을 파악하여 적절한 해상도를 가진 센서를 선택해야 합니다.
- 응답 시간 : 센서의 응답 시간은 센서가 측정한 값을 실시간으로 전달하는 데 걸리는 시간을 의미합니다. 응답 시간이 빠를수록 실시간 모니터링이 가능하며, 빠른 응답이 필요한 경우에는 응답 시간을 고려해야 합니다.
- 환경 요구사항 : 센서를 사용할 환경에 대한 요구사항을 고려해야 합니다. 예를 들어, 센서가 작동할 온도 범위, 습도 범위, 진동 등의 요구사항을 고려하여 센서를 선택해야 합니다.
- 비용 : 센서의 비용은 센서를 선정할 때 고려해야 할 중요한 요소입니다. 예산에 맞는 센서를 선택하여 비용을 최적화할 수 있습니다.

정답 35 ③ 36 ④ 37 ① 38 ② 39 ②

40 다음 내용 중 ( )에 해당하는 것은?

> LG전자만의 독자적인 인공지능 기술인 ( )는 전자기기 사용 시 쌓이는 생활 데이터를 기반으로 사용자의 사용패턴과 생활습관을 스스로 학습하여 그에 맞게 시스템을 구축합니다. 스마트폰의 앱을 설치하여 집 밖에서 전원을 끄고 킬 수 있으며, 집안 곳곳에 있는 가전들은 직접 만지지 않고도 작동

① 홈즈(Home Z) ② 스카이뷰(SKAI)
③ 씽큐(ThinQ) ④ 하이오티(Hi-oT)

씽큐(ThinQ)는 LG전자의 지능형(스마트)홈 서비스이다.

41 다음 내용 중 ( )에 해당하는 것은?

> SK텔레콤에서 개발한 인공지능 서비스인 ( )는 2017년 8월 출시된 ( ) mini 스피커(NU200) 출시. 부르는 이름은 아리아, 팅커벨이다. 최근에 T전화와 ZEM이 업데이트되면서 ( )기능이 새로 추가

① 홈즈(Home Z)
② 스카이뷰(SKAI)
③ Think Q
④ 누구(NUGU)

누구(NUGU))는 SK텔레콤의 지능형(스마트)홈 서비스이다.

42 다음 중 전자가 이동되는 방향은?

① 방향 없음
② 양전기(+)에서 음전기(-)쪽으로 이동
③ 음전기(-)에서 양전기(+)쪽으로 이동
④ 양전기(+)와 음전기(-)서로 양방향으로 이동

전기는 양전기(+)에서 음전기(-)쪽으로 이동하고, 반대로 전자는 음전기(-)에서 양전기(+)쪽으로 이동한다.

43 시간이 변함에 따라 크기와 방향이 주기적으로 변하는 전압, 전류를 무엇이라 하는가?

① 직류   ② 변류
③ 맥류   ④ 교류

교류는 시간이 변함에 따라 크기와 방향이 주기적으로 변하며, 직류는 그 값이 일정하다.

44 IoT 스위치의 제어나 기능이 아닌 것은?

① 원격 제어
② 통신 제어
③ 에너지 모니터링
④ 스마트 홈 통합

IoT 스위치는 인터넷으로 연결되어 동작하는 스마트 스위치입니다. 이러한 스위치는 일반적인 전원 스위치와 달리 스마트폰, 태블릿 또는 음성 비서와 같은 기기를 통해 원격으로 조작할 수 있습니다. IoT 스위치의 주요 특징은 다음과 같습니다.

- 원격 제어 : IoT 스위치는 인터넷 연결을 통해 언제 어디서나 원격으로 조작할 수 있습니다. 스마트폰 앱이나 웹 인터페이스를 통해 스위치를 켜고 끌 수 있으며, 예약 시간 설정이나 타이머 기능을 활용할 수도 있습니다.
- 음성 제어 : 일부 IoT 스위치는 음성 비서 기능을 지원하여 음성 명령으로 스위치를 조작할 수 있습니다. 스마트 스피커나 음성 비서 기기와 연동하여 음성으로 스위치를 제어할 수 있습니다.
- 자동화 기능 : IoT 스위치는 다른 스마트 기기와 연동하여 자동화 기능을 구현할 수 있습니다. 예를 들어, 스위치를 켤 때 자동으로 조명이 켜지거나, 특정 조건을 충족할 때 스위치가 작동하도록 설정할 수 있습니다.
- 에너지 모니터링 : 일부 IoT 스위치는 에너지 사용량을 모니터링할 수 있는 기능을 제공합니다. 이를 통해 에너지 소비를 관리하고 절전에 도움을 줄 수 있습니다.
- 스마트 홈 통합 : IoT 스위치는 스마트 홈 플랫폼과 연동하여 다른 스마트 기기와 통합할 수 있습니다. 이를 통해 스마트 홈 시스템을 구축하고 여러 기기를 효율적으로 관리할 수 있습니다.

정답 40 ③ 41 ④ 42 ③ 43 ④ 44 ②

45 다음 중 1[J]과 같은 것은?

① 1[W·sec]   ② 1[kg·m]
③ 1[cal]   ④ 1[N·sec]

주울(1J)은 에너지가 변환되는 속도 또는 작업이 완료되는 속도를 나타내는 단위. 1와트는 초당 1주울로 정의된다.

46 1[eV]는 몇 [J]인가?

① 1.6×10^{19} ② 1.6×10^{-19}
③ 6.1×10^{-31} ④ 1

1[eV]는 1.6×10^{-19}[J]이다.

47 다음 중 값이 최고 큰 값은?

① 최대값   ② 실효값
③ 평균값   ④ 최소값

최대값>실효값>평균값>최소값

48 다음 중 최대값이 1일 때 실효값은?

① 1   ② $1/\sqrt{2}$
③ $2/\sqrt{2}$ ④ $2/\sqrt{3}$

Vm(최대값) = $\sqrt{2}$ · V(실효값)

49 지능형(스마트)홈의 인테리어디자인에 적용하는 빅데이터 기술의 장점은?

① 가구배치 및 공간활용의 취적화
② 컬러 및 재료 선택의 최적화
③ 디자인 스타일 추천과 개인화
④ 인테리어관련 소비 트랜드 예측

빅데이터 기술은 대량의 데이터를 분석하여 인테리어 관련 소비 트랜드를 예측하는데 유용하게 활용될 수 있다.

50 최대값이 100[V]일 때 실효값은?

① 50.0[V]   ② 60.3 [V]
③ 70.7[V]   ④ 100.0[V]

Vm(최대값) = $\sqrt{2}$ · V(실효값)

51 다음 중 최대값이 1일 때 평균값은?

① 1   ② $1\sqrt{2}$
③ $2/\pi$ ④ $2\sqrt{3}$

Vm(평균값) = $\frac{2}{\pi}$Vm(최대값)

52 다음 정의에서 괄호 안에 들어 갈 적절한 단어를 고르시오?

( )는 전압을 안전한 수준으로 유지하고 전기적인 문제를 방지하기 위해 대지와 연결하는 것이며, ( )은 서로 다른 전위를 가진 장비 사이의 전류 흐름을 줄여 보호하기 위해 전기적으로 연결하는 것입니다.

① 접지(grounding)-차단(breaking)
② 본딩(bonding)-접지(grounding)
③ 차단(breaking)-접지(grounding)
④ 접지(grounding)-본딩(bonding)

접지(grounding)는 전원 회로에서 발생하는 위험한 전압을 제거하기 위해 저 임피던스 경로를 제공하는 도체와 대지를 연결하는 것을 의미합니다. 이를 통해 전기적인 안전을 확보하고 전류의 흐름을 제어할 수 있습니다. 접지는 전기 장비나 시스템의 안전을 위해 사용되며, 전압을 안전한 수준으로 유지하고 전기적인 문제를 방지하는 역할을 합니다. 반면에 본딩(bonding)은 두 개의 전기 전도체를 연결하여 전기적으로 동일한 전위를 갖도록 하는 작업입니다. 이를 통해 서로 다른 전위를 가진 장비 사이의 전류 흐름을 줄여 장비와 사람을 보호할 수 있습니다. 본딩은 전기적인 상호 연결을 통해 전기적인 균일성을 유지하고 전기적인 노이즈를 제거하는 역할을 합니다.

정답 45 ① 46 ② 47 ① 48 ② 49 ④ 50 ③ 51 ③ 52 ④

53 회로의 접속점에서 "유입되는 전류의 합과 유출되는 전류의 합이 같다."를 나타내는 법칙은?

① 키르히호프의 제1법칙
② 키르히호프의 제2법칙
③ 노튼의 법칙
④ 데브날의 법칙

키르히호프의 제1법칙(전류법칙)은 유입되는 전류의 합과 유출되는 전류의 합이 같다. 그리고, 키르히호프의 제2법칙(전압법칙)은 공급되는 전압의 합은 각 부하에 걸리는 전압의 합과 같다.

54 2[V]의 건전지 10개를 병렬로 연결하면 합성 전압은 얼마인가?

① 2[V] ② 5[V]
③ 10[V] ④ 20[V]

병렬 합성전압 V1=V1+V1+V1…Vn

55 2[V]의 건전지 10개를 직렬로 연결하면 합성 전압은 얼마인가?

① 2[V] ② 5[V]
③ 10[V] ④ 20[V]

직렬 합성전압 V1=V1+V1+V1…Vn

56 범죄나 불법적 침입을 막고 거주자의 사생활을 보호하기 위한 안전장치를 의미하는 것은?

① 지능형(스마트)홈 가전기기
② 홈 시큐리티 디바이스
③ 지능형(스마트)홈 허브
④ 스마트 에너지기기

범죄나 불법적 침입을 막고 거주자의 사생활을 보호하기위한 안전장치를 의미하는 것은 홈 시큐리티 디바이스로 대표적인 제품은 침입탐지, 비디오 감시장비, 출입통제, 화재가지 및 알람 등이 있다.

57 다음 중 콘덴서를 병렬로 0.4[μF]와 0.6[μF]를 연결하였을 때 합성 정전 용량은?

① 0.2[μF] ② 0.4[μF]
③ 0.8[μF] ④ 1.0[μF]

병렬 합성용량 CT=C1+C2+Cn

58 다음 중 콘덴서를 직렬로 10[μF]와 10[μF]를 연결하였을 때 합성 정전 용량은?

① 1.0[μF] ② 5.0[μF]
③ 10.0[μF] ④ 20.0[μF]

직렬 합성용량 $CT = \frac{C_1 C_2}{C_1 + C_2}[F]$

59 배선용차단기(MCCB)가 작동하는 것과 거리가 먼 것은?

① 과부하 ② 단락
③ 과전압 ④ 정전

MCCB는 다음과 같은 상황에서 작동하여 회로를 차단합니다.
- 과부하 : 전기 회로에 과도한 전류가 흐를 때 MCCB는 내부의 과전류 보호 기능을 작동시켜 회로를 차단합니다. 이는 전기 장비나 시스템이 설계된 최대 전류를 초과하는 경우에 발생할 수 있습니다.
- 단락 : 전기 회로에 단락이 발생하면 MCCB는 단락 보호 기능을 작동시켜 회로를 차단합니다. 단락은 전선이나 장비의 전기적인 접촉이 감지되는 경우에 발생할 수 있습니다.
- 지락 : 전기 회로에 지락이 발생하면 MCCB는 지락 보호 기능을 작동시켜 회로를 차단합니다. 지락은 전선이나 장비의 접지와 다른 접지 사이에 전기적인 접촉이 감지되는 경우에 발생할 수 있습니다.
- 과전압 : 전기 회로에 과도한 전압이 인가되면 MCCB는 과전압 보호 기능을 작동시켜 회로를 차단합니다. 이는 전압이 정상 범위를 벗어나는 경우에 발생할 수 있습니다.

정답 53 ① 54 ① 55 ④ 56 ② 57 ④ 58 ② 59 ④

60 어떤 가전제품의 사용전압이 200[V]라 한다. 이 때 흐르는 전류가 100[mA]라고 할 때 소비전력은?

① 5[W] ② 10[W]
③ 20[W] ④ 30[W]

P=V×I [W]

61 가정용 배전반의 역할과 거리가 먼 것은?

① 전력 분배
② 보안 시스템 관리
③ 전기 시스템 관리
④ 회로 보호

배전반은 전기 시스템에서 전력을 분배하고 관리하는 중요한 장치입니다. 주요한 역할은 다음과 같습니다.
- 전력 분배 : 배전반은 전기 시스템으로부터 전력을 받아 다양한 회로와 전기 기기로 전력을 분배합니다. 이를 통해 가정 내의 다양한 전기 기기와 회로에 안정적으로 전력을 공급합니다.
- 회로 보호 : 배전반은 각각의 분기 회로에 분기 회로 차단기를 설치하여 회로를 보호합니다. 분기 회로 차단기는 과전류, 단락, 과부하 등의 문제가 발생할 때 해당 회로를 자동으로 차단하여 전기 기기와 시스템을 보호합니다.
- 전기 안전 : 배전반은 전기 시스템의 안전을 유지하기 위해 접지 시스템을 포함합니다. 접지 시스템은 전기 기기나 회로에 발생할 수 있는 전기적인 문제를 지상으로 향하게 하여 전기 충격이나 화재 등을 예방합니다.
- 전력 측정 : 일부 배전반에는 전기 미터가 포함되어 전력 소비량을 측정합니다. 전기 미터는 가정의 전력 사용량을 측정하여 요금 책정이나 에너지 관리를 위한 정보를 제공합니다.
- 전기 시스템 관리 : 배전반은 전기 시스템의 전원을 총괄적으로 제어하는 메인 스위치를 포함합니다. 메인 스위치를 통해 전기 시스템의 전원을 즉시 차단할 수 있습니다.

62 주파수(f)와 주기(T)와의 관계는?

① $f=1/T$ ② $f=2/T$
③ $f=3/T$ ④ $f=4/T$

$f=1/T$

63 사인파의 주기가 0.5[msec]일 때 이 파형의 주파수는 몇[kHz]인가?

① 1 ② 2
③ 3 ④ 4

$f=1/T=1/0.5$[msec]
$=1/(0.5\times10^{-3})$[sec]$=1,000$[Hz]

64 주파수가 100[KHz]인 신호의 주기는 몇[ms]인가?

① 1 ② 2
③ 3 ④ 4

$f=1/T$

65 주파수가 100[KHz]인 신호의 주기는 몇[μs]인가?

① 1 ② 10
③ 100 ④ 1000

$f=1/T$

66 교류 전압 $v=100\sin120\pi t$에서 주파수 f는 몇 [Hz]인가?

① 6 ② 60
③ 10 ④ 100

각주파수 ω=2πft=120πft

정답 60 ③ 61 ② 62 ① 63 ② 64 ② 65 ② 66 ②

67 다음 회로에서 저항 10[Ω], 20[Ω], 30[Ω]이 직렬로 연결된 양단에 60[V]의 전압이 인가되었다. 이 때 회로의 흐르는 전체 전류[I]는?

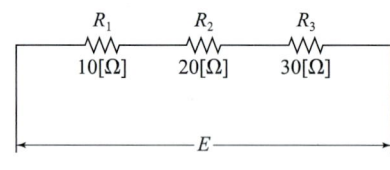

① 0.5[A]　　　② 1[A]
③ 5[A]　　　　④ 10[A]

직렬회로에서 전체전류는 전체 전압/전체 저항

68 다음 회로에서 20[Ω]의 저항에 100[V]의 전압을 가하면 몇 [A]의 전류가 흐르겠는가?

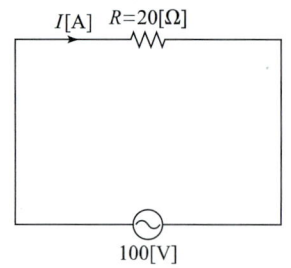

① 0.5[A]　　　② 1[A]
③ 5[A]　　　　④ 10[A]

직렬회로에서 전체전류는 전체 전압/전체 저항

69 다음 중 교류전원의 기호는?

① ─┤├─　　② Ⓥ
③ ─┤├─　　④ ∿

70 다음 중 콘덴서의 기호는?

① ─┤├─　　② Ⓥ
③ ─/\/\─　　④ ∿

71 다음 중 직류 전원의 기호는?

① ─┤├─　　② Ⓥ
③ ─/\/\─　　④ ∿

72 다음 내용 중 (　)에 해당하는 것은?

(　)란 측정 대상물로부터 물리량을 검출하고 검출된 물리량을 전기적인 신호로 변환시켜주는 소자를 의미

① 트랜스　　　② 트랜스듀서
③ 센서　　　　④ 액추에이터

센서는 측정 대상물로부터 물리량을 검출하고 검출된 물리량을 전기적인 신호로 변환시켜주는 소자이다.

73 다음 내용 중 (　)에 해당하는 것은?

(　)란 "어떤 종류의 신호 또는 에너지를 다른 종류의 신호 또는 에너지로 변환하는 장치" 또는 "물리·화학량을 전기신호로 변환하거나 역으로 전기신호를 다른 물리·화학량으로 변환하는 장치"

① 트랜스　　　② 트랜스듀서
③ 센서　　　　④ 액추에이터

트랜듀서는 어떤 종류의 신호 또는 에너지를 다른 종류의 신호 또는 에너지로 변환하는 장치이다.

74 신호를 처리하기 위하여 신호에 대응하여 작동을 수행하는 장치를 무엇이라 하는가?

① 트랜스　　　② 트랜스듀서
③ 센서　　　　④ 액추에이터

액추에이터는 신호를 처리하기 위하여 신호에 대응하여 작동을 수행하는 장치이다.

정답　67 ②　68 ③　69 ②　70 ①　71 ②　72 ③　73 ②　74 ④

75 다음 내용 중 ( )에 가장 적절한 용어는?

> 센서기술은 모든 산업 분야에서 핵심적인 기술로 자리 잡고 있으며, 센서는 반도체의 집적화 기술과 ( )의 소형화 기술들과 결합하여 더욱 소형화, 지능화, 고성능화될 것이다.

① Deposition(증착)
② MEMS(Micro Electro-Mechanical System)
③ Heat treatment(열처리)
④ Sintering(소결)

MEMS(Micro Electro-Mechanical System) 반도체 공정을 활용한 소형화 기술이다.

76 센서의 기본 구비조건이 아닌 것은?

① 감도(sensitivity)
② 안정도(stability)
③ 선택도(selectivity)
④ 강도(intensity)

센서는 기본적으로 우수한 감도(sensitivity), 선택도(selectivity), 안정도(stability) 및 복귀도(reversibility)를 갖추어야 한다.

77 센서의 기본 구비조건이 아닌 것은?

① 감도(sensitivity)
② 만족도(Satisfaction)
③ 선택도(selectivity)
④ 안정도(stability)

센서는 기본적으로 우수한 감도(sensitivity), 선택도(selectivity), 안정도(stability) 및 복귀도(reversibility)를 갖추어야 한다.

78 센서의 기본 구비조건 중 다음 정의는 무엇에 관한 것인가?

> 측정기기·수신기 등이 외부의 자극·작용에 대해 반응하는 예민성의 정도

① 감도(sensitivity)
② 안정도(stability)
③ 선택도(selectivity)
④ 복귀도(reversibility)

감도(sensitivity) 센서의 측정대상에 대한 예민성의 정도를 의미한다.

79 센서의 기본 구비조건 중 다음 정의는 무엇에 관한 것인가?

> 소자나 기기가 얼마만큼의 시간, 안정하게 동작을 계속할 수 있는가를 나타내는 것으로

① 감도(sensitivity)
② 안정도(stability)
③ 선택도(selectivity)
④ 복귀도(reversibility)

안정도(stability)는 센서의 측정 대상에 대한 장시간 동안 측정신호를 안정하게 동작하느냐를 의미한다.

80 센서의 기본 구비조건 중 다음 정의는 무엇에 관한 것인가?

> 원하는 신호를 다른 신호와 구별해서 다룰 수 있는 정도

① 감도(sensitivity)
② 안정도(stability)
③ 선택도(selectivity)
④ 복귀도(reversibility)

선택도(selectivity) 측정하고자 하는 신호 이외의 다른 간섭신호에 대한 민감성을 의미한다.

정답 75 ② 76 ④ 77 ② 78 ① 79 ② 80 ③

81 센서의 기본 구비조건 중 다음 정의는 무엇에 관한 것인가?

> 제조한 원래의 센서(소자) 성능 상태로 되돌아갈 수 있는 성능의 정도

① 감도(sensitivity)
② 안정도(stability)
③ 선택도(selectivity)
④ 복귀도(reversibility)

복귀도(reversibility)는 감지 후 측정 대상이 사라졌을 때까지 원래 상태(신호)로 복귀하는 정도(시간)를 의미한다.

82 다음 설명은 어떤 센서에 대한 특징을 설명한 것인가?

> 스프링에 의해 구동되는 핀에 따라 접점의 개폐가 이루어지는 스위치. 물체의 유무에 따라 핀을 동작시키는 것에 의해 검출 함

① 마이크로 스위치
② 홀 소자
③ 광전센서
④ 스트레인게이지

마이크로 스위치는 물체의 유무에 따라 핀을 동작시키는 것에 의해 검출된다.

83 접지의 가장 큰 목적은 무엇인가?

① 경제적 설비
② 스마트한 설계
③ 인체의 감전보호
④ 안전한 전기의 변환

접지의 주목적은 바로 '인체의 감전보호'이다.

84 다음 설명은 어떤 센서에 대한 특징을 설명한 것인가?

> 전류가 흐르고 있는 반도체 칩에 전류에 수직인 자기장을 걸면 전류와 자기장에 직각인 방향으로 기전력이 생기고(홀 효과), 그 기전력에 따른 전위차를 측정하여 자기장을 검출. 자기력을 가진 물체의 유무 검출이 가능 함

① 마이크로 스위치
② 홀 소자
③ 광전센서
④ 스트레인게이지

홀 소자는 자기력을 가진 물체의 유무 검출이 가능하다.

85 다음 설명은 어떤 센서에 대한 특징을 설명한 것인가?

> 빛을 내는 투광부와 빛을 받는 수광부로 구성. 투광된 빛이 검출 물체에 의해 가려지거나 반사하거나 하면 수광부에 도달하는 빛의 양이 변화하므로 수광부는 그러한 변화를 검출한 후 전기 신호로 변환해서 출력 함.

① 마이크로 스위치
② 홀 소자
③ 광전센서
④ 스트레인게이지

광전센서 투광된 빛이 검출 물체에 의해 가려지거나 반사하거나 하면 수광부에 도달하는 빛 양의 변화에 따른 검출을 한다.

86 다음 설명은 어떤 센서에 대한 특징을 설명한 것인가?

> 압전체에 압력을 가하면 전압이 발생하는 피에조 효과를 이용해서 진동 등을 전압으로 변환한 후, 그 전압을 측정하는 것으로 진동을 검출 함

① 초음파 센서
② 압전 소자
③ 광전센서
④ 로드 셀

압전 소자는 압전체에 압력을 가하면 전압이 발생하는 피에조 효과를 이용한다.

정답 81 ④ 82 ① 83 ③ 84 ② 85 ③ 86 ②

87 다음 설명은 어떤 센서에 대한 특징을 설명한 것인가?

> 피검출 물체와 센서 사이에 생기는 정전 용량은 거리에 따라 변화. 그 변화하는 정전 용량을 측정하여 피검출 물체의 유무를 검출. 피검출 물체는 금속과 같은 도체뿐 아니라 수지나 물과 같은 물질도 검출 함

① 마이크로 스위치
② 홀 소자
③ 광전센서
④ 정전용량형 근접 스위치

정전용량형 근접 스위치는 정전 용량을 측정하여 피검출 물체의 유무를 결정한다.

88 다음 정의에서 괄호 안에 들어 갈 적절한 단어를 고르시오?

> ( ) 스위치는 인터넷을 통해 연결되어 동작하는 스마트 스위치입니다. 기존의 전원 스위치와는 달리 스마트 기기와 연동하여 원격으로 조작하고 제어할 수 있는 기능을 제공합니다. 일반적으로 ( ) 스위치는 Wi-Fi, 블루투스, ZigBee, Z-Wave 등의 무선 통신 기술을 사용하여 인터넷에 연결됩니다. 이를 통해 스마트폰 앱, 태블릿, 컴퓨터 또는 음성 비서와 같은 기기를 통해 스위치를 원격으로 조작할 수 있습니다.

① PUSH
② TOGGLE
③ IOT
④ SENSOR

IoT 스위치는 인터넷을 통해 연결되어 동작하는 스마트 스위치입니다. 기존의 전원 스위치와는 달리 스마트 기기와 연동하여 원격으로 조작하고 제어할 수 있는 기능을 제공합니다.

89 다음 설명은 어떤 센서에 대한 특징을 설명한 것인가?

> 금속선이나 호일을 변형시키면 단면적이 변화하여 전기 저항이 커짐. 이러한 특성을 활용하여 피측정 재료에 접착시키고 저항을 측정하는 것으로 재료의 변형이나 신축을 검출 함

① 마이크로 스위치
② 홀 소자
③ 광전센서
④ 스트레인게이지

스트레인게이지는 피측정 재료에 접착시키고 저항을 측정하는 것으로 재료의 변형이나 신축을 검출 할 수 있다.

90 다음 설명은 어떤 센서에 대한 특징을 설명한 것인가?

> 스트레인 게이지를 이용한 힘 검출기. 검출하는 힘의 방향에 따라 압축형 로드 셀, 인장형 로드 셀, 압축 인장 겸용형 로드 셀이 있음

① 마이크로 스위치   ② 홀 소자
③ 광전센서   ④ 로드 셀

로드 셀은 검출하는 힘의 방향에 따라 압축형 로드 셀, 인장형 로드 셀, 압축 인장 겸용형 로드 셀로 나뉜다.

91 다음 설명은 어떤 센서에 대한 특징을 설명한 것인가?

> 검출 물체의 표면에서 반사되어 나오기까지의 시간을 측정하여 출력 신호를 얻음

① 초음파 센서   ② 홀 소자
③ 광전센서   ④ 로드 셀

초음파 센서는 검출 물체의 표면에서 반사되어 나오기까지의 시간을 측정하여 검출한다.

92 다음 설명은 어떤 센서에 대한 특징을 설명한 것인가?

> 서로 다른 금속을 접합할 때 어떤 접합점과 다른 쪽 접합점에 온도차가 있는 경우에 생기는 열기전력(제벡 효과)를 측정하여 온도를 검출

① 초음파 센서　　② 압전 소자
③ 열전대　　　　 ④ 로드 셀

열전대는 서로 다른 금속을 접합할 때 어떤 접합점과 다른 쪽 접합점에 온도차가 있는 경우에 생기는 열기전력(제벡 효과)를 측정하여 온도를 검출한다.

93 다음 설명은 어떤 센서에 대한 특징을 설명한 것인가?

> 코발트, 니켈, 망간 등의 금속 화합물 분말과 2개의 도선을 소결하여 제작. 화합물의 혼합비에 따라 특성이 변화. NTC 서미스터는 온도의 상승에 따라 저항이 감소하고, PTC 서미스터는 반대로 저항이 증가 함

① 초음파 센서　　② 압전 소자
③ 서미스터　　　 ④ 로드 셀

서미스터는 NTC와 PTC가 있으며, NTC 서미스터는 온도의 상승에 따라 저항이 감소하고, PTC 서미스터는 반대로 저항이 증가한다.

94 지능형(스마트)홈 센서 네트워크에 요구되는 기술은?

① 유선 제어 기술
② 무선 및 네트워크 제어 기술
③ 실내 환경 기술
④ 소형화 기술

네트워크 기술에서는 무선 및 네트워크 제어 기술, 그리고 시스템 기술에서는 애플리케이션 기술이 요구된다.

95 누전 차단기가 작동시 조치사항으로 적절하지 않는 것은?

① 누전 차단기가 작동한 전기 회로의 전원을 차단합니다.
② 전기기기의 전원 스위치를 OFF로 조정합니다.
③ 전기기기의 배선, 플러그, 콘센트 등을 확인하고, 이상이 있는지 확인하세요. 만약 문제를 파악할 수 없는 경우, 전기기기나 전기 시설에 대한 전문가의 도움을 요청합니다.
④ 누전 차단기를 다시 ON 시킵니다.

누전 차단기가 작동한 경우, 다음과 같은 조치사항을 순서대로 따르는 것이 좋습니다.
- 전원 차단 : 누전 차단기가 작동한 전기 회로의 전원을 차단하세요. 전기기기의 전원 스위치를 OFF로 조정하거나, 해당 회로의 전기차단기를 OFF로 전환하세요.
- 원인 확인 : 누전 차단기가 작동한 이유를 파악하기 위해 문제가 발생한 전기 회로나 전기기기를 확인하세요. 전기기기의 배선, 플러그, 콘센트 등을 조사하고, 이상이 있는지 확인하세요. 만약 문제를 파악할 수 없는 경우, 전기기기나 전기 시설에 대한 전문가의 도움을 받는 것이 좋습니다.
- 고장 대응 : 누전 차단기가 작동한 이유를 파악한 후, 해당 문제를 해결하기 위해 적절한 조치를 취하세요. 예를 들어, 배선의 단락을 확인하고 복구하거나, 과부하가 발생한 경우에는 전기기기의 전력 소비를 줄이거나 다른 회로로 분산시키는 등의 조치를 취할 수 있습니다. 이러한 작업은 전기에 대한 전문적인 지식과 경험이 필요할 수 있으므로, 전기 기술자나 전기 엔지니어의 도움을 받는 것이 좋습니다.
- 시스템 검사 : 누전 차단기가 작동한 후, 전기 시스템의 안전성을 확인하기 위해 시스템 검사를 수행하는 것이 좋습니다. 전기 시설이나 전기 회로에 이상이 있는지 확인하고, 필요한 경우 추가적인 유지 보수나 개선 작업을 진행하세요.
- 예방 조치 : 누전 차단기가 작동한 경우, 이후에는 동일한 문제가 재발하지 않도록 예방 조치를 취해야 합니다. 전기기기의 안전한 사용 방법을 학습하고 준수하며, 전기 시설의 유지 보수를 정기적으로 수행하세요. 또한, 전기기기의 과부하를 방지하기 위해 적절한 전력 소비를 유지하는 것이 중요합니다.

96 다음 설명은 어떤 센서에 대한 특징을 설명한 것인가?

> 수광 소자에 빛이 닿으면 전하가 발생하고, 그 전하를 전하 결합 소자(CCD: Charge Coupled Device)라고 하는 회로 소자를 이용하여 전송하여 빛을 검출하는 촬상 소자.

① 초음파 센서
② CCD 이미지 센서
③ 서미스터
④ 로드 셀

CCD 이미지 센서는 전하 결합 소자(CCD: Charge Coupled Device)라고 하는 회로 소자를 이용하여 전송하여 빛을 검출하는 소자이다.

97 다음 설명은 어떤 센서에 대한 특징을 설명한 것인가?

> 수광 소자인 포토다이오드에 축적된 전하를 각각의 화소에서 전압으로 변환, 증폭하여 읽기, 빛을 검출하는 촬상 소자. 잡음이 크므로 용도가 한정되어 있지만, 소형이고 저소비 전력의 장점이 재조명을 받아 빈번하게 사용

① 초음파 센서
② 압전 소자
③ CMOS 이미지 센서
④ 로드 셀

CMOS 이미지 센서는 수광 소자인 포토다이오드에 축적된 전하를 각각의 화소에서 전압으로 변환, 증폭하여 읽기, 빛을 검출하는 소자이다.

98 위치, 변위, 치수를 위한 센서가 아닌 것은?

① 퍼텐쇼미터
② 차동변압기
③ 스트레인게이지
④ 리니어 인코더

스트레인게이지는 금속선이나 호일을 변형되면 단면적이 변화하여 전기 저항이 변화하는 것을 이용한 센서이다.

99 다음 중 감지 신호대상이 틀린 센서는?

① 감압 다이오드
② 로드셀
③ 스트레인게이지
④ 초음파 센서

감압 다이오드, 로드셀, 스트레인게이지는 압력 측정 센서이다. 초음파 센서는 주로 거리 측정 센서이다.

100 다음 중 온도센서를 가장 많이 활용하는 가전제품은?

① TV
② 에어컨
③ 시계
④ 도어록

에어컨은 온도 측정인 온도센서가 필수인 가전제품이다.

101 다음 중 습도센서를 가장 많이 활용하는 가전제품은?

① TV
② 카메라
③ 가습기
④ 도어록

가습기는 습도 측정이 필수인 가전제품이다.

102 다음 중 터치센서를 가장 많이 활용하는 가전제품은?

① 에어컨
② 제습기
③ 가습기
④ 도어록

도어록 기본적으로 터치를 이용한다.

103 다음 중 가스센서를 가장 많이 활용하는 가전제품은?

① 보일러
② 카메라
③ 가습기
④ 도어록

보일러에는 안전을 위해 온도나 가스를 측정하는 것이 필수이다.

정답 96 ② 97 ③ 98 ③ 99 ④ 100 ② 101 ③ 102 ④ 103 ①

104 다음 중 이미지 센서를 가장 많이 활용하는 가전제품은?

① TV   ② 카메라
③ 가습기   ④ 도어록

카메라는 기본적으로 이미지센서를 이용한다.

105 지능형(스마트)홈 센서에 요구되는 기술과 거리가 먼 것은?

① 실내 환경 기술   ② 대형화 기술
③ 저소비전력 기술   ④ 소형화 기술

지능형(스마트)홈 센서는 실내 환경, 저소비전력, 소형화 기술이 요구된다.

106 센서 네트워크에 기본 구조인 노드(node)에 속하지 않는 것은?

① 센서 노드   ② 라우팅 노드
③ 싱크 노드   ④ 전원 노드

센서 네트워크는 센싱한 정보를 센싱하는 센서 노드, 데이터의 전달을 담당하는 라우팅 노드, 그리고 게이트웨이로의 전달을 담당하는 싱크 노드로 구분할 수 있다.

107 센서 네트워크에 센서 네트워크 OS 요구 사항의 특성과 거리가 먼 것은?

① 에너지 효율 극대화
② 하드웨어적 제약사항 극복
③ 통신 거리의 제약 극복
④ 소프트웨어적 제약사항 극복

센서 네트워크는 제한된 자원, 에너지 효율 극대화, 하드웨어적 제약사항 극복, 통신 거리의 제약 극복의 특성을 가진다.

108 가정용 전자제품을 안전하게 사용하기 위한 방법으로 옳지 않은 것은?

① 전자제품을 안정적으로 배치하고 넘어지거나 넘어질 위험이 없도록 해야 합니다.
② 전자제품이 과부하되지 않도록 하여 안전하게 작동할 수 있도록 해야 합니다.
③ 전자제품을 사용하기 전에 사용 설명서를 읽고 제조사의 지침을 따르세요.
④ 전원을 연결하기 전에 전자제품의 전원 스위치를 ON으로 조정하세요.

전자제품을 안전하게 사용하기 위해 몇 가지 방법을 준수해야 합니다. 다음은 전자제품을 안전하게 사용하기 위한 방법 몇 가지입니다.

- 설치 및 배치 : 전자제품을 설치할 때는 사용 설명서를 읽고 제조사의 지침을 따르세요. 올바른 설치 위치와 환경 요구사항을 준수해야 합니다. 전자제품을 안정적으로 배치하고 넘어지거나 넘어질 위험이 없도록 해야 합니다.
- 전원 및 접지 : 전원을 연결하기 전에 전자제품의 전원 스위치를 OFF로 조정하세요.
  전자제품을 사용하기 전에 전원 플러그를 접지된 콘센트에 연결하세요. 접지는 전자제품의 안전을 위해 중요한 요소입니다.
- 사용 전 설명서 읽기 : 전자제품을 사용하기 전에 사용 설명서를 읽고 제조사의 지침을 따르세요. 제품의 특성, 기능, 사용 방법 및 주의사항을 이해해야 합니다.
- 안전한 작동 : 전자제품을 안전하게 작동시키기 위해 사용자의 주의가 필요합니다. 예를 들어, 전자제품을 사용할 때는 손이나 발이 젖지 않도록 주의해야 합니다. 전자제품을 분해하거나 수정하는 등의 작업은 전문가에게 의뢰하는 것이 좋습니다.
- 과부하 방지 : 전자제품의 전력 소비 제한을 준수하세요. 전자제품이 과부하되지 않도록 하여 안전하게 작동할 수 있도록 해야 합니다.
- 유지 보수 : 전자제품의 유지 보수는 안전하고 효율적인 작동을 보장하기 위해 필요합니다. 주기적으로 청소, 필터 교체, 소모품 교체 등의 유지 보수 작업을 수행하세요.
- 비상 대비 : 전자제품을 사용할 때는 비상 상황에 대비하여 대피 경로와 비상 연락처를 알고 있어야 합니다.

109 다음 내용 중 ( )에 가장 적당한 용어는?

> ( )는 개인의 건강과 의료에 관한 정보, 기기, 시스템, 플랫폼을 다루는 산업분야로서 건강관련 서비스와 의료 IT가 융합된 종합의료서비스

① 스마트 헬스케어
② 스마트 가전
③ 스마트 디스플레이
④ 스마트 그리드

스마트 헬스케어는 개인의 건강과 의료에 관한 정보, 기기, 시스템, 플랫폼을 다루는 산업분야이다.

110 다음 내용 중 ( )에 가장 적당한 용어는?

> ( )는 환자와 의사가 시간 · 공간 · 장소 등에 구애 받지 않고 자유롭게 의료 서비스를 주고받는 것으로 스마트폰과 의료 측정 액세서리, 의료 관련 앱 등을 이용해 개인이 스스로 운동량 심전도 · 심장 · 혈 · 현재 몸의 상태 등 건강 상태를 체크하여 관리. 또한 사물인터넷(IoT) · 인공지능(AI) · 빅데이터를 활용한 정보통신기술(ICT)과 헬스케어 융 · 복합으로 건강 위험인자를 예측하고 질병을 예방해 의료비용을 절감하는 헬스케어 패러다임

① 모바일 헬스케어
② 모바일 스터디케어
③ 모바일 메디케어
④ 모바일 리모트케어

모바일 헬스케어는 환자와 의사가 시간 · 공간 · 장소 등에 구애 받지 않고 자유롭게 의료 서비스를 주고받는다.

111 신재생 에너지로 볼 수 없는 것은?

① 태양광   ② 풍력
③ 조력   ④ 화력

화력은 전통적인 에너지원이다.

112 다음 내용 중 ( )에 가장 적당한 용어는?

> ( )는 유선통신 및 모바일 인터넷, 센싱 기술을 활용하여, 언제 어디서든 개인의 건강상태를 모니터링 하고 실시간으로 맞춤형 서비스를 제공하고, 이 기술은 평상시 개인의 가정에서도 개인의 생체데이터 수집을 통해 건강상태에 대한 지속적인 관찰 및 모니터링이 가능한'원격 환자 모니터링(remote patient monitoring)' 시스템구축에 반드시 필요한 기술이다.

① 사물인터넷 헬스케어
② 사물인터넷 스터디케어
③ 사물인터넷 메디케어
④ 사물인터넷 리모트케어

사물인터넷 헬스케어는 언제 어디서든 개인의 건강상태를 모니터링 하고 실시간으로 맞춤형 서비스를 제공한다.

113 웨어러블 디바이스를 통해 서비스되는 헬스케어 영역이 아닌 것은?

① 메디컬 영역
② 웰니스(Well-being + fitness) 영역
③ 스포츠/피트니스 영역
④ 레시피 영역

웨어러블 디바이스를 통해 서비스되는 헬스케어 영역은 크게 메디컬, 웰니스, 스포츠/피트니스 3가지로 구분된다.

114 메디컬 영역 영역에 속하지 않는 것은?

① EEG : electroencephalography(뇌전도)
② ECG : electrocardiogram(심전도)
③ EMG : electromyography(근전도)
④ EMI : electromagnetic interference, 전자파영향

급하지 않은 환자에 대한 중요한 생체 신호 모니터링, 당뇨와 같은 만성질환 관리 모니터링 등 모니터링 되는 생체 신호에는 EEG, ECG, EMG 등이 있다.

115 헬스 SW 플랫폼의 레이어가 아닌 것은?

① 센서 데이터 수집 레이어
② 메디컬 자원 관리 레이어
③ 스마트 분석 서비스 레이어
④ 스마트 메디컬 서비스 레이어

헬스 SW 플랫폼 3가지는 센서 데이터 수집 레이어, 메디컬 자원 관리 레이어, 스마트 메디컬 서비스 레이어이다.

116 헬스 SW 플랫폼의 센서 데이터 수집 레이어에 속하지 않는 것은?

① 데이터 저장 기기
② 무선 전송 모듈
③ 유선 전송 모듈
④ 센서, 로컬 컴퓨터 & 프로세싱

센서 데이터 수집 레이어는 센서, 로컬 컴퓨터 & 프로세싱, 데이터 저장 기기, 무선 전송 모듈 등으로 구성된다.

117 스마트 메디컬 홈 프로젝트 구성에 속하지 않는 것은?

① 스마트 의료 센서부
② 수집된 각종 바이오신호의 분석부
③ 일시적인 건강상태 모니터링
④ 응용 서비스를 위한 정보 교환 인터페이스 및 사설 방화벽

스마트 메디컬 홈 프로젝트 구성은
• 스마트 의료 센서부
• 수집된 각종 바이오신호의 분석부
• 지속적인 건강상태 모니터링 및 데이터 축적부
• 응용 서비스를 위한 정보 교환 인터페이스 및 사설 방화벽 등으로 구성된다.

118 다음 내용 중 ( )에 가정 적당한 용어는?

( )는 정보통신 기기를 이용해 실시간으로 건강관리를 해주는 서비스를 통틀어서 일컫는다.

① 유비쿼터스 헬스케어
② 유비쿼터스 스터디케어
③ 유비쿼터스 메디케어
④ 유비쿼터스 리모트케어

유비쿼터스 헬스케어는 정보통신 기기를 이용해 실시간으로 건강관리를 해주는 서비스이다.

119 다음 내용 중 ( )에 가정 적당한 용어는?

( )는 전기의 생산, 운반, 소비 과정에 정보통신기술을 접목하여 공급자와 소비자가 서로 상호작용함으로써 효율성을 높인 지능형 전력망시스템

① 스마트 헬스케어
② 스마트 가전
③ 스마트 디스플레이
④ 스마트그리드(smart grid)

스마트그리드(smart grid)는 전기의 생산, 운반, 소비 과정에 정보통신기술을 접목하여 공급자와 소비자가 서로 상호작용함으로써 효율성을 높인 지능형 전력망시스템이다.

120 지능형 전력망이 기존 전력망과 차별화 설명이 틀린 것은?

① 아날로그에서 디지털화 되었다.
② 수동복구에서 자동복구가 가능하다.
③ 방사상 구조에서 네트워크 구조로 바뀌었다.
④ 분산체계에서 중앙 집중체계로 바뀌었다.

지능형 전력망은 디지털/지능형, 분산체계, 네트워크 구조, 자동복구, 실시간 요금, 양방향 정보교류, 다양한 소비자 선택권을 가진다.

정답 115 ③ 116 ③ 117 ③ 118 ① 119 ④ 120 ④

121 다음 내용 중 (   )에 가정 적당한 용어는?

> 신재생 에너지는 스마트 그리드에서 중요하게 쓰이는데, (   )를 이용하면 원하는 시간에 전력을 생산하기 어려운 태양광, 풍력 등의 신재생 에너지를 미리 저장했다가 필요한 시간대에 사용할 수 있기 때문이다.

① ESS   ② EMS
③ AMI   ④ EMI

ESS(Energy Storage System)는 에너지 저장 시스템이다.

122 다음 내용 중 (   )에 가정 적당한 용어는?

> (   )는 스마트미터에서 측정한 데이터를 원격 검침기를 통해 측정하여 전력 사용 현황을 자동 분석하는 기술이다.

① ESS   ② EMS
③ AMI   ④ EMI

AMI(Advanced Metering Infrastructure)는 스마트미터에서 측정한 데이터를 원격 검침기를 통해 측정하여 전력 사용 현황을 자동 분석하는 기술이다.

123 IoT 기반 스마트 에너지 플랫폼 기술 개발의 목적으로 적절하지 않는 것은?

① 에너지 정보 수집
② 에너지 수요의 부하 관리 및 에너지 공유
③ 거래를 통한 에너지 효율을 극대화하고자 하는 서비스
④ 에너지 가격 책정을 위한 정보 수집

IoT 기반 스마트 에너지 서비스는 에너지 관리 서비스는 초연결 사회에서의 에너지 문제 해결을 위한 IoT 기반 스마트 에너지 플랫폼 기술을 개발하여 에너지 정보 수집, 에너지 수요의 부하 관리 및 에너지 공유/거래를 통한 에너지 효율을 극대화하고자 하는 서비스이다.

124 지능형(스마트)홈 인테리어는 사물, 공간 등 모든 것이 인터넷으로 서로 연결돼 정보가 생성, 수집되고 공유 활용되는 것이다. 다음 중 지능형(스마트)홈의 장점이 아닌 것은?

① 주거생활에 ICT 기술을 도입하여 인간의 삶을 보다 편리하게 만들어준다.
② 안전 및 보안체계 구축을 통한 안전한 삶을 보장해 준다.
③ 불필요한 가전전력소모, 조명의 낭비 요소 등을 제거하여 친환경 및 에너지 절감 효과가 있다.
④ 기술혁신 기반의 도입이 주가되고, 인간 삶의 자율성 보다는 주거생활까지 기계적인 효율성을 추구한다.

기술혁신 기반의 도입이 주가되고, 인간 삶의 자율성 보다는 주거생활까지 기계적인 효율성을 추구하는 것은 지능형(스마트)홈의 단점이다.

125 누전 차단기를 선정시 고려해야하는 사항이 아닌 것은?

① 전류 용량   ② 전압 등급
③ 통신 방식   ④ 차단 시간

누전 차단기를 선정할 때 고려해야 할 기준은 다음과 같습니다.
- 전류 용량 : 누전 차단기는 전기 회로의 전류를 감지하여 과전류 상황에서 회로를 차단합니다. 따라서, 전기 회로의 전류 용량에 맞는 적절한 누전 차단기를 선택해야 합니다.
- 전압 등급 : 누전 차단기는 전기 회로의 전압을 견딜 수 있어야 합니다.
- 차단 시간 : 누전 차단기는 과전류 상황에서 얼마나 빠르게 회로를 차단하는지에 따라 차단 시간이 다를 수 있습니다.
- 차단 방식 : 누전 차단기는 차단 방식에 따라 다양한 종류가 있습니다. 일반적으로 사용되는 차단 방식에는 열차단, 전자차단, 전자기차단 등이 있습니다.
- 인증 및 규격 준수 : 누전 차단기는 해당 국가 또는 지역의 인증 기준과 규격을 준수해야 합니다.

정답 121 ① 122 ③ 123 ④ 124 ④ 125 ③

126 통신 단자함의 필요성(목적)으로 볼 수 없는 것은?

① 케이블 보호
② 연결 및 분기
③ 효율적인 전력(소모) 개선
④ 효율적인 통신 시스템 운영과 유지보수

> 통신 단자함은 몇 가지 주요한 필요성은 다음과 같습니다.
> - 케이블 보호 : 통신 단자함은 케이블을 보호하고 외부 요인으로부터 안전하게 유지합니다. 즉, 물리적 충격, 온도 변화, 습도 등으로부터 케이블을 보호하여 신호의 안정성과 신뢰성을 유지할 수 있습니다.
> - 연결 및 분기 : 통신 단자함은 다양한 장비와 케이블을 연결하고 분기하는 역할을 합니다. 다양한 통신 장비를 한 곳에서 효율적으로 연결하고 관리할 수 있으며, 필요에 따라 케이블을 분기하여 다른 장비와 연결할 수 있습니다.
> - 유지 보수 및 관리 : 통신 단자함은 유지 보수 및 관리 작업을 용이하게 합니다. 단자함을 통해 케이블을 쉽게 접근하고 교체할 수 있으며, 필요한 경우 연결 상태를 확인하고 문제를 해결할 수 있습니다.
> - 안전 및 정리 : 통신 단자함은 작업 환경에서의 안전을 보장합니다. 케이블을 깔끔하게 정리하고 보호함으로써 사고나 오작동을 방지할 수 있습니다.
> - 확장성 : 통신 단자함은 통신 시스템의 확장성을 지원합니다. 새로운 장비나 케이블을 추가하거나 기존 구성을 변경할 때 편리하게 대응할 수 있습니다.
>
> 이러한 이유로 통신 단자함은 효율적인 통신 시스템 운영과 유지보수에 필수적인 요소입니다.

127 통신 단자함에 통신장비 구성품으로 볼 수 없는 것은?

① 스위치
② 라우터
③ 통신 케이블(이더넷 케이블)
④ 온도센서

> 통신 단자함은 통신 시스템의 연결을 위해 다양한 통신 장비를 포함할 수 있습니다. 예를 들어, 스위치, 라우터, 모뎀 등의 네트워크 장비가 단자함에 포함될 수 있습니다. 이러한 장비는 통신 시스템의 구성과 요구 사항에 따라 다를 수 있습니다.

128 지능형(스마트)홈 허브 요소기술에 속하지 않는 것은?

① 지능형(스마트)홈 제어 플랫폼
② 실감 홈미디어 플랫폼
③ 지능형(스마트)홈 사용자 인터랙션 플랫폼
④ 연동 홈게이트웨이

> 지능형(스마트)홈 허브 요소기술은 지능형(스마트)홈 제어 플랫폼, 실감 홈미디어 플랫폼, 지능형(스마트)홈 사용자 인터랙션 플랫폼이다.

129 다음 중 직류(DC)에 대한 설명으로 가장 적합한 것은?

① 시간에 따라 기전력의 방향이 불변하고 크기가 일정한 것
② 맥류와 교류가 중첩하는 것
③ 시간에 따라 기전력의 방향과 크기가 변하는 것
④ 시간에 따라 기전력의 방향이 불변하고 크기가 변하는 것

> 직류(DC)는 시간에 따라 기전력의 방향이 불변하고 크기가 일정하다.

130 인테리어디자인과 스마트 기기의 통합이 제대로 이루어질 때 얻어지는 주요 장점은?

① 홈 인테리어 관련 지식의 확산
② 공간의 시각적 아름다움 향상
③ 사용자의 생활 편의성 증대
④ 디자인 및 소재의 다양성 증대

> 인테리어디자인과 스마트 기기의 통합은 사용자의 생활 편의성을 제고하는 주요 장점 중 하나이다. 스마트 기기들을 통합하여 사용자는 휴대폰이나 음성 명령 등을 통해 집안의 여러 기기들을 제어하고 모니터링할 수 있으며, 이는 사용자의 생활을 훨씬 더 편리하게 만들어 준다.

131 스마트 플러그의 기능이라고 볼 수 없는 것은?

① 원격 제어
② 타이머 및 예약 설정
③ 에너지 모니터링
④ 계량기 제어

- 원격 제어 : 스마트 플러그를 통해 전기 기기를 스마트폰 앱이나 인터넷을 통해 원격으로 켜고 끌 수 있습니다. 이를 통해 외출 중에도 전기 기기를 제어하거나 예약 설정을 통해 특정 시간에 자동으로 동작하도록 할 수 있습니다.
- 타이머 및 예약 설정 : 스마트 플러그는 특정 시간에 전기 기기를 자동으로 켜거나 끌 수 있는 타이머 및 예약 설정 기능을 제공합니다. 이를 통해 에너지 절약이 가능하며, 편리한 사용이 가능합니다.
- 에너지 모니터링 : 스마트 플러그는 전기 기기의 에너지 사용량을 모니터링할 수 있습니다. 앱이나 웹 인터페이스를 통해 실시간으로 전력 소비량을 확인하고, 에너지 절약을 위한 정보를 얻을 수 있습니다.
- 스마트 홈 통합 : 스마트 플러그는 다른 스마트 홈 기기와 통합하여 사용할 수 있습니다. 예를 들어, 스마트 조명과 연동하여 조명을 자동으로 켜고 끄거나, 스마트 스피커와 연동하여 음성으로 전기 기기를 제어할 수 있습니다.
- 보안 및 안전 기능 : 스마트 플러그는 과부하, 과전류, 과열 등의 문제를 감지하여 자동으로 차단하는 안전 기능을 제공합니다. 또한, 외부에서의 접근을 제한하여 보안을 강화할 수 있습니다.

132 최대값이 100[V] 일 때 평균값은?

① 50.0[V]   ② 60.3 [V]
③ 70.7[V]   ④ 100.0[V]

Vm(평균값) = $\frac{2}{\pi}$ Vm(최대값)

133 20[Ω], 30[Ω], 40[Ω]의 3개의 저항을 직렬로 접속했을 때 합성 저항은 몇 [Ω]인가?

① 70   ② 80
③ 90   ④ 100

직렬 합성저항 RT=R1+R2+R3

134 90[Ω], 90[Ω], 90[Ω]의 3개의 저항을 병렬로 접속했을 때 합성 저항은 몇 [Ω]인가?

① 20   ② 30
③ 40   ④ 50

병렬 합성저항 RT=R1+R2+R3

135 다음 중 1차 전지와 2차 전지를 구분하는 가장 큰 특징은?

① 전지의 충전가능 여부
② 축전지의 저장 용량 크기
③ 전지의 연결 방법
④ 전지의 모양

전지의 크게 충전 가능에 의해 구분된다.

136 다음 가정의 전자제품 중 가정에서 일반적으로 가장 큰 정격 전력(W)을 가지는 전자제품은?

① 컴퓨터   ② 선풍기
③ 냉장고   ④ 에어컨

정격 전력은 전자 제품이나 기기가 정상적으로 동작하기 위해 필요한 전력의 양을 나타내는 값입니다.

137 전력값이 일정할 때 전류에 대한 설명으로 옳은 것은?

① 전압에 비례한다.
② 전압의 자승에 비례한다.
③ 전압에 반비례한다.
④ 전압의 자승에 반비례한다.

P=V×I , I=P / V

정답 131 ④ 132 ② 133 ④ 134 ② 135 ① 136 ④ 137 ③

138 진동 전류나 전파, 음파 등이 도선 또는 공간을 통해 전달되는 과정에서 일정한 진폭으로 운동하는 펄스를 무엇이라 하는가?

① 전력 ② 파장
③ 주파수 ④ 주기

> 주파수는 일정한 크기의 전류나 전압 또는 전계와 자계의 진동(oscillation)과 같은 주기적 현상이 단위 시간(1초) 동안에 반복되는 횟수. 소리나 전파 등에 적용된다.

139 100W의 전등 10개를 1시간 동안 점등하였을 때 전력량은?

① 1[kWh] ② 2[kWh]
③ 3[kWh] ④ 4[kWh]

> W=P×h=V×I×h[Wh]

140 다음 중 감지 신호대상이 틀린 센서는?

① 바이메탈 ② 열전대
③ 서미스터 ④ 압전소자

> 압전소자는 압력 감지이며, 나머지는 온도 측정이다.

141 다음 중 감지 신호대상이 틀린 센서는?

① CMOS 이미지 센서
② 열전대
③ 포토다이오드
④ CCD 이미지 센서

> 열전대온도이며, 나머지는 광측정 센서이다.

정답 138 ③ 139 ① 140 ④ 141 ②

4 지능형홈 관리사 실기

1. 지능형(스마트)홈 설계실무
2. 지능형(스마트)홈 구축 및 운용 실무
3. 지능형(스마트)홈 용어 및 트렌드

01 지능형(스마트)홈 설계실무

1 지능형(스마트)홈 요건 분석

지능형(스마트)홈 구축을 위한 5대 요건 분석을 통해 구축할 지능형(스마트)홈에 필요한 기기와 네트워크 장비 구성 및 설계에 필요한 것을 분석하여 지능형(스마트)홈 구성 요소와 지능형(스마트)홈 서비스 프레임워크에 맞추어 지능형(스마트)홈 서비스 구성 및 구성도를 만들고 설명할 수 있다.

예상문제 지능형(스마트)홈 요건 분석

다음은 지능형(스마트)홈 산업의 구성요소와 생태계 구조를 나타낸 그림이다. 빈칸에 해당 되는 것을 보기에서 찾아 드래그 하시오.

학습목적 지능형(스마트)홈 산업과 생태계 이해를 통해 지능형(스마트)홈에 대해 알 수 있다.

IoT는 Internet of Thing의 약자로 우리말로 사물 인터넷이며 세상의 모든 사물들이 네트워크로 연결되어, 빅데이터를 얻고, 클라우드에 저장해, 인공지능으로 분석하고 활용하는 것이라고 좀 길게 얘기해 볼 수 있습니다. 특히 지능형(스마트)홈 산업은 사물인터넷(IoT), 인공지능 (AI), 빅데이터, 클라우드 등 첨단 정보 기술을 적용한 가전과 각종 전자제품, 이를 활용해 다양한 스마트 서비스를 제공하는 산업으로 정의됩니다. 이 산업의 범위는 제어·연결, 스마트가전, 보안, 홈엔터테인먼트, 조명, 에너지관리 등 가정에서 사용되는 다양한 제품과 서비스를 포함하고 있으므로 가장 먼저 지능형(스마트)홈 산업의 구성요소와 생태계 구조 및 지능형홈관리사 위치를 먼저 이해시켜 주세요.

정답풀이

1. 홈 IoT 생태계 6대 구성요소

지능형(스마트)홈(홈IoT) 생태계는 '① 유무선 네트워크 인프라 구축 → ② 주거형 스마트 디바이스 → ③ 스마트 디바이스 간 커넥티비티를 위한 통신 표준화 → ④ 스마트 디바이스 운용 플랫폼 → ⑤ 이용자 관점 플랫폼 컨트롤 디바이스 → ⑥ 이용자 가치제공 스마트 콘텐츠'의 6대 요소로 구성된다고 할 수 있다.

그림 1-1 지능형홈(홈IoT) 생태계 6대 구성요소
출처: 디지에코

지능형(스마트)홈 시장 생태계 조성의 첫 단추는 가장 먼저 '통신' 즉 유무선 인터넷 인프라 확보이며, 그 다음으로 IoT 통신이 가능한 '스마트 디바이스' 및 수 없이 많은 스마트 디바이스 간의 커넥티비티 즉, '표준화'를 통한 스마트 디바이스간 원활한 통신 기반 확보가 필요하다. 유무선인터넷/스마트디바이스/IoT표준화가 인프라에 해당한다면, '플랫폼'은 이런 인프라 시설을 운용/컨트롤 할 수 있는 홈허브 역할을 하는 것이며, 홈허브를 이용자 편의성에 맞게 '컨트롤할 수 있는 디바이스'가 갖춰져야 한다. 마지막으로 가장 중요한, '이용자의 니즈에 맞는 킬러 콘텐츠'가 적절히 갖춰져야 비로소 지능형(스마트)홈 시장의 생태계는 완성이 될 수 있을 것이다.

기출문제   1회차 : 지능형(스마트)홈 생태계 6대 구성요소 이해

다음은 지능형(스마트)홈 생태계 6대 구성요소에 대한 구성도이다. 해당사항에 맞는 제품을 드래그 하여 연결하시오.

지능형(스마트)홈 생태계 6대 구성요소 구성도

정답풀이

① 유무선 네트워크 : Wi-Fi 공유기, 지그비 허브, 지웨이브 허브, 리피터 등 네트워크를 이루는 장치를 말한다.
② 스마트 디바이스 : 크게 생활 가전 제품류와 CCTV/보안, 에너지/조명/난방, 헬스, 홈 IoT 커넥티드 카 등에 스마트 기능을 탑재한 제품군을 말한다.
③ IoT 통신표준 : Wi-Fi, 지그비, 지웨이브와 같은 IoT 통신 방식의 표준을 말한다.
④ 운영 플랫폼 : 홈 허브와 운영 OS로 구성되어지며, 대표적으로 구글홈, 홈킷, ThinQ, 스마트싱스, 알렉사 등이 있다.
⑤ 컨트롤 디바이스 : 쉽게 제어하고 모니터링 할 수 있는 장치를 말하며, 쉽게 스크린이 달린 장치인 3-Screen(PC, TV, 스마트폰)이 대표적이다.

> **예상문제** 지능형(스마트)홈 생태계 6대 구성요소 이해

다음은 지능형(스마트)홈 생태계 6대 구성요소를 운용관점에 본 것이다. 해당 내용에 맞는 구성요소를 드래그하여 완성하시오.

운용관점에서 본 지능형(스마트)홈 생태계

> **정답풀이**

지능형(스마트)홈 생태계 구성요소들을 운용 관점에서 살펴보면, 지능형(스마트)홈의 모든 구성요소는 플랫폼을 통해 연결/컨트롤 되는 구조이다. 플랫폼은 운용 OS가 필요한 단말이며, 이 플랫폼 시장을 장악하면 '스마트 디바이스 구성, 디바이스 간 통신표준화, 디바이스 창출 콘텐츠 탑재' 등에 주도권을 가질 수 있게 된다. 이는 지능형(스마트)홈 시장 생태계를 지배하는 것을 의미한다.

운용관점에서 본 지능형(스마트)홈 생태계
출처: 디지에코

2. 지능형(스마트)홈 서비스 프레임워크 기술

지능형(스마트)홈 서비스 구현을 위한 사물인터넷 기술을 살펴보고, 홈 네트워크 내의 다양한 형태의 기기들을 이용한 지능형(스마트)홈 서비스 모델을 소개한다. 또한 홈 네트워크 환경에서 다종의 IoT 기기간 협업 및 기기 자원 가상화를 통한 지능형(스마트)홈 서비스 구성이 가능한 프레임워크 기술을 소개한다.

최근 지능형(스마트)홈 서비스는 홈 네트워크 내의 스마트 기기 및 IoT 기기들의 상태를 조회하고 제어할 수 있는 서비스를 제공하고 있다. 이러한 서비스들 중 일부는 홈 내에서의 제어뿐 아니라, 사용자가 시간과 장소에 구애받지 않고 홈 네트워크 내의 기기들을 제어할 수 있는 기능을 제공하고 있다. 이를 위해, 특정 스마트 기기들의 제어를 위한 클라우드 환경을 통해 인터페이스를 제공하는 서비스들이 출시되고 있다. 하지만, 스마트 기기들의 제어 기능을 제공하는 클라우드 서비스들은 특정 스마트 기기 제품군에 대한 제어만을 제공하고 있으며, 홈 네트 2015년 7월 57 사물인터넷 기반 지능형(스마트)홈 서비스 프레임워크 기술 내에서 사용 가능한 다양한 종류의 스마트 기기들에 대한 서비스를 제공하지 못하고 있는 실정이다. 또한, UPnP/DLNA 기능을 이용하여 홈 네트워크 내에서 기기간의 협업 서비스를 제공하지만, 클라우드를 통한 외부 제어 기능을 제공하지 못하는 기존 가전 기기들을 이용한 지능형(스마트)홈 서비스 제공에는 한계가 있다. 본 장에서는 홈 네트워크 상의 다양한 기기들을 이용하여 외부 제어 기능을 제공할 수 있도록 구성이 가능한 지능형(스마트)홈 서비스 모델을 제시한다.

> **지능형(스마트)홈 서비스를 위한 사물인터넷 기술**
>
> 사물인터넷은 인간, 사물, 서비스의 분산된 환경 요소에 대해 인간의 명시적 개입 없이 상호 협력적으로 센싱, 네트워킹, 정보처리 등 지능적 관계를 형성하는 사물 공간 연결망을 의미한다. 또한 주변 사물들이 유무선 네트워크로 연결되어 유기적으로 정보를 수집 및 공유하면서 상호작용하는 지능형 네트워킹 기술 및 환경을 의미한다. 사물인터넷은 다양한 분야에 적용되어 사용되고 있으며, 수많은 기술요소를 포함하고 있다. 사물인터넷의 핵심 요소 기술은 크게 네트워킹 기술, 센서/기기 기술, 인터페이스 기술로 구분할 수 있다

(1) Smart Gateway 모델

네트워크 내에 위치하는 스마트 게이트웨이는 홈 로컬 네트워크를 통해 스마트 가전, 센서, 상황 인지 모듈 등의 스마트 기기 정보와 기기 상태 정보를 수신하여 지능형(스마트)홈 플랫폼으로 전송하고, 지능형(스마트)홈 플랫폼으로부터 송신한 제어신호를 해당 기기로 재전송하는 기능을 수행한다.

지능형(스마트)홈 플랫폼은 스마트 게이트웨이로부터 수신한 스마트 기기 정보와 기기 상태 정보를 저장하고, 스마트 기기들이 제공하는 기능별로 자원을 가상화하여 RESTful API 형태로 외부에 제공하게 된다. 이렇게 제공된 RESTful API를 이용하여 서비스 제공자는 다양한 종류의 지능형(스마트)홈 서비스를 개발할 수 있다.

홈 네트워크 상에서 스마트 게이트웨이와 스마트 기기간의 통신 프로토콜과 외부 네트워크에서 사용되는 통신 프로토콜이 서로 상이하다. 일반적으로, 홈 네트워크 상에서 동작하는 기존 스마트 가전들은 UPnP/DLNA 프로토콜을 주로 사용하며, 지능형(스마트)홈 플랫폼과 외부와의 연결은 RESTful 방식을 주로 사용한다. 이와 같이, 홈 내·외부의 상이한 통신 프로토콜 문제를 해결하기 위해 프로토콜 변환이 이루어져야 한다.

그림 1-2 스마트 게이트웨이 기반 지능형(스마트)홈 서비스 모델
출처: 방송과 미디어 제20권 3호 특집 사물인터넷과 미디어 중 사물인터넷 기반 스마트 홈 서비스 프레임워크 기술

(2) IoT 클라우드 모델

홈 네트워크 내에는 지능형(스마트)홈 서비스를 구성하 위해 사용되는 다양한 종류의 스마트 기기 및 IoT기기들이 존재할 수 있다. 특정 스마트 기기들은 홈 내·외부에서 기기 상태 모니터링 및 제어가 가능하도록 별도의 IoT 클라우드를 통해 각각의 인터페이스를 제공하고 있다. 이러한 IoT 클라우드는 각각 지원하는 IoT기기의 상태 모니터링 및 제어만을 제공하고 있다. 따라서, 홈 네트워크 상의 서로 다른 IoT 클라우드에 종속된 스마트 기기 및 IoT 기기간의 협업 서비스에는 제한이 있다. 이러한 한계를 극복하기 위해, 각 IoT 클라우드에서 스마트 기기 상태 모니터링 및 제어를 위해 제공하는 인터페이스를 지능형(스마트)홈 플랫폼을 이용하여 단일화된 인터페이스를 제공하도록 하여 지능형(스마트)홈 서비스 구성이 가능하다.

홈 네트워크 내의 스마트 기기 및 IoT기기들은 각각 해당 IoT 클라우드에 기기 상태 정보를 제공한다. 지능형(스마트)홈 플랫폼은 각 IoT 클라우드를 통해 홈 네트워크 내의 기기들의 상태 정보를 수신하고, 각 IoT 클라우드를 통해 해당 기기를 제어할 수 있다. 지능형(스마트)홈 플랫폼은 각각의 IoT 클라우드에서 제공하는 인터페이스를 통해 제공된 기기의 정보를 저장하고, 기기가 제공하는 기능별 자원을 가상화하여 단일화된 RESTful API 형태로 외부에 제공하게 된다. 이렇게 제공되는 API를 이용하여 서비스 제공자는 스마트 기기의 종류에 관계없이 다종의 지능형(스마트)홈 서비스 개발이 가능하다.

그림 1-3 IoT 클라우드 기반 지능형(스마트)홈 서비스 모델

출처: 방송과 미디어 제20권 3호 특집 사물인터넷과 미디어 중 사물인터넷 기반 스마트 홈 서비스 프레임워크 기술

(3) 하이브리드 모델

하이브리드 지능형(스마트)홈 서비스 모델은 앞서 기술한 스마트 게이트웨이 모델과 IoT 클라우드 기반 지능형(스마트)홈 서비스 모델을 결합한 형태의 모델이다. 이 경우, 스마트 게이트웨이를 통해 상태정보 모니터링과 제어가 가능한 기기들은 스마트 게이트웨이를 통해 이용하고, 각각의 IoT 클라우드를 통해 이용이 가능한 기기들은 해당 IoT 클라우드를 통해 제어할 수 있도록 구성된다.

그림 1-4 하이브리드 기반 지능형(스마트)홈 서비스 모델

출처: 방송과 미디어 제20권 3호 특집 사물인터넷과 미디어 중 사물인터넷 기반 스마트 홈 서비스 프레임워크 기술

이를 위해 지능형(스마트)홈 플랫폼은 스마트 게이트웨이와 각 IoT 클라우드를 통해 전달되는 기기 정보들을 관리하고 있으며, 지능형(스마트)홈 서 비스에게는 홈 내 기기의 상태정보 이용 및 제어를 위해 동일한 형태의 RESTful API를 제공한다. 하이브리드 지능형(스마트)홈 서비 스 모델은 스마트 게이트웨이를 통한 UPnP/DLNA를 지원하는 기존 스마트 기기와 IoT 클라 우드를 통한 IoT 기기 제어를 위해 단일화된 RESTful API를 제공하기 때문에 상이한 제조사 및 프로토콜을 사용하는 기기간의 연동 및 제어가 가능하다.

(4) 지능형(스마트)홈 서비스 프레임워크

지능형(스마트)홈 서비스는 홈 내의 다종의 스마트 기기 및 IoT 기기들의 조합을 통해 다양한 형태의 서비스 구성이 가능하다. 홈 내의 다종 기기들을 이용한 구성 방법은 앞서 살펴본 바와 같이 여러가지 모델이 있다. 본 논문에서 제안하는 지능형(스마트)홈 서비스 프레임워크는 UPnP/DLNA를 지원하는 스마트 가전과 클라우드 형태로 지원되는 IoT 기기를 조합하여 사용할 수 있는 하이브리드 지능형(스마트)홈 서비스 모델을 이용하여 구성한다. 홈 외부에서 기존 UPnP/DLNA를 지원하는 스마트 가전의 상태 모니터링 및 제어를 위해 스마트 게이트웨이를 이용하여 지능형(스마트)홈 플랫폼에 연동할 수 있도록 구성하며, 다종의 IoT 기기들의 연동을 위해 지능형(스마트)홈 플랫폼 내부에 IoT Harmonizer를 이용하여 구성한다. 또한, 각 기기들이 보유한 다양한 자원(기능)들의 조합을 통해 지능형(스마트)홈 서비스 구성이 가능하도록 기기 자원 가상화 모듈을 포함하여 구성한다.

기존 홈 내에서 주로 사용되고 있던 UPnP/DLNA 프로토콜을 지원하는 지능형(스마트)홈 가전들은 외부에서 제어가 불가능한 문제점이 있다. 이러한 문제점을 해결하기 위해 스마트 게이트웨이와 다종의 IoT 클라우드를 이용하여 지능형(스마트)홈 서비스 제공이 가능한 지능형(스마트)홈 서비스 프레임워크를 제시하였다.

그림 1-5 지능형(스마트)홈 서비스 프레임워크

출처: 방송과 미디어 제20권 3호 특집 사물인터넷과 미디어 중 사물인터넷 기반 스마트 홈 서비스 프레임워크 기술

예상문제 지능형(스마트)홈 서비스 프레임 워크 - 드래그앤드롭형

다음은 지능형(스마트)홈 서비스 모델 중 하이브리드 지능형(스마트)홈 서비스 모델에 대한 구성도이다. 해당 구성도에 맞는 내용을 〈보기〉에서 드래그하여 완성하시오.

하이브리드 지능형(스마트)홈 서비스 모델

정답풀이

하이브리드 지능형(스마트)홈 서비스 모델은 스마트 게이트웨이를 통해 상태정보 모니터링과 제어가 가능한 기기들은 스마트 게이트웨이를 통해 이용하고, 각각의 IoT 클라우드를 통해 이용이 가능한 기기들은 해당 IoT 클라우드를 통해 제어할 수 있도록 구성되는 것을 말한다.

지능형(스마트)홈 서비스 3가지 모델은 드래그앤드롭 문제뿐만 아니라 선택형 문제로도 나오기 쉬운 유형이므로 각 서비스 모델을 숙지하도록 한다.

예상문제 | 지능형(스마트)홈 서비스 프레임 워크 - 드래그앤드롭형

다음은 지능형(스마트)홈 서비스 프레임워크에 대한 구조도이다. 해당 구조도에 맞는 내용을 〈보기〉에서 드래그하여 완성하시오.

지능형(스마트)홈 서비스 프레임워크

정답풀이

지능형(스마트)홈 디바이스들은 기본적으로 인터넷에 연결되어야 한다는 것이다. 이에 다른 네트워크와 연결되기 위해서는 당연히 게이트웨이가 필요하기 때문에, 모든 스마트 디바이스들은 스마트 게이트웨이를 통해 사용자가 사용하고 선택한 지능형(스마트)홈 플랫폼에 연결이 되어 지능형(스마트)홈 서비스를 제공하게 된다.
또한 클라우드 기반의 IoT 기기들 또한 결국에는 IoT 클라우드를 통해 최종적으로 동일한 지능형(스마트)홈 플랫폼이나 연동 가능한 지능형(스마트)홈 플랫폼을 통해 하나의 서비스로 사용자에게 제공 되는 것이 가장 이상적인 지능형(스마트)홈 서비스 프레임 워크이다.
해당 문제에서 잊지 말아야할 것은 스마트 디바이스들은 꼭 스마트 게이트웨이를 통과해야 한다는 것을 잊지 말자.

예상문제 지능형(스마트)홈 서비스 프레임 워크 – 단답형

다음은 지능형(스마트)홈 서비스 중 한 모델에 대한 설명과 구성도이다. 보기 내용의 (   ) 안에 들어갈 용어를 적으시오.

네트워크 내에 위치하는 (   )는(은) 홈 로컬 네트워크를 통해 스마트 가전, 센서, 상황 인지 모듈 등의 스마트 기기 정보와 기기 상태 정보를 수신하여 지능형(스마트)홈 플랫폼으로 전송하고, 지능형(스마트)홈 플랫폼으로부터 송신한 제어신호를 해당 기기로 재전송하는 기능을 수행하는 (   ) 지능형(스마트)홈 서비스 모델을 말한다.

정답풀이

현재 가장 많이 사용되고 있는 지능형(스마트)홈 서비스 모델이며, 모든 디바이스들은 스마트 게이트웨이를 통해 인터넷에 연결되고, 인터넷을 통해 지능형(스마트)홈 플랫폼과 연결되어 지능형(스마트)홈 서비스를 제공하는 모델을 말한다.

답 스마트 게이트웨이, Smart Gateway

(5) 지능형 전기 화재 예방 시스템

재난 안전 관리 측면에서도 도시에서 생성된 다양한 데이터를 활용하는 것이 중요하며 특히 다양한 환경에서 생성된 서로 다른 이종 데이터를 융합 활용할 수 있어야 데이터의 가치가 발휘될 수 있다. 이와 같은 필요성을 인지한 정부와 지자체에서는 다양한 환경, 서로 다른 장치를 통해 수집된 이종데이터를 효과적으로 융합하기 위한 기술 및 플랫폼을 개발하고 있다.

대전광역시는 "2030 대전도시기본계획" 추진의 일환으로 종합 방재관리 시스템을 구축 하고자 하며, 이에 따라 스마트시티 챌린지 사업의 일부로 "IoT 기반 스마트 전기화재 사전예방 관제 서비스"를 개발하고 있다. 이를 통해 200여 개의 상점에 설치되는 센서디바이스를 통해 다양한 재난안전 데이터를 수집 및 관리하며, 수집된 데이터는 재난 안전뿐 아니라 전력 등 타 분야까지 활용 분야를 넓힐 계획이다.

그림 1-6 IoT 기반 스마트 전기화재 사전 관제서비스
출처: 대전광역시 스마트시티 챌린지 사업계획서, 2019.5

상기와 같이 스마트 화재 관리시스템의 경우 단순 사용자에게만 알리는 것이 아닌 정부와 지자체 재난 시스템과의 연동이 중요하여 향후 스마트 시티로의 확대에도 염두에 두어야 한다. 특히 오작동이나 오인감지를 피하기 위해 기존 열 감지기, 연기 감지기, CO감지기 외에도 열화상 카메라와 CCTV를 통해 실질적인 확인을 통해 화재 발생 시 인근 소방서와 관리자, 사용자에게 알려 줄 수 있어야 한다.

다음은 LoRa기반의 지능형 통합 화재 관리 시스템 구성도이다.

그림 1-7 지능형 통합 화재 관리 시스템 구성도
출처: 에프에스

예상문제 지능형(스마트)홈 화재 예방 시스템

다음은 지능형관리사 김지능씨가 지능형(스마트)홈에 LoRa 플랫폼을 이용하여 구축한 지능적 통합 화재 관리시스템 구성도이다. 각 구성도에 맞는 기기들을 〈보기〉에서 드래그하여 해당 구성도를 완성하시오.

정답풀이
그림 1-7 참고

3. 지능형(스마트)홈 구축을 위한 5대 고려사항

관리하기 편한 지능형(스마트)홈 구축이 아니라 가족 구성원 수나 성격에 대한 관찰하여 사용하는 구성원이 사용함에 있어 삶을 더 편리하게 하고, 일을 줄이고, 시간을 절약할 수 있는 지능형(스마트)홈을 구상해야 함

(1) 지능형(스마트)홈 구상 : 사용자 및 구성원 사용신 고려

지능형(스마트)홈 구축에 있어 또한 중요한 부분은 가족 구성원 수나 성격에 대한 관찰이며, 사람의 일상은 여러 행위와 상황이 중첩되고 변화하기 때문에 관리하기 편한 지능형(스마트)홈 구축이 아니라 사용하는 구성원이 사용함에 있어 삶을 더 편리하게 하고, 일을 줄이고, 시간을 절약할 수 있는 지능형(스마트)홈을 구상해야 한다.

- "동선(動線)": 건축물의 내외부에서, 사람이나 물건이 어떤 목적이나 작업을 위하여 움직이는 자취나 방향을 나타내는 선.

출처: https://m.blog.naver.com/leeandarchi/221090001186?view=img_6

(2) IoT 디바이스 선정

구상에 맞춘 우선순위 정하기 처음부터 한꺼번에 많은 요소를 지능형(스마트)홈에 붙이는 것은 시간과 필요성을 먼저 고려하고 고객의 예산에 맞춰 필요한 제품을 선정해야 함
[구축 시 체감이 큰 부분 → 가장 필요한 부분 → 공식적인 장치 선정]

예상문제 3.지능형(스마트)홈 구상, 4.디바이스 선정

신혼부부인 나고객은 지능형홈관리사 김지능씨에게 의뢰해 식탁에 다가가 앉았을 때 식탁등이 자동으로 점등되고 식탁에 사람이 없으면 식탁 등은 꺼지고 설거지나 요리 시 싱크대등이 자동으로 켜지는 스마트 주방을 의뢰했다. 해당 상황에 맞는 센서를 드래그하여 해당 위치에 놓으시오.
(※ 해당 모든 기기들은 지능형(스마트)홈 네트워크 및 플랫폼에 모두 연결되어 정상적으로 작동 하고, 모션감지영역은 120도이며 각 공간 이름이 같은 제품만 연결 가능하다. Ex, 싱크 대 = 싱크대센서.)

학습목적
① 지능형(스마트)홈 구상 첫 단계인 사용자 및 구성원에 요구하는 사항 및 동선 파악을 정확하게 찾아낼 수 있다.
② 요구사항에 맞는 IoT 디바이스 선정 및 기능이나 문제 보완을 할 수 있다.

분석결과
요구사항 1. 식탁에 다가가 앉을 때
　　　　　→ 식탁 등이 자동 On 및 앉아있는 동안 유지
요구사항 2. 식탁에 사람이 없거나 싱크대 통로를 지나갈 때 → 식탁등 Off, 싱크대등 Off
요구사항 3. 싱크대 쪽에 사람이 있거나 일할 때 → 식탁등 Off 싱크대등 자동 On 및 유지
※ 위 요구사항에 맞는 스마트 센서 기기는 사람을 감지할 수 있는 모션, 동작감지 센서이다.
주의사항 1. 모션감시 영역은 120도 및 PIR센서의 문제점 해결 필요
　　　　　→ 감지각도를 맞추지 못하면 오작동 발생
　　　　　→ PIR 센서의 경우 움직이지 않으면 사람이 없는 것으로 간주하는 오작동 발생
주의사항 2. 공간 이름이 같은 제품만 드래그하여 갖다 놓을 수 있음

PIR 센서에 대해서

PIR 센서
전면의 모션을 감지하는 데 사용되는 수동형 적외선 모션 센서입니다.

PIR 센서 동작 원리
출처: 인천전자마이스터고등학교 MDP2020-1

인체의 36.5℃에서 발산되는 원적외선을 감지하는 것
① 주변 온도에 따라 감지속도가 다름
② 5℃이상의 급격한 주변온도 변화에 동작함
③ 움직임이 없거나 미세한 경우 감지를 못함
④ 센서수신부 수직 움직임에 대한 정확도가 낮음
⑤ 렌즈의 패턴의 따라 다르나 PIR센서 하나는 120도의 감지 범위를 갖음

출처:https://ecohigh.tistory.com/62

주의사항 1. 모션감시 영역은 120도 및 PIR센서의 문제점 해결 필요
　　　　　→ 감지각도를 맞추지 못하면 오작동 발생
　　　　　→ PIR 센서의 경우 움직이지 않으면 사람이 없는 것으로
　　　　　　간주하는 오작동 발생

요구사항 1. 식탁에 다가가 앉을 때
　　　　　→ 식탁등이 자동 On 및 앉아있는 동안 유지

IoT 모션센서
 X 2 (식탁 / 싱크대)

IoT방석　　　IoT의자
(압력센서)　(압력센서)
 OR

정답풀이

해당 문제에 대한 정답은 아래와 같이 가져다 놓으면 된다. 노란색 영역은 식탁모션센서의 120도 감지범위를 나타낸 것이며, 붉은색 영역은 싱크대모션센서의 감지 범위를 90도로 맞추어 식탁 쪽 통로를 지날 때 싱크대 모션센서에 감지되지 않도록 설치하여야 한다.

(3) 지능형(스마트)홈 서비스 모델 선정 : 보수/유지/관리 효율성 고려

현재 지능형(스마트)홈 서비스 모델들은 각각의 플랫폼을 가지고 운영되고 있어 서로 간의 연결 호환성이 떨어져 제약이 있는 편이기에 기존 플랫폼과 향후 표준안으로 운영될 매터와의 연결성을 고려하여 지능형(스마트)홈 서비스 모델을 선정해야 한다.

출처: LG CNS 공식블로그

지능형(스마트)홈 프레임워크 서비스 모델은 스마트게이트 모델, IoT클라우드 모델, 하이브리드 모델이 있으며 현재 대다수 스마트 디바이스 제조업체들은 IoT클라우드 모델을 채용하고 있음

표 1-1 지능형(스마트)홈 서비스 프레임워크 기술 정리

스마트게이트 모델	IoT클라우드 모델	하이브리드 모델
		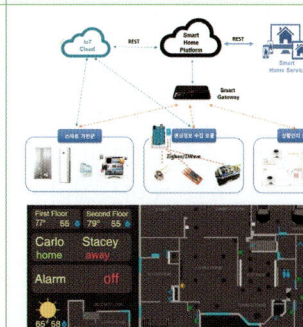
- 건설사 아파트 유선 플랫폼 - 상당히 안정적이고 타 플랫폼 에서 할 수 없거나 어려운 일 가능 (주차제어, 엘리베이터 호출 등) - 스마트 게이트웨이와 지능형(스마트)홈 플랫폼를 이용하여 홈 내·외부의 상이한 통신 프로토콜을 변환하여 외부에서 홈기기를 제어 할 수 있는 방법을 제공	- 스마트싱스, 홈킷, 구글홈 - 서비스 제공자는 스마트 기기의 종류에 관계없이 다중의 지능형(스마트)홈 서비스 개발이 가능 - 작동의 딜레이 발생 가능 - 플랫폼 서버 문제 발생 시 먹통 - 홈 네트워크 상의 서로 다른 IoT 클라우드에 종속된 스마트 기기 및 IoT 기 기간의 협업 서비스에는 제한	- 홈어시스턴트(HA) - 확장성이 매우 뛰어나며 가장 많은 제품과 서비스 지원 - 개인 서버를 이용할 수 있어 반응이 빠름 - 개발 언어에 대한 지식이 없으 면 스스로 구축하기 힘듦 - ZigBee, Z-Wave등의 통신 방식의 경우 직접적인 연결이 힘듦 (허브와 같은 부가장치 필요)

출처 : 방송과 미디어 제20권3호 특집 사물인터넷과 미디어 중 사물인터넷 기반 스마트 홈 서비스 프레임워크 기술
  좌 아래 : LH 스마트 홈 협업모델 구성도[자료=LH]
  중간 아래 : '더샵 Cloud-SmartThings 플랫폼 연동' 도식도.[포스코건설]
  우 아래 : https://www.vcloudinfo.com/

예상문제 5.지능형(스마트)홈 서비스 모델 선정

다음 〈제시 문제〉 내용에 맞는 지능형(스마트)홈 서비스 모델을 답안란에 입력 하시오.

- 건설사 아파트 유선 플랫폼에서 많이 사용됨
- 상당히 안정적이고 타 플랫폼에서 할 수 없거나 어려운 일 가능
  (주차제어, 엘리베이터 호출 등)
- 스마트 게이트웨이와 지능형 홈 플랫폼를 이용하여 홈 내·외부의 상이한 통신 프로토콜을 변환하여 외부에서 홈기기를 제어할 수 있는 방법을 제공

학습목적 지능형(스마트)홈서비스 모델 3가지에 대한 특징을 알 수 있고 구성 전 또는 구성된 지능형(스마트)홈 서비스 모델이 어떤 것인지를 파악할 수 있다.

정답풀이
제시 문제에 설명된 모델은 스마트게이트웨이 기반으로 지능형(스마트)홈 서비스를 구성하는 모델에 대한 설명이다. 홈 네트워크 내에 위치하는 스마트게이트웨이는 홈 로컬 네트워크를 통해 스마트 가전, 센서, 상황 인지 모듈등의 스마트 기기 정보와 기기 상태 정보를 수신하여 지능형(스마트)홈 플랫폼으로 전송하고, 지능형(스마트)홈 플랫폼으로부터 송신한 제어신호를 해당 기기로 재전송하는 기능을 수행한다.

출처: 방송과 미디어 제20권 3호 특집 사물인터넷과 미디어 중 사물인터넷 기반 스마트 홈 서비스 프레임워크 기술

답 스마트 게이트웨이 모델, 스마트 게이트웨이 기반 지능형(스마트)홈 서비스 모델

(4) 지능형(스마트)홈 네트워크 구상 : 가옥구조에 맞는 연결 안정성 확보

지능형(스마트)홈 구상과 기기, 플랫폼이 정해졌다면 사용자 가옥에 맞는 지능형(스마트)홈 네트워크 구축이 필요며, 모든 IoT 기기들은 인터넷에 연결이 되므로 게이트웨이 (공유기)를 중심으로 연결이 되어야 하며, 스마트 기기들의 통신방식에 따라 상시 연결이 가능한 지능형(스마트)홈 네트워크를 구성해야 한다.

그림 1-8 지능형(스마트)홈 네트워크 연결 구성도

출처: LG CNS 공식 블로그 - 스마트시티

특히 지능형(스마트)홈 네트워크는 빈 공간을 매체로 신호를 주고 받는 무선 네트워크로 대부분 이루어져 있으며 이 무선 네트워크는 전파가 통과하는 공간에 어떤 물체로 채워져 있는가에 따라 영향을 받는다.

따라서 지능형 네트워크 구축 시 통신을 하려는 스마트 디바이스 사이에 장애물이 전혀 없는 빈공간이 최상의 조건이고, 만약 장애물이 존재한다면 그 물체의 성격에 따라 신호격감이 강해지기도 하고 약해지기도 하기에 장애물에 따른 무선 네트워크 신호 세기에 대해 잘 알고 있어야 연결 안정성을 확보할 수 있다.

장애물의 밀도가 높을수록 신호가 약해짐
벽돌이나 돌 같은 밀도가 높은 장애물이 비교적 밀도가 낮은 석고보드나 목재벽보다 신호를 더 약하게 만듦

전도체는 거의 완벽하게 신호를 차단하고 일부를 반사시킴
금속으로 만들어진 문 혹은 환기용 금속재 덕트나 금속으로 만들어진 가구 등 모든 전도체로 만들어진 물체는 거의 완벽하게 무선 신호를 차단한다.
예를 들어 무선 랜카드와 AP사이에 거울을 둔다면 반사를 위해 거울 안쪽에 발라진 금속이 신호를 차단시킬 수 있다. 이렇게 차단되는 경우는 소멸되는 것이 아니고 반사된다고 보아도 된다.
마치 거울에 빛이 거의 완벽히 차단되지만 반사가 되는 것과 같이 전도체는 무선 신호의 전파를 차단/반사시킨다.

그림 1-9 빛과 유사한 무선랜의 성질
출처: PC사랑 기사 내용 중 seetrol.com

예상문제 6.지능형(스마트)홈 네트워크 구성

다음은 무선랜의 투과율이 재질에 따라 다름을 빛과 비유하여 설명한 이미지이다. 해당 투과율에 맞는 해당 재질을 드래그하여 완성하시오.(※ 무선랜의 회절율은 없는 상태에서 측정한 값이다.)

빛과 유사한 무선랜의 성질

〈보기〉 거울 / 투명 유리창 / 얇은 블라인드 / 철근 콘크리트 / 두꺼운 암막커튼

학습목적 지능형(스마트)홈 무선 네트워크 구성 시 무선 신호 특성에 대해 정확히 알고 있다.
정답풀이 투명 유리창의 경우 빛이 100% 통과하듯이 무선 신호 역시 100% 통과한다.

정답:
- 철근 콘크리트 — 0%
- 두꺼운 암막커튼 — 25%
- 얇은 블라인드 — 50%
- 거울 — 75%

(5) 구축 및 자동화 : 구축 후 자동화는 1.지능형(스마트)홈 구상에 맞추어 적용

가옥구조와 지능형(스마트)홈 요건 분석에 따라 스마트 기기와 기기들 수량과 함께 어떤 네트워크 방식으로 구축할지에 따라 구축할 전체 구성도를 만들고 구축한다.

그림 1-10 일반 가정집이나 구옥에서의 지능형(스마트)홈 전체 구성도

그림 1-11 일반 가정집이나 구옥에서의 지능형(스마트)홈 요약 구성도

스마트 폰 앱으로 배포되고 있는 지능형(스마트)홈 플랫폼 앱에서의 자동화를 구성할 때는 필수 구성 요소와 선택적인 요소로 이루어진다. 이를 한 번에 구성하면 에러가 발생하기 때문에 결과 값인 스마트 기기의 동작에 맞춰 나누어 정리 후 만들어야 한다.

지능형(스마트)홈 플랫폼 앱에서의 자동화 필수 구성요소는 필수 "시작 조건" 값과 실행되어질 스마트 기기들의 "동작"으로만 이루어져 있으며, 여기에 선택적 요소인 "조건 만족"을 추가하여 사용할 수 있다.

예를 들어 "실내 온도가 28도 이상 일 때 에어컨이 작동되고, 실내 온도가 22도이면 에어컨을 송풍으로 전환되고, 송풍이 한 시간 이상 지속 될 때 에어컨 작동을 멈춘다."의 자동화는 3가지 동작으로 나누어 자동화를 구상해야 한다.

- 예시1의 자동화 동작 구상 방법
1. 온도센서가 28도 이상 일 때 → 에어컨 작동
2. 온도센서가 22도 이하 일 때 → 에어컨 송풍모드 전환
3. 에어컨 송풍 모드 일 때 → 1시간 후(선택적 요소) → 에어컨 작동 멈춤

필수 요소 2개와 선택적 요소1개를 모두 합한 자동화 3단계는 "시작 조건 → 조건 만족 → 동작"으로 되며 이를 언어로 풀면 "시작 조건일 때 조건 만족이 되면 동작을 실행해라."이다.

자동화가 제대로 동작되지 않을 경우에는 당연히 위의 3단계를 아래와 같이 점검하도록 한다.
1. 시작 조건은 명확한가?
2. 조건 만족과 여러 시작 조건의 and/or를 제대로 만족시켰는가?
3. 동작에 이상은 없는가?
를 확인해야 한다.

| 예상문제 | 7.구축 및 자동화 |

다음 <제시문제>는 지능형(스마트)홈 네트워크 방식에 스마트 기기들이 연결된 구성도이다. 보기에서 구매 필요한 네트워크 기기와 스마트 기기를 드래그하여 구성도를 완성 하시오. (※ 실선은 유선, 점선은 무선네트워크 연결을 나타내며 가전은 WiFi로 연결된다.)

학습목적 지능형(스마트)홈 요건 분석을 정확하게 이해하고 지능형(스마트)홈 네트워크 구성과 장비에 대한 지식을 가지고 지능형(스마트)홈 구성도를 보고 만들 수 있다.

정답풀이

해당 문제는 지그비(직비, ZigBee) 엔드 디바이스가 최종적으로 연결되는 네트워크 장비와 지능형홈 네트워크에서 인터넷과 최종 연결되는 게이트웨이 역할을 하는 네트워크 장비 및 해당 장비에 연결되는 스마트 디바이스 연결 구성도를 완성하는 문제이다.

지그비(직비, ZigBee)는 지그비코디네이터, 지그비라우터, 지그비 엔드 디바이스로 이루어져 있으며 지그비 코디테이너는 지그비 방식의 같은 네트워크를 묶기도 하고, 다른 네트워크인 유 뮤선 공유기와 연결을 하기 때문에 제조 및 판매업체에서 지그비 허브나 지그비 게이트웨이로 명칭을 붙이며, 지그비라우터 역할이 지그비 네트워크 신호를 강하게 하는 역할도 하기 때문에 실 판매시 지그비 라우터, 지그비 리피터라고 불리고 있다.

2. 지능형(스마트)홈 네트워크 설계 및 구성

1. 지능형(스마트)홈 네트워크 종류 및 구성도

지능형(스마트)홈 네트워크는 크게 유선과 무선 방식으로 나뉘어져 있으나 대부분의 스마트기기들은 무선으로 작동하며, 기존 네트워크에 각각의 지능형(스마트)홈 무선네트워크가 연결됨으로 네트워크 장비에 대한 이해와 지능형(스마트)홈 네트워크에 특장점과 문제점을 알아 지능형(스마트)홈 여건에 맞춰 네트워크 구성도를 만들고 구성도에 맞춰 네트워크 설계를 할 수 있어야 한다.

예상문제 지능형(스마트)홈 네트워크 설계 및 구성도

학습목표 OSI참조 모델에 따른 각 단계별에 대한 지식과 함께 네트워크 구조 및 기본적인 네트워크 장비와 해당 장비에 대한 기능에 대하여 알고 설명 할 수 있다.

정답풀이

(1) 네트워크 장비 및 역할에 대한 이해

① 게이트웨이

㉠ 2개 이상의 다른 종류 또는 같은 종류의 통망을 상호 접속하여 통신망 간 정보를 주고받을 수 있게 하는 기능 단위 또는 장치. 통신망에는 근거리 통신망(LAN, 랜), 공중 데이터망(PDN), 공중 교환 전화망(PSTN) 등이 포함된다.

통신 프로토콜이 같거나 유사한 통신망을 상호 접속하여 정보를 주고받는 브리지와는 달리, 게이트웨이는 프로토콜이 다른 복수의 통신망 간에 프로토콜을 변환하여 정보를 주고받는다.

㉡ OSI 기본 참조 모델의 각 계층에서 프로토콜이 달라 호환성이 없는 복수의 통신망을 상호 접속하여 프로토콜의 변환을 행하는 기능 단위 또는 장치.

출처: TTA 정보통신용어사전

② 라우터

네트워크 간의 연결점에서 패킷에 담긴 정보를 분석하여 적절한 통신 경로를 선택하고 전달해 주는 장치.

라우터는 단순히 제2 계층 네트워크를 연결해 주는 브리지 기능에 추가하여 제2 계층 프로토콜이 서로 다른 네트워크도 인식하고, 가장 효율적인 경로를 선택하며, 흐름을 제어하고, 네트워크 내부에 여러 보조 네트워크를 구성하는 등의 다양한 네트워크 관리 기능을 수행한다.

출처: TTA 정보통신용어사전

③ 스위치 (스위칭 허브)

네트워크 스위치(network switch)는 처리 가능한 패킷의 숫자가 큰 것으로, 네트워크 단위 들을 연결하는 통신 장비로서 소규모 통신을 위한 허브보다 전송 속도가 개선된 것이다. 간단히 스위치라고 부르는 경우가 많으며, 브리징 허브, MAC 브리지(bridging hub, MAC bridge)[1], 스위칭 허브(switching hub), 포트 스위칭 허브(port switching hub)라고도 한다.

스위치의 사용 목적은 허브와 유사하지만, 스위치는 훨씬 향상된 네트워크 속도를 제공한다. 이는 각 컴퓨터에서 주고받는 데이터가 허브처럼 다른 모든 컴퓨터에 전송되는 것이 아니라, 데이터를 필요로 하는 컴퓨터에만 전송되기 때문에 가능하다. 따라서 허브처럼 병목 현상이 쉽게 생기지 않는다.

④ 허브

구내 정보 통신망(LAN) 전송로의 중심에 위치하여, 바큇살 모양으로 단말 장치를 접속하는 형태의 전송로 중계 장치.

지능형(스마트)홈 게이트웨이와 허브의 차이

지능형(스마트)홈 게이트웨이는 가정 내의 다양한 IoT 장치들을 사용자의 간섭 없이 자연스럽게 인터넷 통신망에 접속시키기 위한 네트워크 장치를 말한다.
네트워크 기술에서 허브와 게이트웨이는 여러 종류의 네트워크 장치들을 연결 해주는 일종의 중계 장치인데 이러한 장치들을 같은 통신 방식의 네트워크를 연결 해주면 허브라 부르고, 다른 통신 방식의 네트워크에 연결 해주면 게이트웨이라 부르게 된다.

예상문제 네트워크 장비 및 역할에 대한 이해

다음이 설명하는 것은 무엇인가?

> 가정 내의 다양한 사물인터넷 장치들을 사용자 간섭 없이 자연스럽게 인터넷 통신망에 접속시키기 위한 네트워크 장치로서 다른 통신 방식의 네트워크를 연결 해주는 장치를 말한다.

학습목적 네트워크 장비 중 지능형(스마트)홈 게이트웨이를 알고 설명할 수 있다.
정답풀이 게이트웨이, 스마트 게이트웨이, 지능형(스마트)홈 게이트웨이

예상문제 네트워크 장비 및 역할에 대한 이해

다음이 설명하는 것은 무엇인가?

> 가정 내의 다양한 사물인터넷 장치들을 사용자 간섭 없이 자연스럽게 인터넷 통신망에 접속시키기 위한 네트워크 장치로서 같은 통신 방식의 네트워크를 연결 해주는 장치를 말한다.

학습목적 네트워크 장비 중 지능형(스마트)홈 허브를 알고 설명할 수 있다.
정답풀이 허브, 스마트 허브, 지능형(스마트)홈 허브

이번 장에서는 지능형(스마트)홈 네트워크 종류와 토폴로지 및 특징에 대한 것이며, 지능형(스마트)홈 네트워크 구성 시 발생하는 문제점을 발견하고 해결하는 방법을 알 수 있어야 한다.

(2) 영역별 네트워크 종류

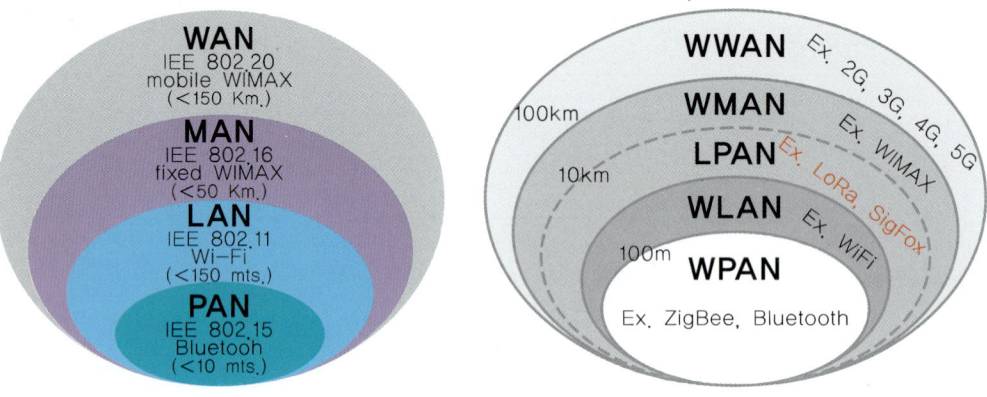

그림 1-12 영역별 일반 네트워크 종류 　　　 그림 1-13 영역별 지능형(스마트)홈 무선 네트워크 종류

그림 1-12 출처: https://www.todosobretusistemaoperativo.com/tipos-de-redes-de-computadoras/#google
그림 1-13 출처: IET Communications

(3) 거리별&속도별 지능형(스마트)홈 네트워크 종류

출처: ETRI

출처: www.allionusa-sgs.com

출처: Naidu, G.A., Kumar, J. (2019). Wireless Protocols: Wi-Fi SON, Bluetooth, ZigBee, Z-Wave, and Wi-Fi

| 예상문제 | 지능형(스마트)홈 네트워크 영역에 따른 종류 |

다음은 지능형(스마트)홈 통신 기술 중 네트워크 영역을 표시한 것이다. 네트워크 영역에 해당하는 기술들을 드래그 하시오.(※ [풀이시작]을 클릭하면 풀이화면이 나타남)

학습목적 : 지능형(스마트)홈 무선 네트워크 방식과 방식에 따른 영역을 알고 설명할 수 있다.

정답풀이
해당 문제는 거리별 지능형(스마트)홈 네트워크 영역을 알고 있는지에 대한 것을 묻는 문제이다.
지능형(스마트)홈 네트워크 기술 중 LoRa, SigFox의 경우 저전력으로 인하여 영역이 10Km 이내로 한정되어 WMAN 의 영역안에 포함이 된다.
제시문제에 WMAN(무선광역 네트워크) 에 LPWAN(저전력 광역네트워크)을 표시하였기에 해당 영역에는 LoRa를 가져다 놓아야 한다.

출처: IET Communications

※ 추후 이 문제는 보기가 SigFox로 나올 수도 있다.

예상문제 거리별&속도별 지능형(스마트)홈 네트워크 종류

다음 그림은 지능형(스마트)홈 무선네트워크의 종류를 속도와 거리별로 나타낸 도표이다. 각 영역에 맞는 네트워크 종류를 드래그하여 완성하시오. (※ PAN영역은 거리 및 전송 속도별에 맞춰야 한다.)

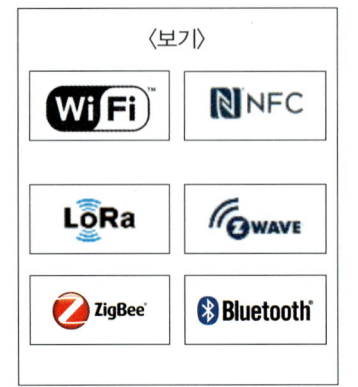

학습목적 지능형(스마트)홈 네트워크 방식을 알고 각 네트워크의 거리와 데이터 전송속도를 알고 추후 구축 시 활용 할 수 있다.

정답풀이
PAN의 영역의 지능형(스마트)홈 네트워크 방식은 RFID, NFC, 블루투스(BLE), ZigBee, Z-Wave등이 있으며 그중 NFC는 교통카드에 가장 많이 쓰이고 있으며, 연결을 하려면 4cm 이하임.
블루투스와 ZigBee는 10m 이내 의 거리를 (ZigBee의 경우 ZR을 이용해 거리를 확장가능) Z-Wave는 10~30m 반경 까지 가능

출처: www.allionusa-sgs.com

※ 전송 속도 별로는 NFC → Z-Wave → ZigBee → 블루투스 순임

(4) 스마트 기기들에 주로 사용하는 지능형(스마트)홈 네트워크 방식

① 저전력 WiFi

대부분의 스마트가전군이 사용하고 있으며, 이는 스마트가전 특성상 상시 전원 연결 상태이므로 저전력 WiFi가 탑재되고 ISM(Industrial, Scientific and Medical)대역 중 2.4Ghz 기반 제품으로 개발 및 판매하고 있다.

② Bluetooth(BLE) / ZigBee

스마트가전제품을 제외한 스마트센서군과 상시전원 연결이 어려운 스마트 전자제품군에 적용되어 있는 ep 2.4Ghz 대역의 Low Energy기술이 탑재된 블루투스 4.0 (IEEE802.15.1) 기반의 BLE (Bluetooth Low Energy)무선 기술과 지그비(IEEE 802.15.4)기술을 동시에 사용 가능하게 만든 제품들이다.

③ Z-Wave

보안 시스템, 온도 조절 장치, 창문, 자물쇠, 수영장 및 차고문의 개폐와 같은 주거용 기기 및 기타 장치의 무선 제어가 가능하도록 저에너지 전파를 사용하는 메쉬 네트워크를 구성하는 Z-Wave(지-웨이브) 무선 통신 프로토콜을 적용한 제품들이 있다.

표 1-2 지능형(스마트)홈 네트워크 기술 요약

Protocol / Feature	Wi-Fi IEEE 801.11n	ZigBee IEEE 802.15.4	Z-Wave ISO/IEC 14543-3	Bluetooth IEEE 802.15.1	BLE IEEE 802.15.1
Operating Frequency	120 kHz, 2.4-5 GHz	868/915 MHz, 2.4 GHz	868/915 MHz	2.405-2.482 GHz	2.402-2.482 GHz
Maximum Date Rare	11-54 Mbps	20/40 kbps; 250 kbps	9.6-40 kbps	0.7-2.1 Mbps	0.27 Mbps
Nominal Range	10-100 m	10-1000 m	30-50 m	15-20 m	10-15 m
Modulation Type	BPSK,QPSK, OFDM,M-QAM	D-BPSK, O-QPSK, QPSK	FSK,GFSK, Narrowband	GFSK,CPFSK,8-DPSK	GFSK
Network Topology	Star, Tree, P2P	Star,Mesh, Cluster Tree	Mesh	Star	Star
Network Size	32	65536	232	8	N/A
Encrypion	RC4 Stream & AES Block Cipher	128-bit AES	128-bit AES	AES Block Cipher	128-bit AES
Coding	MC-DSSS, CCK,OFDM	DSSS(1→15) DSSS(4→32)	Manchester; NRZ	FHSS	Adaptive CCK
Channel Bandwidth	20-25 MHz	0.3/0.6 MHz; 2-5 MHz	Fixed	1 MHz	8 MHz

예상문제 — 거리별&속도별 지능형(스마트)홈 네트워크 특징

지능형(스마트)홈에 사용되는 주요 WPAN 기술 중 일부를 비교한 표이다. 빈 칸에 해당되는 것을 보기에서 찾아 드래그 하시오.

대상	주파수	변조방식	전송속도	거리
		OQPSK	250 Kbps	
		GFSK	9.6/40 Kbps	

〈보기〉: 10M | 2.4 GHz 중심 | 30M | ZigBee | Z-wave | 908.42 MHz

학습목표 지능형(스마트)홈 네트워크 방식을 알고 각 네트워크의 거리와 데이터 전송속도와 특징을 알고 추후 구축 시 활용 할 수 있다.

정답풀이
보기에서 ZigBee와 Z-Wave에 대한 주파수 대역폭과 거리를 묻고 있는 문제임을 알 수 있다. 하기의 표를 참조하며 풀이하면 된다.

Protocol / Feature	Wi-Fi IEEE 801.11n	ZigBee IEEE 802.15.4	Z-Wave ISO/IEC 14543-3	Bluetooth IEEE 802.15.1	BLE IEEE 802.15.1
Operating Frequency	120 kHz, 2.4–5 GHz	868/915 MHz, 2.4 GHz	868/915 MHz	2.405–2.482 GHz	2.402–2.482 GHz
Maximum Date Rare	11–54 Mbps	20/40 kbps; 250 kbps	9.6–40 kbps	0.7–2.1 Mbps	0.27 Mbps
Nominal Range	10–100 m	10–1000 m	30–50 m	15–20 m	10–15 m
Modulation Type	BPSK,QPSK, OFDM,M–QAM	D-BPSK, O-QPSK, QPSK	FSK,GFSK, Narrowband	GFSK,CPFSK,8-DPSK	GFSK

대상	주파수	변조방식	전송속도	거리
ZigBee	2.4 Ghz 중심	OQPSK	250 Kbps	10 M
Z-wave	908.42 Mhz	GFSK	9.6/40 Kbps	30 M

(5) 보편적인 지능형(스마트)홈 네트워크 구성

그림 1-14 지능형(스마트)홈 네트워크 토폴로지 종류

출처 : https://www.mynewsdesk.com/se/led-led/pressreleases/avancerad-bluetooth-4-0-smart-belysningsteknik-1386711

다음은 가장 많이 사용되는 지능형(스마트)홈 네트워크 3가지 방식에 대한 가정 내 네트워크 구성이며 생성과 확장 및 엔드디바이스의 네트워크 참여 방식과 특징에 대한 요약이다.

WiFi 가정 내 WiFi 네트워크 구성

그림 1-15 가정 내 WiFi 네트워크 구성

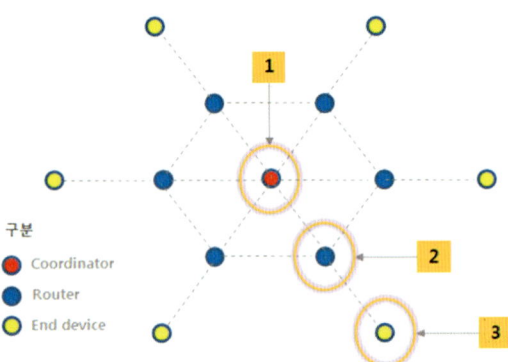

그림 1-16 가정 내 ZigBee 네트워크 구성
출처: http://www.jidum.com/jidums/view.do?jidumId=464

표 1-3 ZigBee 네트워크 부연 설명

ZigBee Coordinator(ZC)	ZigBee Router(ZR)	ZigBee End Device(ZED)
1. 오직 1개의 ZC만 네트워크에 존재 2. 네트워크를 초기화 하고 설정함 (PAN ID, Channel, Stack 등) 3. 네트워크 정보를 저장함 4. 다른 노드로 데이터 Routing 가능 5. 네트워크에 대해 사용자 인터페이스를 제공하는 PAN coordinator 6. FFD 장치	1. Mesh 및 Tree네트워크 상에서 Routing을 담당 2. Optional 구성요소임 3. ZR을 추가함으로써 네트워크 범위를 넓힘 4. 자식노드들을 네트워크에 연결/해체 하는 역할을 함 5. 이웃노드들에 대한 라우팅 테이블을 가짐 6. 자식노드들의 통신속도를 조절함 7. FFD 장치	1. 저전력에 최적화 되어 있음 2. 센서 등의 장치는 ZED로 구현되어야 함 3. 오직 부모 노드와만 통신 4. 다른 노드와는 연결될 수 없음 5. RFD 장치

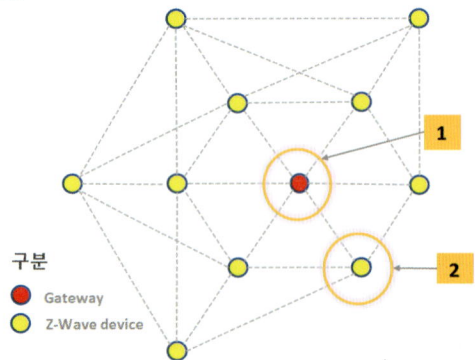

그림 1-17 가정 내 Z-Wave 네트워크 구성

| 예상문제 | 보편적인 지능형(스마트)홈 네트워크 구성 |

여러 개의 센서 디바이스가 무선에 의하여 구성되는 네트워크를 무선 센서 네트워크라 고 한다. 다음 그림은 무선센서 네트워크의 형태를 나타낸 그림이다. 다음 아래의 내용 에 적합한 것을 〈보기〉에서 선택하여 드래 그하시오.

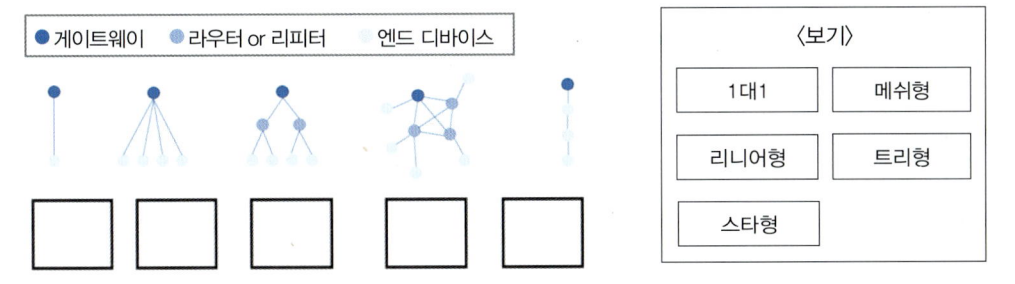

학습목표 지능형(스마트)홈 네트워크 종류와 네트워크 디바이스들이 연결되어 구성되는 네트워크 형태를 알고 이에 맞춰 지능형(스마트)홈 네트워크를 구축할 수 있다.

정답풀이
주의할 사항은 성형은 대부분 별모양의 구성만을 기억하고 있다보니 보기처럼 모아진 형태의 구성을 트리형으로 착각하는 경우가 있으니 이를 주의할 것
모든 지능형(스마트)홈 네트워크의 공통적인 네트워크형태는 게이트웨이와 엔드디바이스가 하나만 있다면 1대1 또는 P2P형의 토폴로지가 나타날 수 있으며, 지능형(스마트)홈 무선네트워크 방식에 따라 다음과 같이 네트워크 형태를 구성할 수 있음

WiFi = 1대1, 스타형, 트리형(리피터를 통해)
블루투스 = 1대1, 스타형
ZigBee = 1대1, 스타형, 트리형, 메쉬형
Z-Wave = 1대1, 스타형, 메쉬형, 리니어형

예상문제 보편적인 지능형(스마트)홈 네트워크 구성

다음은 이사하는 김지능씨댁 지능형(스마트)홈 스마트 디바이스들을 연결하기 위한 각각의 네트워크 구성이다. 보기에서 네트워크구성에 맞는 명칭을 드래그하여 각 단계 맞는 디바이스들을 가져다 놓으시오.
(※ 구성도의 색상은 서로 다른 기기들을 말하며, 노란색은 앤드디바이스를 말한다.)

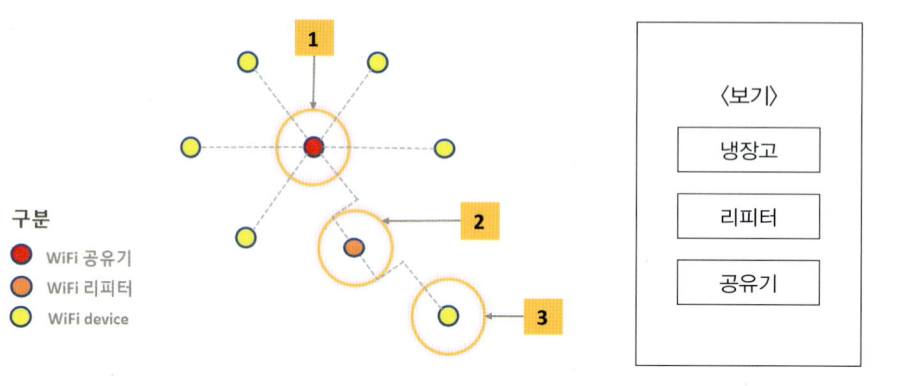

학습목적 지능형(스마트)홈 네트워크 종류와 네트워크 디바이스들이 연결되어 구성되는 네트워크 형태를 알고 이에 맞춰 지능형(스마트)홈 네트워크를 구축할 수 있다.

정답풀이
1. 네트워크 생성
   - 인터넷 연결된 WiFi 공유기에 의한 WiFi 네트워크 형성
2. 네트워크 확장
   - WiFi 리피터에 의한 WiFi 신호 세기 확장
3. 네트워크 참여
   - WiFi 기기에 대한 WiFi 네트워크 참여

가정 내 WiFi 네트워크 구성

이를 응용하여 지능형(스마트)홈네트워크에 가장 많이 사용되는 Z-Wave, ZigBee 네트워트 구성도 문제도 나올 수 있으므로 꼭 숙지할 필요가 있으며, 구성도는 다음과 같다.

가정 내 ZigBee 네트워크 구성   가정 내 Z-Wave 네트워크 구성
출처: http://www.jidum.com/jidums/view.do?jidumId=464

예상문제 — 보편적인 지능형(스마트)홈 네트워크 구성

지능형(스마트)홈 구축에 관심이 많은 홍길동씨는 집안에 ZigBee 네트워크를 구성하려고 한다. 도면에서 [A]에 공통적으로 배치해야 할 디바이스를 〈보기〉에서 선택하시오.(※그림을 더블클릭하면 확대 가능함)

〈보기〉
- 보기 1 ZigBee 누수센서 (Battery type)
- 보기 2 ZigBee 도어센서 (End device)
- 보기 3 ZigBee 스마트 버튼 (Battery type)
- 보기 4 ZigBee 스마트 플러그 (ZigBee router)
- 보기 5 AI 스피커
- 보기 6 Wi-Fi 공유기

학습목적 지능형(지능형)홈 네트워크 종류와 네트워크 디바이스들이 연결되어 구성되는 네트워크 형태를 알고 이에 맞춰 지능형(지능형)홈 네트워크를 구축할 수 있다.

정답풀이
상기 문제는 ZigBee 네트워크 구축을 알 수 있는지에 대한 것이며 메시네트워크 구성과 함께 네트워크 확장을 위한 기능을 가진 디바이스를 찾는 문제이다.

지그비(직비, ZigBee)는 지그비코디네이터, 지그비라우터, 지그비 엔드 디바이스로 이루어져 있으며 지그비 코디테이너는 지그비 방식의 같은 네트워크를 묶기도 하고, 다른 네트워크인 유 무선 공유기와 연결을 하기 때문에 제조 및 판매업체에서 지그비 허브나 지그비 게이트웨이로 명칭을 붙이며, 지그비라우터 역할이 지그비 네트워크 신호를 강하게 하는 역할도 하기 때문에 실 판매시 지그비 라우터, 지그비 리피터라고 불리고 있다.

ZigBee Coordinator(ZC)	ZigBee Router(ZR)	ZigBee End Device(ZED)
1. 오직 1개의 ZC만 네트워크에 존재 2. 네트워크를 초기화 하고 설정함 (PAN ID, Channel, Stack 등) 3. 네트워크 정보를 저장함 4. 다른 노드로 데이터 Routing 가능 5. 네트워크에 대해 사용자 인터페이스를 제공하는 PAN coordinator 6. FFD 장치	1. Mesh 및 Tree네트워크 상에서 Routing을 담당 2. Optional 구성요소임 3. ZR을 추가함으로써 네트워크 범위를 넓힘 4. 자식노드들을 네트워크에 연결/해체 하는 역할을 함 5. 이웃노드들에 대한 라우팅 테이블을 가짐 6. 자식노드들의 통신속도를 조절함 7. FFD 장치	1. 저전력에 최적화 되어 있음 2. 센서 등의 장치는 ZED로 구현되어야 함 3. 오직 부모 노드와만 통신 4. 다른 노드와는 연결될 수 없음 5. RFD 장치

답 보기4

2. 지능형(스마트)홈 네트워크 구성 및 문제해결

(1) 지능형(스마트)홈 무선 네트워크 상태 파악 및 문제해결

지능형(스마트)홈 네트워크에서 인터넷과 연결되는 최종 게이트웨이 역할을 하는 장비는 유무선 공유기이며 이 무선네트워크를 쉽게 무선랜 즉, WiFi라 일컫는다. WiFi의 통신 유무에 대해서 알 수 있는 방법은 무선신호의 세기에 따라서 통신이 잘 되는지와 안 되는지 파악을 할 수 있는데, 무선신호의 단위와 지능형(스마트)홈에서의 수신 기준에 대하여 알고 있어야 한다.

RSSI : 받는 무선신호의 세기(Received Signal Strength Indicator)
측정 대역폭 내의 Resource Blocks(RBs)에 대한 총 수신 전력의 평균값이며 인접 채널 간섭이나 열잡음 등을 모두 포함한다.
- RSSI 값은 −30 ~ −100dBm (최대값 −30dBm)
- −80dBm 이상은 아예 연결이 되지 않음

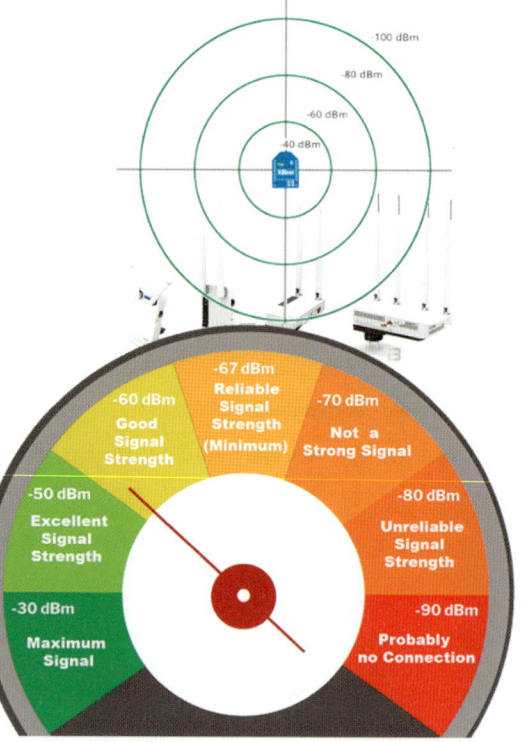

그림 1-18 WiFi 신호세기별 데이터 송수신 안정상태를 표시한 그림
출처: (좌) https://naver.me/GINBHMpe, (우) https://chetnet.ltd.uk/wireless/wifi-signal-strength/

AI@HomeManager

ZigBee와 Z-Wave는 LQI 즉, 통신상태품질을 확인 할 수 있으며 통신세기보다 통신품질 상태를 우선 순위로 봐야한다.

LQI : 통신 상태의 품질 (Link Quality Indicator)
통신세기가 세더라도 주의 영향에 의해 통신품질이 좋지 않을 때 LQI의 값을 확인하면 알 수 있다.
- LQI값은 BER를 0~225 사의 정수값으로 표시
- 값이 높을수록 통신품질이 훌륭함을 의미
- LQI값이 10 이하인 경우 송수신 불가

그림 1-19 LQI값에 따른 송수신 안정상태

예상문제 지능형(스마트)홈 무선 네트워크 상태 파악 및 문제해결

[보기]의 집에 WiFi 스마트 가전을 설치하고 각 방에서 노트북으로 무선랜을 사용하려 고 무선 공유기 신호세기를 점검하였더니 다음과 같이 나왔다. 방에서 노트북을 사용하기 위해 신호가 약한 지역을 해결하기 위해 필요한 장비를 드래그하여 해결하시오. (※ 단, 스마트 가전은 정상적으로 연결되어 작동 중이다.)

PART 4 지능형홈관리사 실기 · 321

학습목적 WiFi에 대한 무선신호 세기에 따른 데이터 전송속도 빠름을 판단하는 것이 아니라 인터넷 연결이 되고 데이터 송수신 범위를 알아 문제를 해결 할 수 있다.

정답풀이

해당 문제는 방의 인터넷이 안되는 것을 해결하는 것이므로 다용도실을 제외한 방의 RSSI신호값이 낮은 곳에 WiFi 리피터 2번에 설치한다.

RSSI : 받는 무선신호의 세기
(Received Signal Strength Indicator)
측정 대역폭 내의 Resource Blocks(RBs)에 대한 총 수신 전력의 평균값이며 인접 채널 간섭이나 열잡음 등을 모두 포함한다.
- 80dBm 이상이면 아예 연결 되지 않는다.
- RSSI 값은 -30 ~ -100dBm (최대값 -30dBm)

1. 네트워크 생성
   - 코디네이터(ZC)에 의한 지그비 네트워크 형성

2. 네트워크 확장 및 참여
   - 라우터(ZR)에 의한 지그비 네트워크 확장 및 참여

3. 네트워크 참여
   - 엔드 디바이스에 의한 네트워크 확장 및 참여

3. 지능형(스마트)홈 네트워크 보안 및 방지하기

(1) 지능형(스마트)홈 네트워크 보안

출처: 시큐리티플랫폼

세대간 망분리란 홈네트워크 단지서버에서 세대 홈게이트웨이(월패드)까지의 네트워크를 세대별로 분리하여 구성하는 것을 말하며 물리적 방법 또는 논리적 방법으로 구분한다.

그림 1-20 세대간 망분리 개념
출처: 지능형 홈네트워크 설비설치 및 기술기준 개정 행정고시 자료 발췌

물리적 망분리라 함은 간략하게 말해서 네트워크를 물리적으로 완전 분리를 하고 업무영역과 인터넷 영역을 완전히 따로 분리시켜서 업무영역은 거의 폐쇄망처럼 사용을 해 외부에서의 접근이 불가능하게 구성을 합니다.

논리적 망분리는 가상환경을 구현해서 로컬영역은 업무용 / 가상영역은 인터넷용 (순서가 바뀌어도 상관 없음) 으로 사용하게끔 논리적으로 분리를 해서 사용하는 방식을 말합니다.

그림 1-21 홈네트워크 보안 적용방안

출처: 시큐리티플랫폼

지능형(스마트)홈 네트워크 장비에 대한 보안요구사항	데이터 기밀성	이용자 식별정보, 인증정보, 개인정보 등에 대해 암호 알고리즘, 암호키 생성·관리 등 암호화 기술과 민감한 데이터의 접근제어 관리기술 적용으로 기밀성을 구현
	데이터 무결성	이용자 식별정보, 인증정보, 개인정보 등에 대해 해쉬함수, 디지털서명 등 기술 적용으로 위·변조 여부 확인 및 방지 조치
	인증	사용자 확인을 위하여 전자서명, 아이디/비밀번호, 일회용비밀번호(OTP) 등을 통해 신원확인 및 인증 기능을 구현
	접근통제	자산·사용자 식별, IP관리, 단말인증 등 기술을 적용하여 사용자 유형 분류, 접근권한 부여·제한 기능 구현을 통해 인가된 사용자 이외에 비인가된 접근을 통제
	전송데이터 보안	승인된 홈네트워크장비 간에 전송되는 데이터가 유출 또는 탈취되거나 흐름의 전환 등이 발생하지 않도록 전송데이터 보안 기능을 구현

출처: 매일경제 비밀번호 바꿔도... 아파트 월패드, 해킹에 무방비 기사중 나현준 기자

(2) 토큰 기반 인증 시스템 원리

1. 사용자가 아이디와 비밀번호로 로그인을 한다.
2. 서버 측에서 해당 정보를 검증한다.
3. 정보가 정확하다면 서버 측에서 사용자에게 Signed 토큰을 발급한다. (Signed는 해당 토큰이 서버에서 정상적으로 발급된 토큰임을 증명하는 Signature를 가지고 있다는 것)
4. 클라이언트 측에서 전달받은 토큰을 저장해두고, 서버에 요청을 할 때 마다 해당 토큰을 서버에 함께 전달한다. 이 때 HTTP 요청 헤더에 토큰을 포함시킨다.
5. 서버는 토큰을 검증하고, 요청에 응답한다.

출처: https://velopert.com/2350

(3) 지능형(스마트)홈 보안의 3대 원칙

스마트 홈 환경에서의 보안 위협은 3가지 보안 원칙을 충실히 따름으로써 방어할 수 있으며, 보안의 3대 원칙의 토대를 이루는 것이 암호화 키임

① 기밀성(confidentiality) : 민감한 데이터를 암호화하는 것
② 무결성(integrity) : 암호화 메시지 인증 코드 기능이나 디지털 서명을 사용해서 데이터를 보호하는 것
③ 가용성(availability) : 강력한 암호화 인증 체계를 사용하는 것

(4) IoT 공통 보안 7대 원칙 및 고려 사항

IoT 공통 보안 7대 원칙은 IoT 장치 및 서비스의 제공자(개발자)와 사용자가 IoT 장치의 전주기 세부 단계에서 고려해야 하는 공통의 보안 요구 사항임

IoT 장치의 설계/개발 단계의 보안 요구사항
① 정보보호와 프라이버시 강화를 고려한 IoT 제품, 서비스 설계
- "Security by Design" 및 "Privacy by Design" 기본 원칙 준수
② 안전한 소프트웨어 및 하드웨어 개발 기술 적용 및 검증
- 시큐어 코딩, 소프트웨어, 어플리케이션 보안성 검증 및 시큐어 하드웨어 장치 활용

IoT 장치 배포/설치(재설치)/구성(재구성) 단계의 보안 요구사항
③ 안전한 초기 보안 설정 방안 제공
- "Secure by Default" 기본 원칙 준수
④ 보안 프로토콜 준수 및 안전한 파라미터 설정
- 통신 및 플랫폼에서 검증된 보안 프로토콜 사용 (암호/인증/인가 기술)

IoT 장치 및 서비스 운영/관리/폐기 단계의 보안 요구 사항
⑤ IoT제품, 서비스의취약점 보안 패치 및 업데이트 지속 이행
- S/W와 H/W의 보안 취약점에 대해 모니터링하고 업데이트 지속 수행
⑥ 안전한 운영, 관리를 위한 정보보호 및 프라이버시 관리체계 마련
- 사용자 정보 취득-사용-폐기의 전주기 정보의 보호 및 프라이버시 관리
⑦ IoT 침해사고 대응체계 및 책임 추적성 확보 방안 마련
- 보안 사고에 대비한 침입탐지와 사고 시 분석 및 책임 추적성 확보

※ F/W: Firmware, S/W : Software

그림 1-22 IoT 장치의 전주기 단계별 보안 고려사항
출처: "IoT 공통 보안 원칙 v1.0", 사물인터넷 보안 얼라이언스

예상문제 지능형(스마트)홈 네트워크 보안

공동주택(APT 등)에 설치된 지능형(스마트)홈 네트워크는 단지망, 세대망 등으로 구성되어 운용 되고 있다. 각각의 망은 분리되어야 하는 것이 원칙이나, 일부 시설에서 세대망내 동일 망을 사용하여 해킹에 의한 사회 문제가 되고 있어 2022.7.1. 이후 시행된 "지능형(스마트)홈 네트워크 설비 설치 및 기술기준"에서 망분리를 의무화 하고 있다. 아래 그림에서 세대 간 망분리의 두가지 방식 (A), (B)를 답안란에 입력하시오.
[답안입력 예: (A) : XXX, (B) : YYY]

답안입력 :

학습목적 지능형(스마트)홈네트워크 설치 및 기술 기준에 대해 알고 있고 보안을 위한 망분리에 대한 개념을 알 수 있다.

답 (A) : 물리적 망분리, (B) : 논리적망분리

예상문제 지능형(스마트)홈 네트워크 보안

다음 내용은 홈네트워크 보안 강화를 위해 신설된 '지능형(스마트)홈 네트워크 설비 설치 및 기술기준'의 일부이다. 알맞은 내용을 보기에서 골라 [드래그 앤 드롭]하시오. (※ [풀이 시작]을 클릭하면 풀이화면이 나타남)

(A)	이용자 식별정보, 인증정보, 개인정보 등에 대해 암호 알고리즘, 암호키 생성·관리 등 암호화 기술과 민감한 데이터의 접근제어 관리기술 적용으로 기밀성을 구현
(B)	이용자 식별정보, 인증정보, 개인정보 등에 대해 해쉬함수, 디지털서명 등 기술 적용으로 위·변조 여부 확인 및 방지 조치
(C)	사용자 확인을 위하여 전자서명, 아이디/비밀번호, 일회용비밀번호(OTP) 등을 통해 신원확인 및 인증 기능을 구현
(D)	자산·사용자 식별, IP관리, 단말인증 등 기술을 적용하여 사용자 유형 분류, 접근권한 부여·제한 기능 구현을 통해 인가된 사용자 이외에 비인가된 접근을 통제
(E)	승인된 홈네트워크장비 간에 전송되는 데이터가 유출 또는 탈취되거나 흐름의 전환 등이 발생하지 않도록 전송데이터 보안 기능을 구현

〈보기〉 인증 / 데이터 기밀성 / 접근통제 / 데이터 무결성 / 전송데이터 보안

학습목적 지능형(스마트)홈 네트워크 장비에 대한 보안요구사항을 알고 설명할 수 있다.

정답풀이

데이터 기밀성	이용자 식별정보, 인증정보, 개인정보 등에 대해 암호 알고리즘, 암호키 생성·관리 등 암호화 기술과 민감한 데이터의 접근제어 관리기술 적용으로 기밀성을 구현
데이터 무결성	이용자 식별정보, 인증정보, 개인정보 등에 대해 해쉬함수, 디지털서명 등 기술 적용으로 위·변조 여부 확인 및 방지 조치
인증	사용자 확인을 위하여 전자서명, 아이디/비밀번호, 일회용비밀번호(OTP) 등을 통해 신원확인 및 인증 기능을 구현
접근통제	자산·사용자 식별, IP관리, 단말인증 등 기술을 적용하여 사용자 유형 분류, 접근권한 부여·제한 기능 구현을 통해 인가된 사용자 이외에 비인가된 접근을 통제
전송데이터 보안	승인된 홈네트워크장비 간에 전송되는 데이터가 유출 또는 탈취되거나 흐름의 전환 등이 발생하지 않도록 전송데이터 보안 기능을 구현

3 지능형(스마트)홈 기기 구성

1. 지능형 플랫폼에 다른 기기 구성

(1) 지능형(스마트)홈 사물인터넷 표준화 기구

그림 1-23 사물인터넷 표준화 기구

출처: 한국지능형사물인넷 협회

(2) 지능형(스마트)홈 서비스프레임 워크

지능형(스마트)홈 서비스 프레임 워크는 홈 네트워크 상에 존재하는 스마트 기기를 위한 스마트 게이트 웨이, IoT기기를 제어하기 위한 IoT 클라우드, 다양한 형태의 지능형(스마트)홈 서비스 구현을 위한 지능형(스마트)홈 플랫폼으로 구성된다.

홈 외부에서 기존 UPnP/DLNA를 지원하는 스마트 가전의 상태 모니터링 및 제어를 위해 스마트 게이트웨이를 이용하여 지능형(스마트)홈 플랫폼에 연동할 수 있도록 구성하며, 다종의 IoT 기기들의 연동을 위해 지능형(스마트)홈 플랫폼 내부에 IoT Harmonizer를 이용하여 구성한다.

그림 1-24 지능형(스마트)홈 서비스 프레임워크 구성도

출처: 방송과 미디어 제20권 3호 특집 사물인터넷과 미디어 중 사물인터넷 기반 스마트 홈 서비스 프레임워크 기술

예상문제 — 지능형(스마트)홈 기기 구성 중 IoT 표준화기구 및 지능형(스마트)홈 서비스 프레임워크

다음은 사물인터넷 표준화 기구들에 설명이다. 설명에 맞는 기구들을 〈보기〉에서 드래그하시오.

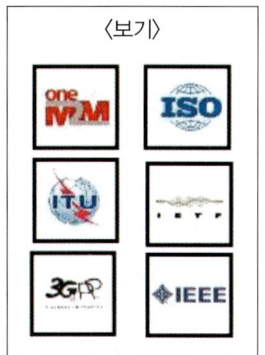

학습목표 필기 이론에서도 나온 IoT표준화 기구에 대해 알고 설명할 수 있다.
정답풀이 p.328의 사물인터넷 표준화 기구 이미지

예상문제 — 지능형(스마트)홈 기기 구성 중 IoT 표준화기구 및 지능형(스마트)홈 서비스 프레임워크

제시된 지능형(스마트)홈 서비스프레임워크에서 (A)~(C)에 해당되는 것을 보기에서 찾아 드래그 하시오.
(※ [풀이시작]을 클릭하면 풀이화면이 나타남)

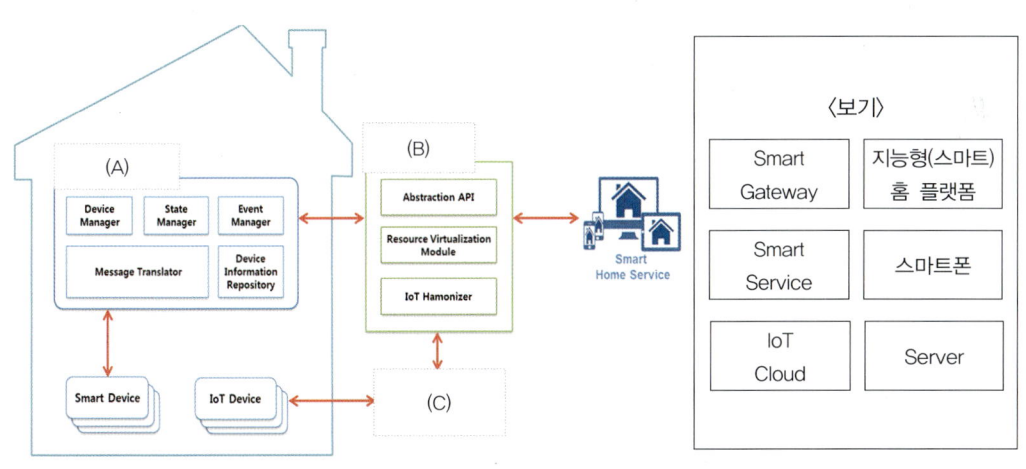

학습목표 지능형(스마트)홈 서비스프레임워크에 대하여 알고 설명할 수 있다.
정답풀이 p.328의 지능형(스마트)홈 서비스프레임워크 이미지 참조

답 지능형(스마트)홈 플랫폼

(3) IoT를 위한 통합 서비스 제공하는 IoT플랫폼

IoT 플랫폼은 물리적인 객체를 온라인에 구현하기 위해 필요한 요소를 제공하는 통합된 서비스다. 이는 수백만 개의 디바이스 연결을 동시에 지원할 수 있어야하며, 기계와 기계간의 통신을 위한 장치를 간편하게 구성할 수 있어야 한다.

IoT 플랫폼은 크게 엔드투엔드(End-to-end) 플랫폼, 커넥티비티 플랫폼, 클라우드 플랫폼, 데이터 플랫폼 등 4개로 구분할 수 있다.

그림 1-25 IoT플랫폼의 구조 및 구분
출처: 테크월드뉴스(http://www.epnc.co.kr)

① IoT 통합관리 플랫폼 아키텍처

IoT 디바이스의 하드웨어 및 소프트웨어 그리고 네트워크 연결관리를 통합하며 대표적으로 oneM2M 표준규격, OCF, AllJoyn등이 있으며 다음과 같은 기능을 제공함.
- OTA 펌웨어 업데이트
- 디바이스 관리 (생성, 연결, 삭제)
- 클라우드 연결

㉠ oneM2M 표준 플랫폼

산업별로 종속적이고 폐쇄적인 플랫폼 개발의 방식에서 벗어나 사물인터넷 공동 서비스 플랫폼을 개발하기 위해 발족한 표준화 단체입니다. 전세계 표준화 개발기구에서 공동으로 설립하였습니다. (8개 단체)
- TTA(한국), ETSI(유럽), ATIS/TIA(북미), CCSA(중국), ARIB/TTC(일본) TSDSI(인디아)
- release 1 : oneM2M 플랫폼이 제공하는 기능을 공통 서비스 기능(CSF, Common Services Function)으로 정의함

- release 2 : 다양한 인더스트리 사물인터넷 플랫폼 및 네트워크 연동이 주 목적임
- release 3 : 3GPP Rel-13/14 네트워크 연동
- oneM2M 코어 프로토콜 메시지(Primitive)는 CoAP, HTTP 및 MQTT 프로토콜 메시지를 통해 전송됨

이 표준화 결과를 바탕으로 앞서 설명해 드린 OCF, AllJoyn 기술 등의 사물인터넷 플랫폼간 표준 연동규격을 제공

ⓒ OCF 플랫폼

IoT 디바이스 및 데이터 관리를 위한 상호연동 표준으로 운영체제나 네트워크 통신방식의 종류에 상관없이 독립적으로 IoT 디바이스 간 상호통신이 가능한 모델을 제시함.

그림 1-26 OCF IoT 플랫폼 프레임 워크

출처: Daniel Park, OCF : Intro and Vision 2016

위의 OCF 프레임워크를 보면 가장 하위의 Transport에서는 다양한 무선네트워크 통신을 지원합니다. 그리고 상위의 Core Framework 단의 기능은 다음과 같습니다.

표 1-4 코어 프레임워크 설명

코어 프레임워크	설명
Discovery	IoT 장치간에 상호 인식기능을 지원
Provisioning	데이터 및 Device 리소스 프로비저닝을 수행
통신	IoT 장치간 통신기능을 지원

OCF 플랫폼은 인터넷에서 많이 사용하는 방식인 RESTful 방식을 사용합니다. 이 방식은 두 시스템이 인터넷을 통해 서로 정보를 교환하기 위한 인터페이스로, 외부의 Client가 Server에 접속하여 요청하는 방식으로 처리함.

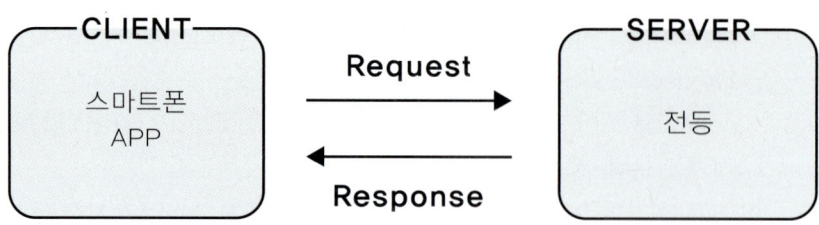

그림 1-27 RESTful API 대화방식

예를 들어, 전등 IoT 장치가 있다고 가정하면, 전등은 Server가 되며 사용자의 스마트폰 App은 Client로 구동합니다. 그리고 전등 Server는 다음과 같은 서비스를 제공.
- On/Off 처리
- Dimming 처리
- 조명 Color 변경

이와 같이 RESTful 방식으로 요청된 리소스는 JSON 언어를 통해 모델을 정의하여 이를 통해 명령을 내리거나 Data를 전달하게 됨

ⓒ AllSeen Alliance의 AllJoyn

'오픈커넥티비티재단(OCF)'과 '올신얼라이언스(AllSeen Alliance)'가 합병되어 두 조직이 통합되어 OCF로 단일화 되었으며, 로컬 영역 에서 AllJoyn 기기 간 피투피(P2P : Peer-to-Peer) 통신을 지원하는 IoT 플랫폼이다.

리눅스(Linux), 안드로이드(Android), iOS, 윈도우(windows) 등 다양한 운영 체제와 와이파이 같은 무선 접속 기술을 지원하여 사실상 특정 하드웨어에 의존하지 않는 IoT 애플리케이션 개발이 가능하다.

즉, 각기 다른 제조사에서 만들어진 조명, 스마트워치(smartwatch), 냉장고, 에어컨, 도어록, 스마트폰, 태블릿 PC 등으로 올조인 기반 IoT 서비스를 구성할 수 있다.

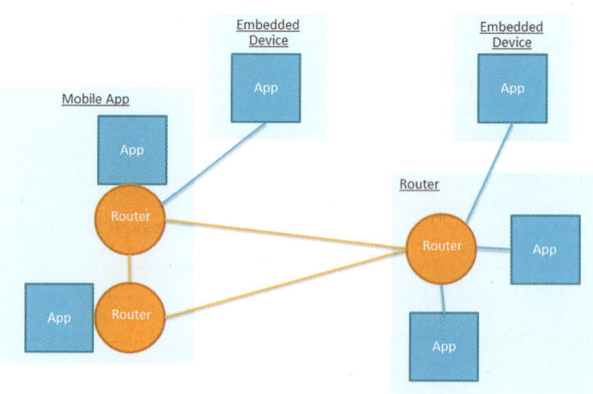

그림 1-28 AllJoyn 아키텍처
출처: ess-wiki.advantech.com

AllJoyn 프레임워크는 AllJoyn Apps와 AllJoyn Routers ,짧게 얘기하면 Apps 와 Routers 로 구성됩니다. 앱들(Apps)은 라우터들(Routers)과 라우터들은 앱들과 통신하게 됩니다. 앱들은 다른 앱들과 통신하기 위해서 오직 라우터를 통해서만 가능합니다.
- 앱에 동봉된 개념이므로 번들로 들어있다 하여 Bundled Router라 불림
- 하나의 같은 디바이스상에서 하나의 라우터를 여러 앱들이 사용하는 Standalone Router
- 앱이 디바이스에 안에 있는 라우터를 사용한다 하여 Embedded Device라 불림

그림 1-29 AllJoyn 소프트웨어 아키텍처
출처: ess-wiki.advantech.com

AllJoyn 소프트웨어 아키텍처를 살펴보면 네트워크는 올조인 어플리케이션들과 올조인 라우터들로 구성되며 AllJoyn 어플리케이션은 아래의 컴포넌트로 구성됨.
- AllJoyn App Code
- AllJoyn Service Frameworks Libraries
- AllJoyn Core Library

② IoT 데이터분석 플랫폼 아키텍처

클라우드 기반으로 인공지능 및 머신러닝을 이용한 데이터 분석기능을 제공하며, 대표적으로 구글 클라우드 IoT, AWS IoT 서비스가 이에 해당함.
㉠ 구글 클라우드 IoT 플랫폼
Google의 Cloud 기반 데이터처리 플랫폼이며, IoT 장치로부터의 전달받은 빅데이터를 클라우드 기반의 AI 분석기술을 통해 처리할 수 있음.

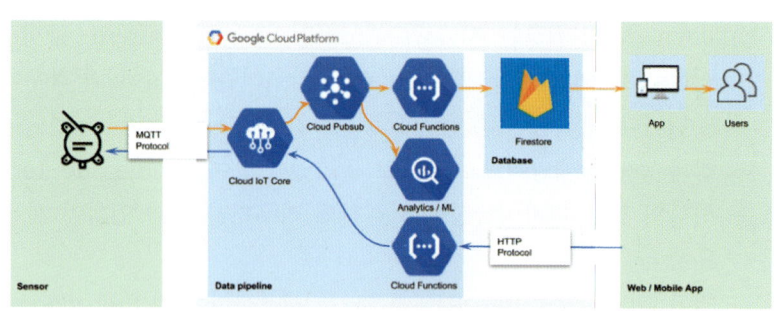

그림 1-30 구글 IoT 플랫폼 아키텍처

출처: www.sumologic.com/blog/iot-gcp-platform/

표 1-5 구글 IoT 플랫폼 구성요소

구성요소	설명
Cloud IoT Core	IoT 장치로부터 지속적인 데이터수집 및 저장을 담당합니다.
Cloud PuB/Sub	Publisher 와 Subscriber의 기능을 하는 요소입니다. 각 IoT 장치로부터의 전달되는 Date의 수신이나 Event를 전송하는 역할을 합니다.
Cloud Functions	PuB/Sub 모듈로 데이터가 전송되면 이를 최종목적지로 전달하는 역할을 합니다.
Fire Store	실시간으로 비정형 데이터를 저장 관리하는 No-SQL 방식의 데이터베이스 입니다.

ⓒ AWS 클라우드 IoT 플랫폼

아마존은 데이터 분석을 중심으로 인공지능과 하드웨어의 결합을 통해 생태계를 구축해 나가고 있다. 데이터 분석 플랫폼인 'AWS IoT', 인공지능인 '알렉사'와 알렉사를 탑재한 홈 IoT 허브인 '에코(Echo)' 스피커 등 개방형 IoT 비즈니스를 추진해 나가고 있다.

옆의 이미지는 AWS IoT 아키텍처를 나타낸 블록도이며, 이 중에서 Control Service의 경우 수 많은 IoT는 장치를 관리하는 기능을 담당하며 다음과 같은 프로토콜을 지원함
- MQTT 메시지 전송
- HTTPS 전송
- LoRaWAN 네트워크 통신 기술

출처: 아마존닷컴

AI@HomeManager

예상문제 IoT를 위한 통합 서비스 제공하는 IoT플랫폼

다음은 AllJoyn 프레임워크 연결 구성도이다. AllJoyn 프레임워크는 Apps와 Routers 로 구성되며 앱들은 라우터들과 라우터들은 앱들과 통신하게 되고 앱들은 다른 앱들과 통신하기 위해서 오지 라우터를 통해서만 가능한 것을 말한다. 다음의 AllJoyn 프레임워크 연결 구성도에 맞는 라우터 명을 보기에서 드래그하여 완성하시오.(※ [풀이 시작]을 클릭하면 풀이화면이 나타남)

AllJoyn 프레임워크 구성도

학습목적 IoT 통합관리 플랫폼중 AllJoyn의 아키텍처 및 프레임워크에 대해 알고 그 중 AllJoyn의 네트워크 아키텍처를 설명할 수 있다.

정답풀이

AllJoyn 프레임워크는 AllJoyn Apps와 AllJoyn Routers ,짧게 얘기하면 Apps 와 Routers 로 구성되며 앱들(Apps)은 라우터들(Routers)과 라우터들은 앱들과 통신하고, 앱들은 다른 앱들과 통신하기 위해서 오직 라우터를 통해서만 가능함.

1. 앱이 라우터를 소유하고 있는 경우
   이 경우, 라우터는 어플리케이션에 번들로 동봉된 개념으로 "Bundled Router"라고 함.
2. 여러 앱들이 같은 디바이스 상에서 하나의 라우터를 사용하는 경우
   이 경우, 라우터는 "Standalone Router"라고 하고 일반적으로 백그라운드로 동작하는 서비스 프로세스 형태로 동작
3. 앱이 다른 디바이스상의 라우터를 사용하는 경우

임베디드 디바이스에 해당되는 사항으로 통상 AllJoyn 라우터를 실행하기에 충부하지 않은 CPU와 메모리를 가진 디바이스 들이 해당

예상문제 AllJoyn Architecture 개념 – 선택형

다음은 AllJoyn 프레임워크 연결 구성도에서 여러 앱들이 같은 디바이스 상에서 Standalone Router를 사용하고 백그라운드로 동작하는 서비스 프로세스 형태로 동작하는 토폴로지를 찾아 맞는 번호를 찾아 적으시오.

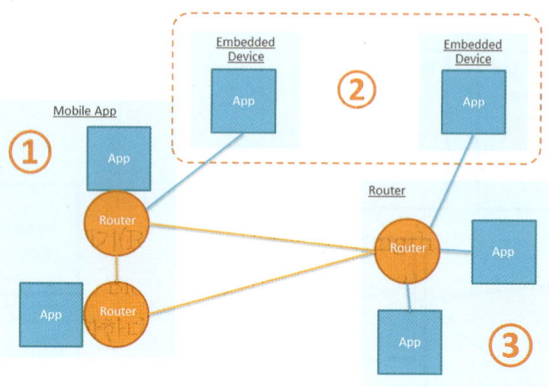

정답풀이
여러 앱들이 같은 디바이스 상에서 하나의 라우터를 사용하는 환경을 찾으면 된다.

답 ③

예상문제 AllJoyn Architecture 개념 – 단답형

다음은 보기에서 설명하는 지능형(스마트)홈 아키텍처는 무엇인지 답안란에 적으시오.

( )는(은) 로컬 네트워크 상에서 동작하며, 디바이스들과 앱들이 서로를 광고(advertise)하고 발견(discover)하는 것을 가능하게 한다.
즉, 짧게 얘기하면 Apps와 Routers로 구성된다. 앱들(Apps)은 라우터들(Routers)과 라우터들은 앱들과 통신하게 되며 앱들은 다른 앱들과 통신하기 위해서 오직 라우터를 통해서만 가능한 방식의 지능형(스마트)홈 아키텍처를 말한다.

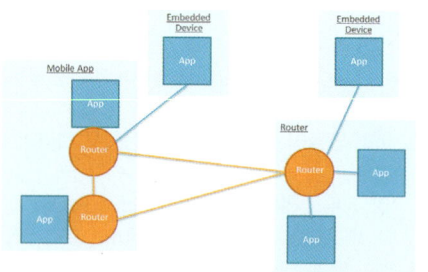

출처: https://ess-wiki.advantech.com

정답풀이
답 올조이앤, AiiJoyn

(4) 지능형(스마트)홈 연동 표준

지금까지 각기 다른 제조사가 만든 제품을 단일 앱으로 제어할 수 있는 유일한 방법은 알렉사(Alexa), 시리(Siri) 혹은 구글 홈(Google Home)을 사용하거나 홈 어시스턴트(Home Assistant)와 같은 소위 '열성 사용자용' 앱을 사용하는 것이었다.

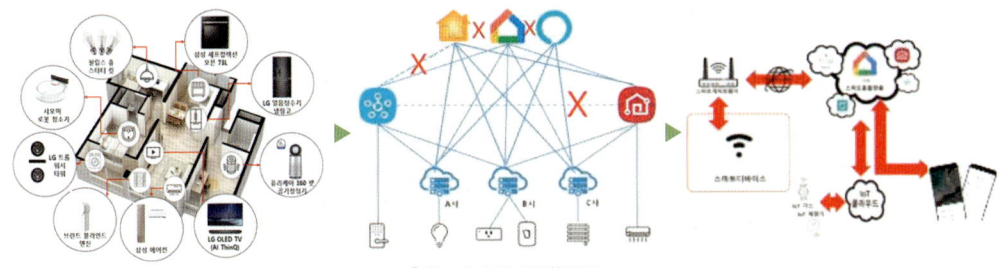

출처: LG CNS 공식블로그

그림 1-31 단일앱 제어를 위한 구글홈 연결 구성도

그러나 매터라는 새로운 표준의 등장으로 여러 제조사의 제품들이 서로 호환되는 환경이 됨

매터(matter)란?
IoT 플랫폼을 위한 새로운 표준이다. 매터의 핵심은 오픈소스 프로토콜이라는 점이다. 모든 기업이 스마트 기기, 모바일 앱 및 클라우드 서비스 간 상호 소통 및 작동을 위해 사용할 수 있도록 설계된 프로토콜을 말한다.

이 매터는 다양한 생태계에 일반적으로 받아들여지는 표준의 아이디어는 공동 이니셔티브인 Connected Home over IP (CHIP)에 뿌리를 두고 있으며, 2019년에 4개의 IoT 대기업인 애플, 아마존, 구글, 삼성 SmartThings 및 글로벌 표준 연합(CSA, Connectivity Standards Alliance, 이전 ZigBee Alliance)에 의해 출시되었으며, 2021년에 'matter'로 명칭을 변경하였다.

그림 1-32 매터 프로토콜 스택 이미지

출처: www.allionusa-sgs.com

예상문제 지능형(스마트)홈 연동 방법

다음 그림은 이 고객 댁의 스마트기기들이다. 이를 구글 AI스피커로 제어하고자 지능형홈관리사인 김지능씨에게 의뢰가 들어왔다. 구글 AI스피커로 스마트 디바이스를 제어 가능 여부와 필요한 디바이스와 앱들을 모두 모두 선택하시오. (※ 이 고객은 아이폰을 사용 하고 있으며, 구글 계정만을 사용하고자 한다. 인터넷과 인터넷 무선 공유기는 설치되어 있다.)

보기 1) SmartThings 앱에 구글 계정으로 로그인
보기 2) 지능형(스마트)홈 앱 및 구글 계정으로 로그인
보기 3) LG ThinQ 앱 및 구글 계정으로 로그인
보기 4) Mi Hime 앱 및 구글 계정으로 로그인
보기 5) BRUNT 앱 미치 구글 계정으로 로그인
보기 6) 구글 홈 앱 및 구글 계정 로그인
보기 7) 구글 어시스턴트 앱 및 구글계정 로그인
보기 8) 별도의 안드로이드 폰 추가 사용
보기 9) 구글 홈 스피커
보기10) 휴 브릿지

- 보기 1)   ■ 보기 2)   ■ 보기 3)   ■ 보기 4)   ■ 보기 5)   ■ 보기 6)
- 보기 7)   ■ 보기 8)   ■ 보기 9)   ■ 보기 10)

학습목적 지능형(스마트)홈 플랫폼에 대한 직접 구축 여부 및 각기 다른 업체들에 대한 IoT플랫폼 등록 방법 및 연동에 대한 실습을 통해 표준 연결이 없는 상태에서의 플랫폼 연동 방법에 대해서 알 수 있다.

정답풀이

제시된 도면에서의 스마트 기기들을 사용하기 위해서는 다음의 이미지처럼 각각의 제조사에서 제공되는 앱들을 모두 설치하고 가입하여 기기들을 연결해야 한다.
하지만 모든 제조사가 구글 계정으로 로그인을 허용하는 것이 아니므로 주의하고 최종 구글 홈에 연동되도록 등록 하면 된다.

예상문제 지능형(스마트)홈 연동 표준

다음 〈그림〉은 매터 프로토콜 스택이미지이다. 해당 (A)~(D)칸에 알맞는 네트워크를 [드래그 앤 드롭]하시오. (※ [풀이 시작]을 클릭하면 풀이화면이 나타남)

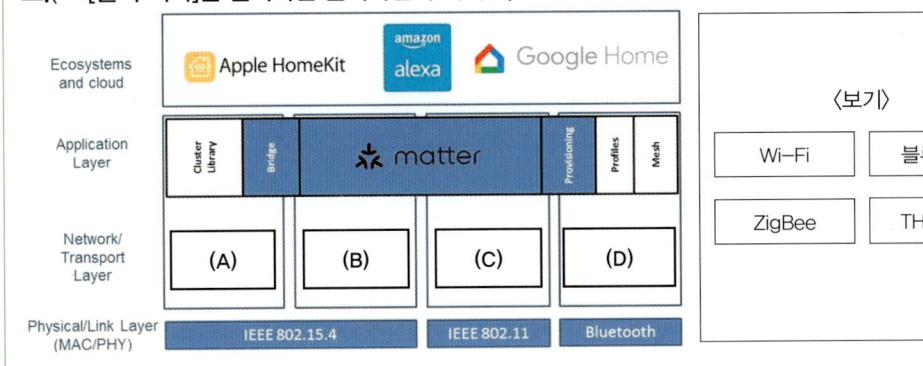

학습목적 지능형(스마트)홈 연동표준인 매터 프로토크 스택에 대해 설명할 수 있다.

정답풀이

매터는 IP기반의 응용계층 IoT 통합 표준임.
개별 디바이스를 구분하기 위해 IPv6을 이용.(통신속도 낮은경우 6LoWPAN 이용)
즉, 디바이스들이 IP를 이용해서 다른 디바이스들과 연결되게 되어 있는 것이 핵심이며, 기존 IP를 이요하지 않는 ZigBee 장치들은 Bridge장치를 필요하다.

통신 프로토콜 별 용도가 다음과 같이 구분됨
- 데이터 통신은 Wi-Fi, Thread, ZigBee via Bridge등
- Provisioning : 블루투스, QR code, NFC등

출처: www.allionusa-sgs.com

예상문제 지능형(스마트)홈 기기 구성

다음 그림은 지능형(스마트)홈 제품 유형 구성의 한 예이다. 빈 칸에 해당되는 것을 보기에서 찾아 드래그 하시오.

학습목표 지능형(스마트)홈 기기에 대한 기능별 분류나 유형을 알고 설명 할 수 있다.

정답풀이
홈·가전 IoT 제품은 집안에 설치된 홈·가전제품이 무선 네트워크 통신을 기반으로 제공하는 기능 및 서비스에 따라 다음과 같은 유형으로 분류할 수 있으며, 제품의 특성에 따라 2개 이상의 유형에 포함될 수 있다.

홈.가전 IoT 제품 유형
출처 : 과학기술정보통신부/한국인터넷진흥원—홈.가전 IoT 보안가이드

(5) 스마트 센서를 활용한 지능형(스마트)홈 기기구성

지능형(스마트)홈 기기구성 시 스마트 센서와 결합하여 기존 스마트 기기들을 다양하게 자동화를 하거나 또는 지능형(스마트)홈에 대한 상태 점검을 위해 많이 활용하는데 이를 위해서는 이 센서들의 특징에 맞춰 설치 위치를 정확하게 알 수 있어야 한다.

그림 1-33 많이 사용되어지고 있는 스마트 센서들

각 스마트 센서들의 정보를 이용하여 다른 스마트 디바이스들을 제어하기 위해서는 지능형 (스마트)홈 플랫폼과의 호환 및 지원이 가장 중요하다.
하여 다시 한 번 스마트 센서 선택 및 설치 전 고려해야 3가지 사항을 꼭 기억해야 한다.

스마트 센서 설치 전 고려 및 유의사항
1. 다른 제품과의 호환성 및 구성 하고자 하는 플랫폼과의 연동을 고려한다.
2. 하나의 지그비 코디네이터로 사용 가능한 것으로 선택한다.
3. 센서 설치하는 곳의 네트워크 신호를 체크하고 약할 경우 지그비 라우터로 보완.

그림 2-34 스마트 센서 및 스마트 기기들의 지능형(스마트)홈 연결 구성도

PART 4 지능형홈관리사 실기 · 341

① 스마트 도어(문열림) 센서

출처: 헤이홈

도어 센서와 스마트 디바이스 자동화 예
1. 밤에 퇴근 시 문을 열면 원하는 곳의 스마트 스위치나 스마트 조명을 On
2. 밤에 침실에 들어갈 때 밝기 50의 등이 켜지고 문을 닫으면 조명 Off
3. 외출 모드 시 도어가 열리면 전등이 붉은 색으로 깜박거리며 싸이렌이 울리고 알림 발송

② 스마트 모션(동작감지)센서

PIR 센서
전면의 모션을 감지하는 데 사용되는 수동형 적외선 모션 센서입니다.

인체의 36.5℃에서 발산되는 원적외선을 감지하는 것이며 다음과 같은 특징을 가지고 있음.
① 주변 온도에 따라 감지속도가 다름
② 5℃ 이상의 급격한 주변온도 변화에 동작함
③ 움직임이 없거나 미세한 경우 감지를 못함

모션 센서와 스마트 디바이스 자동화 예
1. 거실 쇼파에서 잠이 들어 움직임이 없을 때 TV와 조명 Off
2. 밤에 화장실에 가기 위해 일어나 움직이면 무드등과 화장실 조명 On
3. 외출 시 외부에서 누군가 들어 왔을 때 또는 특정 장소에 움직임이 있을 때 알림

출처: 헤이홈

③ 스마트 온/습도 센서

스마트 온/습도 센서의 경우 다른 디바이스와 연동하여 제어하기 위하여는 설치 위치가 중요한데, 이는 설치 위치에 따라 측정값의 오류로 인한 오작동이 일어날 수 있기 때문에 주의해야 한다.

쉽게 설치 위치는 백엽상을 생각하면 스마트 온/습도 센서 설치 위치를 쉽게 알 수 있다.

[과학백과사전] 백엽상(shelter).
백엽상은 태양열이 직접 전달되지 않도록 잔디나 풀밭 위에 온도계 눈금이 1.5m 높이에 오도록 세운다.
공기의 온도는 지표에 가까울수록 높고, 지표에서 떨어질수록 낮아지게 된다. 그래서 기온을 측정할 때는 일정하게 1.5m 높이에서 재도록 약속이 되어 있다.

온/습도 센서와 스마트 디바이스 자동화 예
1. 온도가 높으면 스마트 IR 리모컨을 통해 에어컨 On 및 적정온도 설정
2. 습도가 높으면 연동되는 제습기 전원 On 및 적정 습도가 되면 제습기 Off

출처: 헤이홈

예상문제 　스마트 센서를 활용한 기기 구성

다음은 PIR센서의 인체검출 동작원리이다. 보기 중 PIR센서에 대한 설명으로 옳은 것을 모두 고르시오.

보기1) 인체의 36.5℃에서 발산되는 원적외선을 감지
보기2) 주변 온도에 따라 감지속도가 다름
보기3) 5℃ 이상의 급격한 주변온도 변화에 동작함
보기4) 움직임이 없거나 미세한 경우 감지를 못함

PR 센서 동작 원리

- 보기 1) 　- 보기 2) 　- 보기 3) 　- 보기 4)

학습목적 모션(동작감지)센서의 작동 원리를 이해하고 설명할 수 있다.
정답풀이
해당 센서는 패시브 적외선 센서에 대한 동작원리를 나타낸 것이며, 이 센서의 경우 감지 영역이 좁고, 센서가 민감하지 않기 때문에 사람의 이동 같은 큰 동작을 감지하는데 적합하게 설계 되고 있다.

답 보기1, 보기2, 보기2, 보기4

예상문제 　스마트 센서를 활용한 기기 구성

〈제시문제〉에서 김과장이 사용한 통신장치 종류는 무엇인지 〈보기〉에서 하나만 선택하시오.

〈제시문제〉
보기 1) 비콘
보기 2) GPS
보기 3) 동작감지센서
보기 4) NFC태그
보기 5) RFID 키패드
보기 6) LPWA
보기 7) SBAS

김과장은 아내, 딸 총 세 명이서 같이 살고 있으며 방은 각자 쓰고 서재는 공용으로 사용 중이다. 서재도 지능형(스마트)홈으로 구성을 하여 조명이나 온도, 음악 등 앱을 통해 조정 할 수 있게 꾸몄으나 김과장은 서재를 들어 갈 때마다 이전 사용자가 설정 한 것이 마음에 들지 않아 조명색이나, 온도 등을 늘 다시 설정을 했다. 이런 점이 너무 불편하다 느낀 김과장은 서재에 가족 구성원 중 한명이 들어 올 때 누가 들어왔는지 확인을 하여 사용자에 맞게 알아서 조명이나, 온도, 음악 등 세팅을 바꿔주도록 설정을 하였다.

- 보기 1) 　- 보기 2) 　- 보기 3) 　- 보기 4)
- 보기 5) 　- 보기 6) 　- 보기 7)

학습목적 제시된 조건의 스마트 장치와 해당 장치의 기능을 정확하게 알고 있어야 한다.
정답풀이
제시된 조건은 특정 사용자의 위치 정보가 필요한데 이를 위해 사용되는 장치가 바로 비콘이다. 비콘 또는 비컨은 특정 위치의 정보를 전달하고 스마트 디바이스들끼리 상호작용하게 만드는 기술과 장치를 말한다. 블루투스 4.0 기반의 프로토콜과 BLE를 사용하기 때문에 배터리 소모가 적어서 장시간 사용할 수 있다.

답 보기1

02 지능형(스마트)홈 구축 및 운용 실무

1 지능형(스마트)홈 구축

1. 지능형(스마트)홈 네트워크 망 구축

지능형(스마트)홈 시스템을 직접 구축하고 운용하는 것은 그리 어렵지 않다.

그림 2-1 IoT 지능형(스마트홈) 예시도
출처: LH

지능형(스마트)홈을 구축하고 운용에 대하여 쉽게 개념적으로 설명하면, 집 안/밖의 기기들이 자동으로 또는 사용자가 동작 명령을 내리는 대로 동작하는데, 사용자의 위치가 어디에 있든지 무관하게 동작하는 것을 말한다.

① 집 안/밖의 기기들이란?
  간단하게, 전등, TV, 에어컨, 카메라 등등 내가 손으로 조작할 수 있는 다양한 기기들을 말한다.

② 동작(조작)한다는 것은?
  동작한다는 것은 On/Off를 의미하는 것이나 동작의 종류에는 단순 On/Off 만이 아니라 Control(조작)의 의미도 있다. 또한 이러한 동작(조작)은 사용자가 직접 명령을 내리는 경우도 있고, 시스템이 알아서 조작하는 경우도 있다. 후자의 경우를 굳이 인공지능이라고 표현할 수도 있지만 단순하게 자동제어인 경우가 더 많다.

③ 사용자의 위치가 어디에 있든 무관?

사용자가 어디에 있어도 상관이 없다는 것은, 사용자가 직접 관리하지 않아도 되는(자동 제어) 경우일 수도 있고, 위치와 무관하게 항상 On Line 되어 있다는 것을 의미한다. 즉, 스마트폰을 가지고 항상 우리집 시스템을 모니터링하고 제어할 수 있다는 것을 의미하는 것이다.

(1) 지능형(스마트)홈으로 바꾸는 방법

어떻게 지능형(스마트)홈으로 변화시킬까?

필요한 기기들을 설치하고 구성할 때의 계획 단계에서 고려해야 할 점들은 다음과 같다.

출처: www.infineon.com

① 인터넷 연결과 와이파이가 필요함
② 스마트폰이나 태블릿이 디바이스 제어 및 모니터링에 가장 적합함
③ 무선 네트워크는 현대적이고 편리하지만, 케이블을 통한 전송이 더 안전함
④ 디바이스들은 중앙 제어 유닛에서 프로그래밍하고 상호운용 가능해야 하는지, 아니면 독립형 솔루션으로 충분한지?
⑤ 모든 디바이스를 동일한 무선 표준(예: 와이파이)을 사용해서 연결할 것인가?
⑥ 스타터 세트는 초보자에게 적합하지만, 대체로 에너지 효율, 보안, 편의성 중 한 가지만 충족함
⑦ 중앙 제어 유닛은 모든 디바이스들이 그 반경 안에 들도록 배치해야 함

AI@HomeManager

| 예상문제 | 지능형(스마트)홈 구축 |

지능형(스마트)홈의 무선 메시 네트워크 구축을 위해 가장 적합한 장치를 보기에서 찾아 (A)~(C) 에 드래그 하시오.

<학습목적> 지능형(스마트)홈 네트워크 방식을 알고 해당 네트워크 방식에 맞춰 주어진 네트워크 장비 들을 정확한 위치에 설치할 수 있다.

<정답풀이> 주어진 문제에 있는 지능형(스마트)홈 네트워크 장비들 명칭은 Coordinator, Router, End Device로 이루어져 있는 것을 볼 때 해당 지능형(스마트)홈 네트워크는 ZigBee임을 알 수 있다.

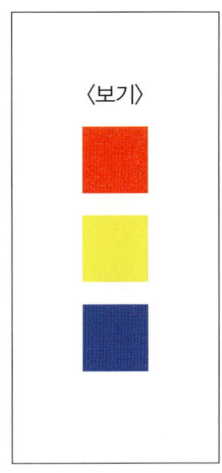

ZigBee Coordinator(ZC)	ZigBee Router(ZR)	ZigBee End Device(ZED)
1. 오직 1개의 ZC만 네트워크에 존재 2. 네트워크를 초기화 하고 설정함 (PAN ID, Channel, Stack 등) 3. 네트워크 정보를 저장함 4. 다른 노드로 데이터 Routing 가능 5. 네트워크에 대해 사용자 인터페이스를 제공하는 PAN coordinator 6. FFD 장치	1. Mesh 및 Tree네트워크 상에서 Routing을 담당 2. Optional 구성요소임 3. ZR을 추가함으로써 네트워크 범위를 넓힘 4. 자식노드들을 네트워크에 연결/해체 하는 역할을 함 5. 이웃노드들에 대한 라우팅 테이블을 가짐 6. 자식노드들의 통신속도를 조절함 7. FFD 장치	1. 저전력에 최적화 되어 있음 2. 센서 등의 장치는 ZED로 구현되어야 함 3. 오직 부모 노드와만 통신 4. 다른 노드와는 연결될 수 없음 5. RFD 장치

PART 4 지능형홈관리사 실기 · 347

(2) 지능형(스마트)홈 네트워크망 구축

사용자 가옥에 맞는 지능형(스마트)홈 네트워크 구축이 필요하다. 모든 IoT 기기들은 인터넷에 연결이 되므로 게이트웨이 (공유기)를 중심으로 연결이 되어야 하며, 스마트 기기들의 통신방식에 따라 상시 연결이 가능한 지능형(스마트)홈 네트워크를 구축해야 한다.

예상문제 기 구축된 통신사 네트워크에 지능형(스마트)홈 네트워크 구축하기

다음 김고객의 홈네트워크 구성은 통신사의 인터넷은 집 단자함에서 거실 랜포트에 연결되어 있는 통신사 유무선 공유기에 인터넷전화, IPTV 셋톱박스를 태블릿, 스마트폰, 노트북은 무선을 통해 사용 중이다. 하지만, 통신사 유무선 공유기에는 신규로 구입한 스마트 가전 기기들을 모두 연결할 수 없어 이를 해결하기 위한 지능형(스마트)홈 네트워크 구성 도에 보기의 무선 장비를 드래그앤드롭하여 구성도를 완성 하시오. (※ 단, IPTV와 인 터넷전화는 제공된 통신사 유무선 공유기에서만 작동되고 유선포트 3개(WAN포함)와 무선기기 5대만 연결 가능하다.)

학습목적 통신사에서 제공하는 인터넷 디바이스 연결 제한이 있는 경우 이를 해결하기 위한 지능형(스마트)홈 네트워크 구성을 하고 이에 필요한 네트워크 장비를 설치할 수 있다.

정답풀이

지능형(스마트)홈 네트워크 구축시 실제 현장에서도 발생할 수 있음

문제상황 1. 통신사 설치기사가 통신사의 인터넷선(WAN)을 각 방에 연결된 단자함 허브를 거치지 않고 거실1만 랜선 연결하여 각 방 인터넷 사용 불가
　→ WAN을 단자함 허브에 연결한다.
　→ 각 방 WAN 연결을 위해 단자함 허브와 사설 유선 공유기 설치

문제상황 2. 통신사 공유기 랜 포트 부족 발생
　→ 사설유선공유기에 남는 랜포트 또는 지그비 허브 설치할 장소의 랜 포트에 연결

문제상황 3. 통신사 공유기 무선 연결 제한되어 다른 디바이스 연결 불가
　→ 사설유선공유기 쪽에 무선브릿지 연결.

문제상황 4. IPTV, 인터넷 전화 사용을 위해 통신사 공유기는 필수로 사용해야 함
　→ 단자함허브에 연결된 랜선과 통신사공유기 연결

예상문제 — 지능형(스마트)홈 네트워크 구축

[보기]의 집에 스마트 센서 및 전등을 제어하기 위해 지그비 방식으로 네트워크를 구축 하였다. 지그비 코디네이터는 거실의 유무선 공유기 옆에 설치되어 있으며, 각 방의 WiFi RSSI와 지그비 LQI값을 측정한 결과값이다. 스마트센서가 작동하지 않는 구역을 해결하기 위하여 필요한 장비를 드래그하여 해결하시오.

〈보기〉
- 스마트 허브
- 스위치 허브
- 지그비 라우터
- Wi-Fi 리피터

지능형(스마트)홈 네트워크의 RSSI와 LQI를 측정한 도면

학습목적 지능형(스마트)홈 네트워크 구축 시 각 구역의 네트워크 신호와 통신품질을 파악하고 원활한 통신을 위하여 각 네트워크 방식에 맞는 네트워크망을 구축 할 수 있다.

정답풀이
RSSI값은 Wi-Fi 통신의 원활함을 알 수 있고 LQI는 ZigBee나 Z-Wave 네트워크 통신 상태의 품질을 알 수 있다.
여기서는 구축된 지그비(직비 ZigBee) 네트워크가 설치된 지능형 홈에서 통신품질이 안 좋은 곳을 찾아 해당 네트워크 장비를 설치한다.
만약 신호세기 값과 통신 상태 품질 값 두 개가 나온다면 네트워크 통신의 상태는 통신품질 상태를 우선 시 함을 잊지 말자. (P.320, 321 내용 참조할 것)

RSSI : 받는 무선신호의 세기
(Received Signal Strength Indicator)

측정 대역폭 내의 Resource Blocks(RBs)에 대한 총 수신 전력의 평균값이며 인접 채널 간섭이나 열 잡음 등을 모두 포함한다.
- 80dBm 이상이 되면 아예 연결이 되지 않는다.
- RSSI 값은 -30 ~ -100dBm (최대값 -30dBm)

LQI : 통신 상태의 품질
(Link Quality Indicator)

통신세기가 세더라도 주의 영향에 의해 통신품질이 좋지 않을 때 LQI의 값을 확인하면 알 수 있다.
- LQI값은 BER를 0~225 사의 정수값으로 표시
- 값이 높을수록 통신품질이 훌륭함을 의미

답 2번에 [지그비 라우터]를 가져다 놓으면 된다.

2. 신규 지능형(스마트)홈 기기 선택 및 환경구축

지능형(스마트)홈 기기를 선택함에 있어 가옥구조에 따라 필요 수량과 함께 어떤 네트워크 방식으로 구축할지에 따라서 달라지게 된다. 다음의 전체 구성도는 지능형(스마트)홈 플랫폼이 없는 구 아파트 또는 일반 가정집에서 필요한 스마트 기기들을 가지고 지능형(스마트)홈을 구축한 것이다.

그림 2-2 지능형(스마트)홈 예시 구성도

위 구성도를 네트워크만을 나타낸 구성도를 보면 해당 지능형(스마트)홈은 WiFi, 지그비(ZigBee, 직비), 지웨이브(Z-Wave), 전력선 통신(PLC) 4가지임을 알 수 있다.

지능형(스마트)홈 기기들이 주로 선택하는 네트워크 방식 3가지	• 첫 번째 방식은 대부분의 스마트가전군이 사용하고 있으며, 이는 스마트가전 특성상 상시 전원 연결 상태이므로 저전력 WiFi가 탑재되고 ISM(Industrial, Scientific and Medical)대역 중 2.4Ghz 기반 제품으로 개발 및 판매하고 있다. • 두 번째 방식은 스마트가전제품을 제외한 스마트센서군과 상시전원 연결이 어려운 스마트 전자제품군에 적용되어 있는ep 2.4Ghz 대역의 Low Energy 기술이 탑재된 블루투스 4.0 (IEEE802.15.1) 기반의 BLE (Bluetooth Low Energy)무선 기술과 지그비(IEEE 802. 15.4)기술을 동시에 사용 가능하게 만든 제품들이다. • 세 번째 방식은 보안 시스템, 온도 조절 장치, 창문, 자물쇠, 수영장 및 차고문의 개폐와 같은 주거용 기기 및 기타 장치의 무선 제어가 가능하도록 저에너지 전파를 사용하는 메쉬 네트워크를 구성하는 Z-Wave(지-웨이브) 무선 통신 프로토콜을 적용한 제품들이 있다.

예시로 보여준 지능형(스마트)홈 구성도에서 있는 기기들을 살펴보면 기능이 중복된 것이 있어 불필요한 지출이 일어나고 지웨이브 도어락으로 인해 지웨이브 게이트웨이가 더 추가되는 상황이 발생한다. 이는 지능형(스마트)홈 네트워크 구축 시 불필요한 게이트웨이, 라우터, 브릿지, 허브, 리피터 등과 같은 장비들이 늘어나 정리가 복잡해진다.

표 2-1 지능형(스마트)홈 예시 구성도 풀이

기능이 중복되는 제품들	기기 네트워크 방식에 따른 필요 장비

• 온·습도 센서
  – 에어컨 온·습도센서 활용
  – 스마트 써모스탯 온도센서 활용
• 스마트 스위치와 스마트 조명 : 스마트 스위치 또는 스마트 조명만 선택
	• Wi-Fi 방식의 경우 : 공유기, 리피터, 브릿지
	• 지그비 방식의 경우 : 공유기, ZC, ZR
	• 지웨이브 방식의 경우 : 공유기, 지웨이브 게이트웨이, 아울렛

(1) 기존 구성된 지능형(스마트)홈에서의 기기 추가 및 환경 구축

신규로 지능형(스마트)홈을 구축하는 것은 그나마 매우 쉬운 일이다. 하지만, 사용자에 따라 기존 구매한 스마트 가전, 스마트 기기들이 존재할 경우 이를 무시하고 신규로 구축하기에는 금전적이나 사용의 불편을 초래하게 되므로 사례학습을 통해 기존 구성된 지능형(스마트)홈에서의 기기 추가, 교체를 통한 환경 구축을 실습해 보도록 한다.

🛜 실습

건설사 월패드 중심의 유선 지능형(스마트)홈 시스템에서의 지능형(스마트)홈 환경 구축하기

[상황 1] 스마트 가전기기는 WiFi를 통해 인터넷에 연결되어 스마트폰을 통해 외부 제어 가능
[상황 2] 건설 시 설치 되어 있는 지능형(스마트)홈 기기들은 월패드에 연결되어 있으며 외부 제어 불가능
[상황 3] 사용자는 가능한 모든 제품을 외부에서 스마트폰으로 내부에서는 AI 스피커로 제어 원함
[상황 4] 문을 열거나 사람 움직임을 통해 조명이 자동 제어되고 상황에 맞춘 자동화를 원함
[상황 5] 필요한 지능형(스마트)홈 기기는 교체할 의향이 있으며, 단 건설사가 설치한 기기는 교체 불가능

사용자 상황 파악 후 구축 전 고려사항
- 기존 스마트 가전기기 플랫폼과 AI 스피커 연동 플랫폼 호환 확인
- 교체할 신규 지능형(스마트)홈 기기는 기존 스마트가전 기기 브랜드와 통일화 → 스마트폰에서 하나의 App으로 제어 및 관리의 편리성 고려
- 스마트 가전기기 외 지능형(스마트)홈 기기들의 네트워크 방식 선정, AI스피커 플랫폼 연동 확인
- 현 네트워크 신호 및 감도를 파악
- 구축에 필요한 지능형(스마트)홈 기기 및 장비에 정확한 수량 파악 및 예산 선정 후 상호 피드백

표 2-2 구축 전 고려사항에 의거한 지능형(스마트)홈 기기 파악표

분류	교체 또는 신규 추가 스마트 기기 명	수량	네트워크	AI연동
스마트 가전기기	[교체] 스마트 밥솥 [교체] 스마트 전기레인지 [교체] 스마트 오븐 or 전자레인지 [교체] 스마트 스타일러 [신규] IPTV STB 또는 OTT STB	1 1 1 1 1	WiFi	구글홈 스피커
지능형(스마트)홈 일반기기	[교체] 스마트 조명 스위치(리피터/ZR 내장) [교체] 스마트 콘센트 [교체] 스마트 도어락 [신규] 스마트 블라인드 [신규] 스마트 커튼(거실)	15 5 1 3 1	지그비	구글홈 스피커
스마트 센서	[신규] 스마트 모션 센서 [신규] 스마트 도어 센서 [신규] 스마트 압력 센서(4인 가족)	12 5 8	지그비	구글홈 스피커
네트워크 장비	[신규] 월패드 RS485-스마트게이트웨이 [신규] 지그비 허브(ZC) [신규] WiFi 리피터	1 1 3	WiFi 지그비 WiFi	구글홈

* 스위치나 콘센트의 경우 제어하고자 하는 선로에 따라서 구분하여야 한다.
* 스마트 블라인드, 커튼의 경우 해당 창문 사이즈에 맞춰야 한다.

기존 구축되어 있는 지능형(스마트)홈에서 사용자의 원하는 상황에 맞는 지능형(스마트)홈의 기기 추가나 환경 구축하기 위해서는 기존 기기들 및 추가된 기기들의 원활한 작동을 위해 다음과 같은 네트워크 구성을 고려해야 한다. (더 자세한 내용은 지능형(스마트)홈 네트워크 구축하기 참조)

그림 2-3 가정 내 WiFi 네트워크 구성

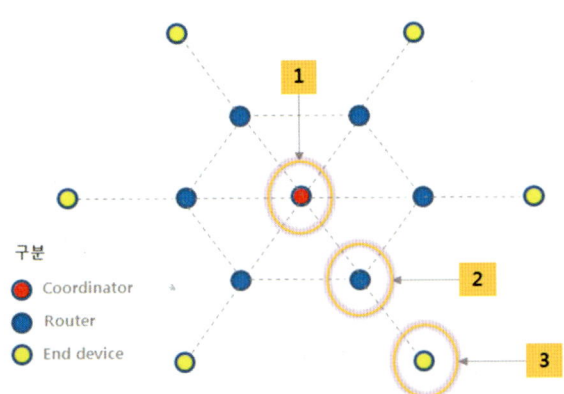

1. 네트워크 생성
   – 코디네이터(ZC)에 의한 지그비 네트워크 형성

2. 네트워크 확장 및 참여
   – 라우터(ZR)에 의한 지그비 네트워크 확장 및 참여

3. 네트워크 참여
   – 엔드 디바이스에 의한 네트워크 확장 및 참여

그림 2-4 가정 내 ZigBee 네트워크 구성

출처: http://www.jidum.com/jidums/view.do?jidumId=464

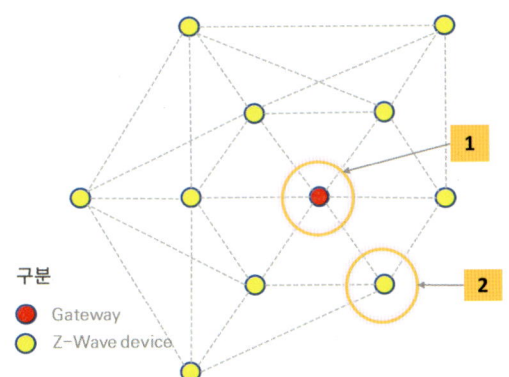

1. 네트워크 생성
   – 게이트웨이에 의한 지웨이브 네트워크 형성

2. 네트워크 확장 및 참여
   – 디바이스에 의한 지웨이브 네트워크 확장 및 참여

그림 2-5 가정 내 Z-Wave 네트워크 구성

표 2-3 각 통신 기술 기능 비교표

구분	와이파이	블루투스	지그비	Z-웨이브
주파수 대역	2.4GHz, 5GHz	2.4GHz	868MHz(유럽) 900~928MHz(미국) 2.4GHz(글로벌)	868~929MHz
전파 도달거리	실제 100m	1~100m	100m 이상(안정적)	100m 이상(안정적)
주요 응용분야	인터넷 연결	주변기기 (헤드셋, 오디오 등)	홈 네트워킹, 빌딩 자동화	홈 네트워킹, 빌딩 자동화
소비전력	평균 100mW	1~100mW	1~100mW(Low)	Low
특징	초소형, 초전력 장비 발굴 어려움	저전력 가능, AP 없이 접속 가능, 커버리지 확장 불가	저전력, 저렴한 네트워크 구성 유리, 타 통신과 간섭 및 파편화 우려	전파 효율성 및 호환성 좋음

출처: 전자신문

(2) 일반 가전제품의 스마트 가전화 및 환경 구축

여건상 지능형(스마트)홈 IoT 기기를 사용하지 못하고 기존 기기들을 IoT 기기와 혼합하여 구축해야 하는 환경이 존재한다. 이는 스마트 기능이 없이 미리 구축된 매립형 시스템 에어컨, 각 방 난방이 지원하지 않는 보일러 시스템, 주방 후드 등 신규 설치 또는 재설치로 인한 들어가는 비용과 시간들로 인해 기존 아날로그 시스템을 이용하여 구축해야 하는 현장 상황도 있으니 실습사례를 통해 해결해 보자.

그림 2-6 각 방 유선 난방 시스템 구성도
출처: (주)에쓰아이 블로그

그림 2-7 시스템 에어컨 구성도
출처: LG전자

실습 1

일반 TV를 스마트 TV로 만들기

일반 TV를 스마트TV로 만드는 방법은 총 3가지가 있다.
① 통신사 IPTV 셋톱박스
② 미라캐스트와 같은 동글(dongle) 장치
③ 안드로이드 TV 스틱, 애플 TV와 같은 스마트 TV스틱

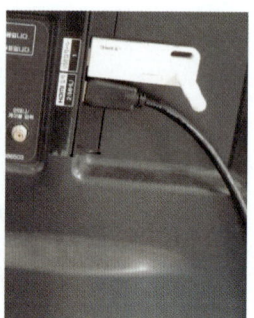

최근 통신사 IPTV의 셋톱박스 특징을 보면 다음과 같은데, 대부분 셋톱박스는 유선랜을 통해 TV HDMI 포트에 연결하여 시청 및 제어하게 되어 있다.

그림 2-8 주요 셋톱박스 특징

출처: 한국경제 https://www.hankyung.com/it/article/2020070543951

그림 2-9 통신사 IPTV 셋톱박스, 애플TV의 경우 설치방법

그림 2-10 안드로이드 TV스틱, 크롬캐스트 등 스틱의 경우 설치방법

실습 2

리모컨으로 작동하는 일반 가전제품을 스마트 가전으로 바꾸기

집 안에서 손을 사용하지 않고 가전제품들을 작동하는 방식으로 가장 보편화된 것이 바로 리모컨이다. 리모컨으로 작동하는 기기들은 다음과 같이 구성되어 있으며, 많은 전자기파 중 적외선(IR)을 이용하여 리모컨은 송신만을 기기는 수신부만을 갖고 있는 것이 특징이다.

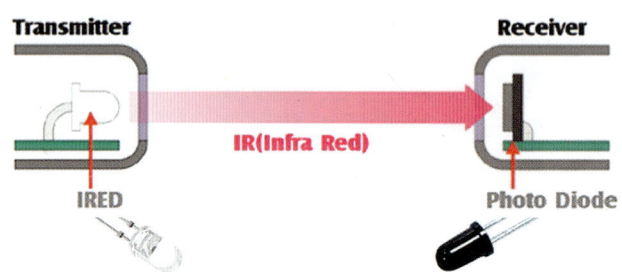

그림 2-11 적외선(IR) 통신을 이용한 리모컨 원리
출처: LG전자 블로그

① 적외선 리모컨의 작동 및 송수신 원리
- 리모컨에서 "전원" 버튼을 눌러 명령을 보낸다.
- 리모컨 발광 다이오드에서 전원에 할당된 고유 주파수 적외선 방출
- 제품(기기)에 있는 수광 다이오드에서 적외선 수신
- "전원"이 켜져 있으면 제품은 Off, 꺼져 있으면 "전원" On

그림 2-12 적외선(IR) 리모컨의 작동 및 송수신 원리
출처: LG전자 블로그

이런 적외선 리모컨으로 작동하는 일반 가전제품들을 지능형(스마트)홈 가전으로 만들기 위해 나온 제품이 바로 스마트 IR 리모컨 또는 스마트 리모컨 허브로 불리는 제품이다.

② 스마트 IR 리모컨 선택 시 고려 사항
- 네트워크 방식(WiFi, ZigBee)
- 타 플랫폼과의 연동 여부
- 360° 적외선 신호 송출 여부
- 리모컨 학습 기능 지원 여부
- 온·습도 센서 내장 또는 연결 가능 여부

그림 2-13 스마트 IR 리모컨
출처: https://narbhavigroups.com/automation/

③ 설치 시 주의사항
주파수가 같은 제품을 개별 제어 시 같은 공간 또는 다른 공간에 있더라도 주파수 수신이 가능하다면 동시 작동할 수 있어 설치 위치를 고려해야 한다.

① 스마트 IR 리모컨 준비   ② 스마트 IR 전원 연결   ③ 해당 App 설치 후 인터넷 설정

④ App에서 제어할 제품 리모컨 등록 또는 리모컨 학습 시키기   ⑤ 스마트 IR 리모컨 제품 작동 여부 확인

그림 2-14 스마트 IR 리모컨 WiFi방식 설치방법

④ 스마트 IR 리모컨으로 기기 원격 제어 시 발생하는 문제점
- 적외선 통신의 단점은 송신된 명령어의 수신을 확인 어려움
- 동일한 적외선 신호를 사용하는 같은 장소의 같은 방식의 다른 기기 오작동 가능
  이 문제 해결을 위한 방법 중 하나는 스마트 콘센트(플러그)를 이용하는 방법이 있다.

⑤ 구축 시 고려사항
- 구매 전 기기 소비전력과 스마트 콘센트의 허용 전력량 확인
- 구매 전 네트워크 방식 확인
- 타 플랫폼 연동 여부 확인
- 기기당 스마트 콘센트 연결
- 스마트 콘센트는 상시 On

그림 2-15 스마트 IR 리모컨과 스마트 플러그 조합

스마트 IR리모컨 제어를 통한 기기 작동여부를 확인하는 동작 원리는 다음과 같다.

그림 2-16 스마트 IR 리모컨과 스마트 플러그 조합 구성도

스마트 IR 리모컨 + 스마트 콘센트(플러그) 동작원리
① 외부에서 앱을 통해 스마트 IR로 제품 전원 On 신호를 보낸다.
② 인터넷을 통해 게이트웨이로 들어온 신호는 집안 스마트 IR 리모트로 명령 전달
③ 스마트 IR 리모컨은 해당 기기에 전원 On적외선 신호 송출
④ 해당 기기는 IR신호 수신 여부에 따라 전원 On
⑤ 해당 기기가 정상적으로 작동하면 스마트 콘센트에서 소비전력 DATA 송출
⑥ 게이트웨이 → 인터넷 → IoT클라우드 → 인터넷 → 스마트폰 App으로 DATA 전달
⑦ 스마트폰 App 사용 전력량 확인으로 원격 제어 제품 정상 작동여부 확인 가능

실습 3

콘센트에 연결하여 스위치로 동작하는 일반 가전제품을 스마트 가전으로 바꾸기
스위치의 종류를 살펴보면 다음과 같은 형태의 스위치를 많이 사용하고 있다.

| 로커 스위치 | 리미트 스위치 | 토글 스위치 | 모멘터리(푸쉬) | 락킹 스위치 |

그림 2-17 스위치 종류

로커 스위치의 경우에는 전등 스위치나 멀티콘센트 전원차단 스위치에서 많이 볼 수 있으며 모멘터리(푸쉬)나 락킹스위치는 대다수의 가전제품 스위치에 많이 사용되어지고 있다. 요즘은 디자인을 위해 터치 스위치를 사용하기도 한다.
이와 같은 스위치로 동작하는 일반 가전제품을 스마트스위치로 개조하지 않고 스마트 가전으로 바꾸기 위해서는 다음의 3가지 조건을 만족시켜야 한다.

첫째, 스마트 가전으로 바꾸고자 하는 제품에 전원 콘센트가 있어야 한다.
둘째, 콘센트 연결 시 제품 단독으로 작동 및 상시전원이 연결되어야 한다.
셋째, 제품 전원 동작 스위치가 로커, 토글, 락킹스위치처럼 고정되거나 제품에 정전보상기능이 있어야 한다.

위의 조건이 충족시킨다면 스마트 콘센트(플러그)를 이용하여 앱으로 외부에서 해당 제품의 전원을 On/Off 제어하거나 집안에서 AI스피커를 통해 음성으로 제어할 수 있다. 그림 설치방법과 스마트 콘센트 선택 시 고려할 사항을 알아보자.

그림 2-18 스마트 콘센트 WiFi 방식 설치방법

스마트 콘센트 선택 시 고려사항
① 구매 전 기기 소비전력과 스마트 콘센트의 허용 전력량 확인
② 구축할 장소의 네트워크 방식과 호환 여부 확인
③ 타 플랫폼 연동 여부 확인

실습 4

스위치 봇을 이용 스위치로 동작하는 일반 가전제품을 스마트 가전으로 바꾸기

① 스위치 봇 작동 방식
- 통신 프로토콜 : 블루투스 4.2, 매쉬 네트워크
- 동작모드 : Press(누름), Switch(스위치)
- 배터리 또는 충전식
- 원격 및 다수 스위치 봇 제어 필요시 블루투스 게이트웨이 필요

스위치 방식(좌)   암 방식(우)
그림 2-19 시중 판매되는 스위치 봇 종류

현 시중에 판매되는 스위치 봇을 활용하여 스마트화하기 위한 조건은 다음과 같다.

첫째, 적용하고자 하는 스위치 방식을 고려해야 한다.(로커, 토글, 푸쉬, 락킹)
셋째, 스위치 봇의 부착 공간이 나와야 한다.
셋째, 제어하고자 하는 스위치 개수만큼 스위치 봇이 필요하다.
* 정전식 터치 스위치의 경우 설치 및 제어 불가

② 스위치 방식의 스위치 봇 설치 및 동작 방법

• 로커 스위치의 경우

• 푸쉬, 락킹 스위치의 경우

③ 암 방식의 스위치 봇 설치 및 동작 방법

• 푸쉬/락킹 스위치의 경우   • 로커 스위치의 경우   • 토글 스위치의 경우

④ 스위치 봇으로 가전 기기 제어 시 발생하는 문제점
- 사용자 시야에 없는 제품의 경우 스위치 정상 작동 여부에 대한 확인 불가능
- 외부에서 원격 제어 시 통신 프로토콜로 인한 게이트웨이 필요
  이 문제 해결을 위한 방법 역시 스마트 플러그를 이용하는 방법이 있다.

⑤ 구축 시 고려사항
- 구매 전 기기 소비전력과 스마트 콘센트의 허용 전력량 확인
- 구매 전 네트워크 방식 확인
- 타 플랫폼 연동 여부 확인
- 기기당 스위치봇, 스마트 콘센트 연결
- 스마트 콘센트는 상시 On

그림 2-20 스위치 봇과 스마트 플러그 조합

스위치 봇을 통한 외부 제어 및 기기 작동여부를 확인하는 동작 원리는 다음과 같다.

그림 2-21 스위치 봇과 스마트 플러그 조합 구성도

스위치 봇 + 스마트 플러그 동작원리 구성도
① App명령 → 인터넷 → IoT클라우드 → 인터넷 → 공유기 → 블루투스GW → 스위치봇
② 스위치 봇은 해당 스위치를 켜는 동작을 함
③ 해당 기기가 정상적으로 작동하면 스마트 플러그에서 소비전력 DATA 송출
④ 블루투스 GW → 공유기 → 인터넷 → IoT클라우드 → 인터넷 → 스마트폰 App으로 스위치 봇 On 상태와 스마트플러그 전력 소비량에 대한 실시간 DATA 전달
⑤ 스마트폰 App 사용 전력량 확인으로 원격 제어 제품 정상 작동여부 확인 가능

예상문제 지능형(스마트)홈 가가 선택 및 환경 구축 - 다지선다형

다음 구성도는 기존 리모컨으로 작동되는 에어컨을 내부 온도가 30도가 되면 자동으로 켜지고 26°를 유지할 수 있을 뿐 아니라 집안 습도가 60% 이상이 되면 제습으로 작동 가능한 스마트 에어컨으로 만든 것이다. 해당 구성도에 필요한 지능형(스마트)홈 디바이스들을 모두 선택하시오. (모든 스마트 기기는 WiFi로 연결이 되며, 에어컨 작동 여부도 확인이 되어야 한다.)

〈보기〉
① 유무선 공유기
② 지그비 허브
③ WiFi 스마트 플러그
④ 온/습도 센서
⑤ 스마트 IR 리모컨

> **정답풀이**

해당 문제의 가장 큰 포인트는 스마트 기기들은 WiFi로 연결이 된다는 것이다.
보기 ④를 제외한 모든 기기들은 네트워크 방식이나 하위 개념이 적혀 있다. 온/습도 센서는 통신이 안 되고 디스플레이에 나타내는 기기들도 있으므로 해당 보기는 전체를 나타낸다고 볼 수 있다. 즉, 스마트 센서란 하위 표시가 없으므로 제외한다.
모든 스마트 디바이스들은 게이트웨이를 통해 인터넷에 연결되어야 하므로 게이트웨이는 유무선 공유기임을 알 수 있다. 또한 스마트 IR 리모컨의 경우 IR통신의 특성상 송신은 가능하나 수신이 안 되는 단점을 가지고 있다. 이에 외부에서 스마트 기능이 없는 에어컨을 가동되는 유무는 전기 소모량이나, IP 카메라를 통한 육안으로 확인하는 방법이 있다.

답 보기 ①, ③, ⑤

> **예상문제** 지능형(스마트)홈 가가 선택 및 환경 구축 – 드래그앤드롭형

다음 구성도는 기존 리모컨으로 작동되는 에어컨을 내부 온도, 습도를 측정해 집안 온도를 26도로 유지하기 위한 스마트 에어컨처럼 작동하기 위한 구성도이다. 해당 구성도에 맞는 디바이스들을 보기에서 드래그하여 완성하시오. (단, 센서는 지그비 방식이며, 다른 스마트 기기들은 WiFi이다. 또한 에어컨이 작동이 되는지 모니터링이 가능해야 한다.)

아날로그 에어컨 → 스마트 에어컨 변경 구성도

> **정답풀이**

붉은 네모칸과 붉은 점선은 구성도에서 지그비 방식으로 알려주고 있으므로, 해당 위치에는 지그비 컨트롤러와 센서를 드래그해야 한다.
그 외 디바이스는 WiFi방식이므로 유무선 공유기를 중심으로 연결되면 되고 작동여부는 기존 에어컨의 전기소비를 알 수 있는 스마트 콘센트를 통하므로 에어컨과 직접 실선으로 연결된 바로 위에 드래그하면 된다.

예상문제 스마트 기능이 없는 기기들을 이용한 지능형(스마트)홈 구축 방법

다음 구조도는 토글스위치로 작동하는 스탠드 조명을 스위치 봇과 스마트 플러그를 가지고 스마트 스탠드 조명을 만든 것이다. 해당 칸에 맞는 디바이스를 드래그하여 완성하시오.(※보기의 스위치봇은 BLE 방식이다.)

학습목적 스마트 기능이 없는 홈에서 지능형(스마트)홈 네트워크를 구성과 함께 필요한 지능형(스마트)홈 네트워크 장비 및 스마트 기기들을 파악하여 구축할 수 있다.

정답풀이

보기에서의 지능형(스마트)홈 네트워크 디바이스는 보기1의 블루투스 마크가 있으므로 블루투스 게이트웨이이며 보기2는 ZigBee 마크가 있어 ZigBee 코디네이터임을 알 수 있다. (P.305, 308 에서 ZigBee 코디네이터가 ZigBee 게이트웨이/허브로 불리는 이유와 게이트웨이와 허브의 차이에 대해 상세 설명이 되어 있음)

BLE는 저전력 블루투스를 뜻하고 있으며, 블루투스로 외부에서 제어하기 위해서는 블루투스 게이트웨이를 통해 가능하다. 하여 무선 공유기는 외부 인터넷과 연결되고 있고, 블루투스 게이트웨이를 통해 BLE방식인 스위치봇을 조작하는 방식임을 알 수 있다.

보기3의 스위치봇이 푸쉬 스위치를 조작하는 사진이며, 보기4의 사진은 토글 스위치를 조작하는 스위치봇임을 알 수 있다.

주어진 문제에서는 토글스위치로 작동하는 스탠드 조명을 제어하기 때문에 보기4를 스탠드 조명 스위치에 설치해야 한다.

3. 지능형(스마트)홈 IoT 기기 설치 및 문제 해결 실무

지능형(스마트)홈 구축 시 가장 많이 사용하는 다음의 IoT 디바이스들 중 직접 설치 가능한 전구, 스위치, 센서, 네트워크 장비들에 대한 설치 방법과 사례를 통한 설치 시 발생 할 수 있는 문제에 대하여 살펴보자.

그림 2-22 지능형(스마트)홈 구축 시 가장 많이 사용되는 IoT 디바이스들

(1) 스마트 스위치 설치(전구, 스위치, 릴레이)

스마트 스위치는 배전반에서 오는 활(Live)선과 전등에 연결되는 부하(Load)선에 전기를 on-off하는 스위치 릴레이부와 통신, 터치감지, 제어를 담당하는 MCU(microcontroller unit)회로부, 그리고 이들 부분에 전원을 공급하는 SMPS(Switching Mode Power Supply : 스위칭 동작에 의한 전원 공급장치)부로 나눌 수 있다.

그림 2-23 스마트 스위치 구성도

스마트 스위치의 경우 스위치 동작을 위해서 활 선(Live)와 부하선(Load) 쪽의 전원 on-off 여부와 상관없이 계속 전원이 공급되어야 함으로 스위치에는 필수적으로 활선과 중성선이 연결되어야 한다. 하지만, 기존 기계식 스위치는 전원 공급이 필요 없으므로 대부분 전등 스위치 함에는 배전반에서 오는 활선과 전등에 연결되는 활성선만 존재한다.

그림 2-24 일반적인 가정집의 배선도

집의 배선 상황에 따라 중성선을 끌어오면 되지만, 큰 공사가 필요할 수도 있다. 만약 중성선 배선 작업이 어려울 경우 다음과 같이 중성선이 없는 스마트 스위치 구성을 생각해야 한다.

1) 스마트 전구 또는 라이트로 구성하는 방법

전구 자체에 IoT기능이 탑재된 스마트 전구를 사용하여 중성선 없이 설치가 가능하다.

스마트 전구 또는 라이트 선택 시 고려사항
- 기존 전등의 전구 소켓을 사용해야 한다.
- 기존 스위치는 항상 켜두고 사용해야 한다.
- 스위치로 제어가 필요시 무선스위치 리모컨을 옵션으로 사용해야 한다.
- 지능형(스마트)홈네트워크 지원 방식을 고려한다.
- 타 플랫폼과의 호환성을 살펴봐야 한다.

스마트 전구를 사용하는 부분은 비용이 적게 들 수 있으나, 전등 자체를 스마트 전등으로 교체하는 것은 비용이 상승하므로 권장하지는 않는다.

실습 1

필립스 휴 블루투스 방식 설치 방법

① 블루투스 기능지원 확인
② 애플 앱 스토어, 구글 스토어에서 휴 블루투스 앱 설치
③ 전구를 소켓에 키우고 전원 On

④ 스마트폰에서 블루투스 On
⑤ 휴 블루투스 앱 실행
⑥ 설정＞조명으로 이동 후 +아이콘 실행
⑦ 자동으로 검색된 조명 선택 연결
⑧ 앱의 홈 탭에 연결된 조명 확인
⑨ 연결된 조명 앱에서 제어

1. 블루투스켜기　　2. App 실행 및 추가　　3. 검색된 전구 설치

블루투스 방식의 스마트 조명 연결의 경우 다음과 같은 단점이 발생한다.

① LTE나 인터넷을 통한 외부 제어 불가
② 연결할 수 있는 기기의 수가 적다.(필립스 휴 전구의 경우 최대 10개)
③ 신호 간섭 및 제어거리가 10m로 짧다.

실습 2

필립스 휴 브릿지를 통한 전구/램프 설치 방법

그림 2-25　지그비 방식의 필립스 휴 브릿지와 스마트전구 구성도
출처: IOT 및 감성조명 콘텐츠 기반의 LED 캠핑등 디자인 개발에 관한 연구

필립스 휴 전구의 경우 블루투스 연결 외 지그비 네트워크를 지원하며 휴 브릿지(지그비 코디네이터)를 통해 최대 50개의 전구/램프뿐만 아니라 디머 스위치, 동작센서, Play HDMI 싱크 박스등, 최대 12가지 액세서리를 연결할 수 있다.

휴 브릿지 설치방법

① 필립스 휴 지원 조명을 설치하고, 조명 스위치를 켭니다.
  ㉠ 필립스 휴 브릿지를 콘센트에 연결합니다.
  ㉡ 이더넷 케이블을 사용하여 휴 브릿지를 Wi-Fi 유무선 공유기에 연결합니다.
  ㉢ 휴 브릿지 표시등 3개에 모두 불이 들어올 때까지 기다립니다.
② 애플 앱스토어, 구글 플레이 스토어에서 필립스 휴 앱을 다운로드 합니다.
③ 스마트폰을 휴 브릿지와 연결된 유, 무선 공유기의 2.4Ghz Wi-Fi에 연결합니다.
④ 필립스 휴 앱을 열고 휴 브릿지를 찾습니다.
⑤ 휴 브릿지를 찾으면 화면에 표시되는 설명에 따라 휴 브릿지 본체의 가운데 버튼을 눌러 연결합니다.
⑥ 휴 브릿지 연결이 끝나면 추후 설치되는 제품을 제어하는 방/구역을 만들거나 선택할 수 있습니다.

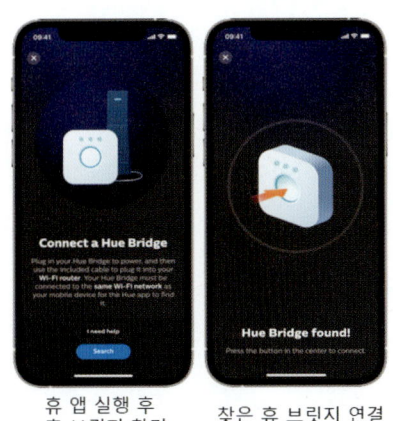

휴 앱 실행 후   찾은 휴 브릿지 연결
휴 브릿지 찾기

휴 브릿지에 전구/램프 설치 및 연결방법

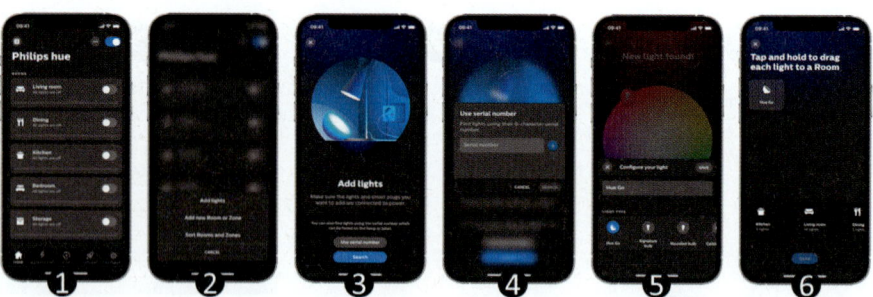

① 휴 앱을 열고 홈 탭으로 이동한 후 세 점(⋯) 아이콘을 누릅니다.
② 조명 추가를 누릅니다.
③ 검색을 누릅니다.
④ 만약 휴 앱이 조명을 찾지 못하면 제품의 일련번호를 입력합니다.
⑤ 새 조명이 표시되면 구성 시작을 누르고 조명 이름과 유형을 지정합니다.
⑥ 새 조명을 기존 방으로 이동하거나 있는 위치의 방을 새로 만들어 이동합니다.
⑦ 다른 방법으로 조명을 추가하려면 앱 설정 탭으로 이동 조명을 누른 후 (+) 아이콘을 눌러 해당 내용에 따릅니다.

2) 버튼 없는 스마트 스위치(스마트 릴레이 스위치)로 구성하는 방법

스마트 릴레이 스위치는 등기구로 들어오는 Load선, 중성선을 입력부에 연결하고 출력부를 등기구 안정기 쪽으로 연결하는 스위치를 말한다.

스마트 릴레이 스위치 선택 시 고려사항
① 기존 스위치를 사용할 수 있는지 살펴본다.(이 경우 약간의 딜레이 발생)
② 기존 스위치 사용 불가 시 RF수신 제품 고려한다.
③ 지능형(스마트)홈 네트워크 방식을 고려한다.
④ 설치 기기의 허용 전류량보다 작아야 한다.

스마트 릴레이 스위치(컨트롤러)의 네트워크 방식은 Wi-Fi와 ZigBee방식이 많이 나오고 있다. 만약 ZigBee방식을 선택하게 된다면, 지그비 라우터(리피터)도 되는 제품을 선택하면 메시 네트워크 구성을 통해 지그비 신호(LQI)가 낮은 곳 없이 원활한 통신을 할 수 있다.

실습 3

스마트 릴레이 스위치 설치 및 연결 방법

표 2-4 스마트 릴레이 제품 스펙표

통신방식	ZigBee IEEE 802.15.4
In/Out	AC 85~265V 50/60Hz
MaxLoad	250V/10A
통신지원	ZigBee Repeater 내장

상기의 스마트 릴레이 스위치를 240W 안방등을 제어하기 위해 설치해보자.

① 네트워크 방식
- 지그비 방식이므로 지그비 코디네이터(제품명 : 지그비 허브) 필요
- 2.4Ghz를 지원하는 유무선 공유기(게이트 역할) 필요

② 제품의 허용 전류량은 250V×10A=2500W이나 한국은 220V이므로 220V×10A, 즉 최대 2200W를 지원하므로 240W 전등을 충분히 제어 가능

지그비 방식의 스마트 릴레이 스위치 네트워크 및 배선 구성도

등커버를 벗기고 비접속식 전기
테스트기로 전원선을 확인한다

안전을 위해 차단기를 내린다
1. 전등 차단기를 내린다.
2. 메인 차단기를 내린다.

제어할 등의 커버를 벗기고 안에
스마트 릴레이 스위치를 연결 한다.

① 등커버를 벗기고 비접촉식 전기테스터기로 전원선을 확인한다.
　　(2020년까지 한국전기설비규정 내선 기준으로 중성선은 백색 or 회색선 사용)
② 안전을 위해 가정 배전반의 전등 차단기를 내린 후 메인 차단기를 내린다.
③ 천정에서 오는 전원선과 중성선을 스마트릴레이 스위치 IN방향에 연결한다.
④ 스마트릴레이 스위치의 OUT쪽에 등으로 가는 전원선, 중성선에 맞춰 연결한다.
⑤ 배전반의 차단기를 올려 전원을 공급한다.
⑥ 스마트폰에 설치된 스마트 릴레이 스위치 연동할 플랫폼 앱을 연다.
⑦ 설명서에 따라 앱을 통해 지그비 허브에 스마트 릴레이 스위치를 연동한다.
⑧ 제어 및 지그비 라우터(리피터)로 작동하는지 확인한다.
⑨ 기존 스위치로 전등이 On, Off되는 지 확인한다.

3) 중성선 없는 스마트 스위치로 구성하는 방법

몇 년 전부터 중성선이 필요 없는 스마트 스위치가 다수 출시되고 있는데, 이 방식의 스위치를 구매하면 벽에 매립되어 있는 기존 스위치와 중성선 없는 스마트 스위치로 교체하기만 하면 된다.

그림 2-26 중성선 없는 스마트 스위치 선 결선도
출처: BroadLink 스마트 스위치, 아마존닷컴

중성선이 없는 경우 스위치가 Off상태에서는 전류가 흐르지 않기 때문에 배전반에서 오는 활선(Live)에서 누설전류처럼 전류를 흘러가게 하여 스마트 스위치에 전력을 공급하여 작동하는 방식이다.

그림 2-27 중성선 없는 스마트 스위치 내부 구조도 **그림 2-28** 잔광 콘덴서가 필요

출처: https://diy-hard.tistory.com/25

여기서 Load가 얼마나 될지 특정할 수 없기 때문에 넓은 범위의 교류 전압을 커버할 수 있어야 되고, 가장 큰 문제는 Z2로 전류를 흘리게 되면, LED전구가 약간의 전류에도 작동하게 되기 때문에(잔광 현상) 극소의 전류만을 흘려야 한다. 그 작은 허용 가능 전류에 교류 직류 변환 손실이 발생하기 때문에 초고효율 바이어스 회로가 필요하다. 덤으로 relay on시 사용되는 별도 전원회로가 필요하다.

off시 얻을 수 있는 전원은 워낙 미량이라 스위치는 RF시그널 송수신 정도만 하고 별도의 허브로 통신한다. 이런 이유로 전등 쪽에 잔광제거용 콘덴서를 병렬연결하고 전류를 필요한 만큼 충분히 흘리고 전류가 콘덴서 쪽으로 빠지도록 되어 있다.

실습 4

중성선 없는 스마트 스위치(2선식/ZigBee) 설치 및 연결방법

① 기본 구성품
- 스위치 상/하판
- 나사 2개
- 노이즈 필터(잔광 콘덴서)
- 전선 표시 스티커
- 사용 설명서

② 필수 사항
- Wi-Fi 유무선 공유기
- 지그비 허브(ZC)

그림 2-29 헤이홈 2선식/지그비 스위치

중성선 없는 스마트 스위치(2선식/ 지그비) 설치 구성도는 옆과 같다.

③ 설치 시 주의 사항
- 지그비 허브(ZC)가 필요하다.
- 중성선을 필요로 하지 않지만 잔광이 남을 수 있어 노이즈 필터 나 잔광제거 콘덴서가 필요하다.
- 연결할 등과 스위치의 정격부하를 꼭 체크하여 연결해야 한다.

출처: 헤이홈

④ 스마트 스위치의 최대 부하
- 1구 100W/2구 250W/3구 250W

설치방법

출처: https://blog.naver.com/bandion/221182061230

① 가정 내 배전반에서 전등 차단기를 내린 후 메인 차단기를 내린다.
② 교체할 기존 스위치를 드라이버를 통해 분해한다.
③ 기존 스위치를 탈거한다.
④ 탈거한 스위치의 배선 확인 후 전선에 표시한다.(L : 활성, L1 : 전등 1, L2 : 전등 2 등)
⑤ 장착할 스마트 스위치 배선에 맞게 표시한 전선을 연결한다.
⑥ 스위치 단자함에 맞춰 스마트 스위치를 조립한다.
⑦ 스마트 스위치와 연결된 전등의 전원선에 노이즈필터나 잔광 콘덴서를 연결한다.
⑧ 배전반에서 차단기를 올린 후 스위치가 정상적으로 사용 가능한지 확인한다.
⑨ 스마트폰에서 해당 제품 App을 설치한다.(애플 앱스토어, 구글 플레이스토어)
⑩ Wi-Fi 공유기와 지그비 허브를 연결한다.
⑪ 스마트폰을 지그비 허브와 연결된 Wi-Fi와 연결한 후 앱을 실행하여 지그비 허브를 네트워크에 연결한다.
⑫ 스마트 스위치와 지그비 허브에 연동시킨다.
⑭ 앱에서 스마트 스위치가 정상적으로 작동되는 확인한다.
⑮ 타 플랫폼(AI스피커)과 연동을 시켜 정상적으로 작동되는지 확인한다.

[참조 1] 2선식 스위치와 3선식 스위치 배선도
우리나라에서의 조명 스위치의 규격은 2선식 스위치로 되어 있지만 대부분의 스마트 스위치는 상시 전원이 필요한 스마트 스위치를 설치하기 위해서는 활선(Live Wire)에서 미세한 전류로 전원 공급을 받아야 하는데 이 미세전류가 전등에 가지 않게 빠져 나갈 수 있는 중성선(Neutral)이 필요한데 활선(Live), 중성선(Neutral), 부하선(Load)으로 이루어진 3선식 스위치를 채택하고 있음. 다음의 이미지는 2선식 스위치와 3선식 스위치 배선도이다.

그림 2-30 일반적인 스위치 배선도(2선식)

그림 2-31 중성선 매립 배선도(3선식)

출처 : yourjune Blog

- Live Wire는 배전반에서 오는 전기가 상시 공급되는 선을 뜻하며 약어로는 L로 표시하며 활선이라도 불림
- Load Wire는 스위치와 전등이 연결되는 선을 말하면 활성선에서 스위치를 통해 전구에 전기를 공급하는 길이라 하여 Load라고 하며, 스위치 개수에 따라 L1, L2, L3로 표시함

건물 및 홈에서의 전선색상 식별 규정

2021년부터 적용된 한국전기설비규정(KEC)의 전선색상 식별규정 변경사항 표
※ 주의 : 실기 문제에서는 2021년 전의 내선 규정 사진도 사용되어지고 있음

각 나라별 전파환경·방송 통신망 인증명 및 마크

그림 2-32 각 국이 시행하는 인증마크들
출처: www.kostec.org

예상문제 지능형(스마트)홈에 스마트 스위치 구축 및 설치

다음은 스마트 스위치 내부 구성도이다. 구성도에 맞는 릴레이부, 제어부, 직류전원공급 부를 드래그하여 완성하시오. (※ 배선은 2021년 1월 1일부터 적용한 한국설비규정 (KEC)을 따르고 있다.)

학습목적 스마트 스위치 구조를 통해 스마트 스위치가 3선이 필요한 이유를 알 수 있다.

정답풀이

2021년 1월부터 시행된 한국설비규정에 따르면 로드선 즉 활성선은 갈색, 흑색, 회색을 사용 하게 되어 있으며, 중성선은 청색을 접지선은 녹색과 노랑색이 섞인 선을 사용하게 되어 있다. 스마트 스위치의 경우 상시전원 인가를 위해 중성선이 필요하므로 교류를 직류로 바꿔주는 직 류전원공급부를 통해 버튼, 컨트롤, 통신을 담당하는 제어부에서 신호를 받아 릴레이 스위치가 켜지면 전등이 켜지는 구조로 되어 있다.

예상문제 지능형(스마트)홈에 스마트 릴레이 스위치 구축 및 설치

일반 가정집 전기 배선도이다. 해당 집의 기존 스위치는 그대로 사용하면서 스마트 릴레이 스위치(스펙표)를 가지고 원격 제어 및 자동화를 하고자 한다. 릴레이 스위치를 설치 하는 위치에 맞게 드래그 하여 설치하시오. (※ 배선은 2021년부터 적용되는 한국설비 규정(KEC)를 따르고 있으며, 네트워크는 구축된 상태이다.)

홈 내부 전기 배선도

〈보기〉

스마트 릴레이 스위치

학습목적 스위치가 없는 스마트릴레이스위치 배선 연결과 설치 위치를 정확히 알 수 있다.

정답풀이

스마트릴레이 스위치 또한 상시 전원이 필요하므로 중성선이 있는 곳과 전등을 직접 제어해야 하는 위치에 설치해야 한다.

상단 우측은 접지선과 중선선이 있는 곳이므로 제어가 불가능하며, 하단의 왼쪽 첫번째는 기존 스위치로 인해 스마트 릴레이스위치를 벽속에 설치를 할 수 없다.

바로 그 옆은 기존 스위치의 Live(활)선과 Load(부하)선이기 때문에 스마트릴레이 스위치에 연결하기 위해 필요한 중성선이 없어서 설치 불가임.

| 예상문제 | 지능형(스마트)홈에 2선식 스마트 스위치 설치 |

다음 보기는 2선식 스마트 스위치를 설치한 설치도와 설치 부품 사진이다. 설치 부품 중 노이즈 필터를 설치하는 위치에 맞게 드래그하여 설치도를 완성하시오. (※ 배선은 2021년부터 적용되는 한국설비규정(KEC)를 따르고 있다.)

학습목표 2선식 스마트스위치 설치 시 발생할 수 있는 문제점(잔광현상)이 무엇인지와 왜 발생하는지 알고 이를 해결할 수 있다.

정답풀이
LED등에서 많이 발생하는 잔광현상, 잔불현상은 깜깜한 밤에 전등 스위치를 껐을 때 등기구에 미세하게 켜져 있는 현상을 말한다. 이는 2선식 스마트 스위치 뿐만 아니라 전자식, 디지털 스위치에서도 발생하는데 이유는 스마트 스위치의 경우 통신을 위해 상시로 전원 이 있어야 하고 전자식, 디지털 스위치의 경우에는 스위치 램프에 불이 들어오기 위해 미세 전류를 흐르게 했기 때문이다. 이를 제거하기 위한 부품은 노이즈 필터, 잔광 컨덴서가 있는데 이를 등 기구의 컨버터(안정기)선 이나 천장 전원선에 연결하면 해결 할 수 있다.

출처: https://blog.naver.com/bandion/2211820612

> **예상문제** 지능형(스마트)홈에 2선식 스마트 스위치 설치

다음 보기 (   )에 들어갈 용어를 넣으시오.

2선식 스마트 조명 스위치 설치 후, 조명 스위치와 연결된 등기구에서 다음 사진과 같은 현상이 발생하였다. 이를 해결하기 위하여 연결된 등기구에 (   )를 설치하였더니, 노이즈 현상까지 해결되었다.

답안입력 :

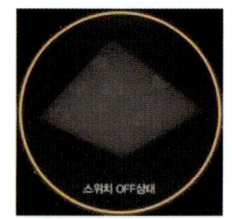

학습목표 2선식 스마트스위치에서 발생하는 잔광현상을 해결 할 수 있다.
정답풀이
LED를 사용하시는 분들에게 잔광현상은 큰 문제이며 전원을 껐는데도 희미한 불이 계속 켜져 있거나 아니면 번쩍거리는 현상까지도 있다. 이러한 점을 해결해주는 제품은 잔광콘덴서이며 전등 부하에는 저항 성분이 많아서 잔광콘덴서를 연결하게 되면 전구의 발광효율을 좋게 하고 미세한 누설 전류를 흡수해서 깨끗한 전기가 흐르는 원리를 가지고 있다. 일명 진상용 콘덴서라고 하는데 이것은 전하를 방전, 충전하는 역할도 하지만 제일 큰 역률(효율)을 개선하는 역할을 한다.

답 노이즈필터, 잔광 콘덴서, 진상 콘덴서

> **예상문제** 지능형(스마트)홈에 2선식 스마트 스위치 설치

한국 규격의 스마트 스위치에 대한 설치하는 사진이다. 사진에 맞는 규격을 보기에서 선택하시오.
(※흰색선 – N, 적색선 – Live, 노란색선– L1, L2와 연결되어 있다.)

〈보기〉
① 2선식 – EU
② 2선식 – US
③ 2선식 – KS
④ 3선식 – EU
⑤ 3선식 – US
⑥ 3선식 – KS

출처: https://naver.me/FOMckzEc

학습목표 제시된 조건의 스마트 장치와 해당 장치의 기능을 정확하게 알고 있어야 한다.
정답풀이
해당 배선도를 보면 중성선–N, 활선(전력선)–Live, 부하선–L1/L2인 3선식 2구 스위치임 을 알 수 있다. 그리고 국내 규격은 한국산업표준(Korean Industrial Standards, KS)을 따르게 되어 있고, 판매를 위해서는 KC인증도 받아야 한다.

(2) 스마트 플러그, 멀티탭 & 콘센트(매립형)

기존 벽에 매립되어 있는 콘센트에 간단히 연결하여 해당 콘센트를 외부에서 제어, 모니터링 및 자동화를 할 수 있는 제품이 바로 스마트 플러그와 스마트 멀티탭이 있다.

통신 방식에 따라 Wi-Fi, 지그비, 블루투스를 통해 연결되며 지그비 방식의 경우 상시 전원이 연결될 수 있기 때문에 지그비 라우터 역할도 같이 가지고 있는 제품을 선택하는 것이 좋기 때문에 구매 전 하기와 같은 내용을 고려하여 구매해야 한다.

① 스마트 플러그와 스마트 멀티탭 선택 시 고려사항
  ㉠ 구축하려는 또는 구축된 지능형(스마트)홈 플랫폼 연동여부를 확인한다.
  ㉡ 네트워크 방식을 고려하여 확장성 있는 제품을 선택한다.
   지그비 방식의 경우 지그비 라우터 기능 있는 제품을 선택
  ㉢ 집 콘센트 용량보다 작은 제품을 선택한다.(가정집 콘센트 전력량 15A~16A임)
  ㉣ 연결할 제품의 용량과 스마트 플러그와 멀티탭의 최대 허용 용량을 확인한다.
   스마트 멀티탭의 경우 각 소켓 제어 가능한 제품을 선택한다.
  ㉤ 대기전력양이 작은 제품을 선택한다.

그림 2-33 브런트 스마트 플러그와 헤이홈 스마트 멀티탭
출처: 브런트 헤이홈

② 매립형 스마트 콘센트 설치

아래의 일반 가정집 전기 배선도에서 보는 것처럼 매립형 스마트 콘센트의 경우에는 활(Live)선, 접지, 중성선을 사용하고 있기 때문에 중선선이 없는 전등 스위치와 달리 해당 선들만 연결해 주면 되기 때문에 설치 난이도는 쉬운 편이다.

그림 2-34 일반적인 가정집의 배선도

③ 매립형 스마트 콘센트 설치방법

㉠ 안전을 위해 가정 배전반의 전등 차단기를 내린 후 메인 차단기를 내린다.

㉡ 교체할 벽 콘센트를 분리한다.

㉢ 콘센트에 연결된 선에 활선, 중성선, 접지선을 확인 후 탈거한다.
(해당 사진은 2021년 1월 1일 변경 전의 한국전기설비규정에 따르고 있으므로 활선-적색, 중성선-백색, 접지-녹색임)

표 2-5 2021년부터 적용된 한국전기설비규정(KEC) 전선색상식별규정

한국전기설비규정					전선색상식별규정 변경	
표준 또는 규정	A(R)	B(S)	C(T)	N	보호도체	비고
기술기준(판단기준)	–	–	–	–	녹/청색, 녹색	의료 장소
내선규정	흑	적	청	백색 or 회색	–	–
한국전기설비규정 (2021년 1월 1일)	L1	L2	L3	청색	녹색-노랑	
	색상 식별이 종단 및 연결 지점에서만 이루어지는 나도체 등은 전선 종단부에 색상이 반영구적으로 유지될 수 있는 도색, 밴드, 색 테이프 등의 방법으로 표시해야 된다.					

㉣ 매립형 스마트 콘센트 뒷면에 있는 선을 연결한다.

㉤ 벽에 스마트 콘센트를 고정한다.

㉥ 메인 차단기와 콘센트 차단기를 올려 설치된 스마트 콘센트 작동여부를 확인한다.

④ 스마트 플러그와 스마트 멀티탭 선택 시 고려사항
  ㉠ 구축하려는 또는 구축된 지능형(스마트)홈 플랫폼 연동여부를 확인한다.
  ㉡ 네트워크 방식을 고려하여 확장성 있는 제품을 선택한다.
      지그비 방식의 경우 지그비 라우터 기능 있는 제품을 선택
  ㉢ 집 콘센트 용량과 같은 제품을 선택한다.(가정집 콘센트 전력량 15A~16A임)
  ㉣ 연결할 제품의 용량과 스마트 콘센트의 최대 허용 용량을 확인한다.
  ㉤ 대기전력양이 작은 제품을 선택한다.

예상문제 지능형(스마트)홈에 스마트콘센트(매립형) 설치

다음 매립형 스마트 콘센트로 교체하고자 한다. 보기에 맞는 배선을 스마트 콘센트에 드래그하여 연결을 완성하시오.(※ 배선은 2021년부터 적용되는 한국설비규정(KEC)를 따르고 있다.)

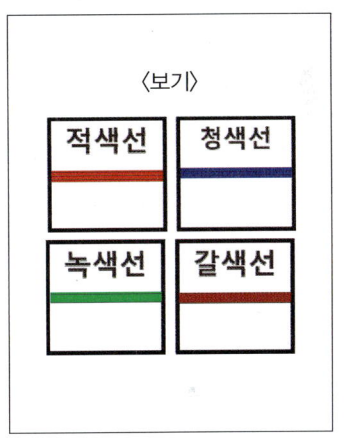

학습목적 콘센트 및 스마트콘센트(매립형)에 대해 배선 연결을 할 수 있다.

정답풀이
2021년부터 적용되는 한국설비규정은 활선(L)은 갈색, 흑색, 회색을 사용하게 되어 있으며, 중성선(N)은 청색, 접지전(G)은 녹색/녹황색을 사용하게 되어 있다.

매립형 콘센트의 경우 규정에 따라 접지를 하게 규정되어 있으므로, 옆의 그림처럼 L=갈색, N=청색을 아무 표시 없는 곳은 접지선인 녹색선을 연결해야 한다.

한국전기설비규정 (2021년 1월 1일)	L1	L2	L3	청색	녹색-노랑
색상 식별이 종단 및 연결 지점에서만 이루어지는 나도체 등은 전선 종단부에 색상이 반영구적으로 유지될 수 있는 도색, 밴드, 색 테이프 등의 방법으로 표시해야 된다.					

예상문제 지능형(스마트)홈에 스마트콘센트(매립형) 설치

매립형 스마트 콘센트로 교체하고자 한다. 보기에 맞는 배선을 스마트 콘센트에 드래그하여 연결을 완성하시오.

정격 입력 전압   220V, 60Hz
입력전압 범위   185V ~ 245V, 60Hz
최대 허용 용량(A)   16A(암페어)
통신방식   Wi-Fi (IEEE802. 11b/g/n)

〈보기〉
보기 1) 전기레인지 (최대 소비전력 3600W)
보기 2) 히트펌프 건조기 (최대 소비전력 1400W)
보기 3) 스마트 TV (최대 소비전력 540W)
보기 4) 에어컨 (최대 소비전력 3400W)
보기 5) 드럼 세탁기 (최대 소비전력 3300W)

■ 보기 1)   ■ 보기 2)   ■ 보기 3)   ■ 보기 4)   ■ 보기 5)

학습목표 스마트플러그, 멀티탭, 콘센트(매립형)의 경우 해당 제품의 최대 소비전력에 대해 계산 할 수 있고, 이에 맞는 디바이스들을 선택하여 구축할 수 있다.

정답풀이

최대 소비전력의 단위인 와트는 일률 또는 동력이라고도 하며 안전을 위해 차단기나 플러그, 콘센트의 최대 허용 용량보다 작은 제품을 사용해야 한다.

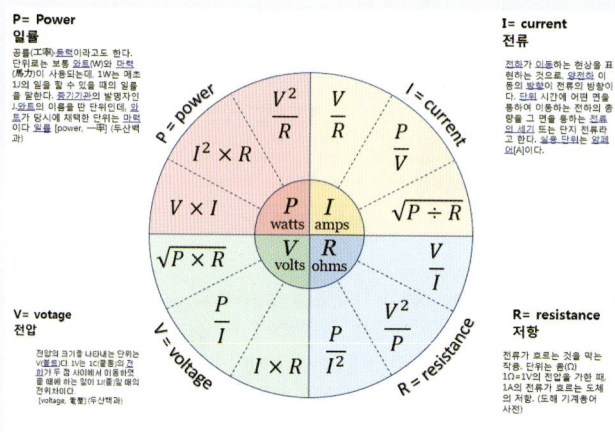

출처: https://www.gigacalculator.com/calculators/ohms-law-calculator.php

쉽게 스마트 플러그에 연결 가능한 제품은 스마트 플러그의 전압과 Hz는 같아야 하고 최대 허용 용량 보다는 작아야 한다.
우리나라의 가전제품의 전압은 220V/60Hz로 규정하고 있으므로 제품의 최대 소비전력이 스마트 플러그의 최대 허용 전력보다 낮으면 된다.
계산식은 W = V(전압) X A(용량)이므로 스마트 플러그의 최대 허용 전력은 220V X 16A = 3520 W가 된다.

※ 주의 : 벽 콘센트 또한 최대 허용 용량이 있으니 스마트 플러그 역시 이를 맞춰야 한다

답 보기 ②, ③, ④, ⑤

AI@HomeManager

(3) 스마트 커튼, 블라인드 설치

스마트 커튼과 블라인드 또한 다음 사진과 같이 기존 아날로그식의 커튼과 블라인드에 사용할 수 있는 스마트모터로만 제작되어 제어하는 제품과 스마트 모터와 결합되어 일체형으로 제작된 스마트 커튼, 블라인드가 있다.

<기존 블라인드와 커튼 활용 가능한 스마트모터>
(좌) 브런트제품 (우)스위치봇 전동커튼

<일체형인 스마트 블라인드와 스마트 커텐>
(좌) 아카라 블라인드+허브 (우) 아카라 스마커튼

① 기존 블라인드＋블라인드 엔진(스마트모터) 설치

이 조합의 장점은 금액이 저렴하고, 기존 블라인드를 분해하거나 철거하지 않아도 된다는 장점이 있다. 하지만, 일체형보다는 속도가 느리고 제품 제어가 블라인드를 올리고 내리는 것만 가능하다는 단점도 가지고 있다.

블라인드 엔진(스마트모터)을 설치하는 방법은 다음과 같다.

① 커버를 열고 블라인드 줄 타입에 맞는 기어 장착
② 기어에 줄을 걸고 팽팽해지는 위치를 선정
③ 가이드 플레이트 부착 후 블라인드 엔진 결합
④ 세부 높이 조절 후 엔진에 전원선 연결

⑤ 스마트폰에 앱 설치 후 블라인드 엔진 연결
⑥ WiFi 방식의 경우 2.4Ghz의 집 공유기 연결
⑦ 줄 타입 선택
⑧ 블라인드 길이에 맞춰 내림 올림 위치 설정

출처: 브런트

② 기존 블라인드+스마트 전동 블라인드 모터 설치

이 경우 기존의 블라인드를 분해 후 스마트 전동 블라인드 모터를 블라인드 봉 내부에 설치하여 사용할 수 있는데, 소음이 적고 동작 제어를 세세하게 할 수 있다. 하지만, 기존 블라인드의 봉 내부 구조와 스마트 전동 블라인드 모터가 맞아야 가능하고 비용이 비싸다는 단점이 존재한다.

① 블라인드 사이드 분해 후 수동 기어 박스 분리

② 스마트 전동 블라인드모터를 블라인드 홈과 방향에 맞춰 조립

③ 사이드를 스마트 전동블라인드모터와 맞춰 고정 후 전원 연결

④ 스마트폰에 앱 설치 후 블라인드 엔진 연결

⑤ WiFi 방식의 경우 2.4Ghz의 집 공유기 연결 지그비의 경우 허브와 페어링으로 연결

⑥ 블라인드 길이에 맞춰 내림 올림 위치 설정

출처: 이지롤플러스 설치 방법

스마트 블라인드 엔진 및 스마트 전동 블라인드 모터 선택 시 고려사항
㉠ 기존 블라인드에서 사용 가능한지 확인한다.
㉡ 자신에 맞는 소음, 작동 속도, 블라인드에 따른 제어방법을 고려하여 선택한다.
㉢ 구축하려는 또는 구축된 지능형(스마트)홈 플랫폼 연동여부를 확인한다.
㉣ 네트워크 방식을 고려하여 확장성 있는 제품을 선택한다.
  • 지그비 방식의 경우 지그비 라우터 기능 있는 제품을 선택
㉤ 블라인드 위치에 따른 전원 연결 방식을 고려해야 한다.
  • 상시 전원 제품의 경우 콘센트와 블라인드와의 전원 연결거리를 고려
  • 충전식 배터리의 경우 배터리 용량과 사용기간을 고려

③ 기존 커튼+스마트 커튼 모터(봇) 설치

기존 레일방식이나 봉방식의 커튼에도 모두 적용 가능하다는 것과 설치가 아주 쉽고 가격이 가장 저렴하다는 장점이 있다. 하지만, 모터작동의 소음이 가장 크며 충전식 배터리 장착으로 배터리 용량에 따라 사용기간이 짧고 충전하는 동안 사용이 불가능한 단점이 있다. 네트워크 방식은 저전력 블루투스 방식과 지그비 방식이며, 저전력 블루투스 방식의 경우 외부에서 제어하기 위해 WiFi모듈이 내장된 블루투스 리모컨을 활용하고 있다.

그림 2-35 스마트 커튼 봇

① 충전된 스마트 커튼 봇을 기존 커튼의 레일,봉에 설치 한다.
(WiFi의 경우 WiFi 송신기 모듈 전원 연결)

② 스마트폰에 앱 설치 후 스마트 커튼 봇 연결
- WiFi 의 경우 2.4Ghz 공유기 연결
- 지그비의 경우 허브와 페어링으로 연결

③ 커튼 길이에 맞춰 앱에서 열림, 닫힘을 설정

스마트 커튼 모터(봇) 선택 시 고려사항

㉠ 자신에 맞는 소음, 작동 속도, 배터리 용량을 고려한다.
㉡ 구축하려는 또는 구축된 지능형(스마트)홈 플랫폼 연동여부를 확인한다.
㉢ 네트워크 방식을 고려하여 확장성 있는 제품을 선택한다.
  • 지그비 방식의 경우 기존 허브(지그비 컨트롤러)와 호환이 되는지 확인
  • WiFi 방식의 경우 스위치 모듈로 2개를 동시 제어 가능한지 확인
㉣ 동작 및 커튼 수에 맞춰 구입 수량을 정한다.

④ 스마트 커튼 설치

  스마트 커튼의 경우 스마트 전동 모터만 필요한 것이 아니라 위의 사진처럼 전동레일과 같이 구성해야 한다. 장점은 레일 롤러를 벨트가 구동하는 방식이므로 조용하다는 것과 우리 집에 딱 맞춰 제작할 수 있고 2종의 커튼을 사용하는 경우에도 설치 및 제어를 별도로 할 수 있는 장점이 있다. 하지만, 모든 부품을 전동화해야 하기 때문에 가장 많은 비용이 들어가며, 이사 시 같은 사이즈가 아니면 스스로 재설치하기 어려운 단점이 있다.

출처: 아카라

스마트 커튼 선택 시 고려사항
㉠ 전동레일 설치 공간 실측 시 스마트 전동모터 설치 공간을 제외됨을 필히 고려
  • 스마트 전동모터 및 설치를 위한 여유공간 포함 약 10cm를 제외해야 한다.
㉡ 이중 커튼이라면 스마트전동모터와 전동레일의 설치 공간이 확보되는지 파악
㉢ 구축하려는 또는 구축된 지능형(스마트)홈 플랫폼 연동여부를 확인한다.
㉣ 네트워크 방식을 고려하여 확장성 있는 제품을 선택한다.
  • 지그비 방식의 경우 지그비 라우터 기능 있는 제품을 선택
㉤ 스마트 전동모터 위치에 따른 전원 연결 방식을 고려해야 한다.
  • 상시 전원 제품의 경우 콘센트와 블라인드와의 전원 연결거리를 고려
  • 충전식 배터리의 경우 배터리 용량과 사용기간을 고려

(4) 스마트 난방시스템 설치
스마트 난방 시스템 중 한국의 난방 시스템인 온돌방식의 구성은 다음과 같다.

그림 2-36 스마트 난방제어 시스템 구성도
출처: 한에너지 시스템 이미지 재구성

위의 스마트 난방 제어 시스템 구성도를 보면 각 방 제어를 위해서 스마트 온도조절기(서모스탯)에서의 신호가 밸브제어기로 가게 되어 있고, 밸브 제어기에서 온수분배기의 각방 밸브를 열거나 닫아 설정한 온도로 조절할 수 있게 되어 있다. 이를 외부에서 제어하기 위해서 홈 게이트웨이를 통해 스마트폰 앱으로 제어할 수 있는 구조이다.

스마트 난방 시스템의 장점
㉠ 통합 제어 및 각방 비례제어오로 효율적인 난방 가능
㉡ 난방비 절감 및 사용자의 취향에 맞춰 온도조절/외출/목욕/예약 기능 설정 가능
㉢ 소음 방지 및 최적의 실내온도 유지 가능
㉣ 외부에서 제어 가능한 관리의 편리성

① 각 방 온도조절기가 있는 기존 난방 시스템의 경우

가장 쉬운 방법은 기존 보일러의 또는 온수 분배기를 제어하는 밸브제어기의 유선 통신이 지원하는 스마트 서모스탯만으로도 구현이 가능하기 때문에 쉽게 구현이 가능하다. 하지만, 개별 난방의 경우 보일러 제조사의 온도조절기가 아닌 지원 가능한 타사 제품의 온도조절기를 이용할 경우 보일러 고장 시 에러코드를 확인 못하는 단점이 있으므로 스마트 온도조절기 선택 시 고려사항이기도 하다.

출처: SG에너지 홈페이지

각 방 온도조절기가 있는 난방시스템을 스마트 난방 시스템 구축 시 고려사항
㉠ 메인컨트롤러로 각 방 제어를 원하는가?
  • 이 경우 밸브 제어기를 변경해야 하는 경우도 발생할 수 있다.
㉡ 스마트 서모스탯 네트워크 방식을 고려한다.
  • 온도조절기의 경우 WiFi와 지그비 방식이 주를 이루고 있다.

ⓒ 기존 지능형(스마트)홈 플랫폼에 지원 또는 연동이 되는지 확인한다.
- 지그비 방식의 경우 기존 허브(ZC)와 호환되는 것을 선택

ⓔ 기존 통신선(컨트롤러선)과 연동이 되는지를 확인한다.
ⓜ 별도의 룸콘이 없어도 온수 사용 시 보일러가 작동되는지 확인한다.

② 각 방 온도 조절기가 없는 기존 난방 시스템을 각 방 온도 조절 가능한 스마트 난방 시스템으로 구축하는 경우

기존 각 방제어가 안되는 난방 시스템을 가진 구축의 경우에는 우측의 구성도처럼 각 방은 무선온도 조절기를 사용하고 거실에 메인 온도 조절기를 통해 보일러와 무선 밸브 제어기를 제어하는 방법을 통해 해결할 수 있다.

출처: 코텍 홈페이지

③ 기존 난방 시스템에서 밸브 조절만을 이용한 스마트 난방 시스템 구축

비용이 가장 적게 드는 방식 중 하나로 난방밸브와 스마트 밸브 제어기를 통해 난방이 잘되는 방은 밸브를 조금만 열고 약한 방은 많이 열게 함으로서 각 방에 온수를 균형 있게 보내는 방법이다.

출처: 스마트 난방 밸브제어기 에너지 팝

예상문제 지능형(스마트)홈 기기 중 스마트 난방 시스템 설치 - 다지선다형

IoT관심이 많은 김지능씨는 지능형(스마트)홈을 구축 후 사용하려는 자동화 시나리오는 다음과 같다. 자동화 시나리오를 구현하기 위해 필요한 제품을 보기에서 모두 고르시오.

[자동화 시나리오]
- 각 방의 자동 난방 제어
- 움직임에 따른 다양한 색상 조명 연출
- 가스 누출 경보 알람
- 화재 경보 알람

〈보기〉
① 스마트 연기 센서
② 스마트 서모스탯
③ 스마트 WW조명
④ 스마트 누수 센서
⑤ 스마트 동작감지 센서

정답풀이
각 방 난방 제어를 위해서는 각 방에 스마트 온도조절기(써모스탯)가 필요하고, 움직임에 따른 조명 제어를 위해서는 동작감지 센서와 RGB 조명이 필요하다. 화재 경보 알람을 위해서는 보기에 있는 센서는 스마트 연기 센서가 필요하며, 스마트 누수 센서는 자동화 시나리오에 해당되지 않는다.

답 보기 ①, ②, ⑤

(5) 스마트 미터(에너지미터, 전기미터) 설치

스마트 전기미터는 기본적으로 한국전력에서 운영하는 지능형 전력계량 시스템(AMI)이 있고, 가정용 배전반의 메인 차단기에 연결하여 사용하는 일명 스마트 에너지미터가 있다. 한국전력 2021년 전기, 가스 사용량 동시 점검하는 AMI 시범사업을 운영 중에 있으며, 가스검침기는 무선으로 스마트 전기미터는 전력선통신(PLC)을 통해 Data를 전송하고 이를 실시간으로 사용자에게 에너지 사용량을 제공하여 자발적 에너지 절감을 가능하게 하고 있다.

그림 2-37 한국전력의 "전기/가스 사용량 동시 점검 AMI" 구성도
출처: 한국전력

한국전력의 AMI를 이용하기 위해서는 한국전력에 신청을 하고 기존 전기미터기를 AMI(지능형검침기)로 교체 및 설비 공사를 해야 하는 불편함을 가지고 있다.
만약 전기 에너지 사용 모니터링만 필요하다면 집 내부 전기 배전반에 연결하는 다음 사진과 같은 스마트 전기미터(에너지미터)를 설치하면 된다.

그림 2-38 집안 내부 배전반용 스마트 에너지미터 종류

집안 내부 배전반용 스마트 에너지미터 선택 시 고려사항
㉠ 가정집 메인 전력 차단기의 전력 허용량과 같거나 큰 것을 선택한다.
㉡ 기존 구성된 또는 구성하고자 하는 지능형(스마트)홈 플랫폼과 연동되는지 확인한다.
㉢ 차단기 역할을 하는 스마트 에너지미터의 경우 누전 차단기로 대체 불가하다.
㉣ 네트워크 신호가 배전반까지 잘 잡히는지 확인한다.

집안 내부에 배전반에 설치하는 스마트 에너지미터 설치방법은 다음과 같다.

① 가정 내 배전반 커버를 분리한다.
② 메인 차단기를 내리고 서브 차단기 중 화장실과 같은 습기가 많아 누전차단기가 필요한 장소의 차단기를 제외하고 스마트미터와 교체할 차단기를 선택한다.
③ 스마트 미터와 교체할 차단기를 분리한다.

④ 탈거한 기존 차단기 자리의 부스바에 스마트 미터를 연결한다.
  ㉠ 스마트 미터 기능만 있는 제품의 경우 기존 배선을 다른 차단기에 결선한다.
  ㉡ 차단기 역할이 있는 스마트 미터의 경우 해당 배선을 결선 한다.
  ㉢ 메인 차단기를 올려 스마트 미터에 전원이 들어오는지 확인한다.
⑤ 스마트미터의 CT(변류기)결합 방향에 맞춰 메인 차단기의 활성선에 결합한다.
⑥ 배전반 커버를 조립하고, 해당 앱을 통해 스마트미터를 등록한다.

예상문제 지능형(스마트)홈 기기 중 스마트 미터 설치 – 단답형

다음 (   )안에 들어갈 용어를 답안란에 입력하시오.

ThinQ는 앱 안에서 우리 집 전기요금을 한국전력공사 데이터와 연계하여 간편하게 스마트가전에 대한 전기 요금뿐만 아니라 예상 전기 요금을 체크할 수 서비스를 런칭했다.
이 서비스를 이용하기 위해서는 한국전력공사의 (   )를 사용하는 고객은 수납 정보를 입력하여 쉽게 연동하여 사용할 수 있다.

정답풀이

AMI(Advanced Metering Infrastructure)는 양방향 통신망을 이용해 전력사용량, 시간대별 요금정보 등의 전기 사용 정보를 고객에게 제공해 자발적인 전기절약과 수요반응을 유도하는 지능형 전력계량 시스템을 말한다. 스마트 미터는 이러한 AMI 시스템 구축에 동반되는 전자식 계량기와 검침 모뎀이 합쳐진 하드웨어를 의미한다.

답 지능형 전력계량 시스템 or AMI

예상문제 지능형(스마트)홈 기기 중 스마트 미터 설치-단답형

다음 ( ) 안에 들어갈 용어를 답안란에 입력하시오. (단, 답안 입력은 'A-OOO, B-OOO'로 구분하여 적는다. 각 문항당 부분점수 인정)

통신 기능을 가진 가정의 전기미터인 (A)은 공동 주택 등에 설치한 전력량계 값을 검침해 전력 공급자와 소비자 모두에게 알려준다. 가정 내 전자제품의 전력 사용을 자동으로 최적화하는 기능까지 갖춰 (B)을 높이는데 쓰인다. 검침 결과를 전력 공급자와 소비자에게 얼마나 빨리 알리는지가 핵심 기술이다.

정답풀이

단답형의 경우 신문기사, 용어사전, 백과사전의 지문을 채용하는 경우가 많다. 해당 지문은 ICT 시사용어에서 발췌한 내용이다.

> **ICT 시사용어 300**
> # 스마트 미터
> [Smart Meter]
>
> 요약 원격 전력 검침·관리장치
>
> 공동 주택 등에 설치한 전력량계 값을 검침해 전력 공급자와 소비자 모두에게 알려 준다. 가정 내 전자제품의 전력 사용을 자동으로 최적화하는 기능까지 갖춰 에너지 이용 효율을 높이는 데 쓰인다. 검침 결과를 전력 공급자와 소비자에게 얼마나 빨리 알리는지가 핵심 기술이다. 국제전기기술위원회(IEC : International Electro-technical Commission) 는 유럽형 2세대 이동통신과 공중전화망(PSTN : Public Switched Telephone Network) 따위를 국제적으로 통용할 스마트 미터 통신 표준으로 제시했다. 2012년 9월 한국이 제안한 '전력선 통신(PLC : Power Line Communication)' 도 국제 표준으로 채택됐다. 전력을 공급하는 선(망)을 그대로 양방향 통신에 이용하는 체계다. 따로 통신망을 구축할 필요가 없어 비용이 적게 든다.

우선 지문에서 "전기미터"란 말과 "전력량계 값을 검침"이라는 단어에서 스마트 미터임을 알 수 있으며, 스마트 미터의 목적은 사용자 주택의 "에너지 이용 효율"을 높이는데 있다.
주의 할 점은 "스마트 그리드 : 전력 공급자와 소비자가 실시간 정보를 교환함으로써 에너지 효율을 최적화하는 차세대 지능형 전력망"과 헷갈리지 않도록 해야 한다. 스마트 그리드는 검침뿐만 아니라 효과적인 전기공급 관리도 할 수 있게 해주는 서비스를 말한다.

답 A : 스마트 미터, B : 에너지 이용 효율

(6) 스마트 센서 설치

지능형(스마트)홈 디바이스들은 크게 스마트 센서 제품군과 스마트 가전 제품군으로 아래의 그림1처럼 나눌 수 있다. 그리고, 해당 제품들을 연결하는 방식은 크게 2.4Ghz대역의 Low Power Wi-Fi와 BLE, 지그비를 가장 많이 사용하고 있다. 이유는 ISM(Industrial, Scientific and Medical) 애플리케이션을 위한 ISM 대역은 비면허 대역으로 국가마다 약간씩 차이가 있기 때문이기도 하다. 최근 많이 이용되는 ISM 대역은 433MHz, 868MHz, 915MHz 및 2.4GHz이며, 이들 대역은 각각 원격 제어, 코드리스 전화, Wi-Fi와 같은 무선 통신 시스템에 이용되고 있다. 2.4GHz 대역은 어디에서나 이용할 수 있기 때문에 전세계적으

로 보다 쉽게 2.4GHz 기반 제품을 개발하고 배포할 수 있다. 2.4GHz 대역은 모든 지역에서 라이선스를 받지 않고 사용할 수 있기 때문이다.

그림 2-39 지능형(스마트)홈 디바이스 분류
출처: LH

그림 2-40 지능형(스마트)홈 네트워크 분류

지능형(스마트)홈 네트워크 구성 시 하나의 방식으로 구성하는 것이 유지/보수에 유리하지만, 다음의 각 방식의 비교표를 보면 연결 가능한 노드가 정해져 있기 때문에 혼합하여 구성할 수밖에 없다. 이에 상시 전원이 들어가고 이동이 적으며 개수가 적은 스마트 가전의 경우 대부분 Wi-Fi 방식으로 제조가 되고 있으며, 제품군수가 많은 전등, 센서, 스위치들은 지그비나 블루투스 브릿지를 활용한 BLE방식을 채택하여 부족한 Node를 해결하고 있는 것이다. 특히 스마트 센서의 정보를 통해 자동화에 사용되고 있기에 활용도 많은 센서 설치 방법에 대해 알아보자.

표 2-6 BLE(Bluetooth Low Energy), Low Power Wi-Fi, ZigBee 비교

Feature(s)	IEEE 802.11b	Bluetooth	ZigBee
Power Profile	Hours	Days	Years
Complexity	Very Complex	Complex	Simple
Nodes/Master	32	7	64000
Latency	Enumeration up to 3 seconds	Enumeration up to 10 seconds	Enumeration 30ms
Range	100m	10m	10m~300m
Extendibility	Roaming Possible	NO	YES
Data Rate	11Mb/s	1Mb/s	250kb/s
Stack size	100+kbyte	100+kbyte	8~60kbyte
Topology	Star	Star	Star, cluster, mesh
Security	Authentication Service Set ID(SSID), WEP	64bit, 128bit	128bit AES and Application Layer user defined

- ZigBee(WPAN) 802.15.4 IEEE Standard
- Bluetooth(WPAN) 802.15.1 IEEE Standard
- Wi-Fi(WPAN) 802.11 IEEE Standard

① 스마트 문열림 센서 설치를 이용한 다른 스마트 디바이스 작동

스마트 도어 센서의 경우 대부분 보안을 생각하는 경우가 많다. 이는 센서 알림 자체로 닫힌 문이 열리면 외부에 있는 사용자에게 알림을 주면서 사이렌과 연동하여 내부에 경보음을 알리는 것과 같다. 하지만, 도어 센서의 활용도는 보안 외에도 자동화를 통해 다음과 같이 다양하게 사용할 수 있으며, 도어 센서 구성도는 다음과 같다.

헤이홈 스마트 도어센서

그림 2-41 지그비 방식의 도어센서 구성도

도어 센서와 스마트 디바이스 자동화 예

㉠ 밤에 퇴근 시 문을 열면 원하는 곳의 스마트 스위치나 스마트 조명을 On
㉡ 밤에 침실에 들어갈 때 밝기 50의 등이 켜지고 문을 닫으면 조명 Off
㉢ 외출 모드 시 도어가 열리면 전등이 붉은 색으로 깜박거리며 사이렌이 울리고 알림 발송

출처: 헤이홈

문열림(도어) 센서 설치 방법과 고려 사항은 다음과 같다.
㉠ 구축되어 있거나 또는 구축하고자 하는 다른 지그비 제품과의 호환성 및 구성 하고자 하는 플랫폼과의 연동을 고려한다.
㉡ 하나의 지그비 코디네이터로 사용 가능한 것으로 선택한다.
㉢ 센서 설치하는 곳의 네트워크 신호를 체크하고 약할 경우 지그비 라우터를 설치한다.

출처: 헤이홈

② 스마트 모션 센서 실치를 이용한 다른 디바이스 작동
모션 센서란?
동작 센서는 근접 동작을 감지하기 위해 감지기 또는 센서를 사용하는 전기기구의 한 유형을 말한다. 모션 센서 장치는 센서 및 사용자에게 모션에 대해 경고하는 구성 요소와 통합되며 이러한 유형의 센서는 자동 조명 제어 장치, 보안 시스템, 비디오 카메라, 게임 장치 및 기타 수많은 자동화 장치에 통합될 수 있다.
모션 센서에는 능동(액티브) 및 수동(패시브) 모션 센서가 있는데 지능형(스마트)홈에 사용되는 모션센서는 패시브 적외선 센서(PIR센서)를 사용하고 있다.

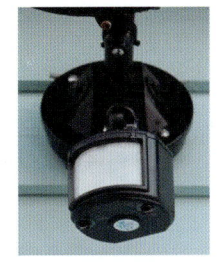

인체의 36.5℃에서 발산되는 원적외선을 감지하는 것
㉠ 주변 온도에 따라 감지속도가 다름
㉡ 5℃ 이상의 급격한 주변온도 변화에 동작함
㉢ 움직임이 없거나 미세한 경우 감지를 못함

PIR 센서
전면의 모션을 감지하는 데 사용되는 수동형 적외선 모션 센서입니다.

모션 센서 설치 방법은 다음과 같으며 고려 사항은 문열림(도어) 센서와 같다.

출처: 헤이홈

도어 센서와 스마트 디바이스 자동화 예
㉠ 거실 소파에서 잠이 들어 움직임이 없을 때 TV와 조명 Off
㉡ 밤에 화장실에 가기 위해 일어나 움직이면 무드등과 화장실 조명 On
㉢ 외출 시 외부에서 누군가 들어 왔을 때 또는 특정 장소에 움직임이 있을 때 알림

출처: 헤이홈

③ 스마트 온/습도 센서 설치를 이용한 다른 디바이스 작동

스마트 온/습도 센서의 경우 다른 디바이스와 연동하여 제어하기 위해서는 설치 위치가 중요한데, 이는 설치 위치에 따라 측정값의 오류로 인한 오작동이 일어날 수 있기 때문이다. 쉽게 설치 위치는 백엽상을 생각하면 스마트 온/습도 센서 설치 위치를 쉽게 알 수 있다.

백엽상(shelter)	• 백엽상은 태양열이 직접 전달되지 않도록 잔디나 풀밭 위에 온도계 눈금이 1.5m 높이에 오도록 세운다. • 공기의 온도는 지표에 가까울수록 높고, 지표에서 떨어질수록 낮아지게 된다. 그래서 기온을 측정할 때는 일정하게 1.5m 높이에서 재도록 약속이 되어 있다.

온/습도 센서 설치 방법은 다음과 같으며 고려 사항은 문열림(도어) 센서와 같다.

출처: 헤이홈

온/습도 센서와 스마트 디바이스 자동화 예
㉠ 온도가 높으면 스마트 IR 리모컨을 통해 에어컨 On 및 적정온도 설정
㉡ 습도가 높으면 연동되는 제습기 전원 On 및 적정 습도가 되면 제습기 Off

출처: 헤이홈

각 스마트 센서들의 정보를 이용하여 다른 디바이스나 지능형(스마트)홈을 디바이스들을 제어하기 위해서는 플랫폼과의 호환 및 지원이 가장 중요하다.

하여 다시 한 번 스마트 센서 선택 및 설치 전 고려해야 3가지 사항을 꼭 기억해야 한다.

스마트 센서 설치 시 3가지 고려사항

㉠ 구축 되어 있거나 또는 구축 하고자 하는 다른 지그비 제품과의 호환성 및 구성 하고자 하는 플랫홈과의 연동을 고려한다.

㉡ 하나의 지그비 코디네이터로 사용 가능한 것으로 선택한다.

㉢ 센서 설치하는 곳의 네트워크 신호를 체크하고 약할 경우 지그비 라우터를 설치한다.

그림 2-42 지능형(스마트)홈 디바이스들의 네트워크 연결 구성도

| 예상문제 | 스마트 모션(동작감지센서 설치 방법 및 문제 해결 |

지능형홈관리사 김지능씨는 나고객이 욕실에 들어가면 전등이 자동으로 켜지고 욕실에서 나오면 꺼지게 해달라는 의뢰에 다음 원형의 위치에 120도 동작감지가 되는 모션센서를 연결하여 자동화를 하였다. 그런데, 샤워부스의 유리로 인하여 모션감지가 안 되어 나고객이 샤워 중 욕실등이 꺼지는 문제가 발생하여 이를 해결하는 센서를 보기에서 선택하여 추가 설치 위치에 드래그 하시오.
(※ 보기를 클릭하면 큰 사진을 볼 수 있다.).

학습목적 스마트센서 종류별 특징과 활용에 대한 숙지 및 문제 발생 상황을 해결 할 수 있다.

정답풀이

※ 설치된 모션(동작)감지 센서의 특징 (동작감지 범위 120도)
  ① 주변 온도에 따라 감지속도가 다름
  ② 5℃ 이상의 급격한 주변온도 변화에 동작함
  ③ 움직임이 없거나 미세한 경우 감지를 못함

※ 보기에 제시된 스마트센서들 설치 시 발생되는 문제 상황
  ① 동작감지 센서
    – 해당 상황에서 발생하는 문제는 샤워부스 유리로 인하여 사람의 온도나 움직임을 감지를 못 하는 상황이므로 음영영역에 하나 더 설치하여 쉽게 해결 할 수 있다.
  ② 문열림센서
    – 문을 닫은 상태에서 전등 On 연동시 사람이 없어도 전등 On 문제 발생
    – 현 설치된 모션센서와 같이 연동을 해도 샤워부스로 인해 동작 감지 안 되는 문제 발생
  ③ 착좌센서
    – 사람의 압력을 감지하는 경우 : 설치 범위를 샤워 부스 바닥 전체 설치로 인해 비용 ↑
    – 사람의 전류를 감지하는 경우 : 물로 인해 오작동 발생
※ Tip. 샤워시 물을 사용하게 되므로 누수감지 센서를 활용하여 샤워기의 물 감지 시 전등On 자동화를 통해 해결 할 수도 있다.

예상문제 지능형(스마트)홈 센서 설치 – 다지선다

다음은 PIR센서의 인체검출 동작원리이다. 보기 중 PIR센서에 대한 설명으로 옳은 것을 모두 고르시오.

PIR 센서 동작 원리

〈보기〉
① 인체의 36.5℃에서 발산되는 원적외선을 감지
② 주변 온도에 따라 감지속도가 다름
③ 5℃ 이상의 급격한 주변온도 변화에 동작함
④ 움직임이 없거나 미세한 경우 감지를 못함

정답풀이

해당 센서는 패시브 적외선 센서에 대한 동작원리를 나타내고 있다. 이 센서의 경우 감지 영역이 좁고, 센서가 민감하지 않기 때문에 사람의 이동 같은 큰 동작을 감지하는데 적합하게 설계 되고 있다.

답 보기 ①, ②, ④

예상문제 지능형(스마트)홈 센서 설치 – 다지선다

실내의 온도 및 습도를 측정하여 이를 활용한 다른 스마트디바이스를 동작시키는 자동화 시나리오를 구성하고자 한다. 온도 및 습도 측정값의 오차를 최소하기 위한 온/습도 센서의 적절한 설치 조건을 모두 선택하시오.

〈보기〉
① 바람에 직접적인 영향을 받지 않는 곳
② 눈에 안보이는 구석에 전원 공급이 되는 곳
③ 설치할 장소의 가장 높은 곳
④ 직사광선에 직접적으로 노출되지 않는 곳
⑤ 창문 바로 옆에 위치하는 곳

정답풀이

온습도 센서는 실내 평균 온도를 감지하는 중간 높이에 설치해야 하며 바람, 열원에 영향을 받지 않는 곳에 설치해야 한다.

답 보기 ①, ④

예상문제 : 스마트 기기 인증 법령

무선전파의 이용은 각국마다 차이가 있다. 해외에서 스마트기기를 수입하거나 IoT기기를 수출하는 경우 각국의 법령에 따를 필요가 있다. 국제 무선 모듈의 인가와 관련하여 (A)와 (B)에 알맞은 용어를 답안란에 입력하시오. [답안 입력 예: (A): xxx, (B): yyy]

제시 문제		
국가	인증명	마크
미국	FCC마크	FC
유럽연합	CE마킹	CE
(A)	(B)	KC
중국	SRRC 인증	SRRC

학습목적 스마트 기기 및 지능형(스마트)홈 네트워크 장비에 대한 각 나라 인증명을 알 수 있다.

답 (A) : 대한민국 / 한국, (B) : KC인증

예상문제 : 지능형(스마트)홈에 스마트 센서 설치

A씨는 〈그림〉의 초록색 영역으로 사람이 들어오면 주방의 조명을 자동으로 켜거나, 초록색 영역에서도 스마트 스위치를 제어하고자 한다. A와 B에 사용하기에 적합한 스마트 장치를 〈보기〉에서 선택하시오.
(※그림을 더블클릭 시 확대해서 볼 수 있음)

〈보기〉
보기 1 A-온도센서, B-습도센서
보기 2 A-습도센서, B-무선버튼
보기 3 A-무선버튼, B-모션센서(감지거리 2.5m)
보기 4 A-모션센서(감지거리 2.5m), B-누수센서
보기 5 A-누수센서, B-도어센서
보기 6 A-도어센서, B-진동센서
보기 7 A-진동센서, B-온도센서

학습목적 스마트 센서 동작원리 및 기능에 따른 사용용도를 알고 선택 후 설치 할 수 있다.

답 보기3

2 지능형(스마트)홈 운용 및 문제해결

1. 지능형(스마트)홈 서비스 자동화

구축한 지능형(스마트)홈에 있는 스마트센서와 스마트 조명, 스마트 가전을 융합하여 자동화를 통해 스마트 기기들을 융합하여 사용할 수 있는 능력을 체크하고 운용 시 발생하는 있는 문제점과 지능형(스마트)홈에서 발생할 수 있는 보안문제 해결 능력과 함께 지능형(스마트)홈에서 생긴 문제 상황이 지능형(스마트)홈 네트워크, 스마트 디바이스인지를 찾아내 해결 할 수 있다.

예상문제 지능형(스마트)홈 운용 및 문제해결

〈그림〉의 구성도와 같이 지능형(스마트)홈 사용 중 난방컨트롤러, 환기컨트롤러, 조명스위치를 스마트폰으로 제어가 안되는 장애가 발생되었다. 컨트롤러에서 조작 시에는 정상으로 제어가 된다. 이밖에 Wi-Fi로 연결되는 기기는 문제없이 동작 중이라면 해당 장애를 해결하기 위한 절차를 보고 (A)에 들어 갈 조치 방안을 [풀이 시작]을 클릭하여 [드래그 앤 드롭]하시오.

학습목적 지능형(스마트)홈 운용(사용) 중 발생하는 문제를 파악하여 해결 할 수 있다.

정답풀이
지능형(스마트)홈 운용시 발생하는 문제 중 네트워크에 문제가 발생 하였을 때이며, 월패드에서는 제어가 되고 있기 때문에 내부에서의 문제 보다는 스마트폰에 설치된 홈네트워크사에서 제공하는 App에서 제어가 안 되는 장애가 발생한 경우이므로 이 경우 홈네트워크사 고객센터에 장애 접수를 하여 해결해야 한다.

(1) 스마트 가전제품 연결 및 타 플랫폼 연동 방법

스마트 가전제품의 경우 220V콘센트에 직접 연결하고 상시전원을 연결하는 제품들이 많으므로 대다수가 2.4Ghz대역폭의 저전력 Wi-Fi 통신 모듈을 내장하고 있다. 또한 설치의 경우 해당 제조사에서 무상으로 설치하는 경우가 많으므로 사용자들은 설치 후 해당 제조사 앱을 다운로드 받아 스마트폰으로 집 공유기와 네트워크 연결 및 해당 플랫폼에 다음 그림처럼 등록만 하면 사용 가능하다. 아래의 그림은 스마트 가전제품 가상 구성도이다.

제조사	제품	플랫폼
LG	냉장고	ThinQ
	공기청정기	
	올레드TV	
	워시타워	
삼성	에어컨	스마트싱스
	전기오븐	
샤오미	로봇청소기	미홈
구글	AI스피커	구글홈

그림 2-43 가상의 사용자가 구성한 지능형(스마트)홈 구성도

사용자가 표에 있는 스마트 가전들을 구매하여 지능형(스마트)홈을 구축하려면 아직까지는 4개 제조사의 앱을 스마트폰에 모두 설치 후 각각의 앱에서 해당 제품들을 제어해야 한다. 즉, 티비와 에어컨을 제어하고 싶다면 우선 ThinQ앱을 실행하여 TV를 켠 뒤, 스마트폰 홈으로 가 스마트싱스 앱을 실행하여 에어컨을 제어해야 하는 것이다. 만약 같은 제조사라면 "앱실행 → 제어제품선택 → 실행"인 3단계에서 "제어 할 앱 실행 → 제어제품선택 → 제어 → 스마트폰 홈화면 가기 → 다른 제품 앱 실행 → 제어제품선택 → 제어"인 7단계로 늘어나게 된다는 것이다. 이런 부분 때문에 하나의 플랫폼을 고려하거나 호환되는 플랫폼인지 살펴야 한다는 이유이다.

위 상황에서 스마트 가전들을 하나의 플랫폼으로 제어하기 위해서는 호환되는 플랫폼에 연동하면 되는데 샤오미 플랫폼인 미홈의 경우 자체 플랫폼만 지원하기 때문에 불가능하다. 하여 로봇청소기를 제외한 다른 제품들은 구글의 플랫폼인 "구글홈"에 연동을 할 수 있으므로 구글홈으로 제어와 구글 어시스턴트를 통해 음성으로도 제어와 모니터링이 가능하게 구현할 수 있다. 이 장에서는 스마트 가전제품 연결하는 방법과 타 플랫폼을 연동 및 구현하는 방법을 알아보자.

㉠ LG 전자 스마트 가전제품 연결 방법

LG전자는 LG ThinQ는 호환성을 높이고자 오픈 파트너십, 오픈 플랫폼, 오픈 커넥티비티라는 3대전략을 표방하고 있으며 씽큐라는 개방형 플랫폼을 기반으로 타사의 가전제품까지도 자사의 지능형(스마트)홈 시스템에 포함하는 정책을 내세우고 있다.

그림 2-44 LG전자의 지능형(스마트)홈

출처: LG전자

LG전자의 LG ThinQ앱에 가전제품 연결하는 방법은 다음과 같다.
㉠ 구글 플레이 스토어, 애플 앱 스토어에서 ThinQ 검색 후 설치
㉡ LG계정 또는 사진의 있는 소셜 계정으로 로그인 선택
㉢ 가입이 되어 있지 않다면 이용약관 동의 후 가입 진행(LG 계정으로 가입하는 경우 하단의 신규 가입을 통해 이용약관 동의 후 가입 진행)

ⓔ 가입 완료 후 실행 된 LG ThinQ앱에서 LG 가전 제품 연결
ⓜ 스마트폰 WiFi 활성화 후 연결한 장소의 무선공유기 2.4Ghz대역폭에 연결
ⓑ 메인 화면에서 "+ 제품 등록하기" 누르기
  - "QR코드"로 제품 등록하기
  - QR스캔하기 선택
  - 연결할 제품의 QR코드 위치를 모르면 "QR위치 안내"클릭 후 해당 제품 검색
  - QR코드 촬영 후 안내되는 화면에 따라 진행

등록 및 메인화면

제품등록방법선택

QR 코드촬영

QR 위치안내화면

ⓞ "직접 선택하기"로 제품 등록하기
  - 안내되는 화면에 따라 확인하기
  - 제품 선택하는 화면에서 "연결 가능한 제품 항목"에서 제품 선택하기
  - 연결 가능한 제품 항목에 연결할 제품이 없다면 "직접 선택하기"에서 연결할 제품을 선택
  - 안내되는 화면에 따라 계속 진행
ⓩ 등록할 제품의 Wi-Fi 활성화
ⓒ 제품과 연결될 2.4Ghz무선 공유기 비밀번호 입력
ⓚ 등록 완료 후 제품 모니터링 및 제어 사용하기

직접선택하기

등록완료 후 화면

② 삼성전자 스마트 가전 연결 방법

삼성전자는 스마트싱스(SmartThins)라는 지능형(스마트)홈, 컨슈머 사물인터넷을 위한 오픈플랫폼을 개발하는 기업을 인수(2014년 8월)하여 자사의 모든 가전제품에 IoT를 도입함으로써 자체적인 지능형(스마트)홈을 구축한다는 전략으로 가고 있다. 또한 자체적인 음성인식 기술인 빅스비를 사용하고 클라우드 기반의 지능형(스마트)홈 서버를 통해 각종 가전제품들을 조정한다. 2021년부터는 국내에도 스마트싱스 허브를 도입하여 지그비, 지웨이브 등을 지원하여 다양한 센서 및 스마트 장치를 연결가능한 생태계를 만들어 가고 있다.

그림 2-45 삼성전자의 지능형(스마트)홈

출처: 삼성전자

삼성 전자의 SmartThings앱에 가전제품 연결하는 방법은 다음과 같다.
㉠ 구글 플레이 스토어, 애플 앱 스토어에서 SmartThings 검색 후 설치
㉡ 삼성 계정 또는 구글 계정 중 선택하여 로그인 선택
㉢ 가입이 되어 있지 않다면 이용약관 동의 후 안내에 따라 삼성계정 가입 진행

ⓔ 가입 완료 후 실행 된 SmartThings앱에서 삼성 가전 제품 연결
ⓜ 스마트폰 WiFi 활성화 후 연결한 장소의 무선공유기 2.4Ghz 대역폭에 연결
ⓗ 메인 화면에서 "+" 탭하고, "디바이스" 클릭하기
- "QR코드"로 제품 등록하기
- QR코드 스캔하기 선택
- QR코드 촬영 후 안내되는 내용에 따라 진행

ⓢ - "주변검색"으로 제품 등록하기
- 주변검색 선택
- 검색된 제품을 선택하여 안내되는 내용에 따라 진행

등록 및 메인화면   제품등록방법 선택   QR 코드 촬영   주변 검색된 화면

ⓞ - 직접 제품 등록하기
- 디바이스 추가 가전제품 제품군 선택
- 제조사 선택
- 등록할 디바이스 선택
- 안내되는 내용에 따라 등록 진행

ⓩ 등록할 제품의 Wi-Fi 활성화
ⓩ 제품과 연결될 2.4Ghz무선 공유기 비밀번호 입력
ⓚ 등록 완료 후 제품 모니터링 및 제어

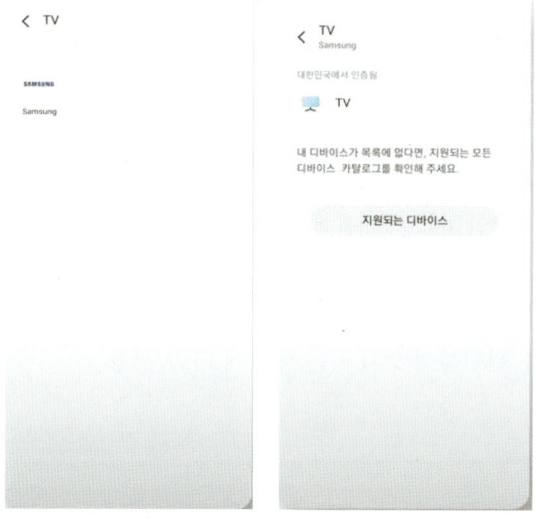

    제조사 선택화면   디바이스 선택화면

③ 타 플랫폼(타 지능형(스마트)홈 서비스)과의 연동 방법

지능형(스마트)홈 구축 시 고려사항을 다시 살펴보면 처음 배웠던 4가지가 떠오를 것이다.

#1. 지능형(스마트)홈 구상 : 사용자 및 구성원 사용용도에 맞춰라
#2. 지능형(스마트)홈 기기 선정 : 지능형(스마트)홈 구상에 맞춰 우선 순위를 정하라
#3. 지능형(스마트)홈서비스 모델 선정 : 보수/유지/관리 효율성을 고려하라
#4. 지능형(스마트)홈 네트워크 구성 : 가옥구조에 맞는 연결 안정성을 확보하라

제일 좋은 방법은 하나의 플랫폼과 하나의 서비스로 모든 스마트 디바이스들을 운용할 수 있는 것이 최적이겠지만, 현재는 전 디바이스가 지원되는 경우는 극히 드물고, 대부분 직접 IoT서버를 구축하거나 개발 프로그램을 통해 하나로 만드는 방법밖에 없다.

이에 여기서는 이 단원 처음에 있던 가상의 사용자가 구성한 지능형(스마트)홈 구성도를 통한 예시문제를 가지고 서로 지원 및 연동이 되는 플랫폼을 가지고 연동하는 방법을 알아보자.

AI@HomeManager

예상문제

다음 그림은 이고객댁의 스마트기기들이다. 이를 구글 AI스피커로 제어하고 싶어 지능형홈관리사인 김지능 씨에게 의뢰가 들어 왔다. 구글 AI스피커로 제어하기 위해 필요한 것들을 〈보기〉에서 모두 고르시오. (단, 사용자는 아이폰을 사용하고 있으며, 구글 계정 연결을 통한 가입을 하고 싶어 한다.)

〈보기〉
① Smart Things 앱 및 구글 계정
② 구글 홈 앱 및 구글 계정
③ LG ThinQ 앱 및 구글 계정
④ Mi Home 앱 및 구글 계정
⑤ BRUNT 앱 및 구글 계정
⑥ 별도의 안드로이드 폰
⑦ 구글 어시스턴트 앱

예상문제 그림에 있는 제품들을 가지고 구성도와 표로 나타내면 다음과 같다.

분류	제조사	제품	네트워크	플랫폼
스마트 가전	LG	냉장고	Wi-Fi	ThinQ
		공기청정기	Wi-Fi	
		올레드TV	Wi-Fi	
		워시타워	Wi-Fi	
	삼성	에어컨	Wi-Fi	스마트싱스
		전기오븐	Wi-Fi	
	샤오미	로봇청소기	Wi-Fi	미홈
스마트 일반기기	브런트	블라인드엔진	Wi-Fi	브런트
	필립스	전구	BT	필립스 휴
AI 스피커	구글	구글 네스트	Wi-Fi	구글 홈
네트워크 장비		유무선 공유기 휴브릿지		

지능형(스마트)홈 디바이스에 대한 구성 및 설치가 다 되었다면 이제는 스마트폰에 각각의 디바이스 제조사들의 앱을 설치 후 가입 또는 로그인을 통하여 앱의 안내에 따라 디바이스들을 연결해야 한다. 그리고, 문제의 조건에 가장 중요한 것이 "※ 사용자는 아이폰을 사용하고 있으며, 구글 계정으로만 가입 및 연결하고 싶어한다."로 되어 있다. 즉, 현 지능형(스마트)홈 디바이스들의 제조사가 제공하는 앱의 로그인 방식에 구글계정으로 로그인이 있어야만 가능한 것이다.

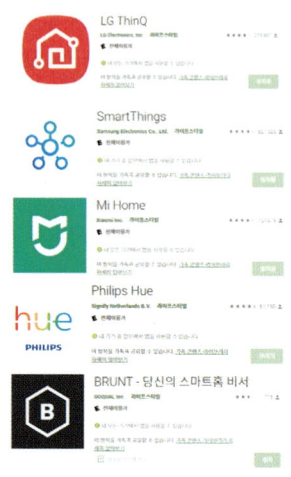

각각의 스마트 디바이스 제조사들의 앱의 로그인 화면을 보면 LG전자, 삼성전자, 필립스 휴(전구)는 구글계정 로그인을 지원하나, 미홈, 브런트 앱은 자체적 계정으로 로그인해야 함을 알 수 있다.

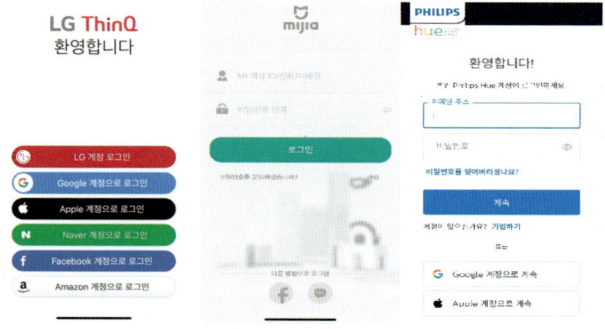

물론 현실에서는 지능형(스마트)홈 디바이스 제조사의 플랫폼이 구글 홈에서 지원이 된다면 각각의 계정으로 다음과 같이 구글 홈 플랫폼에 연결해도 된다.
그리고, 구글 AI스피커인 구글 네스트로 음성 제어하고 싶다고 했으니, 구글홈에서 구글 스피커를 등록하면 된다.

AI@HomeManager

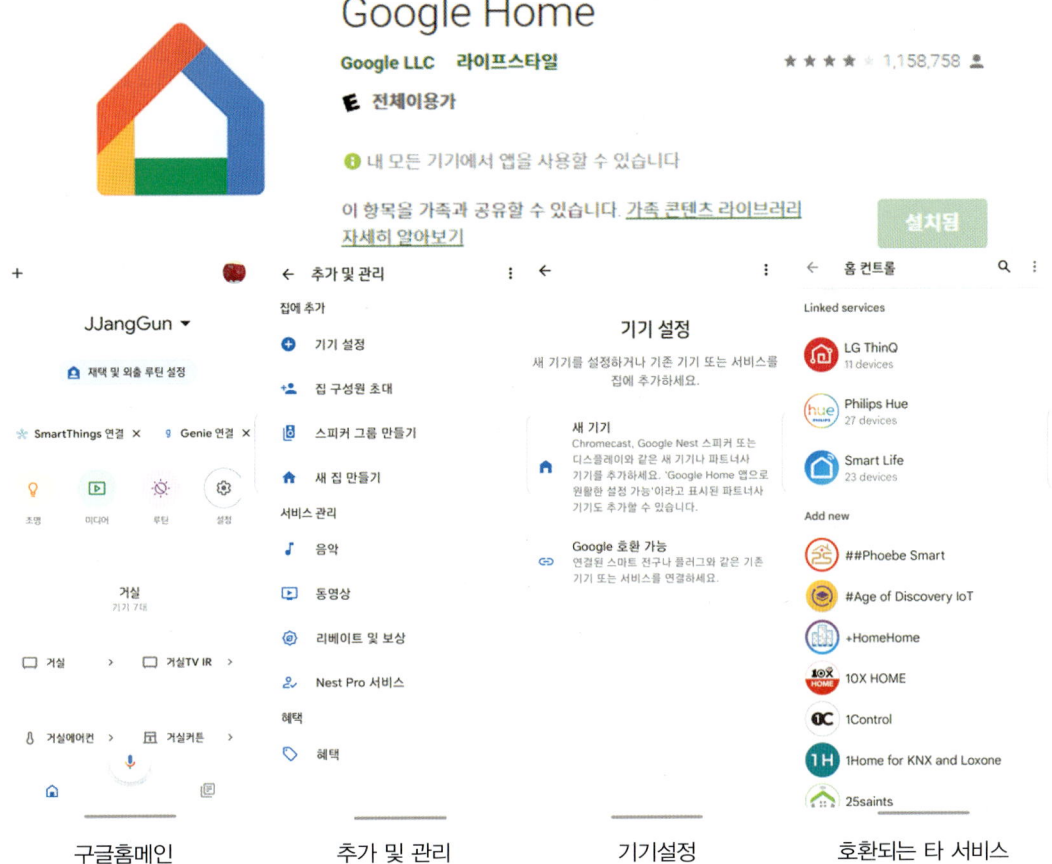

구글홈메인 　　　추가 및 관리 　　　기기설정 　　　호환되는 타 서비스

㉠ 스마트폰 설치된 "구글홈"을 실행한 뒤 상단의 "+"를 실행한다.
㉡ 추가 및 관리 항목에서 "+기기설정"를 탭한다.
㉢ 기기설정 화면에서 "구글 호환 가능"항목을 탭한다.
㉣ 홈컨트롤에서 "돋보기"를 탭하여 구글홈과 연동할 타 플랫폼 서비스를 찾는다.
㉤ 해당 지능형(스마트)홈서비스에 가입한 계정으로 로그인하여 연동한다.
㉥ 구글 홈 메인에서 연동되는 서비스 제품들이 연결되었는지 확인한다.
㉦ 기기설정 화면으로 가 "새 기기"를 탭 한 뒤 안내되는 화면에 따라 구글 스피커 연결

위와 같이 연결이 되었다면 스마트폰에서 구글 어시스턴트를 통해서도 음성으로 해당 제품들을 제어할 수 있다. 그럼 예시문제로 돌아가 풀어보도록 하자.

예상문제

다음 그림은 이고객댁의 스마트기기들이다. 이를 구글 AI스피커로 제어하고 싶어 지능형홈관리사인 김지능 씨에게 의뢰가 들어 왔다. 구글 AI스피커로 제어하기 위해 필요한 것들을 〈보기〉에서 모두 고르시오. (단, 사용자는 아이폰을 사용하고 있으며, 구글 계정 연결을 통한 가입을 하고 싶어 한다.)

〈보기〉
① Smart Things 앱 및 구글 계정
② 구글 홈 앱 및 구글 계정
③ LG ThinQ 앱 및 구글 계정
④ Mi Home 앱 및 구글 계정
⑤ BRUNT 앱 및 구글 계정
⑥ 별도의 안드로이드 폰
⑦ 구글 어시스턴트 앱

정답풀이

샤오미의 미홈 지능형(스마트)홈서비스 앱은 구글홈과 호환이 되지 않는다.
브런트앱은 계정 가입을 해야 하므로 구글 계정이 아닌 이메일로 가입이 된다.

답 보기 ①, ②, ③, ⑦

(2) 지능형(스마트)홈 서비스 자동화

지능형(스마트)홈의 꽃은 제대로 된 모드와 자동화라 할 수 있다.

모드란? 한 번에 클릭하여 내가 원할 때 여러 제품을 한 번에 작동(제어)할 수 있는 것을 말한다. 자동화란? 내가 설정한 상황과 일치하면 제품이 자동으로 작동(제어)할 수 있는 것을 말한다. 이 둘의 차이는 다음 이미지에서 보면 모드는 동작에 포커스가 되어 있고, 자동화는 "~라면~해라."처럼 조건과 실행을 지정 해줘야 한다.

모든 설정 화면   자동화 설정 화면

즉, 자동화의 기본적인 워크 플로우는, "시작 조건 → 조건검사 및 만족 → 동작실행"하는 것이다. 이에 이번 챕터에서는 하나의 지능형(스마트)홈서비스 플랫폼에서 자동화하는 방법과 구글홈 플랫폼에서 연동 된 타 서비스의 지능형(스마트)홈 디바이스를 작동하는 방법 2개로 나누어 실습 해 보도록 하자.

① 단일 지능형(스마트)홈 서비스 플랫폼의 자동화 알아보기

HomeAssistant로 지능형(스마트)홈 플랫폼을 자체적으로 구축을 한다면 다중조건 3가지(And, Not, or)를 조합 활용하여 다양한 조건을 활용할 수 있지만 일반적인 지능형(스마트)홈 디바이스 제조사의 앱에서는 "모두 조건이 충족되었을 경우(And)"나 "어떤 조건이든 충족 되었을 경우(Or)"의 단일 조건에 제품 상태, 시간, 위치, 날씨의 여러 조건들을 조합하여 조건을 만들게 된다.

[예시 1] 조건이 하나라도 충족(좌측 이미지)
온도 28° 이하지만 도어가 닫혀 있다면 실행할 항목이 모두 동작하게 된다.
[예시 2] 모든 조건이 충족(우측 이미지)
온도 28° 이상 올라가고 도어가 닫혀 있을 때만 실행할 항목이 모두 동작하게 된다.
만약 열대야(28° 이상)가 발생할 때 잠을 자려고 문을 닫았을 때 쾌적하게 만드는 자동화를 하려면 예시 2의 "모든 조건이 충족"의 조건이 있어야 나의 상황에 맞게 자동으로 작동할 것이다.

자동화 예시화면

[자동화 상황 1] 어두울 때 모션센서가 감지되면, 불을 켜고, 1분 후에 끄자.
위의 자동화 동작은 밤에 물 마시러 갈 때나 화장실 오갈 때 어둠을 밝히는 용도에 적합하다.
이를 위해서는 시작 조건이 될 스마트 기기인 스마트 모션센서와 조도센서가 그리고, 동작을 할 전등(or스위치)이 필요하다. 물론 여기서 시작 조건 중 하나인 "어두울 때"를 만족시키기는 스마트 조도센서가 없다면 조건 만족에 매일 특정 시간을 지정하거나 일몰시로 하면 정확하지는 않지만 스마트 조도센서가 없이도 자동화를 만들 수 는 있다.
위 자동화에서의 1차원적인 자동화는 "감지 → 일몰이면(어두우면) → 불 켜기 → 1분 후 → 불끄기"가 될 것 이다.

이를 스마트폰 앱에서 옆의 그림처럼 자동화를 구성하고 저장할 수 있는데 앱에서의 같은 디바이스를 동작에서 타이머를 이용해 켜고 끄는 것을 하나로 구성하게 되면 실행이 불가하다는 오류 메시지를 볼 수 있다.

이를 해결하는 방법은 위의 자동화 조건을 다음과 같이 2개로 나누어 해결 할 수 있다.

- 첫번째 자동화 조건은 [불 켜짐 자동화 설정]
    1. 시작조건
        ① "모션센서 상태 : 움직임 있음"
        ② 일몰일 때
    2. 조건만족 : 모든 시작조건이 만족하면
    3. 동작 : 스탠드 켜짐
- 두번째 자동화 조건 [불꺼짐 자동화 설정]
    1. 시작조건
        ① 스탠드 꺼짐
        ② 일몰일 때
    2. 조건만족 : 모든 시작조건이 만족하면
    3. 동작
        ① 1분 후
        ② 스탠드 꺼짐

[자동화 상황 2] 집에 사람이 들어오면 거실 전등을 켜고 사람이 집을 나가면 끄자.

위의 자동화는 시작 조건은 "집안 현관에서 사람을 감지"하는 것과 "중문이나 현관문이 열리고 닫히는 것의 감지"라 할 수 있다. 이에 필요한 것은 현관이나 집 안의 움직임을 감지하기 위한 [스마트 모션(동작감지) 센서]와 집 나가고 들어오기 위해서는 현관문을 이용하기 때문에 [스마트 도어(문열림)센서]의 감지이다.

단순하게 사람이 집을 나가고 들어오는 행동을 나타내는 시작 조건을 최소한의 센서를 사용해 만들어 보면 다음과 같다.

- 사람이 나가는 시작 조건 = 중문, 현관 도어 센서 열림 + 현관내 모션 감지
- 사람이 들어오는 시작 조건 = 현관 도어 센서 열림 + 현관내 모션 없음

사실 위의 시작 조건으로는 사람의 행동에 따라 오작동이 발생할 수 있고, 이런 오류 방지하기 위해 더 많은 스마트 센서들을 설치하면 줄일 수 있다.

[자동화 상황 2]를 실제 앱에서 자동화 구성을 하면 다음과 같이 구성 할 수 있다.

물론 외출 시 출입문 앞에서 모션이 미감지 되었을 때 문을 열어버리면 애매한 상황이 발생한다. 아마 센서등 아래서 꼼지락거리다 불 꺼져서 휘적휘적 해 본적 있을 것이다.

모션센서의 원리도 같기 때문에 그 타이밍에 문이 열리면 오류가 날 수 있고, 집에 이미 사람이 있을 때 사람이 들어오면서 켜기 동작을 수행하면서 디바이스에서 작동 소리가 날 수도 있기 때문에 재실일 때 자동화중지도 생각을 해야 할 것이다.

외출시 자동화   귀가시 자동화

② 구글홈 플랫폼에서 연동 된 타 서비스의 지능형(스마트)홈 디바이스 루틴 설정하기

여기서는 지능형(스마트)홈 디바이스 제조사의 플랫폼이 구글 홈에서 지원이 된다면 각각의 계정으로 다음과 같이 구글 홈 플랫폼에 연동까지 된 상황에서 구글 홈의 "루틴"을 통한 자동화 연결을 해 보도록 하겠다. 현재 구글의 루틴은 여러 작업을 동시에 자동으로 실행하는 것만 되기 때문에 타 서비스에서 말하는 "모드" 기능에 가깝다고 보면 된다. 또한 구글홈에 연동된 타 서비스의 디바이스 동작 명령어는 대부분 On, Off만 가능하기 때문에 이를 기억하여 모드(구글홈에서는 루틴)를 잘 고려해야 한다.

필자의 구글홈에 연동된 타 플랫폼은 LG ThinQ, 필립스 휴, SmartLife가 보이고, 메인화면에 각 플랫폼에 연결되어 작동중인 스마트 디바이스들이 각 집안의 위치에 맞게 배치까지 끝나 있는 것이다.

구글홈에 연동된 타 서비스

여기서 중요한 것은 연동된 디바이스들이 구글 홈 앱에서 자동으로 기기 유형이 설정되지만, 만약 기기가 스위치인지, 전등인지, 선풍기인지, 히터인지 구글 홈에 인식이 되어 있지 않은 상태라면 아무리 음성 명령을 내려도 제대로 알아듣지를 못하고 '기기가 설정되어 있지 않습니다.'라며 튕기는 모습만을 보여주니 기기를 탭하여 들어가 작동 유무를 확인하고, 작동이 되지 않는다면 설정으로 들어간 후, 기기 유형을 눌러 설정을 해 주면 된다.

자 그럼 본격적으로 구글 홈에서 루틴(자동화/모드)을 만들어 보자.

㉠ 메인화면에서 "루틴" 탭하여 실행
㉡ 하단의 "+"버튼을 눌러 새 루틴 만들기
㉢ "+ 시작 조건 추가"에 들어가 4가지 항목 중 한 가지 선택하여 조건 추가
　→ 조건추가를 하게 되면 모든 조건이 충족되어야만 작업(동작) 시작
㉣ "+ 작업 추가"로 들어가 루틴에서 실행할 작업 실행
㉤ 지능형(스마트)홈 기기 조정에서 각 항목에 맞는 기기 작업 선택

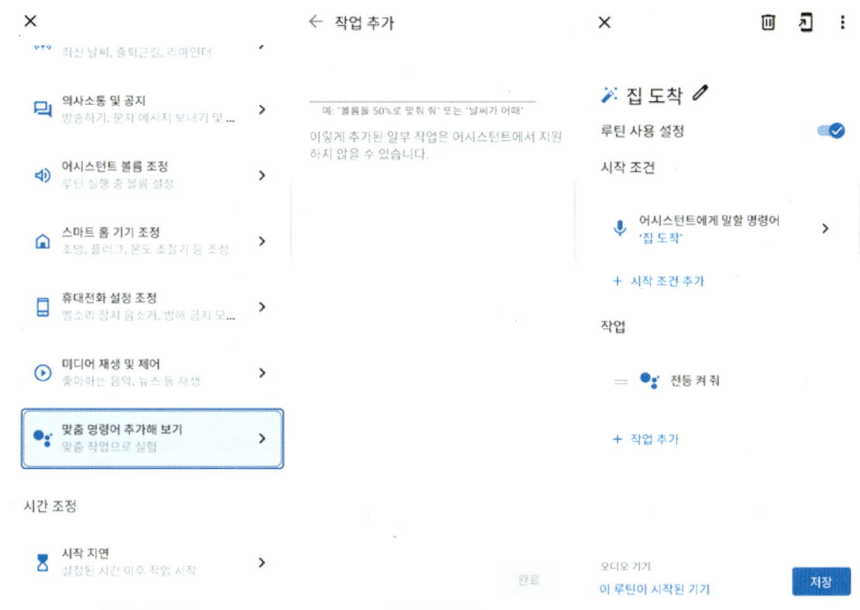

이렇게 루틴을 하고 나면 조건에 구글 어시스턴트에 말할 때의 조건 명령어를 AI 스피커나 스마트폰에서 말하면 등록된 작업이 실행된다. 하지만, 구글 홈 앱에서 지능형(스마트)홈 기기에서만 작업을 하면 연동된 모든 디바이스를 작동 시킬 수 없기 때문에 하단의 "맞춤 명령어 추가해 보기"를 통해 타 서비스와 연동된 디바이스 예를 들면 집 도착 시 전등을 모두 켜기 위해서 "전등 켜줘"란 명령어를 입력해놓으면 등록된 전등이 모두 켜지게 된다. 아직까지는 한국어 명령어가 오류가 발생하는 경우가 간혹 있지만 연동된 타 서비스의 디바이스를 제어하기 위해서는 "맞춤 명령어 추가해 보기"를 활용하는 것이 좋다.

예상문제 지능형(스마트)홈 자동화 문제 - 드래그앤드롭

지능형홈관리사 김지능씨에게 도어센서와 함께 저녁 귀가 후 매일 해가 지면 취침시간인 오후 10시 이후에 침실의 도어를 열고 닫으면 침실 무드등이 20% 밝기로 되고, 공기청정팬은 취침모드로 변경되고 거실등은 꺼지는 수면모드 자동화까지 해야하는 설치 의뢰가 들어와 모든 지능형(스마트)홈 디바이스들 설치 완료 후 고객 스마트폰에 수면모드 자동화만 남겨 둔 상태이다. 보기에 항목을 스마트폰에 드래그하여 자동화를 완성하시오. (단, 실행할 동작은 지문의 순서대로 가져다 놓아야 한다.)

정답풀이

위에서 차례대로

지문 분석을 하면 자동화 조건은 다음과 같다
① 조건은 2가지 조건이 모두 충족이 되어야 한다.
② [조건 1] 매일 해가 지면 → 매일 일몰
   [조건 2] 침실 도어 센서가 닫힘
③ 지문 순서상 동시 실행 될 동작
   • 침실 무드등이 밝기가 20% 상태 만들기
   • 공기청정팬이 취침모드
   • 거실 스탠드 조명 Off

422 · 지능형홈관리사

2. 지능형(스마트)홈 문제 해결

(1) 지능형(스마트)홈 운용시 문제 해결 방법

1. 디바이스의 온오프 정상상태를 확인한다.
2. 디바이스 설치가 정상인지 확인한다.
3. 디바이스의 게이트웨이/허브가 정상 작동하는지 확인한다.
4. 디바이스가 네트워크에 연결되어 있는지 확인한다.
5. 데이터 통신이 이루어지는지 확인한다.
6. 서버와의 약속한 통신프로토콜인지 확인한다.
7. 서버가 외부에서 접근할 수 있는지 확인한다.
8. 데이터 통신망이 서버의 처리량을 초과했는지 확인한다.

지능형 운용 시 문제를 찾는 방법을 다음의 상황표 통해 알아보자.

구분	지그비 센서류	지그비 블라인드	WiFi 매립 콘센트	WiFi 태블릿	지그비 코디네이터	유무선 공유기
1	App 제어 X	App 제어 X	App 제어 X	X	X	X
2	App 제어 X	App 제어 X	App 제어 X	O	O	O
3	App 제어 X	App 제어 X	App 제어 O	O	X	O
4	App 제어 O	App 제어 O	App 제어 X	O	O	O
5	App 제어 X	App 제어 O	App 제어 O	O	O	O

1번 상황 발생 시 → 인터넷 네트워크 점검
2번 상황 발생 시 → 스마트 기기 전원 점검
3번 상황 발생 시 → 지그비 게이트웨이 점검 후 지그비 디바이스 전원 점검
4번 상황 발생 시 → 전기 배선 결선 상태 점검
5번 상황 발생 시 → 지그비 센서 전원 또는 배터리 점검

03 지능형(스마트)홈 용어 및 트렌드

1. 지능형(스마트)홈 용어 및 설계실무와 최신의 지능형(스마트)홈 트렌드

급변하고 발전하는 지능형(스마트)홈 트렌드를 알고 적용할 수 있으며, 용어에 대해 설명할 수 있다.

예상문제 지능형(스마트)홈 용어 및 설계실무와 최신의 지능형(스마트)홈 트렌드

다음 〈그림〉은 스마트폰에서 보는 지능형(스마트)홈 어플리케이션 화면의 일부이다. 지능형(스마트)홈 워킹 그룹이 개발하고 있는 인터넷(IP) 기반 표준 프로토콜(통신 표준)인 (A)는 무엇인지 정답입력란에 입력하시오.

답 매터 (Matter)

> **예상문제** 지능형(스마트)홈 용어 및 설계실무와 최신의 지능형(스마트)홈 트렌드

〈제시문제〉의 (A) 안에 들어갈 가장 알맞은 용어가 무엇인지 정답입력란에 입력하시오.

제시 문제
지능형(스마트)홈 환경에서 (A) 기기는 범죄나 불법적 침입을 막고, 거주자의 사생활을 보호하기 위한 안전장치를 위미하며, 대표적인 제품군은 침입 탐지, 비디오 감시 장비, 출입통제, 화재 감지 및 알람들이 있다.

답 홈 시큐리티

> **예상문제** 지능형(스마트)홈 용어 및 설계실무와 최신의 지능형(스마트)홈 트렌드

〈제시문제〉의 (A) 안에 들어갈 가장 알맞은 용어가 무엇인지 정답입력란에 입력하시오.

제시 문제
2선식 스마트조명스위치 설치 후, 조명스위치와 연결된 등기구에서 잔광 현상이 발생하였다. 이를 해결화기 위하여 연결된 등기구에 (A)를 설치하였더니 노이즈 현상까지 해결 하였다.

답 노이즈 필터

> **예상문제** 지능형(스마트)홈 용어 및 설계실무와 최신의 지능형(스마트)홈 트렌드

세대간 망분리란 홈네트워크 단지서버에서 세대 홈게이트웨이(월패드)까지의 네트워크를 세대별로 분리하여 구성하는 것을 말한다. 이 때 사용되는 논리적 방법의 한 종류로서, 〈제시문제〉에서 (A)에 공통적으로 들어갈 용어를 답안란에 입력하시오.

제시 문제	제시 문제
−(A)는/은 Public Switched Network상에서 물리적인 Network의 구성과 무관하게 논리적으로 폐쇄된 User Group을 구성하여 다양한 기능의 서비스를 제공하는 네트워크의 한 형태이다. −터널을 생성해 원격지에 있는 인트라넷이나 클라이언트를 연결하여 (A)을/를 구성한다.	−가입자 자신이 공중 통신망 내에서 소프트웨어적으로 망을 정의하고 변경할 수 있기 때문에 (A)에서는 통신망 변경 시에 물리적인 재구성이 필요 없다. −공중망을 이용하여 마치 가입자 고유의 전용망을 소유하고 있는 것과 같은 효과를 주는 서비스를 (A)이/가 제공한다.

답 VPN(Virtual Private Network, 가상사설망)

예상문제 지능형(스마트)홈 용어 및 설계실무와 최신의 지능형(스마트)홈 트렌드

다음 〈그림〉은 지능형 홈네트워크 시스템에서 세대간 망분리 여부의 점검을 위한 점검용 패드가 위치한 포인트를 나타내고 있다. 세대 단자함 내 들어갈 장비는 무엇인지 답안란에 입력하시오.

지능형 홈네트워크 망분리 및 보안점검

제시 문제
(A)은/는 가정 내 모든 디지털 가전기기들을 하나의 네트워크로 연결하는 중심 허브 역할을 하며 원격지로부터 네트워크를 통해 제어 및 관리가 가능한 통신서비스 환경을 만드는 중심적인 장치이다. (A)은/는 세대단자함에 설치하거나 세대단말기에 포함하여 설치할 수 있다. (지능형 홈네트워크 설비 설치 및 기술기준 제6조의2)

답 홈게이트웨이(Home Gateway)

예상문제 지능형(스마트)홈 용어 및 설계실무와 최신의 지능형(스마트)홈 트렌드

다음 ( )에 공통적으로 들어갈 알맞은 용어를 답안란에 입력하시오.

제시 문제	제시 문제
〈기술〉 ( )은/는 전자기파중의 하나로 가시광선보다 파장이 길고 전자레인지에 사용하는 마이크로파 보다는 파장이 짧다. 일상적으로 어둠 속에서 열을 내는 물체를 가까이 하면 피부로 온도를 느낄 수 있는데 이것이 바로 ( )이다.	〈활용 사례〉 ( ) 리모컨 기능은 스마트 허브에서 리모컨의 ( ) 신호와 동일한 신호를 보낼 수 있는 기능인데, 이를 통해 구형 가전제품을 IoT 제품처럼 사용할 수 있다. 예를 들면 스마트 허브와 거리만 충분하면, 구형 에어컨이 특정 시간에 자동으로 켜지고 꺼지게 하는 것도 가능하다.

답 IR 또는 적외선

예상문제 지능형(스마트)홈 용어 및 설계실무와 최신의 지능형(스마트)홈 트렌드

〈제시문제〉의 (A)에 들어갈 용어를 답안란에 입력하시오.

제시 문제
(A)은/는 2016년 국제 표준화 된 (ISO 표준 ISO/IEC PRF 20922) 발행 – 구독(Publish–Subscribe) 기반의 메시지 송수신 프로토콜이다. 작은 코드 공간이 필요하거나 네트워크 대역폭이 제한되는 원격 통신을 위해, 즉 IoT 와 같은 제한된, 혹은 대규모 트래픽 전송을 위해 만들어진 프로토콜이다. 그렇기에 TCP/IP 프로토콜 위에서 동작하지만 동시에 굉장히 가벼우며, 많은 통신 제약들을 해결해준다. 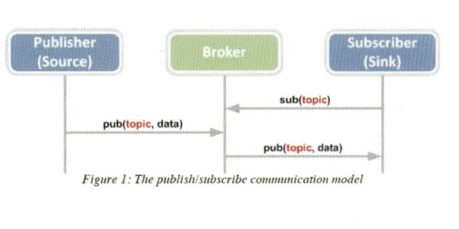

답 MQTT

예상문제 지능형(스마트)홈 용어 및 설계실무와 최신의 지능형(스마트)홈 트렌드

〈제시문제〉의 (A)에 공통적으로 들어갈 알맞은 용어를 답안란에 입력하시오.

제시 문제
(A)로 위치 정보를 취득하는 것은 네비게이션이나 휴대전화에서도 넓게 이용되고 있는 방법이다. 본래 센서와는 조금 다르지만, 물체의 위치추적이나 확인이라는 면에서는 센서처럼 사용한다. 위성으로부터 신호를 수신하고, 각각의 위성으로부터의 거리 정보나 시간을 읽어내, 지구상의 위치를 확인한다. (A) 모듈에서 계산된 자신의 위치정보와 시간이 출력된다. 이 정보를 지도상에 대응해 이용하는 방법이 일반적으로 사용되고 있다.

답 GPS

예상문제 지능형(스마트)홈 용어 및 설계실무와 최신의 지능형(스마트)홈 트렌드

〈제시문제〉의 (A) 와 (B) 안에 들어갈 가장 알맞은 용어를 답안란에 입력하시오.

제시 문제	제시 문제
저전력 (A)의 가장 큰 특징은 동작주기가 수 밀리초 정도이고 대부분 시간을 슬립 상태에 있어 전력 소모가 매우 적다는 것이다.	이를 활용한 기술인 (B)을 활용하여 쇼핑센터, 음식점, 박물관, 미술관, 영화관, 야구장 등을 방문한 고객의 스마트폰에 할인 쿠폰이나 상세 설명 등의 데이터를 전송 할 수 있다.

답 A : 블루투스, B : 비콘

예상문제 지능형(스마트)홈 용어 및 설계실무와 최신의 지능형(스마트)홈 트렌드

지능형(스마트)홈을 구성하기 위해서는 디바이스, 인터넷 환경, 허브, 플랫폼 등 다양한 구성요소가 존재한다. 이 중 세대내의 각 디바이스들을 연결하기 위한 무선통신 방식으로는 다음과 같이 3가지의 통신 방식을 주로 사용한다. 각각의 통신방식은 다음과 같은 특징을 가지고 있을 때, 각각의 (A),(B),(C) 안에 들어갈 알맞은 통신 방식을 쓰시오. [답안입력 예: (A):xxx,(B):yyy,(C):zzz]

	(A)	(B)	(C)
규격	IEEE 802.15.4	IEEE 802.11	IEEE 802.15.1
전송속도	250 Kbits/s	11-54 Mbits/sec	1 Mbits/s
범위	10-1000 m	50-100 m	10 m
네트워크 구성 방식	Mesh	Point to hub	Ad-hoc, very small network
작동 주파수	2.4 GHz	2.4 and 5 GHz	2.4 GHz
장치 연결 복잡성	낮음	높음	중간
전력 소모	낮음	높음	중간
네트워크 내 장치연결 가능 수	64 K	32 per access point	7
사용처	모니터링, 센서 네트워크, 빌딩 자동화, 가정제어 및 자동화 등	무선 LAN 연결, 방송 인터넷 연결	핸드폰, PDA, 노트북, 이어폰 등 장치간 통신

답 A : 지그비 , B : WiFi , C : 블루투스

예상문제 지능형(스마트)홈 용어 및 설계실무와 최신의 지능형(스마트)홈 트렌드

다음 ( )에 공통적으로 들어갈 알맞은 용어를 답안란에 입력하시오.

제시 문제	제시 문제
(A)은/는 상업용 및 가정용 빌딩 자동화를 위한 개방형 표준이다. (A) 장치는 조명, 블라인드 및 셔터, HVAC, 보안 시스템, 에너지관리, 오디오, 비디오, 가전, 디스플레이, 원격 제어 등을 관리할 수 있다. (A)은/는 특정 하드웨어 플랫폼을 기반으로 하지 않으며 네트워크는 특정 건물의 요구 사항에 따라 8비트 마이크로컨트롤러에서 PC에 이르기까지 무엇이든 제어할 수 있다. 가장 일반적인 설치형태는 트위스트 페어 매체 위에 설치하는 것이다.	(A)은/는 다음 조직에서 승인한 표준이다. - 국제표준 (ISO/IEC 14543-3) - 유럽표준 (CENELEC EN 50090 및 CEN EN 13321-1) - 미국 표준 (ANSI/ASHRAE 135) - 중국 Guobiao (GB/T 20965)

답 KNX (KONNEX)

예상문제 지능형(스마트)홈 용어 및 설계실무와 최신의 지능형(스마트)홈 트렌드

〈제시문제〉의 언론기사 내용 중 (A)에 공통적으로 들어갈 알맞은 용어를 정답입력란에 입력하시오.

제시 문제
아마존과 애플, 구글, 삼성, LG 등 글로벌 빅테크 기업들이 주도하는 지능형(스마트)홈 표준언어 '(A)'가 상반기 안에 나올 전망이다. (A)은/는 인터넷주소(IP) 기반의 사물인터넷(IoT)기기간 통신언어를 통일한 것으로, 제조사가 다른 기기간의 호환을 가능하게 한다. 삼성 TV와 애플 스마트폰, LG 세탁기가 유기적으로 연동되도록 만든다. 그동안 호환이 안 된다는 근본적인 문제 때문에 전체 지능형(스마트)홈 기기 가계보급률은 매해 평균 1.3%P 늘어나는데 불과했다. 통신 언어가 (A)로 통일되는 올해를 분기점으로 진정한 지능형(스마트)홈 시대가 본격 열릴 것으로 전망된다. 표준 규격이 쓰일 제품은 TV와 스마트 전구와 스위치, 온도조절기 등으로 시작해 대부분 전자기기로 확산될 것으로 보인다. 기기 판매에 집중해 온 기존 비즈니스 전략도 변곡점을 맞고 있다. 모바일과 생활가전 사업부를 통합한 삼성전자는 서비스 플랫폼 경쟁력을 강화하는데 집중하고 있다. (A)의 등장은 중소기업에게는 기회이자 위기이다. 납품회사별 규격을 맞출 필요가 없어 해외수출기회까지 얻을 수 있지만, 저가를 앞세운 중국 업체들과의 경쟁은 더 치열해질 전망이다. 2022-02-23 ○○방송 김○○ 기자

답 매터

예상문제 지능형(스마트)홈 용어 및 설계실무와 최신의 지능형(스마트)홈 트렌드

〈제시문제〉의 〈현상〉을 확인하고 〈조치〉의 ( )에 들어갈 알맞은 용어를 답안란에 입력 하시오.

제시 문제	제시 문제
〈현상〉 ZigBee 게이트웨이 근접한 곳에 설치된 ZibBee 장치의 연결 상태는 매우 양호 하지만 ZigBee 게이트웨이와 멀리 떨어진 곳에 설치된 ZigBee 장치의 연결 상태가 불안정하여, 자주 연결이 끊어진다.	〈조치〉 ZigBee 게이트웨이와 연결 문제가 있는 ZigBee 장치 사이에 리피터역할을 할 수 있는 ZigBee 장치를 설치하여 ZigBee ( ) Network를 강화시킨다. 이 방식은 특정 노드의 장애가 다른 노드에 영향을 주지 않기 때문에 Peer to Peer Network이나 Star Network에 비해 통신 장애에 유연한 대처가 가능하다는 특징을 갖고 있다.

답 메쉬

예상문제 지능형(스마트)홈 용어 및 설계실무와 최신의 지능형(스마트)홈 트렌드

〈그림〉의 제원표에 대한 아래 〈설명〉이 '참'인지 '거짓'인지 판단하여 답안란에 입력하시오.
[답안입력: '참' 또는 '거짓'으로 입력]

〈설명〉 해당제품은 5GHz 무선 와이파이 공유기에 연결이 된다.

제품사양
제품명 스마트 플러그
모델명 GCTY-WPG03
통신방식 wifi (2.4GHz 지원) 802.11 b/g/n
전원 AC220V 10A(MAX)
사이즈 53*53*78mm
인증번호 R-R-GWY-MUS033
HU04184-21001

답 거짓 (WiFi에서의 스마트 기기들은 2.4Ghz 대역폭을 사용한다.)

예상문제 지능형(스마트)홈 용어 및 설계실무와 최신의 지능형(스마트)홈 트렌드

〈제시문제〉의 (A) 안에 들어갈 가장 알맞은 용어를 답안란에 입력하시오.

제시 문제

주택의 전력, 가스, 온수 등 에너지 공급 수단을 IT기술로 네트워크화하고 자동제어하는 시스템을 (A)이라고 한다.
(A)은/는 전력량을 모니터링 하거나 에어컨 등의 전력 소비를 최적으로 제어할 수 있다.
(A)을/를 도입한 주택을 스마트하우스라고 부른다.

답 홈 에너지 관리시스템 (HEMS)

예상문제 지능형(스마트)홈 용어 및 설계실무와 최신의 지능형(스마트)홈 트렌드

다음 ( )에 공통적으로 들어갈 알맞은 용어를 답안란에 입력하시오.

제시 문제	제시 문제
( )은 조명 장치의 밝기를 조절하는 기술 또는 기능을 나타냅니다. 조명을 ( )하는 것은 불필요한 강도의 빛을 방지하거나 특정 환경에 맞게 조명을 조절하여 에너지를 절약하고 사용자의 편의성을 향상시킬 수 있습니다.	( )은 주로 전등, 조명 시스템, LED 조명 등 다양한 조명 장치에 적용됩니다. ( )을 통해 사용자는 조명을 명암이나 밝기에 따라 조절할 수 있어, 다양한 상황에 맞게 조명을 조절할 수 있습니다.

답 디밍(Dimming)

예상문제 지능형(스마트)홈 용어 및 설계실무와 최신의 지능형(스마트)홈 트렌드

다음 ( )에 공통적으로 들어갈 알맞은 용어를 답안란에 입력하시오.

제시 문제

( )은/는 소비자들이 효율이 높은 에너지절약형 제품을 쉽게 구입할 수 있도록 하고 제조(수입)업자들이 생산(수입)단계에서부터 원천적으로 에너지절약형 제품을 생산하고 판매하도록 하기위한 의무적인 신고제도입니다.
이 제도에서는 에너지소비효율 또는 에너지사용량에 따라 효율등급을 1~5등급으로 나누어 표시하도록 하고, 에너지소비효율의 하한치인 최저소비효율기준(MEPS:Minimum Energy Performance Standard)을 적용합니다.

답 에너지소비효율등급표시제도(에너지효율등급제도)

예상문제 지능형(스마트)홈 용어 및 설계실무와 최신의 지능형(스마트)홈 트렌드

스마트 도어락 시스템을 설치할 때 사용자 인증 방법의 종류를 하나만 쓰시오.

답 비밀번호, 지문인식, 카드키, 안면인식 (중 하나만)

예상문제 지능형(스마트)홈 용어 및 설계실무와 최신의 지능형(스마트)홈 트렌드

다음 지문이 설명하고 있는 법령의 정확한 명칭은?

제시 문제
IEEE 802.15.4를 PHY/MAC으로 하는 저전력 WPAN상에 IPv6를 탑재하며, 기존 IP네트워크와 연결하는 네트워크 기술

답 6LoWPAN

예상문제 지능형(스마트)홈 용어 및 설계실무와 최신의 지능형(스마트)홈 트렌드

다음 지문이 설명하고 있는 법령의 정확한 명칭은?

제시 문제
2.4GHz, 915MHz, 868MHz 주파수 대역을 사용하는 무선 통신 기술

답 ZigBee

예상문제 지능형(스마트)홈 용어 및 설계실무와 최신의 지능형(스마트)홈 트렌드

다음이 설명하는 것은?

제시 문제
기계가 지능적으로 학습하고 문제를 해결하는 능력을 나타내는 용어로 스마트 가전에서는 음성 인식, 패턴 학습, 자동화 기능에 활용됩니다.

답 인공지능(Artificial Intelligence, AI)

예상문제 지능형(스마트)홈 용어 및 설계실무와 최신의 지능형(스마트)홈 트렌드

다음 내용의 알맞은 답을 하시오

제시 문제
홈네트워크 서버또는 각종 서버에 장착되는 방화벽 기능 2가지를 쓰시오.

답 암호화, 접근제어, 로깅, 감사추적, 인증(중 2가지)

예상문제 지능형(스마트)홈 용어 및 설계실무와 최신의 지능형(스마트)홈 트렌드

다음 ( )에 들어갈 알맞은 용어는?

제시 문제
PC에서 작업한 파일을 컴퓨터 내부에 저장하는 것이 아니라 인터넷상 서버에 저장하는 것이다. 이 서버를 ( )라고 하는데 대표적으로는 구글드라이브, 네이버클라우드, MS원드라이브 등이 있습니다. 접속만 하면 언제 어디서든 저장된 자료를 사용할 수 있어 다양한 서비스들에 활용될 수 있습니다.

답 클라우드

예상문제 지능형(스마트)홈 용어 및 설계실무와 최신의 지능형(스마트)홈 트렌드

다음 ( )에 공통적으로 들어갈 알맞은 용어는 무엇인가?

제시 문제
( )는 상업용 및 가정용 빌딩 자동화를 위한 개방형 표준입니다. ( ) 장치는 조명, 블라인드 및 셔터, HVAC, 보안 시스템, 에너지 관리, 오디오 비디오, 가전, 디스플레이, 원격 제어 등을 관리할 수 있습니다. ( )는 특정 하드웨어 플랫폼을 기반으로 하지 않으며 네트워크는 특정 건물의 요구 사항에 따라 8비트 마이크로컨트롤러에서 PC에 이르기까지 무엇이든 제어할 수 있습니다. 가장 일반적인 설치 형태는 트위스트 페어 매체 위에 설치하는 것입니다.

제시 문제

( )는 다음 조직에서 승인한 표준입니다.
- 국제 표준(ISO/IEC 14543-3)
- 유럽 표준(CENELEC EN 50090 및 CEN EN 13321-1)
- 미국 표준(ANSI/ASHRAE 135)
- 중국 Guobiao(GB/T 20965)

답 KNX(KONNEX)

예상문제 지능형(스마트)홈 용어 및 설계실무와 최신의 지능형(스마트)홈 트렌드

다음 ( )에 들어갈 알맞은 용어는 무엇인가?

제시 문제

저전력 (A)의 가장 큰 특징은 동작 주기가 수 밀리초 정도이고 대부분 시간을 슬립 상태에 있어 전력 소모가 매우 적다는 것이다.

이를 이용한 기술인 (B)을 활용하여 쇼핑센터, 음식점, 박물관, 미술관, 영화관, 야구장 등을 방문한 고객의 스마트폰에 할인 쿠폰이나 상세 설명 등의 데이터를 전송할 수 있다.

정답풀이 저전력 블루투스[Bluetooth Low Energy, 低電力]
약 10미터(m) 도달 반경을 가진 2.4GHz 주파수 대역에서 저전력 저용량 데이터 송수신이 가능한 블루투스 기술. 저전력 블루투스(BLE)의 가장 큰 특징은 동작 주기(duty cycle)가 수 밀리초(ms) 정도이고 대부분 시간을 슬립 상태(sleep mode)에 있어 전력 소모가 매우 적다는 것이다. 2MHz의 대역폭을 사용하고 1Mbps의 전송 속도를 지원하지만 동작 주기가 짧아서 평균 전송 속도는 200kbps 이하이다.

출처: UHD 방송과 VR

답 (A) 블루투스, (B) 비콘

AI@HomeManager

예상문제 지능형(스마트)홈 용어 및 설계실무와 최신의 지능형(스마트)홈 트렌드

다음 (   )에 들어갈 알맞은 용어는 무엇인가?

제시 문제 1	제시 문제 2
저전력 (A)의 가장 큰 특징은 동작 주기가 수 밀리초 정도이고 대부분 시간을 슬립 상태에 있어 전력 소모가 매우 적다는 것이다. 특히 평균 전송 속도가 10kbps 이하인 경우에는 전력 효율이 매우 좋아 배터리 교환 없이 1년 이상 사용할 수 있다. 시계, 장난감, (B), 웨어러블 기기 등 전력 공급이 제한되는 극소형 사물 인터넷(IoT)에 사용하기 적합하다.	블루투스 저전력 프로토콜을 줄여서 (A)는(은) 2010년 6월 30일에 co채택된 블루투스 (B) 스펙으로 배포되는 저전력 블루투스이다. 약 10m 도달 반경을 가진 2.4Ghz 주파수 대역에서 저전력 저용량 데이터 송수신이 가능한 블루투스 기술을 말한다.

📌 제시문제1 : (A) 블루투스, (B) 비콘
　 제시문제2 : (A) BLE,　(B) 4.0

예상문제 지능형(스마트)홈 용어 및 설계실무와 최신의 지능형(스마트)홈 트렌드

다음 (   )에 들어갈 알맞은 용어를 보기에서 선택하시오.

제시 문제	보기
주택의 전력, 가스, 온수 등 에너지 공급 수단을 IT기술로 네트워크화하고 자동 제어하는 시스템을 ( )이라고 한다. ( )는 전력량을 모니터링 하거나 에어컨 등의 전력 소비를 최적으로 제어할 수 있다. ( )을 도입한 주택을 스마트 하우스라고 한다.	보기1) 스마트 그리드(Smart Grid) 보기2) 홈 에너지 관리 시스템(HEMS) 보기3) 가정용 네트워크(HA) 보기4) 전력선 통신(PLC)

정답풀이 HEMS (홈에너지관리시스템)
홈에너지관리시스템(HEMS)이란 주택의 전력, 가스, 온수 등 에너지 소비원이 되는 조명, 가전기기, 급탕기기를 IT기술로 네트워크화하고 자동제어하는 시스템을 말한다. 향후 디지털 가전 및 에너지저장시스템(ESS), 가정용 태양광 발전, 연료전지 등 소규모 분산형 전원과 전기 자동차의 보급에 따른 충전전력 공급(V2H), 전력망의 전력공급(V2G), 급속충전기와의 연계 등 스마트하우스 요소기술의 발전이 기대되고 있다. 본고에서는 HEMS의 기능 및 기술동향을 살펴보고, 일본 내 스마트하우스의 사례에 대해 소개한다.

📌 보기2

예상문제 지능형(스마트)홈 용어 및 설계실무와 최신의 지능형(스마트)홈 트렌드

다음 그림은 무선네트워크의 종류를 나타낸 그림이다. 다음 그림을 보고 PAN에 해당하는 무선네트워크를 4가지 이상 기술하시오.

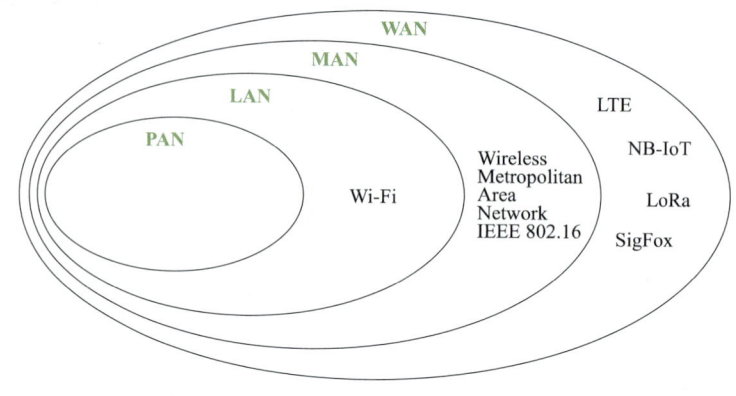

답 ZigBee, 블루투스(BLE포함), UWB, NFC, RFID, Z-Wave, ANT+, WirelessHART, CSRmesh

예상문제 지능형(스마트)홈 용어 및 설계실무와 최신의 지능형(스마트)홈 트렌드

다음 ( )에 공통적으로 들어갈 알맞은 용어는 무엇인가?

제시 문제	제시 문제
〈기술〉 ( )전자기파중의 하나로 가시광선보다 파장이 길고 전자레인지에 사용하는 마이크로파보다는 파장이 짧다. 일상적으로 어둠 속에서 열을 내는 물체를 가까이 하면 피부로 온도를 느낄 수 있는데 이것이 바로 ( )이다.	〈활용 사례〉 ( ) 리모컨 기능은 스마트 허브에서 리모컨의 ( ) 신호와 동일한 신호를 내보낼 수 있는 기능인데, 이를 통해 구형 가전제품을 IoT 제품처럼 사용할 수 있다. 예를 들면 스마트 허브와 거리만 충분하면, 구형 에어컨이 특정 시간에 자동으로 켜고, 꺼지게 하는 것도 가능하다.

*한글 및 영문(약어 포함) 모두 정답 가능

정답풀이

출처: LG전자 블로그

답 IR 적외선

예상문제 지능형(스마트)홈 용어 및 설계실무와 최신의 지능형(스마트)홈 트렌드

〈제시문제〉와 같은 현상이 발생하며 필요한 조치를 하는 중이다. ( )안에 알맞은 장비를 답안란에 입력하시오.

제시 문제	제시 문제
〈현상〉 ZigBee 게이트웨이와 근접한 곳에 설치된 ZigBee 장치의 연결 상태는 매우 양호하다. 그러나 ZigBee 게이트웨이와 멀리 떨어진 곳에 설치된 ZigBee 장치의 연결상태가 불안정하여, 자주 끊어진다.	〈조치〉 ZigBee 게이트웨이와 ZigBee 장치 사이에 ZigBee ( )을(를) 설치한다.

답 라우터

5 지능형홈 관리사 필기 기출문제

• 최근 기출문제 5회분(2022~2023년도)

제1회분 지능형홈관리사(AI@HomeManager)

종목	구분	수검번호		제한시간	코 드	형별
지능형홈관리사	필기	성명		40분	J23701	A

- 4지 택일형 문제이므로, 문제별로 제시된 4개 항목 중 가장 적합한 한 항목만 정답(답안)으로 선택하십시오.
- 무단 전제 및 복사를 금합니다.

지능형(스마트)홈 개론

01 스마트가전에 대한 설명으로 적합하지 않은 것은?

① 기존의 가전에 사물인터넷(IoT), 클라우드, 빅데이터 및 인공지능(AI) 등의 기술을 접목한 기술이다.
② 스마트가전을 이용하여 지능형(스마트)홈, 스마트에너지 서비스와 관련된 서비스이다.
③ 스마트가전은 가전제품에 센서·시스템반도체 등을 탑재하고 저전력 통신망 등을 활용하여 사물 간 통신이 이루어 진다.
④ 모든 스마트가전은 운영체제 없이 관련 데이터를 수집하고 빅데이터·인공지능 등과 연계하여 지능형 지능형(스마트)홈 서비스를 제공한다.

모든 스마트가전은 운영체제를 기반으로 데이터를 수집하고 빅데이터·인공지능 등과 연계하여 지능형(스마트)홈 서비스를 제공한다.

02 지능형(스마트)홈에 관한 설명으로 가장 적합하지 않은 것은?

① 지능형(스마트)홈이란 가정에 있는 사물이나 환경 등에 대해 지속적으로 모니터링하여 원격에서 제어하거나 스스로 제어하는 시스템이다.
② 지능형(스마트)홈은 홈오토메이션 서비스만을 의미한다.
③ 월패드는 다양한 가정용 장치들을 중앙에서 제어하는 중앙 제어형 지능형(스마트)홈 시스템이다.
④ 지능형(스마트)홈은 스마트 가전이나 보안 솔루션 등 가정용 디바이스들이 최적화된 생활환경을 제공하고 유지시킨다.

지능형(스마트)홈은 발전추세에 따라 홈오토메이션, 홈네트워크, IoT홈, 커넥티드홈 서비스를 의미한다.

03 지능형(스마트)홈의 정의 및 산업 범위로 적합하지 않은 것은?

① 지능형(스마트)홈은 서비스 플랫폼, 네트워크 연동기술, 지능형 공간 서비스 기술 등의 집약체이다.
② 가정 내 기기들이 네트워크로 연결되어 수요자 중심의 IoT 기반 지능형 주거공간을 구성한다.
③ 지능형(스마트)홈 산업은 스마트시티의 핵심 산업으로 부상하고 있다.
④ 지능형(스마트)홈은 홈네트워크와는 상반된 개념으로 통신사 클라우드 서버를 통해 서비스를 이용할 수 있으며, 집 내/외부 정보를 취합하여 사용자에게 서비스를 제공할 수 있다.

지능형(스마트)홈은 홈네트워크 개념으로 통신사 클라우드 서버를 통해 서비스를 이용할 수 있으며, 집 내부 정보를 취합하여 사용자에게 서비스를 제공할 수 있다.

04 지능형(스마트)홈의 문제점으로 알맞지 않은 것은?

① 지능형(스마트)홈 기기들은 해킹 위협에 노출되어 있는 경우가 많다.
② 지능형(스마트)홈 설치를 위한 인프라 구성으로 비용이 상승한다.
③ 장비의 사용을 위해서 별도의 교육을 받거나 사용 메뉴얼을 숙지해야 한다.
④ 사용자가 직접 지능형(스마트)홈 시스템을 DIY하거나 교체가 불가능하다.

사용자가 직접 지능형(스마트)홈 시스템을 DIY하거나 교체가 가능하다.

05 정부의 지능형(스마트)홈 정책에 대한 설명으로 적합하지 않은 것은?

① 지능형(스마트)홈2.0은 유선 월패드를 기준으로 가정 내 제어를 주요기능으로 한다.
② 지능형(스마트)홈1.0은 무선 스마트TV의 VOD 서비스를 주요기능으로 한다.
③ 지능형(스마트)홈4.0은 AI 및 로봇 등을 접목한 융합기술을 주요기능으로 한다.
④ 지능형(스마트)홈3.0은 사물인터넷 가전들을 외부 원격 제어하거나 모니터링을 주요기능으로 한다.

지능형(스마트)홈1.0은 유선 스마트TV의 VOD 서비스를 주요기능으로 한다.

06 다음 중 개인정보보호법 상의 개인정보 보호 원칙으로 적절하지 않은 것은?

① 개인정보처리자는 개인정보의 처리 목적을 명확하게 하여야 하고 그 목적에 필요한 범위에서 최소한의 개인정보만을 적법하고 정당하게 수집하여야 한다.
② 개인정보처리자는 개인정보의 처리 목적에 필요한 범위에서 적합하게 개인정보를 처리하여야 하며, 그 목적 외의 용도로 활용하여서는 아니 된다.
③ 개인정보처리자는 개인정보의 처리 목적에 필요한 범위에서 개인정보의 정확성, 완전성 및 최신성이 보장되도록 하여야 한다.
④ 개인정보처리자는 개인정보 처리방침 등 개인정보의 처리에 관한 사항을 비밀로 유지하여야 한다.

개인정보처리자는 업무를 목적으로 개인 정보파일를 운용하기 위하여 스스로 또는 다른 사람을 통하여 개인 정보를 처리하여야 한다.

07 다음 중 지능형(스마트)홈 플랫폼에 해당하지 않는 것은?

① 스마트씽즈(Smart Things)
② 홈킷(HomeKit)
③ LG 씽큐(ThinQ)
④ 라즈베리파이

라즈베리파이는 영국 잉글랜드의 라즈베리 파이 재단이 학교와 개발도상국에서 기초 컴퓨터 과학의 교육을 증진시키기 위해 개발한 신용카드 크기의 싱글 보드 컴퓨터이다.

08 사물인터넷 기반 지능형(스마트)홈 생태계를 이루는 4대 구성 요소가 아닌 것은?

① 유무선 네트워크 인프라
② 주거형 스마트 디바이스
③ 빠른 처리 속도의 중앙처리 시스템
④ 스마트 디바이스를 위한 운용 플랫폼

사물인터넷 기반 지능형(스마트)홈 생태계를 이루는 4대 구성 요소는 디바이스, 네트워크, 플랫폼, 서비스이다.

09 지능형(스마트)홈의 목적이나 역할에 맞지 않는 것은?

① 삶의 질을 향상시킨다.
② 외부를 실시간으로 경비하는 서비스를 해준다.
③ 재생 에너지 발전으로 주택의 전력을 효율적으로 사용하는데 도움을 준다.
④ 건물을 건축함에 있어서 건축 설계비를 줄일 수 있다.

건축설계비를 줄이는 것이 아니라 건축물을 사용 운영시 삶의 질향상과 외부안전과 에너지 절약 및 공간을 쾌적하게 하는 역할을 한다.

10 지능형(스마트)홈의 활성화 요인으로 가장 거리가 먼 것은?

① 소형화   ② 저전력화
③ 저가격화   ④ 개별화

지능형(스마트)홈의 활성화 요인은 소형화, 저전략화, 저가격화, 표준화이다.

11 지능형(스마트)홈 기술 분야가 아닌 것은?

① 가전기기의 원격제어기술
② 에너지 관리기술
③ 헬스케어 기술
④ 자율주행 제작 기술

자율주행 제작 기술은 전기차 기술 분야의 기술이다.

12 다음 중 헬스케어 플랫폼과 지능형(스마트)홈 플랫폼의 연결이 올바르지 않은 것은?

① 애플-헬스킷, 애플-홈킷
② 구글-구글핏, 구글-브릴로
③ 삼성-SAMI, 삼성-아틱
④ LG-홈챗, LG올조인

LG 홈챗은 지능형(스마트)홈 플랫폼이며 올조인은 퀄컴의 통신프로토콜이다.

13 oneM2M 기능 아키텍처에서 CSE(Common Service Entity)의 설명으로 옳은 것은?

① 단대단 사물인터넷 솔루션을 위한 애플리케이션 로직을 제공
② 사물인터넷의 다양한 애플리케이션 엔티티들이 공통적으로 사용 가능한 공통 서비스 기능들로 이루어진 플랫폼
③ 공통 서비스 엔티티에 네트워크 서비스를 제공
④ 장치 관리, 위치 서비스 등의 서비스를 제공

oneM2M는 응용서비스 플랫폼 환경을 통합공유하기 위한 표준화단체로서 사물인터넷의 다양한 애플리케이션 엔티티들이 공통적으로 사용 가능한 공통 서비스 기능들로 이루어진 플랫폼

14 다음 내용 중 ( )에 해당하는 것은?

> 1956년 다트머스회의에서 처음 등장했다. ( )이라는 용어를 만든 존 매카시(John McCarthy)는 '인텔리전트한 기계를 만드는 과학과 공학'이라고 정의 했다.

① 인공지능   ② 머신러닝
③ 딥러닝   ④ 예측러닝

1956년 다트머스 학술회의로서 다트머스 대학의 존 매카시가 개최. 여러 공동제안으로 인공지능이라는 용어가 사용되어 회의는 한달동안 진행되었다.

지능형(스마트)홈 네트워크

15 다음 중 지능형(스마트)홈에서 많이 사용되는 무선통신 기술인 ZigBee와 Z-Wave의 공통점이 아닌 것은?

① 사용 전파 대역
② IEEE 802.15.4 물리 계층 사용
③ 메쉬 네트워크 지원
④ 저전력 통신

> Z-Wave는 800~900MHz 주파수 대역(유럽 : 869MHz, 미국 : 908MHz)을 사용한다.
> 그러나, ZigBee는 ISM 밴드에서 동작하며, 유럽에서는 868 MHz, 미국 및 오스트레일리아에서는 915 MHz, 그리고 세계 대부분 지역에서 2.4 GHz 무선 주파수 대역을 사용한다.

16 다음 상황에서 가장 적합한 지능형(스마트)홈 무선통신 기술은?

> • "우리 집에는 Wi-Fi와 블루투스 장치가 매우 많아."
> • "1층과 2층에서는 전자레인지도 여러 대 사용하고 있어."

① ZigBee
② Z-Wave
③ Bluetooth Low Energy
④ Ethernet

> Z-Wave는 232개의 노드를 연결할 수 있어서, 가정 등에서 사용되는 메시 네트워크가 가능한 모든 디바이스와 연결이 가능하다.

17 주택의 보안을 위해 앞마당에 IP Camera를 설치하여 스마트폰 앱으로 실시간 영상을 관찰하려고 한다. 이 때 IP Camera가 촬영한 영상을 스마트 허브로 전송하기에 적합한 무선통신 방식은?

① Z-Wave
② Bluetooth Low Energy
③ ZigBee
④ Wi-Fi

> IP 기반의 통신을 지원하는 것은 무선 통신 방식은 Wi-Fi이다.

18 IoT 공통보안 7대 원칙 중, '안전한 초기 보안 설정 방안 제공'은 IoT 제품개발에서 폐기에 이르는 과정 중 어떤 단계에 해당하는가?

① 설계/개발 보안
② 배포/(재)설치/(재)구성 보안
③ 운영/관리/폐기 보안
④ 서비스 기획 보안

> 설계/개발 보안 단계는 정보 보호와 프라이버시 강화를 고려한 IoT 제품, 서비스 설계와 안전한 소프트웨어 및 하드웨어 개발 기술 적용 및 검증이 보안 요구 사항이다.
> 운영/관리/폐기 보안 단계는 IoT 제품, 서비스의 취약점 보안 패치 및 업데이트 지속 이행, 안전한 운영, 관리를 위한 정보 보호 및 프라이버시 관리 체계 마련, 그리고 IoT 침해 사고 대응 체계 및 책임 추적성 확보 방안 마련이 보안 요구 사항이다.
> 서비스 기획 보안 단계는 IoT 공통보안 7대 원칙의 단계에 포함되지 않는다.

19 다음 중 지능형(스마트)홈의 보안 향상을 위한 방법 중 알맞지 않은 것은?

① 대소문자, 기호, 숫자로 이루어진 10자 이상의 강력한 패스워드를 사용한다.
② 커넥티드 디바이스를 사용하지 않을 때는 꺼둔다.
③ 필요하지 않을 때는 카메라나 마이크 같은 추가 기능을 비활성화 한다.
④ 제품 출시 전에 설정된 디폴트 로그인 데이터 및 패스 워드를 유지한다.

> 보안 향상을 위해서는 패스워드는 주기적으로 변경되어야 한다.

20 수십~수백만 대의 PC(디바이스)를 특정 서버(웹사이트)에 동시에 접속시킴으로써 단시간 내에 과부하를 일으켜 서버를 마비시키는 공격을 일컫는 용어는?

① DDoS ② HTTPS
③ TLS   ④ Hacking

HTTPS는 월드 와이드 웹(WWW) 통신 프로토콜인 HTTP의 보안이 강화된 버전이다.
TLS는 인터넷에서의 정보를 암호화해서 송수신하는 프로토콜서 넥스케이프 커뮤니케이션스사가 개발한 SSL(Secure Sockets Layer)에 기반한 기술로, 국제 인터넷 표준화 기구에서 표준으로 인정받은 프로토콜이다.
Hacking은 타인의 컴퓨터 시스템에 무단 침입하여 데이터에 접속할 수 있는 권한을 얻는 것을 의미한다.

21 다음 중 일반적으로 스마트 허브가 지원하는 통신 프로토콜이 아닌 것은?

① Z-Wave   ② ZigBee
③ CDMA   ④ Wi-Fi

일반적으로 스마트 허브는 '다양한 파트너 기기들을 무선 연결해 언제 어디서든 앱에서 원격 제어할 수 있는 제품'으로 Wi-Fi, ZigBee, Z-wave, Thread, Matter 프로토콜 통신을 지원한다. CDMA는 이동 통신에서 코드를 이용한 다중접속 기술의 하나이다.

22 다음 중 블루투스 버전별 주요 특징의 연결이 잘못된 것은?

① 블루투스 1.0 : 최초 버전, 최대전송속도 721kbps
② 블루투스 2.x : 3Mbps로 향상된 데이터 속도 (EDR) 구현
③ 블루투스 3.x : 메쉬 네트워킹 지원
④ 블루투스 4.x : 저전력 블루투스 (Bluetooth Low Energy, BLE) 지원

블루투스 4.0 이후 버전들이 메쉬 네트워킹을 지원한다. 블루투스 3.x의 주요 특징은 블루투스 2.x의 3Mbps보다 향상된 24Mbps의 High Speed를 지원한다는 것이다.

23 IEEE 802.15.4로 대표되는 저전력 무선 개인화영역 네트워크(Low-power Wireless Personal Area Network), 센서 네트워크 등에서 인터넷 프로토콜을 사용하기 위한 아키텍처 등을 표준화하고 있는 IETF의 워킹 그룹은?

① IPv6   ② 6LoWPAN
③ Wi-Fi   ④ BLE

IPv6는 IETF가 표준화하였다.
Wi-Fi는 Wi-Fi Alliance가 IEEE 802.11 계열 표준을 기반으로 개발되었다.
BLE는 블루투스의 기술로써 IEEE 802.15.1로 개발되었고 블루투스는 Bluetooth Special Interest Group(SIG)를 통해서 관리된다.

24 다음 중 ZigBee 표준이 정의하는 ZigBee 기기의 세가지 클래스를 올바르게 나열한 것은?

① ZigBee Coordinator, ZigBee Router, ZigBee End Device
② ZigBee Center, ZigBee Router, ZigBee End Device
③ ZigBee Coordinator, ZigBee Allocator, ZigBee Sensor Device
④ ZigBee Aggregator, ZigBee Router, ZigBee End Device

ZigBee는 노드의 배열에 메시, 트리 또는 스타의 세 가지 유형의 네트워크 토폴로지를 허용하고, 노드들은 기능에 따라서 ZigBee Coordinator, ZigBee Router, 그리고 ZigBee End Device의 세 가지 다른 역할 클래스를 수행한다.

25 다음 중 지그비(Zigbee) 네트워크에 혼선을 줄 수 있는 요소가 아닌 것은?

① Wi-Fi
② 블루투스
③ 전자렌지
④ 휴대전화 기지국

ZigBee를 포함한 Wi-Fi, 블루투스, 그리고 전자렌지는 모두 비면허 대역인 2.4GHz 대역의 ISM 밴드를 사용하기 때문에 서로 간의 네트워크에 혼선을 줄 수 있다. 그러나, 휴대전화 기지국은 면허 대역을 사용하기 때문에 지그비 네트워크에 혼선을 주지 않는다.

26 하나의 Z-Wave 네트워크에는 최대 몇 개의 디바이스가 등록될 수 있는가?

① 64
② 232
③ 128
④ 256

Z-Wave는 232개의 노드를 연결할 수 있다.

27 사물인터넷 통신에서 다음이 설명하는 통신방식은?

무선인식이라고도 하며, 반도체 칩이 내장된 태그(Tag), 라벨(Label), 카드(Card) 등의 저장된 데이터를 무선주파수를 이용하여 비접촉으로 읽어내는 인식시스템이다. 이 방식의 태그는 전원을 필요로 하는 능동형(Active형)과 리더기의 전자기장에 의해 작동되는 수동형(Passive 형)으로 나눌 수 있다.

① RFID
② 블루투스
③ NFC
④ 와이파이

블루투스는 수 미터에서 수십 미터 정도의 거리를 둔 정보기기 사이에, 전파를 이용해서 저전력으로 간단한 정보를 교환하는 데 사용하는 통신 기술이다.
NFC는 10cm 정도의 아주 가까운 거리(접촉 및 근접 비접촉 모두 포함)의 양방향 무선 통신을 지원하기 위한 기술이다.
Wi-Fi는 Wireless Fidelity의 약자로, IEEE 802.11 통신 규정을 만족하는 기기들끼리 일정한 거리 안에서 무선으로 데이터를 주고받을 수 있도록 하는 무선 근거리 통신망 기술이다.

지능형(스마트)홈 기기

28 스마트폰을 사용하여 다음의 세대 내 지능형(스마트)홈 IoT 기기를 제어할 때, 세대 Wall Pad와 RS-485 통신 방식으로 제어가 가능한 기기는?

① 이동형 공기청정기
② 로봇청소기
③ 시스템 에어컨
④ 스마트 TV

RS-485 통신을 지원하는 냉난방 제어기를 사용하면 스마트폰을 통해 냉난방 시스템을 제어할 수 있습니다. 온도 조절, 스케줄링, 에너지 관리 등을 스마트폰에서 간편하게 조작할 수 있습니다.

29 전력소모 규격이 10W로 표시된 스마트 조명 10개를 2시간 동안 켰을 때 사용한 전력량은?

① 20 Wh
② 200 Wh
③ 720,000 Wh
④ 7200 Wh

$P = n \times P \times h = 10 \times 10 \times 2 = 200$ [Wh]

30 다음의 상황이 발생 시 확인해 보아야 할 것으로 알맞지 않은 것은?

지능형(스마트)홈 App을 실행시켜서 로그인을 하였는데 로그인이 되지 않음

① 사용자의 스마트폰 통신환경(Wifi 혹은 LTE, 5G 등)이 정상인지 여부
② 홈넷사의 서버 장애 여부
③ 사용자 계정이 잘못되어 삭제됐는지 여부
④ 월패드의 전원 On/off 여부

지능형(스마트)홈 App을 실행시켜서 로그인이 되지 않을 때 확인해야 할 것은 다음과 같습니다. :

- 사용자 계정 정보 : 로그인이 되지 않는 상황에서는 사용자 계정 정보를 확인해야 합니다. 올바른 사용자 이름과 비밀번호를 입력했는지, 계정 정보가 정확한지 확인해야 합니다. 비밀번호를 잊어버렸다면, 비밀번호를 재설정할 수 있는 옵션이 있는지 확인해 보세요.
- 인터넷 연결 상태 : 지능형(스마트)홈 App을 실행하고 로그인을 시도했을 때, 인터넷 연결 상태를 확인해야 합니다. 로그인에 필요한 인터넷 연결이 안정적으로 이루어져야 합니다. Wi-Fi 또는 데이터 연결이 원활한지 확인해 보세요.
- 앱 업데이트 : 지능형(스마트)홈 App이 최신 버전인지 확인해야 합니다. 때때로 앱의 오류나 호환성 문제가 로그인에 영향을 줄 수 있으므로, 앱을 최신 버전으로 업데이트하면 문제가 해결될 수 있습니다.
- 장치 연결 상태 : 지능형(스마트)홈 App을 실행하여 로그인을 시도했을 때, 지능형(스마트)홈 기기와의 연결 상태를 확인해야 합니다. 지능형(스마트)홈 기기와의 연결이 원활하지 않으면 로그인이 되지 않을 수 있습니다. 기기와의 연결을 확인하고 문제가 있는 경우, 기기를 다시 연결하거나 재부팅해 보세요.
- 서버 상태 : 로그인이 되지 않는 상황에서는 지능형(스마트)홈 서비스의 서버 상태를 확인해야 합니다. 서버 점검이나 장애로 인해 로그인에 문제가 발생할 수 있습니다. 이 경우, 서비스 제공업체에 문의하여 서버 상태를 확인할 수 있습니다.

④ 홈 에이전트는 지능형(스마트)홈 내 지리적 위치, 사용자의 선호 서비스 형태, 사용자의 명령 인터페이스 형태에 이점이 있는 가전기기가 우선시 된다.

스마트가전의 홈 에이전트의 주요 기능은 다음과 같습니다. :
- 기기 제어 : 스마트가전의 홈 에이전트는 사용자가 스마트폰 앱 또는 웹 인터페이스를 통해 가전 제품을 원격으로 제어할 수 있도록 합니다. 예를 들어, 조명을 켜고 끄거나 밝기를 조절하거나, 에어컨을 켜고 온도를 조절하는 등의 작업을 수행할 수 있습니다.
- 상태 모니터링 : 홈 에이전트는 가전 제품의 상태를 실시간으로 모니터링하여 사용자에게 알려줍니다. 예를 들어, 문이 열렸거나 가스 누출이 감지되었을 때 알림을 받을 수 있습니다.
- 자동화 : 스마트가전의 홈 에이전트는 사용자가 설정한 규칙에 따라 가전 제품을 자동으로 제어할 수 있도록 합니다. 예를 들어, 출근 시간에 자동으로 조명을 켜거나, 퇴근 시간에 에어컨을 켜는 등의 자동화 작업을 설정할 수 있습니다.
- 에너지 관리 : 홈 에이전트는 에너지 사용량을 모니터링하고 최적화하는 기능을 제공할 수 있습니다. 예를 들어, 에너지 소비가 높은 가전 제품을 식별하여 사용자에게 절전 방법을 안내할 수 있습니다.

31 스마트가전의 홈 에이전트에 대한 설명 중 적합하지 않은 것은?

① 스마트가전을 연결하는 가정 내 홈 게이트웨이의 대표적인 제품은 냉장고, TV 등에 AI 기능을 접목시켜 홈 에이전트 역할로 개발되고 있다.
② 지능형(스마트)홈에 있어서 홈 에이전트는 스마트 서비스 및 스마트가전과의 연동에 있어 중심이 된다.
③ 홈 에이전트 기기는 가정 내 사용자의 사용 패턴, 가정 내에서의 활동, 가족 구성원별 선호하는 서비스의 차이 등을 고려하여 하나의 기기만을 선택해야 한다.

32 다음의 상황에서 도입을 고려해야 하는 지능형(스마트)홈 기기는?

A씨는 외출 중 비가 내리기 시작하자 집 베란다의 창문을 열어둔 채 나오지는 않았는지 걱정이 된다.

① 스마트 도어락
② 스마트 도어센서
③ 스마트 에너지미터
④ 스마트 허브

33 다음 중 전기스파크를 감지 할 수 있는 차단기를 고르시오.

① 배전차단기 ② 누전차단기
③ 자동복구차단기 ④ 아크차단기

아크 차단기는 전기 회로에서 발생하는 아크(불꽃)를 차단하여 전기적인 문제로 인한 화재나 감전 등을 예방하는 장치입니다. 아크 차단기는 전기 회로에서 발생하는 아크를 신속하게 탐지하고 차단하여 회로를 안전하게 보호합니다.

34 지능형(스마트)홈에서 이산화탄소를 스스로 감지하여 환기하는 환기시스템을 구축하려고 한다. 다음 중 구축에 필요하지 않는 요소는?

① CO_2 센서
② PM 1.0 센서
③ 환기 유닛
④ 제어기

PM 1.0 센서는 대기 중의 미세먼지 농도를 측정하는 센서입니다.

35 지능형(스마트)홈 허브의 역할과 가장 거리가 먼 것은?

① 서로 다른 프로토콜을 사용하는 기기들을 연계하는 수단을 제공한다.
② 자동화 시나리오를 수행하는 수행 주체이다.
③ 여러 스마트 기기들을 논리적/물리적으로 연결하고 제어한다.
④ 외부 인터넷으로부터 홈네트워크로의 불법적인 침입을 감시한다.

지능형(스마트)홈 허브의 주요 역할은 다음과 같습니다. :
- 중앙 제어 : 지능형(스마트)홈 허브는 다양한 스마트가전 기기와 통신하여 중앙에서 제어할 수 있는 플랫폼을 제공합니다. 이를 통해 사용자는 하나의 앱 또는 인터페이스를 통해 모든 가전 제품을 편리하게 제어할 수 있습니다.
- 통합 및 상호 운용성 : 지능형(스마트)홈 허브는 다양한 제조사와 모델의 스마트가전 기기를 통합하여 사용자가 다양한 기기 간에 상호 작용할 수 있도록 합니다. 예를 들어, 조명, 난방, 에어컨 등의 가전 제품을 함께 제어하거나 자동화 시나리오를 설정할 수 있습니다.
- 상태 모니터링 : 지능형(스마트)홈 허브는 가전 제품의 상태를 실시간으로 모니터링하여 사용자에게 알림을 제공합니다. 예를 들어, 문이 열렸거나 화재 경보가 울렸을 때 알림을 받을 수 있습니다.
- 자동화 : 지능형(스마트)홈 허브는 사용자가 설정한 규칙에 따라 가전 제품을 자동으로 제어할 수 있도록 합니다. 예를 들어, 출근 시간에 조명을 자동으로 켜거나, 퇴근 시간에 에어컨을 자동으로 켜는 등의 자동화 작업을 설정할 수 있습니다.
- 보안 및 에너지 관리 : 지능형(스마트)홈 허브는 보안 기능을 제공하여 가전 제품의 사용을 제어하고, 에너지 사용량을 모니터링하고 최적화하는 기능을 제공할 수 있습니다.

36 지능형(스마트)홈에서 ICT 관점의 센서에 대한 설명으로 적합하지 않은 것은?

① 센서는 스스로 환경의 변화를 감지해서 적절한 서비스를 제공할 수 있다.
② 센서가 측정할 수 있는 정보는 인간이 인지할 수 있는 현실 정보 범위에서 측정 가능하다.
③ 최근에는 복합적 상황 인지 능력을 가진 다중 센서가 결합된 기술들이 등장하고 있다.
④ 센서는 측정된 물리량을 정량적으로 계측할 수 있다.

지능형(스마트)홈에서 ICT (Information and Communication Technology) 관점의 센서는 다양한 정보를 수집하고 전달하기 위해 사용되는 센서입니다. 이러한 센서는 지능형(스마트)홈 시스템의 기능을 향상시키고 사용자의 편의성을 높이는 데 기여합니다.

37 다음 내용에 해당되는 것은?

- 한 축 또는 여러 축의 회전 움직임의 각 변화량을 측정하는 센서
- 중력이나 자기장과 같은 외부의 힘에 영향을 받지 않고 독자적으로 작동하는 센서

① 자이로 센서　　② 중력 센서
③ 지자기 센서　　④ 선형 가속도 센서

자이로 센서는 회전 속도나 방향을 측정하기 위해 사용되는 센서입니다.

38 다음 중 습도센서가 필수로 포함되는 기기가 아닌 것은?

① TV ② 전자레인지
③ 에어컨 ④ 가습기

습도 센서는 지능형(스마트)홈에서 습도(습기) 또는 온도와 관련된 다양한 기기와 함께 사용될 수 있습니다.

39 다음 내용 중 ( )에 해당하는 것은?

> 지능형(스마트)홈 관련 제품들은 와이파이나 블루투스와 같은 다양한 근거리 무선통신기술을 지원하는 ( )를 통해 지능형(스마트)홈 플랫폼에 연결된다.

① 홈 게이트웨이 (Home Gateway)
② 월패드 (Wall Pad)
③ 회선 게이트웨이 (Circuit Gateway)
④ NFC (Near Field Communication)

홈 게이트웨이(Home Gateway)는 지능형(스마트)홈 시스템의 핵심 장치로, 다양한 스마트 기기와 네트워크를 연결하여 상호 작용하고 제어하는 역할을 수행하는 장치입니다. 홈 게이트웨이는 지능형(스마트)홈의 중앙 허브로 작동하며, 다양한 프로토콜과 통신 방식을 지원하여 스마트 기기 간의 상호 연결을 용이하게 합니다. 또한 홈 게이트웨이는 다양한 스마트 기기가 사용하는 프로토콜을 지원하고, 이를 통합하여 호환성 문제를 해결합니다.
예를 들어, Zigbee, Z-Wave, Wi-Fi, Bluetooth 등 다양한 프로토콜을 지원하여 다양한 스마트 기기를 연결할 수 있습니다.

40 스마트폰과 스마트 서모스탯, 애플리케이션으로 구성된 스마트 난방 시스템은 보일러와 라디에이터의 효율성을 극대화할 수 있다. 대표적으로 네스트(Nest), 하이브(Hive), 하니웰(Honeywell) 등에서 만든 스마트 서모스탯들이 많이 쓰이는데 이들이 갖춘 공통적인 기능이 아닌 것은?

① 스마트폰 앱을 통해 보일러를 켜거나 끌 수 있다.
② 방별로 개별 난방이 가능하다.
③ 인공지능 스피커를 통해서 온도를 조절할 수 있다.
④ 에너지 사용정보 전달이 불가능 하다.

네스트(Nest), 하이브(Hive), 하니웰(Honeywell)과 같은 대표적인 스마트 서모스탯들은 원격 제어, 스마트 스케줄링, 센서 기능, 에너지 절약, 상호 연동성, 학습 기능 등 공통적인 기능을 가집니다.

정답							
01 ④	02 ②	03 ④	04 ④	05 ②	06 ④	07 ④	08 ③
09 ④	10 ④	11 ④	12 ④	13 ②	14 ①	15 ①	16 ②
17 ④	18 ②	19 ④	20 ①	21 ③	22 ③	23 ②	24 ①
25 ④	26 ②	27 ①	28 ③	29 ②	30 ④	31 ③	32 ②
33 ④	34 ②	35 ④	36 ②	37 ①	38 ①	39 ①	40 ④

제2회분 지능형홈관리사(AI@HomeManager)

종목	구분	수검번호		제한시간	코드	형별
지능형홈관리사	필기	성명		40분	J23702	A

- 4지 택일형 문제이므로, 문제별로 제시된 4개 항목 중 가장 적합한 한 항목만 정답(답안)으로 선택하십시오.
- 무단 전제 및 복사를 금합니다.

지능형(스마트)홈 개론

01 지능형(스마트)홈 서비스의 제어장치에 대한 설명으로 적합하지 않은 것은?

① 인공지능 스피커는 제어장치로서 사물인터넷을 제어 가능하다.
② 월패드는 사물인터넷의 정보를 표시할 수 있다.
③ 인공지능 스피커는 지능형(스마트)홈 서비스에서의 상황인지, 개인화 부문 서비스를 제공할 수 있다.
④ 인공지능 스피커의 발달 목표는 구체적인 기능에 대한 명령 인식률 향상만을 목표로 한다.

인공지능 스피커는 음성 인식 기술을 통해 사람이 하는 말을 정확하게 구분하고 인식하게 되며, 여러 기능들을 수행한다. 시작 명령어로 먼저 깨우게 되고, 사용자가 음성으로 지시를 하면 스피커는 사람이 한 말의 음성을 수집하고 수집 된 음성 신호를 아날로그 신호에서 디지털 신호로 먼저 변환시킨다.(명령인식)
또한 음성 프로세싱 기술을 통해 음성 신호에 대해서 전 처리 과정을 거쳐 노이즈를 제거하고 음성을 보다 강화시키고 음성 특징을 추출하고 추출된 음성은 인공지능 알고리즘(Algorism)에 의해 모델로 입력한다. 학습된 인식 모델의 경우, 입력된 음성을 텍스트로 변환하고 자연어 처리를 통해 인식된 텍스트를 인식하고 이해하게 되며, 해당하는 명령이나 정보를 추출하여 사용자가 요청한 내용에 대응할 수 있다. 이 과정을 거쳐 인공지능 스피커는 사용자의 음성을 이해하고 그에 맞는 대응과 처리를 할 수 있다.(학습인식)

02 지능형(스마트)홈을 위한 사물인터넷과 ICT 기술에 대한 설명으로 적합한 것은?

① 지능형(스마트)홈의 빅데이터는 사물인터넷으로부터 수집된 정보를 처리하며, 분석 결과를 가시화하여 제공 가능하다.
② 지능형(스마트)홈의 자동화를 위해서 사물인터넷은 정제된 데이터를 인공지능 또는 빅데이터에게 제공한다.
③ 지능형(스마트)홈은 사물인터넷을 이용해 빅데이터와 인공지능을 위한 아날로그 형태의 데이터만 수집 및 제공한다.
④ 지능형(스마트)홈에서 사물인터넷이 제공하는 실시간 데이터의 분석과 사용은 실시간으로만 진행되어야 한다.

지능형(스마트)홈 자동화를 위해 사물인터넷은 수집과 전송역할을 하고 인공지능이나 빅데이터가 데이터를 정제한다. 그리고 디지털, 아날로그 형태의 데이터를 수집, 제공하고 실시간이거나 일정주기 마다 분석과 사용을 진행한다.

03 지능형(스마트)홈은 신규 분양시장의 신규 건축물 뿐만 아니라, 기존에 준공된 기축 단지에도 적용이 가능하다. 다음 중 기축 단지에 지능형(스마트)홈 시스템 적용을 위해 필수적으로 고려되어야 할 사항이 아닌 것은?

① 홈네트워크사의 하드웨어 및 소프트웨어가 지능형(스마트)홈 플랫폼과 연동이 가능한지 여부

② 고정 IP의 인입여부
③ 이동통신사의 5G망 설치 여부
④ 각종 홈네트워크 연동 기기의 TEST

지능형(스마트)홈 시스템은 주로 Wi-Fi 또는 이더넷과 같은 유선 또는 무선 네트워크를 통해 연결되며, 이동통신사의 5G망 설치 여부는 지능형(스마트)홈 시스템 구성에 직접적인 영향을 미치지 않으므로 필수적 사항은 아니다.

04 국내 지능형(스마트)홈 시장은 가전사, 통신사, 건설사 등의 기업군이 다양한 협업을 통하여 상생, 발전시켜 가고 있다. 이 중 건설사의 가장 큰 장점이자 특징으로 볼 수 있는 것은?

① 홈네트워크를 설계 및 시공하여 이 부분을 관장한다.
② 가전사나 통신사의 플랫폼을 이용 할 수 있다.
③ 입주민에게 지능형(스마트)홈의 이용료를 부과할 수 있다.
④ 많은 지능형(스마트)홈 가입자를 확보할 수 있다.

국내스마스홈 시장에서 대기업 건설사는 홈 시스템의 설계와 시공을 담당하여 주택 구매자에게 지능형(스마트)홈 시스템을 제공하고, 홈네트워크의 설치와 관리를 담당하여 편리한 지능형(스마트)홈 환경을 제공할 수 있으므로 지능형(스마트)홈 시스템의 설계와 시공에 대한 전문성을 갖춤이 가장 큰 장점이다.

05 다음에서 설명하는, ICT관점에서 지능형(스마트)홈의 기술적 구성 요소인 '이것'은 무엇인가?

지능형(스마트)홈은 서로 다른 수준의 다양한 지능형(스마트)홈 기기와 센서들을 유기적으로 연계하기 위해 '이것'이 필요하다. 각 기기들 간의 정보 교환과 관리를 위한 통합적인 정보처리 표준 체계와 각 기기별 위계에 따른 표준화된 작동 체계를 위해 '이것'이 필요하다.

① 플랫폼
② 사용자 인터페이스
③ 유/무선 네트워크 인프라
④ 컨트롤러

지능형(스마트)홈 플랫폼은 서로 다른 수준의 다양한 지능형(스마트)홈 기기와 센서들을 유기적으로 연계하고 정보를 교환하며 관리하기 위한 통합적인 정보처리 표준 체계와 작동 체계를 지원하는 역할을 합니다. 이를 통해 지능형(스마트)홈의 다양한 기기들이 표준화된 방식으로 상호작용하고 통신할 수 있게 되어 편리하고 효율적인 지능형(스마트)홈 환경을 제공할 수 있다.

06 다음 지문이 설명하는 것은?

응용 프로그램 개발자들이 애플리케이션을 만들 때 운영체제에서 동작하는 프로그램을 쉽게 만들 수 있도록 화면 구성이나 프로그램 동작에 필요한 각종 함수를 모아놓은 것을 의미. 즉 다른 개발자들이 이 프로그램을 응용해서 다른 프로그램을 만들려면 '최소한 이런 기능들은 필수로 들어가겠지.' 라는 생각으로 미리 필요한 함수들을 만들어서 모아 놓은 도서관과 같은 것.

① Platform
② Interface
③ API
④ Database

API(Application Programming Interface)는 응용 프로그램 개발자들이 애플리케이션을 만들 때 사용하는 도구로, 운영체제에서 동작하는 프로그램을 쉽게 만들 수 있도록 필요한 함수들을 모아놓은 것. API는 다른 개발자들이 이를 응용하여 다른 프로그램을 만들 수 있도록 필수적인 기능들을 제공하며 개발자들이 개발할 때 필요한 기능들을 추상화하여 제공하여 미리 만들어진 함수들을 활용하여 효율적으로 애플리케이션을 개발가능하게 한다.

07 지능형(스마트)홈과 관련하여 요구되는 표준 기술인 OCF의 서비스 모델의 차이점 중 가장 적절하지 못한 것은?

① D2D(Device to Device) 서비스 모델은 다수의 사물장치들이 가정내의 AP를 통해서 제어장치와 직접 연결된다.
② D2D(Device to Device) 서비스 모델은 외부에서도 가정내의 사물장치들과 직접 접속 및 제어가능하다.
③ D2C(Device to Cloud) 서비스 모델은 클라우드 서비스를 이용하여 다수의 사물장치들이 제어장치와 연결된다.
④ D2C(Device to Cloud) 서비스 모델의 사물장치들은 가정내의 AP를 통해서 클라우드와 연결된다.

D2D(Device to Device) 서비스 모델은 외부에서도 가정내의 사물장치들과 직접 접속 및 제어하기가 어려우므로 외부보다는 가정내 사물간의 직접통신이 가능하다는 것을 목적으로 한다.

08 다음에서 설명하고 있는 것은?

> IoT로 연결되는 인터넷 기반 표준 프로토콜이며 플랫폼에 상관없이 IoT 기기를 연동가능하게 하는 개방형 IoT 표준이다. 통신 언어를 통일하여, 이를 적용하면 구글 홈에서만 동작되던 IoT 기기가 아마존의 알렉사, 애플의 홈킷, 삼성의 스마트싱스, LG의 씽큐 등을 통해서도 제어가 가능해지며 2021년 6월에 발표되었다.

① OIC　　② OCF
③ Matter　　④ oneM2M

Matter는 개방형 IoT 표준으로서, 이전에는 "Project CHIP"라고 불렸던 프로젝트의 결과물로 Matter는 IoT 기기들 간의 상호 연결성과 호환성을 향상시키기 위해 개발된 표준 프로토콜이다. 이 표준은 구글, 애플, 아마존, 삼성, LG 등 다양한 기업들이 참여하여 개발되었으며, 다양한 플랫폼에서 Matter를 지원하는 IoT 기기들을 통해 제어가 가능하다.

09 "( )"란 개인정보의 일부를 삭제하거나 일부 또는 전부를 대체하는 등의 방법으로 추가 정보가 없이는 특정 개인을 알아볼 수 없도록 처리하는 것을 말한다. ( )에 알맞은 말은?

① 암호처리　　② 익명처리
③ 가명처리　　④ 무명처리

가명처리는 개인정보 보호를 위해 사용되는 방법 중 하나로, 개인을 식별할 수 있는 정보를 제거하거나 대체함으로써 개인의 식별이 어렵게 만들어 개인정보를 보호하고 개인의 프라이버시를 지킬 수 있다.

10 과학기술정보통신부가 고시한 '지능형 홈네트워크 설비 설치 및 기술기준'에 의하면 홈네트워크망은 단지망과 세대망으로 구분된다. 여기서, 단지망과 세대망을 상호 접속하는 장치로서, 세대내에서 사용되는 홈네트워크 기기들을 유무선 네트워크 기반으로 연결하고 홈네트워크 서비스를 제공하는 것을 무엇이라고 하는가?

① 집중구내통신실(MDF)
② 단지서버
③ 홈게이트웨이
④ 세대단자함

홈게이트웨이는 단지망과 세대망을 상호 접속하는 장치로 인터넷에 연결되어 다양한 지능형(스마트)홈 기기들과의 통신을 가능하게 하며, 사용자가 지능형(스마트)홈 기기들을 편리하게 관리하고 제어할 수 있도록 한다.

11 영상인식에 탁월한 성능을 보이는 인공신경망으로서 영상에 존재하는 특질(feature) 추출기와 추출된 특질을 이용한 분류기를 모두 학습을 통해 한꺼번에 최적화하는 특징을 갖는 것은?

① 컨볼루션 신경망 (CNN)
② 순환 신경망 (RNN)
③ 생성적 적대 신경망 (GAN)
④ 오토인코더 (Autoencoder)

컨볼루션 신경망 (CNN)은 영상에 존재하는 특질을 추출하고 이를 이용하여 분류하는 과정을 수행한다. 컨볼루션 레이어와 풀링 레이어를 반복하여 이미지의 다양한 특징을 추출하고 추출된 특징은 마지막으로 완전 연결층(fully connected layer)에 입력되어 분류기로 사용된다.

12 다음 내용 중 ( )에 해당하는 것은?

> ( )은/는 개인의 건강과 의료에 관한 정보, 기기, 시스템, 플랫폼을 다루는 산업분야로서 건강관련 서비스와 의료 IT가 융합된 종합의료서비스이다.

① 스마트 헬스케어 (Smart Healthcare)
② 스마트 카(Smart Car)
③ 스마트 홈(Smart Home)
④ 스마트 시티(Smart City)

스마트 헬스케어는 건강관련서비스와 의료 IT가 융합된 최신 기술과 인터넷을 활용하여 개인의 건강 상태를 모니터링하고 관리하는 데 도움을 주어 개인의 건강 상태를 실시간으로 확인하고, 의료 서비스를 더욱 효율적으로 이용하며 스마트 기기, 웨어러블 기기, 건강 애플리케이션, 클라우드 플랫폼 등을 포함하여 다양한 기술과 서비스를 포괄하는 종합의료서비스를 말한다.

13 지능형(스마트)홈을 구현하기 위한 핵심기술로 적절하지 않은 것은?

① 센서데이터 최적화 및 관리 기술
② 고전력 네트워킹 기술
③ 저가격, 저전력 프로세서 기술
④ 새로운 전력공급 및 저장 기술

지능형(스마트)홈을 구현하기 위한 핵심기술은 고전력이 아닌 저전력 네트워킹 기술이 적용된다.

14 스마트가전에 대한 설명으로 적합하지 않은 것은?

① 기존의 가전에 사물인터넷(IoT), 클라우드, 빅데이터 및 인공지능(AI) 등의 기술을 접목한 기술이다.
② 스마트가전을 이용하여 지능형(스마트)홈, 스마트에너지 서비스와 관련된 서비스이다.
③ 스마트가전은 가전제품에 센서·시스템 반도체 등을 탑재하고 저전력 통신망 등을 활용하여 사물 간 통신이 이루어 진다.
④ 모든 스마트가전은 운영체제 없이 관련 데이터를 수집하고 빅데이터·인공지능 등과 연계하여 지능형 지능형(스마트)홈 서비스를 제공한다.

대부분의 스마트가전은 운영체제를 내장하고 이 운영체제는 스마트가전의 동작과 관련된 데이터 수집 및 처리를 담당하며, 빅데이터와 인공지능과의 연계를 통해 지능형 지능형(스마트)홈 서비스를 제공하는 데 사용된다. 스마트가전은 센서를 통해 환경 정보를 수집하고, 내장된 운영체제를 통해 이러한 데이터를 처리하고 분석하여 사용자의 생활 패턴을 학습하고, 사용자의 요구에 맞는 편리하고 효율적인 서비스를 제공하고 빅데이터와 인공지능 기술을 활용하여 수집된 데이터를 분석하고 예측하여 사용자에게 맞춤형 서비스를 제공가능하게 된다.

지능형(스마트)홈 네트워크

15 IoT와 관련된 네트워크 기술은 크게 근거리 통신 기술과 원거리 통신 기술로 구분할 수 있다. 다음 중 근거리 통신 기술로 볼 수 없는 것은?

① Bluetooth   ② Z-Wave
③ Zigbee   ④ LoRa

LoRa는 저전력 장거리 무선 네트워크(LPWAN)의 통신 기술이다.

16 IoT 전용 통신 기술은 장·단점이 있다. 아래의 IoT 통신 기술을 속도가 빠른 순서대로 나열한 것은?

> LoRa, LTE-M, SigFox, NB-IoT

① LoRa > LTE-M > SigFox > NB-IoT
② LTE-M > LoRa > SigFox > NB-IoT
③ LoRa > SigFox > NB-IoT > LTE-M
④ LTE-M > NB-IoT > LoRa > SigFox

LTE-M은 1Mbps, NB-IoT는 250Kbps, LoRa는 50Kbps, 그리고 SigFox는 600bps의 통신 속도를 지원한다.

17 다음에서 설명하고 있는 것은?

> "만약에 그러하면 그러하다"라는 의미를 가지고 있는 스마트폰 자동화 어플리케이션으로, 일정한 조건이 되면 특정 행동을 취하도록 미리 설정할 수 있는 프로그램

① RPA ② IFTTT
③ Deep learning ④ API

RPA(Robotic Process Automation)는 디지털 시스템 및 소프트웨어와 사람 사이의 상호 작용을 에뮬레이션하는 소프트웨어 로봇을 쉽게 빌드, 구현, 및 관리할 수 있도록 해주는 소프트웨어 기술이다.
Deep Learning은 Machine Learning의 특정한 한 분야로서 인공 신경망(Artificial Neural Network)의 층을 연속적으로 깊게 쌓아 올려 데이터를 학습하는 방식을 의미한다.
API(Application Programming Interface)는 응용 프로그램에서 사용할 수 있도록, 운영 체제나 프로그래밍 언어가 제공하는 기능을 제어할 수 있게 만든 인터페이스를 의미한다.

18 '지능형(스마트)홈 융합기기를 위한 사물인터넷의 보안'에 대한 설명이다. 적합하지 않은 것은?

① 사물인터넷 장치 및 서비스의 '설계-개발' 단계가 끝난 이후부터 보안과 프라이버시에 대한 보호 체계를 고려한다.
② 사물인터넷 장치를 배포 및 설치하는 단계에서도 사전에 잠재적 보안 위협을 차단해야 한다.
③ 보안의 잠재적인 위협요소와 취약점을 전 주기 단계에서 점검할 수 있도록 공통 보안 요구사항이 필요하다.
④ 사물인터넷의 사용 주제별로 고려해야하는 최소한의 보안 점검 항목이 필요하다.

사물인터넷 장치 및 서비스의 설계 및 개발 단계에도 두 가지의 보안 요구사항이 있다. 하나는 정보 보호와 프라이버시 강화를 고려한 사물인터넷 제품 및 서비스를 설계해야 하고 다른 하나는 안전한 소프트웨어 및 하드웨어 개발 기술 적용 및 검증해야 한다.

19 공개키 암호화에 사용되는 디피-헬먼 키교환(Diffie-Hellman Key Exchange)에 관한 설명으로 틀린 것은?

① 두 통신 주체가 암호화되지 않은 공개 통신망을 통해 공통의 비밀키를 공유할 수 있게 한다.
② 중간자 공격(man in the middle attack)에는 완벽하게 방어할 수 있다.
③ 키의 생성을 위해 나머지 연산(modulo operation)을 활용한다.
④ 비밀키가 공유되기 전 두 통신 주체가 주고받는 값들은 제3자도 얼마든지 볼 수 있지만 이것으로부터 공유 비밀키를 생성할 수는 없다.

공개키 암호화에 사용되는 디피-헬먼 키교환은 공격자가 송신자와 수신자 사이에서 송신자에 대해서는 수신자처럼 행세하고, 수신자에 대해서는 송신자처럼 행세하여 정보를 도청하거나 조작하는 중간자 공격에 취약하다.

20 암호화폐를 구현하는 기술로서 분산원장(distributed legder)으로 구현되는 분산 컴퓨팅 기술을 일컫는 용어는?

① 블록체인 ② 비트코인
③ AWS ④ TLS

비트코인은 블록체인 기술을 기반으로 만들어진 온라인 암호화폐이다.
- AWS(Amazon Web Service)는 아마존닷컴에서 개발한 클라우드 컴퓨팅 플랫폼이다.
- TLS(Transport Layer Security)는 인터넷상에서 통신할 때 주고받는 데이터를 보호하기 위한 넷스케이프사에 의해 개발된 SSL(Secure Socket Layer) 3.0 버전을 기반으로 표준화된 암호화 프로토콜이다.

21 다음 중 생체인식 또는 생체인증에 관한 설명으로 틀린 것은?

① 바이오메트릭스(Biometrics)라고도 한다.
② 생체인증에 쓰이는 신체적 특징으로 지문, 홍채 등이 있다.
③ 생체인증에 쓰이는 행동적 특징으로 목소리, 서명 등이 있다.
④ 생체인증 정보가 타인에 의해 복제되더라도 손쉽게 갱신시킬 수 있다.

생체인증 정보는 비밀번호처럼 임의로 갱신할 수 없으므로 한번 복제되면 안전성을 회복하는 것이 불가능할 수도 있는 치명적인 문제를 가지고 있다.

22 MQTT (Message Queue Telemetry Transport)에 대한 설명으로 올바르지 않은 것은?

① 주로 메시지 송신을 위해서 TCP/IP를 기반으로 하는 응용계층 프로토콜이다.
② 송수신 수속이 간략화 되어 있으며 패킷 송수신 횟수나 양이 비교적 적은 경량화 특성을 가진다.
③ 브로커(Broker)라 불리는 중개 서버를 이용하는 Pub/Sub모델을 채용한다.
④ QoS(Quality of Service)를 지정할 수 없다.

MQTT는 Broker에 대한 각 연결에 QoS(Quality of Service) 기준을 지정할 수 있다.

23 사물인터넷 서비스 제공을 위한 oneM2M 사물인터넷 계층 모델에 포함되지 않는 계층은?

① 응용 계층 (Application Layer)
② 공통 서비스 계층 (Common Services Layer)
③ 네트워크 서비스 계층 (Network Services Layer)
④ 데이터 링크 서비스 계층 (Data Link Services Layer)

oneM2M 사물인터넷 계층 모델은 응용 계층, 공통 서비스 계층, 그리고 네트워크 서비스 계층의 3계층으로 이루어진다.

24 다음 설명의 (A)와 (B)에 들어갈 알맞은 용어는?

사물인터넷의 발전으로 인해서 인터넷에 연결하기 위한 장치들이 기하급수적으로 늘어날 전망이다. 그러므로, 대략 3.4×10^{38}개의 주소 공간을 지원하는 (A) 비트의 주소체계를 사용하는 (B) 프로토콜이 사물인터넷을 위한 필수 기술이 될 것으로 예상된다.

① (A) 32, (B) IPv4
② (A) 128, (B) IPv4
③ (A) 32, (B) IPv6
④ (A) 128, (B) IPv6

IPv6는 대략 3.4×10^{38}개의 주소 공간을 지원하기 위해서 128비트의 주소 체계를 사용하고 반면에 IPv4는 32비티의 주소 체계를 사용하기 때문에 2^{32}개의 주소 공간을 지원한다.

25 다음 내용에 해당되는 것은?

> 무선인식이라고도 하며, 반도체 칩이 내장된 태그(Tag), 라벨(Label), 카드(Card) 등에 저장된 데이터를 무선주파수를 이용하여 비접촉으로 읽어내는 인식시스템이다. 이 방식의 태그는 전원을 필요로 하는 능동형(Active형)과 리더기의 전자기장에 의해 작동되는 수동형(Passive 형)으로 나눌 수 있다.

① RFID
② Bluetooth
③ NFC
④ Wi-Fi

블루투스는 수 미터에서 수십 미터 정도의 거리를 둔 정보기기 사이에, 전파를 이용해서 저전력으로 간단한 정보를 교환하는 데 사용하는 통신 기술이다.
NFC는 10cm 정도의 아주 가까운 거리(접촉 및 근접 비접촉 모두 포함)의 양방향 무선 통신을 지원하기 위한 기술이다.
Wi-Fi는 Wireless Fidelity의 약자로, IEEE 802.11 통신 규정을 만족하는 기기들끼리 일정한 거리 안에서 무선으로 데이터를 주고받을 수 있도록 하는 무선 근거리 통신망 기술이다.

26 전 세계 대부분의 지역에서 이용가능한 ZigBee 기기의 주파수 대역은?

① 784MHz
② 868MHz
③ 915MHz
④ 2.4GHz

ZigBee는 ISM 밴드에서 동작하며, 중국에서는 784MHz, 유럽에서는 868MHz, 미국 및 오스트레일리아에서는 915MHz를 사용하지만, 전세계 대부분의 지역에서는 2.4GHz를 사용한다.

27 NFC에 대한 설명으로 가장 거리가 먼 것은?

① 주파수대는 13.56MHz를 적용하였다.
② 100m 안의 원거리 통신 기술로 기존의 RFID와 달리 읽기와 쓰기가 모두 가능하다.
③ NFC가 대중화되는 중요한 사건 중의 하나는 안드로이드 OS 기반의 스마트폰에 NFC를 적용한 것이다.
④ 피어 투 피어(Peer to Peer), 리더/라이터(Reader/Writer), 카드 에뮬레이션(Card Emulation)의 3가지 모드가 있다.

NFC는 10cm 정도의 아주 가까운 거리(접촉 및 근접 비접촉 모두 포함)의 양방향 무선 통신을 위한 기술이다. Wi-Fi가 대략 100m 거리 안에서 무선으로 데이터 전송을 지원하는 통신 기술이다.

지능형(스마트)홈 기기

28 다음 지능형(스마트)홈 연동 기기 중 AC 220V의 입력전원을 필요로 하지 않는 것은?

① 현관 자석감지기
② 등기구
③ 월패드
④ 에어컨 실외기

현관 자석 감지기는 지능형(스마트)홈 시스템에서 주로 사용되는 장치로, 현관문이 열리거나 닫힐 때의 상태를 감지하는 역할을 합니다. 이를 통해 지능형(스마트)홈 시스템은 현관문의 개폐 상태를 감지한다.

29 현관의 전등을 제어하는데 사용되는 '인체 감지 센서'로는 PIR(Passive InfraRed) 센서가 널리 활용된다. 이 센서에 대한 설명으로 옳지 않은 것은?

① 인체에서 자연 방출되는 적외선을 감지한다.
② 감지를 위한 별도의 신호가 방출되는 능동형 센서이다.
③ 다양한 검출 범위와 각도를 만들기 위해 프레넬 렌즈(Fresnel Lens)를 사용한다.
④ 인체가 전혀 움직이지 않으면 인체를 감지 못한다.

PIR(Passive InfraRed) 센서는 인체 감지를 위해 사용되는 수동형 센서이다.

30 다음 중 지능형(스마트)홈을 구성하는 센서기술의 활용으로 맞지 않은 것은?

① 접촉센서를 활용해 외부인의 침입을 예방할 수 있다.
② 누수 센서를 통해 집안의 누수를 확인할 수 있다.
③ 온도센서를 통해 누전사고를 예방할 수 있다.
④ 연기감지 센서를 통해 집 안의 화재를 빠르게 진화할 수 있다.

차단기를 이용하여 누전사고를 예방할 수 있다.

31 스마트허브는 독립적인 하드웨어 기기로 구현되기도 하지만 소프트웨어로 구현할 수도 있다. 다음 중 소프트웨어 스마트허브에 관한 설명으로 적절하지 못한 것은?

① 대표적인 소프트웨어 허브로는 Home Assistant 가 있다.
② 운영체제가 탑재된 다양한 기기에 설치될 수 있다.
③ ZigBee, Z-Wave와 같은 무선 인터페이스는 소프트웨어 허브가 설치되는 PC 또는 임베디드 기기에 따로 설치해 주어야 한다.
④ 일반적으로 하드웨어 기반의 스마트 허브보다 더 적은 전력을 소모한다.

소프트웨어 스마트허브는 지능형(스마트)홈 시스템의 중앙 허브 역할을 하는 소프트웨어 플랫폼입니다. 일반적으로 하드웨어 기반의 스마트 허브보다 더 많은 전력을 소모한다.

32 다음과 같은 상황의 홍길동씨 가정에 설치하면 유용한 장치는?

홍길동씨는 A사의 스마트 조명을 설치하고 A사의 앱으로 조명을 제어한다. 홍길동씨의 아내는 B사의 로봇청소기를 사용 중인데 B사의 로봇청소기 앱으로 청소기를 제어한다. 홍길동씨와 그의 아내는 한 가지 앱으로 스마트 조명과 로봇청소기를 제어하고 싶다. A사의 스마트 조명은 ZigBee로 통신하지만 B사의 로봇청소기는 Wi-Fi로 통신한다.

① IP 공유기
② 스마트 써모스탯
③ 스마트 허브
④ Wi-Fi 범위 확장기

스마트 허브는 지능형(스마트)홈 시스템의 중앙 허브 역할을 하는 장치입니다.

33 다음의 지문과 관련하여 거리가 먼 것은?

화장실의 20W(Watt) 백열전구를 10W(Watt)의 스마트 LED로 바꾸려고 한다. 스마트 LED는 스마트폰과 직접 연결하여 켜거나 끌 수 있다.

① 스마트 LED로 바꾸면 전기료가 절감될 것이다.
② 스마트 LED는 백열등보다 밝을 것이다.
③ 스마트 LED는 반드시 스마트 허브에 연결시켜야 한다.
④ 스마트 LED에는 무선 통신 기능이 있을 것이다.

스마트 LED는 반드시 스마트 허브에 연결하여 사용할 필요는 없다.

34 스마트 전기계량기에 대한 설명으로 적합하지 않은 것은?

① 전기 계량기는 전기 공급 및 소비를 관리하는 목적의 수동적인 수요관리 장비였다.
② 사물인터넷과 융합하여 에너지 소비량 정보를 제공하는 다기능 전기 계량기로 발전되었다.
③ 전력회사에서 자발적으로 소비자 정보를 단방향으로 전달하기 위한 스마트 전기 계량기로 개발되었다.
④ 스마트 전기계량기는 빅데이터 기술과 융합하여 소비자의 가정용 DR(수요반응) 관리가 가능하도록 정보를 제공한다.

스마트 전기계량기는 전기 사용량을 측정하고 모니터링하는 기기로, 기존의 전기계량기를 대체하는 혁신적인 기술입니다. 스마트 전기계량기는 전력 소비량을 실시간으로 측정하고 데이터를 수집하여 사용자에게 제공합니다. 즉, 전력회사와 소비자간 정보를 서로 양방향으로 전달하기 위한 스마트 전기 계량기로 개발되었다.

35 다음은 IoT 기반 사물의 핵심 구성 요소 중 하나에 대한 설명이다. (A)에 알맞은 용어는?

> (A)는 컨트롤러로부터 받은 전기 신호에 반응하여 자신의 상태나 주변의 상태를 변화시키는 장치를 말한다. 흔히, 전기신호를 받아들여 물리적 동작으로 바꾸는 부품을 통칭한다.

① 센서 (Sensor)
② 액츄에이터 (Actuator)
③ 트랜시버 (Transceiver)
④ 프로세서 (Processor)

액츄에이터(Actuator)는 입력 신호를 받아 움직임을 생성하거나 특정 동작을 수행하는 장치입니다. 이 장치는 스마트 시스템이나 자동화 시스템에서 제어 신호를 받아 움직이는 부품이나 장치로 사용됩니다.

36 아래의 상황에서 적용해 볼 수 있는 지능형(스마트)홈기기는?

> 지난 달 전기요금이 왜 이렇게 많이 나왔을까? 한 달 동안 어떤 시간에 얼마나 많은 전력을 사용했는지 궁금하군!

① 스마트 조명
② 스마트 에너지미터
③ 스마트 스위치
④ 스마트 도어센서

스마트 에너지미터(Smart Energy Meter)는 전력 사용량을 측정하고 모니터링하는 장치로, 전기, 가스, 물 등 다양한 에너지 유형의 사용량을 측정할 수 있습니다. 스마트 에너지미터는 기존의 전력계량기를 대체하고, 실시간으로 에너지 사용량을 모니터링하고 데이터를 수집하여 사용자에게 제공합니다.

37 전력소모 규격이 10W로 표시된 스마트 조명 10개를 2시간 동안 켰을때 사용한 예상 전력량은?

① 20 Wh
② 200 Wh
③ 720,000 Wh
④ 7,200 Wh

P = n×P×h = 10×10×2 = 200 [Wh]

38 다음 중 광센서인 황화카드뮴 셀(CdS)의 응용 예가 아닌 것은?

① 가스가 누출되면 알람이 울리는 장치
② 밝아지면 버저가 울리는 회로
③ 어두워지면 불이 켜지는 조명장치
④ 어두워지면 불이 꺼지는 조명장치

황화카드뮴 셀(CdS)은 반도체 소재로 사용되는 재료로, 빛의 강도에 따라 전기 저항이 변화하는 특성을 가지고 있습니다. 가스 누출 응용과 관계없습니다.

39 다음 내용 중 ( )에 해당하는 것은?

> ( ) 은/는 가장 밝은 곳부터 가장 어두운 곳까지 사람이 눈으로 보는 것과 최대한 가깝게 밝기의 범위를 확장하는 기술이다. ( ) 덕분에 우리는 아주 밝은 장면부터 아주 어두운 장면까지 자세히 볼 수 있다.

① MPEG ② HEVC
③ HDMI ④ HDR

> HDR은 "고 다이내믹 레인지" (High Dynamic Range)의 약자로, 사진, 비디오, 디스플레이 등에서 넓은 밝기 범위를 재현하는 기술입니다.

40 다음 중 초미세먼지의 기준에 해당하는 것은?

① PM10 ② PM2.5
③ PM1.0 ④ PM2

> PM 뒤의 숫자는 먼지의 크기(㎛)를 의미한다.

정답							
01 ④	02 ①	03 ③	04 ①	05 ①	06 ③	07 ②	08 ③
09 ③	10 ③	11 ①	12 ①	13 ②	14 ④	15 ④	16 ④
17 ②	18 ①	19 ②	20 ①	21 ④	22 ④	23 ④	24 ④
25 ①	26 ④	27 ②	28 ①	29 ②	30 ③	31 ④	32 ③
33 ③	34 ③	35 ②	36 ②	37 ②	38 ①	39 ④	40 ②

제3회분 지능형홈관리사(AI@HomeManager)

종목	구분	수검번호		제한시간	코 드	형별
지능형홈관리사	필기	성명		40분	J23703	A

- 4지 택일형 문제이므로, 문제별로 제시된 4개 항목 중 가장 적합한 한 항목만 정답(답안)으로 선택하십시오.
- 무단 전제 및 복사를 금합니다.

지능형(스마트)홈 개론

01 ISO/IEC JTC1에서 정의한 사물인터넷 서비스의 기본구조에 포함되지 않는 것은?

① 지능(Intelligence)
② 플랫폼(Platform)
③ 네트워킹(Networking)
④ 사물(Things)

사물인터넷은 사람, 사물, 공간, 데이터 등 모든 것이 인터넷으로 서로 연결되어(네트워킹), 정보가 생성·수집·활용되는 초 연결 인터넷(플랫폼)을 뜻한다.

02 인공신경망의 기초가 되는 개념으로서, 다수의 신호를 입력받아서 적절한 가중치를 곱하여 합한 후 최종 신호를 생성하는 단위를 일컫는 말은?

① 퍼셉트론 (perceptron)
② 바이어스 (bias)
③ 시그모이드 (sigmoid)
④ 활성화함수 (activation function)

인공신경망은 시냅스의 결합으로 네트워크를 형성한 인공 뉴런(노드)이 학습을 통해 시냅스의 결합 세기를 변화시켜, 문제 해결 능력을 가지는 모델 전반을 가리킨다. 좁은 의미에서는 오차역전파법을 이용한 다층 퍼셉트론을 가리키나 이에 한정되지는 않는다.

03 ImageNet의 방대한 데이터로부터 사물을 자동 분류하는 대회에서 'AlexNet'이라는 인공지능 추론기가 과거와는 큰 차이의 높은 정확도를 달성한 일이 있었다. 다음 중 AlexNet이 사용한 인공신경망으로서 영상 인식 분야 딥러닝의 토대가 되는 것은?

① GAN   ② CNN
③ RNN   ④ LSTM

알렉스넷은 뇌 구조를 본 딴 인공신경망 모델인 합성곱 신경망(CNN, Convolutional Neural Networks)을 사용해 심층 신경망(Deep NeuralNetwork)을 구현하였음

04 다음 중 IoT를 활용한 헬스케어와 웰니스 서비스에 대한 설명으로 잘못된 것은?

① 활동 추적 장치를 운동화에 부착하여 걷거나 달린 거리 및 속도, 소모한 칼로리 등의 확인
② 웨어러블 디바이스를 통한 다양한 생체 관련 데이터 측정
③ 사용자 인식 기반의 스마트 스트리트(Street) 조성
④ 실시간 수집된 개인의 건강정보를 과거의 데이터와 비교하여 알맞은 의료 서비스를 연결

교통분야로 스마트 스트리트(Street)는 관리자 기반으로 조성되는 경우가 많음

05 지능형(스마트)홈을 구현하기 위한 핵심기술로 적절하지 않은 것은?

① 센서데이터 최적화 및 관리 기술
② 고전력 네트워킹 기술
③ 저가격, 저전력 프로세서 기술
④ 새로운 전력공급 및 저장 기술

저전력 네트워킹 기술으로 활성화가 됨.

06 과학기술정보통신부의 '지능형 홈네트워크 설비 설치 및 기술기준(고시)'에 따른 홈네트워크 설비의 설치기준으로 올바르지 않은 것은?

① 홈네트워크망의 배관·배선 등은 「방송통신설비의 기술기준에 관한 규정」 및 「접지설비·구내통신설비·선로설비 및 통신공동구 등에 대한 기술기준」에 따라 설치하여야 한다.
② 홈게이트웨이는 세대단자함에 설치하거나 세대단말기에 포함하여 설치할 수 있다.
③ 영상정보처리기기의 영상은 비거주 관리자에게 상시 제공될 수 있도록 관련 설비를 설치하여야 한다.
④ 세대단말기는 세대내의 지능형(스마트)홈 네트워크 사용기기들과 단지서버 간의 상호 연동이 가능한 기능을 갖추어 세대 및 공용부의 다양한 기기를 제어하고 확인할 수 있어야 한다.

영상정보처리기기의 영상은 필요시 거주자에게 제공될 수 있도록 관련 설비를 설치하여야 한다.

07 다음 중 머신 러닝의 학습 방법 분류에 해당하지 않는 것은?

① 자율학습 ② 강화학습
③ 지도학습 ④ 능동학습

머신 러닝의 학습 방법 분류는 지도학습, 준지도학습, 비지도학습, 자율학습, 강화학습 등이 있다.

08 개인정보보호법의 주요용어 설명 중 ( )에 알맞은 용어는?

개인정보 취급자는 ( )의 지휘·감독을 받아 개인정보를 처리하는 임직원, 파견근로자 시간제근로자 등을 말한다.

① 개인정보 처리자
② 개인정보 보호 책임자
③ 개인정보 처리시스템 관리자
④ 개인정보 당사자

개인정보 처리자는 업무를 목적으로 개인정보파일을 운용하기 위하여 스스로 또는 사람사람을 통해 개인정보를 처리하는 공공기관, 법인, 단체, 개인 등을 말한다.

09 다음에서 설명하는 클라우드 컴퓨팅 관련 기술에 해당하는 솔루션은?

서비스 신청부터 자료제공까지의 업무를 자동화하고 클라우드의 경제성과 유연성을 증가시키며, 요소기술에는 자원 제공 기술이 있다.

① 서비스 프로비저닝
② 가상화 기술
③ 자원 유틸리티
④ 오픈 인터페이스

서비스 프로비저닝은 사용자가 요청한 IT자원을 사용할 수 있는 상태로 서비스를 준비하는 것이다. 종류는 (서버자원, OS, 소프트웨어, 스토리지, 수동, 자동) 프로비저닝이 있다.

10 다음은 사물 인터넷에서 사용되는 센서에 대한 설명이다. (A)에 들어갈 알맞은 용어는?

(A)는 물체의 관성력을 전기신호로 검출하며, 주로 회전각을 감지하고, 또한 높이와 회전, 기울기 등을 직접 감지할 수 있다.

① GPS 센서   ② 근접 센서
③ 가속도 센서   ④ 자이로스코프 센서

자이로스코프 센서는 물체의 관성력을 전기신호로 검출하며, 주로 회전각을 감지하고, 또한 높이와 회전, 기울기 등을 직접 감지가능하며 특히 각속도를 측정하여 기울기를 측정한다. 스마트폰의 상하좌우 동작을 감지한다.

③ 헬스케어 기술
④ 자율주행 제작 기술

자율주행 제작 기술은 전기차 기술 분야에 해당된다.

11 아래 ( )에 가장 알맞은 말은?

( )은 살아 있는 사람의 신원을 생리학적 특징 또는 행동학적 특징을 기반으로 인증하거나 인식하는 자동화된 방법을 말한다.

① 패턴인식 기술
② 생체인식 기술
③ 화상인식 기술
④ 가상인식 기술

생체인식 기술은 살아 있는 사람의 신원을 생리학적 특징 또는 행동적 특징을 기반으로 인증하거나 인식하는 자동화된 방법으로 인간의 특성을 디지털화하여 그것을 보안용 패스워드로 활용하는 것이다.

14 '지능형 홈네트워크 설비 설치 및 기술기준'에 의할 때, 지문에서 설명하는 것은?

국선·국선단자함 또는 국선배선반과 초고속 통신망장비, 이동통신망장비 등 각종 구내통신선로설비 및 구내용 이동통신설비를 설치하기 위한 공간

① 방재실
② 세대단자함
③ 통신배관실(TPS실)
④ 집중구내통신실(MDF실)

통신배관실(TPS실)은 통신용 파이프샤프트 및 통신 단자함을 설치하기 위한 공간이라면 집중구내통신실(MDF실)은 각종 구내통신선로설비 및 구내용 이동통신설비를 설치하기 위한 공간이다.

12 인체의 생체 리듬과 주변 상황에 따라 조명의 조도, 색온도, 색상을 조절하여 생물학적 기능을 최적화하는 조명은?

① Natural Environment Lighting
② Intelligent Lighting
③ Human Centric Lighting
④ Smart Lighting

HCL은 인체의 생체 리듬과 주변 상황에 따라 조명의 조도, 색온도, 색상을 조절해 생물학적 기능을 최적화시킬 수 있는 가장 진화된 조명으로 평가되며 스마트조명이 인간의 편의성과 에너지절감에 초점을 맞췄다면 HCL은 인간의 신체적·육체적 상태에 더욱 집중한다는 점에서 더욱 진일보한 개념으로 인식되고 있다.

지능형(스마트)홈 네트워크

15 IoT용 무선통신규격인 ZigBee와 Z-Wave의 공통점이 아닌 것은?

① 2.4GHz의 비허가 대역을 사용한다.
② 저전력 홈 네트워킹, 빌딩 자동화 등의 응용을 타겟으로 한다.
③ IEEE 802.15.4 물리적 무선 표준을 사용한다.
④ 메쉬 네트워킹을 지원한다.

Z-Wave는 800~900MHz 주파수 대역(유럽 : 869MHz, 미국 : 908MHz)을 사용한다.
ZigBee는 ISM 밴드에서 동작하며, 유럽에서는 868 MHz, 미국 및 오스트레일리아에서는 915 MHz를 사용하지만, 세계 대부분 지역에서 2.4 GHz 무선 주파수 대역을 사용한다.

13 지능형(스마트)홈 기술 분야가 아닌 것은?

① 가전기기의 원격제어기술
② 에너지 관리기술

16 다음 중 6LoWPAN 기술과 관련이 없는 것은?

① ZigBee IP　　② Thread
③ IEEE 802.15.4　④ LoRa

> 6LoWPAN은 IEEE 802.15.4를 PHY/MAC으로 하는 저전력 WPAN상의 인터넷 프로토콜 IPv6를 결합하여 USN 네트워크를 통합해 광범위한 확장성과 이동성을 보장하기 위한 기술이므로 ZigBee IP, Thread, 그리고 IEEE 802.15.4와 관련이 있다.
> LoRa는 저전력 장거리 통신(LPWA) 기술로써 LoRa Alliance에서 개발되고 관리된다.

17 MQTT (Message Queuing Telemetry Transport) 프로토콜에서 발행(Publish)—구독(Subscribe) 기반의 메시징을 지원하기 위해 필요한 것은?

① 웹서버　　　　② 메시지 릴레이
③ MQTT 브로커　④ MQTT 라우터

> MQTT에서 Publisher와 Subscriber는 모두 Broker에 대한 클라이언트로 동작하고, 메시지를 발행 또는 구독하기 위해서 MQTT Broker(브로커)에 연결한다.

18 다음 중 IoT 공통보안 7대 원칙에 해당하지 않는 것은?

① 정보보호와 프라이버시를 고려한 제품 설계
② 안전한 초기 보안 설정 방안 제공
③ 안전한 운영 · 관리를 위한 정보보호 관리 체계 마련
④ 업데이트가 불가능한 완전한 펌웨어 개발

> ①, ②, ③은 IoT 공통보안 7대 원칙에 해당이 되고, 이 외의 나머지 4개의 원칙은 다음과 같다.
> • 안전한 소프트웨어 및 하드웨어 개발 기술 적용 및 검증
> • 보안 프로토콜 준수 및 안전한 파라미터 설정
> • IoT 제품, 서비스의 취약점 보안 패치 및 업데이트 지속 이행
> • IoT 침해 사고 대응 체계 및 책임 추적성 확보 방안 마련

19 다음 중 ZigBee 디바이스 클래스 중 ZED (ZigBee End Device)에 대한 설명으로 틀린 것은?

① 주로 센서노드, 모터 제어용 액츄에이터 등 말단의 애플리케이션 노드에 해당한다.
② 이론적으로는 하나의 ZC에 수 천개의 ZED가 접속할 수 있다.
③ 다른 ZED가 보내는 데이터를 중계(라우팅) 할 수 있다.
④ 일반적으로 ZigBee 디바이스 클래스 중 가장 적은 량의 메모리와 전력을 요구한다.

> 다른 ZED가 보내는 데이터를 중계(라우팅)하는 기능은 ZigBee Router가 한다.

20 저속도 무선 개인화 영역 네트워킹(LR-WPAN)을 위한 물리 계층 및 미디어 접속 제어(MAC)를 위한 규격으로서 ZigBee가 채택하고 있는 것은?

① IEEE 802.15.1　② IEEE 802.15.2
③ IEEE 802.15.3　④ IEEE 802.15.4

> IEEE 802.15.1은 블루투스가 채택한 규격이다.
> IEEE 802.15.2는 WPAN과 WLAN을 동시에 사용하도록 지원하기 위한 규격이다.
> IEEE 802.15.3은 저전력으로 넓은 주파수 영역에서 최고의 속도로 디지털 데이터를 전송할 수 있는 차세대 WPAN 기술인 UWB가 채택한 규격이다.

21 (A)에 들어갈 용어로 알맞은 것은?

> (A)은/는 가장 기본적인 인증 시스템으로 '모든 인증을 하나의 시스템에서'라는 목적을 기반으로 개발된 것으로서, 시스템이 몇 대라도 한 시스템의 인증에 성공하면 다른 시스템의 접근 권한을 얻을 수 있도록 한다.

① MAC (Message Authentication Code)
② OTP (One Time Password)
③ SSO (Single Sign On)
④ NAC (Network Access Control)

MAC는 메시지의 인증에 쓰이는 작은 크기의 정보를 의미한다. OTP는 일회성으로 사용하는 비밀번호이다. NAC는 IP 관리 시스템에서 네트워크에 대한 통제를 강화한 것이다.

22 지능형(스마트)홈 구축을 위해 무선 LAN을 사용할 때 고려해야 할 요구사항이 아닌 것은?

① 매체 접근 제어 프로토콜은 무선 매체의 용량을 최대화하기 위해 효율적으로 사용되어야 한다.
② 무선 LAN에 대한 설계는 잡음 환경에서조차도 신뢰성있게 전송 가능해야 하고, 외부의 도청으로부터 보안을 제공해야 한다.
③ 무선 LAN 측면에서 네트워크 관리와 MAC 주소 지정은 다른 사용자의 간섭없이 동적이고 자동적으로 단말 시스템의 재배치와 추가, 삭제를 가능하게 해야 한다.
④ 무선 LAN이 지원하는 영역을 최대화하기 위해서 전형적인 송신 영역은 지름이 1Km에서 5Km 정도이다.

무선 LAN은 IEEE 802.11 통신 규정을 만족하는 기기들끼리 일정한 거리(대략 100m) 안에서 무선으로 데이터를 주고받을 수 있도록 하는 무선 근거리 통신망 기술을 의미한다.

23 다음은 NFC의 3가지 모드 중 하나에 대한 설명이다. (A)에 들어갈 알맞은 용어는?

NFC의 (A)는 기존 비접촉식인 RFID 카드처럼 동작하며, 전력 공급이 불필요하여 신용카드, 교통카드, 신분증 등의 응용 분야에 활용된다.

① 피어 투 피어(Peer-to-Peer) 모드
② 리더/라이터(Reader/Writer) 모드
③ 카드 애뮬레이션(Card Emulation) 모드
④ 애드 혹(Ad-hoc) 모드

피어 투 피어(Peer-to-Peer) 모드는 NFC 기기 간 데이터 송수신이 가능하도록 동작하여, 명함 교환, 개인 송금 등의 응용 분야에 활용된다.
리더/라이터(Reader/Writer) 모드는 NFC를 탑재한 기기가 RFID 태그 리더기로 동작하여, 각종 본인확인 서비스, 마케팅(프로모션, 쿠폰) 도구 등의 응용 분야에 활용된다.
애드 혹(Ad-hoc) 모드는 WLAN에서 단말기들끼리 데이터 전달을 위해서 무선 공유기의 사용 없이 직접 접속하는 형태이다.

24 다음 중 ( )에 해당하는 것은?

시스템을 악의적으로 공격해 해당 시스템의 자원을 부족하게 하여 원래 의도된 용도로 사용하지 못하게 하는 공격이다. 특정 서버에게 수많은 접속 시도를 만들어 다른 이용자가 정상적으로 서비스 이용을 하지 못하게 하거나, 서버의 TCP 연결을 바닥내는 등의 공격이 이 범위에 포함된다. 이러한 보안공격 유형을 ( )공격이라 한다.

① 비인가 접근
② 정보유출
③ 데이터 위·변조
④ 서비스 거부(DoS)

비인가 접근은 비인가자가 불법적으로 시스템에 로그인(Login)하여 디스크 자료 불법 열람, 삭제 및 변조 등 시스템에 물리적인 피해를 유발하는 것이다.
정보유출은 도청, 중간자 공격, 메시지 위·변조를 통해 공격자가 사용자의 민감한 정보(개인정보 등)를 습득하는 것이다.
데이터 위·변조는 원래 데이터를 변경하고 발신 근원지를 바꾸는 것이다.

25 다음 중 Wi-Fi 공유기와 관련된 보안 기술 중 가장 강력한 보안기능을 제공하는 것은?

① WPA   ② WPA2
③ WEP   ④ HTTP

Wi-Fi 공유기 관련 보안 기술은 WPA이고 WPA는 무선 LAN의 WEP 보안의 취약성을 해결하기 위한 표준이다.
WPA2는 CCMP와 AES를 사용하여 TKIP와 RC4를 사용한 WPA보다 보안 성능을 향상했다.
HTTP는 월드 와이드 웹(WWW)을 이용하여 HTML로 작성된 하이퍼텍스트(hypertext) 문서를 주고받을 수 있는 프로토콜이다.

26 다음 설명의 (A)에 들어갈 알맞은 용어는?

> LTE (A)는 스마트폰 등의 통신 단말기들이 기지국을 거치지 않고 직접 데이터를 주고 받음으로써 늘어나는 데이터 트래픽 수요를 해결하고 한정된 주파수 자원의 이용 효율 증대에 효과적인 LTE 통신 기술이다. LTE (A)는 향후 초연결사회의 사물인터넷에 사용될 다양하고 새로운 서비스인 위치 정보 기반의 SNS, 특정 지역의 범죄 정보 전송이나 새로운 방식의 개인별 모바일 광고나 근거리 파일 전송, 멀티 게임 및 차량 간 통신 등 다양한 통신 서비스를 창출할 것으로 기대된다.

① D2D (Device to Device)
② Bluetooth
③ RFID
④ Wi-Fi

Bluetooth는 수 미터에서 수십 미터 정도의 거리를 둔 정보기기 사이에, 전파를 이용해서 저전력으로 간단한 정보를 교환하는 데 사용하는 통신 기술이다.
RFID는 주파수를 이용해 ID를 식별하는 데 사용하는 통신 방식으로 일명 전자태그로 명칭 된다.
Wi-Fi는 Wireless Fidelity의 약자로, IEEE 802.11 통신 규정을 만족하는 기기들끼리 일정한 거리(대략 100m) 안에서 무선으로 데이터를 주고받을 수 있도록 하는 무선 근거리 통신망 기술을 의미한다.

27 근거리 무선 통신 기술 중 하나인 Bluetooth에 대한 설명으로 올바르지 않은 것은?

① 10m 안팎의 초단거리에서 데이터나 음성, 영상 등을 전송하기 위한 저전력 무선 연결에 사용된다.
② ISM 대역인 2,400~2483.55MHz를 사용한다.
③ 시스템 간 전파 간섭 방지를 위한 수단으로 주파수 호핑 방식을 사용한다.
④ 최대 600Mbps 전송 속도를 제공한다.

무선 LAN의 상용화된 전송 표준인 IEEE 802.11n이 2.4GHz 대역 및 5GHz 대역을 사용하여 최고 600Mbps까지의 속도를 지원하고 있다.

지능형(스마트)홈 기기

28 스마트TV나 모니터 등의 디스플레이에서 화면을 구성하는 가장 기본이 되는 단위를 나타내는 용어는?

① 타입(type)   ② 벡터(vector)
③ 비트맵(bitmap)   ④ 픽셀(pixel)

스마트TV나 모니터 등의 디스플레이에서 화면을 구성하는 가장 기본이 되는 단위는 픽셀(pixel)입니다.

29 먼지센서는 매우 작은 입자의 개수나 농도를 측정하는데, 이 때 측정가능한 입자의 크기를 PM1.0 으로 표현하는 경우, 그 의미는?

① 1.0 마이크로미터까지의 미세 입자를 측정할 수 있다.
② 1.0 마이크로그램까지의 미세 입자를 측정할 수 있다.
③ 1.0 나노미터까지의 미세 입자를 측정할 수 있다.
④ 1.0 마이크로미터보다 작은 미세 입자를 측정할 수 있다.

PM 뒤의 숫자는 해당 숫자의 먼지 크기(μm)까지 측정함을 의미한다.

30 다음 중 원거리에서 인체 움직임을 감지하는데 적합하지 않은 센서는?

① PIR 센서   ② UWB 센서
③ IR Image 센서   ④ 바이오 센서

바이오 센서는 생물학적인 신호나 변화를 감지하여 전기 신호로 변환하는 센서입니다.

31 시간의 변화에 따라 크기와 방향이 주기적으로 변하는 전압, 전류를 나타내는 용어는?

① 교류   ② 와류
③ 맥류   ④ 직류

교류는 시간의 변화에 따라 크기와 방향이 주기적으로 변하는 전압, 전류를 말합니다.

32 아래에서 설명하고 있는 센서는?

무선 반송파(RF carrier)를 사용하지 않고 기저대역(baseband)에서 수 GHz이상의 매우 넓은 주파수 대역을 사용하여 통신이나 레이더 등에 응용되고 있는 새로운 무선 기술이며, 기존의 무선 시스템의 잡음과 같은 매우 낮은 스펙트럼 전력 밀도를 사용함으로써 이동통신, 방송, 위성 등의 기존 통신 시스템과 상호 간섭 영향 없이 주파수를 공유하여 사용할 수 있어 새로운 차세대 무선 기술로 급부상하고 있다. 지능형(스마트)홈, 헬스케어 분야 등에서도 유용하게 사용할 수 있다.

① UWB 센서   ② 바이오 센서
③ PIR 센서   ④ 초음파 센서

UWB 센서는 "초광대역 센서"(Ultra-Wideband Sensor)의 약자로, 매우 넓은 주파수 대역을 사용하여 물체의 위치, 거리, 동작 등을 정밀하게 감지하는 센서입니다. UWB 센서는 무선 통신 기술로서 개발되었으며, 주로 위치 추적 시스템, 보안 시스템, 자동차 안전 시스템 등 다양한 응용 분야에서 사용됩니다.

33 스마트 전기계량기의 역할과 기능으로 적합하지 않은 것은?

① 스마트 전기계량기는 다른 기기와의 상호 연동없이 독립적인 통신 장치로 에너지 거래를 목적으로 한다.
② 에너지 거래용 Net metering의 스마트 계량기는 소비하는 전력량과 발전해서 공급하는 전력량을 계측 및 계량하는 양방향 계량 기능을 제공한다.
③ 스마트 전기 계량기는 다양한 통신기능을 탑재하여, 소비자에게 소비량과 발전량 등의 에너지 거래정보를 제공한다.
④ Net metering은 소비량과 발전량을 비교해서 요금정산을 해야 하므로, 계량의 오차 정밀도가 중요한 관리요소이다.

스마트 전기계량기는 기존의 전기계량기에 정보 통신 기능을 추가하여, 전력 사용량을 실시간으로 모니터링하고 관리하는 기기입니다. 스마트 전기계량기는 다음과 같은 역할과 기능을 제공합니다. :
- 실시간 전력 사용량 모니터링 : 스마트 전기계량기는 실시간으로 전력 사용량을 모니터링할 수 있습니다. 사용자는 스마트폰 앱이나 웹 인터페이스를 통해 실시간으로 전력 사용량을 확인할 수 있으며, 이를 통해 전기 사용 패턴을 파악하고 에너지 효율성을 개선할 수 있습니다.
- 원격 제어 및 관리 : 스마트 전기계량기는 원격으로 전력 사용량을 제어하고 관리할 수 있습니다. 사용자는 스마트폰 앱이나 웹 인터페이스를 통해 전력을 켜거나 끌 수 있으며, 예약 설정을 통해 특정 시간에 전력을 자동으로 켜고 끌 수도 있습니다. 또한, 전력 사용량에 대한 경고나 알림을 받을 수도 있습니다.

- 전력 사용량 분석 및 에너지 절약 제안 : 스마트 전기 계량기는 전력 사용량을 분석하여 에너지 절약을 제안할 수 있습니다. 예를 들어, 사용자의 전력 사용 패턴을 분석하여 에너지 낭비가 있는 부분을 식별하고, 에너지 절약을 위한 제안을 제공할 수 있습니다. 이를 통해 사용자는 에너지를 효율적으로 사용하고 전기료를 절감할 수 있습니다.
- 장애 감지 및 알림 : 스마트 전기계량기는 전력 과부하, 과전압, 과전류 등의 장애를 감지하고 사용자에게 알림을 제공할 수 있습니다. 이를 통해 전력 장비의 이상을 빠르게 파악하고 조치할 수 있으며, 전기 안전성을 향상시킬 수 있습니다.
- 정확한 청구 정보 제공 : 스마트 전기계량기는 정확한 전력 사용량 정보를 제공하여 청구 과정을 간소화하고 정확한 청구를 가능하게 합니다. 전력 사용량 데이터는 자동으로 수집되므로 인적 오류나 간섭으로 인한 오차를 최소화할 수 있습니다.

- 보안 기능 : 공유기는 네트워크 보안 기능을 제공하여 외부로부터의 침입이나 해킹을 방지합니다. 예를 들어, 방화벽 기능을 통해 외부에서의 불법적인 접근을 차단하거나, 무선 네트워크의 암호화를 설정하여 무단 접속을 방지할 수 있습니다.
- 무선 네트워크 : 대부분의 공유기는 무선(Wi-Fi) 네트워크를 지원합니다. 이를 통해 무선 기기들은 공유기에 연결하여 인터넷을 사용할 수 있습니다. 무선 네트워크의 속도와 범위는 공유기의 사양에 따라 다를 수 있습니다.
- 다중 연결 : 공유기는 여러 대의 컴퓨터나 기기를 동시에 연결할 수 있습니다. 이를 통해 가정이나 사무실의 다양한 기기들이 인터넷에 접속하여 데이터를 주고받을 수 있습니다.

34 공유기에 대한 설명으로 적절하지 않은 것은?

① 하나의 공인 IP로 다수의 기기가 네트워크에 접속할 수 있도록 한다.
② 일부 공유기는 Wi-Fi, AP 기능을 지원한다.
③ 공유기에서 할당 받은 사설 IP는 외부에서 접근 가능한 IP이다.
④ 공유기는 내부 네트워크에 설정 기능을 지원한다.

공유기의 주요 기능과 역할은 다음과 같습니다. :
- 네트워크 연결 : 공유기는 인터넷 서비스 제공자(ISP)로부터 받은 인터넷 신호를 여러 대의 컴퓨터나 기기에 연결해줍니다. 공유기는 이를 위해 WAN 포트에 모뎀을 연결하고, LAN 포트에 컴퓨터나 기기를 연결합니다.
- IP 주소 할당 : 공유기는 네트워크에 연결된 각 기기에 대해 IP 주소를 할당합니다. 이를 통해 각 기기는 고유한 식별자를 가지고 인터넷에 접속할 수 있습니다.
- 네트워크 관리 : 공유기는 네트워크 관리 기능을 제공합니다. 사용자는 공유기의 관리자 설정 페이지를 통해 네트워크 설정을 변경하고 관리할 수 있습니다. 예를 들어, 무선 네트워크 이름(SSID)과 비밀번호를 설정하거나, 포트 포워딩이나 DMZ 설정 등을 통해 특정 서비스나 기기에 대한 접근을 제어할 수 있습니다.

35 다음 중 '스마트 LED 등기구'의 표시사항이 아닌 것은?

① 고효율 인증번호, 고효율마크
② 역률
③ 정격전력
④ 조광범위(최소, 중간, 최대)

스마트 LED 전등 등기구의 표시사항은 국가 또는 지역에 따라 다를 수 있으며, 전력 소비 표시, 색상 온도 표시, 조명 강도 표시, 스마트 기능 표시, 수명 정보 표시, 조광범위, 고효율 인증번호, 고효율마크 등을 표시합니다.

36 다음 중 On/Off를 제어하는 스위칭 기능으로 쓰이지 않는 부품은?

① 콘덴서 (Condensor) 소자
② 릴레이 (Relay) 소자
③ 트랜지스터 (Transistor)
④ 모스펫 (MOSFET)

콘덴서 (Condensor) 소자는 전기를 저장하는 기능을 합니다.

37 다음 중 온도 센서의 방식이 아닌 것은?

① 열전대
② RTD(Resistance Temperature Detector)
③ 서미스터(Thermister)
④ 피에조 소자

피에조 소자는 압력센서 방식입니다.

38 지능형(스마트)홈 허브를 전원이 함께 공급되는 유선 LAN 케이블에 연결하여 별도의 전원선을 연결하지 않고 설치하고 싶다. 이 경우 지능형(스마트)홈 허브가 지원해야 하는 기능은?

① PLC
② PoE
③ PPP
④ P2P

PoE 기능은 "Power over Ethernet"의 기능을 의미합니다. 이는 이더넷 케이블을 통해 전력을 전송하여 장치에 전원을 공급하는 기능을 말합니다.

39 아래에서 설명하는 것은?

> 이것은 가정 내의 다양한 사물인터넷 장치들을 사용자의 간섭 없이 자연스럽게 인터넷 통신망에 접속시키기 위한 네트워크 장치를 의미하며, 네트워크 기술에서 여러 종류의 네트워크 장치들을 연결해주는 일종의 중계 장치를 말한다.

① WPAN
② 지능형(스마트)홈 게이트웨이
③ 워크그룹 스위치
④ 멀티플렉서

지능형(스마트)홈 게이트웨이는 지능형(스마트)홈 기기들을 연결하고 관리하는 중앙 제어 장치입니다. 이는 다양한 프로토콜과 통신 방식을 지원하여 지능형(스마트)홈 기기들 간의 상호작용과 통합을 가능하게 합니다.

40 IHD(In Home Display)에서 전력 과금 단위는?

① 유효전력량(kWh)
② 수도량(m^3)
③ 가스(MJ)
④ 피상전력량(kVAh)

IHD(In Home Display)는 가정 내 디스플레이 장치로, 전력 사용량 및 에너지 소비 정보를 실시간으로 표시하는 기능을 갖고 있습니다.

정답

01 ①	02 ①	03 ②	04 ③	05 ②	06 ③	07 ④	08 ①
09 ①	10 ④	11 ②	12 ③	13 ④	14 ④	15 ①	16 ④
17 ③	18 ④	19 ③	20 ④	21 ③	22 ④	23 ③	24 ④
25 ②	26 ①	27 ④	28 ④	29 ①	30 ④	31 ①	32 ①
33 ①	34 ③	35 ②	36 ①	37 ④	38 ②	39 ②	40 ①

제4회분 지능형홈관리사(AI@HomeManager)

종목	구분	수검번호		제한시간	코 드	형별
지능형홈관리사	필기	성명		40분	J23704	A

- 4지 택일형 문제이므로, 문제별로 제시된 4개 항목 중 가장 적합한 한 항목만 정답(답안)으로 선택하십시오.
- 무단 전제 및 복사를 금합니다.

지능형(스마트)홈 개론

01 다음에서 설명하는 클라우드 컴퓨팅 관련 기술에 해당하는 솔루션은?

① 서비스 프로비저닝
② 가상화 기술
③ 자원 유틸리티
④ 오픈 인터페이스

서비스 프로비저닝은 사용자가 요청한 IT자원을 사용할 수 있는 상태로 서비스를 준비하는 것으로 종류는 (서버 자원, OS, 소프트웨어, 스토리지, 수동, 자동) 프로비저닝이 있다.

02 지능형(스마트)홈에서 사용되는 사물인터넷의 활용에 적합하지 않은 것은?

① 지능형(스마트)홈은 기존의 일상 ICT 제품들에만 사물인터넷 기술을 접목시켜 새로운 가치를 만드는 것이다.
② 지능형(스마트)홈은 사물인터넷으로 실시간 수집된 정보와 과거의 정보를 비교하여 특이사항을 찾아내어 자동 경고할 수 있다.
③ 지능형(스마트)홈에서 사물인터넷은 헬스케어와 결합하여 질병이나 질환이 발생한 다음에 이를 체계적이고 효율적으로 관리할 수 있다.
④ 웰니스는 사물인터넷을 이용하여 사전에 질병이나 질환의 발생을 예측하거나 예방에 도움을 줄 수 있다.

지능형(스마트)홈은 기존의 일상 ICT 제품들과 신규제품들 모두와 사물인터넷 기술을 접목시켜 새로운 가치를 만드는 것이다.

03 정부의 '지능형(스마트)홈 4.0'만의 독창적인 주요기능 및 특징으로 적합하지 않은 것은?

① 외부 원격 제어   ② 자율동작
③ 개인 맞춤   ④ 플랫폼간 연동

'지능형(스마트)홈 3.0'만의 독창적인 주요기능 및 특징 중 외부 원격제어가 있다.

04 스마트가전에 대한 설명으로 적합하지 않은 것은?

① 기존의 가전에 사물인터넷(IoT), 클라우드, 빅데이터 및 인공지능(AI) 등의 기술을 접목한 기술이다.
② 스마트가전을 이용하여 지능형(스마트)홈, 스마트에너지 등과 관련한 서비스가 가능하다.
③ 스마트가전은 가전제품에 센서·시스템 반도체 등을 탑재하고 저전력 통신망 등을 활용하여 사물 간 통신이 이루어진다.
④ 모든 스마트가전은 운영체제 없이 관련 데이터를 수집하고 빅데이터·인공지능 등과 연계하여 지능형 지능형(스마트)홈 서비스를 제공한다.

모든 스마트가전은 다양한 운영체제를 활용하여 관련 데이터를 수집하고 빅데이터·인공지능 등과 연계하여 지능형 지능형(스마트)홈 서비스를 제공한다.

05 지능형(스마트)홈 기기의 인터페이스에 대한 설명으로 잘못된 것은?

① 인터페이스는 사용자와 지능형(스마트)홈의 접점 역할을 담당한다.
② 사용자 인터페이스는 사용자가 지능형(스마트)홈에 정보나 명령을 입력하는 인터페이스만 제공된다.
③ 인터페이스의 입력 방식은 구두 명령을 입력받는 마이크 와 동작 형태나 사용자 얼굴 등과 같은 시각정보를 입력받는 카메라 등 다양한 입력 도구가 존재한다.
④ 사용자의 의지가 지능형(스마트)홈에 전달되는 중간 매개 방식에 해당한다.

사용자 인터페이스는 사용자가 지능형(스마트)홈에 정보나 명령을 입력하는 인터페이스는 다양한 형태로 제공되고 사용자가 편리하게 지능형(스마트)홈을 제어하고 모니터링할 수 있다.

06 다음과 같은 지능형(스마트)홈 서비스의 경제 모델을 무엇이라 하는가?

① 제품 서비스 모델
② 사용량 기반 종량제 모델
③ 구독형 서비스 모델
④ 공유 서비스 모델

지능형(스마트)홈 서비스의 경제 모델은 다양하며 구독형 서비스 모델은 지능형(스마트)홈 서비스의 일부에 적용될 수 있다. 구독형 서비스 모델은 사용자가 일정한 기간 또는 주기마다 요금을 지불하여 서비스를 이용하는 형태로 지능형(스마트)홈에서는 예를 들어, 지능형(스마트)홈 시스템의 기능을 이용하거나 지능형(스마트)홈 기기의 원격 제어와 모니터링 서비스를 구독할 수 있으며 이 경우 사용자는 매월 또는 매년 구독료를 지불하여 서비스를 계속 이용가능하다.

07 다음 중 라즈베리 파이(Raspberry Pi)에 대한 설명으로 가장 거리가 먼 것은?

① 초소형/초저가 PC 제작을 위한 H/W 디바이스
② 아두이노와 달리 그래픽 기능이 없음
③ Linux OS를 기반으로 세부적인 설정을 제공
④ HDMI를 통해 모니터 연결이 가능

GPU가 내장된 그래픽 기능이 있다.

08 사물인터넷과 지능형(스마트)홈의 활성화 요인이 아닌 것은?

① 소형화, 모듈화
② 저전력화, 저가격화
③ 고비용, 저기능
④ 개방화, 표준화

사물인터넷과 지능형(스마트)홈은 저비용과 저기능의 활성화 요인을 들수 있다.

09 AllSeen Alliance의 AllJoyn에서 세가지 토폴로지가 존재한다. 각각의 토폴로지 설명에서 공통으로 들어갈 용어로 적당한 것은?

① 공유기　　② 저장소
③ 라우터　　④ 네트워크

AllSeen Alliance의 AllJoyn에서 스타, 버스, 메쉬 세 가지 토폴로지에서 "라우터"는 네트워크의 연결과 데이터 전송을 관리하는 중요한 역할을 수행하는 장치를 나타내며, 각 토폴로지에서의 역할과 연관성을 갖고 있다.

10 다음에 해당하는 표준화 기구는?

① IEEE　　② ISO/IEC JTC1
③ OCF　　④ oneM2M

OCF는 2014년 삼성, 인텔을 중심으로 2016년 MS, 퀄컴 합류하여 표준화 단체가 되었으며 표준화된 프로토콜, 상호 운용성, 보안 및 개인 정보 보호, 다양한 플랫폼 지원하며 IoT 기기 간의 상호 연결성을 향상시키고 보안과 개인 정보 보호를 강화하기 위한 표준화된 프레임워크를 제공함으로써, 다양한 기업과 조직이 협력하여 IoT 생태계 발전과 확장을 지원한다.

11 다음 중 클라우드 컴퓨팅의 3가지 서비스 유형이 아닌 것은?

① IaaS(Infrastructure as a Service)
② PaaS(Platform as a Service)
③ SaaS(Software as a Service)
④ UaaS(Universal as a Service)

클라우드 컴퓨팅의 3가지 서비스 유형로는 IaaS(Infrastructure as a Service), PaaS(Platform as a Service), SaaS(Software as a Service)이며 클라우드 컴퓨팅의 다양한 요구와 필요에 따라 사용자에게 유연성과 선택권을 제공하고 사용자는 자원 관리, 애플리케이션 개발, 소프트웨어 구매 등에 대한 부담을 줄이고, 필요한 서비스를 효율적으로 이용할 수 있다.

12 지능형(스마트)홈을 구현하는 데에 있어 검토하여야 할 법규 관련 사항을 나열한 것이다. 반드시 필요한 것이 아닌 것은?

① '개인정보보호법(2020. 8. 5 시행 기준)'에 따른 개인정보는 해당 정보만으로는 특정 개인을 알아볼 수 없더라도 다른 정보와 쉽게 결합하여 알아볼 수 있는 정보를 포함하므로 스마트 가전에서 수집되는 사용 이력 정보 또한 포함될 가능성이 배제되지 않음을 인지하여야 한다.
② 정보주체인 개인이 거주하는 주택의 내부에 영상정보처리기기가 설치되는 경우, '개인정보보호법(2020. 8. 5 시행 기준)'에 따라 설치 목적 및 장소, 촬영 범위 및 시간, 관리책임자 성명 및 연락처 및 그 밖에 대통령령으로 정하는 사항이 포함된 안내판을 설치하여야 한다.
③ 지능형 홈네트워크 설비를 설치하려는 경우에는 수 개의 정부부처 간 협의를 거쳐 공동으로 고시한 '지능형 홈네트워크 설비 설치 및 기술기준(2022. 7. 1 시행 기준)'에 부합하여야 한다.
④ 지능형(스마트)홈의 경우 가정에서 사용되는 가전 기기에 부착된 센서를 통해 집안의 상황에 대한 정보를 비롯하여 행태정보, 민감정보를 수집할 수 있으므로 '개인정보보호법(2020. 8. 5 시행 기준)'에 대한 고려가 필수적이다.

"'개인정보보호법(2020. 8. 5 시행 기준)'에 따라 설치 목적 및 장소, 촬영 범위 및 시간, 관리책임자 성명 및 연락처 및 그 밖에 대통령령으로 정하는 사항이 포함된 안내판을 설치하여야 한다."라는 부분이 틀린 내용으로 개인정보보호법에 따라 영상정보처리기기를 설치하는 경우, 안내판 설치는 필수적인 요구사항은 아니다.

13 '지능형 홈네트워크 설비 설치 및 기술기준(2022. 7. 1 시행 기준)' 법령 중에서 ( ) 안의 용어로 적합한 것은?

① 홈게이트웨이   ② 홈네트워크망
③ 단지네트워크장비 ④ 단지서버

홈네트워크망을 구성하는 방법은 가장 일반적인 방법이 라우터를 사용 유무선으로 연결하는 것으로 집의 크기, 기기의 종류 및 요구사항, 인터넷 속도 등에 따라 다르며 자신의 환경과 요구사항에 맞는 방법을 선택하여 구성할 수 있다.

14 '지능형 홈네트워크 설비 설치 및 기술기준(2022. 7. 1 시행 기준)'이 정의하는 '세대단말기'에 대한 설명으로 틀린 것은?

① 세대단말기는 홈게이트웨이 기능을 포함할 수도 있다.
② 세대단말기에는 이상전원 발생 시 제품을 보호할 수 있는 기능이 내장되어야 한다.
③ 세대 내의 홈네트워크 시스템을 제어할 수 있는 기기를 말한다.

④ 세대단말기와 디지털도어락은 반드시 유선으로 연결하여야 한다.

세대단말기와 디지털도어락은 세대 및 공용부의 다양한 설비의 기능 및 성능을 제어하고 확인할 수 있는 기기로 사용자인터페이스를 제공하는 장치로 유무선 가능하다.

지능형(스마트)홈 네트워크

15 전 세계 대부분의 지역에서 이용가능한 ZigBee 기기의 주파수 대역은?

① 784MHz ② 868MHz
③ 915MHz ④ 2.4GHz

ZigBee는 ISM 밴드에서 동작하며, 중국에서는 784MHz, 유럽에서는 868MHz, 미국 및 오스트레일리아에서는 915MHz를 사용한다. 하지만, 전세계 대부분의 지역에서는 2.4GHz를 사용한다.

16 하나의 Z-Wave 네트워크에는 최대 몇 개의 디바이스가 등록될 수 있는가?

① 64 ② 232
③ 128 ④ 256

Z-Wave는 232개의 노드를 연결할 수 있다.

17 다음 중 ( )에 해당하는 것은?

시스템을 악의적으로 공격해 해당 시스템의 자원을 부족하게 하여 원래 의도된 용도로 사용하지 못하게 하는 공격이다. 특정 서버에게 수많은 접속 시도를 만들어 다른 이용자가 정상적으로 서비스 이용을 하지 못하게 하거나 서버의 연결을 바닥내는 등의 공격이 이 범위에 포함된다. 이러한 보안공격 유형을 ( ) 공격이라 한다.

① 비인가 접근
② 정보유출
③ 데이터 위·변조
④ 서비스 거부(DoS)

비인가 접근은 비인가자가 불법적으로 시스템에 로그인(Login)하여 디스크 자료 불법 열람, 삭제 및 변조 등 시스템에 물리적인 피해를 유발하는 것이다.
정보유출은 도청, 중간자 공격, 메시지 위·변조를 통해 공격자가 사용자의 민감한 정보(개인정보 등)를 습득하는 것이다.
데이터 위·변조는 원래 데이터를 변경하고 발신 근원지를 바꾸는 것이다.

18 다음 상황에서 가장 적합한 지능형(스마트)홈 무선통신 기술은?

- "우리 집에는 Wi-Fi와 블루투스 장치가 매우 많아."
- "1층과 2층에서는 전자레인지도 여러 대 사용하고 있어."

① ZigBee
② Z-Wave
③ Bluetooth Low Energy
④ Ethernet

Z-Wave는 232개의 노드를 연결할 수 있어서, 가정 등에서 사용되는 메시 네트워크가 가능한 모든 디바이스와 연결이 가능하다.

19 다음 중 지능형(스마트)홈 구현에 사용되는 무선통신 프로토콜이 아닌 것은?

① Thread ② Z-Wave
③ RS-485 ④ ZigBee

RS-485는 시리얼 통신 기술 중의 하나로 홈네트워크를 지원하는 비동기 직렬 통신 방식의 EIA 표준 규격이다.

20 다음 설명의 (A)와 (B)에 들어갈 알맞은 용어는?

> 사물인터넷의 발전으로 인해서 인터넷에 연결하기 위한 장치들이 기하급수적으로 늘어날 전망이다. 그러므로 대략 개의 3.4×10의 38승개의 주소 공간을 지원하는 (A) 비트의 주소 체계를 사용하는 (B) 프로토콜이 사물인터넷을 위한 필수 기술이 될 것으로 예상된다.

① (A) 32, (B) IPv4　② (A) 128, (B) IPv4
③ (A) 32, (B) IPv6　④ (A) 128, (B) IPv6

IPv6는 대략 3.4×10의 38승개의 주소 공간을 지원하기 위해서 128비트의 주소 체계를 사용한다.
반면에, IPv4는 32비트의 주소 체계를 사용하기 때문에 2의 32승개의 주소 공간만을 지원할 수 있다.

21 저전력 블루투스(Bluetooth Low Energy)의 기술 내용으로 옳지 않은 것은?

① BLE는 단독으로 구현할 수 있다.
② 기존의 블루투스 클래식 프로토콜과 호환된다.
③ 블루투스 4.0 표준에 포함된 스펙이다.
④ 최대전력소모가 제한되어 블루투스 클래식보다 신호전달 거리가 짧아졌다.

BLE(Bluetooth Low Energy)는 소비 전력 절감을 위해 바닥부터 다시 설계한 프로토콜이기 때문에 기존 블루투스 프로토콜인 블루투스 클래식과 호환되지 않는다.

22 다음은 지능형(스마트)홈 통신 기술 중 하나에 대한 설명이다. (A)에 들어갈 알맞은 용어는?

> (A)은/는 ISM 밴드의 2.4GHz 대역을 사용하여 10m 안팎의 거리에서 최대 240Mbps의 전송 속도를 제공한다. (A)은/는 시스템 간 전파 간섭 방지를 위한 수단으로 주파수 호핑 방식을 사용한다. (A)을/를 이용하여 텍스트, 음성, 그래픽, 비디오를 포함한 데이터를 전송하는 응용기기들을 지원할 수 있다.

① NFC　② LoRa
③ Bluetooth　④ RFID

NFC는 13.56MHz의 대역을 가지며, 아주 가까운 거리(접촉 및 근접 비접촉 모두 포함)의 무선 통신을 하기 위한 기술이다.
LoRa는 장거리 저전력 무선 플랫폼으로서 (한국에서) 920MHz 대역의 주파수를 사용하는 무선 통신 기술이다.
RFID는 주파수를 이용해 ID를 식별하는 방식으로 일명 전자태그로 불린다.

23 다음 중 OSI 모델의 3계층에서 사용되는 IoT 네트워크 프로토콜의 연결이 잘못된 것은?

① WLAN - IPv4/IPv6
② 유선 - IPv4/IPv6
③ WWAN - IP
④ WPAN - UDP

UDP는 OSI 모델의 4계층인 전송 계층 프로토콜이다.
WPAN은 6LowPAN 기술을 통해서 3계층에서 IPv6를 사용할 수 있다.

24 다음 중 IoT를 위한 경량 메시징 통신 규격으로서 MQTT의 단점이 아닌 것은?

① 중앙의 MQTT 브로커에 문제가 발생할 경우 전체 MQTT 네트워크에 문제가 생긴다.
② 많은 메모리와 프로세싱 리소스를 가정하고 설계된 TCP 위에서 동작한다.
③ 세션의 지속 없이 TCP를 사용하는 경우 연결을 맺는데 필요한 웨이크업 시간을 증가시킬 수 있다.
④ 노드의 예기치 않은 접속 중단에 대한 대처가 없다.

MQTT는 Publisher와 Subscriber는 모두 Broker에 대한 클라이언트로 동작하고, 메시지를 발행 또는 구독하기 위해서 서버로 동작하는 Broker에 연결한다. MQTT는 클라이언트와 서버 간 연결이 끊어졌을 때 보정 기능을 제공한다.

25 다음 중 GPS에 대한 설명으로 거리가 가장 먼 것은?

① 스마트 기기에 탑재되어 사용자의 위치 추적에 활용되는 경우가 많다.
② 전파를 활용하기 때문에 전파 간섭이 심한 지점에서는 활용하기 어렵다.
③ 실내에서도 정확한 위치 추정이 가능하다.
④ 위치 정확도를 개선하기 위해 실내에서는 Beacon, GPS 신호 증폭기 등을 설치하기도 한다.

GPS 기술은 궤도에 있는 위성의 신호를 사용하기 때문에, 이러한 신호는 위성파가 장벽을 뚫고 건물에 진입하는 즉시 지붕과 벽에 의해 심각하게 저하되므로 정확한 위치 추정이 어렵다.

26 다음 중 Wi-Fi 공유기와 관련된 보안 기술 중 가장 강력한 보안기능을 제공하는 것은?

① WPA   ② WPA2
③ WEP   ④ HTTP

Wi-Fi 공유기 관련 보안 기술은 WPA이고 WPA는 무선 LAN의 WEP 보안의 취약성을 해결하기 위한 표준이다.
WPA2는 CCMP와 AES를 사용하여 TKIP와 RC4를 사용한 WPA보다 보안 성능을 향상했다.
HTTP는 월드 와이드 웹(WWW)을 이용하여 HTML로 작성된 하이퍼텍스트(hypertext) 문서를 주고받을 수 있는 프로토콜이다.

27 다음 중 근거리 통신망(LAN)에 사용하는 매체 접근 제어 프로토콜로 올바르지 않은 것은?

① Token Ring   ② CSMA/CD
③ Token Bus   ④ PCF

PCF(Point Coordination Function)는 WLAN에서 AP의 중앙집중형 폴링에 의해 QoS를 제공하기 위한 매체 접근 제어 프로토콜이다.

지능형(스마트)홈 기기

28 다음 지능형(스마트)홈 용어 중에서 기능의 범주가 전혀 다른 것은?

① Samsung SmartThings
② Apple HomeKit
③ LG ThinQ
④ Philips Hue

Philips Hue는 Philips가 개발한 스마트 조명 시스템입니다. 이 시스템은 스마트 LED 전구, 조명 패널, 스트립 라이트 등 다양한 조명 제품을 제공하며, 스마트폰 앱 또는 음성 제어를 통해 조명을 제어할 수 있습니다.

29 다음 중 사람의 존재를 감지하는 PIR 센서에 대한 설명으로 틀린 것은?

① 센서가 송출한 신호의 변화를 감지하는 능동형(액티브) 센서이다.
② 사람이 방출하는 적외선을 감지한다.
③ 현관등의 자동 켜짐을 제어할 때 많이 사용한다.
④ Pyroelectric 센서라고도 한다.

PIR 센서는 센서가 송출한 신호의 변화를 감지하는 수동형(패시브) 센서이다.

30 다음 중 원거리에서 인체 움직임을 감지하는데 적합하지 않은 센서는?

① PIR 센서
② UWB 센서
③ IR Image 센서
④ 바이오 센서

바이오 센서는 생물학적 신호를 감지하고 측정하는 센서입니다.

31 지능형(스마트)홈에서 ICT 관점의 센서에 대한 설명으로 적합하지 않은 것은?

① 센서는 스스로 환경의 변화를 감지해서 적절한 서비스를 제공할 수 있다.
② 센서가 측정할 수 있는 정보는 인간이 인지할 수 있는 현실 정보 범위에서 측정 가능하다.
③ 최근에는 복합적 상황 인지 능력을 가진 다중 센서가 결합된 기술들이 등장하고 있다.
④ 센서는 측정된 물리량을 정량적으로 계측할 수 있다.

지능형(스마트)홈에서 ICT (Information and Communication Technology) 관점의 센서는 다양한 정보를 수집하고 전달하기 위해 사용되는 센서입니다. 이러한 센서는 지능형(스마트)홈 시스템의 기능을 향상시키고 사용자의 편의성을 높이는 데 기여합니다.

32 일반적으로 세대 Wall Pad와 RS-485 통신 방식으로 제어가 가능한 기기는?

① 이동형 공기청정기
② 로봇청소기
③ 시스템 에어컨
④ 스마트 TV

RS-485 통신을 지원하는 냉난방 제어기를 사용하면 스마트폰을 통해 냉난방 시스템을 제어할 수 있습니다. 온도 조절, 스케줄링, 에너지 관리 등을 스마트폰에서 간편하게 조작할 수 있습니다.

33 다음의 상황에서 도입을 고려해야 하는 지능형(스마트)홈 기기는?

> A씨는 외출 중 비가 내리기 시작하자 집 베란다의 창문을 열어둔 채 나오지는 않았는지 걱정이 된다.

① 스마트 도어락
② 스마트 도어센서
③ 스마트 에너지미터
④ 스마트 허브

34 지능형(스마트)홈 기기에서 쓰이는 센서가 갖추어야 할 특성으로 적합하지 않은 것은?

① 폭넓고 안정적인 동작범위
② 저전력 고효율성
③ 정확성을 위한 좁은 작동환경
④ 모바일환경에 적합한 소형화

센서는 정확성을 위해 넓은 작동 환경이 필요하다.

35 다음 중 스마트 도어락의 해지 방식으로 적당하지 않은 것은?

① 지문인식
② 비밀번호와 난수 조합
③ NFC
④ 신분증

스마트 도어락의 해지 방식은 다양할 수 있으며, 지문인식, 비밀번호와 난수 조합, NFC, 키 또는 카드 사용, 원격 제어 방식 등이 있다.

36 스마트폰이나 노트북의 영상을 TV로 보내서 볼 수 있는 영상 미러링 기능이 아닌 것은?

① 미라캐스트
② 마이크로소프트 Azure
③ 크롬캐스트
④ 에어플레이

마이크로소프트 Azure는 다양한 기능과 서비스를 제공하는 클라우드 컴퓨팅 플랫폼입니다.

37 IoT 기능이 없는 제품을 누구나 쉽게 인터넷을 통해 가전제품을 끄고 켤 수 있게 하는 것은?

① 스마트 플러그
② 스마트 동작센서
③ IP 카메라
④ 스마트 미터

스마트 플러그는 전기 제품을 원격으로 제어하고 에너지 소비를 모니터링할 수 있는 장치입니다. 일반적으로 스마트 플러그는 Wi-Fi 또는 블루투스와 같은 무선 통신 기술을 사용하여 스마트폰 앱이나 가상 어시스턴트와 연결하여 작동합니다.

38 다음 중 전력 소모량이 8W인 스마트 전구 5개를 거실에 설치하고 1시간 사용한 전력량은?

① 40Wh
② 40kWh
③ 18kWh
④ 18Wh

$P = n \times P \times h = 5 \times 8 \times 1 = 40$ [Wh]

39 다음 중 사물인테넷(IoT)의 동작인식 센서가 아닌 것은?

① 지자계 센서 (Terrestrial Magnetism Sensor)
② 가속도 센서(Acceleration Sensor)
③ 중력 센서(Gravity Sensor)
④ 자이로 센서(Gyroscope Sensor)

지자계 센서는 자기장을 감지하고 측정하는 센서입니다. 지자계 센서는 자기장의 크기와 방향을 측정하여 다양한 응용 분야에서 사용됩니다.

40 다음이 설명하는 장치는?

① 스마트 렌즈 (Smart Lens)
② 스마트 밴드 (Smart Band)
③ 스마트 글래스 (Smart Glass)
④ 머리 부분 탑재형 디스플레이 (Head Mounted Display)

스마트 밴드는 손목에 착용되는 휴대용 장치로, 다양한 기능을 제공하여 건강 및 활동을 모니터링하고 관리하는 데 도움을 줍니다. 스마트 밴드는 센서와 연결된 앱 또는 기기를 통해 사용자의 활동, 심박수, 수면 패턴 등을 추적하고 정보를 제공합니다.

정답

01 ①	02 ①	03 ①	04 ④	05 ②	06 ③	07 ②	08 ③
09 ③	10 ③	11 ④	12 ②	13 ①	14 ④	15 ④	16 ②
17 ④	18 ②	19 ③	20 ④	21 ②	22 ③	23 ④	24 ①
25 ③	26 ②	27 ④	28 ④	29 ①	30 ④	31 ②	32 ③
33 ②	34 ③	35 ④	36 ②	37 ①	38 ①	39 ①	40 ②

제5회분 지능형홈관리사(AI@HomeManager)

종목	구분	수검번호		제한시간	코 드	형별
지능형홈관리사	필기	성명		40분	J23705	A

- 4지 택일형 문제이므로, 문제별로 제시된 4개 항목 중 가장 적합한 한 항목만 정답(답안)으로 선택하십시오.
- 무단 전제 및 복사를 금합니다.

지능형(스마트)홈 개론

01 지능형(스마트)홈 생태계를 구성하는 6대요소가 아닌 것은?

① 유, 무선 네트워크
② 스마트 디바이스
③ 콘텐츠
④ 음성인식

운용플랫폼, 컨트롤 및 스마트 디바이스, 콘텐츠, 유무선 네트워크, 통신표준이 있다.

02 지능형(스마트)홈을 구현하기 위한 핵심기술로 적절하지 않은 것은?

① 센서데이터 최적화 및 관리 기술
② 고가격 네트워킹 기술
③ 저전력 프로세서 기술
④ 새로운 전력공급 및 저장 기술

지능형(스마트)홈을 구현하기 위한 핵심기술 중 네트워킹 기술은 저가격이다.

03 다음 중 지능형(스마트)홈의 활용사례로 적절하지 않은 것은?

① 스마트 락으로 집을 안전하게 지킬 수 있다.
② 스마트 보안 시스템을 통해 집 외부의 모든 공간을 모니터링할 수 있다.
③ 스마트 온도 조절기로 집 온도를 관리하고 에너지를 절약할 수 있다.
④ 스마트 가전기기의 연결을 통해 집안일을 간소화할 수 있다.

스마트 보안 시스템을 통해 집 외부가 아닌 내부의 모든 공간을 모니터링할 수 있다.

04 지능형(스마트)홈을 구현하는 데에 있어 검토하여야 할 법규 관련 사항을 나열한 것이다. 반드시 필요한 것이 아닌 것은?

① '개인정보보호법(2020.8.5 시행 기준)'에 따른 개인정보는 해당 정보만으로는 특정 개인을 알아볼 수 없더라도 다른 정보와 쉽게 결합하여 알아볼 수 있는 정보를 포함하므로 스마트 가전에서 수집되는 사용이력 정보 또한 포함될 가능성이 배제되지 않음을 인지하여야 한다.
② 정보주체인 개인이 거주하는 주택의 내부에 영상정보처리기기가 설치되는 경우, '개인정보보호법(2020.8.5 시행 기준)'에 따라 설치 목적 및 장소, 촬영 범위 및 시간, 관리책임자 성명 및 연락처 및 그 밖에 대통령령으로 정하는 사항이 포함된 안내판을 설치하여야 한다.
③ 지능형 홈네트워크 설비를 설치하려는 경우에는 수 개의 정부부처 간 협의를 거쳐 공동으로 고시한 '지능형 홈네트워크 설비 설치 및 기술기준(2022.7.1 시행 기준)'에 따른 설치 기준에 부합하여야 한다.

④ 지능형(스마트)홈의 경우 가정에서 사용되는 가전 기기에 부착된 센서를 통해 집안의 상황에 대한 정보를 비롯하여 행태 정보, 민감정보를 수집할 수 있으므로 '개인정보보호법(2020.8.5 시행 기준)'에 대한 고려가 필수적이다.

정보주체인 개인이 거주하는 주택으로 개인의 사생활을 현저히 침해할 우려가 있는 장소의 내부를 볼 수 있도록 고정형 영상정보처리기기를 설치·운영하여서는 아니 되므로 설치하지 않아도 된다.

05 AllSeen Alliance의 Alljoyn에서 세가지 토폴로지가 존재한다. 각각의 토폴로지 설명에서 공통으로 들어갈 용어로 적당한 것은?

- 하나의 앱은 자신을 위한 ( )를 가진다.
- 하나의 디바이스에 있는 여러 개의 앱들이 하나의 ( )를 사용한다.
- 하나의 앱은 다른 디바이스에 있는 ( )를 사용한다.

① 공유기 ② 저장소
③ 라우터 ④ 네트워크

AllJoyn 라우터 서비스는 로컬 네트워크를 통해 장치와 앱 간의 통신 및 상호 작용을 용이하고 Windows 운영체제가 이 구성요소를 사용 장치가 데이터와 리소스를 공유 가능

06 지능형(스마트)홈은 발전 추세에 따라 지능형(스마트)홈 1.0 에서 4.0까지 구분되어 진다. 다음 설명 중 옳지 않은 것은?

① 지능형(스마트)홈 1.0은 홈오토메이션으로, 유선 통신과 스마트 TV와 VOD서비스를 제공한다.
② 지능형(스마트)홈 2.0은 홈네트워크로, 유무선통신과 월패드 제어방식과 가정 외 제어기능을 한다.
③ 지능형(스마트)홈 3.0은 IOT홈으로, 무선통신과 IoT가전으로 외부원격제어와 모니터링을 제어한다.

④ 지능형(스마트)홈 4.0은 커넥티드홈으로 무선통신과 인공지능 가전과 로봇으로 자율동작, 개인맞춤을 제어한다.

지능형(스마트)홈 2.0은 홈네트워크로, 유무선통신과 월패드 제어방식과 가정 내 제어기능을 한다.

07 '지능형 홈네트워크 설비 설치 및 기술기준'에서 아래와 같이 정의하고 있는 용어는?

세대 및 공용부의 다양한 설비의 기능 및 성능을 제어하고 확인할 수 있는 기기로 사용자 인터페이스를 제공하는 장치

① 홈게이트웨이
② 세대단말기
③ 단지네트워크장비
④ 단지서버

세대 및 공용부의 다양한 설비의 기능 및 성능을 제어하고 확인할 수 있는 기기는 세대단말기이다.

08 지능형(스마트)홈의 다양한 디바이스들 간의 정보 교환과 관리들을 공통적인 체계 속에서 움직이도록 제공하는 통합적이고 표준화된 체계를 무엇이라고 하는가?

① 센서
② 컨트롤러
③ 사용자 인터페이스
④ 플랫폼

지능형(스마트)홈의 다양한 디바이스들 간의 정보 교환과 관리를 하는 통합적이고 표준화된 체계는 플랫폼이라고 한다.

09 다음 중 '지능형 홈네트워크 설비 설치 및 기술기준'에 의거할 때, 홈네트워크 설비의 설치기준으로 맞지 않는 것은?

① 가스, 조명, 전기 및 난방을 주택 내외부에서 제어할 수 있는 원격제어기기는 전원공급, 통신 등 이상상황에 대비하여 수동으로 조작할 수 있어야 한다.
② 가스누설의 상황을 감지하는 가스감지기는 LNG인 경우에는 바닥 쪽에, LPG인 경우에는 천장 쪽에 설치하여야 한다.
③ 화재발생 등 비상시, 소방시스템과 연동되어 주동현관과 지하주차장의 출입문을 수동으로 여닫을 수 있게 하여야 한다.
④ 차량출입시스템은 단지 주출입구에 설치하되 차량의 진·출입에 지장이 없도록 하여야 한다.

가스감지기는 공기비중 대비 가벼운 LNG인 경우에는 천장 쪽에, 무거운 LPG인 경우에는 바닥 쪽에 설치하여야 한다.

10 다음 중 「개인정보 보호법」에서 정의하는 개인정보로 볼 수 없는 것은?

① 인터뷰 영상에 표시된 주민등록번호
② 차량에 공개된 휴대폰 번호
③ 고인이신 할아버지의 이름과 주소
④ 군전역한 사람의 군번

개인정보란 살아 있는 개인에 관한 정보를 말한다.

11 다음과 같은 '지능형(스마트)홈 서비스의 경제모델'을 무엇이라 하는가?

- 사용자가 원하는 제품, 서비스에 대해 일정액을 지불하고 공급자가 정기적으로 서비스를 제공한다.
- 스마트 스팀 오븐은 월정액으로 음식재료와 요리법을 제공한다.

① 제품 서비스 모델
② 사용량 기반 종량제 모델
③ 구독형 서비스 모델
④ 공유 서비스 모델

서비스형 스마트 홈은 이용자가 원하는 기능이나 환경에 필요한 장치의 구성과 서비스를 고민할 필요 없이 연동 가능한 장치를 구성하고 그에 맞는 스마트 홈 서비스로 연결한다. 월 또는 연간 구독료만 지불하면 하드웨어와 결합한 서비스로, 집에 설치한 스마트 홈 장치 제어는 물론 물품 및 재료 주문과 침입 감지 및 보안, 건강 관리를 위한 다양한 기능을 여러 앱이나 서비스에 따로 가입할 필요 없이 단 하나의 앱이나 서비스를 통해 안정적으로 이용할 수도 있다. 초기 구축 비용을 줄이면서 복잡한 설치의 어려움을 이용자가 피할 수 있다.

12 다음 중 머신러닝 기술에 관한 설명으로 옳은 것은?

① 딥러닝은 인공신경망을 활용한 머신러닝 기술에 속한다.
② 머신러닝을 구현하려면 반드시 '정답이 포함된 학습데이터'가 있어야 한다.
③ 머신러닝과 인공신경망은 동일한 개념이다.
④ 머신러닝은 학습단계보다는 추론단계에서 더 많은 컴퓨팅 파워를 요구한다.

인공지능 안에 머신러닝 기술이 포함되고, 딥러닝은 세부적으로 인공신경망을 활용한 머신러닝 기술에 속한다.

13 다음 중 오픈소스 IoT 플랫폼이 아닌 것은?

① AllJoyn ② Mobius
③ OpenPF ④ IoTivity

AllJoyn은 퀄컴 등이 만든 플랫폼이며 Mobius는 전자부품연구원이 개발한 플랫폼이며, OCF의 IoTivity는 사물 인터넷의 새로운 요구 사항을 해결하기 위해 원활한 장치 간 연결을 가능하게 하는 오픈 소스 소프트웨어이고 OpenPF는 SNS 최적화 결제시스템 Open Platform 이다.

14 지능형(스마트)홈은 신규 분양시장의 신규 건축물 뿐만 아니라, 기존에 준공된 기축 단지에도 적용이 가능하다. 다음 중 기축단지에 지능형(스마트)홈 시스템 적용을 위해 필수적으로 고려되어야 할 사항이 아닌 것은?

① 홈네트워크사의 하드웨어 및 소프트웨어가 지능형(스마트)홈 플랫폼과 연동이 가능한지 여부
② 고정 IP의 인입여부
③ 이동통신사의 5G망 설치 여부
④ 각종 홈네트워크 연동 기기의 TEST

이동통신사의 5G망 설치 여부는 선택사항이다.

지능형(스마트)홈 네트워크

15 IoT보안 가이드라인에서 운영, 관리영역에서 지켜야하는 보안 원칙이 아닌 것은?

① IoT 제품/서비스의 취약점 보안패치 및 업데이트 지속 이행
② 안전한 운영/관리를 위한 정보보호 및 프라이버시 관리체계 마련
③ IoT 침해사고 대응체계 및 책임추적성 확보방안 마련
④ 안전한 소프트웨어 및 하드웨어 개발 기술 적용 및 검증

안전한 소프트웨어 및 하드웨어 개발 기술 적용 및 검증은 IoT 장치의 설계/개발 단계에서 지켜야 하는 보안 요구 사항 중의 하나이다.

16 최근 공동주택의 공동현관에는 리더기를 설치하여 스마트폰 소지만으로 사용자를 인식하고 자동문을 개방해주는 출입인증 솔루션이 많이 도입되고 있는데 인증 방식에 대한 설명으로 맞는 것은?

① 스마트폰의 와이파이 통신을 통해 사용자를 인식하여 리더기에 자동문 개방 요청
② 스마트폰의 모바일 네트워크를 통해 클라우드로 자동문 개방 요청
③ 스마트폰의 블루투스 통신을 통해 사용자를 인식하여 리더기에 자동문 개방 요청
④ 스마트폰의 NFC Tag를 통해 사용자를 인식하여 리더기에 자동문 개방 요청

스마트폰의 와이파이 통신을 통한 사용자를 인식하여 리더기에 자동문 개방 요청하는 방법은 공동현관의 리더기 주변에 와이파이 공유기가 있어야 하고 리더기 역시 와이파이 통신 모듈을 가지고 있어야 가능하다.
스마트폰의 모바일 네트워크를 통해 클라우드로 자동문 개방 요청하는 방법은 리더기가 인터넷 연결이 되어서 클라우드에 접근할 수 있어야 한다.
스마트폰의 NFC Tag를 통해 사용자를 인식하여 리더기에 자동문 개방 요청하는 방법은 공동현관의 리더기가 RFID 판독기 기능을 가지고 있어야 하고, 사용자의 스마트폰이 RFID 판독기에 매우 가깝게 접촉해야 한다.

17 다음 중 정보 보안의 3대 요소가 아닌 것은?

① Confidentiality(기밀성)
② Scalability(확장성)
③ Availability(가용성)
④ Integrity(무결성)

확장성이란 서비스나 응용 프로그램이 증가하는 성능 요구에 맞게 향상될 수 있는 정도를 의미하며, 정보 보안의 3대 요소는 아니다.

18 다음 중 IEEE802.15.4를 표준으로 PHY/MAC Layer로 동작하며, 저전력 WPAN상에 IPv6를 탑재하여 기존 IP네트워크에 연결하는 방식은?

① Wi-Sun　　② 6LoWPAN
③ Wi-Fi　　　④ BLE

- Wi-Sun은 스마트 그리드와 연계하여 전기, 수도, 가스 등의 공급자와 소비자가 무선 네트워크를 이용하여 효율적으로 관리할 수 있는 IEEE 802.15.4 표준 무선 통신 기술이다.
- Wi-Sun은 스마트 그리드와 연계하여 전기, 수도, 가스 등의 공급자와 소비자가 무선 네트워크를 이용하여 효율적으로 관리할 수 있는 IEEE 802.15.4 표준 무선 통신 기술이다.

19 IoT 메세지를 송수신할 수 있는 응용계층 프로토콜 중 아래 내용이 설명하는 방식은?

- 전송지연과 패킷손실률이 높은 네트워크 환경에서 저사양의 하드웨어로 동작되는 센서 디바이스의 RESTful 웹 서비스를 지원하기 위한 경량 프로토콜
- 하위 프로토콜 스택으로 물리 및 링크계층은 저전력 센서노드를 위한 IEEE 802.15.4 표준을 기반으로 삼고 있으며 네트워크 계층은 IPv6 사용

① HTTP　　　② CoAP
③ MQTT　　　④ XMPP

HTTP는 월드 와이드 웹(World Wide Web, WWW)을 이용하여 HTML로 작성된 하이퍼텍스트(hypertext) 문서를 주고받을 수 있는 프로토콜이다.
MQTT는 2016년 국제 표준화 된 (ISO 표준 ISO/IEC PRF 20922) 발행-구독(Publish-Subscribe) 기반의 메시지 송수신 프로토콜이다.
XMPP는 1999년 Jabber 오픈 소스 커뮤니티에서 개발된 XML을 기반으로 하는 IM(Instant Messenger) 지향 미들웨어용 오픈 소스 통신 프로토콜이다.

20 다음 중 사물인터넷(IoT) 접근 제어 기법이 아닌 것은?

① 임의적 접근 제어
　　(Discretionary Access Control)
② 강제적 접근 제어
　　(Mandatory Access Control)
③ 패스워드 기반 접근 제어
　　(Password-Based Access Control)
④ 역할 기반 접근 제어
　　(Role-Based Access Control)

패스워드 기반의 방식은 주로 인증에 사용된다.

21 다음 중 아래 설명에 해당하는 LPWAN 기술방식은?

- 셀룰러 기반 광역 IoT 기술
- 기존 이동통신 주파수 사용
- 기존 구축된 LTE 네트워크를 그대로 활용 가능

① LoRa　　　② Sigfox
③ NB-IoT　　④ Wi-Fi

LoRa와 SigFox는 셀룰러 기반의 LPWAN 통신 기술 방식이 아니다. Wi-Fi는 LPWAN 기술 방식이 아닌 WLAN 통신 기술 방식이다.

22 다음은 근거리 통신망(LAN) 중 하나의 네트워크 형태를 설명한 것이다. (A)에 들어갈 알맞은 용어는?

(A)는 중앙의 네트워크 제어장치를 중심으로 각 노드를 점-대-점 방식으로 연결하는 형태로써, 설치 비용이 저렴하다는 장점이 있지만 중앙 제어 장치가 고장나면 전체가 마비되는 단점이 있다.

① 성형(Star Topology)
② 버스형(Bus Topology)
③ 링형(Ring Topology)
④ 트리형(Tree Topology)

버스형은 모든 기기가 전송 매개체인 버스에 T자형으로 연결되어 상호 Point-to-Point 형태를 가지게 되어 신뢰성과 확장성이 우수하다.
링형은 각 기기를 마치 원같이 연결한 방식으로 구축 비용이 비교적 저렴한 편에 속한다.
트리형은 마치 나무 가지 처럼 계층적(Hierarchical)으로 연결하는 방식이다.

23. RFID는 전파를 사용하여 물체에 부착된 태그의 저장된 정보를 식별하는 기술이다. 다음 중 RFID시스템의 구성이 아닌 것은?

① Tag
② Reader
③ MiddleWare
④ Barcode

Barcode는 굵기가 다른 흑백 막대로 조합시켜 만든 코드로 제품의 정보를 전달하기 위해서 주로 제품의 포장지에 인쇄되고 컴퓨터에 의해서 판독이 된다.

24. 다음 중 무선 네트워크기술의 서비스영역(통신범위)의 크기순서가 옳은 것은?

① WPAN < WLAN < WMAN < WWAN
② WLAN < WPAN < WMAN < WWAN
③ WPAN < WMAN < WLAN < WWAN
④ WPAN < WLAN < WWAN < WMAN

- WPAN(Wireless Personal Area Network)은 Personal에서 알 수 있듯이 한 사람을 중심으로 주변에 형성된 컴퓨터 네트워크로써 블루투스나 UWB 등의 기술을 이용해서 10m 이내의 개인 휴대기기 사이에서 구성된 개인 영역 통신망을 의미한다.
- WLAN(Wireless Local Area Network)은 사무실, 학교, 대학, 소규모 산업 또는 건물 클러스터와 같이 100m 범위의 넓지 않은 일정 지역 내에서 다수의 컴퓨터나 사무 자동화 기기 등을 속도가 빠른 통신 선로로 연결하여 기기 간에 100Mbps 이내 통신이 가능하도록 하는 근거리 통신망이다.
- WMAN(Wireless Metropolitan Area Network)은 WLAN 보다는 크지만, WWAN에 의해 커버되는 지역보다는 지리적으로 작은 장소인 50km 이내의 컴퓨터 자원들과 사용자들을 서로 연결하는 통신망으로, 한 도시 내의 통신망들을 하나의 거대한 통신망으로 서로 연결하는데 적용된다.
- WWAN(Wireless Wide Area Network)은 여러 개의 WLAN이 모여 이루는 150km 이상의 넓은 범위의 통신망으로써, 지역 간, 더 나아가 국가 간 서로 연결하는 통신망을 의미한다.

25. 다음 중 지그비(ZigBee) 네트워크에 혼선을 줄 수 있는 요소가 아닌 것은?

① Wi-Fi
② 블루투스
③ 전자렌지
④ 휴대전화 기지국

ZigBee를 포함한 Wi-Fi, 블루투스, 그리고 전자렌지는 모두 비면허 대역인 2.4GHz 대역의 ISM 밴드를 사용하기 때문에 서로 간의 네트워크에 혼선을 줄 수 있다. 그러나, 휴대전화 기지국은 면허 대역을 사용하기 때문에 지그비 네트워크에 혼선을 주지 않는다.

26. MQTT(Message Queue Telemetry Transport)에 대한 설명으로 올바르지 않은 것은?

① 주로 메시지 송신을 위해서 TCP/IP를 기반으로 하는 응용계층 프로토콜이다.
② 송수신 수속이 간략화 되어 있으며 패킷 송수신 횟수나 양이 비교적 적은 경량화 특성을 가진다.
③ 브로커(Broker)라 불리는 중개 서버를 이용하는 Pub/Sub모델을 채용한다.
④ QoS(Quality of Service)를 지정할 수 없다.

MQTT는 Broker에 대한 각 연결에 QoS(Quality of Service) 기준을 지정할 수 있다.

27 지그비 얼라이언스 (ZigBee Alliance)는 서로 연관된 응용과 기기가 만족해야 하는 요구 조건을 '프로파일'의 형태로 정의하고 있다. 다음 중, 효율적이고 신뢰성 있는 에너지 사용을 위한 에너지 사용량 측정, 에너지 관리에 관한 요구 사항을 정의한 지그비 프로파일은?

① Personal Home & Hospital Care (PHHC)
② Home Automation (HA)
③ Commercial Building Automation (CBA)
④ Smart Energy (SE)

> Personal Home & Hospital Care는 개인의 건강이 가정과 병원에서 통합적으로 관리가 되도록 하기 위한 요구 사항을 정의한 지그비 프로파일이다.
> Home Automation은 가정의 조명, 난방 및 가전 제품을 자동화하여 더욱 편리하고 효율적으로 사용하기 위한 요구 사항을 정의한 지그비 프로파일이다.
> Commercial Building Automation은 상업용 빌딩의 에너지 모니터링, 공기 조화 설비, 조명, 출입 통제 등의 상업용 건물 자동화에 관한 요구 사항을 정의한 지그비 프로파일이다.

지능형(스마트)홈 기기

28 스마트 보안기기 중 동작감지센서에 사용되는 센서가 아닌 것은?

① PIR 센서
② 초음파 센서
③ CdS 센서
④ 마이크로파 센서

> CdS 센서는 조도 감지 센서로, 조도의 변화를 감지하여 빛의 강도를 측정하는 역할을 합니다.
> CdS는 "Cadmium Sulfide"의 약자로, 센서 내부에 카드뮴 황화물(CdS)이 사용되어 빛에 따라 전기 저항이 변화합니다.

29 홈 시큐리티 시스템의 개념에 해당하지 않는 것은?

① 범죄나 불법적 침입을 막고 거주자의 사생활을 보호하기 위한 안전장치를 의미한다.
② 무단 침입 발생 시 사용자(거주자 등)에게만 침입 발생 상황을 안내할 수 있다.
③ 대표적인 제품으로는 전자도어록, 감시장치, 감시카메라 및 경보호출기 등이 있다.
④ 주거환경 및 공동주택 단지 내의 범죄와 사고예방을 위한 첨단 장비를 설치하는 시스템 모델을 통칭한다.

> 홈 시큐리티 시스템의 주요 개념은 다음과 같습니다:
> • 감지 장치 : 홈 시큐리티 시스템은 감지 장치를 사용하여 위험 상황을 감지합니다. 이러한 감지 장치에는 움직임 감지 센서, 문/창문 열림 센서, 유리 파손 감지 센서, 화재 감지기, 가스 감지기 등이 포함될 수 있습니다.
> • 경보 시스템 : 홈 시큐리티 시스템은 위험 상황이 발생하면 경보 시스템을 통해 주택 내부와 외부에 경보를 울리거나 경고 신호를 보냅니다. 이를 통해 가정 주인과 이웃, 보안 회사 등에게 위험 상황을 알리고 신속한 대응을 할 수 있습니다.
> • 감지 및 경보 알림 : 홈 시큐리티 시스템은 감지된 위험 상황을 주택 주인에게 알리는 기능을 제공합니다. 이를 위해 스마트폰 앱, 휴대폰 메시지, 이메일, 음성 경보 등 다양한 방법으로 알림을 전달할 수 있습니다.
> • 원격 모니터링 : 일부 홈 시큐리티 시스템은 원격 모니터링 기능을 제공합니다. 이를 통해 주택 주인은 스마트폰 앱이나 웹 인터페이스를 통해 실시간으로 주택의 보안 상태를 모니터링하고 제어할 수 있습니다.
> • 비상 연락망 : 홈 시큐리티 시스템은 비상 연락망을 설정하여 위험 상황 발생 시 신속한 대응을 할 수 있도록 합니다. 이 연락망에는 경찰, 소방서, 응급 서비스 등과의 연결이 포함될 수 있습니다.

30 다음 ( )에 해당하는 것은?

> 전기적으로 작동하는 스마트 스위치의 경우 반드시 전기가 필요하다. 배터리를 내장하지 않는 한 이러한 스위치는 반드시 두 선을 통해서 전기를 공급받아야 하는데 일반적인 스위치는 하나의 선만 연결되어 있어 스위치를 끄면 전기가 끊어져 동작하지 않는다. 그렇기 때문에 ( )을 통해 항상 전원을 공급받을 수 있도록 해야한다.

① 활선 ② 중성선
③ 접지선 ④ 로드선

전기 중성선은 전기 회로에서 사용되는 선 중 하나로, 전기 시스템에서 전압을 안정화하고 전기적인 균형을 유지하는 역할을 합니다.

31 스마트 센서의 장점에 해당하지 않는 것은?

① 센서 자체에서 신호를 조절하고, 신호를 사전에 처리할 수 있다.
② 스마트 센서 중 일부는 개방적인 디지털 통신 프로토콜을 활용하고 있다.
③ 마이크로프로세서를 사용하면 출력 신호에 '정보'를 삽입할 수 있다.
④ 아날로그 센서 신호는 디지털 센서 신호보다 정확하다.

아날로그 센서 신호는 디지털 센서 신호보다 정확하다고 단정 지을 수는 없다.

32 다음 중 가스센서를 가장 많이 활용하는 가전 제품은?

① 보일러 ② 카메라
③ 가습기 ④ 도어록

보일러는 불완전 연소에 의해 가스가 누출될 수 있으므로 안전을 위해 가스센서를 사용해야 한다.

33 100W의 전등 10개를 1시간 동안 점등하였을 때 전력량은?

① 1 [kWh] ② 2 [kWh]
③ 3 [kWh] ④ 4 [kWh]

$P = n \times P \times h = 10 \times 100 \times 1 = 1000$ [Wh] = 1 [kWh]

34 스마트 TV에 관한 설명 중 옳지 않은 것은?

① 셋톱박스와 통합이 어려움
② TV 시청은 물론, 웹 검색, 쇼핑, 게임 등 다양한 콘텐츠 이용 가능
③ 기존 TV에 웹 플랫폼을 결합시킴
④ 다른 단말기(PC, 스마트폰 등 스마트 기기)와의 상호 연동도 가능

스마트 TV는 인터넷에 연결되어 다양한 기능과 콘텐츠에 접근할 수 있는 기능을 갖춘 텔레비전입니다. 셋톱박스는 별도의 장치로, 텔레비전에 연결하여 다양한 콘텐츠와 서비스를 이용할 수 있도록 해줍니다.

35 지능형(스마트)홈 인테리어를 사용할 때의 장점과 거리가 먼 것은?

① 지능형(스마트)홈 기술은 모든 가정에 적합하도록 개발되었다.
② 자동화된 조명과 커튼을 사용하여 추가적인 안전과 보안을 제공할 수 있다.
③ 개인화된 디자인으로 집을 자신이 확장된 것으로 만들 수 있다.
④ 전동 커튼을 사용하여 에너지를 효율적으로 사용할 수 있다.

지능형(스마트)홈 인테리어를 사용하는 것에는 여러 가지 장점이 있습니다. 몇 가지 주요한 장점은 다음과 같습니다. :
• 편리성 : 지능형(스마트)홈 인테리어는 여러 가전제품과 시스템을 연결하여 편리한 생활을 제공합니다. 스마트폰이나 태블릿과 연동하여 조명, 난방, 에어컨, 보안 시스템 등을 원격으로 제어할 수 있습니다. 이를 통해 집 안에서 편리하게 생활을 관리하고 편안한 환경을 조성할 수 있습니다.

- 에너지 절약 : 지능형(스마트)홈 인테리어는 에너지 절약에 도움을 줄 수 있습니다. 예를 들어, 스마트 조명 시스템은 움직임 감지 센서를 통해 사람이 없는 공간에서 자동으로 조명을 끄거나 조절할 수 있습니다. 또한, 스마트 난방 및 에어컨 시스템은 스마트폰 앱을 통해 원격으로 제어하여 에너지를 효율적으로 사용할 수 있습니다.
- 안전성 : 지능형(스마트)홈 인테리어는 집의 안전성을 향상시킬 수 있습니다. 지능형(스마트)홈 보안 시스템은 CCTV, 도어락, 감지 센서 등을 통해 집의 안전을 모니터링하고 보호할 수 있습니다. 또한, 화재 감지기와 연동된 스마트 화재 경보 시스템은 조기 경보를 제공하여 화재로부터의 피해를 최소화할 수 있습니다.
- 향상된 생활 품질 : 지능형(스마트)홈 인테리어는 생활 품질을 향상시킬 수 있습니다. 음악을 자동으로 재생하는 스마트 오디오 시스템, 스마트 홈 시어터 시스템, 자동차와 연동하여 차량 충전 및 문 열고 닫기 등을 제어하는 스마트 차고 시스템 등은 편안하고 편리한 생활을 즐길 수 있는 기능을 제공합니다.

36 센서의 기본 구비조건이 아닌 것은?

① 감도(Sensitivity)
② 안정도(Stability)
③ 선택도(Selectivity)
④ 강도(Intensity)

센서의 기본 구비조건에 강도보다는 내구성이라고 해야 한다.

37 아래에서 설명하는 전기 소자는?

일정한 값 이상의 전류가 흐르면 녹아 끊어지는 것으로 회로와 기기를 보호하는, 가장 간단한 전류 자동 차단기다.

① 저항
② 퓨즈(Fuse)
③ 배선용 차단기(MCCB)
④ 누전 차단기(ELB)

퓨즈(Fuse)는 전기 회로에서 사용되는 보호 장치로, 전류가 과도하게 흐를 때 회로를 보호하는 역할을 합니다. 퓨즈는 일종의 전기적인 스위치로 작동하며, 전류가 정해진 값 이상으로 증가하면 퓨즈가 녹아서 회로를 차단시킵니다.

38 지능형(스마트)홈 허브를 전원이 함께 공급되는 유선 LAN 케이블에 연결하여 별도의 전원선을 연결하지 않고 설치하고 싶다. 이 경우 지능형(스마트)홈 허브가 지원해야 하는 기능은?

① PLC
② PoE
③ PPP
④ P2P

PoE 기능은 "Power over Ethernet"의 기능을 의미합니다. 이는 이더넷 케이블을 통해 전력을 전송하여 장치에 전원을 공급하는 기능을 말합니다.

39 다음은 IoT 기반 사물의 핵심 구성 요소 중 하나에 대한 설명이다. (A)에 알맞은 용어는?

(A)는 컨트롤러로부터 받은 전기 신호에 따라서 개체에 물리적, 화학적, 생물학적 영향을 미치는 효과를 발생해 주변 환경과 상호작용한다.

① 센서(Sensor)
② 액츄에이터(Actuator)
③ 트랜시버(Transceiver)
④ 프로세서(Processor)

액츄에이터(Actuator)는 입력 신호를 받아 움직임을 생성하거나 특정 동작을 수행하는 장치입니다. 이 장치는 스마트 시스템이나 자동화 시스템에서 제어 신호를 받아 움직이는 부품이나 장치로 사용됩니다.

40 지능형(스마트)홈과 인테리어를 효과적으로 접목시키기 위한 핵심사항으로 거리가 먼 것은?

① 고객 데이터에 대한 체계적인 분석을 바탕으로 소비자가 제품을 언제, 어떻게 사용하는지 명확하게 알아야 한다.
② AI 스피커와 스마트폰의 연동을 위해 인터넷 플랫폼을 구축하는 게 필요하며, 이는 지능형(스마트)홈 서비스 진화의 근간이 된다.
③ 제품과 인터넷 플랫폼을 어떻게 연동시키는 게 효과적인지를 따져서 제품마다의 자체 플랫폼을 개발해야 한다.
④ 가구에 대한 인식을 바꿔 다양한 서비스를 제공하기 위한 지능형 디바이스로 바라봐야 한다.

35번 문제 참조

정답							
01 ④	02 ②	03 ②	04 ②	05 ③	06 ②	07 ②	08 ④
09 ②	10 ③	11 ③	12 ①	13 ③	14 ③	15 ④	16 ③
17 ②	18 ②	19 ②	20 ③	21 ③	22 ①	23 ④	24 ①
25 ④	26 ④	27 ④	28 ③	29 ②	30 ②	31 ④	32 ①
33 ①	34 ①	35 ①	36 ④	37 ②	38 ②	39 ②	40 ③

한국정보통신자격협회 시행
국가공인 자격종목 소개

국가공인 네트워크관리사 2급

네트워크관리사 2급은 국가가 공인(公認)한 IT 분야 전문자격으로서, 서버를 구축하고 보안 설정, 시스템 최적화 등 네트워크 구축 및 이를 효과적으로 관리할 수 있는 네트워크 관련 기술력을 검정하는 자격 분야이다.

시험방식

필기 IBT Internet Based Test

실기 CBT Computer Based Test

필기 세부내용
- 네트워크 일반
- TCP/IP
- NOS
- 네트워크 운용기기
- 정보보호 개론(1급)

실기 세부내용
- LAN 전송매체
- 네트워크 설계/구축
- TCP/IP
- NOS
- 네트워크 운용기기

응시자격·검정료				

	1급	필기시험	• 네트워크관리사 2급 자격증 소지자
			• 전기, 전자, 통신, 정보처리 직무 분야 국가기술 자격 취득자 중 아래 해당자
			  가. 기술사, 기사, 산업기사 자격증 소지자
			  나. 기능사 자격 취득한 후 동일 직무 분야에서 2년 이상 실무에 종사한 자
			• IT 관련 사업장에서 5년 이상 종사한 자(상기 1항 이상 해당자)
				43,000원

		실기시험	해당 등급 필기 합격자로서 합격일로부터 2년 이내의 응시자	100,000원
	2급 (국가공인)	필기시험	제한 없음	43,000원
		실기시험	해당 등급 필기 합격자로서 합격일로부터 2년 이내의 응시자	78,000원
합격기준			60점 이상	

공인번호 : 제2019-02호(2급) / 민간자격 등록번호 : 제2008-0212호(1, 2급) / (1급은 공인자격이 아닙니다.)

국가공인 PC정비사 1·2급

PC정비사는 국가가 공인(公認)한 하드웨어 전문자격으로서 컴퓨터 전반에 관한 하드웨어 시스템과 소프트웨어 지식을 겸비하여 컴퓨터의 문제점을 파악해 보수하거나 하드웨어 업그레이드, 수리 등을 할 수 있는 능력을 검정하는 자격 분야이다.

시험방식

필기 IBT Internet Based Test

실기 CBT Computer Based Test

필기 세부내용
- PC 운영체제
- PC와 주변장치
- PC 유지보수
- PC 네트워크
- 디지털 논리회로(1급)

실기 세부내용
- PC 분해 조립 및 시스템 점검
- PC 진단과 처방
- PC 네트워크 구축
- H/W 업그레이드

응시자격·검정료				

	1급
	(국가공인)
		필기시험	• PC정비사 2급 자격증 소지자
			• 전기, 전자, 통신, 정보처리 직무 분야 국가기술 자격 취득자 중 아래 해당자
			  가. 기술사, 기사, 산업기사 자격증 소지자
			  나. 기능사 자격 취득한 후 동일 직무 분야에서 2년 이상 실무에 종사한 자
			• IT 관련 사업장에서 5년 이상 종사한 자(상기 1항 이상 해당자)
				43,000원

		실기시험	해당 등급 필기 합격자로서 합격일로부터 2년 이내의 응시자	100,000원
	2급 (국가공인)	필기시험	제한 없음	43,000원
		실기시험	해당 등급 필기 합격자로서 합격일로부터 2년 이내의 응시자	78,000원
합격기준			60점 이상	

공인번호 : 제2018-03호(1, 2급) / 민간자격 등록번호 : 제2008-0213호(1, 2급)